全国高校教材学术著作出版审定委员会审定

普通遥感学教程

阎守邕　刘亚岚　编著

国防工业出版社

·北京·

内容简介

《普通遥感学教程》是在作者多年科学实践及教学经验基础上，利用国内外成果编著而成，由遥感科学技术概述、多源遥感数据获取、遥感专题信息挖掘、遥感集成系统应用、遥感信息网络服务和遥感信息基础设施 6 章组成。第 1 章和第 6 章分别对遥感领域进行了综述，其余部分均以理论基础为先导，引出具体内容，构成相对独立的单元。读者可先浏览第 1 章和第 6 章，再有选择或依次阅读其余部分。教程的体系完整、例证丰富、内容实用，可供高等院校遥感及相关专业使用，能帮助师生对这个领域建立起较为系统、全面的认知，为其深入学习、科学研究和创新发展奠定基础。

图书在版编目（CIP）数据

普通遥感学教程/阎守邕，刘亚岚编著. —北京：国防
工业出版社，2017.10
ISBN 978-7-118-11390-7

Ⅰ.①普…　Ⅱ.①阎…　②刘…　Ⅲ.遥感技术—高
等学校—教材　Ⅳ.TP7

中国版本图书馆 CIP 数据核字（2017）第 241755 号

※

国防工业出版社 出版发行
（北京市海淀区紫竹院南路 23 号　邮政编码 100048）
天利华印刷装订有限公司印刷
新华书店经售
*
开本 787×1092　1/16　插页 5　印张 28　字数 666 千字
2017 年 10 月第 1 版第 1 次印刷　印数 1-3000 册　定价 89.00 元

（本书如有印装错误，我社负责调换）

国防书店：（010）88540777　　发行邮购：（010）88540776
发行传真：（010）88540755　　发行业务：（010）88540717

前　言

我国的遥感科学技术领域经过 40 多年的努力，已成为一个蓬勃发展、广泛应用、效益显著的高科技领域和新兴产业，在国家空间信息基础设施和国家信息社会的建设过程中，占据着越来越重要的地位，发挥着越来越巨大的作用。其自身的发展也经历了从航空遥感到航天遥感、从目视判读到计算机识别、从静态试验研究到动态业务应用、从遥感科研院所和专业人员到产业部门和社会大众 4 次巨大的飞跃，逐步形成了由信息流程、业务层次和应用领域三维组成的、具有积木式结构和复杂巨系统特点的现代遥感科学技术体系。这种深刻的变化，令人目不暇接、欢欣鼓舞。为了加速我国各级、各类遥感人才的培养，推动遥感科学技术的创新发展，尽快编写、出版遥感学科领域全新的成套教科书，已成为广大遥感同仁义不容辞、刻不容缓的历史使命。

《普通遥感学教程》由 6 章组成：第 1 章和第 6 章分别对遥感科学技术概述和遥感信息基础设施进行了综述；其余 4 章具体论述了多源遥感数据获取、遥感专题信息挖掘、遥感集成系统应用和遥感信息网络服务等方面的内容。教师读者可以根据学生的具体情况，从中选择必要的内容进行授课。学生或其他读者可以在浏览第 1 章和第 6 章的基础上，有选择或依次地阅读自己感兴趣的章节，以不断地满足他们的求知愿望。

《普通遥感学教程》是两位笔者长期合作的产物之一，鉴于自身专业背景、工作经验以及学术水平的限制，书中出现某些缺陷、偏颇乃至谬误之处实属难免，敬请读者不吝赐教、批评指正，使之不断修改、补充和完善。笔者更希望此书的出版，能够起到抛砖引玉的作用，推动我国遥感学科体系相应教科书的问世。果真能够如此，笔者将感到由衷的欣慰和莫大的荣幸！

阎守邕

2016 年 8 月 15 日　北京

目　录

第 1 章　遥感科学技术概论

　　自 20 世纪 60 年代以来，一方面，由于资源利用、经济发展、污染防治、国家安全、减灾应急、卫生防疫、民生改善、区域发展、城市管理以及军事侦察等领域需求的迅速增强，另一方面，也由于地理信息系统（GIS）、全球定位系统（GPS）、互联网络等相关科学技术日新月异的发展以及它们与遥感的相互渗透、有机融合在不断加强，使遥感领域由早期较为狭窄的数据获取范畴，逐步扩展到信息挖掘、业务应用乃至共享服务等更为宽广的领域，形成了从遥感数据获取直到其最终用户的完整信息流程以及为不同层次用户服务的产业链。在此过程中，遥感科学技术经历了从航空遥感到航天遥感、从目视判读到计算机处理、从静态实验研究到动态业务应用、从科研院所和专业人员到产业部门和社会大众的飞跃。目前，遥感科学技术及其信息产品已逐渐成为许多部门例行工作、广大民众日常生活的重要信息来源和不可缺少的组成部分。为了适应和加速这种态势的发展，必须认真研究、深入探讨现代遥感科学技术的体系结构及其基础理论与方法等方面的问题，重新审视、论述和建造这个科学技术领域的业务内涵和外延范畴。为此，现代遥感科学技术的内涵演化、系统分析、学科体系等方面的问题，将是本章需要概括论述和重点讲授的内容，也将起本书后续各章节导言的作用。

1.1　遥感科学技术内涵及演化

　　对于现代遥感科学技术内涵及其演化的论述，将从遥感的学科定义、分类体系等方面展开。希望通过这些论述使读者对现代遥感科学技术，能够建立起宏观、概括和全方位的认知。

1.1.1　遥感的学科定义

　　遥感（Remote Sensing）一词，顾名思义是遥远感知的意思。它作为一个专用名词，由美国海军科学研究局的 E. L. Pruitt 首次提出。在 20 世纪 50 年代末和 60 年代初期，人类观测电磁波谱的能力已远远超过了人类视觉和摄影胶片灵敏度的范围，需要有一个新的术语来概括从远处平台上观测物体的全过程，遥感这个术语就应运而生了。然而，这个术语为科技界普遍接受，则是由密执安大学 Willow Run 实验室具体负责组织和召开的一系列学术讨论会及其出版物的广泛传播所致。

　　关于遥感的学科定义有不同的说法。D.Parker（1962）认为："遥感是在测量装置不和目标直接接触的情况下对物体某些特性的测量"。J. Lintz 等（1976）认为："遥感是非接触式的物体物理数据的获取"。E. C. Barrett（1976）认为："遥感是与目标相隔一定距离的装置对该目标的观测"。D. A. Landgrebe（1978）认为："遥感是由一定距离以外，即在不实际接触物体的情况下，从获得的测量值中导出物体信息的科学"。这些说法虽有不同，但在测量装置不和被测物体直接接触以获得物体有关数据方面却是一致的。应该特别指出：Landgrebe 的定义除包括了数据获取过程外，还包括了由测量数据导出物体有关信息的处理过程在内，而且他还把遥感作为一门科学来看待，因而，具有更广泛的科学含义。

D.Parker（1962）在解释他的遥感定义时指出：如果认为某个物体的一些特性能够遥感，它们必然对探测点或测量装置有某些扰动性的影响。这些扰动性的因素可以归纳为两大类：辐射和力场。地面所有温度高于绝对零度的物体，都能不断辐射出电磁波能量，其传播不需要任何介质。因而，只要有适当的探测装置，就可以对不同位置上的物体的电磁波辐射特性进行测量。同样，由于所有物体都具有质量，在地球上有一定的力场，如重力场、磁力场等。通过使用适当的探测仪器，也可以对它们进行测量。因此，在早期的遥感定义中，实际上包括了电磁波遥感和势力场遥感两个部分内容。对此，在后来的论著中也没有很大的异议。只是对重力场和磁力场的探测，早已成为地球物理学的范畴，而且有大量系统、深入的论述和相应专著的问世。在这种情况下，绝大多数遥感论著对势力场遥感的内容都是一带而过，甚至完全不提。它们的主要或全部注意力都集中在电磁波遥感的论述上。因此，目前论及的"遥感"，不言而喻，所指的就是电磁波遥感而言。

在 1970 年前后，作者及同事将英文术语"Remote Sensing"译为"遥感"，作为一个崭新的术语引入中国常用的科学技术词汇里。作者在介绍这门新兴的综合性探测技术的文章中，也给出了自己理解的遥感定义：遥感是通过不直接接触目标物体的探测仪器，从一定距离以外接收来自该物体的电磁波辐射信号，经过适当的数据分析与处理之后，识别目标物体及其变化规律，从而解决某种实际问题之全过程的总称。在此，获取目标物体辐射信号的探测仪器称为传感器或遥感器（Sensor），运载这些传感器的载体称为遥感平台（Platform），所使用的各种技术手段和方法统称为遥感技术。不难看出，遥感和遥感技术这两个术语在概念上存在明显差别，但是在具体使用时往往容易混淆。在很多情况下，说"遥感"不仅指上述全过程，也包含"遥感技术"的成分在内，甚至就是它的略语。很显然，在这个定义里，"从而解决某种实际问题"部分的引进，使遥感的内涵从遥感数据获取、处理，延伸到了应用的范畴。

近年来，随着科学技术的迅速发展，其中也包括遥感、地理信息系统（GIS）、全球定位系统（GPS）、互联网络等科学技术的发展及其相互结合、有效集成，使遥感技术和它的应用领域也在不断拓宽、加深，逐渐成为许多部门例行业务、广大民众日常生活的重要信息来源和不可缺少的组成部分。为了适应这种变化以及加速其产业化发展、提高其应用效益的需要，遥感涵盖的内容或定义也应该随之变化、与时俱进、加以调整。为此，笔者给出了遥感的新定义，即"遥感是通过不直接接触目标物体的探测仪器，从一定距离以外接收来自这些物体的电磁波辐射信号，经过适当的数据分析处理，以识别目标物体及其变化规律，解决有关实际应用问题，为各层次用户共享服务之全过程的总称。而支持这个全过程实现的科学技术就是现代遥感科学技术。"不难看出，遥感的这个新定义涵盖了从数据获取、信息挖掘、系统应用到共享服务等环节，使遥感具有了更丰富的科学技术内涵、更广泛的应用和产业化的发展空间。事实上，这个遥感的学术定义，既是本书写作的指导思想和总体框架，也是它有别于国内、外其他遥感论著的显著特点所在。

1.1.2　遥感的分类体系

遥感科学技术的类型划分，因人而异、五花八门。然而，归纳起来主要有根据遥感工作波段、遥感工作方式、遥感平台类型以及遥感应用领域为准，划分出来的四种基本分类体系。这四种分类体系可以择其一，单独使用；也可以组合起来，构成更复杂的分类体系使用，完全视用户的具体需要而定。

1. 根据遥感工作波段的分类体系

表 1-1 给出了按工作波段划分的遥感分类体系。这种体系突出了遥感器在工作波段上的不同以及相应在遥感数据的获取环境、作业条件、应用效果等方面的固有特色和显著的差异。在具体遥感应用任务组织实施时，它往往是最常采用的一种分类体系。

表 1-1　按工作波段的遥感分类

遥感类型	工作波段
紫外遥感	0.32~0.4μm
可见光近红外遥感	0.4~0.77μm
红外遥感	3~14μm
多波段遥感	0.32~14μm
微波遥感器	0.01~1.0m

2. 根据遥感工作方式的分类体系

这种分类体系突出了不同类型的遥感数据获取方式上的差别。它们与相应数据的处理方法密切相关。其具体分类体系在表 1-2 中给出。

表 1-2　按工作方式的遥感分类

遥感类型		具体实例
被动遥感	光学照相遥感	光学照相机
	物面扫描遥感	多光谱扫描仪
	像面扫描遥感	光电摄像机、成像光谱仪
	非成像遥感	微波辐射计
主动遥感	成像遥感	微波雷达、激光雷达
	非成像遥感	微波散射计、激光高度计等

3. 根据遥感工作平台的分类体系

这种遥感分类体系与遥感数据获取平台的类型密切相关。不同遥感平台的高度、姿态、稳定性以及轨道参数等，对相应遥感数据的几何特性及其处理方法有着直接而显著的影响。因此，它也是最经常使用的一种遥感分类体系。表 1-3 具体地给出了这种体系的构成及其相应的工作高度范围。

表 1-3　按工作平台的遥感分类

遥感类型		高度
航天遥感	静止卫星遥感	36000km
	极轨卫星遥感	500~1000 km
	小卫星遥感	
	空间站遥感	500km
	航天飞机遥感	240~350km
航空遥感	高空飞机遥感	10000~22000m
	中低空飞机遥感	500~8000m
	飞艇遥感	500~3000m
	直升机遥感	100~5000m
	无人飞机遥感	50~500m
地面遥感	高架塔遥感	20~250m
	地面测量车遥感	0~30m
其他遥感	探空火箭遥感	100~1950km
	飘浮气球遥感	21~48km
	系留气球遥感	0.08~4.5km

4. 根据遥感应用领域的分类体系

按照应用领域的遥感分类体系，更多地强调了应用领域的专业属性、作业特点和具体需求。随着遥感技术自身的不断发展以及与相关科学技术领域之间的不断渗透、融合，遥感应用领域也在不断扩大自己的疆域，其分类体系的内涵也在不断丰富起来。就目前的情况而言，其分类体系可以用表 1-4 来说明。

表 1-4　根据应用领域的遥感分类

遥感类型		主要对象
专业遥感	地质遥感	岩石、地层、构造、矿产、山崩、滑坡、泥石流、火山、地震等
	地理遥感	地理环境要素、土地利用等
	农业遥感	农作物及其长势、病虫害、产量以及草场等
	林业遥感	森林、植树、病虫害、林火、材积量等
	水文遥感	河、渠、湖、塘、水库、冰雪、旱涝、洪水、水利工程等
	海洋遥感	潮、波、流、海岛、海岸带
	气象遥感	温、压、湿、风、尘、寒冻、暴雨、暴风雪、台风等
	环境遥感	生态状况、各种环境污染等
	军事遥感	兵要地理、战略和战术目标等
	其他	如卫生遥感、考古遥感等

（续）

遥感类型		主要对象
区域遥感	区域遥感	行政区划、自然区划、水系流域等
	城市遥感	城市的土地利用、交通道路、绿化景观、文物古迹等
	海岸带遥感	沿岸带、潮间带、河口、海港、沉积物流、防护工程等
	极地遥感	南极、北极地带
	其他	
研发遥感	实验遥感	遥感新仪器、新方法、新流程、新任务研制的实验研究
	模拟遥感	卫星遥感的机载模拟、计算机模拟研究
	评价遥感	不同遥感仪器、方法、流程及其产品的比较研究
	示范遥感	开拓新任务、新产品、新方法与新领域的应用示范研究
集成遥感	共性技术集成	遥感各环节共性技术集成为整体，为个性、专用技术发展以及遥感资源共享服务提供基础
	基础设施建设	遥感共性技术、应用领域和人力资源集成，推动学科体系建设、成套产品推广以及研发环境改善

1.2　遥感科学技术的系统分析

随着遥感科学技术由早期较为狭窄的数据获取范畴，逐步扩展到信息挖掘、系统应用乃至共享服务等领域，目前，它已形成从遥感数据获取直到其最终用户的信息流程以及为不同层次用户服务的产业链，使遥感科学技术及其所生成的数据、信息和知识，成为许多部门和地区例行作业、广大民众日常生活的重要信息来源和不可缺少的组成部分，也成为国家空间信息基础设施的重要组成以及推动我国社会信息化的重大举措。在这种情况下，只有对这个领域进行深入、全面的系统分析，查明其体系结构及其理论与方法，才能满足各方面日益高涨的应用需求，适应科学技术日新月异发展以及产业化进程的需要。为此，笔者在进行遥感系统分析的基础上，给出了如图 1-1 所示的由信息流程、业务层次和应用领域所组成的现代遥感科学技术的系统分析框图。其正面是由信息流程与业务层次组成的 4×4 矩阵结构图，而第三维是遥感应用领域，包括专业应用、区域应用和研发实验以及设施建设等领域。在这个结构图中，除了说明遥感科学技术体系的结构及其各个组成部分之间的关系而外，还将特别说明这个体系与相关的应用领域及其常规调查、规律研究之间的关系。为此，在这一节里除了要说明遥感科学技术体系的总体框架而外，还要论述它们的战略地位和比较优势，以收到纵观全局、提纲携领、纲举目张的效果。

1.2.1　遥感科学技术体系的总体框架

现代遥感科学技术的系统分析结果在图 1-1 给出。它实际上是在遥感信息流程、遥感业务层次和遥感应用领域三维空间里，构建的一个遥感科学技术体系的立体结构图。在这个图里，系统、全面地展示了现代遥感科学技术的体系结构及其基础理论与方法的内涵。因此，它是遥感领域的系统总体框架，最简明、扼要，也是最为形象、直观的体现，不仅是本书写作的指导思想，而且也是读者阅读此书的路线图。

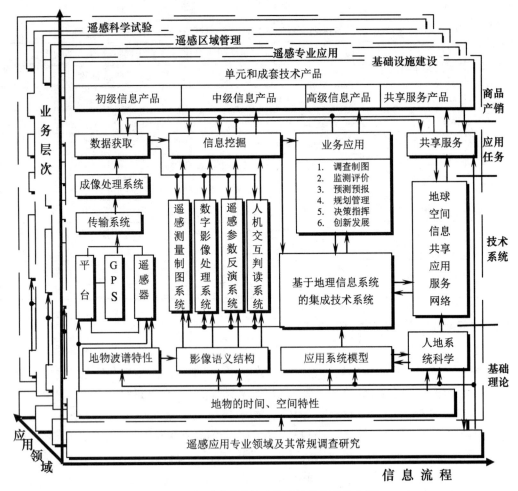

图 1-1　现代遥感科学技术的系统分析总体框架

1. 遥感信息流程

从宏观上看，遥感信息流程随着科学技术的创新以及人类生存和发展的需要，自 20 世纪 60 年代以来由数据获取开始，逐步延伸、扩展到信息挖掘、业务应用和共享服务领域，形成了一个从遥感数据获取到最终用户的完整信息流程。这种演化使现代遥感科学技术体系，不仅成为各级机构业务运作、社会公众日常生活的重要信息来源和不可缺少的组成部分，而且也成为国家空间信息基础设施和社会信息化越来越重要的基石。从微观上看，遥感信息流程在现代遥感科学技术体系里，是一条客观存在、贯穿始终、牵动全局的主轴线，或者说，是现代遥感科学技术体系和遥感信息基础设施的脊柱，肩负着支撑其生存、活力和效益的重任。遥感信息流程不仅贯穿各个遥感科学技术体系的始终，也是细分和显示不同遥感业务层次、应用领域的具体工作内容及其个性特点的科学依据。

2. 遥感业务层次

遥感业务层次如图 1-1 所示，自下而上可以划分为基础理论、技术系统、应用任务和商品产销四个不同的层次。在每个层次上，根据信息流程中数据获取、信息挖掘、业务应用和共享服务等环节以及不同的专业、区域、研发、科学和集成等应用领域，可以进一步划分为具有不同对象、内容和特征的层块。尽管如此，就总体而言，从基础理论研究层次到技术系统开发、应用任务完成、商业产品产销等层次的过程，实质上是遥感科学技术逐步转化为社会生产力的过程。在此过程中，不同的业务层次及其细分的层块之间，往往会有次数不等、强度不同、形式各异的互动，以求得各层次、层块及其整体效果的日益改善，趋于尽善尽美的境地。

3. 遥感应用领域

尽管目前的遥感应用领域具有日新月异、不胜枚举的特点，但是它们仍然能归纳为专业性的部门遥感应用、综合性的区域遥感应用、探索性的遥感研发应用以及共性的遥感基础设施建设等领域。从遥感的发展历史及其大量实践经验表明，遥感应用领域既是驱动这个科学技术体系发展的巨大动力来源，又是检验它们发展效果的客观评价标准。它们在整个遥感科学技术体系和遥感信息基础设施建设中，占据着举足轻重的地位，起着"牵一发，动全身"的作用。事实上，遥感信息流程和遥感业务层次的具体内容及其细节，都要根据其应用领域的专业内涵、区域特点、应用要求、现实条件、工作环境等因素以及运作方案费效比的分析结果确定或加以调整。如果能在解决共性问题或遥感基础设施建设的基础上，突出和兼顾各个领域的个性特点，就会收到事半功倍的效果。

1.2.2　遥感科学技术体系的战略定位

在具体论述遥感科学技术体系战略定位的问题之前，需要引进一个重要的且与这个体系密切相关的新概念，即国家遥感信息基础设施（National Remote Sensing Information Infrastructere，NRSII）的概念。它实际上是遥感数据获取、处理、存储、传输、分析、应用、散发、效果改进，所必需的各种共性技术、法律、政策、规划、标准、规范、人力资源及其所需共享应用平台数据资源的总称。在这种基础设施里，现代遥感科学技术体系是贯穿和支撑着整个 NRSII 建设与发展的技术主体及其运行服务的业务主轴。因此，NRSII 较之现代遥感科学技术体系，具有更加丰富的内涵和更为宽广的范畴。NRSII 能够使遥感科学技术体系更加紧密而有效地与国家空间信息基础设施（NSII）、国家建设与发展的重大任务对接和融合起来，成为它们之中最为核心、特别活跃而且会占据越来越大份额的中流砥柱。与此同时，这种对接与融合也加速了遥感科学技术体系的发展，为它们开拓了更加宽松的工作环境、更加广阔的发展空间。

我国的国家空间信息基础设施及其现代遥感科学技术体系为主体的 NRSII 子集，在国家安全、经济发展、社会进步、科技创新和民生改善过程中所占据的战略位置，可以用图 1-2 加以描述。在该图的左半部里，我国的国家空间信息基础设施由以遥感科学技术体系为主体的 NRSII 及其他类型的空间信息基础设施所构成。它们在国家信息基础设施（NII）或国家数字通信网络的基础上，直接为基于地球空间的国家行为和人类活动服务，具体而言，为国家安全、资源利用、经济布局、污染防治、减灾应急、卫生防疫、民生改善、调控工程、科技进步、规划管理、可持续发展等国家行为以及企事业单位、社会团体、家庭个人等从事的各种空间活动，提供必要的数据生成、信息保证和决策支持等方面的服务，进而为国家安全、经济发展、社会进步、科技创新以及民生改善等重大目标做出贡献。如果沿水平方向观看图 1-2 可以发现，NSII/ NRSII与数字通信、电子商务、远程教育等，分别是建立在国家信息基础设施（NII）或国家数字通信网络基础上的应用领域。它们之间的差异仅在于右面几个应用领域能够更直接地为上述重大目标和人民群众服务，而 NSII/ NRSII 只能间接地为这些重大目标和人民群众服务，具有更强的基础性、战略性和公益性的特点。因此，通过对图 1-2 的全方位分析，遥感空间信息基础设施的战略定位就比较容易地确定下来了。随之而来的是：作为 NRSII 主体的现代遥感科学技术体系的战略定位，也就顺理成章、准确无误地确定下来了。

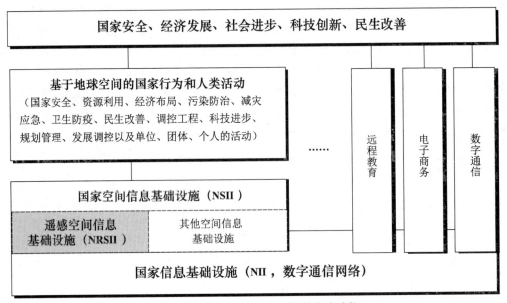

图 1-2　NSII 及其 NRSII 子集的战略地位

1.2.3　遥感科学技术体系的比较优势

在确保国家安全、经济发展、社会进步、科技创新、民生改善等国家重大目标实现的国家空间信息基础设施里，以现代遥感科学技术体系为主体和核心的国家遥感信息基础设施，占据着越来越重要的地位、发挥出越来越关键的作用。事实上，NRSII 在各部门和地方例行管理、应急决策以及社会大众日常工作生活中，不仅是获取有关信息的重要来源，而且也成为它们不可缺少和不可替代的重要组成部分。这些不争的事实已经为越来越多国家、部门、专家所公认和推崇，也是世界各国竞相发展这种科学技术的主要原因。之所以出现这种状况，究其原因与现代遥感科学技术方法较之常规科学技术方法，具有如表 1-5 所列的诸多比较优势所致，主要体现在全球覆盖、动态观测、作业灵活、测量准确、综合应用、费用节省等方面。其中，全球覆盖、全天候作业等超强能力，更是其他常规科学技术方法难以匹敌、无法替代的显著优势。它们使地球系统科学研究、全球气候变化等大型国际计划以及在恶劣天气条件下的减灾应急等行动得以顺利展开，取得前所未有的科学技术成果。

表 1-5　现代遥感科学技术体系的比较优势

比较优势	具体说明
全球覆盖	卫星遥感可以在较短的时间周期里，重复地获得全球范围里不同空间分辨率的遥感影像，能够使诸如全球气候变化之类的许多全球性的科学研究计划得以实现
动态观测	卫星遥感具有几分钟到十几天重复周期、在相同地方时对地观测的能力。遥感卫星的轨道寿命一般为 3～5 年，其观测具有动态、及时和持续的特点
作业灵活	多级遥感数据获取系统配合使用，具有全天候、全天时、大范围、高精度以及能在任意地区且不受地面条件限制的情况下进行机动作业的能力
测量准确	遥感影像是对地观测形象和客观的记录，在定性、定量、定位、定时等方面具有准确、可度量的特点
综合应用	从同一幅遥感影像里可以提取不同专业需要的专题信息，具有一像多用、系列成图等多目标、多用途的特点
费用节省	遥感科学技术方法具有上述诸多优势，在总体上显著优于常规科学技术方法，在经费的开销上也比较节省、费效比更加优越。在多高度、立体交叉作业时，遥感的这些优势表现得尤为突出

1.3　遥感科学技术的学科体系

《矛盾论》中指出："科学研究的区分，就是根据科学对象所具有的特殊的矛盾性。因此，对于某一现象的领域所特有的某一种矛盾的研究，就构成某一门科学的对象"。换言之，一门科学必有一种特有的矛盾，作为其研究的对象而与其他科学相区别；同理，一个学科体系也必有其自身研究的一个特有的矛盾体系而与其他学科体系相区别。在我国《学科分类与代码》（GB/T 13745—2009）的国家标准里指出：学科是相对独立的知识体系。这里"相对""独立"和"知识体系"三个概念是本标准定义学科的基础。"相对"强调了学科分类具有不同的角度和侧面，"独立"则是指某个具体学科不可被其他学科所替代，"知识体系"是学科区别于具体的"业务体系"和"产品"。根据 GB/T 13745—2009 定义学科的基本原则，在遥感科学技术系统分析结果（图 1-1）的基础上，可以给出如图 1-3 所示的遥感科学技术的学科体系结构图。它是一个从信息流程、业务层次、应用领域等不同侧面，描述遥感科学技术知识体系结构的三维学科分类立方体。根据学科发展的需要和现状，这些知识体系还可以进一步细分为有关的知识群组、知识群。它们是构成次一级学科的科学依据。

1.3.1　按信息流程划分的遥感学科体系

按照遥感作业的信息流程，可以将遥感学科体系划分为数据获取遥感学、信息挖掘遥感学、应用集成遥感学和共享服务遥感学四个学科。这些学科之间相对独立、自成系统，却又相互关联、融为一体，构成了一个从数据获取到最终用户的信息流程所内涵和外延的知识链条。其相对独立的知识体系可分述如下。

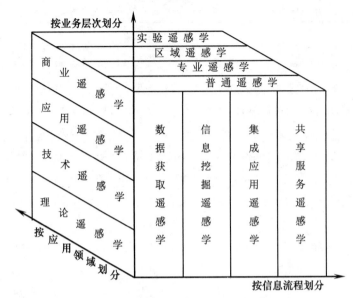

图 1-3　遥感科学技术的学科体系

1. 数据获取遥感学

这个学科是利用各种遥感器、遥感平台、数据处理设备及其不同的组合，根据应用任务的需求，优质、高效地获取所需遥感数据的知识体系，具体包括遥感数据获取的理论基础、技术系统、工作原理、作业方法、应用途经和创新发展等方面的配套知识。

2. 信息挖掘遥感学

这个学科是利用人类智慧以及光学、电子光学、计算机等技术，根据影像的色调/颜色、形状、大小、纹理、图形、高度、阴影、位置关系以及变化等特征，从遥感影像数据里挖掘出用户所需专题信息的知识体系，具体包括遥感数据的地形测量制图、数字处理分类、特征参数反演、专题判读制图等知识。

3. 集成应用遥感学

这个学科是在地理信息系统环境里，以应用系统模型为纽带或框架，集成遥感及非遥感来源的相关数据，建立起相应的集成遥感应用系统，优质、高效和业务化地完成其应用任务的知识体系，具体包括应用系统建模、多来源数据集成、集成系统研制、业务运行维护以及输出产品（信息与知识）应用等知识。

4. 共享服务遥感学

这个学科是在网络、网格以及云环境里，分别从遥感数据、专题信息、决策知识以及相应软、硬件资源的层面上开展共享应用服务，以满足广大用户不同应用需求的知识体系，具体包括环境设计实现、数据共享标准、应用服务规范、任务中介服务、费用结算转账、安全隐私保护等方面的知识。

1.3.2　按业务层次划分的遥感学科体系

按照遥感工作的业务层次，可以将遥感学科体系划分为理论遥感学、技术遥感学、应用遥感学和商业遥感学四个学科。这种学科体系展现了将遥感科学技术转变为社会生产力的循序渐进的升华过程。其学科的相对独立的知识体系可分述如下。

1. 理论遥感学

这个学科是从基础理论层面上，支持遥感数据获取、专题信息挖掘、应用系统集成以及资源共享服务等流程环节及其总体运行服务的知识体系，具体包括地物波谱特性、遥感影像语义结构、应用系统模型以及人地系统科学等方面的知识。

2. 技术遥感学

这个学科是从工程技术层面上，支持遥感信息流程各个环节及其总体技术集成所需软硬件系统研制任务完成的知识体系，具体包括研制各种遥感数据获取系统、专题信息挖掘系统、集成应用技术系统以及资源共享服务网络等方面的知识。

3. 应用遥感学

这个学科是从实际应用层面上，根据用户或应用任务的需要，支持其信息流程各个环节和/或整个信息流程的应用目标实现过程的知识体系，具体包括用户使用遥感数据获取、专题信息挖掘、系统业务应用和网络共享服务等技术的知识。

4. 商业遥感学

这个学科是从商品产销层面上，支持遥感科研成果转化为商业产品、各种遥感产品占领市场以及遥感产业化及其进入良性循环的知识体系，具体包括遥感产品分类、市场需求调查、投入产出分析、科研成果转化、中介机构发展、营销策略制定、产品售后服务、经济效益评估等方面的知识。

1.3.3　按应用领域划分的遥感学科体系

按照遥感科学技术的应用领域，可以将遥感学科体系划分为普通遥感学、专业遥感学、区域遥感学和实验遥感学四类学科。其中，专业遥感学和区域遥感学是将遥感科学技术应用于外部领域的知识体，而普通遥感学和实验遥感学则是面向遥感科学技术内部的知识体。它们都是推动遥感科学技术发展的强大动力。其相对独立的知识体系可分述如下。

1. 普通遥感学

这个学科面向遥感科学技术领域内部，是支持其总体问题解决、共性技术集成以及遥感信息基础设施建设的知识体系，具体包括遥感总体框架构建、遥感共性技术筛选与集成、遥感科学技术 – 应用领域 – 人力资源融合、遥感学科体系建设与发展、遥感系列产品设计与更新以及遥感良性发展环境开拓等方面的知识。

2. 专业遥感学

这个学科面向遥感科学技术领域外部，是支持遥感分别应用于农业林业、地质地理、水文海洋、气象气候、生态环境、测绘制图、军事侦察等专业领域里的知识体系，具体包括专业部门遥感应用的需求分析与任务定义、专业应用系统设计和技术集成及其作业规范、应用示范及其效果评价与推广等方面的知识。

3. 区域遥感学

这个学科面向遥感科学技术领域外部，是支持遥感分别应用于不同行政、自然或经济区域或不同城市及其规划管理任务的知识体系，具体包括区域发展、城市管理的遥感应用需求分析及其任务定义、多源时序空间数据的集成与共享、应用系统集成及其综合应用、网络用户互动信息服务及其可持续发展等知识。

4. 实验遥感学

这个学科面向遥感科学技术领域内部，是有关遥感技术创新及其应用示范支持系统研制、运行与服务的知识体系，具体包括遥感科学技术创新发展应用需求分析及其试验任务定义、支持系统设计实现及其作业规范、遥感试验设计及其组织实施、试验结果检测及其分析评价、试验对象改进方案提出等方面的知识。

1.4　《普通遥感学教程》内容简介

《普通遥感学教程》由 6 章组成。其中，第 1 章和第 6 章涉及遥感科学技术概述和遥感信息基础设施方面的内容，在全书之中起开篇和收官的作用；第 2 章～第 5 章涉及遥感数据获取、专题信息挖掘、集成系统应用以及资源共享服务等内容，构成了全书的主体部分。这 4 章里，每章的开篇节均涉及其基础理论方面的问题，为其后各节论述的展开提供了学科上的依据。全书各章节的内容简介如下。

第 1 章　遥感科学技术概论

它是整个教科书的开篇之章，对遥感科学技术内涵及其演化、遥感科学技术系统分析、遥感科学技术定位及其优势以及遥感学科体系等方面的问题进行了概括性的论述。它还对本书的结构进行了扼要的说明。这就使读者不仅对遥感科学技术及其学科体系有个清晰的概念，而且还可以对本书建立起一个完整的画面。

第 2 章　多级遥感数据获取

这个部分在论述作为遥感数据获取理论依据的地物电磁波辐射特性理论研究的基础上，分别介绍了可见光、多波段、热红外和微波段的遥感数据获取系统的技术构成、工作平台、功能范围、行为特征、优势所在以及应用实例等方面的情况。它们是带动整个遥感科学技术体系向前发展的火车头。

第 3 章　遥感数据信息挖掘

这部分在论述作为遥感专题信息挖掘科学依据的遥感影像特征及其信息内涵理论研究的基础上，分别介绍了遥感数字摄影测量系统、遥感影像数字处理系统、遥感特征参数反演系统和遥感影像交互判读系统的技术构成、行为特征、应用实例等方面的详细情况。它们是使遥感数据转变为专题信息的加工厂，也是使遥感数据分析由人工目视判读阶段跃升到人机交互或全数字化阶段的助推器。

第 4 章　遥感集成系统应用

这个部分论述了在遥感应用系统模型、多种来源数据和地理信息系统支持下，遥感常规业务应用系统、遥感突发事件响应系统和遥感创新发展支持系统等类型的遥感业务系统及其所包含的业务应用系统的技术构成、主要功能、运作特点、应用范围及其在国家安全、经济发展、社会进步、科技创新以及民生改善中的地位和作用。它们不仅是使遥感信息转化为管理决策知识的孵化器，也是使遥感从科学实验研究层次跃升到业务运行服务层次的发射器。

第 5 章　网络资源共享服务

这个部分在定义遥感网络资源共享服务的应用需求、用户范围、系统边界、共享途径以及分工协作的人地系统科学理论支持下，论述遥感数据生产者如何友好地为用户提供数据、用户如何寻找或直接使用自己所需信息以及从知识层面上解决资源共享及其用户应用服务的网络环境、技术手段、标准规范、共享途径、运行服务等方面的问题。它们既是遥感科学技术从科研院所、课堂实验室走向用户部门以及社会大众的最佳途径，也是科学技术转化为社会生产力的必由之路。

第 6 章　遥感信息基础设施

这个部分论述了在人地系统科学理论支持下，遥感信息基础设施由遥感共性技术、应用领域和人力资源三个部分所组成，其可持续发展则取决于遥感学科体系建设、遥感系列产品产销以及遥感发展环境营造三根支柱的支撑。在整个教科书之中，这个部分是集各章之大成、起画龙点睛作用的收官之作，具有深远的学术意义和重要的实用价值。

参考文献

[1] 阎守邕. 遥感——一门新兴的综合性探测技术. 科学实验，1979（10）：3-5.

[2] 龚家龙，阎守邕. 环境遥感技术简介. 北京：科学出版社，1980.

[3] （日）遥感研究会. 遥感原理概要. 龚君，译. 北京：科学出版社，1981.

[4] 李树楷. 遥感时空信息集成技术及其应用. 北京：科学出版社，2003.

[5] （日）遥感研究会. 遥感精解. 刘勇卫，贺雪鸿，译. 北京：测绘出版社，1993.

[6] 阎守邕. 国家空间信息基础设施建设的理论与方法. 北京：海洋出版社，2003.

[7] 阎守邕. 现代遥感技术系统及其发展趋势. 环境遥感，1995，10 (1)：52-62.

[8] 中国科学院遥感应用研究所. 遥感知识创新文集. 北京：中国科学技术出版社，1999.

[9] 郑兰芬，等. 成像光谱遥感技术及其图像光谱信息提取的分析研究. 环境遥感，1992，7（1）：49-58.

[10] 阎守邕. 国家空间信息基础设施的现状与发展. 北京：海洋出版社，2001.

[11] Al Gore. The Digital Earth: Understanding our Planet in the 21st Century. January 31, 1998. http://www.digitalearth.gov/.

[12] 阎守邕，刘亚岚，魏成阶，等. 遥感影像群判读理论与方法. 北京：海洋出版社，2007.

[13] Colwell Robert N. History and Place of Photographic Interpretation. Chapter 1, Manual of Photographic Interpretation, Second Edition, American Society for Photogrammetry and Remote Sensing, 1997, pp. 1-47.

[14] Teng William L, et al. Fundamentals of Photographic Interpretation. Chapter 2, Manual of Photographic Interpretation, Second Edition, American Society for Photogrammetry

and Remote Sensing, 1997.

[15] Estes John E, Hajic Earl J, Tinney Larry R，et al. Fundamentals of Image Analysis: Analysis of Visible and Thermal Infrared Data. Chapter 24, Manual of Remote Sensing, Second Edition, American Society for Photogrammetry and Remote Sensing, 1983.

[16] Lillesand Thomas M and Kiefer Ralph W. Remote Sensing and Image Interpretation. Fourth Edition, John Wiley & Sons, Inc., 2000.

[17] Takashi Matsuyama. Knowledge-Based Aerial Image Understanding System and Expert Systems for Image Processing. IEEE Transactions on Geoscience and Remote Sensing, Vol. GE-25, No. 3, May 1987, pp. 305-316.

[18] Bernhard Nicolin，Richard Gabler. A Knowledge-Based System for the Analysis of Aerial Images. IEEE Transactions on Geoscience and Remote Sensing, 1987,GE-25(3): 317-329.

[19] McKeown David M. The Role of Artificial Intelligence in the Integration of Remotely Sensed Data with Geographic Information Systems. IEEE Transactions on Geoscience and Remote Sensing, 1987,GE-25(3): 330-348.

[20] Goodenough David G, et al. An Expert System for Remote Sensing. IEEE Transactions on Geoscience and Remote Sensing, 1987,GE-25(3): 349-359.

[21] Bogdanowicz J F. Image Understanding Utilizing Strategic Computing Initiative Architectures, Image Understanding and the Man-Machine Interface. SPIE, 1987，758:60-68.

[22] 阎守邕，全刚，张前，等. 在 GIS 支持下的遥感影像分类、判读与制图系统. 遥感信息，1995 (1):7-14.

[23] Yan S Y, Liu Y L, et al. Image Interactive Interpretation System. Proceedings of the 5th Seminar on GIS and Developing Countries, GISDECO 2000, Nov. 2-3, 2000, P-09-1~ p-09-7.

[24] Estes John E, et al. Fundamentals of Image Analysis: Analysis of Visible and Thermal Infrared Data. Chapter 24, Manual of Remote Sensing, 2nd Edition, ASPRS, 1983, 987-1118.

[25] 中国科学院遥感应用研究所. 遥感知识创新文集. 北京：中国科学技术出版社，1999.

[26] Report of the Secretory-General, Development and International Cooperation in the Twenty-First Century: the Role of Information Technology in the Context of a Knowledge-Based Global Economy. E/2000/52, 16 May 2000.

[27] 阎守邕，曾澜，徐枫，等. 资源环境和区域经济空间信息共享应用网络. 北京：海洋出版社，2002.

[28] 阎守邕，等. 中国遥感技术系统的软科学研究. 北京：中国科学技术出版社，1990.

[29] 阎守邕. 遥感技术的经济效益分析模型与计算方法. 环境遥感，1991, 6(1):5-11.

[30] 王大珩. 中国空间应用的回顾与展望. 北京：中国科学技术出版社，1990.

[31] http://www.bccresearch.com/report/IAS022A.html.

[32] http://www.bccresearch.com/report/IAS022B.html.

第2章　多源遥感数据获取

2.1　遥感数据获取的理论基础

自然界各种物质在电磁波辐射源（太阳、人工辐射源）照射下能够反射出一定的辐射能量，也因自身具有一定温度而可以不断地发射出辐射能量来。如果把某种物质反射或发射出来的能量按照波长记录下来，就可以得到该物质反射或发射的电磁波波谱。事实表明，不同物质因其自身特殊的反射或发射电磁波波谱特性而能够彼此区分开来，这就构成了遥感技术赖以不直接接触目标物体而能够远距离探测和识别它们的理论基础。在客观世界里，电磁波谱辐射与环境遥感密切相关的波长范围，当数可见光、热红外和微波三个波段。为此，本节将概括地论述有关电磁波辐射的物理模式及其与大气、地物和遥感系统之间的相互作用。

2.1.1　可见光电磁辐射物理模式

1. 电磁辐射的波动模式

19 世纪 60 年代，James Clerk Maxwell（1831—1879）提出电磁辐射（EMR）是一种以光速在空间传播的电磁波的概念。电磁波由两个波动场所组成：一个是电场；另一个是磁场（图 2-1）。两个矢量彼此成正交，与其传播方向垂直。其中，波长与频率 v 之间的关系可以用式（2-1）或式（2-2）来描述。其中，c 为光速（$3 \times 10^8 \text{m/s}$）。

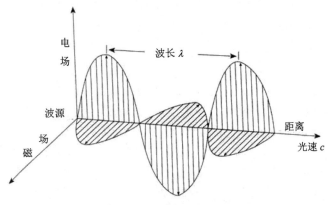

图 2-1　电磁波的构成及其传播

$$v = c / \lambda \tag{2-1}$$

不难看出，频率与波长呈反比关系，即波长较长，则频率较低；反之，波长较短，则频率较高。当电磁辐射从一种物质到另一种物质传播时，如果其频率不变，那么，光速和波长会发生变化，即

$$\lambda = c/\nu \tag{2-2}$$

所有温度在-273℃ 或 0K 以上的物体，包括水、岩石、植被和太阳表面等，都会发射电磁能量。除了雷达和声纳以外，太阳是遥感系统探测到的绝大多数电磁能量的初始来源（图 2-2）。太阳可以看成是一个 6000K 的黑体。一个黑体（M_λ）的总发射辐射与绝对温度（T）的 4 次方成正比，这就是著名的 Stefan-Boltzmann 定律。它具有如下形式，即

$$M_\lambda = \sigma T^4 \tag{2-3}$$

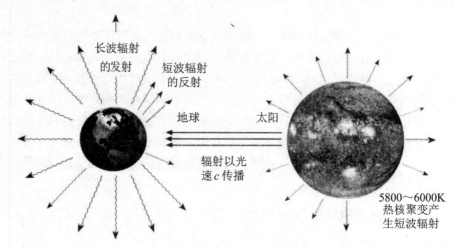

图 2-2　太阳表面热核聚变产生电磁波能量的连续谱

式中，σ 是 Stefan-Boltzmann 常数，为 $5.6697 \times 10^8 \ \text{W} \cdot \text{m}^{-2} \cdot \text{K}^{-4}$。

诸如太阳或地球之类的物体发射的能量是其自身温度的函数，温度越高，物体发射出的辐射能量越大。通过对图 2-3 曲线下的面积求和（积分），可以计算出来物体发射出的实际能量。由此不难看出，6000K 的太阳总发射辐射远大于 300K 的地球。除了计算诸如太阳之类的理论黑体总发射辐射能量而外，还可以根据 Wien 位移定律（Wien's Displacement Law）确定辐射的主波长，即

$$\lambda_{\text{max}} = k/T \tag{2-4}$$

式中：k 是常数，等于 2898μm；T 是热力学温度（K）。

因此，把太阳看成是 6000K 的黑体，可以计算出它的主波长为 0.48μm。太阳的电磁能量可以在 8min 里穿过 150000000km 的空间到达地球。如图 2-3 所示，地球近似为 300K（27℃）的黑体，具有大约 9.66μm 的主波长。尽管太阳具有一个 0.48μm 的主波长，但是它能够产生如图 2-4 和图 2-5 所示的连续电磁辐射谱。其覆盖范围宽广，从短波、频率超高的 γ 和宇宙射线，直到长波、甚低频的无线电波，地球只截取了其中很小的一部分太阳电磁辐射能量。可见光范围里的主要波段划分，可以用图 2-5 来说明。可见光包括了蓝（0.4~0.5μm）、绿（0.5~0.6μm）、红（0.6~0.7μm）波段。反射近红外波段在 0.7~1.3μm 范围，通常供黑白和彩色红外胶片曝光使用。中红外波段在 1.3~3.0μm 波长范围，而远红外区有两个非常有用的波段，即 3.0~5.0μm 和 8.0~14.0μm。微波波段占有较长的波长范围，其波长从 1mm 到 1m。

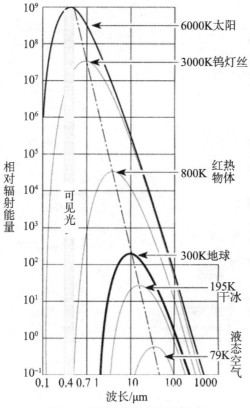

图 2-3　几种物体的黑体辐射曲线

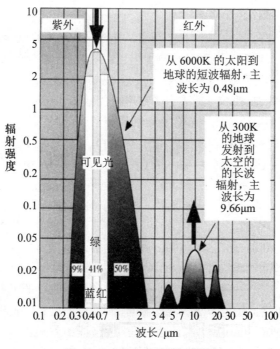

图 2-4　太阳和地球的辐射特性

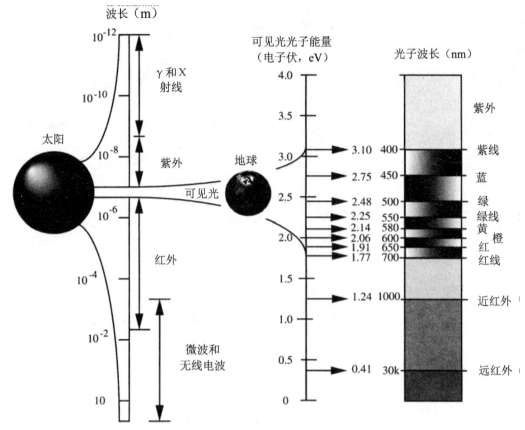

图 2-5　电磁波谱及可见光的光子能量

2. 电磁辐射的粒子模式

Isaac Newton 在《光学》（1704）中指出，光线是一种沿直线运动的粒子或微粒流。Albert Einstein（1879—1955）发现光和电子相互作用的不同性质。他认为，在光与物质相互作用时，仿佛由名为光子（Photons）的许多独立个体左右了其行为，具有承载能量和动量之类的粒子特性。光的粒子模式对考察电磁能量如何在原子水平上产生极为实用。

电子是带负电微小颗粒，围绕着带正电的原子核运动（图 2-6）。不同物质的原子，在其各个轨道上安排着数量不等的电子。正电荷的原子核与负电荷的电子之间的相互作用，使电子保持在轨道上。显然，电子的轨道是变化的，每个电子限制在离原子核一定距离的轨道上运动。电子围绕原子运动允许的轨道路程（Paths），可以认为是能级和能量水平（图 2-6（a））。为了使电子跃迁到比较高的能级必须做功。如果电子接收到足够的能量，它将跃迁到一个新的能级上，可以说原子受到了激励（图 2-6（b））。当一个电子处在较高的轨道上，具有势能。大约在 10^{-8}s 之后，电子将掉回到原子最低的空能级或轨道上，而释放出辐射能量（图 2-6（c））。其波长是对原子做功数量级的函数，即其波长是原子吸收的使电子受激励或移动到较高轨道的能量大小的函数。电子轨道像"能梯"的一些梯级。增加能量使电子沿着能梯级向上爬，发射能量时使电子从上面退下来。然而，"能梯"与顺序梯不同，后者梯级之间的距离不等。这就意味着，电子从一个轨道跳到下一个轨道，需要吸收或发出的能量可能不同，随其他步距需要的能量而变化。因此，电子不需要使用顺序的圆环，相反遵循物理学家们所谓的选择原则（Selection Rules）。在很多情况下，电子利用一种圆环顺序作为其攀登的梯级，而利用其他顺序作为退下来的阶梯。当带电的电子从激励状态（图 2-6（b））转变为非激励状态（图 2-6（c））时，剩余的能量被原子作为单独的电磁辐射小量（Packet）发射出来，光的粒子单位称为光子（Photon）。每次电子从较高的能级跳到较低的能级，就会有一个光子以光速离开。

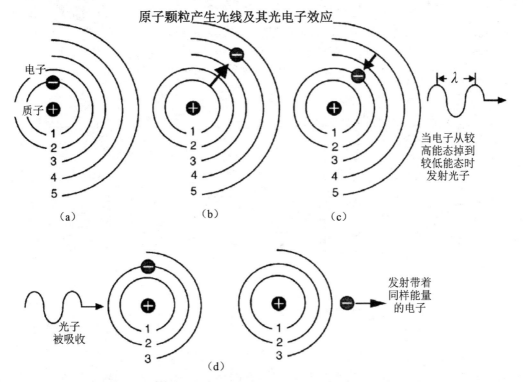

图 2-6　电子从高能态掉到低能态时发射一个光子电磁能量
(a) 基态；(b) 激发（光子被吸收）；(c) 去激发（量子跃迁）；(d) 光电效应。

　　基于某种未知的原因，电子必须从其原始轨道上消失，而在目标轨道上再现，不会穿越其间的任何位置，这种过程称为量子跃迁（Quantum Leap）或量子跳跃（Quantum Jump）。如果电子跃迁从最高激励状态一次跳到基准状态（Ground State），将发射出一个能量光子。电子跃迁从激励轨道到达基准状态，也有可能通过一系列跳跃，即从 4 到 2 再到 1 而实现。如果通过两次跳跃到达基准状态，每次这种跳跃将发射出一些能量较小的光子。两次不同跳跃发射出的能量，必须相加成为一次较大跳跃的总和。Niels Bohr（1885—1962）和 Max Planck 认识到辐射能量交换的离散本质，提出了电磁辐射的量子理论。这种理论说明能量以称为量子或光子的离散小量方式传播。以波动理论和量子表达的辐射频率之间的关系为

$$Q=h\nu \tag{2-5}$$

式中：Q 是以焦耳（J）度量的量子能量；h 是普朗克常数（6.626×10^{-34}Js）；ν 是辐射的频率。

　　参考式（2-2），且乘以 h/h 或 1，不会改变其值，用 Q 替代 $h\nu$，可以得到波长与能

量量子的关系为

$$\lambda=hc/h\nu \tag{2-6}$$
$$\lambda=hc/Q \tag{2-7}$$

或

$$Q=hc/\lambda \tag{2-8}$$

由此可见，量子的能量与其波长呈反比关系，涉及的波长越长，所含的能量越小。这种反比关系对遥感特别重要，因为探测热红外发射的较长波长的能量要比探测可见光较短波长的能量更为困难。事实上，要测量具有较长波长的能量，传感器必须对地面进行较长时间的观测。图 2-7 给出了从 γ 射线到无线电波的量子（光子）的能量状况。

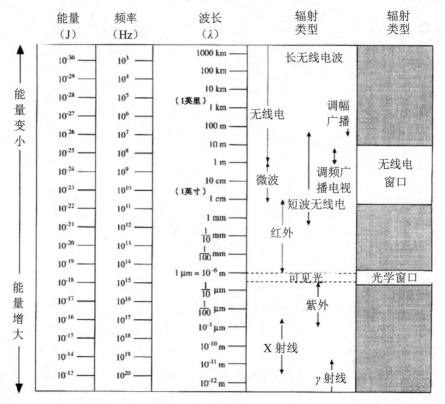

图 2-7　从 γ 射线到无线电波的量子（光子）能量排序

物质之所以有颜色，因其在能量等级和选择原则方面的不同所致。例如，受激励的钠蒸气发出鲜亮的黄光，可用于街灯照明。在钠灯点亮时，几千电子伏作用在蒸气上。钠蒸气受激的每个原子最外层的电子，沿着"能梯"登上较高的阶梯，然后按照某种阶梯顺序再从"能梯"上下来，其最后两级的间隔为 2.1eV（图 2-8）。由此释放出来的能量为一个黄光光子，具有 0.58μm 波长和 2.1eV 能量。物质可以加热达到如此高温，使正常在受束缚、不发射电磁波的轨道上运动的电子挣脱、游离（图 2-6（d））。在这种情况发生时，原子仍然带有与逃逸电子负电荷等量的正电荷。电子变成自由电子，原子称为离子（Ion）。在电磁波谱的紫外和可见光部分，辐射由外层价电子的能级变化产生。由此产生的能量波长，随激励过程中有关电子特定轨道的能级而变化。如果原子吸收足够的能量而离子化以及自由电子落入以填充空能级，因此发出的辐射是一个连续谱，而不是一个或一系列波段。每个自由电子与带正电的原子核的每次遭遇都会引起电、磁场的迅速变化，于是就产生了所有波长的辐射。太阳赤热的表面主要是个等离子体，发出所有波长的辐射。如图 2-5 所示，诸如太阳之类的等离子体的波谱是个连续谱。在原子和分子里，电子轨道的变化产生较短波长的辐射，分子的振动变化产生近和/或中红外能量，旋转运动的变化产生长波红外或微波辐射。

钠汽灯原子颗粒发光

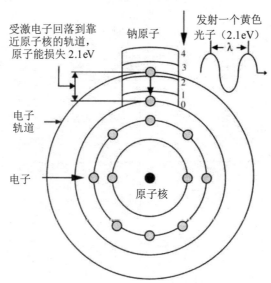

图 2-8　钠汽灯的原子颗粒发光

3. 辐射与大气物质的相互作用

辐射能量是辐射在某个波段里做功的能力。电磁辐射一经产生，将以近似光在真空里的速度通过地球大气层传播。然而，与在真空里传播不同，大气不仅能够影响辐射传播的速度，而且也可以影响其波长、强度和波谱分布。

1）折射

在真空中，光的速度为 3×10^8 m/s。当电磁辐射与不同密度物质（如空气和水）相遇，就可能发生折射。折射认为是光从某种介质进入另一种介质时发生曲折的现象。折射的发生是由于两种介质的密度不同，而且在各自的电磁辐射传播速度也不同所致。折射指数（Index of Refraction，n）是物质光学密度的一种度量。这个指数是光在真空中的速度 c 与光在某种介质（如大气或水）中的速度 c_n 之比。光在某种介质中的速度永远也达不到光在真空中的速度。因此，折射指数总是大于 1。例如，大气的折射指数为 1.0002929，水为 1.33。光在水里的传播速度要慢得多。

$$n = c/c_n \tag{2-9}$$

折射可以用 Snell 定律来描述，对给定频率的光线而言，其折射指数和该光线与折射面的法线夹角的正弦值之积为常数。从图 2-9 可以看出，非扰动大气可认为是一系列

具有不同密度的气体层。能量以任何非垂直角度通过任何适当距离的大气层传播时就会发生折射，即

$$n_1 \sin\theta_1 = n_2 \sin\theta_2 \qquad (2\text{-}10)$$

折射量是与垂线的角度 θ、传播距离以及大气密度的函数。在高空或锐角情况下探测辐射能量产生的影像上，由于折射可能会出现严重的位置误差。然而，这种位置误差可以根据 Snell 定律预测和消除。其表达形式为

$$\sin\theta_2 = n_1 \sin\theta_1 / n_2 \qquad (2\text{-}11)$$

因此，若知道介质的折射指数 n_1 和 n_2 以及辐射能量对介质 n_1 的入射角度时，就可以利用三角函数关系，预测在介质 n_2 里发生的折射量。

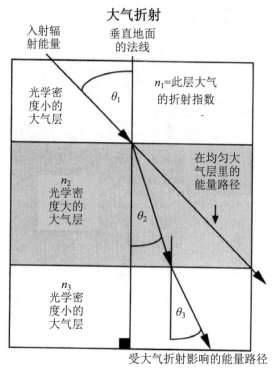

图 2-9　大气折射模式

2）散射

大气颗粒使辐射发生散射是大气产生的严重影响之一。散射不同于反射，前者的方向不可预测，而后者的方向可预测。在客观世界中，存在三种基本类型的散射：Rayleigh 散射、Mie 散射和非选择性的散射。大气中见到的散射类型在图 2-10 中给出。它们随入射辐射波长以及气体分子、水蒸气滴和/或尘埃颗粒尺度而变化。在遥感调查中，散射是一个必须考虑的重要因素。它降低遥感影像的反差，使目标之间难以区分，会严重地减少遥感数据的信息量。

（1）Rayleigh 散射（亦称分子散射）在物质（通常是大气里的气体分子）的有效直径较入射电磁辐射波长小许多（通常<0.1）时出现（图 2-10（a））。这种散射以首次系统地论述它的英国物理学家 Lord Rayleigh 的名字命名。所有散射通过原子或分子对辐射

的吸收和再发射完成。显然，人们不可能预测某个原子或分子发射光子的方向，因而也不可能预测散射的方向。激励原子所需要的能量来自强有力的短波、高频辐射。散射量与辐射波长的 4 次方呈反比关系。例如，0.3μm 的紫外光散射量要比 0.6μm 的红光大 16 倍$[(0.6/0.3)^4=16]$，0.4μm 的蓝光散射量要比 0.6μm 的红光大 5 倍$[(0.6/0.4)^4=5.06]$。在整个可见光谱里 Rayleigh 散射量在图 2-11 中给出。大部分 Rayleigh 散射发生在 4.5km 以上的大气层里，是天空为蓝色的原因。与波长较长的橙光、红光相比，波长较短的紫光、蓝光更容易散射。Rayleigh 散射也是造成红色黄昏的原因。大气层是受重力牵引包围着固体地球的一个气体薄壳，太阳光在黄昏（清晨）

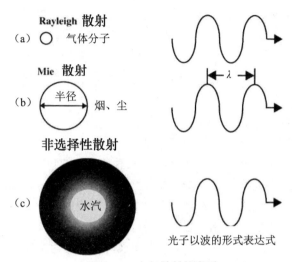

图 2-10　大气散射的类型

时分要比在中午时分穿过更长的大气路径。紫光和蓝光经过这种长的大气路径时的散射量，要比太阳当顶时的散射量大得多。因此，人们在黄昏时观看到的是，太阳光里那些难以被散射的光线，尤其是橙色和红色的光线。

（2）Mie 散射（有时称非分子散射）发生在 4.5km 以下的大气层里。那里有许多直径与入射波长相近的球形颗粒（图 2-10（b））。这些颗粒的尺寸在入射波长的 0.1～10 倍的范围。对于可见光而言，引起散射的主要物体是直径为十分之几微米到几微米的尘埃和其他颗粒。其散射量大于 Rayleigh 散射，其散射波长也较 Rayleigh 散射者为长。污染对美丽的日落和日出也有所贡献。在大气柱里的烟尘颗粒越多，紫光和蓝光被散射越强，只有波长较长的橙光和红光能够看到。

（3）非选择性的散射发生在大气层最下面的部分，其间的颗粒大于入射电磁辐射波长的 10 倍（图 2-10（c））。

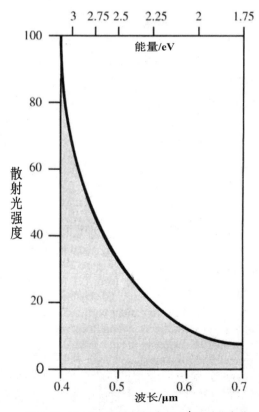

图 2-11　Rayleigh 散射强度与 λ^{-4} 呈反比变化

这种类型的散射是没有选择性的，换言之，所有波长的辐射，不论是蓝光、绿光，还是红光都会被散射。这样，构成云和雾的水滴和冰晶对可见光所有波长的散射量相同，致使云层呈现白色。非选择性的散射对蓝、绿和红光的散射比例大致相等，总是以白色呈现在观察者面前。

3）吸收

吸收是辐射能量被吸收而转化为其他形式能量的过程。入射辐射能量的吸收可以发生在大气里或陆地上。吸收带是某种物质吸收电磁波辐射能量的特定波长范围。水（H_2O）、二氧化碳（CO_2）、氧（O_2）、臭氧（O_3）和二氧化氮（N_2O）对光线穿过大气层的影响在图 2-12（a）中给出。不同成分吸收的累积影响，使大气在某个波谱范围变得完全不透明。这对遥感非常不利，因为在此没有能量可以感应。相反，在可见光部分（0.4～0.7μm）并不是所有入射能量都被吸收，传输效率还比较高。传输辐射能量效率较高的波谱部分，称为大气窗口（Atmospheric Windows）。

当入射辐射能量的频率与吸收能量的原子或分子的共振频率相同且处在激励状态时，吸收现象就会发生。如果再辐射的光子波长不同，能量转换为热运动，以较长的波长再辐射出来，吸收现象也会出现。当介质为空气之类的物质时，吸收和散射的影响往往组合为一个消光系数（Extinction Coefficient）。能量的透射（Transmission）量与消光系数和大气层厚度之积成反比关系。吸收对某些波长的辐射的影响，远较散射的影响为大。这种现象在红外和波长小于可见光的谱段尤为显著。大气吸收、散射和反射（从云顶）的综合影响如图 2-12（b）所示，极大地削弱了太阳辐射到达地球海平面高度上的能量。

植物的叶绿素进行光合作用，可以吸收许多蓝光和红光。叶绿素的这些吸收带，对于遥感识别植物及其与其他地物的差别而言，起着极为重要的作用。水对电磁辐射能量而言，是一种相当良好的吸收器。许多矿物在电磁波谱里，也有自己特殊的吸收带，可供遥感鉴别这些矿物之用。

4）反射

反射是辐射被云顶、水体、陆地之类物体"退回来"（Bounces off）的过程。事实上，这个过程相当复杂。它涉及半波长深度里的表层原子或分子对光子的再辐射作用。反射展现出的某些特性对遥感极为重要。首先，入射辐射、反射辐射以及入射角和反射角测量平面的垂线都在同一平面上；其次，入射角和反射（离开）角大体相同，如图 2-13 所示。反射表面有不同的类型。当反射辐射的表面基本上平滑（即入射波长几倍于表面起伏高度）时，就会发生镜面反射（Specular Reflection）。诸如平静的水体之类的地物，可以算作近似理想的镜面反射器（图 2-13(a)~(b)）。如果在表面有点波纹，入射能量将以相同角度、相反方向离开水面。如果相对入射波长而言，表面有比较高大的起伏，反射线就会沿多个方向发散，取决于较小的反射面的定位。漫反射不会产生镜像，但是可以产生漫射辐射（图 2-13(c)）。白纸、白粉和其他一些物质以这种漫反射方式反射可见光。如果表面非常粗糙且无独立反射面，无法预测方向的散射就可能发生。Lambert 定义了一种理想的反射面，以任意角度离开它的辐射通量都相等（图 2-13(d)）。这种表面通常也称为兰伯特反射面。来自太阳的入射辐射通量有相当多的数量被云顶和大气层里的其他物质所反射，而返回太空。用于云层的镜面反射和漫反射的原理也可以用于陆地表面。

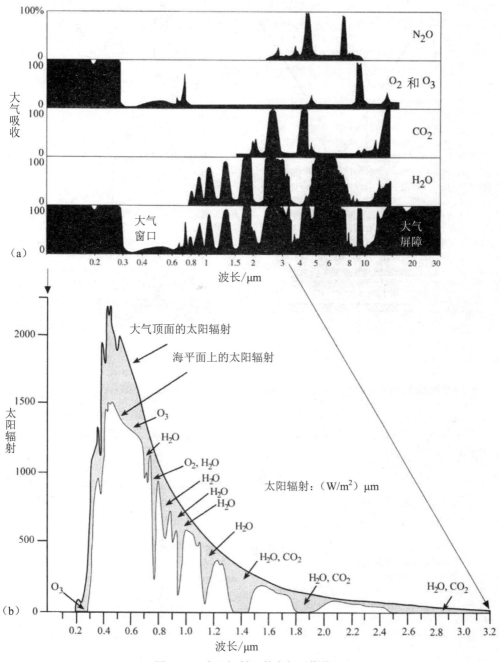

图 2-12　太阳辐射及其大气吸收状况

4. 辐射与地表物质的相互作用

辐射在单位时间里进入、离开或通过某个表面的能量称为发射通量（Φ），度量单位为 W。辐射通量的特性以及它与地球表面相互作用时产生的效果，对遥感而言极为重要。事实上，它们是许多遥感基础研究的焦点所在。仔细地监测入射辐射通量的确切性质及其如何与地表相互作用的过程，可以了解到地球表面的许多重要信息。

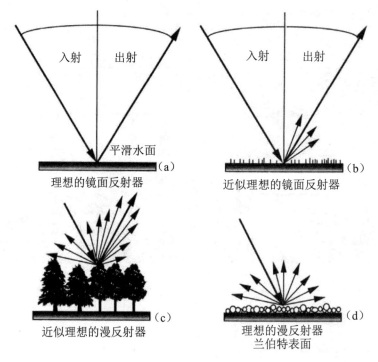

图 2-13　镜面反射和漫反射

　　确定了各种辐射物理量，人们就能够仔细地记录入射和出射的辐射通量（表 2-1）。对它们的研究可以从简单的辐射平衡方程开始。它描述了入射地面的特定波长（λ）的总辐射通量（Φ_{i_λ}），与地面反射能量（γ_λ）、吸收能量（α_λ）以及穿过地面能量（τ_λ）之间的关系，即

$$\Phi_{i_\lambda} = \gamma_\lambda + \alpha_\lambda + \tau_\lambda \qquad (2\text{-}12)$$

　　这些辐射量是在半球范围里，从任意角度入射到地面上的辐射能量。与此相关且经常使用的物理量分别在表 2-1 予以说明。

表 2-1　有关的辐射物理量及其概念

名称	符号	单位	概念
辐射能量	Q_λ	焦耳，J	辐射在特定波段内做功的能力
辐射通量	Φ_λ	瓦，W	进入、流出和穿越一个平面的能流速率
地表辐射通量密度 　辐照度 　辐散度	 E_λ M_λ	 W/m^2 W/m^2	 入射某平面单位面积的辐射通量 离开某平面单位面积的辐射通量
亮度	L_λ	（瓦/m^2）立体角，（W/m^2）/sr^1	沿着特点方向在单位投影辐射源面积上的辐射强度
半球反射率	γ_λ	无量纲	$\Phi_{\text{ref}}/\Phi_{i_\lambda}$
半球透过率	τ_λ	无量纲	$\Phi_{\text{tra}}/\Phi_{i_\lambda}$
半球吸收率	σ_λ	无量纲	$\Phi_{\text{abs}}/\Phi_{i_\lambda}$

1）半球反射率、吸收率和透射率

半球反射率定义为地面的反射辐射通量（Φ_{ref}）与其入射辐射通量之无量纲的比值（表 2-1），即

$$\gamma_\lambda = \Phi_{\text{ref}} / \Phi_{i\lambda} \qquad (2\text{-}13)$$

半球透射率定义为透过地面的辐射通量（Φ_{tra}）与其入射辐射通量之无量纲的比值（表 2-1），即

$$\tau_\lambda = \Phi_{\text{tra}} / \Phi_{i\lambda} \qquad (2\text{-}14)$$

半球吸收率可以用如下无量纲的比值来定义。其中，Φ_{abs} 为地面的吸收辐射通量，或

$$\alpha_\lambda = \Phi_{\text{abs}} / \Phi_{i\lambda} \qquad (2\text{-}15)$$

这些定义意味着辐射能量必须是守恒的，它或者被反射回去，穿过地面物质，或者被吸收转化为地面物质内部的其他形式的能量。大多数物质吸收的能量转化为热能，使物质的表面温度升高，即

$$\alpha_\lambda = 1 - (\gamma_\lambda + \tau_\lambda) \qquad (2\text{-}16)$$

这些辐射量有助于对地面物体的光谱反射、吸收和透射特性的总体描述。事实上，选取简单的半球反射率方程乘以 100，就可以得到百分比反射率（$P_{\gamma\lambda}$）的表达式，即

$$p_{\gamma\lambda} = (\Phi_{\text{ref}} / \Phi_{i\lambda}) \times 100 \qquad (2\text{-}17)$$

在遥感研究中，这个表达式经常用来描述不同对象的光谱反射特性。例如，图 2-14 只给出了某些地物的光谱反射率曲线。它们为照相机、多波段扫描仪等遥感器系统记录下来，可提供作为鉴别和评价地物目标很有价值的信息。从图 2-14 上可以清楚地看出：青草只反射了近 15% 的红光（0.6～0.7μm）入射能量，却反射了近 50% 的近红外（0.7～0.9μm）入射辐射通量。如果想要区分青草和人造草皮，遥感使用的最佳波段是近红外波段，因为在此只有 5% 的近红外入射辐射通量被人造草皮反射。这样，在黑白红外影像上，青草色调比较明亮而人造草皮则比较灰暗。半球反射、透射和吸收辐射量不能准确地提供辐

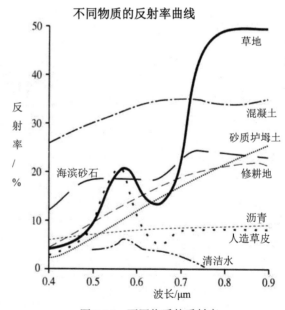

图 2-14　不同物质的反射率

射能量从某个特定方向到达地面某个特定面积上的数量信息，或者说，不能准确地提供沿某个方向离开地面辐射通量数量的信息。鉴于某个时间点定位在空间上的遥感系统，在该瞬间只能看到地球上相对很小的部分，改善辐射测量技术显得格外重要，以便从遥感数据里抽取更精确的辐射信息。为此，需要引进有助于提供更精确辐射信息的若干个

辐射物理量。

2）辐射通量密度（Radiant Flux Density）

图 2-15 给出了在特定波长太阳辐射通量（Φ）照射下的一个面积为 1m^2 的小平面。该平面接收到的辐射通量除以该平面的面积（A），就得到了所谓的平均辐射通量密度。

（1）辐照度（Irradiance）和**辐散度**（Exitance）。入射到平面单位面积上的辐射通量，称为辐照度（E_λ），即

$$E_\lambda = \phi_\lambda / A \tag{2-18}$$

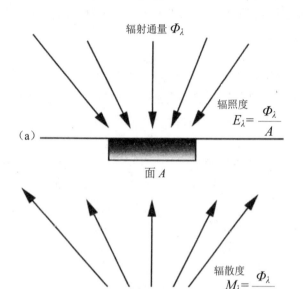

图 2-15 辐射通量密度的概念

离开平面单位面积上的辐射通量，称为辐散度（M_λ），即

$$M_\lambda = \Phi_\lambda / A \tag{2-19}$$

这两个物理量通常用 W/m^2 为单位度量。它们增添了有关地面研究区域尺度（m^2）方面的信息，但是没有提供有关入射辐射或离开辐射方向的信息。

（2）辐射亮度（Radiance）。辐射亮度是最精确的一种遥感辐射度量。辐射率（L_λ）是在给定方向单位投影源面上，沿该方向离开该面源的单位立体角里的辐射通量。它以单位立体角、单位平方米上的瓦数（$(\text{W/m}^2)/\text{sr}^1$）为单位度量。研究图 2-16 可以很好地理解辐射亮度的概念。辐射通量沿给定方向离开投影源指向遥感器，而沿着其他方向离开源面的辐射通量与此无关。因此，在某个方向（$A\cos\theta$）的立体角（Ω）里，离开投影源面的某个波长的辐射通量（L_λ）为

$$L_\lambda = \theta / (\Omega A \cos\theta) \tag{2-20}$$

为了更好地理解立体角这个概念，可以用从飞机上通过望远镜观看地面的例子来说明。这时，只有离开地面且向上通过具有一定立体角的望远镜的辐射能量才能为望远镜

和人眼所接收。因此，立体角就像从地面某点朝向传感器系统的一个辐射通量漏斗或三维锥体。希望能够看到的情况是，来自大气和地面其他地物的能量不要散射进视场立体角里，与来自地面感兴趣区域的辐射通量相混淆。然而，这种情况并不常见，因为来自大气散射和邻近区域的能量，显然会对进入视场立体角的干扰光谱能量有所贡献。

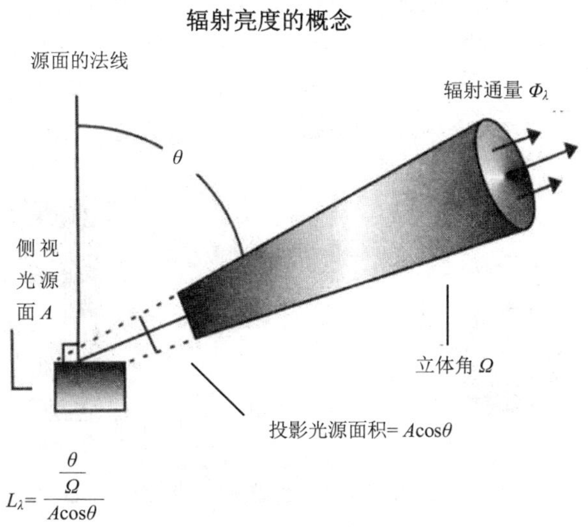

图 2-16　辐射亮度的概念

5. 辐射与遥感系统的交互作用

地球表面反射或发射的发射通量再次进入大气层，会和各种气体、水蒸气以及颗粒物发生散射、吸收、反射和折射等交互作用，再次影响遥感系统记录的辐射通量。从理想的情况来看，照相机或探测器记录的辐射能量，应该是在某个立体角的瞬时视场里离开地面的辐射亮度强度的函数。然而，实际情况并非如此，其他辐射能量会从其他不同的路径进入视场，使遥感过程受到噪声的干扰。为了确定进入遥感系统的能量来源和路径，需要定义更精确的有关辐射变量（表 2-2）。从不同路径进入视场的辐射能量以及决定到达卫星传感器辐射亮度的因素，在图 2-17 中给出。这些路径有以下几方面。

表 2-2　有关的辐射变量

E_o = 大气顶面的太阳辐照度（W/m^2）
$E_{o\lambda}$ = 大气顶面的光谱太阳辐照度（（W/m^2）/μm^1）
E_d = 漫射天空辐照度（W/m^2）
$E_{d\lambda}$ = 光谱漫射天空辐照度（（W/m^2）/μm^1）
E_g = 入射地面的球面辐照度（W/m^2）
$E_{g\lambda}$ = 地面上的光谱球面辐照度（（W/m^2）/μm^1）
τ = 垂直大气光学厚度
T_θ = 在角度 θ 到天顶的大气透明度
θ_o = 太阳天顶角
θv = 卫星传感器的视角（扫描角）

（续）

$\mu = \cos\theta$	
$\gamma_\lambda = $ 研究区的平均反射辐射	
$\gamma_{\lambda n} = $ 邻近区的平均反射辐射	
$L_s = $ 到达传感器的总辐射亮度（（W/m^2）/sr^1）	
$L_t = $ 从感兴趣目标到传感器的总辐射亮度（（W/m^2）/sr^1）	
$L_i = $ 目标固有的亮度（（W/m^2）/sr^1）	
$L_p = $ 来自多次散射的路径亮度（（（W/m^2）/sr^1）/sr^1）	

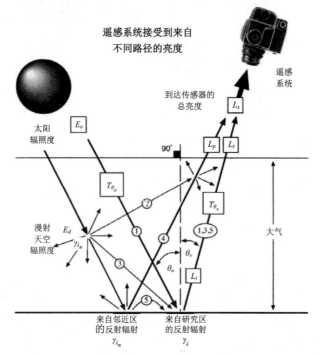

图 2-17　遥感系统接受到来自不同路径的亮度

1）进入视场的辐射路径

路径 1 为光谱太阳辐照度（$E_{o\lambda}$），在照明瞬时视场里的地面之前衰减很小。在此情况下，令人感兴趣的是来自特定太阳天顶角（θ_o）的太阳辐照度，以及到达地面的辐照度的大小是在该角度大气透明度（$T_{\theta o}$）的函数。如果所有辐照度都到达地面，那么大气透明度等于 1。如果没有辐照度到达地面，那么大气透明度为零。

路径 2 为光谱漫射天空辐照度（$E_{d\lambda}$），因大气散射从未到达过地球表面。遗憾的是，这种能量因散射往往直接进入传感器系统的瞬时视场。Rayleigh 散射蓝光对这种漫射天空辐照度的贡献很大。这是为什么遥感器系统取得的蓝波段影像要比其他波段影像更明亮的原因。它包含着相当多散射进入遥感器而不想要的漫射天空辐照度。因此，如果可能，应该使之影响减少到最低限度。

路径 3 来自太阳，在到达研究地面之前经受过 Rayleigh、Mie 和非选择性散射，也许还包括被吸收和再发射的能量。它的光谱成分以及极化特性与路径 1 到达地面的能量，可能存在某些差异。

路径 4 为进入传感器瞬时视场由雪、混凝土、土壤、水体和/或植被覆盖的附近地面反射或散射的辐射能量（$\gamma_{\lambda n}$）。这种能量实际上并没有照射在感兴趣的研究区上。因此，如果可能，应该使之影响减少到最低限度。

路径 5 为附近地面反射进入大气，但散射或反射到研究区上。

2）传感器记录的总辐射亮度

对于给定的某个光谱间隔（如 λ_1 到 λ_2 为 0.5～0.6μm，或为绿光），到达地面的总太阳辐照度 $E_{g\lambda}$ 是几个成分的积分，即

$$E_{g\lambda} = \int_{\lambda_1}^{\lambda_2} (E_{o\lambda} T_{\theta o} \cos\theta_o + E_{d\lambda}) \, d\lambda \qquad ((\text{W}/\text{m}^2)/\mu\text{m}^1) \qquad (2\text{-}21)$$

它是大气顶部光谱太阳辐照度（$E_{o\lambda}$）与在太阳天顶角（θ_o）时大气透明度（$T_{\theta o}$）之积，再加上光谱漫射天空辐照度（$E_{d\lambda}$）贡献的函数。只有很少量这种辐照度为地面反射进入卫星传感器。

如果假定地球表面为漫反射体（兰伯特表面），那么离开研究区指向传感器的总辐射亮度（L_T）为

$$L_T = \frac{1}{\pi} \int_{\lambda_1}^{\lambda_2} \gamma_\lambda T_{\theta v} (E_{o\lambda} T_{\theta o} \cos\theta_o + E_{d\lambda}) \, d\lambda \qquad (2\text{-}22)$$

平均目标反射率（γ_λ）的引入，是因为视场里的植被、土壤和水体会有选择性地吸收某些入射能量所致。事实上，不是所有入射瞬时视场的能量（$E_{g\lambda}$）都会离开这个视场。地面会起滤波器作用，有选择性地吸收某些波长的光线，而反射其他波长的光线。若辐射能量以某个角度（θ_v）离开地面，那么在式（2-22）需要引入物理量 $T_{\theta v}$。

通常传感器记录的总辐射亮度 L_s，并不等于从感兴趣的研究区返回的辐射亮度 L_t。因为来自不同路径的某些额外的辐射亮度，即通常所谓的路径亮度（Path Radiance，L_p），会进入传感器的瞬时视场（图 2-17）。因此，传感器记录下来的总辐射亮度为

$$L_s = L_t + L_p \qquad ((\text{W}/\text{m}^2)/\text{sr}^1) \qquad (2\text{-}23)$$

从式（2-23）和图 2-17 可以看出，路径亮度（L_p）是传感器记录的总辐射亮度（L_s）中的有害成分。它主要由来自路径 2 的漫射天空辐照度（E_d）和来自路径 4 的研究邻近区的反射能量（$\gamma_{\lambda n}$）所组成。路径亮度使误差引进了遥感数据采集过程，有损于获取精确的光谱测量数据的能力。长期以来，开展了大量研究工作以寻求消除这种路径亮度（L_p）不利影响的有效方法。

2.1.2　红外电磁辐射的物理模式

遥感影像判读人员不能把热红外影像当作光-机多波段扫描仪或 CCD 遥感系统产生的航空相片或典型的遥感影像来判读。他们必须充分考虑这种影像所蕴涵着的"热特性"。具体而言，他们需要了解：来自太阳的短波辐射能量如何与大气相互作用；这种能量如何与地面物质相互作用，使部分能量转化为长波能量；由地面发射的长波能量如何与大气再次相互作用；遥感探测器如何记录地面发射的热红外辐射。此外，他们还需要了解遥感系统和地面特征如何将噪声引入热红外影像，使之应用价值降低或出现误判结果。

因此，系统地了解热红外辐射特性及其有关的辐射定律、地物的热特性至关重要。

1. 热红外辐射特性

1）红外遥感的原理

分子颗粒随机运动产生的能量称为运动（Kinetic）热，也可称为内热或真热。这些颗粒在相互碰撞时，其能态会发生改变而发射出电磁波辐射，或者转换为热能。物体的真实运动热可以卡路里为单位，用温度表以直接接触的方式进行测量。鉴于物体的真实运动热可以转变为辐射能（也称为外部或表观能），使遥感技术的应用成为可能。对于大多数物体而言，其真实运动温度（T_{kin}）与辐射温度或辐射通量密度（T_{rad}）之间，存在着很高的正相关关系。这就为利用辐射计从远距离测量物体或遥感物体的辐射温度奠定了理论基础。遗憾的是，遥感的物体辐射温度总是要比其真实的运动温度低些。看起来，两者之间的关系并不是那样的理想。其间，称为发射率（Emissivity）的物体热特性，是个需要讨论的影响因素。太阳热核聚变产生的等离子体辐射通量，主要由短波长的可见光组成，以光速穿过 9300 万英里的真空距离。部分短波辐射能量通过大气，为地面物质吸收，然后以长波方式再发射出来。部分长波辐射再次通过大气，并为红外探测器记录下来，提供了地球表面很有价值的温度信息。

2）热红外大气窗口

这种红外能量能够利用遥感技术加以探测，因为它们从地面穿过大气层可以到达探测器所致。辐射能量可以透过大气层的波长范围称为大气窗口（Atmospheric Windows），以图 2-18 中的白色范围表示。在该图的黑色范围里，大部分的红外能量为大气所吸收，称为大气吸收带。水汽（H_2O）、二氧化碳（CO_2）和臭氧（O_3）的存在是导致大气吸收的主要原因。在这些吸收带里，遥感几乎无所作为。例如，大气里的水汽吸收了来自地面 5~7μm 的绝大部分能量，致使这个波长范围对红外遥感毫无用处。热红外遥感可以利用的两个大气窗口分别是 3~5μm 和 8~14μm。然而，地球臭氧吸收了 9.2~10.2μm 范围里的绝大部分能量，致使卫星热红外遥感系统只记录 10.5~12.5μm 范围里的数据，避开了这个吸收带。例如，ASTER 的波段 12 为 8.925~9.275μm，波段 13 为 10.25~10.95μm。9.276~10.24μm 的波长范围，因为大气吸收的缘故而无法为遥感所利。

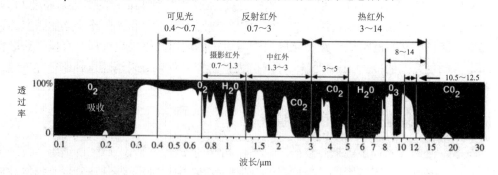

图 2-18　射和热红外波段范围的大气窗口

3）不同物体的发射率

世界不是由辐射黑体组成的，而是由诸如岩石、土壤、植被和水体之类的选择辐射体所组成的。在相同温度条件下，它们只能发射黑体发射能量的一部分。发射率(ε)

是来自真实世界的选择发射体辐射通量(M_r)与相同温度黑体的辐射通量(M_b)之间的比值，即

$$\varepsilon = \frac{M_r}{M_b} \tag{2-24}$$

所有选择辐射体的发射率取值变化范围从 0 到 1，随研究的辐射能量的波长而变动。灰体的发射率在所有波长上都是一个小于 1 的常数。图 2-19(a)说明黑体、灰体以及典型选择辐射体在 0.1~100μm 波长范围内的发射率的特点及其分布状况。其中，典型选择辐射体的发射率在 0、0.1、0.3 和 1.0 的水平上变动。6000 K 的这些物体的光谱辐射出射度分布在图 2-19(b)中给出。在选择辐射体的光谱辐射出射度的分布中，其发射率出现戏剧性的变化。在发射率为 1 的地方，它输出与黑体等量的辐射能量；而在发射率为 0 的地方，它就没有任何光谱辐射出射度发射出来。在地面上两个相邻的物体可能有相同的运动温度，但是用热辐射计可以测量出不同的表观温度。这是因为它们的发射率不同所致。某些常见物体的发射率在表 2-3 中给出。

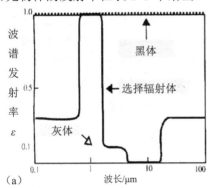 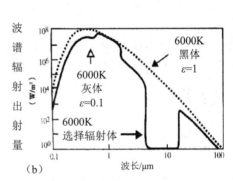

图 2-19　黑体、灰体和选择辐射体的波谱发射率

表 2-3　在 8~14μm 内常见物体的发射率

物体	发射率（ε）	物体	发射率（ε）	物体	发射率（ε）
蒸馏水	0.99	密冠植被	0.98	抛光金属	0.16~0.21
水	0.92~0.98	稀冠植被	0.96	生锈的钢铁	0.70
带油膜的水	0.972	草	0.97	花岗岩	0.86
混凝土	0.71~0.90	橡树树林	0.90	纯橄榄岩	0.78
沥青	0.95	阔叶林	0.97~0.98	粗玄武岩	0.95
焦油/石头	0.97	针叶林	0.97~0.99	雪	0.83~0.85
干炉坶土	0.92	不锈钢	0.16	油漆	0.90~0.96
湿炉坶土	0.95	铝箔板	0.05	人皮肤	0.98
沙质土壤	0.90	抛光铝板	0.08		
红色粗糙砖块	0.93	油漆铝板	0.55		

物体的发射率可以受到如下因素的影响。

（1）颜色。较暗颜色的物体是较好的吸收体和发射体，有较高的发射率；较浅颜色的物体会反射更多的入射能量。

（2）表面粗糙度。相对于入射波长而言，物体的粗糙度越大，物体的面积越大，吸收和再发射能量的潜力也越大。

（3）水分含量。水分含量越多的物体，其吸收能量的能力越大，会成为一个好的发射体。湿土壤颗粒就具有类似水体的发射率。

（4）致密程度。土壤的致密程度可以影响其发射率。

（5）视场。利用高分辨率的热辐射计测量单张叶子的发射率，将有别于利用较粗分辨率的辐射计测量整个树冠的发射率。

（6）波长。一般而言，物体的发射率随波长而变化。同一物体分别在 8~14μm 和 3~5μm 范围内的发射率存在差异。

（7）视角。同一物体的发射率随遥感器的视角不同而改变。

2. 热红外辐射定律

黑体是一种能够全部吸收落在其上辐射能量，而且能够在任意给定温度和波长条件下，以单位面积最大可能的速率辐射能量的理论物体。在客观世界里，尽管没有一种物体是真正的黑体，但是可以近似地认为太阳是一个 6000K 的黑体，地球为 300K 的黑体。如果将传感器对准一个黑体，可以记录下在给定波长物体的总辐射能量及其主波长的定量信息。为此，需要使用两个重要的物理定律：Stefan-Boltzmann 定律和 Wien 位移定律。

1）Stefan-Boltzmann 定律

黑体的总光谱辐射出射度（M_b）与其温度（T）的 4 次方成正比，可以用下式表达，即

$$M_\lambda = \sigma T^4 \tag{2-25}$$

式中：σ 是 Stefan-Boltzmann 常数，等于 5.6697×10^{-8}（W/m^2）$/K^4$；T 是用 K 表示的温度。

总光谱辐射出射度是在黑体辐射曲线下整个面积的积分值（图 2-20）。由该图不难看出，以 W/m^2 度量的辐射出射总能量随着温度的升高而加大，其辐射能量的峰值波长随之向较短波长方向移动。在给定温度条件下的黑体主波长可以利用 Wien 位移定律来确定。

2）Wien 位移定律

黑体真实温度 T（K）与其峰值出射度，或主波长（λ_{max}）之间的关系可以用 Wien 位移定律描述，即

$$\lambda_{max} = k / T \tag{2-26}$$

式中：k 是一个常数，等于 2898μm·K。

将某个物体的温度代入式（2-26），就可以求出它的主波长。由图 2-20 看出，6000K 的太阳主波长为 0.48μm。800K 的红热物体，用式（2-26）计算出的主波长为 3.62μm。了解物体的主波长，对于选择适当类型的遥感系统至关重要。

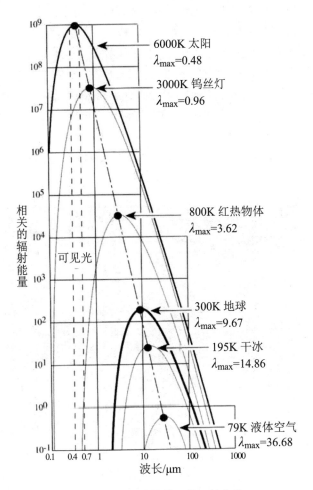

图 2-20　几种物体的黑体辐射曲线

3）Kirchoff 定律

入射辐射通量（Φ_i）与地面物质相互作用。部分辐射通量被地面反射（Φ_r），部分被地面吸收（Φ_a），还有部分穿过地面（Φ_t）。根据能量守恒的原则，可以跟踪整个入射能量的分化。光谱辐射通量与地面相互作用的通用方程，在下式中给出，即

$$\Phi_{i\lambda} = \Phi_{r\lambda} + \Phi_{a\lambda} + \Phi_{\tau\lambda} \tag{2-27}$$

如果方程两边均被原始的入射辐射通量 $\Phi_{i\lambda}$ 相除，可以得出

$$1 = r_\lambda + \alpha_\lambda + \tau_\lambda \tag{2-28}$$

式中：r_λ 是地面的光谱半球反射率；α_λ 是地面的光谱半球吸收率；τ_λ 是地面的光谱半球透过率。

俄国物理学家 Kirchoff 发现，在光谱的红外部分，物体的光谱发射率（ε_λ），一般而言，与其光谱吸收率相等，即 $\varepsilon_\lambda = \alpha_\lambda$。在客观世界里，大多数的物体对热红外辐射是不透明的，换言之，只有极少量或没有辐射通量能够透过地面物体，可以假定：$\tau_\lambda = 0$。因此，用 ε_λ 替换 α_λ 可以得到

$$1 = r_\lambda + \varepsilon_\lambda \tag{2-29}$$

这就给出了对热红外影像进行判读的重要依据。从理论上讲，入射能量不会透过地面物体，所有来自物体的能量只能根据反射率与发射率之间的关系计算。如果反射率增加，发射率必须减少；反之亦然。例如，水体吸收几乎所有入射能量，反射很少，其发射率接近 1。相反，金属屋顶反射大部分入射能量，吸收很少，其发射率远小于 1。图 2-21 是机场的一张夜间热红外影像。其上，金属机库和飞机的影像看起来比较冷，色调很暗；其中 7 架飞机的发动机仍在工作或刚停止工作不久，其所在位置的影像显得特别明亮；在被喷气加温的柏油碎石地面上，分别留下了相应飞机喷气尾流的白色影像。如果知道物体的发射率，就有可能修改原来用于黑体的 Stefan-Boltzmann 定律。因此，物体的总辐射通量（M_r）可以用下式来计算，即

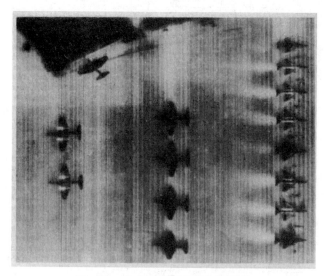

图 2-21 飞机场夜间的热红外影像

$$M_r = \varepsilon \sigma T_{\text{kin}} \tag{2-30}$$

在这个公式里考虑了物体的温度和它的发射率，建立了对物体发射的和热红外遥感器所记录的辐射通量更精确的计算。一般而言，热红外遥感系统记录的是地面的表观辐射温度（T_{rad}）而不是真实的运动温度（T_{kin}）。假定将发射率代入式（2-24），并改写为 $M_r = \varepsilon \sigma T_{\text{kin}}{}^4$，而且 $M_b = \sigma T_{\text{rad}}{}^4$，$M_r = M_b$，那么，$\sigma T_{\text{rad}}{}^4 = \varepsilon \sigma T_{\text{kin}}{}^4$。那么，遥感系统记录的物体辐射温度与它的真实运动温度、发射率的关系，可以通过下式来表述，即

$$T_{\text{rad}} = \varepsilon^{1/4} \sigma T_{\text{kin}} \tag{2-31}$$

在表 2-4 中给出了几种不同物体的真实运动温度和辐射温度之间的关系。不难看出，在分析遥感表观温度（T_{rad}）时，如果不考虑发射率的影响，物体的真实温度（T_{kin}）就会被低估。如果用温度表测量物体真实温度，用热辐射计测量它的表观辐射温度（T_{rad}），其发射率可以用下式计算，即

$$\varepsilon = \left(T_{\text{rad}} / T_{\text{kin}} \right)^4 \tag{2-32}$$

表 2-4　部分物体在 300 K 和 27℃时的发射率、真实运动温度、辐射温度

物体	发射率	物体真实运动温度 (T_{kin})		辐射温度 ($T_{rad} = \varepsilon^{1/4}\, T_{kin}$)	
	ε	K	℃	K	℃
黑体	1.00	300	27	300.0	27.0
蒸馏水	0.99	300	27	299.2	26.2
粗玄武岩	0.95	300	27	296.2	23.2
植被	0.98	300	27	298.5	25.5
干炉姆土	0.92	300	27	293.8	20.8

3. 地面物体热特性

水、岩石、土壤、植被、大气和人体都有能力，把热量直接传导到其他物体表面（导热率）和存储起来（热容量）。某些物体对温度变化的响应比其他物体可能更快些或更慢些（热惯量）。了解这些热特性极为有用，因为它们会影响到遥感不同物体热特性信息的能力。

1）热容量（Heat of Thermal Capacity，c）

它是对某物体吸收热量能力的一种度量。它的数量等于该 1g 物体温度升高 1℃所需要的热量（(cal/g) /℃）。水体与一般物体相比，有最大的热容量（1.00）。湖水的温度通常日夜的变化很小，而岩石存储热量的能力差，其温度的日夜差别显著。

2）导热率（Thermal Conductivity，K）

它是对某物体在其内部传热速度的一种度量。其大小可以用在 1s 时间里，通过 1cm³ 该物体且维持其两个相对表面的温差在 1℃条件下的卡路里数来测量（(cal/cm) /s) /℃。物体的导热率可以随其水分含量而变化。表 2-5 给出了不同物体的导热率。不难看出，许多岩石和土壤对热传导而言是不良导体。

表 2-5　部分物体的导热率、热密度、热容量和热惯量

	导热率	热密度	热容量	热惯量
	K	p	c	P
草地	0.0021	2.6	0.16	0.029
水	0.0013	1.00	1.00	0.036
树林	0.0050	0.5	0.327	0.009
玄武岩	0.0050	2.8	0.20	0.053
白云岩	0.0120	2.6	0.18	0.075
花岗岩	0.0075	2.6	0.16	0.056
沙质砾石	0.0060	2.1	0.20	0.050
石灰岩	0.0048	2.5	0.17	0.045
黑曜岩	0.0030	2.4	0.17	0.035
砂岩	0.0120	2.5	0.19	0.075
页岩	0.0042	2.3	0.17	0.041

（续）

	导热率	热密度	热容量	热惯量
	K	p	c	P
板岩	0.0050	2.8	0.17	0.049
沙质土壤	0.0014	1.8	0.24	0.024
湿黏土土壤	0.0030	1.7	0.35	0.042

3）热惯量（Thermal Inertia，P）

它是物体对温度变化热响应能力的一种度量。其大小可以用每 1℃、每秒平方根、每平方厘米的卡路里数来衡量（$(cal/cm^2)/\sqrt{s}$）/℃。热惯量可以按照下式来计算，即

$$P = \sqrt{(K \cdot p \cdot c)} \qquad (2\text{-}33)$$

式中：K 是导热率；p 是密度（g/cm^3）；c 是热容量。

密度是非常重要的生物物理变量。一般而言，热惯量随物体密度的增加呈线性增加。如果前述每个变量能够遥感，热惯量的计算就很简单了。然而，实际情况并非如此，导热率、密度和热容量都必须在现场测量。只有在夜间和清晨获取同一地区的热红外影像，两张影像在经过彼此的几何配准和辐射校准之后，每个具体像元的温度变化 ΔT 可以从日间表观温度减去夜间表观温度得到，每个像元的表观热惯量值，才能以某种方式遥感和计算出来。因而，每个像元的表观热惯量（ATI）为

$$ATI = (1 - A)/\Delta T \qquad (2\text{-}34)$$

式中：A 是感兴趣像元在可见光范围里测得的日间反照率（Albedo）。由式（2-34）看出，ATI 与测到的温度变化成反比关系。一般而言，高 ΔT 值与低热惯量值的物体相关，低 ΔT 值与高热惯量值的物体相关。

4）日周期变化

从太阳升起之时，地球开始接受来自太阳、以短波（0.4~0.7μm）为主的辐射能量（图2-22(a)）。从清晨到黄昏，地面接受入射的短波能量，并将其中相当大的部分反射回大气层。利用光学遥感系统可以测量这部分能量。然而，某些入射的短波能量为地面所吸收，以热红外辐射（3~14μm）的形式再辐射回到大气层里。这种长波辐射的峰值通常出现在入射短波辐射的午间峰值之后 2~4h，因为这段时间使土壤得以加热。反射的短波能量和发射的长波能量的贡献，导致如图 2-22(a)所示在日间能量过剩的出现。在日落之后，入射和出射的短波辐射变为零（除月光和星光外），而由地面出射的长波辐射在整个夜晚都在继续进行。土壤、岩石、水、植物、湿土和金属物体的典型温度变化的日周期在图2-22(b)中给出。它对选择热红外遥感数据获取的时间，具有很大的参考意义和实用价值。在一天里，只有两个时间（日起和日落）诸如土壤、岩石和水之类的物体有相同的辐射温度。然而，从图 2-22(b)诸物体辐射温度的日变化过程来看，比较下午 2:00 和早上 4:00 时分它们的辐射温度及其关系的变化，可以得到许多有价值的信息。水有较大的热容量，昼夜温度的变化不太大，而岩石和土壤的热容量较小，昼夜温度的变化显著。因此，在日间，岩石和土壤的影像较水体的影像明亮；在夜间，这种对比关系就相反，水体的影像远比岩石和土壤的影像明亮。充分而有效地利用物体热特性的昼夜变化及其相互之间

的对比关系，显然会极大地提高判读热红外遥感影像的水平及其应用的效益。

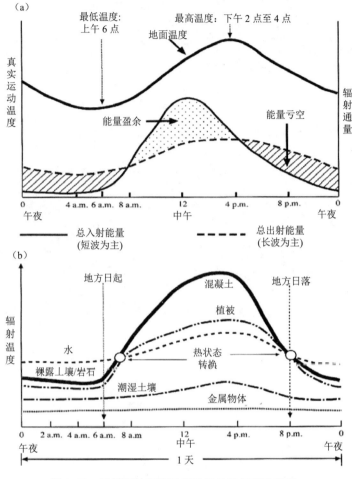

图 2-22　反射短波和发射长波能量的日变化周期

2.1.3　微波电磁辐射的物理模式

任何将两种具有不同电磁特性的介质分开的界面，都会影响到入射其上面的电磁波。假设一平面电磁波入射一个界面上，其一面是真空半空间（对星载雷达的频率而言，地球大气几乎与真空一样），另一面是介电常数为 ε 的电介质。电磁波与介质之间的相互作用可以有如图 2-23 所示的三种情况。在图 2-23(a)中，电磁波与介质中的原子相互作用，使这些原子变成小的电磁振子，向所有方向辐射电磁波。一部分能量向上半空间射出，一部分能量射向下半空间。在图 2-23(b)的左边是界面平坦的情况，入射波以一相对相位激发电介质中的原子振子，其再辐射场包含两束平面波：一束是反射波，在上部介质里，角度等于入射角度；另一束是折射波或透射波，在下部介质里，角度为 θ' 可根据式（2-35）计算。式中，θ 为入射角。在图 2-23(b)的右边是表面粗糙的情况，部分能量经再辐射而射向各个方向，成为散射场。在图 2-23(c)中给出了电磁波入射粗糙表面，在介质上半空间里再辐射波的图式。除了 Fresnel 方向外，其他方向

上散射能量的大小取决于表面粗糙度相对于入射波长的大小。在表面很粗糙的极端情况下，向各方向散射的能量相同，即

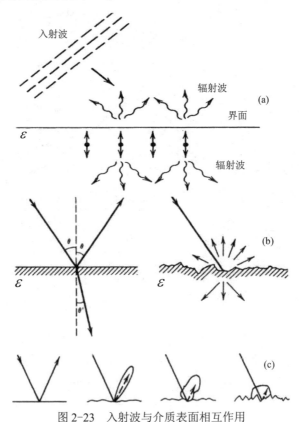

图 2-23　入射波与介质表面相互作用

$$\theta^{'} = \arcsin\left(\frac{\sin\theta}{\sqrt{\varepsilon}}\right) \qquad (2-35)$$

对于星载雷达而言，后向散射能量具有特殊的意义，可以用表面的后向散射截面 $\sigma(\theta)$ 来描述。后向散射截面定义为遥感器接收到的能量与表面的入射能量以各向同性方式散射时遥感器接收的能量之比，通常用 dB（分贝）表示，即 $\sigma=10\lg$（能量比）。σ 可以是正的，能量在后向聚焦；σ 也可以是负的，能量不在后向聚焦。下面将分别论述微波遥感在介质表面的散射模型、吸收损失和体散射、散射特征的影响因素以及自然地面的后向散射等方面的有关基础或共性的理论问题。

1. 介质表面的散射模型

表面的雷达散射状况强烈地受到其表面几何特征的影响。表面的小尺度几何形状（也称粗糙度）在统计上可以用其相对于平均平面的标准偏差，即用实际表面偏离其平均表面的均方根来表征。表面相关长度是表面上的两点在统计上相互独立的度量。从数学上看，如果超过该长度，其自相关函数将小于 $1/e$。根据入射角的大小，有两种方法用来模拟自然表面的雷达散射状况。对于小入射角（小于 20°~30°）而言，散射以来自地表面上迎面的那些小平面的反射为主，物理光学的原理可以用来推导其散射方程。对于大入射角而言，小尺度粗糙表面造成的散射居主导地位。在描述这种散射类型的模型之中，

以小扰动模型最为适宜。近来，Fung 等人（1992）提出了一种基于积分方程模型来解决散射方面的问题。

2. 吸收损失和体散射

所有自然物体都有一个复介电常数 ε，且 $\varepsilon = \varepsilon' + \mathrm{i}\varepsilon''$。式中，虚部对应于介质吸收波并将之转化为另一种能量形式（热能、化学能等）的本领。考虑到有束波在均匀介质中传播，则辐射场 $E = E_0 \mathrm{e}^{\mathrm{i}\sqrt{\varepsilon}kx}$。若 $\varepsilon'' \leqslant \varepsilon'$，则有

$$\sqrt{\varepsilon} = \sqrt{\varepsilon' + \mathrm{i}\varepsilon''} = \sqrt{\varepsilon'} + \frac{\mathrm{i}\varepsilon''}{2\sqrt{\varepsilon'}} \tag{2-36}$$

$$E = E_0 \mathrm{e}^{-\alpha_a x} \mathrm{e}^{\mathrm{i}\sqrt{\varepsilon'}kx} \tag{2-37}$$

其中

$$\alpha_a = \frac{\varepsilon'' k}{2\sqrt{\varepsilon'}} = \frac{\pi \varepsilon''}{\lambda \sqrt{\varepsilon'}}$$

作为 α 的函数，波的能量可写成

$$P(x) = P(0)\mathrm{e}^{-2\alpha_a x} \tag{2-38}$$

若 α_a 是 χ 的函数，式（2-38）可改写为

$$P(x) = P(0)\exp\left[-2\int_0^x \alpha_a(\xi)\mathrm{d}\xi\right] \tag{2-39}$$

穿透深度 L_p 定义为能量减至 $P(0)\mathrm{e}^{-1}$（即损失 4.3dB）时的深度，可用下式计算，即

$$L_p = \frac{1}{2\alpha_a} = \frac{\lambda\sqrt{\varepsilon'}}{2\pi\varepsilon''} \tag{2-40}$$

L_p 也可以表示为介质耗损角正切（$\tan\delta = \varepsilon'' / \varepsilon'$）的函数，式（2-40）可改写为

$$L_p = \frac{\lambda}{2\pi\sqrt{\varepsilon'}\tan\delta} \tag{2-41}$$

对于典型的干燥、低耗土壤，$\varepsilon' = 3$，$\tan\delta = 10^{-2}$，则 $L_p = 9.2\lambda$。在此深度，入射能量要比表面处的能量弱 4.3dB。在雷达观测时，若界面的覆盖厚度为 L_p，入射波因吸收产生的削弱为 $2\times4.3=8.6$dB。因子 2 表示吸收影响入射波，也影响散射波。自然表面的耗损角正切变化很大，如纯水、干燥土壤和永久冻土通常小于 10^{-2}，湿土壤、海冰及植被通常在 10^{-1} 左右。研究表明，介质的耗损角正切总是随其中的液体水含量的增加而增加，随之而来的是微波穿透深度的减小。

非均匀介质如植被可以看成由大量均匀分布的、相同的散射体所组成。波在其中传播会向各个方向（包括后向）散射，而损失一部分能量。这些散射体的后向散射截面为 σ_i，消光截面为 α_i。消光截面既包含了吸收，也包含了散射损失。如果忽略多次散射，厚度为 H 的一层散射体的后向散射截面，可以用下式计算，即

$$\sigma_p = \int_0^H \sigma_v \mathrm{e}^{-2\alpha z/\cos\theta}\mathrm{d}z = \frac{\sigma_v \cos\theta}{2\alpha}(1 - \mathrm{e}^{-2\alpha H \sec\theta}) \tag{2-42}$$

式中：$\sigma_v = N\sigma_i$；$\alpha = N\alpha_i$；N 为单位体积内散射体的数目。

如果这一层散射体覆盖了一个具有后向散射截面 σ_s 的表面，且两种散射物质之间没有耦合，则总后向散射系数可以用下式计算，即

$$\sigma = \sigma_p + \sigma_s \mathrm{e}^{-2\alpha H \sec\theta} + \sigma_{sv} \qquad (2\text{-}43)$$

第三项代表与表面和体散射体互动的能量。如果单个散射体不是随机分布，在不同的极化组合情况下，式（2-42）和式（2-43）中的各个变量都将随之发生变化。

3. 散射特征的影响因素

微波雷达发射出来的电磁波（即入射波），作用在具有不同特征的地球表面上，会产生各种类型的散射回波，其中包括为雷达所接收的后向散射回波。鉴于其入射波的极化、频率以及入射角的差异，会对其回波或后向散射回波产生不同的影响。这些影响可以分述如下。

1）入射波极化的影响

电磁波传递是一种矢量现象，所有电磁波都可以使用复矢量来表示。平面电磁波可以用二维的复矢量来描述。当观测点离开球面波源足够远时，球面波的情况也是如此。因此，在观察雷达天线发射的远离天线（在天线远场）的电磁波时，这个波足以用二维的复矢量来描述。若这个波被物体散射，在其远场里的散射波也可以用二维复矢量来描述。在用抽象方式表述时，散射体可以看成是一个数学算子，将一个二维复矢量（射向物体的波）变成另一个二维复矢量（散射波）。因此，散射体可以用下式所示的2×2复散射矩阵来定义，即

$$E^{\mathrm{SC}} = [S] E^{\mathrm{tr}} \qquad (2\text{-}44)$$

式中：E^{tr} 是雷达天线发射的电场矢量；$[S]$ 是描述散射体如何改变入射电场矢量的2×2复散射矩阵；E^{SC} 是入射雷达接收天线的电场矢量。这个复散射矩阵是雷达频率和观测几何关系的函数。雷达系统测量到的电压（或伏特数）是雷达天线极化与入射波电场的标积（scalar product），即

$$V = P^{\mathrm{rec}} \cdot [S] P^{\mathrm{tr}} \qquad (2\text{-}45)$$

式中：P^{rec} 和 P^{tr} 是描述雷达发射和接收天线的归一化极化矢量。雷达接收的功率是电压的平方，即

$$P = VV^* = \left| P^{\mathrm{rec}} \cdot [S] P^{\mathrm{tr}} \right|^2 \qquad (2\text{-}46)$$

当完整的散射矩阵为已知且经过定标之后，利用式（2-46）可以合成发射与接收极化任意组合的雷达截面。这个表达式构成了雷达极化研究的基础。在极化矢量从水平状态旋转至垂直状态的过程中，植被的影响越来越大，如图2-24所示。在该图之中，给出了在垂直定向透射体所构成的层里，其总吸收量（实线）和穿透深度（虚线）分别随极化矢量相对于入射平面的方向 ϕ 变化所产生的效果。

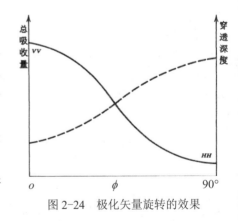

图 2-24　极化矢量旋转的效果

2）入射波频率的影响

在入射波与表面的相互作用过程中，入射波的频率是个重要影响因素。在入射波的

穿透深度、粗糙表面对入射波的散射以及有限散射体对波的散射等方面，频率都是个关键的因素。如前所述，穿透深度与比值 $\lambda / \tan\delta$ 成正比，$\tan\delta$ 随波长而变。在雷达工作波段范围里，对大多数物质来说，其穿透深度与波长呈线性关系。例如，L 波段（波长为 20cm）信号的穿透深度比 Ku 波段（波长为 2cm）的穿透深度大 10 倍。图 2-25 给出了一些自然物质的穿透深度。当表面厚度为 2m 的纯雪覆盖时，频率高于 10GHz 的电磁波无法探测到地表面，而对频率为 1.2GHz 的电磁波而言，雪覆盖几乎是透明的。粗糙表面的散射，对频率的依赖性很强。当粗糙度谱为常数时，后向散射截面与频率的 4 次方成正比。尽管粗糙度谱会随光谱频率的平方或立方而下降，后向散射仍然会随频率的升高而迅速增强。图 2-26 给出了几种地面类型的后向散射特性随频率以及极化条件而变化的行为。

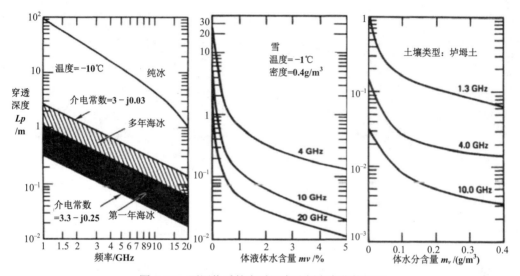

图 2-25　不同物质的穿透深度随频率变化的状况

3）入射角的影响

后向散射回波与入射角的关系极为密切。在小入射角度时，后向散射回波较强地依赖于入射角，而且提供的是尺度比波长大得多的地面坡度分布信息。在大角度时，回波中包含小尺度结构的信息。因此，与"波谱信息特征"和"极化信息特征"类似，可以根据"角度信息特征"（信号随角度而变化）对地表进行识别和分类。

4. 自然表面的后向散射

电磁波与表面和非均匀层相互作用的模型，提供了电磁波从自然表面上散射一般行为的信息。然而，自然地面和植被的复杂性及其巨大的变化，使得人们很难严格地模拟这些随极化、频率以及照明几何关系而变化的地表面状况及其相应的散射行为。尽管如此，仍然有许多预测植被覆盖区散射的理论和经验模型在不断建立，而且还是个相当活跃的研究领域。利用车载或星载定标的散射计，获取了为数众多、范围广泛、控制精良的野外测量数据，其中也包括 1973 年 Skylab 散射计获取的数据在内。这些数据建立的植被等多种地物的数据库，使微波散射的理论模型得到了显著的改善。

全面认知后向散射截面预期的动态范围，对于星载成像雷达的设计至关重要。在被测物体的后向散射截面范围内，精度提高 3dB 需要其辐射功率成倍地增加。因此，星载雷达性能的需求，往往是评价当前飞船能力需要考虑的重要因素。

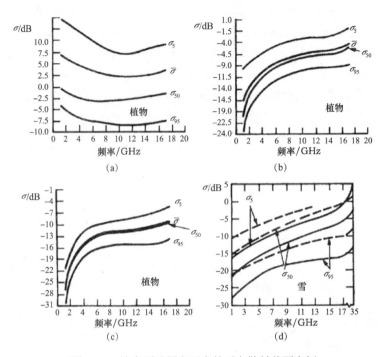

图 2-26　地表面随频率而变的后向散射截面实例

（a）$\theta = 0°$；（b）$\theta = 20°$；（c）$\theta = 60°$；（d）极化：HH。

2.2　可见光遥感数据获取系统

可见光遥感数据获取系统，尤其是航空光学机械照相机系统，是在遥感技术及其应用领域中历史最悠久、应用最广泛的一种核心技术系统。随着科学技术的不断创新和突飞猛进的发展，在许多全新的遥感数据获取系统，如多波段、热红外以及微波等遥感数据获取系统不断涌现的同时，可见光遥感数据获取系统也在不断丰富自己的内涵，除了单波段和多波段的常规光机或光电照相机外，还增添了数字式的多波段照相机和主动式的激光雷达等先进数据获取系统。

2.2.1　常规可见光照相机

可见光照相机通常可以分为常规照相机和多波段照相机等两大类。前者包括制图照相机、侦察照相机、全景照相机和条带照相机 4 种类型，后者分为多相机多波段照相机、多镜头多波段照相机和单镜头多波段照相机等类型。

1. 普通照相机

常规照相机主要是指以胶片-滤光片组合为特点的各种光学机械照相机。它们包括制图照相机、侦察照相机、全景照相机和条带照相机 4 种类型。

1）测图照相机（Mapping Cameras）

它们也称为测绘（Metric）或制图（Cartographic）照相机，是航空照相机里最简单的一种。图 2-27 显示了大多数现代制图照相机具有的 FMC 框标及其他特征。图 2-28 给出了这种照相机的一组图片，以相片和图解方式说明其技术构成、运载飞机平台及其安装、运作实况。通常，航空相片由幅面 150mm、视场 90º 的制图照相机拍摄，参照已校准的镜头焦距测得的径向畸变典型值小于±10μm。大多数测图照相机还有另外一些特点：沿对角线的总视场为 90º 或 120º；像幅尺寸为 23cm×23cm；f 数在 4 和 6.3 之间；附有防渐晕滤光片（Antivignetting Filter）的 T 数，现代镜头为 10，老式镜头为 20；快门在镜头间（Shutter-intralens）；提供像幅主点位置的框标是镜筒整体的一部分；网格和框标与地面景物同时曝光在胶片上；压板是真空的；飞行和照相机的各种参数记录每一像幅的边缘。

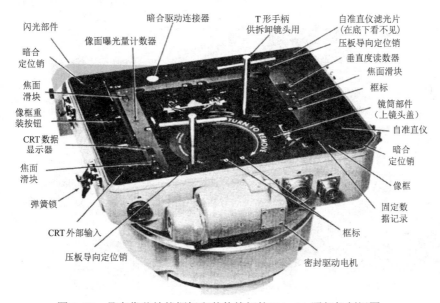

图 2-27　具有像移补偿框标和其他特征的 KA-6A 照相机剖视图

测图照相机镜头宽视场和无畸变的要求，是以牺牲 T 数和分辨能力为代价而实现的。采用实用的胶片检验现代照相机高反差轴向分辨能力约为 70 周/mm，而面积加权平均分辨率（Area Weighted Average Resolution，AWAR）却小于 60 周/mm，有时还低于 40 周/mm。这些值与焦距相同但视场较小的侦察照相机相比就差得很多了。后者的 AWAR 值通常都大于 100 周/mm，如图 2-28 所示。

2）侦察照相机（Reconnaissance Cameras）

画幅式侦察照相机按照高分辨能力和低 f 数的要求设计。与测图照相机相比，侦察照相机经常采用窄视场，对畸变也不要求进行严格的改正。它们的一般特性为：视场通常为 10º～40º；胶片宽度为 70～240mm；焦距从几厘米到 1m 以上，多为 150mm、300mm 和 450mm；快门多采用焦面快门，框标与暗合组成一体，且指示出像幅的中心；不使用网格；在胶片宽度小于 12.5cm 时很少采用真空压板。侦察照相机的分辨能力变化范围也

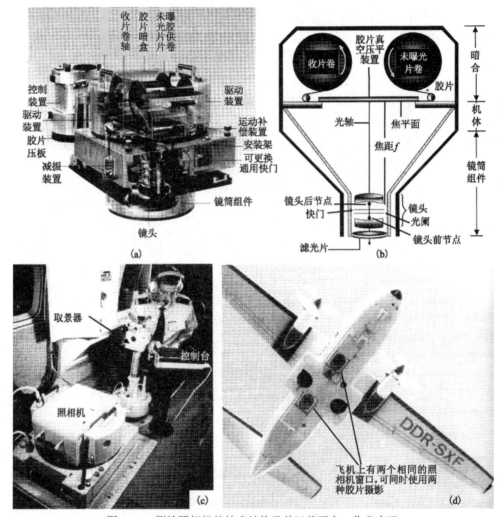

图 2-28　测绘照相机的技术结构及其运载平台、作业实况

很大。焦距为 60cm 的照相机，在胶片上的综合分辨率超过 200 周/mm。在高性能飞机上使用的侦察照相机经常要在很高的 v/h 值下工作。因此，大部分侦察照相机使用像移补偿和高循环速率。在天空实验室上使用的地形照相机（Earth Terrain Camera）又称 S190B 试验装置，是一种高性能的画幅式侦察照相机。它具有在摆动条件下工作的像移补偿装置和在很宽波长范围里进行色差校正的镜头。图 2-29 给出了这种照相机的外观，标出了与照相机稳定架协同工作的 FMC、摆动镜头、机身部件以及镜筒中心两边的暗盒。它的双向焦面快门提供了 1/100s、1/140s 和 1/200s 的曝光速度。像移补偿装置具有 0～25mrad/s 的可变速率。按自动方式工作时，拍摄速率可在 0～25 幅/min 范围内变化，也能以单幅方式工作。

3）全景照相机（Panoramic Cameras）

全景照相机的瞬时视场小，其实际分辨率的典型值大于 100 周/mm，即使焦距为 60cm 也是如此。这种特点对于大视场角（大于 100°）的情况也不变，因而，这也是全景照相机在摄影侦察方面获得广泛应用的原因。这种照相机的共同特征是：胶片表面呈柱面，

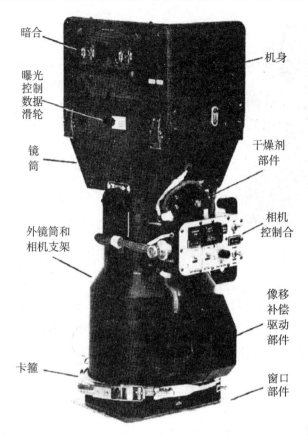

图 2-29　地形照相机系统

其宽度方向平行于圆柱轴；瞬时视场很小，影像刚好投射在胶片前面的狭缝上，狭缝的长度等于像幅的宽度；为了控制曝光的时间，狭缝的宽度通过是可变的。因此，根据镜头、狭缝和胶片的相对运动，可以将全景照相机分为三种基本类型：在曝光期间胶片保持固定，而镜头和狭缝可以转动（直接扫描），产生全景畸变；固定镜头前方的棱镜，以胶片通过固定狭缝 1/2 的速率转动（棱镜旋转），还会附加扫描位置畸变；胶片和镜头-狭缝组合分别进行相对运动（分离扫描全景照相机和光学条形全景照相机），还会附加像移补偿畸变，有时甚至会同时出现上述三种畸变。Itek 光学条形全景照相机有不同的尺寸，焦距变化范围为 80～610mm。图 2-30 分别给出了 80mm 的光学条形全景照相机外观及其工作原理示意图。它采用 $f/2.8$ 的 Schneider Xenotar 镜头，在 Plus-X 胶片上能够产生优于 50 线/mm 的动态分辨率。胶片连续向前移动，而棱镜-镜头-狭缝组件则沿相反的方向旋转。狭缝在扫描开始时的位置为 3 点钟，扫描结束时就反时针转到了 9 点钟。当曝光幅面最后一段离开压板时，狭缝继续运动到扫描的起点。运动部件的连续运动对减小振动、胶片的高加速度、传片速度以及照相机功率要求等方面都有利。由此概念出发，研制成功的 610mm 焦距的全景照相机已在几次"阿波罗"飞行中使用，完成了绕月轨道对月面的摄影任务。

4）条带照相机（Strip Cameras）

条带照相机于 1932 年首次获得应用，在 20 世纪 30 年代后期得到了进一步的发

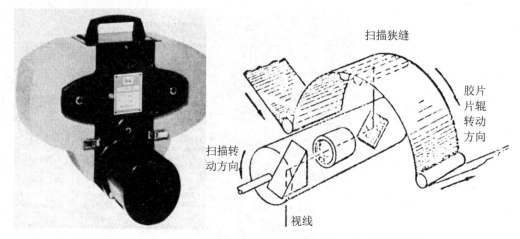

图 2-30　80mm 的光学条形全景照相机外观及其工作原理示意图

展。除了具有焦距 152mm、$f/2.8$ 镜头的改进型 KA-15A 照相机外，还没有生产出更新型的条带照相机。这种照相机基于胶片在焦平面狭缝后面且以与影像通过狭缝完全相同的速度移动的简单原理而工作。其主要特点是：胶片移动时将经过固定的焦面狭缝，移动速度与影像的运动速率相等，像移补偿由系统本身完成；它的运动部件较少且作连续运动，与其他类型作断续运动的照相机不同；由于它的结构简单，几台照相机排列起来用同轴驱动，彼此很容易实现同步动作，使每台照相机里的胶片移动速率都相等，因而对某地区的摄影也是同时进行的；它的摄影连续进行，不会像其他类型的照相机需要引进重叠保险余量而浪费胶片。这种照相机与同等的画幅照相机相比较，具有如下优点：系统的分辨率较高而畸变较小；焦平面上的狭缝可以有适当的轮廓，以补偿胶片宽度方向上照度均匀性的不足，因而，在没用防渐晕滤光片的情况下，整个影像幅面上的照度也会更均匀；假如有干涉滤光片与镜头配合使用，滤光片的角漂移就更小。

2. 多波段照相机

多波段照相机通过不同的滤光片拍摄同一地点的一组波谱段影像。它们在使用时需要经过不同途径的处理：一种处理是先把拍摄的影像转换为透明正片，然后透过第二组光谱滤光片照明黑白透明正片，在合成仪上形成假彩色影像；另一种处理是先扫描已拍摄的不同波谱段黑白影像，然后同步地或相继地将扫描结果输出到模拟或数字数据处理系统，完成必要的分析应用任务。借助影像配准技术控制和确保合成影像有足够的空间分辨率，是在上述合成及其影像分析应用过程中最为核心的问题。这种合成影像的空间分辨率亦称多波段空间分辨率，可以用下式近似表达，即

$$R_m \approx R\left(1+10^{-3}Rd\right) \tag{2-47}$$

式中：R_m 为多波段空间分辨率；R 为各个单波段影像相同的空间分辨率；d 为各波段影像之间失配的距离（cm）。在目视观察多波段影像合成时，蓝波段对应的失配容差一般要大于绿波段和红波段。

在理想情况下，多波段照相机应该是经过精确标定的几何畸变很小而空间分辨率很高的分波段辐射记录仪器。因此，对它们的几何要求包括：每个波段的空间分辨率高；各波段影像上的所有同名像元配准精确；畸变小，供测图应用时必须小于 5μm。对它们

的辐射要求包括：在整个像面上波段照度均匀；每个波段的光谱灵敏度有严格规定；快门的可重复性良好。尽管目前问世的多波段照相机结构各异、型号众多，但它们可以归纳为多镜头多波段照相机、单镜头多波段照相机和多相机多波段照相机三大类，分别可以在航空或航天平台上使用。

1）多镜头多波段照相机

多镜头多波段照相机可以 Yost 4 镜头多波段照相机（图 2-31）为例说明。它使用精心挑选的 4 个 Aero Ektar 镜头和单个焦面快门，可以在 4 个隔开的片辊上，也可以在同一个片辊上，获得 $0.36 \sim 0.92 \mu m$ 波谱范围内 4 个不同波段、精确配准的影像，自动地进入监视器的合成仪之中。在使用黑白红外胶片时，照相机只需更换其暗盒即可继续作业。鉴于 4 个镜头交错排列，同时曝光的 4 张影像具有 2:1 的纵横比。它与其他许多波段照相机不同，采用测角分光光度计来定标，可与假彩色监视器配合使用。

2）单镜头多波段照相机

Perkin-Elmer 公司根据与美国陆军工程地形实验室签署的合同，对使用多年的商业彩色电视摄像技术进行了有关改进，进而研制出一台单镜头、4 通道的多波段照相机（图 2-32）。该照相机有两方面的创新：一是其 4 波段影像由单镜头利用其后的棱镜装置，通过内部的全反射和二向光束分离器的组合，使入射光束分离为不同波段而获得；二是采用了专门设计的镜头，光线到达 4 个影像平面之前，都经历过与众不同、长距离的光学玻璃路径。这种设计提供了在 $0.4 \sim 0.9 \mu m$ 波段范围内，高分辨率、精配准的影像。图 2-33 分别给出了其棱镜装置的简图和该装置的相片。在简图中，用虚箭头线代表不同波段光线的路径，带星号的实线表示对入射光线全反射而能透过其部分光线的界面，虚线界面则代表入射光线在此分离为两种不同波段的光线。因此，从镜头外部进入的光线，经过一系列反射和分离，最终形成了蓝、绿、红和红外 4 个波段影像。在紧靠 4 个像平面之前放置了 4 块附加的滤光片，改善分色后各波段的特性，进而获得各自的最佳曝光量。应该特别指出，光线从镜头到 4 个影像平面的光学玻璃路径必须相等，这样才能满足影像配准和镜头像差校正的需要。这种照相机有两个 $f/4.0$ 的镜头可以互换使用：一个焦距为 150mm；另一个为 100mm。根据设计和 Panatomic-X 胶片阈值调制的背景资料，两

图 2-31　Yost 4 镜头多波段照相机

图 2-32　单镜头四通道多波段照相机

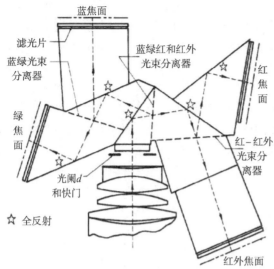

图 2-33　单镜头多波段照相机光束分离过程简图及其棱镜照片

个镜头的 4 个波段的 AWAR 估计值均为 100 线/mm。150mm 镜头的红外与绿波段之间最大的畸变差为 1.6μm，100mm 镜头的相应值为 4.8μm。它们像面的辐照度衰减值分别是 25% 和 31% 左右。不难看出，如果系统达到了预期的设计标准，可以获得高质量的多波段影像，也不会遇到快门之间曝光量有差异的问题。

　　3）多相机多波段照相机

　　这类多波段照相机主要有光机和光电两种结构类型。前者可以 SO65 试验用的照相机（图 2-34）为代表，后者则以地球资源卫星用的返束光导摄像管（RBV）照相机（图 2-35）为代表。

图 2-34　SO65 试验用多波段照相机

（1）SO65 试验用多波段照相机。它在 1969 年 3 月第 9 次"阿波罗"飞行任务中使用，由 4 台 Hasselblad 照相机组成。这台照相机拍摄了 NASA 计划中的第一批来自太空的地球多波段影像。鉴于它的历史性意义及其作为由通用零件装配起来的多波段照相机的典型代表，有必要用表 2-6 进一步说明。

表 2-6　SO65 试验用多波段照相机

相机	滤光片	颜色	胶片类型	焦距/mm	f数	快门速度	调焦英尺	目标反差	半视场角分辨率/(°)				AWAR	地面分辨率
									0	7.5	15	22.5		
AA	15	黄	SO180 彩色红外	80	8	1/250	50							
BB	58	绿	3400 Pan.-X	80	4	1/125	∞							
CC	89B	深红	SO246 黑白红外	80	16	1/250	30	>100:1	37 37	36 35	28 31	30 26	31 31	80(270) 80(270)
DD	25A	红	3400 Pan.-X	80	4	1/250	∞	低（最低）>100:1	67 67	75 69	41 53	40 38	51 51	50(160) 50(160)
								低 >1.6:1 （最低）					36	70(230)

失配误差（从幅面中心到边角）		
误差类型	误差典型数值	所得图像高度误差/μm
焦距的色变化	500μm	250
畸变的色变化	12μm	12
滤光片楔形差	3 弧分	20
胶片展平度	100μm	50
视轴	10	300

（2）返束光导摄像管（RBV）照相机（图 2-35）。它是地球资源技术卫星（ERTS-1）上的遥感器之一。该卫星是陆地卫星（Landsat）的前身，于 1972 年 7 月发射，运行在太阳同步近极地轨道上。该照相机系统包括 3 台工作在不同波段的分立照相机。每台照相机由光学镜头、快门、RBV 传感器、热电冷却器、偏转和聚焦线圈、消去灯以及有关电子设备组成。3 台照相机除使用的滤光片不同以外其余完全一样，且由其传感器电子设备安排、协调彼此严格同步的摄影工作，可以每 25s 连续或单独地拍摄地面的多波段影像。3 台视轴照相机对准天底、同时曝光，由此产生的视频信号顺序读出，直

图 2-35　返束光导摄像管（RBV）照相机

接发回或记录在星载磁带机上再发回地面，经处理产生注记了摄影时间和位置信息的硬备份和数据磁带。McEwen（1974）指出，可以利用这种照相机的立体观测能力探测和绘制地形起伏。因为在该照相机沿轨道方向连续两次曝光产生的影像之间存在 10%的重叠部分，如同形成了交会角分别为 20.4°和 10.3°的立体像对。这种以电子光学为特点的照相机及其作业，不仅突破了使用胶片的传统照相机范畴，而且对未来轨道卫星立体制图能力的形成也是一种有益的尝试。

2.2.2　数字可见光照相机

　　贝尔实验室（Bell Labs）的科学家们在 20 世纪 60 年代发明了 CCD。它们起初主要供新型计算机存储电路之用，后来在其他领域也得到了广泛的应用。鉴于它们对光很敏感，CCD 矩阵也用于遥感影像数据采集领域里，成为数字像幅相机的心脏和灵魂。下面将在论述数字照相机工作原理的基础上，分别介绍常规和空间数字照相机系统的状况。

　　1. 常规数字照相机系统

　　这类照相机可以 Litton 公司的遥感应急系统为例说明。这个机载数据获取与配准（ADAR）5500 系统（图 2-36(d)），最初由美国林业调查局设计，利用高空间分辨率的彩色红外影像对森林/公园进行调查。调查时采用了 DCS 460 和/或 560 的配置，后者具有 3072×2048 个像元，面阵中的每个像元尺寸为9μm×9μm。用户可以要求产生在0.4~0.86μm

图 2-36　机载数据获取与配准（ADAR）5500 系统及其数字影像

(a) 绿波段；(b) 红波段；(c) 近红外波段；(d) 工作系统。

范围内的彩色(蓝、绿、红波段)和彩色红外(绿、红和近红外波段)影像(图 2-36(a)~(c))。在红外模式,该系统的光谱响应特性类似于 Kodak SO-134 或 2443 彩色红外胶片,具有相当宽大的动态范围。原始数据按每个像元 12bit 的精度记录,其值在 0 ~ 4096 范围。系统收集每幅数字影像的实时差分改正的 GPS 数据。通过摄影测量技术,这些数据用来生成镶嵌影像和规整到美国 NAD83 基准面上的正射影像。像元的位置精度可以满足国家地图精度标准的要求。通常可以使用不同飞行高度和 Nikon 镜头进行拍摄,获取分辨率从 0.3m 到 1m 的遥感影像。

2. 空间数字照相机系统

尽管电子光学遥感系统正在不断发展,但传统的光学照相机系统仍在诸多航天调查任务中使用。俄罗斯的 SOVINFORMSPUTNIK SPIN-2 TK-350 和 KVR-1000 照相机可以提供制图级精度的影像,适合编制 1:50000 地形图和平面图之用。美国航天飞机宇航员使用 Hasselblad 和 Linhof 照相机,例行地拍摄他们感兴趣的各种影像。

1)俄罗斯空间数字照相机系统

俄罗斯空间局授权 SOVINFORMSPUTNIK,独家商业化经营其军事卫星的遥感数据,生产具有市场价值的有关产品。该组织市场化的大多数数据,为 KOSMOS 系列卫星的星载 KOMETA 空间制图系统所采集。这种系统设计得能够从宇宙空间获取高的空间分辨率立体模拟影像,生产比例尺为 1:50000 的地形图以及数字地形模型、分辨率为 2m×2m 的正射影像。自 1981 年以来,已经获取了覆盖全球的高分辨率影像。KOMETA 系统由 TK-350 照相机和 KVR-1000 全景照相机组成(图 2-37)。KOMETA 卫星在一条高度为 22km、近圆形的轨道上运动,重复覆盖的周期为 45 天,可以从轨道上返回预定

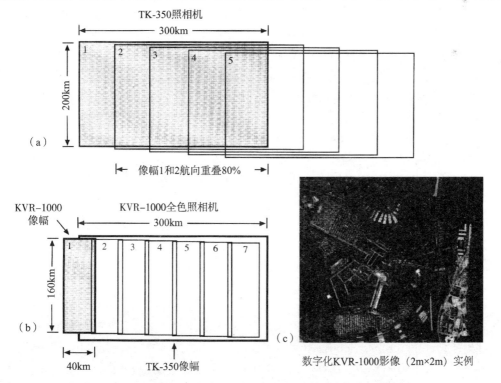

图 2-37　俄罗斯星载 KOMETA 空间立体制图系统及其影像实例

的地点。星载的两台照相机携带的胶片量大约可以覆盖 1050 万 km^2 的陆地面积,其胶片在卫星返回地面后被处理和数字化。这两台照相机的状况简述如下。

(1)TK-350 照相机。它的焦距为 350mm,可用来收集沿轨道前进方向或航向重叠率(Endlap)为 80%的全色(510~760 nm)立体影像,以实现抽取地形(高程)数据的目标。如图 2-37(a)所示,照相机可获取的影像比例尺为 1:660000,胶片幅面为 30cm×45cm,单张影像覆盖的地面面积为 200km×300km。这种影像可以放大到 1:50000 而没有明显的质量损失。单张 TK-350 影像的面积可被相互叠置的 7 张 KVR-1000 影像所覆盖,数字化后具有 10m×10m 左右的空间分辨率。

(2)KVR-1000 全景照相机。这种照相机具有 1000mm 焦距,拍摄比例尺为 1:220000 的全色(510~760 nm)影像,可以放大到 1:10000 而不损失影像的细部。如图 2-37(b)所示,单张影像覆盖面积为 40km×160km,航向重叠只有很小部分。数字化后具有 2m×2m 左右的空间分辨率。供影像规整使用的地面控制点,可以通过 GPS 的星载系统和激光高度控制系统获得。这就使在没有常规地面控制点可用的时候,其影像也能够得到规整。

2)美国的空间数字照相机系统

NASA 宇航员在空间交通系统任务期间,利用模拟和数字照相机,例行地拍摄和记录各种地球过程。这些努力形成了一个拥有 300000 张地球影像的数据库。载人飞行照片记录的各种地球过程,与早期的"水星"(Mercury)、"双子座"(Gemini)、"阿波罗"(Apollo)和天空实验室(Skylab)等地球观测计划密切相关,成为航天飞机计划的奠基石。在航天飞机时代,选择了 200 多个有价值的地方供科学家研究,定期收集它们的数据,根据任务(如 STS-74)或专题分门别类地纳入公众可以访问的数据库。在航天飞机计划里,常用的照相机主要有航天飞机模拟照相机(Space Shuttle Analog Cameras)和航天飞机电子定格照相机(Space Shuttle Electronic Still Cameras,ESC)。

(1)航天飞机模拟照相机。在航天飞机任务中,主要的模拟照相机是 Hasselblad 和 Linhof 照相机系统。NASA 改装的 Hasselblad 500 EL/M 70mm 照相机使用了一个很大的胶片盒,可以装载供 100~130 次曝光的胶片量。标准镜头包括 Zeiss 50mm CF Planar f 3.5 和 Zeiss 250mm CD Sonnar f5.6。Aero-Technika 的 Linhof 系统可以与 90mm 和 250mm 的 f 5.6 镜头匹配。系统采用大幅面(100mm×127mm)的胶片摄影。航天飞机尾部的 4 个窗口通常用来拍摄地球的相片。窗口只允许 0.4~0.8μm 的光线通过,照相机主要使用两种片基:彩色(Kodak 5017/6017 Professional Ektachrome)和彩色红外(Kodak Aeochrome 2443)胶片。航天飞机拍摄时的太阳高度角变化于 1°~80°,但大多数在 30°左右。太阳高度角很低的相片,往往提供了对山区地形独特的观测,但在制图方面的应用很差。在某种情况下,不同视角的连续相片可以提供立体观测的结果。航天飞机拍摄的 75%的相片覆盖了 28°N 和 28°S 之间的区域,其中包括许多以往知之甚少的热带地区的相片。其余 25%的相片分布在南北纬 30°~60°的区域。

(2)航天飞机电子定格照相机。航天飞机宇航员利用机电子定格照相机(ESC),也获取了许多地球的影像。该相机是专门改装过的 Kodak DCS 460 照相机,配有 Nikon N90 机身和镜头,使用 3000×2000 航天级 CCD 探测器,可以拍摄彩色和单色数字影像。数字影像可以从轨道上直接发回地面。在 NASA Johnson 宇航中心地球科学部的航天飞机地球观测计划(SSEOP)照片数据库,存储了在过去 30 多年从太空获得的 30 多万张地球的照片。这些照片选出来的部分经过数字化可以从 http://images.jsc.nasa.gov 下载。

2.2.3　激光雷达遥感系统

高程信息是大多数地理数据库的关键组成部分。许多精度和成本不同的方法均可导出地物特征的高程测量值。它们包括地面测量、摄影测量、SAR 相干测量以及激光雷达（Light Detection and Ranging，LIDAR）数据收集等方法。在这些方法之中，LIDAR 是一种比较新的高程数据采集技术，可以作为野外测量和摄影测量等的替代方法使用。尽管这种技术比较复杂，但是它提供了一种精确、快速、能够在困难地区工作以及可获得性不断加大的方法。鉴于大多数 LIDAR 的工作波长在 300~1100nm 范围内，例如，航空地形测绘激光雷达常用 1064nm 的二极管激励钇铝石榴石激光器（Diode Pumped YAG Lasers），海洋测深系统多采用对海水穿透深度较大的 532nm 双二极管激励钇铝石榴石激光器，故将其纳入本节加以介绍。

1. 系统工作原理

1960 年，Hughes 飞机公司研制了第一台光学激光器。此后不久，它们研制出获取飞机与正下方地面距离的剖面激光器，生成一条沿航线的地貌测量剖面。随着移动 GPS 和惯性导航系统在飞机平台上的集成应用，使现代 LIDAR 系统不断改进、成熟，跻身于商业系统之列。其系统价格和运行成本，大体与摄影测量设备相似。测量激光脉冲从其发射器到目标及其返回其接收器的往返时间，是这种技术工作的基本原理。鉴于激光脉冲以光速（$3 \times 10^8 \text{m/s}^1$）传播，为了获得精确的垂直分辨率，系统必须具备极高精度的时间分辨能力。目前，这种测时技术的水平，可以获得小于 5cm 的距离测量值。

2. 仪器工作状况

随着飞机向前运动，扫描经使激光脉冲向后、向前地横过轨迹（图 2-38(a)）。离天底的最大扫描角度可以调整，以满足具体任务收集数据的需要。系统运行的结果，获得横过航线的一系列点数据，如图 2-38(b)所示。它们显示出激光脉冲冲击裸露地面、输电线及其铁塔、与树冠交互作用的结果。多条航线组合起来，可以覆盖所需调查的整个区域。数据点的密度取决于单位时间里发射的脉冲数目、系统的扫描角度（图 2-38(c)）、飞机的航高和航速。离天底的扫描角度越大，作为单个树冠从地面接收到的脉冲所穿透过的植被越多。

3. 主要影响因素

LIDAR 数据避免了空中三角测量和正射影像处理的许多问题，每个 LIDAR 测量值都有自己独立的地理参考坐标。为此，需要几个重要因素的测量值：激光脉冲从 LIDAR 仪器往返地面目标的时间；在激光脉冲发射时，LIDAR 的扫描角度；大气折射对光速的影响；在激光脉冲发射时，飞机的姿态（俯仰、滚动、航偏）；在激光脉冲发射时，LIDAR 系统在三维空间里的位置。具体而言，LIDAR 记录扫描镜的扫描角度、激光脉冲往返目标的时间。大气折射对光速有稍许的影响，应该在激光脉冲往返时间转换为距离的过程中加以考虑。飞机的惯性导航装置详细地记录其航偏、俯仰、滚动等姿态参数。与扫描镜的信息配合，这些参数可以精确确定在单个脉冲发射时 LIDAR 的指向。飞机的位置则由机载的 GPS 测定。在 LIDAR 过顶飞行时，飞行区域里必须有 1 个或多个 GPS 基站记录其在地面上的位置。这些已知位置的基站所收集的数据，可以用来消除任何由大气影响及其他因素造成的 GPS 误差。这种差分改正技术使飞机的定位在 3 轴上精确到 5~10cm。这些因素的综合考虑，使每个激光脉冲的三维地理参考坐标能够确定下来。对于精确的地理参考坐标定位而言，还有几个影响因素和校准工作需要顾及，包括定时精度、在激光脚印里的距离分散程度、后向散射强度变化造成的"距离移动"以及数据流里的同步误差等。

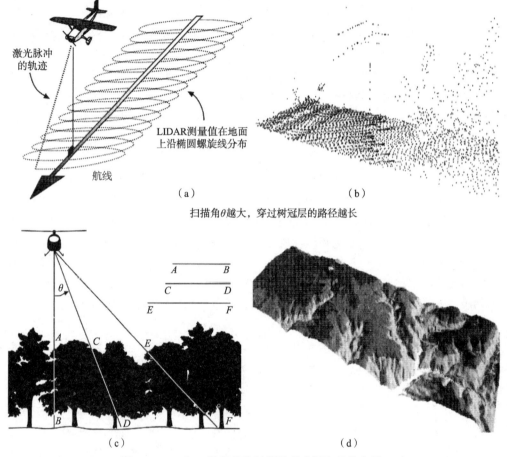

图 2-38　LIDAR 数据获取过程及其中间和最终产品

（a）LIDAR 数据获取；（b）LIDAR 实际获取的小区数据；（c）加大扫描角的影响；（d）LIDAR 导出的数字高程模型。

4. 数据测量精度

Vaughn 等人（1996）通过在加利福尼亚州 Crowley 湖上空的飞行试验指出，在美国地质调查所（USGS）地方验潮器的垂直高程精度在±2~13cm 范围内，而验潮器本身的测量中误差为±6cm。在 Crowley 湖的另一个项目发现其绝对高差为 1~4cm。在对 Greenland 冰块进行测量时，Krabill 等人（1995）利用飞机跑道从空中检验仪器的精度，发现以跑道实测高程为准，其测量值精确到±10cm 的范围。近来的研究指出，LIDAR 可以提供垂直精度小于 10cm 的测量值。Vaughn 等人（1996）认为，如果仔细进行仪器校准和数据改正，显然可以获得稳定的±5cm 的垂直测量精度。

5. 穿透树冠能力

LIDAR 独特的性能之一是能够穿透植被冠层，绘制其下地面的地图。尽管部分激光能量被地上的植被后向散射，但是只要有一部分激光到达地面就能获得其地面的测量值。
LIDAR 仪器可以记录由植被和地面返回的两部分能量，生成植被冠层高度和地面高程数据。某些 LIDAR 系统可以记录单个脉冲的 5 种激光回波。图 2-38(b)就同时展示了 LIDAR 系统所获得的地面测量值和植被冠层测量值的数据。这种能力有助于度量植被的属性。作为瑞典国家森林清查任务的一部分，Nilson（1996）检验了 LIDAR 在估算森林木材蓄积量中的有用程度。Nilson 等人（1998）成功地利用 LIDAR 对西南佐治亚州的 38 个试验地块进行了生物量和木材蓄积量的估算，误差分别小于 2.6%和 2.0%。Weltz 等人（1994）利用剖面 LIDAR 系统，在亚利桑纳州的 Walnut Gulch 试验流域，对植被高度和树冠覆盖进行制图。结果证明了 LIDAR 区分不同的植被群落和地面覆盖类型的能力。如果 LIDAR 飞行的目标是建立数字高程模型（DEM），植被的出现会带来麻烦。在茂密植被覆盖的地区，LIDAR 得到的主要是植被冠层的测量值，只有很少部分到达地面。Hendrix（1999）发现，在南卡罗来纳州 Aiken 附近，多达 93%的 LIDAR 脉冲从来就没有抵达洼地混合硬木林下的地面。因此，将地面测量值从植被、建筑物和其他结构的测量值之中分离出来相当困难，尤其是穿过植被冠层的地面测量值很少时更是如此。鉴于一次 LIDAR 过顶飞行可以产生数以百万计的测量值，目前正在寻求能够自动鉴别和抽取地面测量值的最优方法。

2.3　多波段遥感数据获取系统

利用多个波段收集来自感兴趣目标或地面的反射、发射或后向散射能量的过程，可以定义为多波段遥感。高光谱遥感（Hyperspectral RemoteSensing）涉及使用上百个波段收集数据的过程。它们的数据均以数字格式给出，而这些数据转换为有用信息的过程，可以用图 2-39 描述。在此过程中，不论何种数字遥感数据，都需要进行某种辐射和/或几何预处理，以改善它们的可利用性。数字多波段和高光谱遥感系统的种类繁多、不胜枚举。在此，只能选择对地球资源环境调查使用价值较大的常用系统，按照其成像方式的技术类型（图 2-40）分别加以说明。

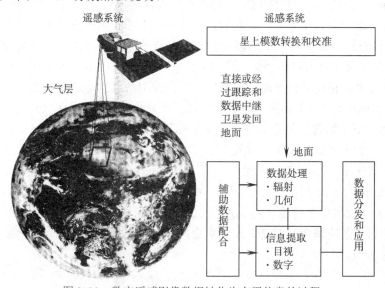

图 2-39　数字遥感影像数据转化为有用信息的过程

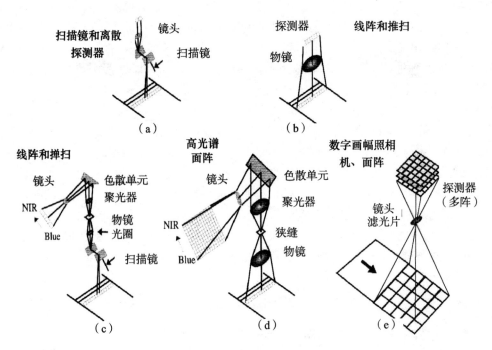

图 2-40　多波段和高光谱成像遥感系统的基本结构类型

2.3.1　常规多波段成像系统

常规多波段成像系统主要包括使用离散探测器和扫描镜成像方式的多波段扫描仪，具体包括陆地卫星（Landsat）的多波段扫描仪（MSS）、专题制图仪（TM）、增强型专题制图仪（ETM$^+$）以及 Daedalus 公司的机载多波段扫描仪（AMS）等。

1. Landsat 的遥感系统

Landsat 由 1972 年 6 月 23 日发射的地球资源技术卫星（ERTS）改名而来，是一个以探测地球陆地为主要任务的卫星系列，对推动世界和我国的卫星遥感技术发展和应用作出了巨大的贡献。Landsat1、2、3 发射后，进入围绕地球的近极地圆形轨道，高度 919km，倾角 99°。卫星每 103min 绕地球一圈，每天有 14 条轨道。这种太阳同步轨道确保卫星能够以地球绕太阳相同的角速度绕地球转动，致使卫星通过地球受光面赤道的地方时间大致相同。Landsat 平台及其绕地球的轨道状况，分别在图 2-41(a)、(b) 和 (c) 中给出。图 2-41(d) 说明了卫星影像如何重复地覆盖某个地理区域的原理。从一条轨道到另一条轨道，随着地球在飞船下面旋转，星下位置在赤道移动了 2875km。卫星转动 14 条轨道后，第二天的第一条轨道（即轨道 15）相对于第一天的第一条轨道（即轨道 1）在赤道上向西移动了 159km。如此这般，经过 18 天，轨道 252 正好与轨道 1 重叠。因而，Landsat 就具有了每 18 天观测整个地球（高于 81° 的极地区域除外）一次，或每年观测地球 20 遍的能力。相邻两条轨道之间有 26km 的重叠区。这种重叠在南、北纬 81°达到 85%，而在赤道只有 14%。

1）多波段扫描仪（MSS）

　　MSS 在 Landsat1-5 上使用，是垂直扫描飞行方向的一种光学机械系统。在扫描时，来自地面的辐射通量聚焦在离散的探测器诸单元上。探测器使景象中每个瞬时视场（IFOV）里的反射太阳辐射通量转换为电信号（图 2-42(a)）。MSS 的探测器单元放置在滤光片后面，这种组合共有 4 组。这种安排的局限性在于辐射能量停留在 IFOV 里每个探测器上的时间比较短暂。为了有足够的信噪比又不牺牲空间分辨率，遥感器必须工作在带宽大于等于 100nm 的波段内，或者使用具有难以实现的小焦距/光圈比的光学系统。MSS 扫描镜在离天底±5.78°范围内摆动。其 11.56°的视场造成了每条轨道宽大约 185km 的刈幅。对 4 个波段，即 0.5~0.6μm（绿）、0.6~0.7μm（红）、0.7~0.8μm（反射红外）和 0.8~1.1μm（反射红外）波段，敏感的 6 个平行探测器同时对地面进行观测。在不对地观测时，MSS 探测器要对其内部光源和太阳校准光源进行校准。MSS 系统的技术特征在表 2-7 中给出。单张 Landsat MSS 影像覆盖了 185km×185km 的面积，相当于大约 5000 张 1：15000 的常规垂直航空相片所覆盖的范围。

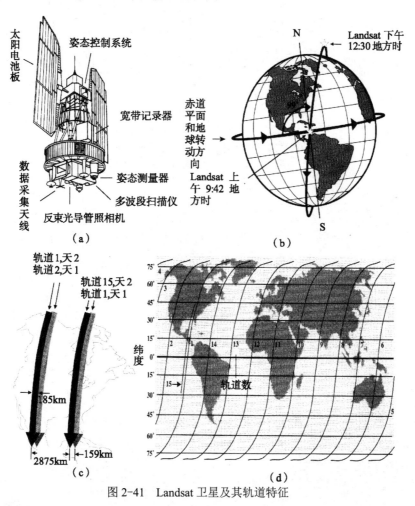

图 2-41　Landsat 卫星及其轨道特征

2）专题制图仪（TM）

专题制图仪系统在 Landsat4、5 上使用，是一种扫描光学机械遥感器，记录可见光、反射红外、中红外和热红外波段的辐射能量。它的多波段影像较之 MSS，有更高的空间、波谱、时间和辐射分辨率。Landsat4、5 的卫星平台以及 TM 系统的结构分别在图 2-42 和图 2-43 中给出。其望远镜对着一条扫描线获得的入射辐射通量，经过一个扫描线校正器到达：可见光和近红外的主焦平面或中红外和热红外致冷焦平面。可见光和近红外波段（1~4）是 4 个错开式的 16 个硅元件线阵。2 个中红外探测器都是错开式的 16 个锑化铟元件线阵，热红外探测器则是一个碲-镉-汞元件的 4 元阵。其具体技术参数在表 2-7 中给出。TM 工作波段的选择，取决于对它们在遥感应用领域中使用价值的评估。如表 2-8 所列，这 7 个波段分别在水穿透、土壤湿度、热制图、植被识别、岩石鉴别等方面，都有自己的独到之处和优势所在。

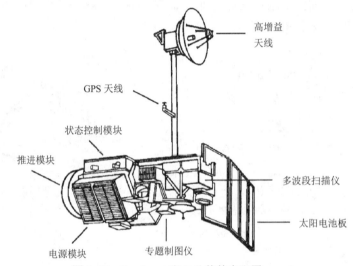

图 2-42　Landsat 4 和 5 及其基本配置

表 2-7　Landsat MSS 和 TM 遥感系统特征

Landsat MSS			Landsat 4 和 5 TM		
波段	波长范围/μm	辐射灵敏度（NEΔP）	波段	波长范围/μm	辐射灵敏度（NEΔP）
4	0.5~0.6	0.57	1	0.4~0.52	0.8
5	0.6~0.7	0.57	2	0.52~0.60	0.5
6	0.7~0.8	0.65	3	0.63~0.69	0.5
7	0.8~1.1	0.70	4	0.76~0.90	0.5
8	10.4~12.6	1.4k (NE ΔT)	5	1.55~1.75	1.0
			6	10.4~12.5	0.5 (NE ΔT)
			7	2.08~2.35	2.4
天底IFOV	79m×79m（波段 4~7）240m×240m（波段 8）		30m×30m（波段 1~5、7）120m×120m（波段 6）		
数据速率	15Mb/s		85Mb/s		

（续）

Landsat MSS			Landsat 4 和 5 TM		
波段	波长范围 /μm	辐射灵敏度（NE ΔP）	波段	波长范围 /μm	辐射灵敏度（NE ΔP）
量化水平	6bit（值 0~63）		8bit（值 0~255）		
地球覆盖	18 天（Landsat1~3）		16 天（Landsat4、5）		
高度	919km		705km		
刈幅宽度	185km		185km		
倾角	99º		98.2º		

专题制图仪（TM）

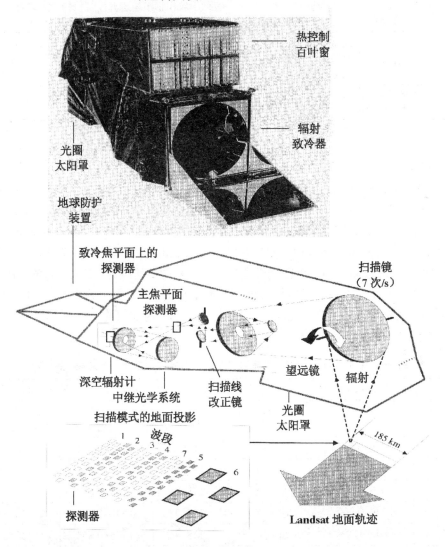

图 2-43　Landsat 4 和 5 专题制图仪的主要配置

表 2-8　Landsat TM 的波段特征及其应用有效性

波段	波长范围 /μm	波段应用的有效性
1	0.45~0.52 (蓝)	加强对水的传穿透，支持对土地利用、土壤、植被等特征的分析。短波长端截止在清水透明度峰以下，长波长端受限于健康植物的叶绿素蓝吸收带。0.45μm 以下大气散射和吸收严重
2	0.52~0.60 (绿)	跨叶绿素蓝和红吸收带之间的波长范围，与健康植被绿波段反射峰相对应
3	0.63~0.69 (红)	健康植被的叶绿素红吸收带，是鉴别植物最重要的波段，也可以用于圈定土壤和地质界线。由于大气衰减影响减弱，这个波段的反差比波段 1 和 2 大
4	0.76~0.90 (反射红外)	对植被生物量的响应显著，有助于农作物的鉴别，突出土壤/农作物以及土地/水体的反差
5	1.55~1.75 (中红外)	对植物里的含水量敏感，有助于农作物干旱研究以及植物活力调查。此外，它是少数能够用来区分云、雪和冰的波段，对水文学研究也很重要
6	10.4~12.5 (热红外)	测量地面发射的红外辐射通量，表观温度是地面发射率和真实或动态温度的函数。有助于地热活动定位、热惯量制图、植被分类、植被胁迫分析以及土壤湿度研究
7	2.08~2.35 (中红外)	是鉴别岩石的重要波段，对鉴别岩石里的热液蚀变带特别有效

3）增强型专题制图仪

Landsat7 是个 3 轴稳定的空间平台，携带着一台天底指向的仪器，即增强型的专题制图仪（Enhanced Thematic Mapper Plus，ETM⁺），如图 2-44 所示。ETM⁺ 由 Landsat4、5 上的 TM 改进而来，其技术参数在表 2-9 中给出。ETM⁺ 的波段 1~5 和 7 与 TM 相同，空间分辨率也是 30m×30m。然而，ETM⁺ 波段 6 的空间分辨率提高为 60m×60m，还增加了一个 15m×15m 的全色新波段（0.52~0.90μm）。Landsat7 的轨道高度为 705km，收集在刈幅 185km 内的数据，不能进行离天底观测，重复访问间隔为 16 天。它的 378Gbit 固态记录器，可以保存 42min 遥感数据和 29h 环境工程遥测数据，是 ETM⁺ 产生 150Mbit/s 数据所必备的能力。美国的数据可以直接发回本土的地面接收站，国际的数据需通过 TDRS 转发回美国，或者由国际接收站接收。

表 2-9　Landsat7 ETM⁺与推荐的"地球观测者"（EO-1）诸遥感器的比较

Landsat7 ETM⁺			EO-1 高级陆地成像器（ALI）		
波段	波长范围 /μm	天底空间分辨率/m	波段	波长范围 /μm	天底空间分辨率/m
1	0.450~0.515	30×30	MS-1′	0.433~0.453	30×30
2	0.525~0.605	30×30	MS-1	0.450~0.510	30×30
3	0.630~0.690	30×30	MS-2	0.525~0.605	30×30
4	0.750~0.900	30×30	MS-3	0.630~0.690	30×30
5	1.55~1.75	30×30	MS-4	0.775~0.805	30×30
6	10.40~12.50	60×60	MS-4′	0.845~0.890	30×30
7	2.08~2.35	30×30	MS-5′	1.20~1.30	30×30

（续）

Landsat7 ETM$^+$			EO-1 高级陆地成像器（ALI）		
波段	波长范围/μm	天底空间分辨率/m	波段	波长范围/μm	天底空间分辨率/m
8	0.52~0.90	15×15	MS-5	1.55~1.75	30×30
			MS-7	2.08~2.35	30×30
			全色	0.480~0.690	10×10
			EO-1 Hyperion 高光谱遥感器 在 0.4~2.4μm 有 220 波段，30m×30 m		
			EO-1LEISA 大气改正器 (LAC) 在 0.9~1.6μm 有 256 波段，250m×250 m		
遥感器技术	扫描镜光谱仪		ALI 为推扫式辐射计; Hyperion 为推扫式光谱辐射计；LAC 采用面阵		
刈幅宽度	185km		ALI=37km；Hyperion=7.5km；LAC=185km		
数据速率	每天 250 幅影像，每幅面积 31450km^2		—		
重访周期	16 天		16 天		
轨道	705km，太阳同步，倾角 98.2°，上午 10:0±15min 过赤道		705km，太阳同步，倾角 98.2°，过赤道 = Landsat7+1min		
发射时间	1999 年 4 月 15 日, 6 年寿命		1999/2000, 1 年试验		

　　"地球观测者"（Earth Observer，EO-1）作为 Landsat 的后继卫星，其具体技术指标在表 2-9 中给出。除了搭载在 0.4~2.35μm 范围内有 10 个波段、空间分辨率为 30m×30m 的线阵高级陆地成像仪（Advanced Land Imager，ALI）而外，星上还有在 0.4~2.4μm 范围内、可以记录 220 个波段数据、空间分辨率为 30m×30m 的超级高光谱遥感器，在 0.9~1.6μm 范围内记录 256 个波段数据、空间分辨率为 250m×250m 的 Etalon 线性成像光谱仪阵列（Linear Etalon Imaging Spectrometer Array，LEISA）。后者的设计，主要供大气层中水汽变化改正时使用。EO-1 覆盖的地面轨迹与 Landsat7 相同，仅滞后约 1min 时间而已。

　　2. 机载多波段扫描仪

　　机载多波段扫描仪与相应的轨道遥感器比较，在空间和波谱分辨率以及数据采集时间、地点等多方面，具有更大的灵活性、自主性和适用性。目前，有一些商用的和/或公开可用的多波段扫描仪（MSS），包括 Daedalus 公司的机载多波段扫描仪（Airborne Multispectral Scanner，AMS）和 NASA 的机载陆地应用遥感系统（Airborne Terrestrial Applications Sensor，ATLAS）。

　　1）Daedalus 的 AMS

　　在过去 30 多年里，25 个国家的遥感实验室和/或国家机关，购买了 Daedalus 公司的 DS-1260、DS-1268 和 AMS 等型号的多波段扫描仪。这些相当贵昂的遥感系统，为环境监测提供了空间和光谱分辨率都很高的多波段扫描仪数据。表 2-10 给出了 AMS 系统的技术性能指标。它的基本工作原理和技术构成，可以用图 2-45 表述。地面反射或发射的

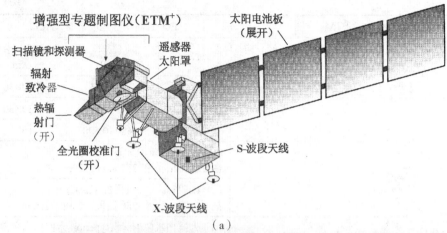

（a）

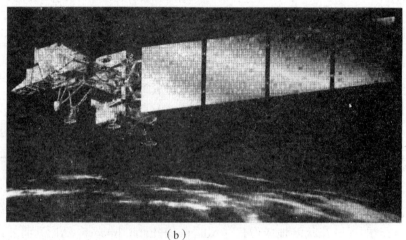

（b）

图 2-44 Landsat 7 增强型专题制图仪的配置

表 2-10 Daedalus AMS 和 NASA ATLAS 的特征

Daedalus AMS			NASA ATLAS		
波段	波长范围/μm	天底空间分辨率/m	波段	波长范围/μm	天底空间分辨率/m
1	0.42~0.45	可变，取决于飞行高度	1	0.45~0.52	2.5~25m，取决于飞行高度
2	0.45~0.52		2	0.52~0.60	
3	0.52~0.60		3	0.60~0.63	
4	0.60~0.63		4	0.63~0.69	
5	0.63~0.69		5	0.69~0.75	
6	0.69~0.75		6	0.76~0.90	
7	0.76~0.90		7	1.55~1.75	
8	0.91~1.05		8	2.08~2.35	
9	3.00~5.50		9	取消	
10	8.50~12.5		10	8.20~8.60	

（续）

Daedalus AMS			NASA　ATLAS		
波段	波长范围 /μm	天底空间 分辨率/m	波段	波长范围 /μm	天底空间 分辨率/m
			11	8.60~9.00	
			12	9.00~9.40	
			13	9.60~10.20	
			14	10.20~11.20	
			15	11.20~12.20	
IFOV	2.5mrad		2.0mrad		
量化水平	8~12bit		8bit		
飞行高度	可变		可变		
刈幅宽度	714 像元		800 像元		

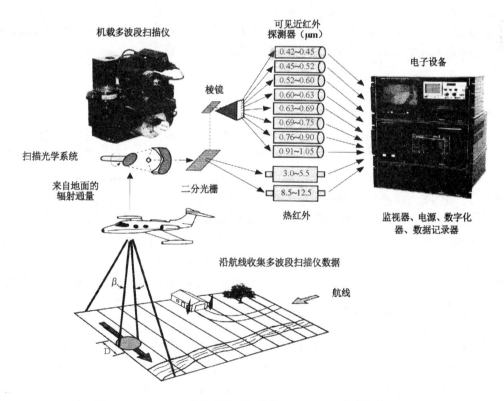

图 2-45　Daedalus 机载多波段扫描仪（AMS）及其工作方式

辐射通量为扫描光学系统所收集，投射到二分光栅上。光栅将反射辐射通量与发射辐射通量分开。紫外、蓝、绿、红和反射红外的反射部分能量，从光栅直接投射在一个棱镜（或折射光栅）上，使之进一步分化为规定好的波段。与此同时，入射的热发射能量与入射的反射能量分开，聚焦在光栅和棱镜后面的离散探测器上。记录发射能量的探测器通常为液氮或其他物质杜瓦瓶所致冷。探测器记录的信号经过电子系统放大，记录在多磁道的磁带机里。如果重点放在数据的目视分析时，它们可以记录在模拟磁带机上，在飞行期间或飞行之后直接转化为硬备份影像。如果数据需要进行数字处理，必须利用模数转换器把模拟数据转化为数字数据，记录在飞机上的高密度数字磁带（High-density Digital Tape，HDDT）上。此后，HDDT 数据还要转换为计算机用带（Computer-Compatible Tape，CCT）的格式，才能进行数字影像处理。机载多波段扫描仪调查的飞行高度，取决于地面分辨率（或像元）和调查区域的范围大小的应用需求。若遥感器的瞬时视场为 β，地平面上的飞行高度为 H，则遥感器观察地面的圆形范围直径（像元的地面尺寸）$D = H \times \beta$。

2）NASA 的 ATLAS

ATLAS 是工作在 0.45~12.2μm 波长范围内的 14 通道多波段扫描仪，它有 6 个可见光和近红外波段、2 个短波红外波段（与 TM 波段 5 和 7 相同）以及 6 个热红外波段。它们的带宽在表 2-10 中给出。ATLAS 的总视场为 72°，IFOV 为 2.0mrad。在地平面以上 6000~41000 英寸的飞行高度时，相应的地面分辨率分别为 2.5m×2.5m 和 25m×25m。通常每条扫描线有 800 个像元，外加 3 个校准源的像元，其数据按 8bit 量化。热红外数据用两个内置黑体校准。可见光和近红外的校准利用任务间歇在地面用积分球完成。机上 GPS 记载了数据收集时每条扫描线的空间位置。

2.3.2 线阵多波段成像系统

线阵遥感系统采用灵敏度很高的二极管或电荷耦合器（CCD）记录来自地面的反射或发射辐射能量。线阵遥感器也称为推扫式（Pushbroom）遥感器，因为在飞船向前运动时线阵就像扫把一样掠过地面（图 2-40(b)）。这种遥感器没有摆动的扫描镜，线阵探测器能够在特定地面驻留更长的时间，通常可以获得更为精确的测量数据。

1. 法国 SPOT 遥感系统

SPOT 地球观测卫星是个成功范例。自 1986 年以来，它们已经成为一个稳定、不可缺少的高分辨率地球资源信息来源。自 1998 年 1 月 1 日以来，SPOT-1 获取的影像数目为 1973461 景、SPOT-2 为 2437716 景、SPOT-3 为 1026716 景。遗憾的是，购买 SPOT 影像的费用，近年来尽管有所下降，但仍然比较贵昂。这在很大程度上限制了其数据的广泛应用。

1）SPOT 1、2 和 3

SPOT1、2 和 3 都相同，由标准的 SPOT 多目标平台和有关遥感的仪器 2 个部分组成，后者包括 2 台完全相同的高分辨率可见光（HRV）遥感系统、由 2 台磁带记录器和 1 台遥测发射机组成的部件。卫星在高度为 832km 的太阳同步、近极地轨道上运转（倾角 98.2°），在相同的太阳时过顶，地方时钟时间随纬度而变化。SPOT1、2 和 3 及其遥感系统具有如下特点。

（1）HRV 遥感器可以在两种不同的模式下工作：一种是全色模式，获得一个类似于典型黑白相片的宽波段影像，具有 10m×10m 的地面空间分辨率；另一种是多波段模式，获得 3 个窄波段的影像，具有 20m×20m 的地面空间分辨率（表 2-11）。

表 2-11　SPOT 的遥感系统特征

SPOT1、2 和 3 HRV			SPOT4 HRVIR			SPOT4 Vegetation		
波段	波长范围/μm	空间分辨率/m	波段	波长范围/μm	空间分辨率/m	波段	波长范围/μm	空间分辨率/m
1	0.50~0.59	20×20	1	0.50~0.59	20×20	1	0.43~0.47	1.15×1.15
2	0.61~0.68	20×20	2 全色	0.61~0.68	20×20 10×10	2	0.61~0.68	1.15×1.15
3	0.79~0.89	20×20	3	0.79~0.89	20×20	3	0.78~0.89	1.15×1.15
全色	0.51~0.73	10×10	SWIR	1.58~1.75	20×20	SWIR	1.58~1.75	1.15×1.15
仪器	线阵推扫遥感器		线阵推扫遥感器			线阵推扫遥感器		
刈幅	60km±50.5°		60km±27°			2250km±50.5°		
速率	25Mb/s		50Mb/s			50Mb/s		
重访	26 天		26 天			1 天		
轨道	832km, 太阳同步, 倾角 98.2° 过赤道上午 10:30		832km, 太阳同步, 倾角 98.2° 过赤道上午 10:30			832km, 太阳同步, 倾角 98.2° 过赤道上午 10:30		

（2）地面反射的辐射能量通过一个平面镜进入 HRV，投射到 2 个 CCD 阵列上。每个 CCD 阵列由 6000 个线性排列的探测器组成。随着这种线阵推扫式遥感器向前推进，每观测一次就拍摄一条横过轨迹方向完整的地面景象线（图 2-46）。SPOT 的这种能力打破了以往 Landsat 遥感器的传统，机械扫描方式不再采用了。

（3）遥感系统直接观测星下地面时，2 台 HRV 仪器覆盖相邻的视场，每个有 60km 的刈幅宽度，总刈幅宽度为 117km，2 个视场之间有 3km 重叠（图 2-46）。通过地面站指令，HRV 有能力调整反光镜离天底观测的角度。这就使它能够观测以卫星地面轨迹为中心的宽 950km 条带里的任何区域。

（4）如果 HRV 仪器只有天底观测能力，对世界任何给定地区的重访频率是 26 天。对许多现象的观测和研究而言，这种重访间隔显然难以接受。在 26 天的重访期间并考虑仪器的指向能力，如果探求地点在赤道上，可以观测到 7 次；如果在纬度 45°处，可以观测到 11 次（图 2-47）。因此，对给定地区的重访日期，分别可以是 1~4 天，偶尔也可以是 5 天。

（5）SPOT 遥感系统可以获得给定地理区域横过轨迹的立体像对（图 2-47(b)）。两次观测可以在相继的日子里完成，因而，其影像分别在垂线两侧的不同角度上获得。在此情况下，观测基线（两个卫星位置间的距离）与卫星高度之比（或简称基高比）在赤道为 0.75，在纬度 45°处为 0.50。试验表明，具有这种基高比的 SPOT 数据，可供地形制图之用。Toutin 和 Beaudoin（1995）采用摄影测量技术对 SPOT 数据进行制图处理。在 90%的置信度情况下，其制图平面精度为 12m，数字地形模型的高程精度为 30m。

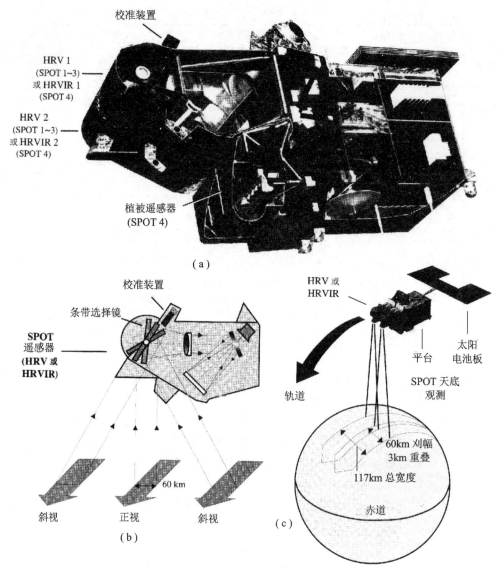

图 2-46　SPOT 卫星、遥感器及其轨道特征

2）SPOT 4 和 5

SPOT4 的技术性能指标在表 2-11 中给出。它的观测角度可以在离天底±27°的范围内调整。它的有效载荷包括高分辨率可见光和红外（HRVIR）遥感系统及植被遥感系统。

（1）SPOT4 对地球资源遥感出现了几个重要变化：增加了供植被及土壤水分应用的短波红外（SWIR）波段（1.58~1.75μm）；在星上实现多波段影像的配准，取代了原来 10m 和 20m 的 HRV 全色遥感器（0.51~0.73μm）和波段 2（0.61~0.68μm）；增加了称为"植被（Vegetation）"的遥感器，供小比例尺植被、全球变化和海洋研究使用。鉴于 SPOT4 的 HRV 遥感器配有对短波红外敏感的波段，称为 HRVIR1 和 HRVIR2。

（2）SPOT 植被遥感系统是个完全独立的 HRVIR 遥感器。它是有 4 个光学波段的电子扫描辐射计。每个波段都有自己独立的物镜和传感器。4 个波段分别是供大气改正使

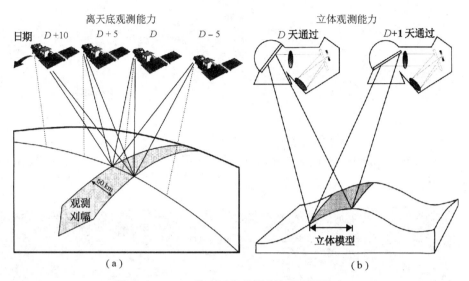

图 2-47　SPOT 的离天底观测和立体观测能力

用的蓝波段（0.43~0.47μm）以及红波段（0.61~0.68μm）、近红外波段（0.78~0.89μm）、SWIR 波段（1.58~1.75μm）。每个传感器采用 1728 CCD 线阵，放置在相应物镜的焦平面上。它们的光谱分辨率在表 2-11 中给出，空间分辨率为 1.15km×1.15km。物镜的视场为±50.5°，相当于 2250km 的刈幅宽度。这种仪器具有几个重要的特点：多日辐射校准精度优于 AVHRR 的 3%，绝对校准精度优于 AVHRR 的 5%，在重复性的全球和区域植被研究中更有用；采用推扫式技术，像元尺寸在整个刈幅宽度上均匀一致，几何精度优于 0.3 个像元，波段内多日配准精度优于 0.3km；通过赤道时间为上午 10:30，可与 AVHRR 下午 2:30 过赤道时间比较；增加了改善植被制图用的 SWIR 波段，直接与 HRVIR 20m×20m 数据关联起来，后者嵌套在 2250km×2250km 刈幅宽度植被数据里；可以获得单张影像或 24h 内的综合数据（称为日综合），或用日综合数据编辑出 n 天的综合数据。为此，利用 SPOT4 植被遥感系统，可以编制出全球的日综合植被指数图。这些数据积累起来，可编制出全球 10 日的综合植被指数图。

2. 多角度成像光谱仪

多角度成像光谱仪（Multi-angle Imaging Spectroradiometer，MISR）由美国 NASA 喷气推进实验室研制，是 Terra 卫星上承载的 5 个仪器之一。

1）技术特征

MISR 用 4 个波段，在飞行线方向从卫星前、后散开的 9 个角度上测量地球的亮度。空间样本每 275m 采一次。在 7min 时间里，宽度为 360km 的地球刈幅，进入所有 9 个角度的视场（图 2-48）。从地方垂线（天底 0°）及其前、后 26.1°、45.6°、60.0° 和 70.5° 的角度，用推扫式数字遥感系统对地球进行摄像。一般而言，视角加大会增强对气溶胶影响、云反射影响的灵敏度，然而，对陆地表面的观察需要更接近天底的视角。在某个瞬间，每个 MISR 照相机"观看"与推扫式地面轨迹呈直角的一排像元，记录蓝、绿、红和近红外 4 个波段的数据。在图 2-48 中，波段的中心波长相同。每个照相机有 4 个独立的 CCD 线阵，每个线阵有 1504 个有效像元。

2）影像特征

不同视角的 MISR 照相机所获得的影像，在其影像特征、提供信息及其应用等方面，都存在某些价值上的差异。从尽可能多的角度，获得地面和云层的定量信息，是科学界极为感兴趣的领域。

（1）天底观测照相机（图 2-48 中标注 An 者）的影像。与其他照相机相比较，它提供的影像受地形影响而产生的畸变最小，受大气散射的影响也最小。因此，它的影像在 MISR 的所有影像里可以起参考作用，作为比较其他角度影像的基准影像。这种比较提供了"双向反射分布函数"的重要信息。这种照相机也提供了与 Landsat TM、ETM$^+$进行比较的机会。

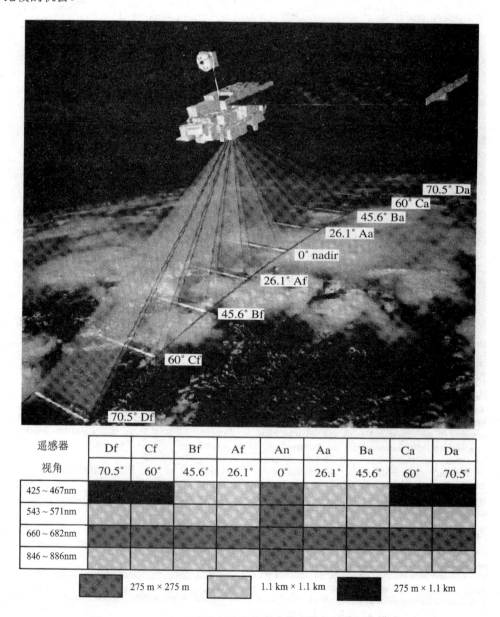

图 2-48　EOS Terra 卫星上的多角度成像光谱仪及其工作模式

（2）离天底观测照相机的影像。天底前、后 26.1°视角的照相机（Af 和 Aa）可以提供有用的立体信息，有助于地形和云层高度的测量。天底前、后 45.6°视角的照相机（Bf 和 Ba）对大气气溶胶特性特别敏感。天底前、后 60.0°视角的照相机（Cf 和 Ca），通过大气观测地面的距离是天底观测的 2 倍，可以提供陆地表面半球反照率的专门信息。天底前、后 70.5°视角的照相机（Df 和 Da）可以提供离天底效应的最大灵敏度。

2.3.3 线、面阵成像光谱仪

绝大多数的多波段遥感数据，以往只有 4~12 个波段，而成像光谱仪却能同时产生数百个波段的遥感数据。这种变化的价值在于目前已有能力提供影像中每个像元高光谱分辨率的反射率光谱曲线，直接鉴别出那些具诊断性光谱特征的地面物质，这是诸如 Landsat MSS、TM 或 SPOT 之类的宽波段、低分辨率成像遥感系统所不具备的能力。为此，许多政府机构和商业企业都在研制这种成像光谱仪。

1. 机载可见红外成像光谱仪

1）系统特征

NASA 喷气推进实验室（JPL）研制了一台机载可见红外成像光谱仪（Airborne Visible Infrared Imaging Spectrometer，AVIRIS），其技术指标在表 2-12 中给出。它使用一个掸扫式（Whiskbroom）的扫描镜和硅（Si）、锢砷（InSb）线阵，在 400~2500nm 波长范围内获取 224 个波段的数据，每个波段宽 10nm。成像光谱仪搭载航高为 20km 的 NASA/ARC ER-2 飞机作业，总视场为 30°，瞬时视场 0.1mrad，像元尺寸为 20m×20m。数据按 12bit 记录（取值范围 0~4095）。图 2-49 总结和表述了 AVIRIS 的许多特点，给出了波段 30（655.56 nm）的 AVIRIS 影像以及从锯叶椰（Saw Palmetto）单个像元提取出来的辐射亮度数据。

表 2-12 AVIRIS 和 CASI-2 高光谱遥感系统的特征

遥感器	技术	波长范围/nm	光谱间隔/nm	数据采集模式	动态范围/bit	IFOV/mrad	总视场/(°)
AVIRIS	掸扫式线阵	400~2500	10	224 波段	12	1.0	30
CASI-2	面阵 CCD (512×288)	400~1000	1.9	空间：19 波段每条扫描线 512 像元 光谱：288 波段每条扫描线 39 非邻像元，或 288 波段每条扫描线 101 像元，或 48 波段每条扫描线 511 像元	12	1.0	37.8

图 2-50 给出了一个高光谱数据立方体，其顶面上是 3 个 AVIRIS 波段的彩色合成影像。立方体里的黑色区代表在 1.4μm 和 1.9μm 的大气吸收带。

2）应用领域

每年 AVIRIS 都要飞行许多次，以支持有关领域的科学试验研究。这些应用范围主

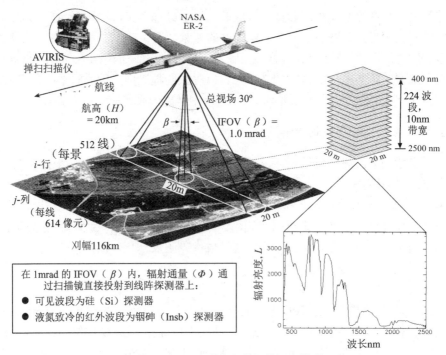

图 2-49　AVIRIS 成像光谱仪的概念模型

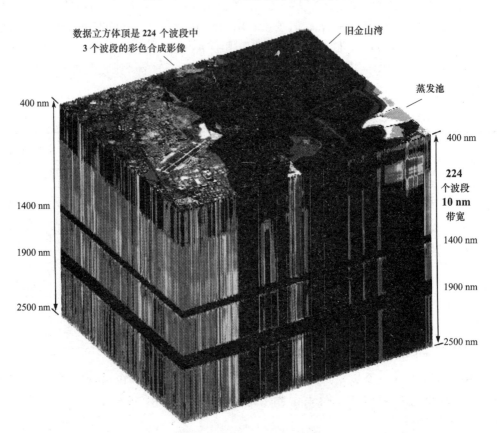

图 2-50　AVIRIS 成像光谱仪的彩色数据立方体

要包括：生态学，即叶绿素、叶水分、纤维素、木质素、氮化合物等；海洋学和湖沼学，即浮游植物群落叶绿素、溶解的有机化合物、悬浮泥沙、其他浮游生物色素、海洋作物和珊瑚等；土壤和地质学，即黏土矿物、铁矿物、碳酸盐、硫酸盐等；雪和冰水文学，即冰吸收、水吸收、冰颗粒散射等；气象学，即水蒸气、气溶胶、水云、冰云、雾气、氧气、二氧化碳、臭氧、沼气等；遥感系统的校准，即校准其他星载、机载遥感系统等领域。

2. 小型机载摄谱成像仪

加拿大 ITRES 研究公司在 1989 年首次将小型的机载摄谱成像仪（Compact Airborne Spetrographic Imager-2，CASI）推向市场。根据应用任务的需要，用户能够通过编程选择自己需要使用的波段及其带宽。CASI 可能是星载高光谱遥感系统的先驱。

1）技术特征

它是一台利用 512×288 面阵 CCD 的推扫式成像光谱仪，工作在 400~1000nm、宽度为 545nm 的范围内，横过轨迹的总视场为 37.8º（图 2-51）。CASI 是一台可编程的成像光谱仪。用户可以对它编程以收集自己需要的高光谱数据。其光学系统遥感一条垂直于飞行线、宽度为 512 个像元的地面线。来自每个像元的入射辐射通量，沿着面阵 CCD 的一个轴的方向色散开来，得到横过刈幅的每个像元从蓝到近红外波长的辐射能量谱。随着飞机沿着航线向前移动，重复阅读面阵 CCD 的内容，就可以得到地面的一张高光谱分辨率的二维影像。鉴于来自某个刈幅的所有像元的辐射通量都是同时记录下来的，因而确保了各个波段影像在空间和光谱上的配准。横过轨迹方向的空间分辨率取决于 CASI 的飞行高度及其 IFOV，沿着轨迹方向的空间分辨率取决于飞机的速度和阅读 CCD 的速率。

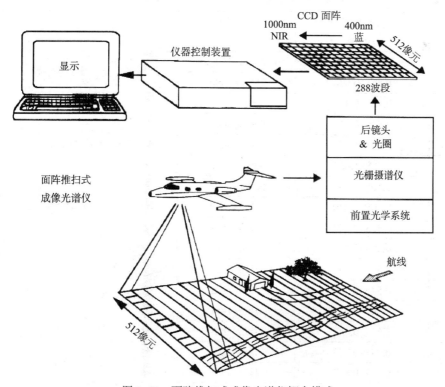

图 2-51　面阵推扫式成像光谱仪概念模式

2）工作模式

CASI 可以通过编程以不同的模式收集 12bit 的数据。这些模式分别如下。

（1）空间模式。它获取横过轨迹所有 512 像元多达 19 个不重叠波段的数据，各个波段的中心波长及其带宽可以程控。

（2）光谱模式。它获取横过轨迹有限数量（最多 39 个）像元且带宽为 1.9nm 的 288 个波段的数据，或者 101 像元多达 288 个波段的数据，或者 511 像元多达 48 个波段的数据。

3. 中分辨率成像光谱仪

中分辨率成像光谱仪（Moderate Resolution Imaging Spectrometer，MODIS）是 EOS-PM 卫星上的一个成像遥感系统。该卫星在高度为 705km 的太阳同步轨道上运行。每 1~2 天观测整个地球表面一次。它具有离天底±55º 的视场，得到 2330km 的刈幅宽度。MODIS 获得全球所有区域的白天反射太阳辐射和日夜红外发射辐射的高分辨率（12bit）影像。MODIS 是一个掸扫式的扫描成像辐射计，由横过轨迹的扫描镜、聚光光学系统以及位于 4 个焦平面上的线性探测器阵和光谱干涉滤光片所组成。它采集 36 个相互配准的光波段：在 0.4~3μm 有 20 个波段，3~15μm 有 16 个波段。MODIS 的波段及其用途在表 2-13 中给出。不同波段有不同的空间分辨率：波段 1、2 为 250m×250m；波段 3~7 为 500m×500m；波段 8~36 为 1km×1km。MODIS 有一个极为复杂的校准子系统。校准硬件包括太阳漫射器、太阳漫射器稳定度监视器、光谱校准装置、热红外校准黑体及太空观测口等。校准的原始亮度值将转换为实际的百分数反射率或辐射测量值。

表 2-13　中分辨率成像光谱仪(MODIS)的特征

波段	波长范围 （μm）	空间分辨率	主要用途
1	0.620~0.670	250m×250m	土地覆盖分类，叶绿素吸收
2	0.841~0.876	250m×250m	
3	0.459~0.479	500m×500m	土地、云和气溶胶特性
4	0.545~0.565	500m×500m	
5	1.230~1.250	500m×500m	
6	1.628~1.652	500m×500m	
7	2.105~2.155	500m×500m	
8	0.405~0.420	1km×1km	海色、浮游生物、生物地球化学
9	0.438~0.448	1km×1km	
10	0.483~0.493	1km×1km	
11	0.526~0.536	1km×1km	
12	0.546~0.556	1km×1km	
13	0.662~0.672	1km×1km	
14	0.673~0.683	1km×1km	
15	0.743~0.753	1km×1km	
16	0.862~0.877	1km×1km	

（续）

波段	波长范围 （μm）	空间分辨率	主要用途
17	0.890~0.920	1km×1km	大气水汽
18	0.931~0.941	1km×1km	
19	0.915~0.965	1km×1km	
20	3.600~3.840	1km×1km	云面温度
21	3.929~3.989	1km×1km	
22	3.929~3.989	1km×1km	
23	4.020~4.080	1km×1km	
24	4.433~4.498	1km×1km	大气温度
25	4.482~4.549	1km×1km	
26	1.360~1.390	1km×1km	卷云
27	6.535~6.895	1km×1km	水汽
28	7.175~7.475	1km×1km	
29	8.400~8.700	1km×1km	
30	9.580~9.880	1km×1km	臭氧
31	10.780~11.280	1km×1km	云面温度
32	11.770~12.270	1km×1km	
33	13.185~13.485	1km×1km	云顶高度
34	13.485~13.785	1km×1km	
35	13.785~14.085	1km×1km	
36	14.085~14.385	1km×1km	

2.4　热红外遥感数据获取系统

所有温度在 0K 以上的物体都会发射电磁波能量。因此，在景观中的物体，如植被、土壤、岩石、水体，乃至人体，都可以发射在 3.0~14μm 波谱范围内的红外电磁波辐射。然而，人类的眼睛只对可见光（0.4~0.7μm）敏感，而无法区分来自物体热红外能量的差别。他们对于热能的体验，主要通过接触产生的感觉而实现。有幸的是，工程师们发明了对热红外辐射敏感的传感器，使人类在监测景观热特性的时候，能够感受到以往无法见到的客观世界里的有关信息。它们可以用来确定物质的类型、物质热特性的变化，包括在揭示某些疾病的征兆、植物胁迫的现象、水体的热污染、建筑物热泄漏以及有关军事行动等方面的应用。因此，热红外遥感技术系统及其数据处理以及热红外遥感数据的应用等问题，将是本节需要论述的主要内容。

2.4.1　热红外遥感技术系统

红外技术系统探测地面物体的不同部分之间、各种地物之间以及地物与相应背景之间，存在着的温度及其发射率上的差异和变化。它们构成了热红外遥感识别各种地物乃至其伪装、变异的独特能力。这种技术系统能够在夜间和较恶劣的天气条件下工作；所利用的电磁波辐射线，人眼无法直接察觉，隐蔽性好、不易受到干扰；系统体积小、重量轻、功耗低，易于推广使用。因此，热红外遥感技术不仅在军事领域里，还是在民用领域里，都得到了广泛的应用。在此，将介绍对地观测使用的热红外多波段扫描仪和热红外高光谱成像仪的特征。

1. 热红外多波段扫描仪

1978 年的热容量制图任务装置（Heat Capacity Mapping Mission，HCMM）是最早的热红外卫星遥感系统。它获取在 10.5~12.6μm 波长范围内，空间分辨率为 600m×600m 的日间（下午 1:30）和夜间（上午 2:30）的热红外影像数据。这些数据对于表观热惯量制图的价值极大。Terra 星载的 ASTER 遥感系统收集昼、夜 5 个波段的红外数据，其空间分辨率为 90m×90m、刈幅宽度为 60km。此外，NASA 还利用亚轨道飞机（Suborbital Aircraft）上的 TIMS 和 ATLAS 系统，定期收集昼、夜的热红外影像。常见的热红外多波段扫描仪主要有 Deadalus 公司的机载多波段扫描仪（Airborne Multispectral Scanner，AMS）、NASA 的热红外多波段扫描仪（Thermal Infrared Multispecral Scanner，TIMS）、机载陆地应用遥感器（Airborne Terrestrial Applications Sensor，ATLAS）。在此，仅对它们作某些重点的说明。

1）基本作业过程

AMS、TIMS 和 ATLAS 的基本工作原理和技术构成在图 2-52 中给出。遥感器观测到的圆形地面区域的直径为 D，扫描仪瞬时视场为 β（mrad），扫描仪的相对高度为 H，因此，$D = H \times \beta$。在进行横过轨迹扫描时，平行机身和飞行方向的电动机驱动着固定在其旋转杆上的 45°扫描镜，确保准确地具有 2.5mrad 的瞬时视场。镜子垂直扫描飞行的方向，每次都会掸扫过 90°~120°的总视场角，角的大小随不同扫描仪而有所差异。在每次扫描过程中，扫描镜也会分别观测其内部冷、热校准源。这两个校准源有准确的温度，而且已知其具体的数字。地面发射的热红外辐射通量（Φ）的光子，被一面聚焦镜聚焦到探测器上。探测器将入射的辐射能量，转换为模拟电信号。作用在探测器上的光子数量越多，电信号的强度就越大。红外探测器通常包括 In:Sb（3~5μm）、Ge:Hg（8~14μm）、Hg:Cd:Te（0.76~14μm）。它们利用液氦或液氮致冷到很低的温度（-196℃）。致冷的探测器确保其记录是来自地面的辐射能量，而不是扫描仪内部物体的环境温度。地球发射的热红外辐射并不太多，其信号相对比较弱，通常需要放大，然后记录在磁带或其他介质上，供后续模-数转换以及分析之用。如果需要，信号还可以用来调制一个光源，把可见光投射到电动机另一端旋转杆上的记录器反射镜上。在此，可见光辐射通量与扫描仪接收到的红外能量成比例，一个像元接一个像元、一条扫描线接一条扫描线地使摄影胶片曝光，进而产生出地面的一张热红外影像。由图 2-52 不难看出，遥感系统记录的红外辐射通量，实际上是 IFOV 里不同物体发射的辐射通量以及大气散射进入 IFOV 的辐射通量的积分结果。记住这一点，对热红外遥感影像的分析判读至关重要。

2）需要考虑因素

在收集机载多波段扫描仪热红外数据时，如下方面的事项和因素应该慎重地加以考虑。

（1）在收集热红外数据时，在高空间分辨率与高辐射分辨率之间，存在一种反向变化的关系。辐射计的瞬时视场 β 越大，单个探测器在扫描镜每次扫描的过程中，对瞬时

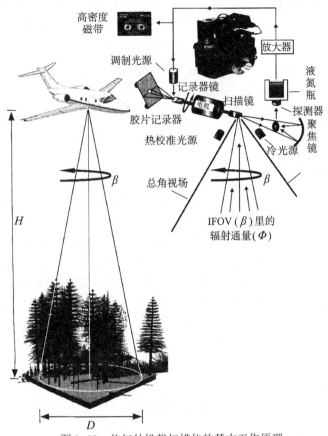

图 2-52　热红外机载扫描仪的基本工作原理

视场里地面观测的驻留时间就越长。大的瞬时视场提供良好的辐射分辨率，能够区分地面不同物体在发射辐射能量上微小的差异。这时，测量出来的辐射能量信号远比遥感系统引入的噪声强得多，可以得到很高的信噪比。然而，瞬时视场越大，识别细小地物的能力就越差。选择较小的瞬时视场，将会提高其空间分辨率，却缩短了遥感器在每个地面物体上驻留的时间，致使其辐射分辨率和信噪比有所降低。

（2）如果从点源 a_i 到遥感探测器的距离缩小 1/2，那么，探测器接收到的红外能量就会增加为 4 倍。这个倒数平方定律说明点源辐射出来的辐射强度，随点源与接收器之间距离的平方呈反比变化。例如，有黑体点源 S 及具有相同敏感面积（如 1cm^2）的两个遥感探测器 D_1 和 D_2。探测器 D_1 到 S 的距离为 d，探测器 D_2 到 S 的距离为 $2d$（图 2-53）。根据 Stefan-Boltzmann 定律，S 发射到半球里的总红外能量为辐射表面的 M_b（W/cm^2）。具体而言，M_b 是进入 D_1 所处位置且半径为 d 的半球里或达到面积为 πd^2cm^2 球面上的总红外能量。然而，M_b 也是进入 D_2 所处位置

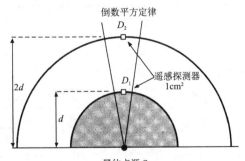

图 2-53　倒数平方定律的图示

且半径为 $2d$ 的半球里或达到面积为 $4\pi d^2 cm^2$ 球面上的总红外能量。因此，D_1 和 D_2 探测到的红外能量（M_{D1}、M_{D2}），分别可以用式（2-48）和式（2-49）来计算，即

$$M_{D1} = M_b / (\pi d^2) = M_b' \qquad (2\text{-}48)$$

$$M_{D2} = M_b / (4\pi d^2) = M_b' / 4 \qquad (2\text{-}49)$$

（3）对于大多数的热红外遥感调查而言，往往企图通过选择较大的瞬时视场（如 2.5mrad 和比较低的飞行高度，以同时取得良好的辐射和空间分辨率。然而，低飞行高度得到的高空间分辨率优势，往往会被需要更多飞行航线的花费以及由此引起的一系列在数据处理上的困难所掩盖。

2. 热红外高光谱成像仪

Shimoni 等人（2007）对热红外成像光谱学的技术现状及其未来军、民两用等方面的问题进行了调查研究。调查表明，热红外高光谱成像仪在水质、植被、森林、土壤湿度、温室气体、气溶胶、环境与危险管理、地质矿床、火山动态以及军事侦察、国家安全等领域都有广泛应用、良好表现和巨大潜力。他们总结出这些应用领域对热红外高光谱成像仪的技术需求，进而又对现有星载、机载的热红外高光谱成像仪的技术特点进行了评价。在此基础之上，本节还将介绍机载热红外成像光谱仪的情况。这样就可以使读者既能对这种技术的总体状况有比较全面的了解，又能对它们的具体情况有较为深入的认知。

1）应用需求及其技术现状

Shimoni 等人研究了大气质量、石油漂溢、地质调查、军事侦察等应用任务对热红外高光谱成像仪的技术需求，调查了 25 种机载、36 种星载的热红外高光谱遥感器的技术状况，其调研的结果可以分述如下。

（1）应用需求。上述应用领域从空间、波谱、辐射以及时间等特性方面，对热红外高光谱成像仪的具体需求，如表 2-14 所列。不难看出，这些需求之间存在相当大的差异，要想研制出某个遥感器同时能够满足军、民两方面的需求，从技术上来看具有相当大的难度。因此，对这些需求必须进行某种或某些折中处理。只有如此，才能满足军、民双方对所需信息的反演、所用产品的供应。为此，在这种折中处理的过程之中，既要特别注意反演特定信息所需要的专用波段，也要注意在热红外（TIR）的有限波长范围内，它们彼此相邻、叠置的位置，或者说，在某些特定波长位置上的聚集状况。

表 2-14　对热红外高光谱成像仪的应用需求

应用	地质、土壤、熔岩流	火山	土壤监测	大气和危险管理	大气和危险管理	危险管理	军事
	矿物成分	SO_2 排放	有机物	气体、微粒流	气溶胶、火山灰	油迹	目标鉴别和排除
空间特性要求							
分辨率	10~20m	1~5km	2~5m	1~5km	1~5km	5~100m	0.5~5.0m
刈幅/km	1~10	100~200	1~10	50~150	100~500	30~300	0.5~~5
波谱特性要求							
波谱范围/μm	7.6~14	2~4,11~12	3~5, 8~14	3~14	3~5, 8~14	2.5~14.0	2.4~7.6, 7.6~14.0
波段数	30~50	12~20	20~30	30~60	20~40	10~15	130~240
分辨率/nm	100~300	100~300	50~200	20~100	30~100	100~300	20~40

（续）

应用	地质、土壤、熔岩流	火山	土壤监测	大气和危险管理	大气和危险管理	危险管理	军事
	矿物成分	SO_2 排放	有机物	气体、微粒流	气溶胶、火山灰	油迹	目标鉴别和排除
	辐射特性要求						
分辨率/K	0.05~0.1	0.05~0.2	0.05~0.1	0.05~0.1	0.1~0.3	0.05~0.01	> 0.1
信噪比	400~1000	600~800	400~1000	600~800	400~800	400~1000	500~2500
	时间特性要求						
重访周期	熔岩流:1~2 天;土壤/地质5~10 天	15min~2h	1~3 天	1.5~12.0h	火山灰:15~30min;气溶胶:12~24h	1.5~12.0h	12~24h

（2）技术现状。目前已有的星载、机载的热红外高光谱遥感器及其技术状况，分别在表 2-15 和表 2-16 中给出。

表 2-15　星载热红外高光谱遥感器的技术状况

遥感器	任务	入轨	波段/μm	波段数	空间分辨率	Δλ/nm	刈幅/km	分光方法	热探测器	致冷	主管
GLI	ADEOS-2	Dec.02	0.38~2.2	29	250m	10~1000	1600	滤光片	MCT	主动	NASA
			3.7~12	7	1km						
MinTES	Mars	Jun03	5~29	50	20mrad	480	N/A	光栅	InSb	被动	NASA
MODIS	EOS-PMI	2002	0.62~0.876	2	250m	10~500	2330	滤光片	MCT	被动	美国
			0.459~2.155	5	500m						
			0.405~0.965	12	1000m						
			3.66~7.475	9							
			8.408~14.385	8							
TES	Mars	Nov96	6~50	143	3km	2	65	滤光片	MCT	主动	NASA
THEMIS	Mars	Apr01	0.425~0.86		19m	1000	32	滤光片		被动	NASA
			6.5~15.5	9	100m						
VIRS	NPOESS	06&09	0.412~0.865	11	750m	40	3	滤光片	MCT	被动	NASA/IPO
			1.24~4.05	8							
			8.55~12.01	4							
VITRIS-MIR	ROSETTA	Mar04	0.95~5.0	N/A	1mrad	70~360	N/A	光栅	MCT	主动	ESA
VITIS-H	ROSETTA	2003	2.0~5.0	N/A	1mrad	1~25	N/A	光栅	MCT	主动	ESA
Warfighter1	Warfighter		0.45~0.905	40	8m	11.4~25	5	光栅	MCT	主动&被动	美国军方
			0.83~1.74	80	8m						
			1.58~2.49	80	8m						
			3.0~5.0	80	8m						

从表 2-15 可以看出，在星载热红外高光谱遥感器领域里，除了 MODIS、SEVIRI 和 VIIRS 而外，在热红外波长范围内，波段数目在 3~5 个；探测器主要是用各种被动和主动致冷方式的 MCT；专为矿物成分、火山喷发、大气内气体分子探测使用的星载遥感

器，都包括在行星探索任务的框架内；已知军方飞船"战斗士"（WARFIGHTER）专供探测爆炸气体之用，集中在中波红外范围。

表 2-16　机载热红外高光谱遥感器的技术状况

仪器	入轨	波段/μm	波段数目	IFOV/mrad	FOV/（°）	Δλ/nm	分光方法	工作模式	热探测器	探测器阵	NETD/K	主管
AHI	1997	7.5~11.7	256	0.9×2	7	16	光栅	推扫	MCT	256×256	0.1	美国夏威夷
AHS-160	2000	0.45~1.01	20	2.5	90	30	光栅滤光	摆扫	InSb MCT	750×750	N/A	INTA 西班牙
		1.6	1			200						
		2.0~2.5	42			13						
		3.0~5.0	7			300						
		8.0~13.0	10			400						
ARES	2007	0.47~0.89	30	2.0	65	15	光栅滤光	摆扫	InSb MCT	813×813	0.05	DLR
		0.89~1.35	30			16						
		1.36~1.80	30			16						
		2.0~2.42	30			14						
		8.5~12.5	30			140						
EPS-H	N/A	4.3~1.05	76	12.5; 2.5; 3.3; 5.0	高达 90	15	光栅	N/A	InSb MCT	512×512	0.2	德国
		1.5~1.8	32			9						
		2.0~2.5	32			13						
		8~12.5	12			370						
MAS	1998	0.53~0.969	9	2.5	85; 92	13	光栅滤光	摆扫	InSb MCT	716×716	0.2	美国
		1.595~2.405	16			100						
		2.925~5.325	15			160						
		8.342~14.521	9			700						
MASTER	1997	0.4~2.5	25	2.5	85; 92	80	光栅滤光	摆扫	InSb MCT	716×716	N/A	NASA
		3.0~5.0	15			130						
		7.8~12.9	10			500						
MIVIS	1994	0.43~0.83	20	2	72	20	光栅滤光	摆扫	InSb MCT	755×755	N/A	意大利
		1.15~1.55	8			50						
		2.0~2.5	64			8						
		8.2~12.7	10			45						
MUSIC	1989	2.50~7.0	90	0.5	1.3	90	N/A	推扫	N/A	N/A	N/A	美国军方
		6.0~14.5	90			90						
SEBASS	N/A	2.4~7.6	128	1.0	40	25	光栅滤光	推扫	MCT	128×128	0.02	美国军方
		7.6~3.5	128			50					0.032	
SMIFTS	1993	1.0~5.2	75	0.6	6.0	100cm⁻¹	光栅滤光	推扫	N/A	N/A	N/A	夏威夷军方
		3.2~5.2	30			50cm⁻¹						
TIPS	2000	7.5~14.0	100	N/A	N/A	65	光栅	推扫	MCT	N/A	0.5	澳 CSIRO
TIRIS	1995	7.5~14.0	64	3.6	N/A	100	光栅滤光	推扫	InSb	N/A	N/A	美国 JPL
WARLOCK	1998	3~5	200	N/A	5	10	N/A	N/A	N/A	N/A	N/A	美国军方

注：JPL 喷气实验室的简称

由表 2-16 可以看出，在机载热红外高光谱遥感器领域里，大多数遥感器都包括可见光、近红外和短波红外探测器在内；只有工作在中红外波长的遥感器专为军事应用服务；大多数民用遥感器的瞬时视场在 1.2~3.5mrad 的范围内；军用遥感器的瞬时视场在小于 1mrad 的范围内；除军用遥感器而外，一般遥感器的视场都比较宽，为 65°~95°；波谱的选择主要采用光栅与滤光片配合加以实现；民用遥感器采用摆扫或推扫的模式获取数据，而军用遥感器采用推扫方式工作；民用遥感器的辐射分辨率从 0.05K 变到 0.3K，而军用遥感器辐射分辨率都小于 0.05K。

3. 机载热红外成像光谱仪

为了满足美国国家研究委员会（National Research Council，NRC）建议的 HyspIRI（Hyperspectral Thermal Infrared Imaging）任务及其地球科学研究的需要，美国喷气实验室（JPL）研制了一台机载高光谱热辐射光谱仪（Hyperspectral Thermal Emission Spectrometer，HyTES），为 HyspIRI 研究组提供先进的高光谱分辨率和高空间分辨率的热红外数据。在完成整个系统的初步设计，包括光学系统、热学/机械以及数据获取与记录系统等设计之后，利用 JPL 现有的量子阱地球科学试验床（Quantum Well Earth Science Testbed，QWEST），尤其是 7.5~12 μm 的离子阱热红外光电探测器（Quantum Well Infrared Photodetector，QWIP）的焦平面阵（Focal Plane Array，FPA），对这些主要的设计单元进行评价。它们在实验室完成组装、测试和定标之后，要进行机上的集成，然后在美国西部的试验场上开展飞行试验。HyTES 在横过轨迹方向具有 512 像元，每个像元的尺寸在 5~50m，随飞机的飞行高度而变，在 7.5~12μm 的细分波段数为 256 个波段。下面将对该高光谱热辐射光谱仪的总体结构及其所用探测器的特点作较为详细的说明。

1）HyTES 的总体结构

图 2-54 和图 2-55 分别给出了 HyTES 的总体结构框图和它的实物模型剖面图。表 2-17 中给出了 HyTES 的主要技术指标。从图上不难看出，除了 2 个机械致冷器、真空装置和中继光学系统等硬件组分外，还在 HyTES 的不同部分上，标出了其所需要的环境温度：2 个浮动的辐射屏障、3 根绝热支柱、带有定位组件的 QWIP 焦平面阵、光谱

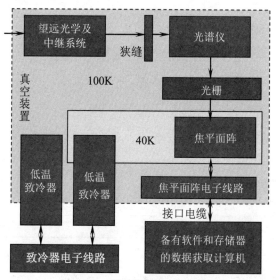

图 2-54　系统的总体结构框图

仪、望远镜。研究表明，为了抑制暗流出现，QWIP FPA 的环境温度必须小于 40K；为抑制背景噪声，光谱仪的环境温度必须小于 100K；由稳定装置约束的中继光学系统，其环境温度应该小于 250K；望远光学系统可以在室温条件下工作。准直要求高的单一机械组件以及致冷的中继元件温度变化需要关注时，将选择使光学仪器致冷到 100K 的状态。

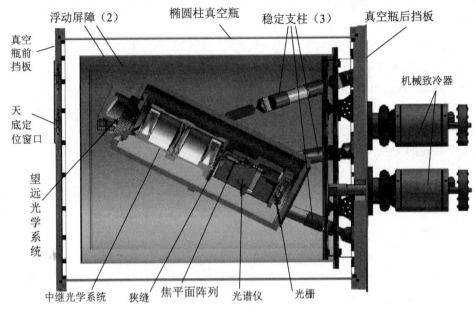

图 2-55　HyTES 的实物模型剖面图

表 2-17　HyTES 的技术指标

特征指标	HyTES
每轨像元数	512
波段数	256
波谱范围	7.5~12μm
1 条扫描线的累计时间	30 ms
总视场	50°
定标（飞行前）	全孔径黑体
QWIP 阵列尺寸	1024×512
QWIP 间距	19.5μm
QWIP 温度	40K
狭缝宽	39μm
2000m 高的像元尺寸	3.64m
20000m 高的像元尺寸	36.4m

2）HyTES 探测器阵列

HyTES 使用了覆盖 7.5~12μm 波谱范围、具有 1024 像元×1024 像元的探测器阵列，如图 2-56 所示。其制作材料为两波段的量子阱红外光电探测器（QWIP）。这种大幅面、高性能的多波段（双色、三色和四色）的 QWIP 探测器阵列，仅能由 JPL 制作和提供，无法通过商业途径获得。这些探测器阵列要满足以下要求：1k×1k 格式，SBF 184 读出集成电路（ROIC）；最低运行温度 40 K；在 7.5~12μm 波段的两列里，每列平均的噪声等效温差小于 200mK。探测器阵列作为两个独立的优化波段加以处理，都覆盖了 7.5~12μm 的整个波谱范围。他们的方法使许多独立的波段，能够在同一块半导体晶片上整体地生长和加以处理。JPL 制作和提供的这种 QWIP 探测器阵列，在高光谱应用任务里还是首次使用，其应用效果究竟如何还有待进一步观察。

（a）　　　　　　　　　　（b）　　　　　　　　　（c）

图 2-56　HyTES 使用的探测器阵列

（a）1024 像元×1024 像元的单波段 QWIP FPA；　（b）4 波段 FPA；　（c）在杜瓦凭里的 4 波段 FPA。

2.4.2　热红外扫描数据处理

热红外扫描仪的数据处理主要包括几何改正和辐射改正两方面的内容。它们不仅是热红外扫描仪数据分析之前不可缺少的步骤，而且也是这些数据具体应用的工作基础、效益产生的技术保证。

1. 数据的几何改正

热红外扫描系统（实际上是所有扫描系统）包括了几种必须了解和改正的几何误差类型。这些误差影响到目视或数字处理与分析的影像质量以及利用这些数据进行平面地图的编制。在此，地面刈幅宽度、地面空间分辨单元尺寸、一维的高度位移和沿切线方向的比例畸变等是需要特别处理的问题。

1）地面刈幅宽度

地面刈幅宽度（Ground Swath Width，GSW）是在扫描镜一次完整的横过轨迹的扫掠过程中，系统遥感地面条带的长度。它是遥感系统的总角视场（θ）及其相对地面的高度（H）的函数（图 2-57），可以用下式计算，即

$$\text{GSW} = \tan(\theta/2) \times H \times 2 \tag{2-50}$$

例如，在总视场为 100° 和飞行高度为地面以上 6000m 的情况下，横过轨迹的扫描系统的地面刈幅宽度为 14301m。在利用横过轨迹的扫描仪数据时，大多数科学家仅利用天底两侧各 35% 的刈幅宽度之间的数据。之所以如此，是因为离天底越远，其地面分辨单元的尺寸越大、空间精度越差所致。

2）地面空间分辨单元尺寸

地面空间分辨单元尺寸（Ground Resolution Cell Size，Diameter）是指遥感器在天底观测到的地面圆面积的直径。它是扫描仪的瞬时视场（β）及其在地面以上的高度（H）的函数。然而，随着扫描仪的瞬时视场离开天底向两侧移动，圆形的空间分辨单元变成

了椭圆形，其原因主要是飞机到地面分辨单元的距离加大了，如图 2-57 所示。事实上，飞机到地面分辨单元的距离（H_ϕ）是在数据采集时的扫描角（ϕ）和飞机的实际高度（H）的函数，可以用下式表述，即

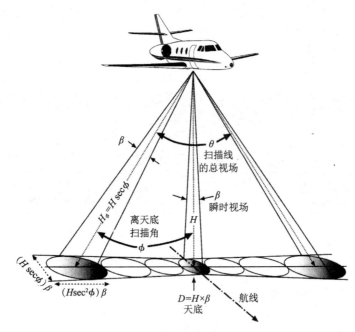

图 2-57　影响地面分辨单元尺寸的因素

$$H_\phi = H \times \sec\phi \tag{2-51}$$

地面空间分辨单元的尺寸随着离开天底角度的增大而加大。在离天底的这种角度位置上，椭圆分辨单元的标称（平均）直径 D_ϕ 在航线方向为

$$D_\phi = (H \times \sec\phi)\beta \tag{2-52}$$

而在垂直航线的扫描方向上为

$$D_\phi = (H \times \sec^2\phi)\beta \tag{2-53}$$

科学家利用横过轨迹的热红外扫描仪数据通常只关心在天底的空间分辨单元（D）本身。如果需要对离天底某个角度 Φ 的像元进行精确量化处理时，牢记扫描仪记录的辐射通量是在按照固定规律变化直径的地面分辨单元里，各种物体辐射通量的积分结果极为重要。只利用刈幅宽度 70%的中心部分，可以减少在刈幅两端较大像元的影响。

3）一维的高度位移

在曝光瞬间，垂直航空相片有个在飞机正下方的像主点。这种投影几何学关系，使高于地面的所有物体从其应有的平面位置，沿着从像主点发出的辐射线向外发生位移。例如，在图 2-58(a)上有 4 个高 50 英尺的油罐。离开像主点的距离越远，油罐顶部离开其基底沿辐射线方向的高度位移越大。利用横过轨迹扫描系统获得的热红外影像也包含着高度位移。然而，它们不是从单一主点辐射状的位移，而是图 2-58(b)所示沿着垂直航线方向在每条扫描线上都有的位移。事实上，天底地面分辨单元的功能，就像是每条扫描线的像主点。在天底，扫描系统垂直向下观看油罐，在图 2-58(b)上它看起来是很好的

圆。物体在地面上的高度越高，物体顶部离开天底的距离就越大，出现的一维高度的位移量就越大。图 2-59 给出了以像主点为中心向外辐射状畸变的垂直航空影像与横过轨迹扫描引入一维高度位移畸变的清晨热红外影像之间的比较。由横过轨迹的扫描镜在每次扫掠时，沿着离天底的两个方向引入的这种位移，可能会有益于影像判读，但也可能给它带来各种麻烦。例如，它们对研究建筑物侧面的热特性很有价值，但是要想研究建筑物后面的道路和物体，那就什么都看不到了。为了生产具有一定精度的专题地图，热红外影像必须进行几何改正。

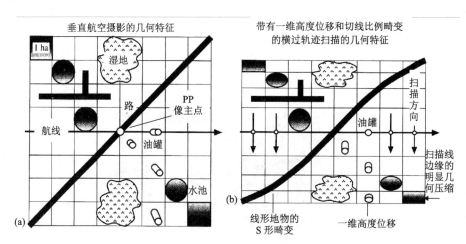

图 2-58　垂直航空摄影与横过轨迹扫描的几何特征比较

4）沿切线方向的比例畸变

横过轨迹扫描的热红外系统以固定速度转动，在一次完整的线扫描过程中观测地面 70~120° 的范围。从图 2-58 不难看出，在飞机正下方的地面要比在扫描边缘的地面更接近飞机。在天底扫描过的地面距离要比在影像边缘更短些，导致沿垂直于航线方向出现地物受到压缩的现象。事实上，地面分辨单元离天底的距离越远，影像比例受到的压缩就越大。这就是所谓的沿切线方向的比例畸变。因此，靠近天底的物体影像呈现正常的形状，而在扫描线边缘的物体影像受到压缩、出现畸变。在飞行较长距离获取的热红外扫描影像上，这种畸变也会引起线形地物，如公路、铁路、管网线等的 S 形或 C 形的畸变。但是，平行或垂直于航线的线形地物却不会出现这些畸变。某些先进的横过轨迹扫描系统设计了消除这种比例畸变的措施，使胶片记录器里的信号亮点以连续变化的速度扫描胶片，使之曝光把数据记录下来。在分析这种热红外影像时，如果沿切线方向的比例畸变无法消除，最好采取的措施是：第一，利用视场中心 70% 的影像部分，使畸变的影响减少到最低限度；第二，利用地面控制点对扫描遥感数据进行几何校正。由于飞机滚动、俯仰、偏航等姿态的变化，使机载扫描仪数据校正为标准的地图投影变得相当困难。为了确保它们的平面几何精度，往往需要花费大量人力、物力。因此，在飞机上安装 GPS 获得精确的航线坐标，对机载扫描仪数据的几何校正很有好处。

2. 数据的辐射改正

为了某种具体目标，如温度制图而利用热红外遥感数据，必须对数字磁带或硬盘上记录的亮度值进行温度校准。校准可以利用两种方法进行：一种是内部黑体源校准方法；

另一种是在实况数据收集的基础上进行的外部经验性校准方法。

1）内部黑体源校准方法

在横过轨迹的扫描系统用来收集热红外数据时，在每一次线扫描的过程中，探测器首先看到"冷"参考目标，接着是大约120°的地面，然后是"热"参考目标，如图2-59所示。这些"冷""热"目标的真实运动温度始终为遥感系统所监测，并和每一次线扫描生产的影像数据一起记录在磁盘、磁带或其他介质上。如果需要，一次扫描地面收集到的所有亮度值，根据它们与在该次扫描存储的冷热目标信息的关系，被校准（转换）为表观真实温度值。辐射分辨率通常精确到±0.2℃。这应该是一种不需要进行野外工作，比较理想的辐射校准方法。遗憾的是，这种方法没有考虑大气的影响，包括虚假（干扰性）的辐射能量投射到遥感系统的瞬时视场里以及地面发射的能量在达到遥感光学系统之前被吸收等方面的影响。

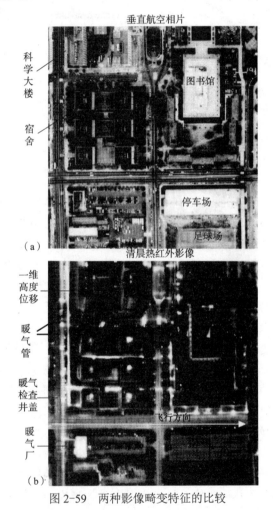

图 2-59　两种影像畸变特征的比较

2）外部经验性校准方法

各种大气影响的引入，可采用外部经验性校准方法。这需要获取一些现场的实况测量数据：第一种，利用温度计测量某种物体和水体的真实运动温度；第二种，手持辐射计测量在特定瞬时视场里的地面辐射温度；第三种，发射无线电探空仪，获取温度、气压和水汽的大气剖面数据。不论是真实温度还是辐射温度，都应该严格在遥感数据采集过顶的时间测量，实况测温的样本数目在理想情况下应该不少于 30。遗憾的是，由于人力、物力以及优质仪器数量等多方面的原因，这种要求往往很难付诸实现。每个测温点可以用 GPS 定位，然后还要把它们的位置标定在经过几何改正的遥感影像上，读取这些位置上的亮度值。由此可见，热红外影像几何改正的精度在此变得非常重要。外部经验性校准方法具体可以细分为几种不同的方法，包括地空同步测量方法、探空和模型方法和分窗口大气校准方法。

（1）地空同步测量校准方法。在 n 台温度计或辐射计采集的实况测量值与相同地区 n 个相应的遥感亮度值之间，可以建立起某种回归关系。例如，图 2-60 分别是对 8 个水温的实况测量值与 8 个相同位置上未经校准的相应热红外遥感亮度值（$BV_{i,j}$）进行线性和非线性拟合的结果。线性方程能够拟合 86%的变差，而二次多项式能够拟合 99%的变差。这两种方程都可以用来把温度现场实测值，与遥感亮度值，更确切地说，与辐射校准的遥感数据联系起来。这种方法没有考虑在数据采集时的大气干扰。线性方程的形式为 $BV_{ij} = a\,T_{kin} + b$。如果要考虑地面的发射率（ε），BV_{ij} 可以利用截距（b）、斜率（a）和下式表述，即

$$BV_{ij} = \alpha\varepsilon T_{kin}^4 + b \tag{2-54}$$

重新整理式（2-54），在未校准的遥感数据 BV_{ij} 阵里，每个像元的真实运动温度 T_{kin} 可以用下式确定，即

$$T_{kin}^4 = \left[\left(BV_{ij} - b\right)/\alpha\varepsilon\right]^{1/4} \tag{2-55}$$

经过辐射校准的遥感数据阵，可以用来编制温度地图。这种方法花费较大，而且野外数据采集需要很好的计划安排与协调。所使用的温度计、辐射计和 GPS 等仪器都需要仔细的校准，如果可能，它们需要在严格相同的时间点上读数。

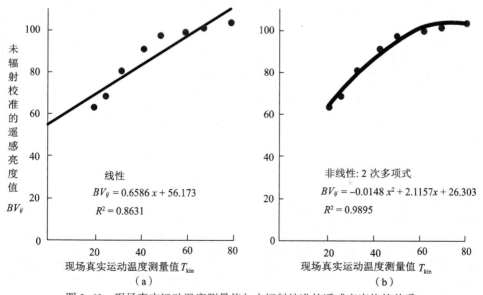

图 2-60　现场真实运动温度测量值与未辐射校准的遥感亮度值的关系

（2）探空和模型校准方法。在地面发射的能量到达热红外遥感系统之前，大气干扰会对它产生严重的影响。事实上，在 8.0~14μm 波谱范围内热红外辐射的最大大气透明度也只有 80%。尽管在 9.5μm 附近有一个臭氧吸收带，但大气的吸收量主要还是其中水汽含量的函数。为了获得精确的热红外表面辐射值，无线电探空仪需要在日间和夜间遥感系统过顶时升空，测得的大气温度、气压和湿度的剖面数据发回地面。这些数据代入大气传输模型（LOWTRAN 或 MODTRAN），以计算大气的传输特性。这些模型的输出数据，与正在使用的红外探测器各个波段的经过校准的波谱响应曲线、在飞行期间记录的内部黑体源参考数据配合使用，以产生把每个像元的亮度值转化为真实运动温度值的查找表（Lookup Table）。这是校准热红外影像最严格的一种方法。遗憾的是，很少有人掌握无线电探空仪技术，致使这种方法的应用受到了局限。有时，研究地区附近的国家天气服务站（或飞机场）的大气剖面气象信息可以替代无线电探空数据，作为大气传输模型的输入数据使用。

（3）分窗口大气校准方法。某些科学家在试图从 AVHRR 数据中消除大气影响、确定地面温度（T_s）过程中发展了一种名为分窗口（Split-Window）的方法，在某种情况下取得了很好的效果。其基本原理是：利用 AVHRR 通道 4 和 5 之间的亮度线性差值，消除通道 4 观测到的亮度温度（T_4）受到的大气影响。下式可以作为这种方法的实例，即

$$T_s = \alpha + T_4 + b(T_4 - T_5) \tag{2-56}$$

式中：a 和 b 是常数。它们可以利用模型模拟估算，也可以通过与地面观测值的相关关系取值。分窗口辐射校准方法在估算海面温度时效果最好，而对陆面温度估算就没有那么精确了。

2.5　微波段遥感数据获取系统

被动遥感系统记录地球表面反射（可见和近红外光）或发射（热红外能量）的电磁波能量。主动遥感系统脱离太阳电磁波能量或地球的热特性的影响，其运作完全建立在自身发射的电磁波能量的基础上。这种系统的运作过程包括几个主要环节：第一，遥感器向地面发射能量；第二，发射能量与地面交互作用，产生能量的后向散射；第三，遥感器接收和记录后向散射能量，获得地面的影像或数据。目前，在主动遥感系统里，雷达的应用最为广泛而有效。其主要和次要的优势，可以用表 2-18 概括。

表 2-18　环境雷达遥感的优势

主要优势	次要优势
主动微波能量可以穿透云层，获得终年云雾缭绕国家或地区的影像，是一种全天候的遥感系统	有自己的照明来源，照明角度可人为控制，能在低视角状态下成像，获得与航空摄影完全不同的观察效果
SAR 微波能量可以穿透植被、沙层和积雪表层，揭示有关的隐伏信息；获得与到物体的距离无关的分辨率，分辨单元可以小到 1m×1m	可以产生不同类型极化（HH、HV、VV、VH）能量的影像，能同时在几个不同波长（频率）上工作，具有多频率作业的潜力

（续）

主要优势	次要优势
SAR 感应可见光和红外波谱区以外的波长，可提供地面粗糙度、介电特性以及水分含量等方面的信息	具有大范围的宏观视野，可供 1:25000 到 1:400000 的专题制图使用
相干 SAR 具有相干地形制图和相干速度制图的能力	甚至可以从轨道高度测量海洋波浪的特性

2.5.1　微波遥感技术系统

1. 主动微波遥感系统

在 20 世纪 50 年代，军队开始使用侧视机载雷达。到了 60 年代中期，一些真实孔径雷达和合成孔径雷达（SAR）系统解密。在此，"孔径"是指天线而言。前者使用固定长度如 1~2m 的天线，而后者也使用 1~2m 的天线，但它们可以合成很长的天线（可达 600m），使分辨能力显著提高。因此，目前大多数军用和民用的雷达都是合成孔径雷达。时至 20 世纪 60 年代和 70 年代，SAR 已广泛用于长年云层遮盖、从未进行过地球资源调查的区域快速制图任务。图 2-61(a)是安装了侧视雷达（SLAR）的飞机外观及其系统构成图。它由脉冲发生器、发射机、协调微波能量发射与接收的双工器、天线、接收机、高密度数字磁带记录器或硬磁盘等记录设备以及监控影像采集的 CRT 监视器等组成（图 2-61(b)）。雷达不仅可以安装在飞机上，也可以安装在卫星上。在 70 年代末和 80 年代初，美国 NASA 成功地发射了海洋卫星 SAR（1978）和航天飞机成像雷达（SIR-A，1981），开创了航天雷达遥感的新时代。表 2-19 给出了这些星载 SAR 系统的技术参数和特征。

（a）

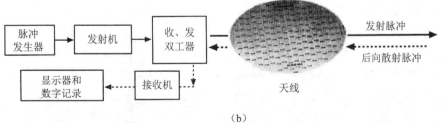

（b）

图 2-61　Intermap 公司的 Star 3i 相干合成侧视雷达系统及其构成

（a）Intermap 公司在 LearJet 上的 Star 3i 相干合成侧视雷达系统；（b）典型的主动微波遥感系统构成。

表 2-19　部分星载合成孔径雷达的特征

参数	SEASAT	SIR-A	SIR-B	SIR-C/X-SAR	ALMAZ-1	ERS-1、2	JERS-1	RADARSAT
发射日期	1978.06.26	1981.11.12	1984.10.05	1994.04/1994.10	1991.03.31	1991、1995	1992.02.11	1995.11
国家	美国	美国	美国	美国	苏联	欧洲	日本	加拿大
波长/cm	L-(23.5)	L-(23.5)	L-(23.5)	X(3.0)、C(5.8)、L(23.5)	S-(9.6)	C-(5.6)	L-(23.5)	C-(5.6)
俯视角 [入射角]	73°~67° [23°]	43°~37° [50°]	75°~35° [15°~64°]	可变 [15°~55°]	59°~40° [30°~60°]	67° [23°]	51° [39°]	70°~30° [10°~60°]
极化	HH	HH	HH	HH、HV、VV、VH	HH	VV	HH	HH
方位分辨率/m	25	40	17~58	30	15	30	18	8~100
距离分辨率/m	25	40	25	10~30	15~30	26	18	8~100
刈幅宽度/km	100	50	10~60	15~90	20~45	100	75	50~500
高度/km	800	260	225 和 350	225	300	785	568	798
纬度覆盖范围	10°~75°N	41°N~36°S	60°N~60°S	57°N~57°S	73°N~73°S	近极地轨道	近极地轨道	近极地轨道
任务时间	105 天	2.5 天	8 天	10 天	18 月	—	6.5 年	—

1）美国的星载 SAR

美国的星载 SAR 由 NASA 及其所属机构研制，除了海洋卫星（Seasat）SAR 以外，主要是航天飞机成像雷达系列（SIR-A、SIR-B 和 SIR-C）。

（1）Seasat SAR。NASA 在 1978 年 6 月 26 日发射了海洋卫星（Seasat），轨道高度 800km，轨道重复周期 17 天，遗憾的是只工作了 105 天。它在星上携带了一台 L 波段（23.5cm）的主动微波 SAR，天线尺寸为 10.7m×2.16m，在 23°入射角条件下收集 HH 极化的数据，具有 25m 的距离分辨率和 25m 的方位分辨率，100km 的刈幅宽度。Seasat 的数据经过"4 视"（4 looks）方法处理，先是光学处理，然后是数字处理。

（2）SIR 系列。在 NASA 的航天飞机（Space Shuttle）上，携带着几个极为重要的科学雷达仪器，在轨道上运转若干天之后返回地面。其中，SIR-A 在 1981 年 11 月 12 日发射，轨道高度 260km，刈幅宽度 50km，2.5 天后返回地面。它具有 9.4m×2.16m 的 HH 极化天线，6 视处理的距离和方位分辨率均为 40m。数据采用光学方法处理；SIR-B 在 1984 年 10 月 5 日发射，轨道高度在 225~350km，刈幅宽度为 10~60km，8 天之后返回地面。它具有 10.7m×2.16m 的 HH 极化天线，入射角 15°~64°，4 视处理的距离分辨率为 25m、方位分辨率为 17~58m；数据采用光学和数字两种方法处理。SIR-C 根据美国与欧洲的合作计划进行，是雷达遥感领域里一次重大突破。它分别在 1994 年 4 月和 10 月发射，轨道高度 225km，刈幅宽度 15~90km，10 天后返回地面。SIR-C 携带一台具有 3 个波段，即 X 波段（3cm）、C 波段（5.8cm）和 L 波段（23.5cm）的 SAR。它们的天线放置在飞船舱里的一个公共平台上。L 波段和 C 波段有 4 种极化，即 HH、HV、VV 和 VH 极化，而 X 波段只有 VV 极化，入射角为 15°~55°，4 视处理的距离分辨率为 10~30m、方位分辨率为 30m。SIR-C 携带的是第一台真正的多频率、多极化星载 SAR。其 3 个波段的数据质量很好，采用数字方法处理，可以通过 NASA 的喷气推进实验室（JPL）或其他地方获得。

2）加拿大的星载 SAR

1995 年 11 月 4 日，加拿大政府发射 RADARSAT 卫星，进入一条高度为 798km 的近极地、太阳同步轨道，每天大约在清晨和黄昏（上、下午 6:00）时分通过赤道，很少被遮挡或在黑暗之中。轨道倾斜 98.6º，周期 100.7min，每天绕地球 14 圈。它携带一台 C 波段（5.6cm）的主动微波遥感器，发射频率 5.3GHz，脉冲长度 42.0μs。天线尺寸 15m×1.5m，极化为水平发和水平收，即 HH。RADARSAT 与其他许多系统不同，它提供 7 种不同的影像尺寸，或者用专门术语表达，提供了 7 种不同的波束模式，如图 2-62 所示和表 2-20 所列。每种波束模式可以它的覆盖地理区域和空间分辨率来定义。它们从覆盖 50km×50km 区域、10m×10m 空间分辨率的精细模式，直到覆盖 500km×500km 区域、100m×100m 空间分辨率的 ScanSAR 宽模式。RADARSAT 在入射角从小于 20º（陡角）到 60º（缓角）的变化范围内获取数据。在每个波束模式里，都有若干个入射角可供选择和使用（图 2-62 和表 2-20）。例如，对于覆盖 100km×100km 区域的标准波束模式而言，有 7 种不同的波束位置，或者说，在 500km 宽的刈幅内，有 7 个不同位置的 100km×100km 影像。当给定某个波束位置之后，就可以获取其中的某个相应的影像。影响波束模式选择的因子包括应用任务对入射角的敏感性、地面类型、立体观测要求、所需空间分辨率、所需区域覆盖的频繁程度等。RADARSAT 具有 24 天重复覆盖地球上同一地区的能力。但是它可以调整波束指向，获得更频繁的重访周期。基于它具有两个观测方向，用户可以选择收集自己需要的影像。卫星从北极向下过赤道，西向观测地球；从南极向上过赤道，东向观测地球。对探测起伏大的工作区、特定方向的地物和/或收集清晨或黄昏影像时，这种功能很有用。

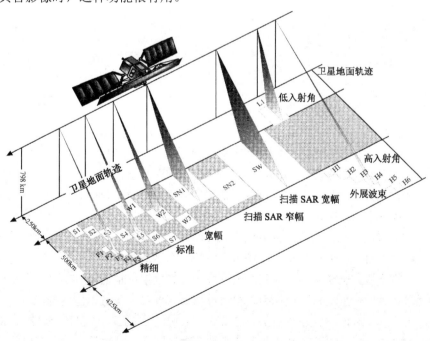

图 2-62　加拿大 RADARSAT 的 7 种工作模式

表 2-20　RADARSAT 波束位置特点

运作波束模式	波束位置	入射角位置/(°)	标称空间分辨率/m	标称面积/km	处理的视数目
精细（5 个位置）	F1	37~40	10	50×50	1×1
	F2	39~42			
	F3	41~44			
	F4	43~46			
	F5	45~48			
标准（7 个位置）	S1	20~27	30	100×100	1×4
	S2	24~31			
	S3	30~37			
	S4	34~40			
	S5	36~42			
	S6	41~46			
	S7	45~49			
宽幅（3 个位置）	W1	20~31	30	165×165	1×4
	W2	31~39		150×150	
	W3	39~45		130×130	
扫描窄幅（2 个位置）	SN1	20~40	50	300×300	2×2
	SN2	31~46			
扫描宽幅	SW1	20~49	100	500×500	2×4
外展高角（6 个位置）	H1	49~52	25	75×75	1×4
	H2	50~53			
	H3	52~55			
	H4	54~57			
	H5	56~58			
	H6	57~59			
外展低角	L1	10~23	35	170×170	1×4

2. 被动微波遥感系统

通过测量被动微波能量以监测许多重要的全球水文变量，如土壤湿度、降水、冰的水分含量、海面温度等的兴趣正在增长。事实上，在地球观测系统 PM-1 上的几种遥感器里，就有专用的被动微波辐射计。它们可以记录来自地面和大气的微弱、被动的微波能量，以亮度温度（Brightness Temperature）表征。被动微波遥感装置可以分为剖面辐射计和扫描辐射计。前者对准机下点（或离机下点，如果需要）的地面，记录遥感器瞬时视场里的辐射能量，随着飞机或飞船向前运动，输出相应的一个微波亮度温度剖面。后者随着飞船的向前运动，收集横过轨迹的数据，其结果生成一个亮度温度值的矩阵，可以用来构建相应的被动微波影像。一般而言，被动微波辐射计记录在 0.15~30cm 范围内的能量。最通用的微波频率中心在 1GHz、4GHz、6GHz、10GHz、18GHz、21GHz、37GHz、50GHz、85GHz、157GHz 和 183GHz。这意味着获取多波段被动微波影像，从理论上看是有可能的。实际的波段宽度通常比较宽，有足够的被动微波能量为天线所记录。与此类似，被动微波辐射计的空间分辨率通常较大，在瞬时视场里有足够的能量为天线所记录。靠近地面飞行的机载遥感器，可以有以 m 度量的空间分辨率；星载被动扫描微波辐射计的空间分辨率只能以 km 为单位表示。

1）微波专用遥感器/成像器

微波专用遥感器/成像器（Special Sensor Microwave/Imager，SSM/I）是 1987 年以来美国国防气象卫星计划里的第一个星载被动微波遥感器。其数据已解密，可提供科学界使用。SSM/I 是一个 4 频率、线性极化的被动微波辐射系统，用 19.35GHz、22.23GHz、37.0GHz 和 85.5GHz 测量大气、海洋和地面微波亮度温度。它持续地围绕着一个与飞船地方垂线平行的轴旋转，测量向上传递的景象亮度温度，利用冷天空辐射和热参考吸收体校准。SSM/I 的刈幅宽度约为 1400km，可以测量极为广阔区域的亮度温度。其数据转换为遥感器计数，发送到国家环境卫星、数据和信息服务处（NESDIS）。NOAA 开发了 SSM/I 的降水算法，用 85.5GHz 通道探测在雨云层里可降水尺寸冰粒对向上辐射的散射。这种方法可以在陆地和海洋上应用。根据雨云层里的冰含量与地面的实际降水量之间的关系，可以间接地导出降水率（Rain Rates）。利用基于散射的全球陆地降水算法，每个月可以产出全球的 100km×100km 和 250km×250km 网格的降水图。

2）热带降雨测量任务微波成像器

热带降雨测量任务微波成像器（TRMM Microwave Imager，TMI）由美国 NASA 和日本国家太空开发署（NASDA）合作研发，旨在研究热带降水及其与加强全球大气循环相关的能量释放问题。它携带 5 种仪器，于 1997 年 11 月 27 日发射。TRMM 微波成像器（TMI）是一个被动微波遥感器，设计用来提供在 780km 刈幅里定量的降水信息。TMI 用 10.7GHz（空间分辨率为 45km）、21.3GHz、37GHz 和 85.5GHz（空间分辨率为 5km）4 个频率测量辐射强度。4 个频率的双极化提供了 9 个通道。新的 10.7GHz 频率提供了对热带降水中常见的高降水率有更强的线性响应。根据 SSM/I 和 TMI 两种遥感器的数据计算降水率，其计算过程非常复杂。因为诸如海洋、湖泊之类的水体，在微波频率大约只发射 Planck 辐射定律规定数量的 1/2。因此，它们似乎只有地面实际温度的 1/2，对被动微波辐射计似乎太"冷"。所幸的是，雨滴具有它的真实温度，对微波辐射计似乎"温暖"或明亮。雨滴越多，景象看起来越温暖。过去 30 多年的研究表明，根据景象的被动微波温度，可以获得比较准确的降水率。陆地和海洋差别极大，在微波频率只发射其真实温度的 90%，这就减少了雨滴与陆地之间的反差。然而，雨云层里出现的冰粒，使高频微波发生强烈散射，削弱了星上雨的微波信号，形成了它们与暖陆地背景的反差，使陆地上的降水率也能准确地计算出来。

3. 雷达相干应用技术

合成孔径雷达主要致力于获取地面的单张影像。从飞机或飞船上可以获取地面的多张 SAR 影像，以提取极为有价值的三维以及速度信息。成像雷达相干技术处理由天线在不同位置或在不同时间记录下来的同一地面的雷达影像。分析两者相干的结果，能够获得在非常精确的相干影像对里，每张影像上给定点 x、y、z 的距离测量值，其精确度可以达到亚波长数量级。

1）相干地形制图

基于 SAR 相干技术的地形制图，建立在从两个不同视角进行数据获取，以及被摄景象在两次获取之间没有移动的假设基础之上。两组测量值可以从安置在相同运载平台上且相距几米的两台雷达获取。它们的相干称为单通过相干（Single-Pass Interferometry）。最初的单通过相干 SAR 在 21 世纪初发射的航天飞机雷达地形任务（Shuttle Radar Topography Mission，SRTM）上实现。其 C 波段和 X 波段的天线彼此相隔 60m。然而，相干也可以利用一台雷达，在相邻但相隔 1 天或更长时间的不同轨道上获得的测量值之间进行。这是 ERS-1 和 ERS-2 相干采用的方法，可称为多通过（Multiple-Pass）或重复通过相干。相干 SAR 数据可以提供精度特别高的地形信息（x,y,z），其精度与传统光学摄影测量产生的数字高程相同。相干可以穿过云层，在白天或夜间进行。从 SIR-C 相干数据得出的数字高程信息在图 2-63 和图 2-64 中显示。地图领域的专家对相干 SAR 特别感兴趣。

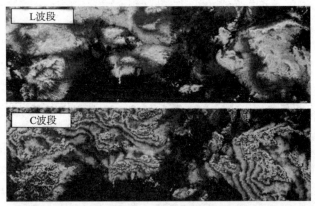

图 2-63　加州 Fort Irwin 的 SIR-C/X-SAR L 波段和 C 波段的相干图

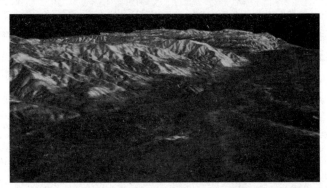

图 2-64　利用相干技术建立的加州 Owens 谷地三维透视图

　　相干 SAR 获得数字高程信息的方式如下。首先，两张雷达影像必须精确地配准。两台雷达和地面任一个物体形成一个三角形（图 2-65）。如果已知每台雷达到地面物体距离（r_1 和 r_2）、两台雷达之间的距离（基线 B）和基线角度 α（相对于水平线），就可以使用三角函数计算在地面物体之上的雷达高度 h。根据图 2-65 可以得出

$$h = r_1 \cos\theta \qquad (2\text{-}57)$$

根据余弦定理可得

$$(r_2)^2 = (r_1)^2 + B^2 - 2r_1 B \cos(90° + \theta - \alpha) \qquad (2\text{-}58)$$

式（2-58）可改写为

$$\left(r_2\right)^2 = \left(r_1\right)^2 + B^2 - 2r_1 B \sin(\theta - \alpha) \tag{2-59}$$

先求解 θ，然后求解 h。这种计算对影像中地面的每个点重复进行。如果能够确定任一台雷达的精确高度，就可以产生出一幅地面的高度图。根据每对雷达测量值之间的相位差，得到的只是相对距离（$r_2 - r_1$）的精确测量值。然而，经过某种代数运算后，该距离可以与高度 h 联系起来。SRTM 利用 C 波段和 X 波段相干的合成孔径雷达（Interferometric Synthetic Aperture Radars，IFSARS），在 11 天任务期间获得了地球大陆 80%（在 60ºN 和 56ºS 之间）的地形数据。由此产生的地形图可以满足相干地形高度数据（Interferometric Terrain Heigh Data，ITHD-2）技术规范的要求。因此，首次世界范围的数字高程数据收集将采用相干测量

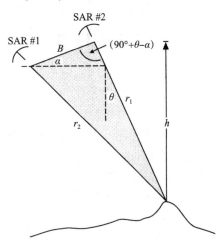

图 2-65　抽取地形信息用的两个星载 SAR 系统之间的几何关系

技术，而不是摄影测量技术。许多私人商业公司也提供相干合成孔径雷达（IFSAR）数据。例如，Intermap 技术公司用 X 波段 Star 3i 系统产出了高质量 3m×3m X 波段微波影像及其配准好的地面数字高程模型（图 2-66）。这些数据得到了很广泛的应用。毫无疑问，这些数据对土地利用/土地覆盖分析、流域水文学研究以及其他地球资源应用任务也有很重要的价值。

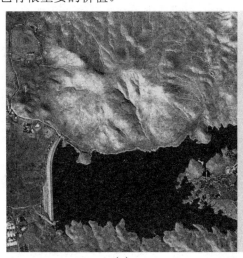

（a）　　　　　　　　　　　　　　（b）

图 2-66　Intermap 公司的 Star 3i X 波段影像及其数字高程模型

(a). Intermap Star 3i X 波段影像；(b). 根据相干 SAR 导出的 Intermap 数字高程模型。

2）相干速度制图

如果多次数据获取的观测角度保持固定不变且对地形不敏感，相干可以用来提取关于景象中有变化地物的信息，取得在两次观测之间移动物体速度的定量信息。相干技术已经成功地应用于测量沿断层线的移动、地震造成的位移、冰川速度制图以及对洋流和

波浪谱的监测，也可以用来确定景象中人造物体是否已经移动了。这种技术在变化探测任务中极为有效。

2.5.2　雷达遥感工作原理

主动微波遥感系统获取影像的原理，不同于工作在可见光、红外波段的被动遥感系统获取数据的原理。因此，分析人员在准确判读雷达影像之前，必须对主动微波系统的构成及其如何发射、接收和记录电磁波能量的过程要有充分的了解。为此，讨论主要从真实孔径侧视雷达（Real Aperture Side-Looking Radar，SLAR）开始，然后再到合成孔径雷达（Synthetic Aperture Radar，SAR）。

1. 雷达基本参数

在论及主动微波遥感系统及其应用的过程中，经常会面对许多基本概念和参数。在此，需要对它们进行必要的说明。

1）波长、频率和脉冲长度

发射机通过天线发射的电磁辐射脉冲，具有一定的波长和持续时间（即脉冲长度，μs）。成像雷达最经常使用的波长在表2-21中给出。它们以cm而不是以μm为单位表征。标记雷达波长的名称继承了在早期秘密工作中人为赋予的名称，用英文字母而不是用真实的波长或频率来命名。这种命名方法至今仍在雷达科学文献中广为沿用。SIR-C和NASA/JPL的AIRSAR雷达有多个工作频率，可以产生"多频雷达影像"。表2-21说明了雷达波段的划分。雷达影像的分析人员通常习惯用波长来描述雷达的特征。工程师们则更愿意使用频率的概念，因为在通过不同密度的物质时，频率保持不变，速度和波长都会发生变化。波长（λ）和频率（v）与速度（c）具有如下关系，即

表 2-21　RADAR 波段划分及其波长、频率

雷达波段名称	波长 λ/cm	频率 v/GHz
Ka（0.86cm）	0.75~1.18	40.0~26.5
K	1.19~1.67	26.5~18.0
Ku	1.67~2.4	18.0~12.5
X（3.0cm 和 3.2cm）	2.4~3.8	12.5~8.0
C（7.5cm、6.0cm）	3.9 ~.5	8.0~4.0
S（8.0cm、9.6cm、12.6cm）	7.5~5.0	4.0~2.0
L（23.5cm、24.0cm、25.0cm）	15.0~30.0	2.0~1.0
P（68.0cm）	30.0~100.0	1.0~ 0.3

$$c = \lambda v \tag{2-60}$$

式（2-60）可以用来快速进行雷达波长与频率的转换。

2）微波能量脉冲的其他参数

微波能量脉冲的其他参数为

$$\lambda = 3 \times 10^8 (m/s) / v \tag{2-61}$$

$$v = 3 \times 10^8 (m/s) / \lambda \tag{2-62}$$

$$\lambda(\text{cm}) = 3\nu(\text{GHz}) \tag{2-63}$$

针对机载雷达系统的情况来讨论这些参数的概念，其结果也适用于星载雷达系统。它们包括飞机的方位方向、雷达的距离或观测方向、俯角、入射角和极化等参数。

（1）方位方向。在 SLAR 的典型布局里，天线安装在飞机下面与机身平行。飞机沿着直线航行，其方向称为方位飞行方向。主动微波能量脉冲垂直于航行方向照明飞机一侧，而不是其下面的地面条带，这种方向称为距离或观测方向。脉冲照明地面条带最靠近飞机一端的距离为近距离，而远离飞机一端的距离为远距离（图 2-67）。

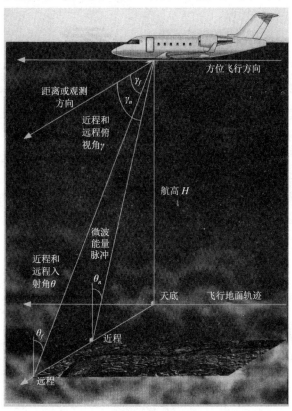

图 2-67　机载侧视雷达的成像几何关系

（2）距离方向。线性地物特征在影像上是增强了还是压缩了，在很大程度上取决于其走向与给定雷达距离或观测方向的相互关系。一般而言，垂直于距离或观测方向要比沿着这种方向延伸的地物，在雷达影像上会增强或加宽许多。线性地物特征在某个观测方向的雷达影像上为暗色调，但在另一个方向的雷达影像上也许就呈现为亮色调。因此，雷达的距离或观测方向通常会对地物特征影像的分析判读产生显著的影响。

（3）俯视角（γ）。它是从飞机机身延展开来的平面与从天线到地面某点的电磁能量脉冲之间的角度（图 2-68）。在被照明的地面条带里，这个角度可以从近距离俯视角变为远距离俯视角。雷达影像的平均俯视角可以根据近距离和远距离某个中间点计算。在介绍雷达系统时往往只给出平均俯视角这个参数。

（4）入射角（θ）。它是电磁波能量脉冲与脉冲所及地面的垂线之间的角度。当地面为平坦时，入射角与俯视角互为补角（$\theta = 90° - \gamma$）。如果地面是斜坡，两者之间就不会存在这种互补关系。入射角能够很好地说明雷达波束与地面坡度之间的关系。

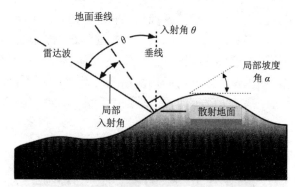

图 2-68　雷达波在起伏地形上的几何关系

（5）极化。非极化的能量可以在垂直于其传播方向的所有方向上振荡。雷达天线发射和接收极化了的能量。这意味着，能量脉冲受到滤波，电磁波仅能在垂直于航行方向的一个平面里的振动。如图 2-69 所示，电磁波能量脉冲由天线发出，可以是垂直或水平极化脉冲。它们和地面物体交互作用，其中某部分能量以光速后向散射回到飞机或飞船，必须再次通过滤光片的滤光。不同类型的后向散射极化能量，会被雷达记录下来，出现如下运作方案：发射垂直极化能量仅接收垂直极化能量（记作 VV）；发射水平极化能量仅接收水平极化能量（记作 HH）；发射水平极化能量仅接收垂直极化能量（记作 HV）；发射垂直极化能量仅接收水平极化能量（记作 VH）。

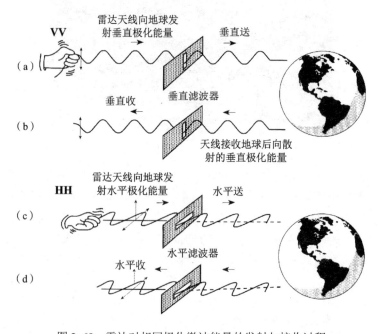

图 2-69　雷达对相同极化微波能量的发射与接收过程

VV 和 HH 方案产生相同极化影像。HV 和 VH 方案产生正交极化影像。记录来自地面分辨单元的不同极化类型能量的能力，在某种情况下可以产生极为有价值的地球资源信息。例如，图 2-70 显示出 HH 极化的 Ka 波段真实孔径雷达影像要比同时间获取的 HV 影像，更容易圈定玄武岩熔岩流的界线。

图 2-70　不同极化的雷达影像

2. 雷达成像几何

在雷达成像几何方面，需要讨论雷达影像的几何关系及其空间分辨率等问题。如果在确定雷达影像上任何点的空间分辨率时，其距离分辨率（Range Resolution）和方位分辨率（Azimuth Resolution）需要分别计算。

1）影像的几何关系

与诸如照相机、多波段扫描仪和面阵探测器之类的常规遥感系统相比，雷达影像具有完全不同的成像几何关系。未经改正的雷达影像显示出所谓的斜距几何（Slant-Range Geometry）关系。这种关系建立在雷达到各个地物特征的实际距离基础之上。例如，图 2-71 有两个在真实世界里大小相同的地块 A 和 B。在斜距显示里，近距离里的地块 A 所受到的压缩，远比远距离的地块 B 要大得多。斜距显示（Slant-Range Display, S_{rd}）信息可以转换为 x 轴上的地距显示（Ground-Range Display, G_{rd}），各种地物特征处在其固有的平面位置 (x, y) 上，且与它们在雷达影像上的位置相应，即

$$S_{rd}^2 = H^2 + G_{rd}^2 \qquad (2\text{-}64)$$

如图 2-71 所示，建立在遥感系统相对高度（H）与直角三角形另外两个边 S_{rd} 和 G_{rd} 的三角关系上的方程，可以使地块 A 起始点的斜距距离 S_{rd} 转换为经过几何改正后的地距距离 G_{rd}，即

$$G_{rd} = \sqrt{S_{rd}^2 - H^2} \qquad (2\text{-}65)$$

根据天线的相对高度 H 与指向感兴趣点的俯视角 γ 之间的关系，也可以用下式使斜距显示变换为地距显示，即

$$G_{rd} = H\sqrt{(1/\sin^2\gamma) - 1} \qquad (2\text{-}66)$$

在雷达影像上，可以使用下式度量地块 A 上的两个点 1 和 2 的距离，即

$$G_{rd} = H(\cot\gamma_2 - \cot\gamma_1) \qquad (2\text{-}67)$$

式（2-67）中考虑了遥感器的高度

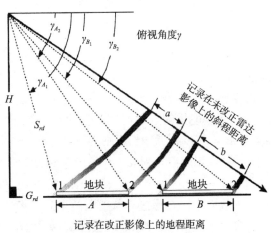

图 2-71　斜程显示与地程显示

H 以及指向影像点 1、2 的俯视角。然而，上述诸方程都以"地面平坦"的假定为前提，减免了对地形起伏引起雷达影像缩短畸变的改正。因此，雷达影像分析人员在任何时候都应该问清楚：他们所看到的影像，是否已经从斜距几何关系转换为地距几何关系了。目前，大多数雷达系统和数据处理器都可以提供具有地距几何关系的影像。

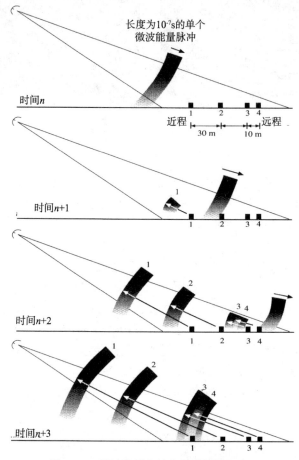

图 2-72　通过发射和接收脉冲测量距离

2）距离分辨率计算

事实上，雷达是一种测距设备。它通过发射和接收主动微波能量脉冲，以测量雷达到地面物体的距离（图 2-72）。横过轨迹方向的距离分辨率与微波脉冲的长度方向垂直。脉冲长度越短，其距离分辨率越高。脉冲长度是光速（c）与脉冲发射持续时间（τ）乘积的函数。微波能量的发射时间长度可以用微秒（10^{-6} s）作为单位来度量，其典型范围为 0.4~1.0μs，转换为脉冲长度则是 8~120m。脉冲长度应该包括双程，即从遥感器到地面目标，再回到遥感器。因此，在考虑俯视角的情况下，下式可以用来计算距离分辨率，即

$$R_r = \tau c / (2\cos\gamma) \tag{2-68}$$

一般而言，要想区分从地面两个分立物体（房屋）反射回来的信号，它们各自的范围距离至少有半个脉冲长度的区隔。如果图 2-72 中的地面被持续 10^{-7} s 的单个微波能量脉冲照明，脉冲时间可转换为 30m 的脉冲长度和 15m 的距离分辨率。单个脉冲的历程

可以在 4 个短暂的时间点上监测。在时间 n，脉冲对任何房屋都没有影响。在时间 $n+1$，部分脉冲被反射回天线，其余部分脉冲继续沿着横过轨迹方向前进。在时间 $n+2$，房屋 2、3 和 4 反射部分能量回天线。鉴于房屋 1 和 2 之间的距离超过了 15m，它们作为彼此分离的地物特征在雷达影像上呈现出来。房屋 3 和 4 的分隔距离小于 15m，它们的回波重叠在一起，作为一个大的物体为天线所接收。作为独立的房屋，它们很难在雷达影像上分开。当脉冲长度从近程到远程仍为常数时，距离分辨率随之呈线性变化。在图 2-73 中，在近程的塔 1 和 2 相距 30m，在远程的塔 3 和 4 也相距 30m。在俯视角 40°、脉冲长度 0.1μs 条件下，利用式（2-68）可以计算出远程距离分辨率为 19.58m。显然，远程的塔 3 和 4 相距 30m 已远超过了这个计算值，可以很容易地在雷达影像上把它们区分开来。相反，近程的塔 1 和 2 处在俯视角 65°的位置上，彼此却无法区分开来，因为在这个区域的距离分辨率是 35.5m。两个塔看起来好像是个返回的发亮物体。

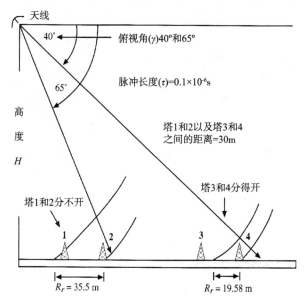

图 2-73　计算 2 种俯视角时的距离分辨率

3）方位分辨率计算

到此为止，只计算了在距离（横过轨迹）方向给定俯视角和脉冲长度条件下，以 m 为单位的主动微波分辨单元的长度。为了知道这种分辨单元的长度和宽度，还必须计算沿着飞行方向分辨单元的宽度，即方位分辨率。这种分辨率（R_a）通过计算雷达波束照明的地面条带的宽度确定。真实孔径主动微波雷达产生类似于图 2-73 所示的瓣状波束，在近程较为狭窄，而在远程位置上就散开了。从根本上说，角波束的宽度与发射能量脉冲的波长成正比，波长越长，波束的宽度就越宽，波长越短，波束的宽度就越窄。因此，真实孔径雷达采用较短的脉冲波长将会改善其方位分辨率。然而，较短波长的脉冲穿透大气和植被的能力较差则是遗憾之处。好在波束宽度与天线的长度（L）成反比，可以使用较长的雷达天线，获得较窄的波束宽度和较高的方位分辨率。波长（λ）与天线长度（L）的关系可以用下式表达。它可以用来计算方位分辨率，即

$$R_a = (S \cdot \lambda) / L \tag{2-69}$$

式中：S 为雷达天线到感兴趣地物的斜程距离。式（2-69）可以用来计算在近、远程之间任意位置上的方位分辨率。以图 2-74 为例，近程斜距为 20km，远程斜距为 40km。罐 1 与 2 以及罐 3 与 4 分别都相距 200m。如果使用天线长 500cm 的 X 波段雷达，根据式（2-69）可以计算出近程的方位分辨率为 120m，远程分辨率为 240m。罐 1 和 2 完全可以分开，因为在这种斜距（120m）上的方位分辨率小于罐 1 与 2 之间的距离（200m）。相反，远程的罐 3 与 4 可能就无法分开，因为方位分辨率 240m 远大于两罐的距离（200m）。

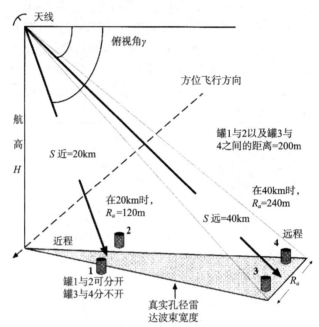

图 2-74　两种斜程距离的方位分辨率计算

　　斜程距离（S）、俯视角（γ）和飞机或卫星平台的相对高度（H）之间存在如下式所示的三角函数关系，即

$$S = H / \sin \gamma \tag{2-70}$$

　　因此，计算方位分辨率的方程可以改写为

$$R_a = (H / \sin \gamma) \lambda / L \tag{2-71}$$

　　在理想情况下，可以制造一个非常长的天线安装在飞机上，以获得非常高的方位分辨率。然而，在飞机上安装天线的长度（约 2m）有具体的限制。方位分辨率的提高，只能靠电子合成较长天线的途径解决，这正是研制合成孔径雷达（SAR）的核心思想所在。在讨论 SAR 如何工作之前，在此指出它与真实孔径雷达之间的差异很有必要。计算 SAR 对某点目标的方位或沿轨迹分辨率（SAR_a）的公式为

$$SAR_a = L / 2 \tag{2-72}$$

式中：L 为天线的长度。式（2-72）是雷达遥感领域里不可思议的方程之一。不难看出，斜程距离（S）不在方程之中，意味着 SAR 的方位分辨率与斜程距离或遥感器的相对高度无关。从理论上讲，SAR 成像系统在方位方向的空间分辨率，对于飞机平台或飞船平台都相同。这种是其他各种遥感系统所没有的能力。然而，式（2-72）并不是唯一影响

SAR 数据的关系。SAR 信号的固有特性将会在影像上产生斑点。为了消除斑点，通常利用几视（Looks）结果平均的方法来处理影像。例如，4 视（N）的结果可以取平均，以明显地改善 SAR 影像数据的可判读性。因此，方位分辨率必须用下式来调整。SIR-C SAR 的天线为 12m。如果使用式（2-72），可以计算出其沿轨迹方向的分辨率为 6m。然而，其中的斑点可以用 4 视（N=4）的方法消除，以改善雷达影像数据的可判读性。因此，经过调整的方位分辨率为 24m，即

$$SAR_a = N(L/2) \tag{2-73}$$

在所有雷达影像上几乎都有几何畸变存在，包括地物高度引入的透视缩短（Foreshortening）、覆盖和阴影，如图 2-75 所示。当地面平坦时，直接可以使用式（2-65）把斜程的雷达影像转变为地程的雷达影像，其上具有正确的平面位置（x, y）。在景象中有树、高大建筑物或山峰时，影像中会出现高度位移。在影像中物体高度引起的水平位移指向雷达天线方向。雷达影像在距离（横过轨迹）方向形成，因而越高的物体，越靠近雷达天线，在雷达影像上越快（在时间上）被发现。这种高度位移与光学航空摄影从像主点放射状地向外的位移完全不同。

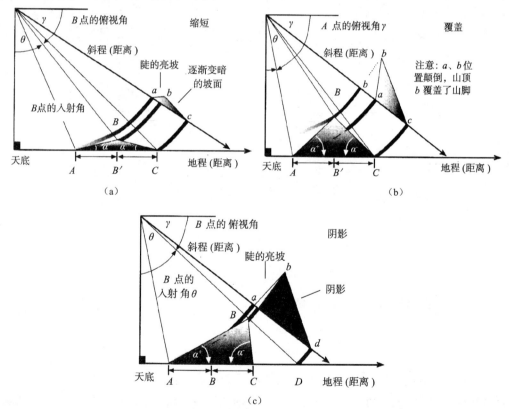

图 2-75 雷达影像的几何畸变

3. 雷达成像机理

合成孔径雷达系统的研发成功，使微波遥感领域出现的最大进步在于方位分辨率的改善。对于真实孔径雷达而言，天线的长度与角波束的宽度成反比，因而，要想显著改善方位分辨率，必须使用很长的天线才能实现。然而，工程师们发明了一种电子学方法

合成的长天线，使合成孔径雷达可以采用较小的天线（如 1m），垂直于飞机方向发射出较宽的波束。SAR 与真实孔径雷达不同的是，它可以把数量众多追加的波束发射到物体上。然后，利用 Doppler 原理监测所有这些追加微波脉冲的回波，使它们变成一个很窄的波束，合成其方位分辨率。

1）工作原理

多普勒（Doppler）原理说明听者和/或声源相对运动时，声音频率（音调高低）变化的规律。例如，随着火车越来越驶近，其鸣笛声的频率会逐渐增高。当火车与听者（接收机）正好相互垂直时，笛声的频率变得最高。该位置称为零 Doppler 点。随着火车驶过去，笛声的频率变低，且与火车驶离听者的距离成比例。这个原理适用于所有谐波运动，也包括雷达系统使用的微波在内。图 2-76 说明了飞机向前运动雷达波束在时间 n、$n+1$、$n+2$、$n+3$ 和 $n+4$ 与地面物体的相对运动，而引起的 Doppler 频率移动现象。Doppler 频率示意图揭示出，由目标返回的能量脉冲的频率变化，在时间 n 频率最低，到时间 $n+3$ 目标与飞机正交时频率变得最高。从时间 $n+3$ 到 $n+4$，目标离开渐远，频率也降低下来。

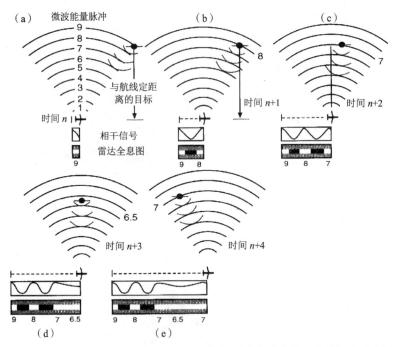

图 2-76　利用飞机运动和 Doppler 原理，使短天线合成为长天线的概念示意图

事实上，利用飞机运动和 Doppler 原理，短天线可以合成一个长天线。为此，假定地面是稳定、不运动的，而且感兴趣地物与飞机航线始终保持一个固定的距离。那么，随着飞机沿着一条直线飞行，短天线以固定的时间间隔发出一系列微波脉冲。当某物体进入天线波束（图 2-76(a)），它后向散射一部分脉冲能量为天线所接收。在飞机航程的某些点上，物体与天线的距离是波长的整数。例如，物体在图 2-76(a)时为 9 个波长远，在图 2-76(b)为 8 个波长远，在图 2-76(c)为 7 个波长远，而在图 2-76(d)为 6.5 个波长远，此时，物体与天线呈直角，两者的距离最短，而且处在零 Doppler 频移区内。此后，飞机与物体的

距离逐渐加大，在图 2-76(e) 位置上，物体离天线 7 个波长远。在天线接收一系列反射波
（图 2-76(a)~(e)里的灰线）之后，用电子学方法可以使它们与一串参考波长组合起来，产
生两个系列振荡波之间的相互干涉。干涉信号可以变为电压的高低，控制阴极射线管屏幕
扫描点的亮度。当回波脉冲与参考脉冲的相位一致时，干涉是结构化的（Constructive）、
电压高、扫描点明亮；如果两者的相位不一致时，干涉是非结构化的（Destructive）、电压
低、扫描点昏暗或全黑。这样，扫描点就描绘出一系列长短不等的明亮和黑暗的短线，记
录在与飞机速度成比例移动的数据胶片条带上。胶片上一系列不透明和透明的短线，实际
上是个一维干涉图，记录它们的胶片称为雷达全息图（Hologram）。

　　用相干光源照射经过显影处理的全息图（图 2-77(a)），每个透明的短线都起一个独
立相干光源的作用。全息图下面有一个点，透过的光波都在那里发生结构化的干涉。例
如，来自第 9 个微波产生的透明短线的第 9 个光波长（粗曲线），将与来自第 8 个微波产
生的透明短线的第 8 个光波长（正常曲线）相交，它们又将与来自第 7 个微波产生的透
明短线的第 7 个光波长（细曲线）相交，如此等等（为了表达清晰，只给出了第 9 个、
第 8 个和第 7 个的图形）。在该点上，来自干涉图整个长度的光线被聚焦，形成原始物体
的缩小影像。图 2-77(b)演示了全息影像如何重建和记录在胶片上的过程。负片经过处理
变成正片影像后，就可以提供判读分析人员使用了。如图 2-78 所示，Doppler 频率记录
能够使目标在影像胶片上辨认出来，如同它被长度为 L 的天线观测一般。这种合成加长
的天线可以产生沿方位方向宽度不变且波束很狭窄的效果，在图 2-78 中用阴影区表示。
对于真实孔径和合成孔径两种雷达而言，其距离分辨率均由其脉冲长度和俯视角决定，
然而，在方位分辨率上合成孔径雷达要比真实孔径雷达为高。

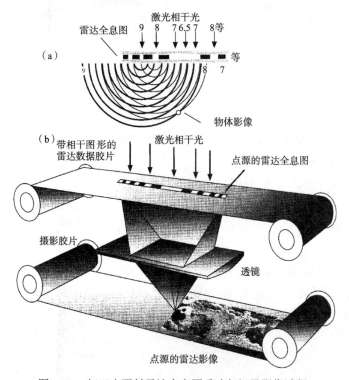

图 2-77　相干光照射雷达全息图重建与记录影像过程

　　上述方法通常称为合成孔径雷达的光学相关方法,所有精确的光学仪器都用上了。雷达回波的振幅和相位时序的数据也可以利用 SAR 数字相关技术记录和处理。这种数字技术不会产生中间的雷达胶片,需要花费大量资源完成计算任务。数字相关技术的优点:第一,在运载平台上处理期间可以快速进行辐射和几何改正(有益于油溢、洪水和火灾之类突发事件的响应);第二,经过处理的雷达数据可直接、远距离传送到地面以支持实时决策过程;第三,经过处理的 SAR 数据可存储在高密度数字磁带(HDDT)上,供后续在地面数字处理之用。许多商业和政府的 SAR 系统采用数字相关技术。

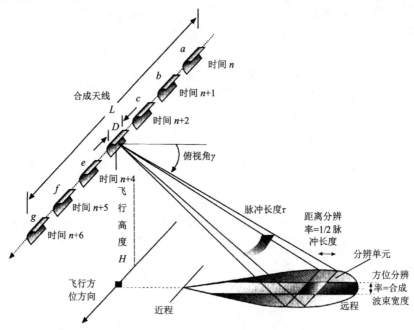

图 2-78　合成天线及其相关参数

　　2)雷达方程

　　雷达影像是从作为像元的地面区,返回雷达的能量的二维显示。为了了解如何判读雷达影像,必须了解能量散射回到雷达天线的实质。在最简单的情况下,这种实质可以利用文字来描述,即

　　　　　接收到的能量 = 目标单位面积的能量×目标的有效散射面积×

　　　　　　　　　　　　再辐射信号的散发损失×有效天线接收面积

　　组合上述文字描述的变量可以导出基本的雷达方程,其数学表达方式为

$$P_r = \left(P_t \cdot G_t \cdot \sigma \cdot A_r\right)/\left(4\pi\right)^2 \cdot R^4 \tag{2-74}$$

　　式中:P_r 为接收到的能量;P_t 为发射到目标的能量;G_t 为在目标方向的天线增益;R 为从发射机到目标的斜程距离;σ 为目标的有效后向散射面积(通常称为雷达横断面,Radar Cross-Section);A_r 为接收天线面积。为了更清晰地说明式(2-74)的物理意义,该式可以改写为

$$P_r = P_t \cdot G_t \cdot \left(1/4 \cdot \pi \cdot R^2\right)\sigma\left(1/4 \cdot \pi R^2\right) \cdot A_r \tag{2-75}$$

　　式中:P_r 项为雷达系统接收到的能量,是电磁波能量脉冲的函数;P_t 项为天线聚焦在角

波束宽度里的能量，球面扩展波（用 $1/4\pi R^2$ 表述）的 G_t 因子使其辐射通量增强。聚焦的能量照明具有横断面 σ 的地面面积。雷达横断面定义为球面反射的等效理想反射面积。地面后向散射的能量再次球面扩展（用 $1/4\pi R^2$ 表述），最终接收天线面积（A_r）截取部分反射波，并把它记录下来。大多数雷达采用同一天线发射（A_t）和接收（A_r）信号。利用增益与接收孔径之间的关系，可以组合天线的诸增益因子，即

$$G = G_t = G_r = 4 \cdot \pi \cdot A_r / \lambda^2 \qquad (2\text{-}76)$$

式中：λ 为雷达系统的波长（频率）。将该值代入式（2-74）或式（2-75），可以得到修正的雷达方程为

$$P_r = \left(P_t \cdot G^2 \cdot \sigma \cdot \lambda^2 \right) / \left(4 \cdot \pi \right)^3 \cdot R^4 \qquad (2\text{-}77)$$

因此，雷达方程可以看作是系统参数与能够产生散射横断面 σ 的其他环境地面参数的乘积。系统参数已知，其影响可以从雷达影像中消除，故而系统参数可以设置为 1。地面对雷达信号的影响，即单位地面面积（A）反射回到接收机的雷达横断面 σ 的数量，是个令人最感兴趣的问题。这个数量称为雷达后向散射系数（Radar Backscatter Coefficient，σ°），可以用下式计算，即

$$\sigma^\circ = \sigma / A \qquad (2\text{-}78)$$

式中：σ 是雷达横断面。雷达后向散射系数取决于从单个分辨单元（10m×10m）里，反射回到雷达的电磁波能量的百分比。实际的地面 σ° 与几何关系、地面粗糙度、水分含量等地面参数以及雷达系统参数（波长、俯视角、极化等）有关。它是在给定地面单元里各种要素散射行为的一个无量纲定量特征。因为 σ° 的数值可以变化好几个数量级，它用对数表示，以 dB 为单位，通常范围为-5~40dB。在地面某个面积（A）里，其总的雷达横断面为 $\sigma^\circ \cdot A$。因此，面展目标的雷达方程的最终形式为

$$P_r = P_t \left(\sigma^\circ \cdot A \right) \left[G^2 \cdot \lambda^2 / \left(4\pi \right)^3 \cdot R^4 \right] \qquad (2\text{-}79)$$

数字 SAR 影像由二维像元矩阵组成，每个像元的强度（亮度）与从相应地面单元反射回到雷达的微波脉冲能量成比例。反射雷达信号与给定地面单元的后向散射系数成比例。

2.6　遥感数据应用特性的比较

多源遥感数据获取技术系统的构成，可以用图 2-79 来描述。它主要由遥感工作平台、遥感器系统、全球定位系统、地面数据接收与成像处理系统和/或数据传输系统组成。其中，遥感工作平台和遥感器系统之一或者它们的组合发生了变化，都可以产生不同类型的单一或多源的遥感数据，以满足用户的某种或某些应用需求。因此，比较由此得到的多源遥感数据的应用特性，对于优质、高效地利用这些遥感数据至关重要。这种比较可以从多级遥感工作平台、遥感器工作波段及其组合等方面展开。这种比较的结果，毫无疑问，将会帮助用户有效、合理地选择和利用他们所需要的遥感资源，尤其是他们所需要的各种遥感数据。

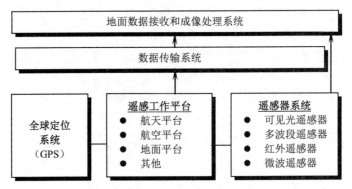

图 2-79　多源遥感数据获取系统的构成示意图

2.6.1　多级遥感工作平台数据比较

多级遥感工作平台主要由航天遥感平台、航空遥感平台和地面遥感平台 3 种类型的工作平台所组成。对于这些遥感平台的比较，可以采用不同的方式进行：一种方式是选择性比较，以某种平台为基准与相关平台进行比较；另一种是综合性比较，在多级遥感平台之间进行比较。

1. 遥感平台选择性比较

这种比较往往会有某种目的性。通常会以推荐遥感平台为主，与现有的类似平台进行比较，进而突出其优越性。例如，为了论证数字航空遥感平台的可行性，它将与传统航空摄影平台、高空间分辨率卫星（如 IKONOS）进行比较。比较的项目包括工作波段范围、数据获取方式、数据生成时间、立体成像能力、平台运行高度、获取信息能力、大范围数据生成、数据存档查询以及信息处理分析等方面的内容。其比较的结果用表2-22 中简要地表现出来。从中不难看出，这种数字航空遥感平台的优势所在。

表 2-22　航空遥感平台与高空间分辨率卫星平台的比较

比较项目	数字航空遥感平台	传统航空摄影平台	高空间分辨率卫星平台[①]
工作波段范围	可见、近红外、短波红外、热红外、微波	可见光、近红外	可见光、近红外
数据获取方式	数字扫描或帧转移，光电子成像，数字成像	胶片摄影，光化学成像，胶片或相片数字化（6~10min/幅）	数字扫描，光电子成像
数据生成时间	直接成像记录，实时监视传输。获大范围影像需12h	延时，经过潜像—冲洗—印相—扫描，一般需一星期或更长时间	直接成像，实时传输或记录回放，快视。4h 可获数据
立体成像能力	有，立体数字像对	有，重叠摄影像对	有
平台运行高度	随应用需要变化	随应用需要变化	受轨道限制
获取信息能力	受航空管制限制，有全天时全天候能力	受航空管制和气象条件限制	不受空域管制，受天气影响大
大范围数据生成	能力很强、费用高[②]	能力强、费用高[②]	能力差、费用极高[③]

（续）

比较项目	数字航空遥感平台	传统航空摄影平台	高空间分辨率卫星平台[①]
数据存档查询	数字存储、检索、保存条件好	人工编辑 保存条件差	数字存储、检索、保存条件好
信息处理分析	数字处理、自动分类、交互判读，效率高	光学处理、人工判读，精度损失，效率较低	数字处理、自动分类、交互判读、效率高

①以 IKONOS 卫星为例比较；
②相对 TM、SPOT 等影像的价格而言；
③当覆盖面积大于 10000km² 以后，IKNOS 的费用为数字航空遥感的 2.8~4.7 倍

2. 遥感平台综合性比较

尽管在表 2-22 已经对数字航空遥感平台和其他平台进行了比较，然而，为了科学地安排各级遥感平台的发展规划，合理地处理各级遥感平台之间的关系，利用这些平台优质、高效地完成用户的应用任务，对它们从平台高度、覆盖宽度、空间分辨率、重访周期、观测模式、运作条件、业务能力以及主要用途等方面进行综合性的比较，既极为必要，也至关重要。表 2-23 给出了这种比较的结果。

表 2-23　多种遥感工作平台的综合性比较

平台名称	GOES8	NOAA15	SPOT4	Radarsat	IKONOS	遥感飞机	地面平台[①]
平台高度/km	36000	830~870	832	793~821	423~681	>20, 可变	0~30 m
覆盖宽度/km	半球	2920	60	50~500	13	5~20	
空间分辨率/m	1, 8km	1100	10, 20	9~100	1, 4	≤1，1~3	
重访周期/天	30min	1	26；1~3	1~10[②]	2.9	可变	
观测模式	天底	天底	天底、离天底	多种离天底模式	天底、离天底	机下、侧视	向下、侧视
运作条件	晴空	晴空	晴空	全天候	晴空	测区可变全天候	晴空
业务能力	全球	全球	全球	全球	全球	国家	小范围
主要用途	定位连续观测	定期观测	定期观测	定期观测	选择观测	区域或选择观测	地面实况观测

①遥感车、高架等；
②1~10 天为 Radarsat 以不同观测模式重访赤道与纬度 70° 之间地区的周期变化范围

从表 2-23 不难看出，表中所列各种平台都有自己的特点、优势与用途。然而，在许多大型的遥感应用任务中，不同的遥感平台配合起来使用，往往会收到比它们单独使用时更好、更显著的实际效果。我国航天遥感平台的发展，已取得巨大的进展，但是与先进国家相比仍存在很大差距。为了尽快形成我国独立自主、灵活多样、强健有力的遥感科学技术体系，必须以航天遥感平台为龙头加强创新与大力发展；航空遥感平台既作为航天遥感技术发展和多级遥感采样的一个台阶，也作为独立、高效、持续的一种遥感信息来源，应该在我国的遥感科学技术体系中占有重要地位，给予足够的支持和有序的发展。遥感地面平台包括遥感车、高架、三脚架等，它们是获取地面实况数据、参考数据

和各种遥感应用模型参数的主要来源，具有不可忽视的作用，占据极其重要的地位。航天、航空和地面三级遥感平台构成了一个完整的遥感平台工作体系。它们单独或组合使用以及各自应该占有的比例，完全取决于遥感应用任务的基本特点和具体需求。

2.6.2　遥感器工作波段的数据比较

遥感器是遥感数据获取系统中直接获取地物反射和/或发射出来的电磁波能量，进而生成相应遥感影像数据的探测仪器。最常使用的成像遥感器包括光学或电子光学照相机、红外扫描仪、多光谱扫描仪、成像光谱仪和成像雷达等。其中，后两种是当前最活跃、最有发展空间的成像遥感器。它们所获取的遥感影像数据量巨大、处理方法复杂，既对现有遥感数据传输、处理和应用能力提出了严峻的挑战，也为这些能力的创新和发展开拓了前所未有的良好机遇。表 2-24 将遥感器划分为可见光-近红外、红外、多波段以及微波等类型，分别从其运作特点和主要用途等方面对它们进行了比较。这种比较显然会对优质、高效和充分地利用这些遥感器系统，产生积极的影响和具体的帮助。据此，用户可以优选出与自身应用需求、人力物力条件以及经费承受能力相适应的遥感器系统加以使用。

表 2-24　遥感器的主要类型及其特点和用途的比较

类型			特点					用途
			波段范围	工作方式	工作时间	工作条件	穿透能力	
可见光-近红外遥感器	光学摄像机	框幅	0.4~0.77μm	被动	白天	晴空	无	测量制图
		缝隙						
		全景						目标探测
		多波段						资源环境及人地系统调查
	光电子摄像机	TV 摄像机						
		CCD 像机						
		线扫描仪						
红外遥感器	红外扫描仪	双通道	3~14μm		全天时	毛毛雨		温度、火灾监测
		多波段						地质调查、找矿
多波段遥感器	多波段扫描仪	光机	0.32~14μm		白天	晴空		资源环境及人地系统调查
		光电						
	成像光谱仪							岩性识别、找矿等
微波遥感器	真实孔径雷达		0.01~1m L: 15~30cm S: 7.5~15cm C:3.75~7.58cm X: 2.4~3.7cm	主动	全天时	全天候	可穿透云雨、植被、干沙层①	资源环境及人地系统调查、土壤湿度、灾害监测
	合成孔径雷达	L 波段						
		S 波段						
		C 波段						
		X 波段						
① 干沙层的最大穿透深度为 100m								

2.6.3 遥感器/平台组合的数据比较

遥感器与遥感工作平台的不同组合，就构成了不同类型的遥感影像数据获取系统。这些系统的比较将从应用的角度出发，在以时间分辨率和空间分辨率为纵、横坐标的空间里展开，如图 2-80 所示和表 2-25 所列。在图中，以灰色矩形代表标注有名称、主要

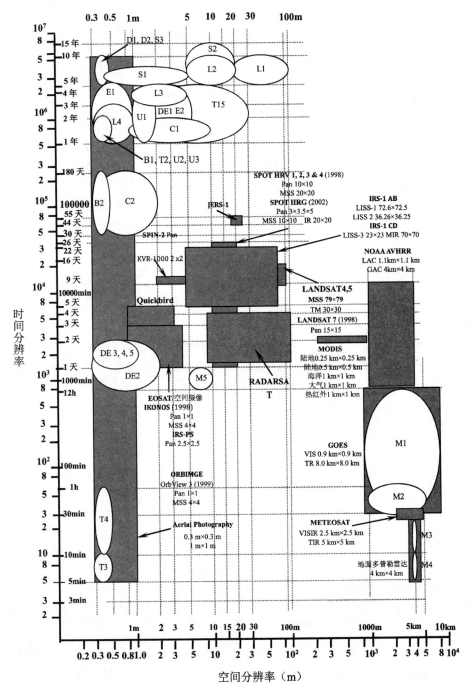

图 2-80 遥感数据获取系统的综合比较

指标的遥感数据获取系统,标注有字母数字的白色椭圆在表 2-25 中有详细的说明。显然,这些字母数字是对图 2-80 和表 2-25 进行解读的关键字,或者说,是图、表之间相互联系的纽带。认真阅读这两份关联密切、信息含量丰富的图表,不仅使读者能够形象、直观地比较现有遥感数据获取系统,加深对它们的了解和认知,而且也为读者选择和采用适合自己条件与需要的遥感数据获取系统,提供了重要的参考资料和基于循证学的科学依据。

表 2-25　现代遥感数据获取系统的应用领域

	最低分辨能力的需求			备注
	时间	空间	光谱	
土地利用土地覆盖				
L1-USGS 1 级类型	5~10 年	20~100m	V-NIR-MIR-雷达	
L2-USGS 2 级类型	5~10 年	5~20m	V-NIR-MIR-雷达	
L3-USGS 3 级类型	3~5 年	1~5m	V-NIR-MIR-Pan	
L4-USGS 4 级类型	1~3 年	0.3~1m	Pan	
建筑物及权属界线				
B1-建筑物周界、面积、体积、高度	1~2 年	0.3~0.5m	Pan	
B2-地籍制图（权属界线）	1~6 月	0.3~0.5m	Pan	
交通设施				
T1-道路中心线	1~5 年	1~30m	Pan	
T2-精确的道路宽度	1~2 年	0.3~0.5m	Pan	V:可见光波段
T3-交通计数研究（汽车、飞机等）	5~10min	0.3~0.5m	Pan	
T4-停车研究	10~0min	0.3~0.5m	Pan	NIR:近红外波段
生活服务设施				
U1-管网线制图及路径	1~5 年	1~30m	Pan	
U2-精确的管线宽度,用地	1~2 年	0.3~0.6m	Pan	MIR:中红外波段
U3-杆、井、分站的位置	1~2 年	0.3~0.6m	Pan	
数字高程模型（DEM）建立				
D1-大比例尺 DEM	5~10 年	0.3~0.5m	Pan	TIR:热红外波段
D2-大比例尺坡度图	5~10 年	0.3~0.5m	Pan	
社会经济特征				
S1-地方人口估算	5~7 年	0.3~5m	Pan	Pan:全色波段
S2-区域/国家人口估算	5~15 年	5~20m	V-NIR	
S3-诸生活指标的质量	5~10 年	0.3~30m	Pan-NIR	
能源需求及保护				
E1-能源需求及生产潜力	1~5 年	0.3~1m	Pan-NIR	
E2-建筑物保暖调查	1~5 年	1~5m	TIR	

（续）

	最低分辨能力的需求			备注
	时间	空间	光谱	
气象数据				
M1-逐日气象预报	30min~12h	1~8km	V-NIR-TIR	
M2-当前温度	30min~1h	1~8km	TIR	
M3-当前降水量	10~30min	4km	多普勒雷达	
M4-暴风警报实时服务	5~10min	4km	多普勒雷达	
M5-城市热岛效应监测	12~24h	5~10m	TIR	
敏感环境地区评价				
C1-稳定的敏感环境	1~2 年	1~10m	V-NIR-MIR	
C2-动态变化的敏感环境	1~6 月	0.3~2m	V-NIR-MIR-TIR	
灾害应急反应				
DE1-应急前影像	1~5 年	1~5m	V-NIR	
DE2-应急后影像	12 时~2 天	0.3~2m	Pan-NIR-雷达	
DE3-房舍损坏情况	1~2 天	0.3~1m	Pan-NIR	
DE4-交通设施损坏情况	1~2 天	0.3~1m	Pan-NIR	
DE5-生活设施损坏情况	1~2 天	0.3~1m	Pan-NIR	

参考文献

[1] Jensen John R. Remote Sensing of the Environment: an Earth Resource Perspective. Prentice Hall, Inc., 2000, pp.29-52.

[2] Charles Elachi, Jakob Van Zyl. Introduction to the Physics and Techniques of Remote Sensing, Second Edition. A John Wiley & Sons, INC., 2006, pp. 201-220.

[3] Elachi C. 遥感的物理学和技术概论. 王松皋，胡莜欣，王维和，等译. 北京：气象出版社，1995.

[4] Campbell James B. Introduction to Remote Sensing, Fourth Edition. The Guilford Press, 2007.

[5] Emilio Chuvieco, Alfredo Huete. Fundamentals of Satellite Remote Sensing. CRC Press, Taylor & Francis Group, 2010.

[6] 田国良，等. 热红外遥感. 北京：电子工业出版社，2006.

[7] Slater Philip N. Photographic Systems for Remote Sensing. Chapter 6, Manual of Remote Sensing Volume I, ASP, 1975, pp. 235-323.

[8] 菲利普·斯莱特 N., 遥感手册（第二分册）. 陈宁锵，等译. 北京：国防工业出版社，1982.

[9] 阎守邕，童庆禧. 地球资源技术卫星. 北京：科学出版社，1980.

[10] 尤建红. 激光三维遥感数据处理及建筑物重建. 北京：测绘出版社，2006.

[11] Browell Edward V, Grant William B, Syed Ismail. Airbone Lidar Systems. Chapter 8, Laser Remote Sensing, Edited by Takashi Fujii, Tetsuo Fukuchi, Taylor & Francis, 2005, pp.723-779.

[12] Singh Upendra N, Syed Ismail, Kavaya Michael J, et al. Space-Based Lidar. Chapter 9, Laser Remote Sensing, Edited by Takashi Fujii, Tetsuo Fukuchi, Taylor & Francis, 2005, pp.781-881.

[13] http://en.wikipedia.org/wiki/LIDAR.

[14] Michal Shimoni，Freek Van der Meer, Marc Acheroy. Thermal Imaging Spectroscopy：Present Technology and Future Dual Use Applications. Proceedings 5th EARSel Workshop on Imaging Spectroscopy，Bruges，Belgium，April, 23~25, 2007.

[15] Simon Hook, QWEST, HyTES: Two New Hyperspectral Thermal Infrared Imaging Spectrometers for Earth Science.

http://esto.nasa.gov/conferences/estf2010/presentations/Eng_Hook_ESTF2010_B4P2.pdf.

[16] Hook Simon J，Eng Bjorn T，Gunapala Sarath D，et al. QWEST and HyTES: Two New Hyperspectral Thermal Infrared Imaging Spectrometers for Earth Science.

http://esto.nasa.gov/conferences/estf2010/papers/Eng_for_Hook_Simon_ESTF2010.pdf.

[17] Vincent Farley，Alexandre Vallières，Martin Chamberland，et al. Performance of the FIRST，a Longwave Infrared Hyperspectral Imaging Sensor. 12 September 2006/

http://www.bfioptilas.com/objects/52_23_2079453411/Performance%20of%20the%20FIRST%20a%20Longwave%20Infrared%20Hyperspectral%20Imaging%20Sensor.pdf.

[18] Vincent Farley，Alexandre Vallières，Martin Chamberland，et al. Radiometric Calibration Stability of the FIRST，a Longwave Infrared Hyperspectral Imaging Sensor. April, 2006.

http://www.thermal-infrared.eu/en/objects/52_23_2079453411/Radiometric%20Calibration%20Stability%20of%20the%20FIRST%20a%20Longwave%20Infrared%20Hyperspectral%20Imaging%20Sensor.pdf.

[19] Homer Jensen，Graham L C, Porcello Leonard J, et al. Side-looking Airborne Radar. Scientific American, Vol. 237, No. 4, October, 1997, pp. 84-95.

[20] 日本遥感研究会. 遥感原理概要[M]. 龚君，译. 北京：科学出版社，1981.

[21] 中国科学院遥感应用研究所. 遥感新进展与发展战略. 北京：中国科学技术出版社，1996.

[22] 国家地理空间信息协调委员会办公室，国家空间信息基础设施发展战略研究，北京：中国物价出版社，2002.

[23] 阎守邕. 遥感——一门新兴的综合性探测技术. 科学实验，1977(10)：3-5.

[24] 龚家龙，阎守邕. 环境遥感技术简介. 北京：科学出版社，1980.

[25] Cowen David J, Jensen John R. Extraction and Modeling of Urban Attributes Using Remote Sensing Technology. People and Pixels: Linking Remote Sensing and Social Science. National research Council. National Academy Press，1998，pp.164-188.

第 3 章　遥感专题信息挖掘

3.1　遥感影像及其信息内涵

遥感数据获取是利用各种遥感器，尽可能真实、全面地记录客观世界的状况，把三维的客观世界映射和记录在二维的遥感影像上的一个过程。遥感专题信息挖掘正好与此相反，要采用各种有效的技术方法，从遥感影像数据中挖掘出尽可能多的关于客观世界的专题信息。尽管遥感信息挖掘的对象来自不同的遥感数据获取系统，蕴含着不同的专业内容，但是它们都有相近的成像规律，而且最终都以黑白或彩色影像的形式表现出来。因此，只有全面认识、深刻理解遥感影像的基本特征、成像规律及其信息内涵，才能对现有遥感信息挖掘方法做出客观的评价，寻找出其创新和发展的正确方向。

3.1.1　遥感影像的基本影像特征

遥感影像作为遥感信息挖掘的对象，可谓数量众多、变化万千，要想优质高效地从中挖掘出有效的信息，实在是件相当复杂、困难和费时的事情。目前，这个领域的突破不仅是遥感发展及其应用的一个瓶颈问题，也是各国科学家争相研究的一个热点问题。如果能把为数众多、五花八门的遥感影像，抽象为一些基本影像特征，事情就会变得比较简单了。实践经验表明，这些影像特征可以归纳为色彩/反差、大小、形状、纹理、图型、高度、阴影、位置、关系和变化 10 个基本类型，如图 3-1 所示。因此，在遥感信息挖掘时，如果能够充分理解和具体掌握这些影像特征及其内涵，就会收到举一反三的效果。

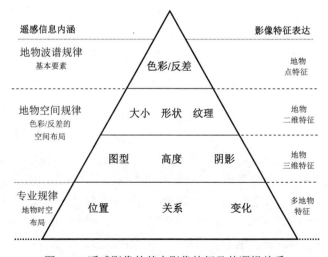

图 3-1　遥感影像的基本影像特征及其逻辑关系

1．色彩/反差特征

1）色彩

所谓"色彩"，既包括由黑到白的中性色系及其在黑白色调上的变化，也包括由混色或显色系统表示的各种色彩及其变化。事实上，遥感影像的色彩是不同地物波谱辐射特性及其经过遥感器获取、变换和最终记录下来的产物。表 3-1 给出了常用遥感器影像上色彩/反差特征的物理含义。在客观世界里，不同地物可以反射、发射和透过不同数量与波长分布的辐射能量。它们在遥感影像上呈现为深浅各异的灰度或不同的色彩，分别与相应地物的物质构成、所处状态及其有关物理参数，如温度、湿度、密度、反射率、发射率、粗糙度、介电常数等相关。因此，在遥感影像的每个像元或坐标位置上，色彩是固有的、最基本的影像特征。它们也是遥感数据处理、特征参数反演等的主要对象，认知客观世界或识别不同地物最重要的依据。

表 3-1 常用遥感器影像上色调/彩色特征的物理含义

遥感器	波段范围	工作方式	物理含义	主要相关参数
制图照相机	0.4~0.77μm	被动	反射光能量，灰度	波谱反射率
多波段扫描仪[①]	0.32~14μm	被动	反射及热辐射能量，数字计数	波谱反射率/发射率
红外扫描仪	3~14μm	被动	热辐射能量，辐射温度	比辐射（发射）率
合成孔径雷达	L: 15~30cm S: 7.5~15cm C:3.75~7.58cm X: 2.4~3.7cm	主动	雷达波束的后向散射能量，亮度温度	反射率、粗糙度、介电常数
①其中，3~14μm 波段影像色调的物理含义，与红外扫描仪影像相同				

一般而言，人们对黑白色调的变化不太敏感，大致可以区别 15~20 个灰度等级的变化，然而，对色彩及其细微变化都特别敏感，从中可以获得远比黑白色调及其变化为多的信息。因而，色彩是从遥感影像上挖掘信息特别有效的一种武器。在实际工作中，采用心理学尺度表示色彩的"表色系统"（Color Specification System）比较方便。它们可以分为两类：一类是根据实验把色彩作为心理物理量而定量处理的混色系统（Color Mixing System）；另一类是使用符号、色谱来定性描述人类色彩感知的显色系统（Color Appearance System）。

2）反差

在各种遥感影像上，相邻地物影像之间在色彩上的反差具有同等重要的意义。它们形成了区隔不同地物影像的界线，是构成其他遥感影像特征，如大小、形状、纹理、图型、高度、阴影、位置、关系和变化等影像特征的客观基础。因此，在每个像元及其相邻位置上，色彩固然十分重要，但色彩的反差就显得更为重要了。在遥感影像上，色彩或色调的反差可以用色彩或灰度在单位距离里的变化幅度来描述，直接与影像的清晰度和可判读性密切相关。它们大致可以分为微弱反差、中等反差和显著反差等情况，分别与地物影像之间没有边界、模糊边界以及清晰边界相对应。在微弱反差的影像上，往往会丢失或忽略其间蕴涵着的微弱但极为重要的信息。为此，人们在不断努力去发展各种扩大影像反差、提取边界的影像增强方法,以改善影像的可判读性和信息挖掘的效率。

2. 影像大小特征

它是在一维或二维影像空间里,对色彩大致相同且为其影像界线所圈定的地物影像几何尺寸的一种度量。影像大小是探测和识别地物的重要线索之一。通过测量未知地物影像的尺寸及其与别的地物影像尺寸进行比较,就有可能将该地物区分出来。然而,地物影像的大小往往会随影像比例尺而变化。其测量值仅在影像比例尺确定或已知的情况下,才会对地物目识别起作用。地物影像的大小可以用相对尺寸,即在同一张影像上的尺寸(毫米数或像元数)来度量,得出相对大小的结论。然而,地物影像的大小也可以用绝对尺寸,即根据影像尺寸及其比例尺换算成的地面尺寸(m)来度量。此时,"地物影像大小"实际上就是实际地物的大小。这种绝对尺寸使"同类异幅"影像或异类影像之间可以直接比较,具有更广泛的使用价值。图 3-2(a)给出了部分停车场的影像,美国中型汽车影像的实际长度为 4.57m、宽度为 1.83m;图 3-2(b)是火车轨道的影像,两轨影像间的实际距离为 1.44m,枕木影像的实际宽度为 0.2m。它们为估计单节车厢影像的实际尺寸提供了参考尺度;图 3-2(c)显示了一台拖拉机牵引车拖拉的单节挂车影像,其长度为 13.72~15.24m,可以用来估算附近仓库的规模;图 3-2(d)是一个垒球场的影像,垒与垒间的实际距离是 27.43m,投手与本垒的实际距离为 18.29m;图 3-2(e)是游泳池的影像,其右上角的跳水板长 3.66m;图 3-2(f)是两个屋顶空调装置的影像,它们的大小可以根据同张影像上的汽车和卡车的长度来推算。然而,实际工作中要准确测量地物影像的大小,是件相当复杂的事情。首先遇到的问题是地物的高度不同,使影像比例尺发生局部变化,相对测量结果无法比较、绝对测量结果难以比较。此外,测量规则形状的地物影像大小比较容易,而测量不规则形状的地物影像就较困难了。因此,必须设计某些特征参数来表征复杂地物影像的大小,进行相互之间的比较。长度、宽度和周长是度量线性地物影像的三个基本参数;面积则是度量面状地物影像最主要的参数。

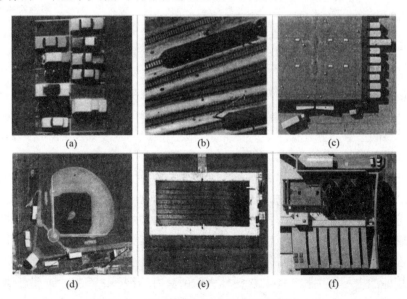

图 3-2　不同地物的尺寸及其相互比较

(a)汽车;(b)铁轨;(c) 车头牵引的单节挂车;(d)垒球场;(e)游泳池及跳水板;(f)屋顶空调装置与卡车。

3. 影像形状特征

它是由具有大致相同色彩且为与其他地物影像边界所包围的诸多像元在影像平面上形成的一种几何形状特征。地物影像的形状是一种比较重要、确切的影像特征，有助于对地物影像及其性质、特点和功能的识别与认知。然而，在正射或接近正射的遥感影像上，地物的形状往往是遥感器垂直向下俯视记录的结果。它们与人们在日常生活中看到的侧视景象不同，会给初始的遥感影像用户带来困扰。对此，只能在遥感影像长期使用、反复实践中解决。图 3-3 是马尼拉黎刹公园的 Google Earth 影像，其上可以看到不同形状的地物影像。据此，很容易将各种建筑物（包括纪念碑、塑像等）、树木、道路等区分开来。然而，对复杂形状的地物影像，必须引进某些定量参数，才能进行准确的描述。

1）线形地物影像的形状特征参数

在客观世界中，河流是形状最为复杂的一种线形地物。为此，在描述河流影像的形状时，可以引用河流地貌学中的某些形态特征参数，如河道的长度、宽度、长宽比、分叉数、河流的最大曲率、曲直比、分叉河段长度比等参数。事实上，河流从上游到下游流经不同地质、地貌特点的区域，其形态也会发生巨大的变化。因而，其影像的形状特征参数必须分段测量，可以使形状特征描述大为简化。河流的形态特征参数，大多可用来描述道路、管网线、断层线等地物影像的形状特征。

图 3-3　马尼拉黎刹公园影像

2）面状地物影像的形状特征参数

面状地物影像可以区分为以直线边界为主与以非直线边界为主的两种情况来选择和定义其形状特征参数。对于前者，其边数、边与边之间的最小夹角度数、内多边形的边数及其与外截圆面积的比值都是很重要的参数，分别描述了地物影像的总体形态及其复杂程度。对于后者，分别与其外截圆、内切圆的面积比以及边界线的最小内切圆半径等是相当重要的参数，分别描述了地物影像与圆形接近的程度以及边界线弯曲的程度。

4. 影像纹理特征

纹理是其尺寸小到不能作为独立影像存在的各种地物影像色彩/反差及其组合，在遥感影像平面上重复出现的产物。具有纹理特征的地物影像会给人以粗糙或光滑的感觉。它们是遥感影像判读的重要依据，对侧视雷达影像和成像微波辐射计数据的判读尤为重要。纹理特征的形成与遥感影像的空间分辨率密切相关。因此，利用它进行遥感影像判读时，必须注意其影像的空间分辨率或它们的"比例尺"。图 3-4 作为一个实例，分别用 I、II、III 标注出不同生长年龄的松树林影像所具有的细、中和粗的纹理影像特征。在众多的遥感影像特征中，除像元的色彩/反差特征外，纹理是在影像数字处理，尤其在影像自动分类过程中，使用比较频繁的一个影像特征。通常，从遥感影像上选取 $n \times n$（如 3×3

等）像元的移动窗口，求其平均值、方差、偏斜度、陡度等统计特征值，以描述其纹理影像特征。这些数据与多波段数据配合起来进行遥感影像分类，会使自动分类的精度有所提高。

图 3-4　遥感影像的纹理特征

I、II、III 分别为具有细、中、粗纹理的松树林影像，
代表着这些松树林的生长年龄有所不同。

5．影像图型特征

它实际上是地物影像的形状、大小、色彩/反差等特征有规律的空间组合，在遥感影像平面上出现或重复出现的产物。在具有一定空间分辨率的影像上，构成图型影像特征的地物可以作为独立的影像存在。在很多情况下，它们又是三维地物投影在二维影像平面上的结果。一般而言，图型影像特征是人文地物（如城市、果园、耕地等）和某些自然地物（如水系、地形等）特有的影像特征，是识别其影像的特效工具。图 3-5 给出的是 9 组典型的水系图型及其遥感影像。它们为覆盖地区的地质构造、岩层分布、地貌特点、演变规律及其发育历史研究提供了重要的线索。然而，遥感影像的空间分辨率降低到某个程度之后，地物的图型影像特征会转变为纹理特征。因此，在使用作为地物波谱特性与空间特性综合产物的遥感影像图型特征时，必须注意其空间分辨率及其与纹理特征的转换关系。

6．影像高度特征

它是能够对地物在垂直方向向上（高度）或向下（深度）的几何尺寸进行度量的一种影像特征。它是进行立体影像判读最为重要的地物影像特征，往往会给信息挖掘人员提供许多有价值的线索。高度可以在单张影像上间接地通过地物特征、形状变异及其色彩/反差的空间组合特征，或者靠地物阴影的长度间接地反映出来（图 3-6），也可以将单张影像叠加在数字高程模型（DEM）上，形成三维立体透视影像，用专用的立体镜在屏幕上对地物影像的高度特征进行观察或比较（图 3-7）。影像的高度特征也可以从两张影像构成的"立体像对"上，通过人工量算或仪器自动量测而获得。鉴于遥感器在轨道或航线上的移动，其观察位置会发生移动，造成地物的位置相对于参照物出现表观位移，出现立体视差。这种视差是对影像进行三维立体观察、提取高度信息的基础。因此，借助立体测图仪对感兴趣的各种地物的视差及其差别（视差较）进行测量，可以完成从遥感影像的"立体像对"中提取高度等地形信息，绘制地形图（x, y, z）和平面图（x, y）的任务。

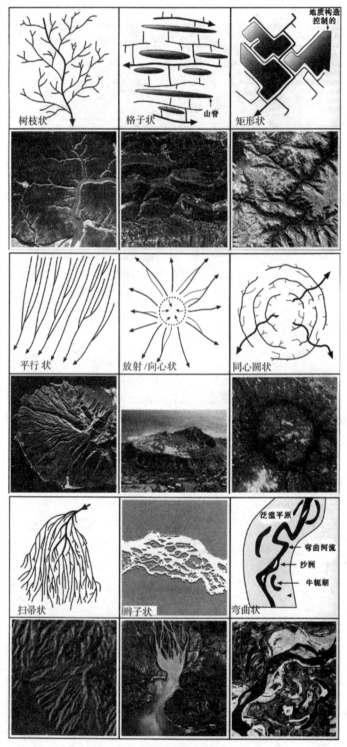

图 3-5　水系图型及其遥感影像

图 3-6　高度可通过阴影长度间接表示

图 3-7　TM 影像及其叠加在 30m×30m 的数字高程模型上的效果

7. 影像阴影特征

它们是三维地物被太阳光或发射波束照射在地面上产生的投影影像。阴影的影像具有黑色调，只能与产生它们的地物影像成对地出现，可以直观地揭示出其地物的高度以及迎着照射方向的形状或轮廓。它们可以从地物阴影影像及其特征，挖掘出该地物的属性、形状、高度等方面的信息，尤其在挖掘树种及其树高、树冠直径、树木形状等信息时优势更为显著。仔细观察图 3-8 给出了几张典型地物的阴影影像表明，它们可以揭示出许多无法直接判读出来的信息。然而，阴影的色调较黑暗，会遮挡住其投射范围里的地物影像及其细节，带来额外的麻烦。一般而言，阴影的形状和大小，不仅与三维地物的形状、高度有关，而且也和照射角度、承影平面的状态等因素密切相关，在使用时需要格外小心、谨慎。

图 3-8　各种地物在遥感影像上的阴影特征

8. 影像位置特征

这类影像特征描述了某个或某些地物在地球空间上的绝对位置，也描述了它们的相对位置。前者是指地物在地球空间坐标系统里的位置，除了平面位置（x，y）以外，还有在第三维（z），即高程方向上的位置；后者则是指一个地物相对于其他地物的位置。判读人员在判读时，会更多地使用地物相对位置的概念。例如，在道路与河流影像的交叉点，如图 3-9 白色圆圈里的影像所示。不论桥梁或徒涉渡口能否直接从影像上辨认出来，都可以根据道路等级、交叉角度，判断出它们的存在及其主要特点。事实上，各种地物在遥感影像中的相对位置，乃至它们的绝对位置，往往与某种或某些自然科学和/或人文科学的规律密切相关。对它们的认知和使用既可以直接提高遥感信息挖掘的能力，也为专业知识引入遥感判读领域开拓了有效的途径。

9. 影像关系特征

它们是诸地物在客观世界里的各种关系，映射到遥感影像上的产物。这些关系包括彼此之间的包围、相邻、相交、穿过、包含、覆盖、远近、方位等空间关系，也包括相互之间的因果、更替、共生、派生、异化等成因关系。影像信息挖掘人员透过能够直接从影像上观察到的空间关系，能够直接或由此及彼、由表及里、由浅入深地分析所揭示出的隐藏在其背后的成因关系，可以使判读工作从单纯对地物影像的识别，提升到对它们内在关系、演化规律进行思维、判断和推理的更高层次上去。然而，要想充分、有效地利用这种影像特征，对遥感信息挖掘人员在专业知识水平、实际工作经验、个人素质修养和不断更新自己学识等方面，都会提出更为严格的要求。图 3-10 是加拿大温哥华国际机场的遥感影像。在这张影像上，可以看到不同大小、处在不同位置上的飞机、起降主跑道和滑行跑道、机场草地、各种机场建筑物（包括候机大厅、廊道、维修厂房、附属建筑物等）以及走道、公路、停车场、汽车等地物影像。这些地物影像为了确保各国乘客能安全往返加拿大温哥华的需要而组织在一起，构成了作为一个有机整体的温哥华国际机场的影像。不难看出，在人类生存和发展过程中，任何独立活动的开展都有相应的物质条件加以保证。这些物质条件的遥感影像之间，必然有支配该活动的规律导致的固有关系。因此，深入解读遥感地物影像的关系特征，是个既重要又困难的课题。

图 3-9　桥在公路与河流交叉点上

图 3-10　温哥华国际机场

10. 影像变化特征

在客观世界中，地物的变化可以根据某个地区单张影像上的变化影像特征揭示，也可以从该地区时序影像的比较发现。图 3-11 是在机载雷达影像镶嵌图上判读、绘制出来的荆江古河道变迁图，可以作为前者的典型实例。影像上彼此切割、相互叠压的圆滑、弯曲的带状影像特征揭示出古河道的存在，可以再现其历史变迁的过程。图 3-12 给出了海南省琼山县东寨港 1996 年和 2000 年的遥感影像及其判读产生的红树林分布图，是后者的实例。通过这两张影像的比较可以看出红树林分布范围（白线圈定范围）的变化。红树林的面积在 1996 年为 2601.00 公顷，时至 2000 年剩下的面积为 1621.00 公顷。在此期间，三大片红树林被开垦为养殖场，也使海岸带的生态环境发生了变化。遥感影像变化特征可细分为演化更替、季相节律、突发灾变以及无序变化等类型。它们在揭示自然和/或人文现象及其变化规律等方面，具有独到的作用和特殊的魅力。遥感信息挖掘人员深入了解、熟练掌握和有效运用这些特征，是应有的基本素质和工作能力。

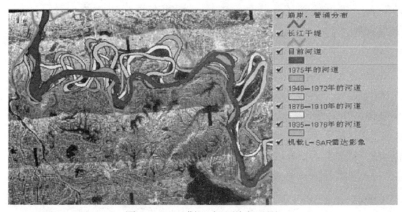

图 3-11　下荆江古河道变迁图

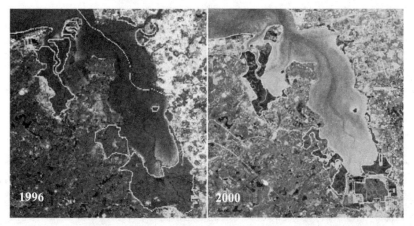

图 3-12　琼山县东寨港红树林分布范围的变化

3.1.2　遥感影像特征的组织结构

遥感影像作为信息挖掘的对象，必须对它们的组织结构、成像机理有深入的了解，才能在其挖掘过程中取得预期的效果。为此，在论述遥感影像基本特征的基础上，需要对它们之间的逻辑关系、遥感影像的组织结构以及联系遥感影像与客观世界的纽带等问题进行深入的讨论。图 3-1 以图解方式说明了遥感影像的基本影像特征及其逻辑关系。三角形的顶部是像元的色彩/反差，表征了地物的波谱辐射特性及其差异；其下两层分别是地物影像的大小、形状、纹理以及图型、高度、阴影等特征。它们是具有不同色彩/反差的像元组合在影像上空间布局的产物，分别揭示二维和三维地物影像的空间特征；三角形的底层是通过诸地物影像之间的关联，描述其位置、关系和变化的影像特征。它们受有关自然、人文等专业规律的支配和影响。因此，这些特征不仅是信息挖掘人员进行地物影像识别的犀利武器，而且也是探索其间各种专业规律的重要依据。

1. 影像特征的逻辑关系

地物影像特征可以根据其依附的对象及其特点，划分为像元影像特征、地物二维影像特征、地物三维影像特征以及地物关联影像特征等不同级别的影像特征。它们之间存在一种性质由简到繁、数量由多变少的逻辑关系。不同级别的这些影像特征，在复杂程度、出现数量、分析方法和解读依据等方面，都存在极为显著的差异，致使它们的用处各异，价值也有所不同。

1）像元影像特征

像元是遥感影像上最小的空间分辨单元，也是其上最小的信息载体。因此，要从遥感影像上挖掘信息，就必须从其像元的遥感影像特征开始。一般而言，最引人注目的像元影像特征是像元的色彩/反差，而最容易被忽略的像元影像特征是像元的空间位置或三维坐标。对于色彩/反差而言，它们显示了像元固有的电磁波辐射波谱特性及其与相邻像元之间的辐射特性差异。这种差异构成了地物影像的边界，使地物影像完整地呈现在遥感影像之上，且与其他地物影像区分开来。像元的空间位置不仅构成了遥感影像的空间框架，奠定了地物影像之间的几何关系，而且也是鉴别和区分不同地物影像不可忽视、不可缺少的元素。事实上，具有相同色彩且在空间位置上连续成线或成片的像元集合，决定了地物影像的属性及其在空间上的位置、范围、形状等特征；具有不同色彩且反差最大的像元对连续成线的集合，决定了线形地物影像的空间走向，也决定了不同面状地物影像的界线及其空间位置、形状、长度等特征。不难看出，像元的色彩/反差和空间位置都是遥感影像像元固有的特征。它们一明一暗、互为依存，如同木板的正反两面无法分离，都是遥感影像最基本、最单纯、最常使用的一种影像特征。这一点可以从遥感影像数字处理系统的设计思想及其主要功能得到很好的体现。

2）地物二维影像特征

具有最大反差的像元对可以形成封闭的影像界线，也可以形成不封闭的直线或曲线影像。在封闭的界线范围里，诸像元的集合具有大致相同的色彩或电磁波谱辐射特性，在遥感影像上构成了某种面状的地物影像；对于封闭界线本身而言，尽管其两边的像元具有不同的色彩或电磁波谱辐射特性，但自身却没有独立的像元和专属的属性，仅起分隔相邻的地物影像的作用，因而，这种界线的性质和特点完全取决于其两边地物影像的性质和特点。不封闭的影像直线或曲线上的像元具有大致相同的色彩或电磁波谱辐射特性，而与两边的像元具有不同的色彩或电磁波谱辐射特性，在遥感影像上构成了具有某种独立属性的线形地物影像。不论是面状地物影像，还是线形地物影像，其像元集合的数目构成并决定了它们的大小影像特征；其像元集合的空间分布状况和特点，构成并决定了它们的形状影像特征；其像元集合的色彩/反差特征在空间上的周期性分布状况和特点，构成并决定了它们的纹理影像特征。因此，这些特征可以认为是客观世界里的有关地物及其集合，在某种空间分辨率的遥感影像上，以一维和/或二维形式表现出来的地物影像特征。相对而言，在基于像元的各种遥感影像数字处理系统中，上述纹理特征得到了比较充分的利用。

3）地物三维影像特征

地物三维影像特征包括图型、高度和阴影等影像特征。它们主要是地物的三维特征在具有某种空间分辨率的遥感影像上的二维显示。图型影像特征是作为独立影像而存在的地物影像色彩/反差、形状、大小等特征有规律的空间组合，在遥感影像平面上出现或重复出现的产物。它们的显示及其特征，与遥感影像的空间分辨率以及影像反差（或阴影）有规律的出现密切相关。地物影像的高度特征在单张影像上可以间接地通过地物特征、形状变异及其色彩/反差的空间组合特征，或者靠地物阴影的长度间接地反映出来，也可以在两张影像构成的"立体像对"上，通过测量地物影像的视差及其视差较而提取出来。地物影像的阴影特征是在一定光源或辐射源照射下，三维地物及其影像所固有的黑色伴生影像特征。阴影影像特征可以直截了当地揭示三维地物的形状、高度，乃至属性等方面的特征。一般而言，地物的三维影像特征对遥感影像空间分辨率的变化比较敏感。随着空间分辨率的降低，图型影像特征会转变为纹理特征，乃至色彩/反差特征，而高度特征和阴影特征也会有所削弱，甚至完全消失。

4）地物关联影像特征

这类特征往往会涉及多个地物影像或多时相地物影像之间在位置、关系和变化方面比较复杂的关联问题。在利用这些位置、关系和变化特征挖掘遥感影像信息时，必须引入相关专业的知识和规律，进行更多的综合、推理和判断。尤其是在揭示不能从影像上直接观察到的现象或过程时，这类特征将会发挥特别重要的作用。在具体应用这些特征时，鉴于它们之间存在着千丝万缕的联系，往往会给信息挖掘工作带来某些困惑、迷茫。例如，地物影像的相对位置特征，实质上是地物之间在空间关系上的表述；地物影像的变化特征是地物在时间关系上的表述。尽管它们直接描述的是时间上的关系，但其内涵却是成因上的关系所致。如此看来，位置和变化的影像特征仿佛都可以综合在关系影像特征里，而没有独立存在的必要了。显然，这种看法强调了这些特征的内在联系性，却忽视了它们之间的外在差异性。事实上，这 3 种影像特征各有侧重，分别突出了地物在空间位置、内在关系、时间变化上的特点及其静态、动态和成因方面的规律。因此，让它们各行其是、各显神通，将会收到更好的判读效果。

2. 地物影像特征的变换

遥感影像上的基本影像特征及其分级，兼具独立性和相对性的两个方面。其独立性，前面已有相当多的论述；至于影像特征的相对性，或者更确切地说，它们之间的相互变换，则是需要重点论述的问题。通过对不同空间分辨率的相同遥感影像的分析和比较可以发现：具有一定几何尺寸的地物影像特征之间的变换，主要取决于影像空间分辨率的变化，或者说，它们之间的变换对影像空间分辨率的变化最为敏感。从图 3-13 空间分辨率较高的遥感影像上，可以看出色彩（黑白色系）/反差、大小、形状、纹理、图型、高度、阴影、位置、关系等影像特征。然而，随着其空间分辨率的降低，这些影像特征就发生了如下方面的变化。

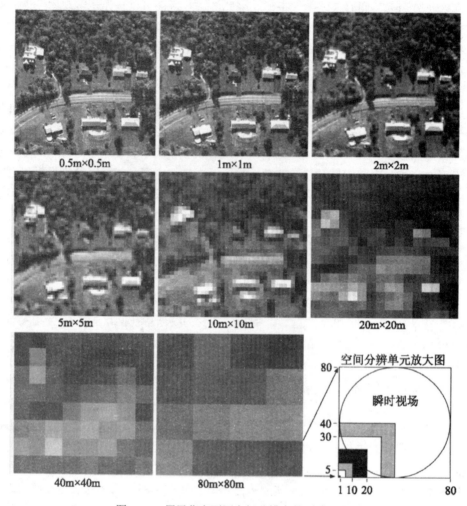

图 3-13　居民住宅不同空间分辨率的遥感影像

1）0.5m×0.5m 和 1m×1m 的影像

在这些影像上，色彩（黑白色系）/反差、大小、形状、纹理、图型、高度、阴影、位置、关系等影像特征清晰可见，通过目视判读可以鉴别出不同的建筑物、树种以及公路上的车道线、电线杆等地物。

2）2m×2m、5m×5m、10m×10m 和 20m×20m 的影像

在这些影像上，影像特征随着空间分辨率的降低而变得越来越模糊。在 10m×10m 影像上纹理特征消失了，在 20m×20m 的影像上，大小、形状、图型、高度、阴影都消失了，只留下色彩（黑白色系）/反差和建筑物依稀可见的位置特征及其关系特征。

3）40m×40m 和 80m×80m 的影像

在这些影像上，只留下色彩（黑白色系）/反差影像特征，而其余所有的影像特征都已荡然无存了。这就是在卫星遥感起步阶段，刺激和推动基于像元的多波段遥感影像数字处理技术发展的导火线。

3．地物影像特征的应用

遥感影像的基本影像特征，在传统的目视判读中得到了最充分而有效的利用。近年来，在以目视判读为基础发展起来的遥感影像人机交互判读技术里，这种状况得到了很好的延续和充分的发展。在数字或模拟遥感摄影测量技术领域里，高度影像特征的利用达到了极至的程度。然而，在以像元为主要对象的遥感影像数字处理技术领域里，色彩/反差影像特征得到了最充分的利用，纹理特征次之，而其余各种影像特征，尤其是空间、时间和专业范畴里的影像特征，其利用极不充分，甚至处在试验研究阶段。表 3-2 具体地说明了各种影像特征的所属范畴、应用途径及其利用状况。从中不难看出，遥感影像数字处理技术仍然存在巨大的发展空间和创新前景。

表 3-2　遥感影像特征在实用数字识别技术中的利用状况

影像特征	所属范畴	应用途径	利用状况[2]
色彩	光谱	多光谱分类	很广泛利用
反差	光谱	密度分割	广泛利用
大小	空间	影像分段算法和尺寸特征分类	很少利用
形状	空间	句法分类	试验研究
纹理	光谱/空间	纹理分类	广泛利用
图型	光谱/空间	空间变换和分类	较少利用
高度[2]	空间	立体观察	很少利用
阴影[2]	空间	句法分类	试验研究
位置	空间/专业[1]	先验概论修正	很少利用
关系	空间/专业[1]	上下文分类/句法分类	试验研究
变化[2]	时间/专业	变化检出	很少利用

①笔者补充的内容；
②笔者增加的内容

3.1.3　遥感影像的专题信息内涵

遥感影像是客观世界为遥感器系统记录下来的产物。尽管它们在辐射和几何保真度方面会有某些损失，但仍能比较真实地反映客观世界的状况及相关专业领域的时、空规律。这些正是隐藏在遥感影像背后、需要探索的专题信息内涵。在多种专业遥感影像分析判读的基础上可以提炼出作为影像信息内涵、具有共性特点的专业规律或知识框架，具体包括地域分异、成因相关、演化更替、季相节律以及人地互动等规律。这些规律将引导判读人员，由表及里、由浅入深、由此及彼地对遥感影像进行分析、判断和推理，从"千变万化"的影像上理出头绪、找到答案，确保其信息挖掘任务的顺利完成。因此，这些规律既是遥感影像的专题信息内涵，也是遥感影像信息挖掘强有力的武器。遥感影像判读人员要机动灵活、富有成效地掌握和运用这些共性规律，不断提高自身的判读工作能力与水平。

1．地域分异规律

在分析判读遥感影像，尤其是大范围或高山区的遥感影像时，地域分异规律是非常有用的基本规律。它们帮助判读人员透过表面现象，揭示事物本质及其内在联系、演化规律。图 3-14 给出了这种地域分异规律的细分类型、形成原因及其相互关系的一般图式。它们是能够帮助判读人员，有意识或有预见性地去寻找地物影像之间的差异，揭示它们的类型、特征及其空间分布规律的一种静态知识框架。这种框架可以用不同专业领域里的类似具体规律来填充，以指导该专业遥感影像判读应用任务的实施。

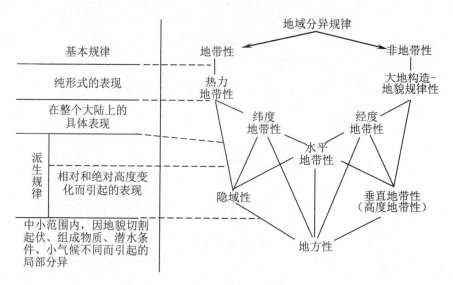

图 3-14　地域分异的各种规律及其相互关系

2. 成因相关规律

自然界地物及其相关现象都是地球内营力、外营力分别或相互作用的产物。相关地物之间必然存在成因上的某种关系，而且会在遥感影像上表现出来。因此，这种规律是帮助判读人员通过有意识或有预见性地寻找地物影像之间在成因上的关系，进而揭示它们的类型、特征及其空间分布规律的一种静态知识框架。利用遥感直接勘探地下油气藏任务就是一个典型的实例。埋藏在地下深部、处于相对动态平衡的油气藏，不仅内部具有很大的压力，而且与地表也存在着巨大的压差。油气藏里烃类物质及其伴随物，势必沿着压力梯度方向垂直向地表渗漏，引起其上方和地表物质成分、特点的许多变异，形成相应的"蚀变柱"和地表的圈闭状"蚀变晕"。这种微渗漏过程及其产生变异的规律，可以用图 3-15 所示的烃类微渗漏模型表述。其中，土壤烃组分、红层褪色、黏土矿物和碳酸盐化等异常，都有自己的特征吸收波段可供遥感探测和影像判读使用。其地表热惯量和地植物异常，也可以通过热红外、多波段等的遥感影像判读揭示出来。因此，这种成因相关规律，就在遥感影像异常现象与地下的油气藏之间搭建起了一座桥梁。

3. 演化更替规律

自然界中的地物及其表象、变化，都会受到地球内营力、外营力以及人类活动的作用，遵循着自己特定的演化过程或更替规律向前发展。这种过程可以在时序遥感影像上，也可以在单张或瞬时遥感影像上的遗留物影像及其相互关系揭示出来。因此，演化更替规律是能够帮助判读人员从时序、动态的角度出发，通过有意识或有预见性地寻找地物影像之间的定向性变化，进而在遥感影像上揭示它们的类型、特征及其演化更替规律的一种动态知识框架。例如，在云杉林砍伐之后，在影像上呈现为采伐迹地，然后经历了杂草群落、小叶树种、云杉林定居等阶段，最后又重新恢复为云杉林（图 3-16）。又如，在下荆江河段的单时相遥感影像上，在有关曲流型平原河流的河床演变规律指导下，根据河流不同时期遗留的痕迹及其彼此之间的切割、叠置等关系，可以判读生成该河段的古河道变迁图（图 3-11）。它不仅再现了下荆江河床的历史演变过程，也揭示了下荆江古河道与堤防、险情出现之间的空间关系，为查明险工段分布、评价其危险程度以及具体整治措施建议提供了科学依据。

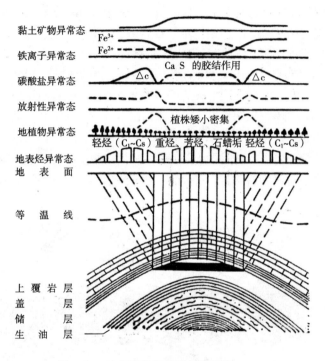

图 3-15　油气藏的烃类微渗漏模型

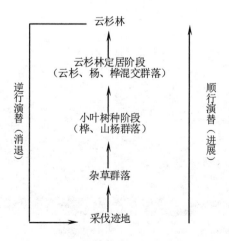

图 3-16　云杉林砍伐后的演替过程

4. 季相迭代规律

季相迭代规律是能够帮助判读人员从时序、动态的角度出发，通过有意识或有预见性地寻找地物影像在一年四季里的周期性变化或更长周期里的节律性变化，进而揭示它们的类型、特征及其季相迭代或节律变化规律的一种动态知识框架。这种框架描述了地球围绕太阳周而复始地运转而产生的各种季节变化，以及由太阳黑子多年周期性活动产生的节律变化。对于全球范围而言，随着气温由冬季到春季逐渐升高，北半球影像上的"绿波"由南向北不断推进；反之，气温从秋季到冬季逐渐降低，其影像上的"褐波"则随之由北向南不断扩展。为了直观地展示全球性的季相变化规律，图 3-17 给出了在1959—1997 年地球表面 1 月和 7 月的月平均气温分布图。它们不仅清晰地反映了全球纬度地带性的气温季节变化，而且还揭示了在青藏高原地区的气温高度地带性的季节变化。这种大范围的温度季相变化规律，可以为候鸟迁移路线及其栖息地的遥感判读制图提供极为重要的线索。对于某个具体地区而言，通过物候学的观察、记录，可以获得极为丰富的季相变化方面的知识，有助于该地区的遥感影像判读应用任务的完成。图 3-18 给出了美国大平原冬小麦的物候学年周期变化。该农作物在 10 月份、11 月份播种、发芽和出苗，直到第二年的 3 月份都被雪覆盖，在 4 月份返青、5 月份吐穗、6 月中成熟。通常，在 7 月初完全成熟和开镰收割。因此，在不同物候时期的冬小麦遥感影像上，蕴涵着它们在相应发育阶段里的生长信息，可以为遥感监测它们的长势、预估其产量提供科学依据。

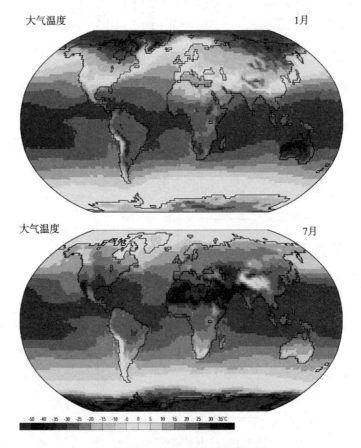

图 3-17　地球表面 1 月份和 7 月份月平均气温分布图（1959—1997）

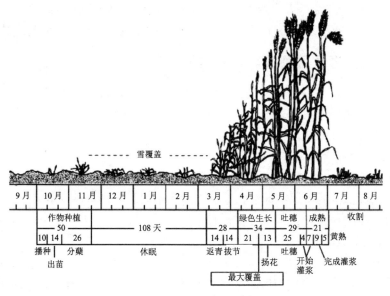

图 3-18 美国大平原的冬小麦物候图

5．人地互动规律

人地互动规律是能够帮助判读人员从人类与地球环境相互作用，或者从人类在地球环境中生存和发展的角度出发，有意识或有预见性地寻找有关地物影像之间的相互关系，进而揭示它们类型、特征及其时空变化规律的一种动态知识框架。这种框架具有极其广阔的科学内涵，具体包括人类活动与自然环境的协调性、人地互动的历史继承性、社会经济和技术过程的合理性、区域规划措施的强制性以及经济利益最大化的驱动性等方面的知识或规律。事实上，与人地互动过程相关的地物及其现象、过程，不仅类型极为广泛，而且数量难以枚举。从这个角度来看，在有关的专业领域里，它们都是遥感影像判读极为重要的对象和无法回避的内容。因此，具体掌握、灵活应用各种人地互动知识或规律的能力，是衡量遥感影像判读人员业务水平的重要标准。对专门从事人工目标判读或城市遥感判读制图的人员而言，其重要性就更是不言而喻了。经验表明，在完成各种类型的遥感影像判读应用任务时，判读人员都可以通过这类框架，去找寻他们所需要的具体知识。例如，在判读和识别各种工厂及其布局特点时，判读人员可以从有关其技术过程或工艺流程等方面的知识中找到答案；判读不同城市及其结构、形态特点时，判读人员可以充分利用人地互动规律及其相关知识，从错综复杂、细碎繁多的地物影像中理出头绪、找到线索、完成任务。

3.2 遥感影像摄影测量系统

遥感影像摄影测量系统是一种以天底指向、中心投影为基本特征的光学像幅式航空摄影影像为主要对象，以提取和应用高度信息为主要目标的遥感信息挖掘系统。其输出成果主要是各种比例尺的纸基航测地图、分层的数字地图、数字地形模型以及正射影像地图。这些成果构成了国家空间信息基础设施及其最重要、最活跃子集的国家遥感信息基础设施的数据共享基础，也为各种遥感和非遥感应用任务提供了公共的基础地理信息平台。这种挖掘高度影像特征的系统，可以分别从目视判读和数字测量两个不同的角度进行论述。

3.2.1　遥感影像目视判读测量系统

所谓的"遥感影像"，尽管可以分为模拟影像和数字影像两种形式，但是其影像的基本特征及其参数测量方法都是相通的。为此，后续的论述将以最为传统和广泛使用的垂直航空摄影相片为例展开。

1. 航空光学遥感影像基本特征

为了正确地从垂直航空摄影相片里提取高程信息，必须事先了解垂直航空摄影的航线布设、航空影像上的重要特征点、垂直航空摄影的几何关系以及航空立体摄影测量的工作原理等方面的知识。

1）垂直航空摄影的航线布设

垂直航空摄影的航线可以通过安装在飞机等平台上的照相机及其获得的曝光点正下方地面的相片加以确定。图 3-19 中说明了在连续 3 次对地面进行垂直航空摄影的几何关系。在摄影时，需要根据飞机速度、所需摄影比例尺，设定照相机的定时曝光控制器，确保垂直航空相片与其沿航线紧接的另一张相片有60%的重叠（山区有时需要大于80%），以确保至少在 2 张，有时甚至在 3 张相片上，记录着航线上相同地物的影像。在多条航线覆盖摄影地区时，航线之间需要有 20%～30%的旁向重叠（图 3-20）。为此，在每条航线末端必须作 180º 的转弯，然后沿着相反的方向飞行。在分析航线末端的航空相片时，只有摄影光轴偏离天底小于等于 3º 的相片才能使用。为了完成较大区域的航空摄影任务，往往需要拍摄数以千计的航空相片，确保它们航向和航线的重叠率至关重要。

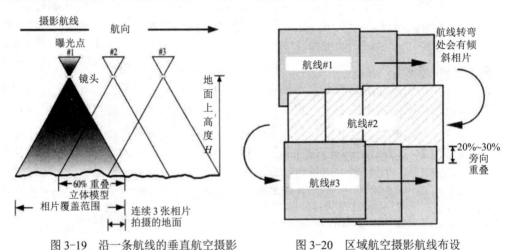

图 3-19　沿一条航线的垂直航空摄影　　　　图 3-20　区域航空摄影航线布设

2）航空影像上的重要特征点

图 3-21 给出了 23cm×23cm 像幅的全色垂直航空相片实例。相片的 8 个框标，分布在像幅 4 角及其 4 边中心点的位置上。连接对应的两组框标可以确定相片主点（PP）的位置，即在曝光瞬间照相机光轴指向地面的那个点位（图 3-22）。通过目视办法，可以将航线上相邻两张相片的像主点相互转刺，使每张相片上除了有自己的主点外，还有相

邻相片的主点，即配对的像主点（CPP）。飞机摄影时的实际航线，可以由像主点与配对像主点的连线确定。

图 3-21　典型的垂直全色航空相片及其四边的框标和注记

3）垂直航空摄影的几何关系

图 3-22 是单张垂直航空相片几何关系的图解表示。它是飞机在海拔高度（H）1000m 的 L 点上，对高程（h）60m 的地面拍摄，所得到的像幅 23cm×23cm 的负片。负片影像空间（a'、b'、c' 和 d'）与地物空间（A、B、C 和 D）在色调和几何关系上正好相反，处在照相机镜头后节点之后，且距离等于焦距（距离 $o'L$）的位置上。相纸或透明正片与负片接触晒像，可以得到与地面景象相同色调和几何关系的相片。从负片空间到正片空间的转换，比较图 3-23 中负片影像点 a'、b'、c' 和 d' 与正片影像点 a、b、c 和 d 的位置显示出来。在正片上从像主点辐射出来的相片坐标轴 x 和 y，对摄影测量极为重要。判读人员通常在纸质相片或正片透明片上作业，对地物影像的位置特别关注。

4）航空立体摄影的工作原理

通过假想实例说明，判读人员如何利用立体镜去感受航空相片上的第三维。首先，观看图 3-24 上所示在曝光点 L_1 和 L_2 拍摄的两张立体航空相片的剖面图。人们可以评估平坦地面上的高大建筑物（标识为地物 A）顶部以及较小建筑物（标识为地物 B）顶部的特征。两个曝光点之间的距离 L_1 和 L_2 称为空中基线。在曝光点 L_1，物体 A 和 B 记录在右侧相片上 a 和 b 的位置上（图 3-24（b）），在曝光点 L_2 的物体 A 和 B 记录在左侧相片上 a' 和 b' 的位置上（图 3-24（a））。随着飞机移动从一张相片到下一张相片，其上物体影像位置的变化，称为立体观测的 x-视差。利用这种视差可以从垂直航空相片上获得精确的摄影测量值。为了理解这些关系，可以研究图 3-24（c）。它说明了处在超位置（Superposition）的、由曝光点 L_1 和 L_2 拍摄的两张立体航空相片之间的关系。所谓超位置是指调整相片 L_1 和 L_2 观测剖面位置，使通过每张相片像主点（PP_1 和 PP_2）的垂线保持叠置在一起。这就可以确定从一个曝光点到下一个，地物在胶片平面上移动了多远。

假定地物 A 的影像在两张相连续的相片上从 a 移动到 a'。点 a 的视差 $p_a = x_a - x_{a'}$。地物 B 的影像从 b 移动到 b'。点 b 的视差 $p_b = x_b - x_{b'}$。图 3-24（c）表明，a 的立体视差比 b 大，故 a 在胶片平面上的位移距离比 b 大；景象中相同高度的所有地物，将具有相同数量的 x-视差。因此，任何点的 x-视差直接与该点的地面高度有关。

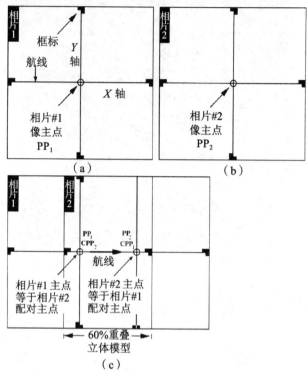

图 3-22　单张航空相片及其立体像对的几何关系

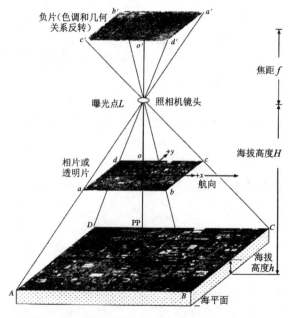

图 3-23　平坦地面的垂直航空相片的几何关系

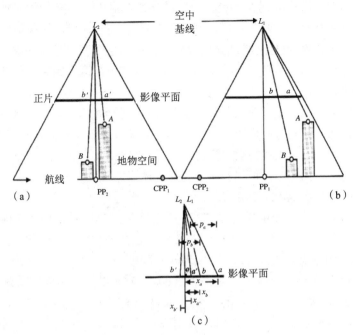

图 3-24　立体航空摄影的工作原理

2．利用立体视觉进行高度测量

沿着航线获得多张相片，实际上等于从不同观察点（Vantage Points）记录了同一地物的不同影像。例如，飞机在连续两次曝光之间会向前移动数百米，高大楼房的屋顶可能在相片 1 的左边，但在与之重叠的相片 2 上会移动到中间。相对于背景而言，某高大地物的影像位置，由于飞机运动在相邻两张相片上会发生变化，这种位移称为立体视差（Stereoscopic Parallax）或视差。它们实际上是地物位置相对于参照物，因观察位置移动而产生的表观位移。这种视差既是航空相片最常见的一个特征，也是航空相片三维立体观察的基础。感兴趣的各种地物在视差上的差别称为视差较（Differential Parallax），可以用来在航空相片上测量地物的高度，借助立体测图仪提取地形等高线之类的信息。立体视差测量是绘制地形图（x, y, z）和平面图（x, y）的基础。

1）人类立体视觉的理论基础

立体视觉是研究双眼观察视觉深度的科学。当人的双眼聚焦于某点时，眼睛的光轴收敛到该点上，形成一个视差角度（ϕ）。越近的地物，这种视差角越大。在图 3-25 中，左眼、右眼光轴 L 和 R 的距离为眼基线（Eye Base）或瞳孔间距（Interpupillary Distance）。中年人的眼基线为 63~69cm。当眼睛聚

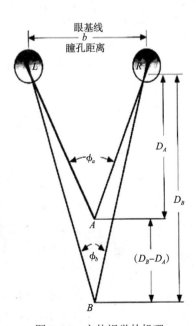

图 3-25　立体视觉的机理

焦在点 A，光轴的收敛形成视差角 ϕ_a。当眼睛聚焦在点 B 时，它们的光轴收敛形成视差角 ϕ_b。大脑会把距离 D_A 和 D_B 与相应的视差角 ϕ_a 和 ϕ_b 联系起来，让观察者有一种视觉、心理上的印象，即地物 A 要比地物 B 更近一点。这就是深度视觉的基础。中年人保持清晰的立体深度视觉的最大距离，可能是 1000m。视差角在这个距离之外变得特别小，彼此的远近对深度视觉已不起作用了。这就是在数千米之外，人类很难确定一辆汽车之后是否有另一辆的缘故。如果能够将眼基线拉长到 1m，甚至数百米，就能区分微小得多的视差角的差异，识别在更遥远地物的远近。尽管超立体（Hyperstereoscopy）深度视觉对打猎和运动等极为理想，但对人体视觉结构将永远无法实现。可喜的是，在获取和判读立体航空相片时，使用某些简单方法可以获得这种超立体视觉。

2）立体视觉的摄影测量应用

沿航线不同曝光点拍摄的重叠航空相片，包含着立体视差。相片判读人员可以垂直观测在相继两张航空相片上，航向重叠 60% 区域里的立体模型。其方法包括借助立体镜保持视线平行（图 3-26（b）、（e））、不借助立体镜保持视线平行（图 3-26（c）、（f））、交叉眼光且颠倒立体影像的顺序（图 3-26（d）、（g））以及利用解析或偏光镜 4 种不同的观测方法。图 3-27（a）、（b）演示了判读人员在使用袋装立体镜时，合理摆放立体相片的方法。首先，在两张相邻的相片上，分别确定各自的像主点和配对像主点的位置（分别为 PP 和 CPP），通过它们在每张相片上画一条直线（即航线），使之排成一条连续线。然后，移动左边或右边的相片，使它们重叠的部分落入视线范围，并将立体镜放在重叠

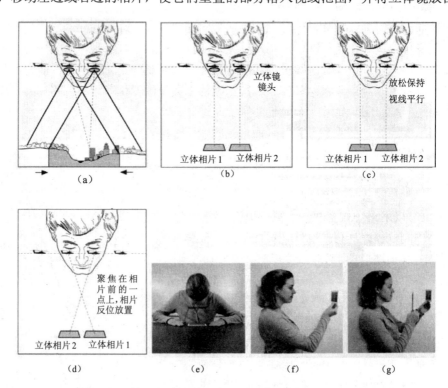

图 3-26　利用沿航线重叠的垂直航空相片建立超立体视觉

（a）立体模型；（b）眼睛平行和立体镜立体观测；（c）眼睛平行立体观测；

（d）眼睛交叉立体观测；（e）立体镜；（f）眼睛平行；（g）眼睛交叉。

部分之上进行立体观测。在 23cm×23cm 的航空相片上，供立体观测且互相重叠 60%部分的宽度为 13.7cm。遗憾的是，利用这种立体镜只能看到部分宽度为 13.7cm 的立体模型。这种缺陷可以为后续开发的先进立体镜所弥补。

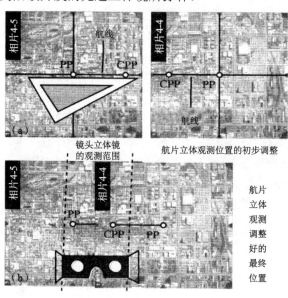

镜头立体镜的观测范围　　航片立体观测位置的初步调整

图 3-27　立体镜观测的立体像对准备

（1）视差和视差较的度量。为了使用立体摄影测量技术计算地物的高度 h_o，可引用视差方程式，即

$$h_o = (H - h) \, [\mathrm{d}p(p + \mathrm{d}p)] \tag{3-1}$$

式中：$H - h$ 为飞机在地平面上的高度（AGL）；p 为在被测地物底部的（绝对）立体视差（通常利用空中基线测量），$\mathrm{d}p$ 是视差较。

这个方程成立的前提条件是：垂直航空相片的倾斜度小于等于 3°；相邻相片严格地在地平面上相同的高度曝光；两张相片的像主点（PP）处在地平面上大致相同的高度上；被测地物的底部与像主点处在大致相同的高度上。如果这些条件都得以满足，只需要从立体相片上取 3 个测量值，就可以计算出立体像对（Stereopair）重叠部分里的地物绝对高度。在此，可以相片 4-4 和相片 4-5 为例计算某大楼的高度，其图解表达方式在图 3-28 中给出。其工作步骤如下。第一步，确定在地平面上的飞机航高 $(H - h)$，已知为 910m。第二步，利用每张相片的框标画线，确定其像主点（PP）的位置。第三步，通过每张相片像主点在另一张相片上的定位，确定两张相片的配对像主点（CPP）。第四步，通过每张相片的 PP 和 CPP 沿航线的定位，使它们落在一条直线上。图 3-28 中的航线方向从右到左，与习惯表达方式不同。第五步，确定平均的相片空中基线长度（绝对立体视差，P）。首先，测量在相片 4-4 上的像主点（PP_{4-4}）与配对像主点（CPP_{4-5}）之间的距离（$A\text{-base}_{4-4}$），为 8.7cm（图 3-28（b）、（d））。对做同样的事情，得 $A\text{-base}_{4-5}$ 为 8.6cm（图 3-28（a）、（c））。这两个值的平均值是 2 个曝光点之间的平均相片空中基线长度，即绝对立体视差为 8.64cm。第六步，确定建筑物底部和顶部之间的视差较（$\mathrm{d}p$）。这个测量值最好使用视差杆（Parallax Bar）获取；当然，它也可以使用高质量的尺子直接测量。假定建筑物顶角为地物 A，其底部为地物 B。在图 3-28（a）、（b）上，该建筑物在相片 4-4 的左下角可见，但在相片 4-5 上其影像已移动了许多，可在通过像主点的垂线附近看见。在相片 4-4 和相片 4-5 上，建筑物顶部、底部分别用 a、a' 和 b、b' 表示。顶部 x-视差（从 a 到 a'）和底部 x-视差（从 b 到 b'）可以用尺子测量，其方法有三种：利用框标线测量、根据超位置测量和利用视差杆测量。

（2）利用框标线测量 x-视差。图 3-28（c）、（d）表示了相片 4-4 和相片 4-5 之中所包含的信息内容。像主点（PP）、配对像主点（CPP）、建筑物顶部和底部都在每张相片上出现。图解说明建筑物从像主点向外倾倒。相片和平面地图配合起来使用，有助于精确观测这两张相片上建筑物的影像。图 3-29 给出了该建筑物的放大影像，通过像主点的框标线，在相片 4-5 的建筑物附近可见（图 3-29（a）），在相片 4-4 就远离建筑物了（图 3-29（b））。对真实的航空相片而言，可以在相片 4-4 上测量离开框标线的建筑物顶部 x-视差 $x_a = -9.7\text{cm}$，底部 x-视差 $x_b = -9.2\text{cm}$。同样，可以在相片 4-5 上测量离开框标线的建筑物顶部 x-视差 $x_{a'} = -0.69\text{cm}$，底部 x-视差 $x_{b'} = -0.68\text{cm}$。建筑物顶部 x-视差的绝对值 $p_a = 9.02\text{cm}$，建筑物底部 x-视差的绝对值 $p_b = 8.48\text{cm}$。视差较（dp）是这两个值之差，d$p = 0.54\text{cm}$。将这些值代入式（3-1），可得建筑物的高度为 52.5m。

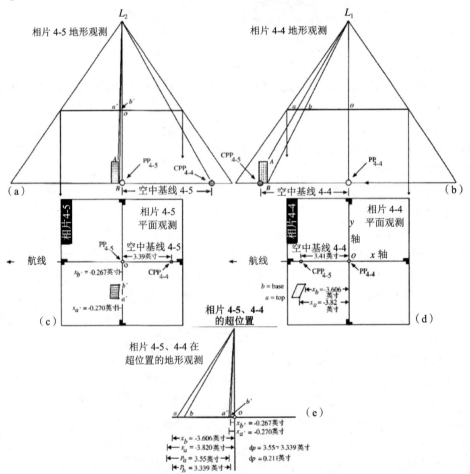

图 3-28 利用相片 4-4 和相片 4-5 计算 A、B 大楼高度的图解表达方式

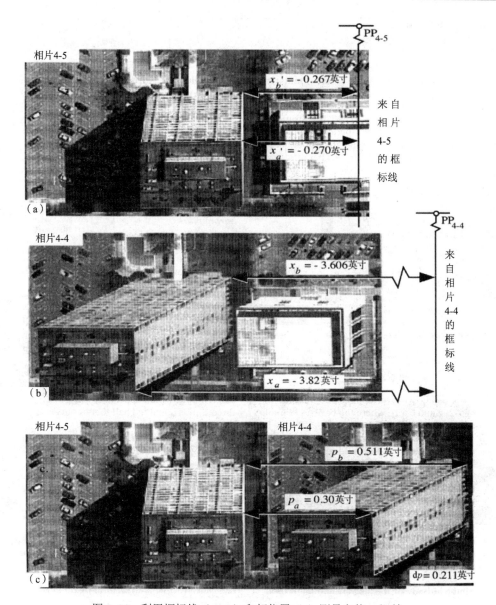

图 3-29　利用框标线（a、b）和超位置（c）测量立体 x-视差

（3）根据超位置测量 x-视差。根据图 3-28（c）和图 3-29（c）安排两张相互重叠的相片，使建筑物的底部和顶部平行于航线。不管两张相片分开多远，建筑物顶部的 x-视差可以根据从相片 4-5 上建筑物顶部到相片 4-4 上建筑物顶部相应楼角的距离来度量（$p_a = 0.76\mathrm{cm}$）。建筑物底部的 x-视差可以根据从相片 4-5 上建筑物底部到相片 4-4 上建筑物底部相应部位的距离来度量（$p_a = 1.30\mathrm{cm}$）。建筑物的顶部和底部之间的视差较，可以利用框标线的方法确定为 $\mathrm{d}p = 0.54\mathrm{cm}$，估算出来的建筑物高度与上述方法大体相同。因此，如果地平面上的飞机高度（$H - h$）和用两张相片计算出来的绝对立体视差（P）为已知，测量立体模型中地物底部和顶部以及计算它们的视差较的任务就简单化了。

（4）利用视差杆测量 x-视差。立体像对里具体地物的视差，可以利用视差杆（立体测量仪，Stereometer）快速和准确地计算出来。立体测量仪由一根金属滑杆和与之连接的两块刻有鲜红色圆点测量标记的透明塑料或玻璃平板组成（图 3-30）。通常，一块固定不动，另一块可以通过调节游标沿着视差杆前后移动。在使用简单的立体镜时，判读人员调整相片，左眼看左手相片上的某个地物（如建筑物顶角），右眼看右手相片上的同名地物。然后，判读人员调节立体测图仪，使左测量标记准确地放在左手相片上的建筑物顶角上；调节右测量标记，使之放在右手相片上同一建筑物顶角上。利用游标旋钮调节测量标记在立体测图仪上的位置，直至使两个标记从视觉上变成一个标记，作为在建筑物顶角高度上的一个三维红色球出现在立体模型上。如果两个测量标记成功地融合并停留在建筑物顶角上，该点的立体 x-视差可以很容易从视差杆的游标刻度上读出。同样，建筑物底角的立体 x-视差也可以很容易从视差杆的游标刻度上读出。在此，采用了浮动标记（Flooting Mark）原理。它对摄影测量的重要意义在于能够极为精确地测量立体模型上任意两点的视差，绘制具有固定高程的地形线，即等高线（图 3-31）。这是许多常规摄影测量仪器和数字摄影测量仪器设计与工作的依据。

图 3-30　利用简易立体镜的视差杆测量 x-视差

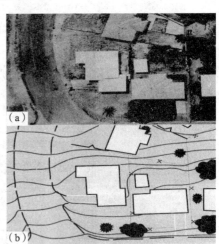

图 3-31　立体像对之一及其线画图

3. 单张相片比例尺和高度测量

目前，计算平坦地形和起伏地形航空相片的比例尺及其上地物的高度，有不同的方法。尽管它们都比较简单，但却很实用。

1）平坦地形上的垂直航空相片比例尺

确定平坦地形上的航空相片比例尺有两种方法：一是比较真实物体与其影像尺寸的方法；二是计算照相机焦距与地面上飞机航高之间关系的方法。

（1）比较真实物体与其影像尺寸确定比例尺的方法。近乎平坦地面的航空相片比例尺 s，是某物体在相片上测出的影像尺寸 ab 与该物体的实际尺寸之间的比值。这种关系建立在相似三角形 Lab 与 LAB 之间的几何关系基础上，如图 3-32 所示。

为了确定图 3-33 所示的垂直航空相片比例尺，分析人员首先要在该相片上选择一个物体（如道路），从地面或地图上测出其真实宽度为 17.1m（AB），然后从相片上测出其相应的距离为 0.29cm（ab）。这样，利用下式就可以求出该相片的比例尺为 1/5958 了。为了更保险起见，还可以选择"人行道"来校验上述计算的结果。该人行道的真实宽度及其在相片上的宽度分别为 1.8m 和 0.03cm，即

$$s = ab / AB \qquad (3-2)$$

因而比例尺为 1/6003。两者计算的结果基本相近，略有误差。

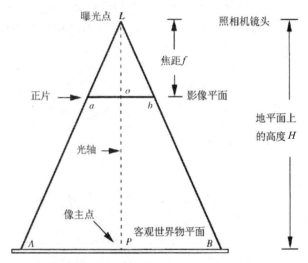

图 3-32　平坦地面垂直航空相片的几何关系

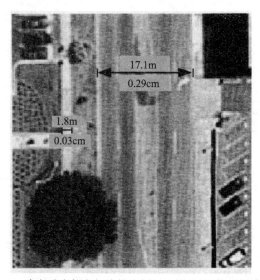

图 3-33　确定垂直航空相片的比例尺（图 3-21 的局部放大）

（2）根据焦距与飞机航高关系计算比例尺的方法。按照图 3-32 中相似三角形 Loa 与 LPA 的几何关系，比例尺也可以用照相机的焦距 f 以及飞机在地面上的航高 H 来描述，即

$$s = f / H \qquad (3-3)$$

式（3-3）表明，垂直航空相片的比例尺与照相机的焦距（影像距离）成正比，与地面之上的飞行高度成反比。这就意味着在航高固定的情况下，增加焦距的长度在胶片平面上获得地物更大的影像。相反，如果焦距保持不变，地物的影像随着航高的增加而变

小。如果不知道照相机的焦距和飞机飞行高度，分析人员不得不查看在相片边缘、胶片卷和摄影师任务总结里的信息。

2）起伏地形上的垂直航空相片比例尺

在起伏地形相片上，有无数个不同的比例尺。如果在航空相片某个部分的地形高度低于其他部分，该部分影像相对而言将有较小的比例尺，因为它"远离"照相机。反之，高于地面平均高度的山脉或建筑物的影像，具有较大的比例尺，因为它"接近"航空照相机。从曝光点 L 拍摄的起伏地形的单张航空相片，其几何关系在图 3-34 中给出。在实际地物空间里，点 A 和 B 位于平坦地面上，分别记录在正片影像空间里的点 a 和 b 上。点 A 和 B 的海拔高度为 h，ab 处的航空像片比例尺等于相片距离 ab 与地面距离 AB 之比。对相似三角形 Lab 和 LAB 而言，在相片上 ab 处的比例尺，可以用几种不同的方法计算，即

$$s_{ab}= ab / AB = Lb /LB \tag{3-4}$$

对于相似三角形 Lob 和 LPB 而言，有

$$Lb / LB = Lo / LP = f/(H-h) \tag{3-5}$$

将式（3-5）代入式（3-4），得

$$s_{ab}= ab / AB = f/(H-h) \tag{3-6}$$

如果点 a 和 b 之间的连线为是无限小，式（3-6）简化为在某个具体点上的相片比例尺。去掉下标之后，在海拔高度为 h、航高为 H 的任意点的比例尺可以表达为

$$s= f/(H-h) \tag{3-7}$$

图 3-34 上的不同比例尺，应该在航空相片 c、d 点上计算。一个比例尺值（s_{min}）与相片中最低海拔高度有关，另一个值（s_{max}）与相片中最高海拔高度有关，即

$$s_{min} = f/(H-h_{min}) \tag{3-8}$$

$$s_{max} = f/(H-h_{max}) \tag{3-9}$$

通常，计算平均比例尺或标称比例尺，定义起伏地形区的垂直航空相片的总体比例尺，必须牢记，平均比例尺是在相片上具有平均高度处的影像比例尺，它仅是在相片其他所有位置上的比例尺的近似值，即

$$s_{avg} = f/(H-h_{avg}) \tag{3-10}$$

3）在单张的航空相片上进行高度测量

在单张垂直航空相片上，有两种主要方法计算地物的高度：第一种方法与影像起伏的位移有关；第二种方法与阴影长度的测量有关。

（1）根据起伏位移（Relief Displacement）测量高度。在真正的垂直航空相片上，任何高于或低于像主

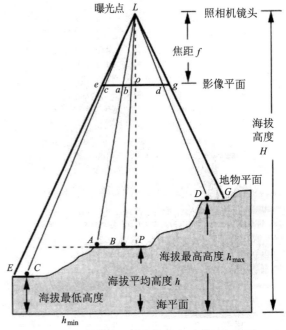

图 3-34 起伏地形垂直航空相片的几何关系

点高程水平面的地物影像，都会发生位移，离开它的真实平面位置 (x, y)。这些现象可以用图 3-35 来说明，由其上的相似三角形导出 $h/H = d/r$ 的关系。不难看出，位移量 d 与地物高度 h、离开像主点的距离 r 成正比，而与局部基准面上的高度 H 成反比。因此，有

$$d = h\, r / H \tag{3-11}$$

如果求地物高度 h，式（3-11）可改写为

$$h = d\, H / r \tag{3-12}$$

在单张垂直航空相片上，根据地物影像的位移量，可以计算出该地物的高度。为此，确保被测地物顶部和底部清晰可见、基准面为平坦地形至关重要。

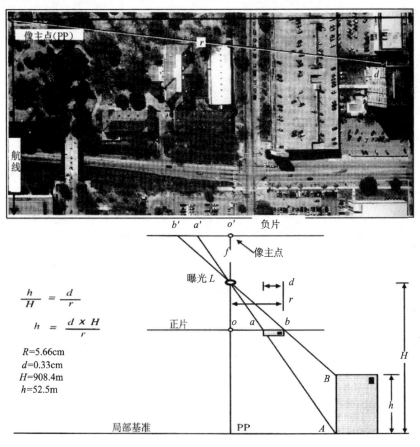

图 3-35　根据地形位移在单张垂直航空相片上测量地物的高度

（2）根据阴影长度（Shadow Length）测量高度。在垂直航空相片上，地物高度 h 可以通过测量其阴影投射长度 L 计算。因为太阳射线在垂直航空相片覆盖区基本上是平行线，在地物水平面上的阴影长度与其高度成比例。图 3-36 说明了根据阴影测量确定地物高度的三角函数关系。角 α 的正切等于对边 h 被邻边（阴影长度）L 之商，即

$$\tan\alpha = h / L \tag{3-13}$$

求地物高度 h 得到

$$h = L \tan\alpha \tag{3-14}$$

在地方水平面上的太阳高度角 α 可以利用太阳星历表推算。这需要知道测量地的地理坐标（经纬度）、相片获取日期和日内时间。如果已知高度地物及其在相片上的阴影长度，也可以计算出太阳高度。因此，利用式(3-13)可求出角 α 的正切值为1.44。在相同的相片上，测量出其他地物阴影的长度，然后乘以1.44，就可以得到这些地物的高度。

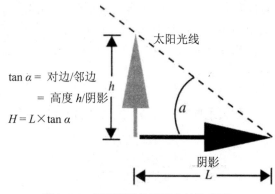

$$\tan\alpha = 对边/邻边$$
$$= 高度\ h/阴影$$
$$H = L \times \tan\alpha$$

图 3-36　根据阴影长度确定地物高度

3.2.2　遥感影像数字摄影测量系统

在模拟、解析和数字摄影测量的发展阶段，各自的内容、特点以及所用仪器设备均大不相同。对于模拟摄影测量来说，人们采用的是基于精密光学和机械的模拟绘图仪器；在解析摄影测量阶段，出现了将精密光学原理与计算机相结合的数字式解析仪器；到了数字摄影测量阶段，各种数据及产品均以数字形式出现，所有功能都高度集成到计算机里，出现了数字摄影测量工作站（DPW）。这 3 个阶段的特点及其比较，在表 3-3 中给出。数字摄影测量的发展，淘汰了与模拟和解析仪器有关的理论、方法，却没有改变摄影测量的基本原理、解析关系以及基本处理流程。此外，在数字摄影测量里引入了数字图像处理、模式识别等学科里的理论和方法，为摄影测量的（半）自动化开辟了广阔的前景。

表 3-3　摄影测量发展 3 个阶段的特点

发展阶段	原始数据	投影方式	仪器	操作方式	产品
模拟摄影测量	像片	物理投影	模拟测图仪	作业员手工	模拟产品
解析摄影测量	像片	数字投影	解析测图仪	机助 作业员操作	模拟产品 数字产品
数字摄影测量	像片 数字化影像 数字影像	数字投影	计算机	自动化 作业员干预	数字产品 模拟产品

1．遥感摄影测量系统作业流程

尽管在遥感影像摄影测量系统发展的各个阶段内，形成了许多特点各异的仪器设备及其作业系统，但是它们的作业流程却没有根本的改变，可以用图 3-37 所示一般性的作业流程来描述。它主要由遥感影像处理、遥感影像定向、自动空中三角测量、数字地面模型建立、正射影像制作以及测量制图输出等步骤组成。为此，可以在这种图解方式的简要介绍的基础上，对在过去 20 年里其应用有稳定增长的数字正射影像和数字高程模型（Digital Elevation Model，DEM）等产品及其生成过程，进行较为详细的说明。目前，许多遥感影像分析人员正在用桌面软备份摄影测量系统（Desktop Soft-copy Photogrammetric

Systems)，生成其输入 GIS 的 DEM 和正射影像。这两种系统之间的连接，可以用图 3-38 示意。事实上，这种连接显著地扩大了摄影测量系统的应用领域、作用深度及其社会经济效益，也使 GIS 直接得到了精确、动态的基础地理平台数据的支持，建立在更坚实的本底数据之上。

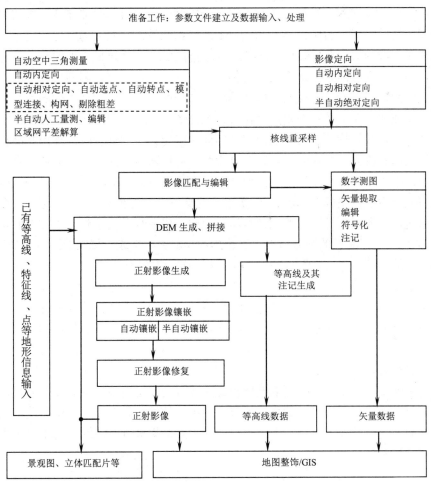

图 3-37　数字摄影测量系统的一般作业流程

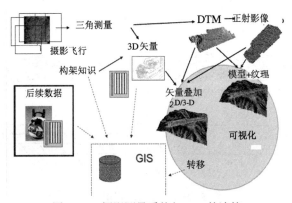

图 3-38　摄影测量系统与 GIS 的连接

1）数字高程模型

数字地形模型是个规则的、通常以网格或六边形图形获取的地形高程（x, y, z）阵列。这种 DEM 可以利用地面测绘、地图等高线数字化以及摄影测量 3 种方式建立。地面测量可以获得精确的 x、y、z 信息。这些数据可以插值为网格或不规则的三角网（Triangular Irregular Network，TIN）模型。在利用等高线数字化方法时，除非花费巨大的努力去抽取地形特征及其断线，否则，得到的 DEM 质量都比较差，其人力付出和资金投入可能与摄影测量生成的 DEM 不相上下。尽管它得到的 DEM 精度远低于地面测绘和摄影测量的结果，但在建立大面积的地形模型时仍是一个选项。传统立体测图仪测量的地形模型可能是光学的，也可能是机械的。但在解析立体测图仪里，它们被等效的纯数学的或数字的求解所取代。在这种系统里，操作员把测点的 x、y、z 坐标传给计算机，实时计算出在体像对里每张相片上同名点的位置。籍此，确定该点的视差较，算出其高程，将数字高程模型以脱机方式存储起来。数字高程数据可以随机地从感兴趣的特征点里采集，或者基于网格采样方法系统地采集，或者用两者兼而有之的方法采集。这些解析的立体测图仪可以产生非常精确的 DEM，但费用（主要是仪器的费用）却相当之高。在数字摄影测量系统里，根据影像匹配的视差数据、定向结果参数及用于建立 DEM 的参数等自动建立 DTM，使匹配后的视差格网投影于地面坐标系，生成不规则的网格。然后，再进行插值等计算处理，建立规则格网的数字高程模型（DEM）。建立 DEM/DTM 有两种方式：一种是在单个模型 DEM 的基础上进行拼接，建立图幅或区域的 DEM；另一种是直接自动生成大范围（含多个立体模型）的 DEM。它输入 DEM 范围的图廓坐标及覆盖该范围的全部立体模型，系统将自动建立各模型对应的 DEM，并将它们自动拼接成用户需要的 DEM。

2）正射影像

正射影像是通过使未经改正的遥感影像所具有的圆锥射线（中心投影）几何关系，改变为垂直于地面或影像平面的平行射线几何关系的结果。在此过程中，使用从无限远处观察地面的几何模式，取代了具有透视中心的摄影模式。图 3-39 表现了这种影像几何

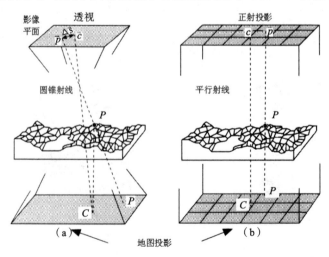

图 3-39　中心投影和正射投影

关系的变化以及对地形引入位移（Δs）的消除。在地面特定海拔高度上的点 P，当它应该在位置 c 时却在影像平面坐标系的点 p 处找到。因此，从 p 到 c 的位移改正（Δs）是正射变换的目标。在正射变换的过程中，地形分块独立进行改正。在正射影像上，地形高度位移和照相机高度变化的影响都已消除。图 3-40 给出了在起伏地形上的输电线分别在未经改正的垂直航空相片（图 3-40(a)）和正射相片（图 3-40（b)）上的影像，两者的差别显而易见。正射影像的平面精度高，使科学家能够像使用地图一样，直接在其上量测地理位置、距离、角度和面积。

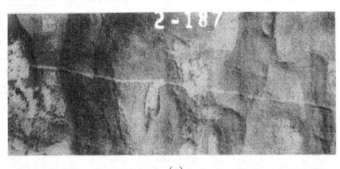

（a）

（b）

图 3-40　原始和正射航空相片的比较

（a）未改正的垂直航空相片；（b）正射航空相片。

3）产品生成过程

经过专门改进的模拟立体测图仪（即正射仪，Orthophotoscopes）用传统方法来制作正射影像。它们用线接线（Line-by-line）方式对立体模型进行差分（Bit-by-bit）改正，以产生硬备份的正射相片。1958 年，发明了解析立体测图仪从立体模型上抽取数字高程模型、生成正射相片。这些仪器需要大量人工交互操作、系统相当贵昂，因而，超出了许多遥感数据用户的承受能力，限制了它们的广泛应用。1982 年，第一台软备份摄影测量系统问世，使分析人员能够在屏幕上观测三维的立体模型、抽取等高线、各种矢量和平面信息（高程、建筑物轮廓、道路中心线、水系网），生成数字高程模型和经过地形改正的正射相片。利用这种技术系统生成 DEM 和正射影像的简化流程在图 3-41 中给出。它们主要包括计划安排航线、地面控制和收集遥感数据，摄影三角测量和分区平差，建立和观测配准的立体像对，抽取数字高程模型以及制作数字正射影像 5 个步骤。事实上，在利用软备份摄影测量系统、适当的地面控制、照相机校准信息以及内、外定向的情况下，可以对相片（影像）或立体模型进行空中三角测量，使用在航线上每个立体模型的网格高程值产生过程中得到的各种信息。在此基础上，人们可以勾绘等高线、建立数字高程模型、产生正射影像。

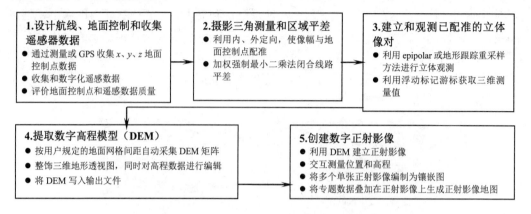

图 3-41 利用软备份摄影测量技术生成数字高程模型和正射影像的过程

2．遥感影像数字摄影测量系统

第一台数字摄影测量工作站，大约在 1988 年京都第 16 届国际摄影测量遥感大会上亮相，到了 1996 年维也纳第 18 届国际摄影测量遥感大会，已有 19 套数字测量系统展出，显示出强大的生命力。下面简要介绍 3 个系统。

1）Leica/Helava 数字摄影测量系统

这是个使用比较广泛、价格贵昂、操作复杂的数字摄影测量系统。它由 Helava 和 Leica 两个系统组合而成。系统在生成数字地面模型过程中使用核线影像，将影像金字塔置于策略文件里，共有 6 层之多。其同名点匹配采用交叉相关+对象空间匹配方法，可使用 3 种策略、7 种正射影像细化迭代（IOR）匹配方法，而且用户可以修改和创建新的策略文件。系统在对象空间里设置规则网格，在策略文件里设置每个金字塔层的斑块大小，用户还可以对此进行改动。在匹配时，斑块采用 15 像元×15 像元的尺寸。它们的硬件和软件系统的构成、配置、产品及其相互关系，可以用图 3-42 描述。

2）VirtuoZo 遥感数字摄影测量系统

VirtuoZo NT 全数字摄影测量系统由武汉测绘大学与澳大利亚 Geonautics Pty 公司合作实现，是个功能齐全、高度自动化、价格合理、使用方便的现代摄影测量系统。该系统的外观如图 3-43 所示。它采用了匹配速度高达 500~1000 点/s、最先进的匹配算法来确定同名点，可处理航空影像、SPOT 影像、IKONOS 影像和近景影像，能完成从自动空中三角测量（AAT）到测绘各种比例尺数字线画地图（DLG）、数字高程模型（DEM）、数字正射影像图（DOM）和数字栅格地图（DRG）的生产。这个系统不仅能制作各种比例尺的测绘产品，也是完成三维景观制作、城市建模和 GIS 空间数据采集等任务强有力的作业平台。VirtuoZo 等数字摄影测量系统改变了我国传统的测绘模式，提高了生产效率，在国民经济建设的各个部门得到了广泛的应用。VirtuoZo NT 系统的作业流程与图 3-37 所示一般性的数字摄影测量系统作业流程大体相近。

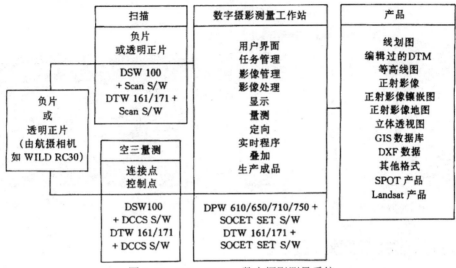

图 3-42　Leica/Helava 数字摄影测量系统

3）ESPA 摄影测量与光雷达处理系统

ESPA（Electronic Systems Professional Alliance）系统有限公司，于 1995 年成立，总部在芬兰 Espoo，研制与销售数字摄影测量以及激光雷达的数据处理系统软件。它们的产品与现代数字技术相结合，提供了这个领域里最新的发展成果（图 3-44 和图 3-45）。ESPA 为数字空中三角测量（EspaBlock，EspaBundle）、数字正射影像生产和镶嵌（EspaOrtho）、立体 3D 数据采集（EspaCity，EspaGate，EspaKernel）以及对地的机载 LIDAR 数据（EspaEngine）处理而设计。它以最新的数字视觉技术，支持从

图 3-43　VituoZo 数字摄影测量系统

数字摄像到立体观测的全数字化流程，使 GIS 环境里的 3D 立体作业与空间数据维护紧密联系起来，对不断增加的各种用户群体开放。其中，EspaCity 可用于空间数据的维护，具体包括对数字航空影像上的空间物体，如建筑物、道路和地形类型进行立体 3D 制图；用 EspaCity 和 EspaGate 检查和维护空间数据库的内容；EspaGate 使 EspaCity 的立体 3D 数据采集直接与 GIS 环境连接；EspaGate 提供与重要 GIS 产品的接口，用户可以利用 C++编写的 EspaGate API 库去开发自己的应用项目。供机载激光雷达数据处理使用的 EspaEngine，可以管理和处理海量的地理参考点数据集或 EspaEngine 里的点云；需要计算大量连续网格的高程模型，自动对地理参考点进行分类；在数字航空影像上对点-数据进行检查和分类；使用不同方法在自由视角的情况下，对格网高程模型和点-数据进行可视化，包括将数字影像叠加在高程模型上。

图 3-44　ESPA 的影测量制图实例　　　　　图 3-45　ESPA 的 LIDAR 处理实例

3.3　遥感影像数据处理系统

从 20 世纪气象卫星、陆地卫星和海洋卫星等相继入轨和运转以来，各种类型的卫星遥感数据源源不断地发回地面，极大地扩展了人类对地球的空间视野和对波谱范围的感应宽度，在许多专业领域里得到了越来越广泛的应用。这些航天影像数据较之常规航空摄影像片，在工作波段数目和波谱覆盖范围上有明显扩展，空间分辨率却大大降低。这些变化推动了基于像元地物波谱特性的遥感影像数字处理技术的迅速发展，使遥感信息挖掘技术从航空像片目视判读阶段跃进到卫星影像数字处理阶段。尽管前者在许多大型应用任务中仍然发挥着不可取代的作用，但是后者逐渐趋于主导地位的势头一直延续至今。近年来，随着具有全天候工作能力的成像雷达、高光谱分辨率的成像光谱仪、高空间分辨率的 CCD 照相机等新型遥感器的相继问世和广泛应用，也推动了新型遥感数据处理技术的迅速发展，给遥感信息挖掘技术领域带来了新的曙光。为此，本节将分别对传统的遥感影像数字处理系统以及新型的成像光谱仪和成像雷达的遥感影像数字处理系统进行必要的论述。

3.3.1　常规的遥感影像数字处理系统

常规的遥感影像数字处理系统主要用来处理各种多个波段或多极化的遥感影像数据。它们尽管应用广泛、为数众多、各具特色、差异显著，但大多数均由遥感影像数据预处理、遥感影像增强以及遥感影像专题分类 3 个部分组成。遥感数据预处理通常是在信息挖掘之前完成，旨在消除遥感系统内部和外部引入的辐射误差与几何误差、使遥感数据能够和地形图及其他空间信息相互配准与综合应用、解决遥感应用任务工作区的遥感影像全覆盖的问题，为后续进行的遥感信息挖掘奠定基础。遥感影像增强主要包括对遥感影像的反差增强、波段比值、空间滤波、主成分分析等内容，以提高遥感影像的可判读性、突出某些地物类型以及保证遥感信息挖掘任务的顺利完成。从信息挖掘的角度来看，遥感影像专题分类则是在本节里需要重点论述的问题。尽管遥感影像分类精度会受到地物波谱 "同质异谱" 或 "异质同谱" 等固有特性的限制，但是它们又激发了专家学者们创新的积极性，推动了为提高分类精度的诸多方法，包括利用模糊数学、遗传算法、神经网络、小波理论等新算法以及在 GIS 支持下引入辅助数据等方法的相继问世与处理系统的不断更新换代、迅速推广应用。

1. 遥感专题分类的一般步骤

遥感专题分类的应用对象，涉及诸多专业领域，如林业、农业、地质、地理、城市等。这些专业分类系统彼此之间存在不同程度的差异，但是在作业步骤上却大体相同或相近。在此，将以土地覆盖遥感分类为例，说明遥感信息挖掘的一般步骤，如图 3-46 所示。它们包括土地覆盖分类问题说明、获取适当的遥感和初始地面参考数据、处理遥感数据和提取专题信息、对提取结果进行精度评价、接受或拒绝上述处理结果、分发可接受的处理结果。此外，图 3-46 还涉及许多遥感影像处理方法，主要是遥感影像的监督分类与非监督分类两种最基本的分类方法。

2. 遥感影像数据的监督分类

这种分类方法的实施过程，会涉及训练区的选择及其统计数据生成、影像分类最佳波段选择、妥善的分类算法选择等步骤。

1）训练区的选择及其统计数据生成

在遥感数据分类过程中，训练区的选择具有特别重要的意义。影像分析人员可以根据分类方案，选择能够代表其中不同类型的训练区，而且训练数据要从比较均匀区域里选取才有价值。尽管如此，由训练区获得的分类标准外推到整个影像是否有效仍是个值得探讨的问题。为此，根据影响外推的环境因素，如土壤类型、水体浑浊度和农作物差异、不均匀降水导致的土壤湿度异常以及雾霾零散分布等因素，在对研究区进行地理分层（Geographic Stratification）基础上去选择训练区，将是解决此种问题最有效的途径。当影响空间和时间信息特征外推的因素确定之后，分析人员要为每个分类选择有代表性的训练区，精心收集其波谱特征的统计数据，包括平均值、标准偏差、变差、最小值、最大值、变差-协方差矩阵、相关矩阵。一般而言，如果训练数据从 n 个波段提取，每个分类就要收集大于 $10n$ 像元的训练数据。这个数据可供某些分类算法，计算其变差-协方差矩阵之用。

2）影像分类最佳波段选择

在收集到诸感兴趣分类的训练统计特征数据之后，必须判断哪些波段对某个分类从其他分类中区分出来最为有效。这个过程通常称为特征选择（Feature Selection），其目的在于通过分析，消除提供冗余光谱信息的波段，使数据组的维数减少，将数字影像分类的成本降到最低限度。特征选择通常会受遥感训练数据各种类型之间分离程度的制约。影像分类最佳波段选择的任务，可以通过统计分析方法，也可以采用图解分析方法完成。

3）妥善的分类算法选择

不同的监督分类算法，可以用来把未知像元分配到 n 个分类中的某个类型里去。某种分类器或决策原则的选择，取决于输入数据的特点和所期待的输出结果。参数分类算法假定在其训练阶段，每个波段每个分类的观测数据矢量 X_c 具有 Guassian 正态分布，最常用的算法为最大似然算法；非参数分类算法无需这种假定，其常用算法包括一维密度分割法、平行管道法、最近邻近法以及神经网络和专家系统分析法等。下面分别以平行管道法和最大似然法为例说明。

土地覆盖分类问题说明
  指定感兴趣的地理区域
  定义感兴趣的分类体系
  确定进行确切还是模糊分类
  确定进行逐个像元还是面向对象的分类
获取适当的遥感和初始的地面参考数据
  基于下述原则选择遥感数据：
    遥感系统考虑：空间、波谱、时间和辐射的分辨率
    环境考虑：大气、土壤湿度、物候周期等
  获取初始地面参考数据的依据：对研究区的先验知识
处理遥感数据以提取专题信息
  辐射改造
  几何改正
  选择适当的影像分类方法
    参数法（最大似然、聚类）
    非参数法（最近邻居、神经网络）
    非计量法（基于规则的决策树分类器）
  选择适当的影像分类算法
    监督分类：平行管道、最小距离、最大似然及其他算法（高光谱匹配滤波、光谱角度制图器）
    非监督分类：链方法、多次迭代的 ISODATA 及其他算法（模糊 c-均值法）
    涉及人工智能的算法：专家系统决策树、神经网络
  从初始的训练区提取数据（如果需要）
  选择最适当的分类波段，所用的特征选择原则：
    图形的（余谱图）、统计的（变换离散度、TM-距离）
  提取训练区的统计数据和规则，根据：
    最终波段选择（如果需要）和/或机器学习
  提取专题信息：
    对每个像元或对每个分段的影像对象（监督分类）
    标识像元或影像对象（非监督分类）
进行精度评价
  选择方法：定量置信度标定、统计度量
  按类确定所需的样本数
  选择采样方案
  获取地面参考检验信息
  建立和分析误差矩阵：单变量和多变量统计分析
接受或拒绝上述结果
如果精度可以接受，分发分类结果

图 3-46　从遥感数据提取土地覆盖分类信息的一般步骤

（1）平行管道法。这是建立在简单布尔代数"和/或"逻辑基础上，且使用广泛的一种分类判别规则。对 n 个波段的多波段影像训练数据进行分类，其每个像元的亮度值可产生一个 n 维均值矢量 $M_c = (\mu_{ck}, \mu_{c2}, \mu_{c3}, \cdots, \mu_{cn})$。其中，$\mu_{ck}$ 是 m 个可能类中第 c 类在 k 波段的训练数据的亮度平均值。σ_{ck} 是在 m 个可能类中第 c 类在 k 波段的训练数据的标准偏差。利用一个标准偏差作为阈值（图 3-47），平行管道算法确定 BV_{ijk} 属于 c 类，需要而且只有满足下式的条件，即

$$\mu_{ck} - \sigma_{ck} \leqslant BV_{ijk} \leqslant \mu_{ck} + \sigma_{ck} \tag{3-15}$$

式中：$c=1,2,3,\cdots,m$ 为分类的数目；$k=1,2,3,\cdots,n$ 为波段的数目

因此，第 c 类的上、下判别界线分别是 c 类 $H_{ck}=\mu_{ck}+\sigma_{ck}$ 和 $L_{ck}=\mu_{ck}-\sigma_{ck}$。这样，平行管道算法可以写成

$$L_{ck}\leqslant BV_{ijk}\leqslant H_{ck} \tag{3-16}$$

这些判别界线在特征空间里构成了 n 维的平行管道。若某个像元值落在某个分类 n 波段的上下阈值之间，该像元就可以分配到该类中去（如图 3-47 中的像元 a）；如果某个像元不能满足所有布尔判据，它就被分配到未知分类里去（如图 3-47 中的像元 b）。这种方法分类效率高，但是当平行管道有重叠时，待分类像元会同时满足几类的判别条件。

（2）最大似然法。它要计算每个像元在 m 个分类中属于各类的概率，然后将该像元分到其概率最大的类里去。这种方法需假定在每个波段、对每个分类的训练数据，具有正态（Guassian）统计分布的特性。在直方

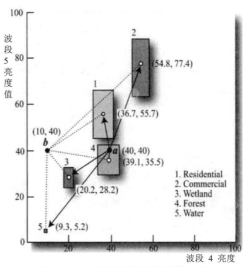

图 3-47　平行管道分类算法实例

图里，这些单峰可能代表不同的分类，可以作为分离的训练类而单独进行训练和加以标识。图 3-48（a）展示了波段 k 森林训练数据假想的统计分布。图 3-48（b）给出了用正态概率密度函数近似的数据分布。利用下式可以计算出类 w_i 的估计概率函数，即

$$\hat{p}\left(x|w_i\right)=\frac{1}{\left(2\pi\right)^{1/2}\hat{\sigma}_i}\exp\left[-\frac{1}{2}\frac{\left(x-\hat{\mu}_i\right)^2}{\hat{\sigma}_i^2}\right] \tag{3-17}$$

式中：$\exp[\ ]$ 是以 e 为底的计算指数；x 是在 x 轴上的一个亮度值；$\hat{\mu}_i$ 是在森林训练类里所有亮度值的估算均值；$\hat{\sigma}_i^2$ 是这个分类里所有值的估算方差。在计算与每个分类里单个亮度值有关的概率函数时，只需要存储每个训练分类（如森林）的均值和方差。然而，在分类训练数据由多个波段数据组成时，可以利用下式计算 n 维多变量正态密度函数，即

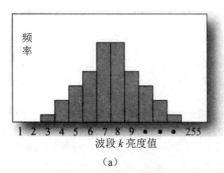

（a）

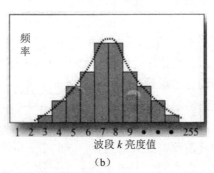

（b）

图 3-48　波段 k 森林训练数据的直方图及其近似分布

（a）单波段 k 的森林训练数据的直方图；（b）按正态或然率密度函数近似的数据分布。

$$p(X|w_i) = \frac{1}{(2\pi)^{\frac{n}{2}}|V_i|^{\frac{1}{2}}} \exp\left[-\frac{1}{2}(X-M_i)^{\mathrm{T}}V_i^{-1}(X-M_i)\right] \qquad (3-18)$$

式中：$|V_i|$ 是协方差矩阵的行列式；V_i^{-1} 是协方差的逆矩阵；$(X-M_i)^{\mathrm{T}}$ 是矢量 $(X-M_i)$ 的转置。每个分类的均值矢量（M_i）和协方差矩阵（V_i）可以根据训练数据计算。图 3-49 给出了在红和近红外特征空间里，6 个分类的二元概率密度函数。图中垂直轴与未知像元测量值矢量 X 属于某个类的概率有关。换言之，如果未知测量值矢量具有湿地范围内的亮度值，其属于湿地分类的概率也很高。假定有 m 个类，若未知测量值矢量 X 来自第 w_i 类，则 $p(X|w_i)$ 为 X 的概率密度函数。此时，最大似然判别规则变为 $X \in w_i$，当且仅当

$$p(X|w_i) \cdot p(w_i) \geqslant p(X|w_j) \cdot p(w_j) \qquad (3-19)$$

所有 i 和 j 来自于 $1,2,\cdots,m$ 种可能的分类。因此，若在多波段遥感数据集里，对于具有未知测量值矢量 X 的像元进行分类时，使用最大似然判别准则计算每个分类的 $p(X|w_i) \cdot p(w_i)$，然后将该像元分配到乘积最大的类里去。在分配时，有无各类的先验概率 $p(w_i)$ 至关重要。因此，在使用最大似然分类方法时，需要区分有、无先验概率两种不同的情况。

3. 遥感影像数据非监督分类

非监督分类（亦称聚类分类）是在多波段特征空间里分割遥感数据、提取专题信息的一种有效方法。与监督分类相比，它不需要训练数据，也不需要分析人员很多的初始投入，是一种在波谱特征空间里寻求像元波谱特性自然编组的过程，生成由 m 个波谱类组成的分类

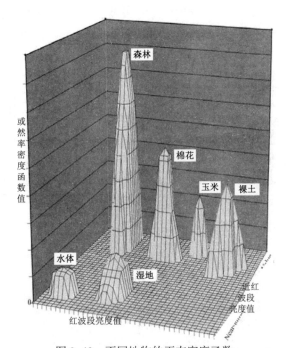

图 3-49　不同地物的正态密度函数

图。然后，分析人员要尽量利用已有的知识，使波谱分类变换为专题分类。在此过程中，分析人员应该对地物波谱特性，尤其对混合像元的波谱特性有充分的了解，才能妥善地处理没有专题意义的波谱分类。目前，已有的聚类算法为数众多，在此仅以 ISODATA 方法为例说明。

ISODATA 意即迭代自组织数据分析方法。它要对遥感数据集进行多次运算、迭代，直到获得预定结果时为止。这种算法不规定初始均值矢量的位置，而是沿着特征空间里指定点之间的一个 n 维矢量，对所有 C_{max} 个聚类进行初始、任意的划分。特征空间里的区域，用各个波段的均值矢量 μ_k 和标准偏差 σ_k 来定义。在图 3-50（a）给出了利用 3 和 4 波段的 2 维实例，5 个平均矢量沿着起于 $\mu_3 - \sigma_3$、$\mu_4 - \sigma_4$ 和止于 $\mu_3 + \sigma_3$、$\mu_4 + \sigma_4$ 的矢

量分布。这种 2 维平行管道不可能包括景象中所有波段 3 和 4 的亮度值组合。C_{max} 个初始均值矢量的位置（图 3-50（a））只有经过移动，才能更好地分划特征空间。因此，第一次迭代确定了 C_{max} 个初始均值矢量后，从矩阵的左上角开始遍历整个数据集。将每个待聚类的像元与各个聚类的均值相比较，然后把它分配到与之 Euclidean 距离最近的聚类里去。这种处理产生了由 C_{max} 个分类组成的实际分类图（图 3-50（b））。第一次迭代后，根据分配到各个聚类里的像元实际波谱位置，而不是初始的位置，计算各个聚类的新均值，包括每个聚类里的最小像元数（%）、最大标准偏差（σ_{max}）、类分裂的分离值、聚类均值间的最小距离（C）。然后重复整个过程，将每个待聚类的像元再次与新聚类的均值比较，分配到最接近的聚类里去（图 3-50（c）），某些像元可能仍会留在原聚类里不变。迭代过程要持续进行（图 3-50（d）），直到各次迭代之间聚类的划分几乎不变（达到 T 的阈值），或者迭代达到了最大的次数（M）时为止。最终的文件是含有 C_{max} 个波谱聚类的矩阵。它们还要进行标记或编码，变成专题分类供使用。这种算法缓慢、耗时，只有经过足够多次迭代后，才能产生出有意义的均值矢量。

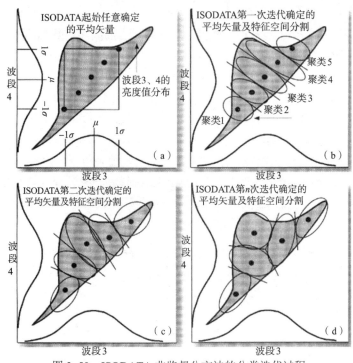

图 3-50　ISODATA 非监督分方法的分类迭代过程

3.3.2　成像光谱仪遥感数据处理系统

Landsat TM 和 SPOT HRV 之类的遥感器系统，其带宽可达几百纳米，而成像光谱仪的带宽一般均在 10nm 量级。它们的每个像元有足够多的波段，能建造出与实验室光谱仪测量相近的波谱曲线（图 3-51）。使用这种曲线可以根据地物的反射/吸收特征，直接鉴别矿物、气体、植被、冰雪以及水中的可溶物质等。图 3-51（a）是标有火炬松林像元位置的成像光谱仪波段 50 的影像，图 3-51（b）是成像光谱仪数据导出的该像元的反射波谱曲线（400~2500nm）。在这一节里，首先介绍从高光谱数据里提取信息的步骤；然后，着重介绍高光谱数据处理与分析系统的现状、构架和功能等内容。

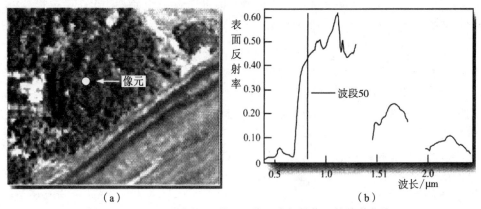

图 3-51　AVIRIS 波段 50 的子影像及火炬松像元的波谱曲线

1. 高光谱数据提取信息的步骤

尽管利用图 3-52 给出的常规影像处理方法，能够从高光谱数据里提取有用信息，但是为了充分发挥高光谱数据的潜力，尚需使用全新的数字影像处理软件，将原始的高光谱传感器辐射值定标（转化）为表观地面反射率，进而转化为地面反射率。在此过程中，需要消除大气衰减、坡度与坡向等的影响以及遥感器系统引入的电异常，分析定标后的遥感标化地面反射率数据，确定像元的物质组成。为此，可采用从高光谱数据获得诸端元、将野外的同步实况辐射测量数据与高光谱影像数据进行比较、将高光谱影像特性曲线与实验室波谱曲线进行比较等方法实现。利用下述图表可以直观地展现高光谱遥感的特点和优势：图 2-49 给出了成像光谱仪 AVIRIS 获取数据的过程及其输出的产品（影像和曲线）。表 3-4 给出了 NASA JPL 机载可见光/红外成像仪的技术指标。图 3-53 则是 1999 年 7 月 26 日 Savannah 河站的部分成像光谱仪影像及其高光谱数据立方体。

表 3-4　NASA JPL 机载可见光/红外成像仪的技术指标

遥感器	技术	波谱范围 /nm	标称波段宽度 /nm	数据收集 模式	动态范围 /bit	瞬时视场 /mrad	总视场/ (°)
AVIRIS	推扫 线阵	400~2500	10	224 个 波段	16	1.0	30

1）影像质量评价

对高光谱数据进行质量评价很重要。有许多方法可以使用，具体包括单波段影像目视检查、多波段彩色合成影像检查、单波段动画观察、单波段统计评价等方法。

2）影像辐射改正

要想妥善地使用高光谱数据，必须对它们进行辐射改正。除了消除大气的影响外，还会涉及使高光谱数据从遥感器辐射值 L_s（$\mu W \cdot cm^{-2} \cdot nm^{-1} \cdot sr^{-1}$）转换为标化的地面反射率。这就使它导出的波谱反射率数据（波谱），能够定量地与地面实况波谱反射率数据或实验室测量波谱数据进行比较。这些波谱数据将存储在波谱数据库里。目前，有

3 种成熟的算法, 可以用来消除高光谱数据单个像元的大气衰减影响, 它们是 ATmospherre REMoval（ATREM）、Atmospheric CORrection Now（ACORN）和 Atmospheric CORrection（ATCOR）算法。在逐个像元进行大气改正之后, 由于遥感器异常、使用的标准、测量和模型以及在处理过程中校准等的精度有限, 在高光谱数据集里仍然会存在某些累积误

信息提取问题的实质说明
　　规定感兴趣的地理区域
　　定义感兴趣的地物类型
获取适当的遥感数据和初始的地面参考数据
　　根据下述原则选择遥感数据:
　　　　对遥感系统的考虑: 空间、光谱、时间和辐射分辨率
　　　　对环境条件的考虑: 大气、土壤湿度、物候周期等
　　　　获取初始地面参考数据的依据: 对研究区域的先验知识
处理高光谱数据抽取专题信息
　　从高光谱数据航线中截取研究区的子集
　　进行影像质量评价:
　　　　目视单波段影像检查、目视彩色合成影像检查、动画、单波段统计检查、信噪比
　　辐射改正:
　　　　收集必要的实况波谱辐射测量数据（如果可能）
　　　　收集实况或环境数据（使用无线电探空仪）
　　　　进行像元级的改正
　　　　进行波段水平的波谱整饰（Spectral Polishing）
　　　　根据经验对扫描线进行改正
　　几何改正/整饰:
　　　　利用运载工具上的导航或工程数据（GPS 和惯性导航系统信息）
　　　　最近邻近再采样
　　减少高光谱数据集的维数: 最小噪声负数变换（Minimum Noise Fraction，MNF）
　　确定端元, 即确定波谱特征比较纯净的像元位置:
　　　　像元纯度指数（Pixel Purity Index，PPI）制图
　　　　N 维端元的可视化
　　利用高光谱数据的制图和匹配方法:
　　　　波谱角度制图仪（Spectral Angle Mapper，SAM）
　　　　亚像元分类（线性波谱解混合, Linear Spectral Unmixing）
　　　　波谱库匹配技术
　　　　匹配滤波器或混声匹配滤波器
　　　　制定用高光谱数据的各种指标
　　　　微分光谱学（Derivative Spectroscopy）
进行精度评价
　　选择方法: 定性的置信度构建, 统计度量
　　根据分类要求确定观测值的数量
　　选择采样方案
　　获取地面参考检验信息
　　建立和分析误差矩阵: 单变量和多变量统计分析
接受或拒绝上述假设
如果精度可以接受, 分发结果

图 3-52　从高光谱遥感数据里提取专题信息的一般流程图

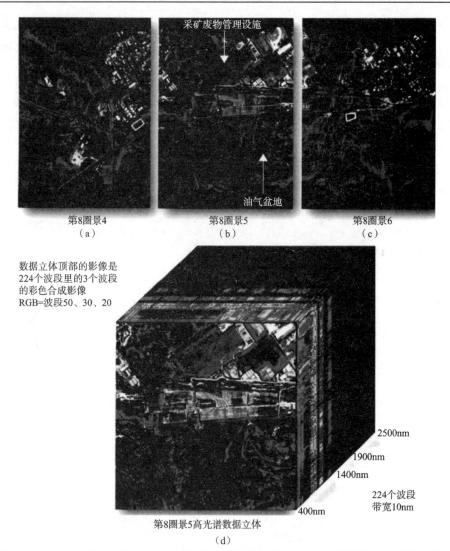

第8圈景4
（a）

第8圈景5
（b）

第8圈景6
（c）

采矿废物管理设施

油气盆地

数据立体顶部的影像是
224个波段里的3个波段
的彩色合成影像
RGB=波段50、30、20

2500nm

1900nm

1400nm

400nm

224个波段
带宽10nm

第8圈景5高光谱数据立体
（d）

图 3-53　AVIRIS 第 8 圈景 4、5、6 的彩色合成影像和景 5 的高光谱数据立体（见彩图）

差，在每个波段的数据里可达几个百分点之多。平地经验最佳反射率变换法（Empirical
Flat Field Optimal Reflectance Transformation，EFFORT）就是消除这些累积误差以提高标
化地面反射率数据精度的一种有用算法。它使用 ATREM 改正后的数据作为输入，可以
和景象中最常见地物的实验室波谱曲线配合使用。此外，也可以使用经验线校准方法和
实况波谱测量数据，对高光谱数据进行大气改正。这种方法建立在各种地物（如深而未
受扰动的水体、沥青停车场、裸土、混凝土等）的单波段实况波谱测量数据与其相应高
光谱辐射测量数据之间的回归模型基础之上，可以用于该波段所有像元的改正。

　　3）减少高光谱数据的维数

　　遥感器系统的波段数目称为其数据的维数（Data Dimensionality）。高光谱遥感系统
可以获取高达数百个波段的数据，如 AVIRIS 和 MODIS 分别有 224 个和 36 个波段。在
分析遥感数据时，数据的维数是个最重要的参数，波段数目越多，需要存储和处理的像
元数目就越多，所消耗的有效资源也就越多。因此，发展能够减少高光谱数据维数，同

时又不损失其信息含量的方法，是个引人注目的问题。目前，最小噪声分离（Minimum Noise Fraction，MNF）变换是能够减少高光谱数据维数，使影像噪声降至最低的一种有效算法。它通过把有用信息拆分到很小的 MNF 影像集里，确定高光谱数据的固有或实际维数，鉴别和分离数据里的噪声，减少进一步处理的计算量。MNF 变换使用两个级联的主成分分析，使高光谱数据集里的噪声基本上都分离开来。经 MNF 变换后，波段数目将会显著减少，为后续的端元分析创造了条件。对 AVIRIS 而言，其有用的 MNF 波段数目，可以从 224 个减少到 20 个以下。

4）端元的确定：定位波谱最纯像元

在大多数情况下，数据采集瞬间进入遥感器系统的反射波谱，是不同端元的地物辐射通量的函数。如果可以识别端元的地物波谱特征，就有可能鉴别这些像元所含地物的不同比例。目前，像元纯度指数方法、n 维端元的可视化等方法，可以用来鉴别多波段或高光谱景象中波谱最纯的像元。前者，将去除了噪声后的干净 MNF 影像的 n 维散点图，反复地投影到一个随机的单位矢量上去。每次投影都要记录下极值像元。仔细追踪影像中被重复识别为"极值"的像元，就可以生成像元纯度指数（Pixel Purity Index，PPI）影像。为了在 2 维 PPI 影像上鉴别和标记出大多数波谱最纯的端元，需要系统观察相对较少的纯净像元在 n 维的特征空间里的位置。在 n 维的特征空间里，分析人员在旋转数据云时，要努力定位最纯像元所在数据云的突出角，使用人工方法把端元提取出来。从理论上讲，如果数据是 n 维，就会有 $n+1$ 个端元。通过端元波谱曲线与 MNF 或地面反射率影像上空间位置（x, y）的曲线进行分析比较，可以将其标记为特定的端元类型，如水体、植被或裸土等。在后续的波谱匹配或分类过程中，可以使用这种方式导出的各类端元。

5）高光谱数据制图与匹配

将高光谱反射率转变为专题信息或专题图的方法很多，除了可以利用传统的分类算法、决策树分类器、人工智能的神经网络等算法，还有专门为高光谱数据分类研制的方法，包括波谱角度制图（Spectral Angle Mapper, SAM）、亚像元分类（线性光谱分解）、光谱库匹配、特定的高光谱指数、光谱微分技术等算法。

（1）光谱角度制图法。选用大气改正后未经标识的像元，将其由 n 个亮度值所组成的测度矢量，与同样具有 n 维的参考波谱进行比较。最终将 t 分配到与参考波谱 r 之间夹角最小的参考波谱类里去。

（2）亚像元分类法。通常用来表达确定各类纯端元（分类）在像元里所占比例的过程。在一假定的影像里，各像元中不同端元所占的比例，可以利用矩阵表达式 $[BV_{ij}]=[E][f_{ij}]+\varepsilon_{ij}$ 来确定。式中：BV_{ij} 是待考察且在位置 i、j 上的像元的 k 维波谱矢量；f_{ij} 是在位置 i、j 上的像元的 m 个端元的比例矢量 $m\times1$；E 是 $k\times m$ 特征矩阵，每列包括一个端元的波谱矢量。这种关系中包含某种噪声，ε_{ij} 表示残差。

（3）光谱库匹配法。高光谱遥感的最大成效，是可以获得每个像元详细且经过定标的百分比反射率波谱曲线。因此，遥感导出的像元波谱曲线，可以和存储在波谱数据库里的现场实测或实验室测量的地物波谱曲线比较，匹配出与之最相近的地物类型。这种匹配的计算量极为巨大、令人却步，为此，发展了许多以简单而有效方式表示的整个像元波谱曲线的编码方法。单个阈值的二进制波谱编码方法就是其中之一：首先，要根据吸收波段的存在，给感兴趣的地物类型设定一个阈值；其次，利用这个阈值计算每个像元波谱的二进制代码；再次，将每个像元波谱的二进制代码，与数据库里 m 条波谱以同样方式产生的代码进行比较；最后，每个像元将赋予与之 Hamming 距离最小的地物类型。这种距离实际上是在两条波谱的二进制代码里出现差异的总次数。

2. 高光谱数据处理与分析系统

高光谱数据处理与分析通常在遥感影像处理软件系统基础上进行。目前，具有这种处理功能的国外系统包括美国 RSI 公司 ENVI、ERDAS 公司的 ERDAS IMAGINE、加拿大 PCI 公司的 PCI Geomatica。在国内，则有中国科学院遥感应用研究所的高光谱数据处理与分析系统（HIPAS）。

1）HIPAS 的系统架构

为了便于系统的集成、升级以及稳定性的提高，在支持海量数据处理、缓冲区内存管理基础上，HIPAS 从功能上划分为如图 3-54 所示的 4 个层次。第一层是海量影像数据管理层，包括影像管理器（FILE MANAGER）和光谱库管理器（SPECLIB）。它们专门为管理高光谱特有的海量数据设计，也支持复杂的遥感属性参数数据和地理属性数据的管理。第二层是专业数学函数库层，系统涉及的专业算法，

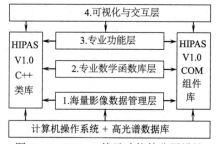

图 3-54　HIPAS 基于功能的分层设计

尤其是矩阵运算和快速并行处理算法，都能直接调用该层提供的科学计算功能。第三层是专业功能层（FILTERS），包括高光谱专业功能的部分处理模块，如预处理、光谱分析、生物化学参量提取等模块。第四层是可视化表现层，包括视窗（VIEW）和光谱曲线（SPECTRAL PROFILE）的可视化显示和交互，也提供对矢量部分的支持。HIPAS 的数据处理流程在图 3-55 中给出，涉及数据输入、数据预处理、数据分析、行业应用过程及其具体的处理内容和顺序。

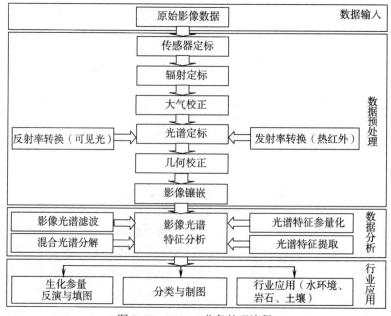

图 3-55　HIPAS 业务处理流程

2）HIPAS 的功能说明

HIPAS 具有高光谱影像处理所需要的基本功能、国内外高光谱领域里较为成熟的算法，支持国内主要遥感器数据格式以及专业应用方面的业务流程。该系统的主要功能及其说明在表 3-5 中给出。

表 3-5　HIPAS 的主要功能及其说明

编号	功能	功能说明
1	文件管理	主要实现影像文件管理与影像浏览功能，包括标准遥感影像数据输入，国内主要遥感器生成数据的直接输入、影像输出、头文件编辑、影像格式转换等基本 I/O 功能
2	预处理	主要包括影像的空间域和光谱域截取、影像的镜像与旋转、辐射定标、边缘几何纠正、边缘辐射纠正以及坏扫描行的修复等功能
3	工具箱	主要包括影像立方体生成、影像波段信息数值统计、空间域和光谱域的重采样、数据压缩与解压缩、滤波、感兴趣域、密度分割、几何精纠正和影像镶嵌等功能
4	光谱定标	主要包括内部平均法、对数残差法、平场域法（自动搜索平场、人工选择平场）和经验线性法；对热红外影像定标主要包括参考通道法、发射率归一法和阿尔法（alpha）残差方法等
5	光谱分析	包括混合像元分解、光谱维滤波、光谱数据调入显示、光谱特征选择、PCI 变换、MNF 变换和端元提取等特色功能
6	影像分类	主要包括 ISODATA 和 K-均值法等非监督分类方法及其分类后处理，包括类别的合并、分类统计、分类色彩设置等功能
7	专业应用	目前包括目标探测与矿物填图等内容。它们以流程化操作调用上述功能模块的方式，完成专业应用任务

3.3.3　成像雷达的遥感数据处理系统

从 20 世纪 60 年代开始，现代雷达影像学的理论、技术和方法，包括从不同材料的分辨能力，到覆盖物和植被的穿透程度；从几何学效应，到去极化性能；从立体测量、干涉测量以及斜坡测量的能力，到波长的微分特性等方面，都取得到了迅速而显著的发展。尤其是民用 SEASAT、SIR-A 和 SIR-B、ERS 等雷达数据获取系统的发展，实现了雷达影像处理军转民的过渡，极大地扩展了它们的应用领域。事实上，雷达影像在许多方面优于光学影像。首先，雷达是主动式的遥感器，具有全天候和全天时的影像获取能力；其次，雷达影像对地物的几何特性很敏感，其相干成像能力可获得非常高的分辨率，进行高精度的高度和位移测量；再次，雷达波能穿透植被层和干燥区松散物，研究其下的地表状况和地形结构，而且对地物的自然属性（如金属目标等）及其状态（土壤温度、湿度等）敏感，具有很强的探测能力；最后，雷达波通常会被极化，介质产生的后向散射波携带着去极化的细微信息，在农业、地质等诸多领域有很好的应用。雷达影像数据处理系统涉及雷达影像的辐射和几何校正、相干斑去除、反射系数计算、影像专题分类、目标检测以及雷达立体测量、斜坡测量、干涉测量等方面的问题。在此，仅介绍雷达立体测量和干涉测量方面的问题。

1. 雷达立体测量

一般而言，常规的光学摄影测量技术或立体视觉技术的使用非常有效，但是用于雷达影像就不那么容易了。其原因是：雷达影像的"侧视"获取，会导致某些在光学影像上不会遇到的限制；雷达影像以几何编码为基础，"飞行时间"引入了特定的几何关系，有时会影响到 Epipolar 几何计算，尤其是地形的重建；雷达影像的构成在很大程度上反映了地表相对于发射器的方位特性，会引入某些误差或在光学影像上没有过的局限；此外，斑点噪声也会对影像配准产生很大的影响。

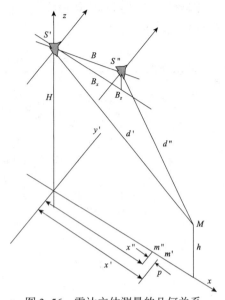

图 3-56　雷达立体测量的几何关系

S' 和 S'' 为雷达的两个位置，H 为相对参考平面的高度，B 为立体基线，可分解为水平和垂直基线 B_y 和 B_z。高度 h 的点 M 的像为 m' 和 m''。用距离 $p = m'm''$ 度量其差异

1）雷达影像的几何重构

在此，以最常用的平行轨道为例进行讨论。这些轨道给出的情形，可以定义为一个 Epipolar 几何，即定义沿着一个垂直线移动的观察点，在两幅影像上呈现为沿着距离线移动的像。如果遥感平台沿平行轨道运动，雷达影像自然呈现为 Epipolar 几何。

（1）一般情况下的高差/高度关系。在图 3-56 上，点 M 在两幅影像上看到的是 m' 和 m''。距离 $m'm''$ 为高差，记为 p。它在地面（$h=0$）上的点为 0，并随高度的增加而增加。可以表示为

$$p = \sqrt{x^2 + (H-h)^2 - H^2} - \sqrt{(x-B_x)^2 + (H+B_z-h)^2 - (H+B_z)^2} - B_x \quad (3\text{-}20)$$

对于给定的高度 h（非零），其高差取决于距离 x。对于使用者而言，更为重要的是其逆关系，即给出一个高差为 p 的点的高度 h。这种关系可以表示为

$$h = \frac{2H(B_x+p)^2 - (p^4+4\Delta)^{1/2}(B_x+p) + 2B_xB_z(x+p) + B_zp^2}{2(B_x^2 - B_z^2 + 2pB_x + p^2)} \quad (3\text{-}21)$$

其中

$$\Delta = -x^2p^2 + p^3B_x + H^2(B_x+p)^2 + B_x^2p^2 + HB_zp^2$$
$$+ x^2B_z^2 + xB_xp(B_x - 2x + p) + 2HB_xB_z(x+p)$$

在一些特殊情况下，式（3-21）可以简化，如令 $B_z = 0$，也可以忽略 h/H、B_z/H 或有时忽略 B_x/x，或者通过有限的展开式求近似值。

（2）简化的高差/高度关系。当基线水平时（$B_z = 0$），式（3-21）可以简化为

$$h = \frac{2HB_x + Hp - \sqrt{4H^2B_x^2 + p\Lambda}}{p + B_x} \quad (3\text{-}22)$$

其中

$$\Lambda = 8B_x(H^2 - x^2 + xB_x) + p(4B_x^2 + p^2 + 4pB_x) + 4p(H^2 - x^2 + xB_x)$$

假设处于波前平面（相对于高差，其高度为遥感平台高度，非常大），式（3-22）可以进一步简化为下式。这种假设对星载影像完全有效，即

$$h = \frac{p}{\cot an\theta'' - \cot an\theta'} \qquad (3-23)$$

式（3-23）是 ERS、RADARSAT、Sir-B/Sir-C 大部分工程采用的计算公式，对于高度差小于 3000m 有效。此外，还可以对式（3-23）进行有限项展开，得到

$$h = -2p\frac{x(x-B)}{BH} + 2p^2\frac{3x^2 - 3xB + B^2}{HB^2} + O(p^3)$$

这个公式表明，高度和高度差之间存在一种准线性关系，但对起伏较大的情况会有偏差。比例 h/p 取决于距离 x，因此影像上恒定不变的高差，并不对应实地的高度不变。

2）雷达影像的几何配准

雷达立体测量一般采用相关来寻找影像点之间的配准。在参照影像 f 上位置为 (i, j) 的点周围定义一个邻域（常为正方形），如尺寸为 $(2n+1)\times(2n+1)$ 的窗口 $v(i, j)$。沿着 Epipolar 线移动一个相似的窗口，估计这些窗口之间的相似程度的各种测度，从而在第二幅影像上寻找最佳的对应点。最简单的测度就是相关，即

$$\gamma_{fg}(k; i, j) = \sum_{l=-n}^{n}\sum_{m=-n}^{n} f(i+l, j+m)g(i+l+k, j+m) \qquad (3-24)$$

为了对所考虑的面上均值变化的敏感度较小，往往会把中心相关作为测度使用，即

$$c_{fg}(k; i, j) = \gamma_{(f-\overline{f})(g-\overline{g})}(k; i, j) \qquad (3-25)$$

此外，还有更好的测度为归一化中心相关，即

$$C_{fg}(k; i, j) = \frac{c_{fg}(k; i, j)}{\sigma_f \sigma_g} \qquad (3-26)$$

式中：$\overline{f}$、$\overline{g}$ 和 σ_f、σ_g 分别为 f 与 g 在 $v(i, j)$ 上的均值和标准偏差。于是，高差 p 就定义为

$$p(i, j) = k_o，使得 G(k_0; i, j) > G(k; i, j) \forall k$$

式中：G 为 3 个函数 γ、c 或 C 中的一个。

在进行配准时，一般选择那些一对一且十分明显的匹配对，即那些测度大、明显区别于其他候选点的匹配对使用。假设两个光学影像是线性关系且没有加性噪声，式（3-24）的测度对一些非均匀场景给出了最好的结果，式（3-25）的测度计算迅速，但结果稍差一些。它们都可以理解为最小二乘准则，式（3-24）的测度最大化等效于距离的最小化，即

$$d_{fg}^2(i, j) = \min_k \left[\sum_{l=-n}^{n}\sum_{m=-n}^{n} \left(f(i+l, j+m) - g(i+l+k, j+m) \right)^2 \right]$$

考虑到这种性质，可以给出另一种测度，即

$$d_{fg}^1(i, j) = \min_k \left[\sum_{l=-n}^{n}\sum_{m=-n}^{n} \left| f(i+l, j+m) - g(i+l+k, j+m) \right| \right] \qquad (3-27)$$

式（3-24）计算很快，常被采用，而且已经开始在 SIR-B 的首批卫星雷达立体测量中使用。尽管对雷达影像不能采用加性噪声的假设，但式（3-26）简单，仍可以普遍适

用。然而，在雷达影像处理中，抑制噪声极为重要，可通过两种方法加以解决：一种方法是增大窗口的尺寸 $2n+1$，尽管增加了计算时间，但提高了测度的精确性，获取的高度是窗内高度的平均值，一般雷达影像 n 取值 5 或 10；另一种方法是在进行相关之前进行影像滤波，以减少噪声，但这个步骤的效果尚存争议。

为了提高立体视觉所得高度图的质量同时又缩短计算时间，可以采用金字塔方法。它广泛地应用于光学影像，但在雷达影像处理中也展现出巨大的价值。它用低通滤波器将影像 $f(x,y)$ 分解为其分辨率递减的一组金字塔结构的影像 $f^k(x,y)$。在此，低通滤波器的冲击响应为 w_k，即

$$f^k(x,y) = \iint f(x-t,y-u) w_k(t,u) \mathrm{d}t \mathrm{d}u$$

其中，高斯滤波器是一个很好的金字塔分解工具，即

$$w_k(x,y) = \frac{1}{2^k \sigma \sqrt{2\pi}} \exp\left(-\frac{x^2+y^2}{2^{2k}\sigma^2}\right)$$

这样可以抽取出 2^k 幅影像，如果原始影像的尺寸为 $N \times N$，且其最大高差为 $p_{\max}$，则 k 次迭代提供的影像尺寸为 $N/2^k$，其最大高差为 $p_{\max}/2^k$。然后，在 4～8 阶的某个电平 k 上进行配准。对于经过滤波的影像，其斑点效应微弱，相关效果稳定。因此，在所有可能的高差面上，对每个点进行穷举式搜索。这样得到一个初步的高差图 p_k。接着，再到分辨率 $k-1$ 上操作。鉴于有 p_k，就可以找到每个像元近似的高差，使配准搜索的范围缩小，可构造出 p_{k-1}。这种过程一直进行到最终分辨率 $k=0$ 为止。这种方法已广泛地用于雷达立体测量，以建立极大规模景象，如 RADARSAT 卫星 8000 像元×8000 像元景象的数字地面模型。

3）雷达影像的几何效应

地面几何状况对雷达影像有重要影响，其方位要比像元的反射率影响更大。通常会产生 3 种效应：在折叠区域上进行配准会产生误差，需将这些配对从高度图里消除，如图 3-57(a)所示；在阴影部分和边缘部分进行配准（与折叠区域相同），如图 3-57(b)所示；即使不属于上述任何一种情况，辐射变化也会导致配准出现误差。前两种误差在明显起伏的地区尤为严重，可以引起高达几米的误差。最后一种误差不太严重，但使高精度的雷达立体测量变得非常复杂。地表方位导致从两个方向观察同一点，具有不同的辐射强度，即散射能量不同。因为在这两个观察中，照射角和观察角不仅同时发生变化，而且还被"飞行时间"效应放大了。这个时间直接与像元尺寸有关，也与接收到的能量以及被观察点的相对方位有关。高精度的雷达立体测量必须考虑这些效应或影响。为此，可以借助下式估算出一个更精确的数字地面模型，即

$$\gamma_{fg}^{''}(k;i,j) = \sum_{l=-n}^{n} \sum_{m=-n}^{n} \frac{\left(f(i+l,j+m)-\overline{f}\right)}{A_f(i+l,j+m)} \frac{\left(g(i+l,j+m)-\overline{g}\right)}{A_g(i+l,j+m)} \tag{3-28}$$

式中：A_f 和 A_g 的值与方位有关，其计算只能根据数字地面模型进行，然而，这种模型正好又是雷达立体测量重建的目标。因此，采用迭代算法是唯一的选择。例如，最初用式（3-25）进行重建，然后计算得到方位角，估算 A_f 和 A_g 的值，再借助式（3-28）估算出更精确的数字地面模型。这些操作可以迭代进行。

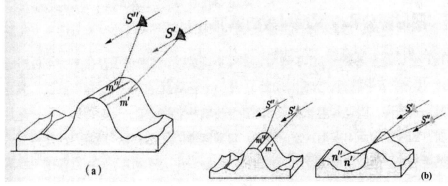

图 3-57　雷达影像的几何效应

(a) 折叠效应: 从 S' 和 S'' 得到的两幅影像上都有一条明亮线, 通过相关技术可自然配对,
但它们对应于地面上不同的两个点 m' 和 m'', 根据配准得到的高差导出的高度是错误的;
(b) 阴影效应: 阴影的两个边界 n' 和 n'' 呈现出非常相似的对比度, 自然会导致配准误差。

4) 阴影部分和未配准区域的填充

雷达立体测量得到的数字地面模型往往是非常不连续的, 由于存在一些不能利用的部分以及相关非常微弱、无法确定配准而放弃的部分。因此, 高差图或数字地面模型需要填补空缺值使之得以完整。如果空缺点不多且分散, 往往会选择插值技术来堵塞这些空洞, 但对大面积的阴影而言, 需要采用不同的方法处理。例如, 对需填充的地面可做少许假设, 通过下面的递推方法进行迭代, 将已知的信息扩散到那些未知点。在此, 假设所有未知高度为任意值, 且置为 0, 则有

$$h^{k+1}(i, j) = h(i, j) , \qquad 如果 h(i, j) \neq 0$$

否则

$$h^{k+1}(i, j) = \alpha h^k(i, j) + (1 - \alpha) \bar{h}^k(i, j) , \qquad 如果 h^k(i, j) \neq 0$$
$$= \bar{h}^k(i, j) , \qquad 其他$$

此外, 掌握更多有关地貌的信息, 可在给定区域引进一些更加特定的约束条件使空缺点减少。尽管经过处理, 未配准的部分仍会极大地影响雷达立体测量产生的数字地面模型的质量。因此, 在选择任务参数 (一些特殊的入射角) 或进行影像处理时, 都应尽量减少其未配准部分的存在。

2. 雷达干涉测量

雷达干涉测量通过对两幅雷达影像的相位差分析, 可以恢复出地形或者测量出在这些数据获取期间的地面移动, 其测量精度在毫米级。1974 年, Graham 率先阐述了它的原理, 其有效性在 SEASAT 和 SIR-B 数据中得到验证。然而, 其飞速的发展, 则是在 1991 年欧洲雷达卫星 ERS-1 之后。ERS-1 和 ERS-2 的同期运行以及 "奋进" 号航天飞机雷达地形测绘任务 (SRTM) 的实施, 更推动了星载雷达干涉测量技术的发展。目前, 这种技术在地球物理学、地形学、地质学、冰川学、水文学、火山学、森林学等领域以及天然气、石油或矿藏的开发任务中, 得到了广泛而富有成效的应用。

1) 干涉测量的原理

(1) 相位和干涉。雷达影像的每个像元都包含两种信息: 辐射系数 (波幅度) 和相位。前者反映出地面对超高频波的反射系数, 构成了严格意义上的雷达影像, 后者是两

项之和 $\varphi = \varphi_{\text{propre}} + \varphi_D$。其中，$\varphi_{\text{propre}}$ 称为像元的固有相位，反映波与地面的相互作用，与地面的物理特性及摄像的入射角有关；φ_D 由波在来回路程上产生，每经过一个波长 λ 的距离，其相位就增加 2π。$\varphi_D = (4\pi/\lambda)|D|$，在一般情况下，$D$ 是指从发射源到像元中心的距离。像元固有的相位是确定的，但是它对应于一个不可知的变量。该变量可以认为是一个随机量，是造成相干斑的源由。如果计算出相同几何条件（同样入射角、同样相干斑）下获取的两幅影像的相位差，同时假设它们的地质状况没有发生变化，就可以消除固有的相位分量。这样，两幅影像数据之间仍然含有距离差的纯几何信息。令两幅影像分别是相位信号 1 和信号 2，可以得到如下式所示的相位差表达式，即

$$\delta_\varphi = \varphi_2 - \varphi_1 = \left(\varphi_{\text{propre}} + \varphi_{|\vec{D}_2|}\right) - \left(\varphi_{\text{propre}} + \varphi_{|\vec{D}_1|}\right)$$
$$= \frac{4\pi}{\lambda}\left(|D_2| - |D_1|\right) \tag{3-29}$$

该测度相当精确（为波长的一个分数，即厘米级），但只能确定为接近波长整数倍的值。因此，相位差图像由一些条纹组成，称为干涉图。从干涉图回到阶梯差值信息，需要进行非常细致的条纹展开运算。

（2）干涉测量产物的构成。干涉测量产物的结构是经过一系列步骤的结果。

①影像局部配准。其目的是将影像 1 的像元 (x, y) 非常准确地叠放在影像 2 的相应像元上。在理想情况下，对影像 1 的固有相位 $\varphi_{\text{propre}}(x, y)$ 有贡献的所有基本反射元，处于影像 2 完全相同的像元上。只要找到这种几何变换关系，就可以利用式（3-30）得出位于 (x, y) 的相位差值。为此，首先要分析摄影条件，即雷达的飞行轨迹。对同一平台上有两个接收天线的系统而言，影像局部配准的实施要简单得多。然后，可以通过实验寻找准确的移动参数（通常为平行移动），采用相关技术、最大化的谱技术或条纹观察办法，以得到最好的重合或配准。其配准精度大大低于像元级（介于像元的 1/10 与 1/100 之间）。

②影像全局配准。影像局部配准是为了确定供像元 (x, y) 邻域使用的、有效的几何变换（如参数 δx 和 δy 的平移）关系。如果它不断地重复进行、遍及整个影像，就会在一些分散的像元上发现略有不同的变换关系。因此，要在景象里的所有点上获得像元级的配准精度，必须确定全局的变换关系，用于整个影像，再现其上的结果。通常的实现方法是：在景象中若干点上反复进行上述局部配准，然后在一个弹性变换场里内插出所有点来。

③干涉图的结构。干涉图的计算通常是对景象所有点求解式（3-29）的 $\delta\varphi(x, y)$ 项。在实际情况里，需要计算两个复数信号 $z_1(x, y)$ 和 $z_2(x, y)$ 之间的互相关，即

$$\rho(x, y) = \frac{z_1(x, y)z_2^*(x, y)}{\sqrt{|z_1(x, y)|^2 |z_2(x, y)|^2}} \tag{3-30}$$

如果这个值在单独一个像元上计算，那么其模数为 1。为了估计互相关的幅度，可采用下式的局部估计方法，即

$$\rho(x, y) = d(x, y)e^{j\delta\varphi(x, y)} \tag{3-31}$$

相位 $\delta\varphi(x, y)$ 项带有要寻找的信息，介于 $-\pi$ 和 π 之间，通常按 8bit 量化，其干涉图，即对所有点 (x, y) 的 $\delta\varphi(x, y)$ 图，如图 3-58（b）所示，是一幅折叠（缠绕）的相位影

像。在相干影像上，每个点(x,y)最好能够反映出成像景象里的地块元，它们之间的相位差很小。所有影响电波相位的不确定性来源都会对该项产生影响。式（3-31）中的$d(x,y)$项是相干性的一个很好的测度，通常用来表达相干性。当然，也有其他经验性更强的表达方式（如通过相邻像元相位的比较作为其相干性的测度）可用。

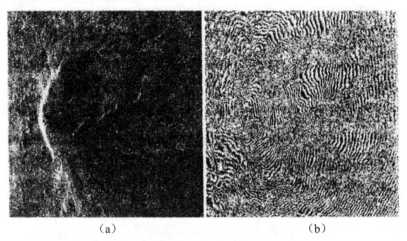

（a）　　　　　　　　　　　　　　　（b）

图 3-58　由 ERS-1 观察 Etna 的干涉图

（a）振幅影像；（b）干涉图。

（3）干涉图所含有关信息。雷达影像干涉测量产生的干涉图包含如下方面的有用信息：高程信息、地面运动信息以及相干性信息。在非同一轨道的情况下，地形起伏会在两幅影像之间产生变形，表现为一幅影像对另一幅影像的相位差，而且其差值还会随地势的升高而加大。因此，干涉图的条纹可以看成是等高线网。相位与距离成正比。在两次雷达影像获取的过程中，如果地面发生变形、上升或下降，直接可以在干涉图上发现，其精度可达厘米级。因此，干涉图可以理解为地面运动影像，其条纹则是等位移线。如果干涉测量的假设不成立，也就是说，当地面的物理特性和几何特性发生了变化，每次获取的像元的相位彼此不一样（相干斑不同），局部干涉图上会出现噪声。相位稳定性的测度，一般而言，称为相干性，对地面突然发生的变化，即使非常微小的变化都非常敏感。

2）干涉图的模型

鉴于诸多复杂因素的影响，用来构造干涉图的影像会受到很强的相干斑的干扰，使一幅影像变成了另一幅影像，相干斑随之也会发生变化，从而干扰了式（3-31）中的相位差$\delta\varphi$和相干性d的估计。为了使这些测度的估计更稳妥，不能在像元上用式（3-30）来估计，需要在邻域中L个像元组成的小窗口上估计。为此，可以假设每幅影像为信号$Z(x,y)$的一个通道，而一对干涉测量可以看成矢量数据。在特殊的情况下，即$N=2$个通道的循环高斯模型里，对L个取样、观察信号$Z_k(x,y)(k\in 1,2,\cdots,L)$，可以构造一个经验的协方差矩阵，即

$$\sum_z = \frac{1}{L}\sum_{k=1}^{L} Z_k(x,y)^t Z_k^*(x,y) = \begin{pmatrix} I_1 & I_{12}\mathrm{e}^{\mathrm{j}\delta\varphi} \\ I_{12}\mathrm{e}^{-\mathrm{j}\delta\varphi} & I_2 \end{pmatrix}$$

进而可以用下式来表达经验相干性，即

$$\hat{\rho} = de^{j\delta\varphi} = \frac{\sum_{k=1}^{L} Z_{1,k} Z_{2,k}^*}{\sqrt{\sum_{k=1}^{L} Z_{1,k} Z_{1,k}^*} \sqrt{\sum_{k=1}^{L} Z_{2,k} Z_{2,k}^*}} = \frac{I_{12}}{\sqrt{I_1 I_2}} e^{j\delta\varphi}, \ L \geqslant 2 \qquad (3\text{-}32)$$

式中：d 为经验相干程度；$\delta\varphi$ 为经验相位差。该公式将式（3-30）和式（3-31）中 d 和 $\delta\varphi$ 的表达式推广到 L 个取样的情况。其经验相位差分布和经验相干程度分布，分别在式（3-33）和式（3-34）中给出。相应的规律分别在图 3-59 和图 3-60 中体现出来，即

$$\begin{aligned} p(\delta\varphi | D, \ L) &= \frac{(1-D^2)^L}{2\pi} \Big({}_2F_1\big(1, \ L; \ D^2 \cos^2(\delta\varphi)\big) D \cos(\delta\varphi) \\ &\quad + {}_1F_0\Big(L+\frac{1}{2}; -; \ D^2 \cos^2(\delta\varphi) \frac{\Gamma(1/2)\Gamma(L+1/2)}{\Gamma(L)}\Big)\Big) \end{aligned} \qquad (3\text{-}33)$$

$$= \frac{(1-D^2)^L}{2\pi} \frac{1}{2L+1} \big({}_2F_1\big(1, \ L; \ D^2 \cos^2(\delta\varphi)\big)\big)$$

$$p(d|D,L) = 2(L-1)(1-D^2)^L d(1-d^2)^{L-2} \, {}_2F_1\big(L,L;1;d^2D^2\big) \qquad (3\text{-}34)$$

实际上，经验相干参数 d 和 $\delta\varphi$ 的估计，可以看成是通过在每个像元的邻域 v_{xy} 上求其平均值的计算。在利用式（3-35）的具体运算过程中，邻域的选择是其最难处理的环节之一。一般而言，数据采样辐射间距要比方位间距大一些；通道之间的相干程度比较弱，要求的窗口要大一些、场景的均匀性要好一些。

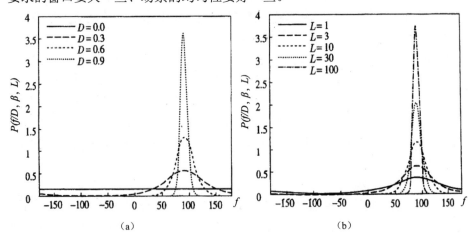

图 3-59　多视相位差的分布

（a）取 L=10 时不同相干度 D 的情况；（b）取 D=0.6 时不同值 L 的情况。

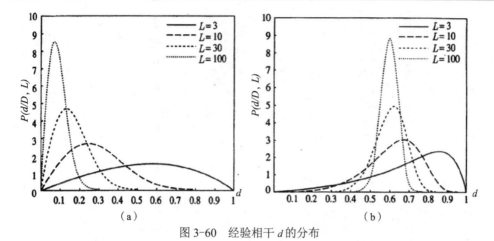

图 3-60　经验相干 d 的分布

（a）真实相关 $D=0$，不同的视数 L 的情形；（b）真实相干 $D=0.6$，不同的视数 L 的情形。

$$d(x,y) = \frac{\left| \sum_{x',y' \in v_{xy}} Z_1(x',y') Z_2^*(x',y') \right|}{\sqrt{\sum_{x',y' \in v_{xy}} \left| Z_1(x',y') \right|^2} \sqrt{\sum_{x',y' \in v_{xy}} \left| Z_2(x',y') \right|^2}}$$

$$\delta\varphi = \mathrm{Arg}\left(\sum_{x',y' \in v_{xy}} Z_1(x',y') Z_2^*(x',y') \right)$$

(3-35)

3）干涉测量的应用

雷达影像干涉测量主要应用于地面高程测量、地面运动测量及其相关的测绘制图、地震地质等专业领域里。其实际应用状况可简介如下。

（1）地面高程测量。从经典的立体视觉来看，从不同位置（或角度）获取同一景象的两幅影像，它们之间会发生某种几何变形。这种变形取决于两个位置的间距（即基线）与数据获取高度之间的比值（简称基高比）B/H，且与地形起伏的大小呈正比关系。对于干涉测量，其基高比很小（约在 10^{-4} 数量级），尽管其几何变形几乎无法测量，但足以使其相位发生旋转。两幅影像之间出现半波长的几何变形，可使其相位旋转一周。因此，可以不再用相关性的差值，而直接用相位差来确定地面高程。这种改变，其优势在于所用影像易于重叠或配准，相位可以直接测量；不便之处是测量只能给出模 2π 的值，所产生的干涉条纹需要展开，计算比较繁琐。图 3-61 对此作了图解说明，尽管 A 点和 B 点的高度不同，但是它们与卫星 S_1 等距，与卫星 S_2 有一个步长差。该差值每隔半个波长，就产生一条暗纹。这样，地面被分割成等高块，每块对应于一个 2π 相位的旋转，产生类似于"等高"的曲线网，对应于相位旋转的高度增量就是模糊高度 z_{amb}。鉴于两次数据获取的时间差距，高度起伏剧烈的地形会导致相位相干性的丢失以及在非同时数据获取情况下大气伪迹会到处出现。前者可以通过同时或准同时获取数据解决，SRTM 以及某些配置双天线的机载系统可属此列；后者在系统有较好距离分辨率时，问题就不会那么严重了。雷达相干测量产生的数字地面模型的测高精度，取决于干涉图的噪声强度，而且通常是模糊高度的一个分数。ERS 可以将一个条纹分割为 4 条或 5 条，而 SRTM 称其精度相当于条纹的 1/14。美国和德国称，某些系统的精度到了分米级。

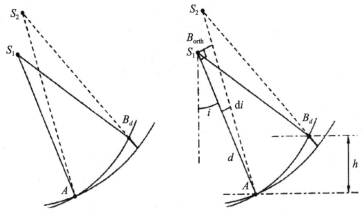

图 3-61 干涉测量几何（发射和接收天线相继在 S_1 和 S_2 上）

（2）地面运动测量。如果在两次数据获取之间，影像上有些点发生了位移（地面滑坡、地震、火山爆发等），雷达上的距离将发生变化，相位差也会正比于辐射位移（朝向雷达）有一个移动，$\delta\varphi = 4\pi\delta/\lambda$。这个测度是相对的，只是在考虑影像上的几个点时才能测到，在定义域内的整体移动是测不到的。该方法是直接的（不是立体效应），而且很

精确。半个波长（对 ERS 为 28mm）朝向雷达的移动，会使相位产生一个周期的旋转。从理论上讲，根据干涉图的噪声强度和测量的有效范围，就可以计算出小到 $2\pi/10$ 的相位移动，对于 ERS 大致为 3mm 的位移。这种方法可用于火山、地震、冰川、地质构造以及石油、天然气开采而导致的地面下陷等领域。图 3-62 是借助 ERS-1 得到的美国加利福尼亚州 Landers 断层的差分干涉图。

（3）相干性的使用。式（3-32）中的经验相干度 $d(x, y)$ 是在视觉几何条件下获取的两幅雷达影像之间相位稳定性的一个测度，取值在区间[0, 1]范围内。相干度强，表明两幅影像是一致的，包括相干斑的统计分布特性是一致的。然而，这种情况只有在两次数据获取之

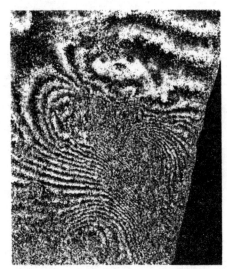

图 3-62 ERS-1 的加州 Landers 断层的
差分干涉图

间地面未发生任何变化，且它们获取的几何条件非常接近时才能成立。相干度弱，说明在两次数据获取之间发生了一些变化，其变化由入射角变化太大无法形成相干、水面总在运动而不具相干性、植被覆盖区和森林的相干性很弱、地面状况总在发生变化等原因引起。相干信息完全不依赖于影像的振幅信息，因而，可以在自动勘察海岸线、侵蚀和洪水泛滥区，森林与非森林的分类，显示农作物收获、耕种或工程建筑等人类活动等领域应用。然而，干涉测量产生的影像会受到不同因素等，包括时间变化导致的局限、几何上的限制、大气传播的影响及信噪比的作用。因此，在使用这些影像时要留有余地，对其导出结果也要多方核实。

3.4　遥感特征参数反演系统

定量遥感特征参数反演是利用遥感数据及其各种分析应用模型，根据用户的需要，分别导出土壤、植被、大气等遥感对象的物理、几何、生物、化学等特征参数的一种信息提取过程。它们既是众多专家学者高度重视、争相用力的难点问题，也是广大用户殷切期待、潜力巨大的热点领域。事实表明，定量遥感特征参数反演是能够从遥感数据里挖掘专题信息极为重要的一种手段，也是存在着诸多困难、需要不断开拓的一种方法。在遥感影像获取过程中，尽管会受到诸多因素的影响，但是输入系统的地物辐射特性及其输出的影像数据之间，仍然存在某种比较确定的对应关系。然而，在遥感反演过程中所面临的情况，就要比前者复杂得多和很不确定。它们需要解决利用遥感器输出的有限数据，反过来去寻找表征作为其输入的、无限多个可能的地物辐射特征参数的问题。更何况这些参数有时并不是控制遥感数据生成的主导因素，而使问题变得更加复杂和困难。由此可见，定量遥感参数反演从本质上来看，就是个"病态问题"(Ill-posed Problem)。近十几年来，通过数据融合(Fusion)、数模同化(Assimilation)、协同增效(Synergy)等方法，引入多种来源数据和相关的专业知识，解决数据与数据之间、数模之间以及模型与模型之间的关系，以提高参数反演的质量和水平，是个引人注目的发展趋势和学科前沿。

3.4.1　定量遥感反演的原理方法

定量遥感特征参数反演作为地物遥感数据生成的逆过程，其基本的任务就是要利用已经获得的遥感数据，导出用户所需要的遥感对象的有关特征参数。尽管这些需要反演的参数千差万别，所使用的方法五花八门，但是从中仍能提炼出某些共性的问题和规律，在此加以概括性的论述。这些问题包括定量遥感反演的工作原理、主要方法和技术系统。至于定量遥感反演的个性问题，将在其他专门的论著里进行讨论。

1. 遥感特征参数反演的基本原理

遥感对地成像是遥感器接收来自地面物体、通过大气层的电磁波辐射能量，生成遥感影像数据的过程，而遥感参数反演则是基于遥感数据以导出地物特征参数的逆过程。这两个方向相反的过程，都与太阳辐射穿过地球大气层、到达地球表面，再通过反射和发射辐射、穿过地球大气层，为机载或星载的遥感器接收的过程密切相关。因此，在论述遥感特征参数反演的基本原理时，必然要涉及地球能量平衡、遥感器的辐射定标以及遥感参数反演等方面的问题。

1）地球辐射能量平衡

地球辐射能量平衡的问题，实际上是指太阳辐射在从外空通过大气层到达地球表面，然后再从地球表面经由大气层回到外空的过程中，入射能量与出射能量之间形式转换和数量平衡的问题。这种转换的过程及其在数量上的分配状况，可以用图 3-63 形象化地加以说明。入射和出射地球的辐射能量及其构成、数量，分别在其上、下图中用百分数和能量两种方式来表达。之所以如此，旨在引起人们对于其中的大气影响及其复杂性的关注。事实上，各种类型的变换过程以及交互作用都与大气受热的现象有关。短期和长期温度的变化，不仅与某种热吸收气体数量的增加有关，而且也和导致地球空气热状况升高或降低的其他因素有关。由此可见，航空和航天遥感成像及其参数反演的过程，都是在这种地球辐射能量平衡的大背景下展开的，在不同程度上都会受到这种能量平衡及其各个组成部分的影响。

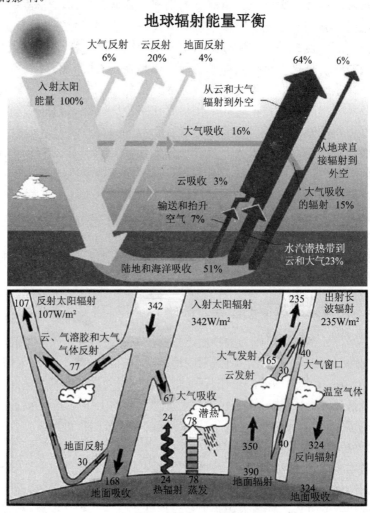

图 3-63　地球辐射能量平衡的收支状况

2）遥感器的辐射定标

利用遥感数据进行特征参数反演过程的源头，应该追溯到遥感器输出的原始数据上。这种数据的质量会直接影响到遥感数据与遥感对象辐射特性之间的量化关系，也会极大地影响到遥感特征参数反演的全过程及其效果。在绝大多数情况下，尽管遥感反演人员无法掌控遥感器的辐射定标状况，但仍然是他们在反演时需要优先考虑的重要问题。遥感器定标的任务就是要建立每个探测元件输出信号的量化值和与之对应的像元内地物辐射亮度值之间的定量关系。一般而言，遥感器的定标可以采用实验室定标、星上内定标和场地外定标 3 种方法。实验室定标是遥感器飞行前，在实验室里进行的精度最高且作为后续各种定标方法基础的绝对定标方法；星上内定标方法要在飞船上完成对每个探测元件的相对定标、检查星上遥感器的变化以及波段间的波谱响应差异等任务；场地外定标方法在飞船在轨运行过程中，利用已知地面参数的场地和相应的辐射传输模型，计算进入在轨遥感器的辐射能量，以校正星上内定标的结果。在星上标准定标源出现衰减和漂移而引入各种误差时，这种外定标方法尤为重要。

（1）遥感器实验室定标。遥感器在空间环境里运作，某些物理性能会发生变化。因此，在卫星发射之前必须对这些仪器，在模拟的实际飞行环境里进行实验室定标，以便给用户提供精确的定标数据。其间，要全面地标定遥感器的特性，包括绝对辐射定标系数、波谱响应和均衡系数（Equalization Coefficients）。既要精确标定波段内的响应特性，也要确定超越探测元件响应范围的波段以外的响应特性。绝对定标系数和相对定标系数，通常都可以利用经过定期标定、覆盖整个视野的积分球参考光源获得。对于热红外波段的遥感器而言，黑体作为参考定标辐射源使用。在实验室模拟的飞行环境里，伴随着黑体温度的不断改变，可以同步测量遥感器的输出信号值。这样就可以建立起黑体温度与遥感器输出值之间的量化关系，供用户在后续的数据分析处理时使用。

（2）遥感器星上内定标。在飞行中，星上内定标作业通常定期或以飞行前定标相同的间隔进行，以频繁地获得其监测数据。它们直接或通过光学系统，使用人工参考源（通常为标准灯、黑体）或自然参考源（太阳）完成。观测这些参考源与观测地球景象的情况相同最为理想，可以利用漫射太阳板（Diffuse Solar Panels）实现。在太阳光波段范围里，常用的星上内定标系统及其优、缺点之间的比较，可以在表 3-6 中一览无遗。

表 3-6　星上定标系统的比较

系统	优点	缺点
灯：SPOT、OPS、ASTER、VEGETATION	通过整个光学系统，非常稳定	不充满孔径，较短波长的信号弱
灯：Landsat TM	按指令使用，非常稳定，记录放在每条扫描线结尾处	仅对滤波器、探测元件照明，在较短波长处信号弱
漫射太阳板：MERIS、MODIS、MISR、SeaWiFS、ETM+、MOS、MOMS-2P	整个太阳反射波段的信号强，充满孔径	可能出现衰减，在轨道的给定位置上作业
太阳+针孔：MSS、ETM+	整个太阳反射波段的信号强	同上，不充满孔径
太阳+纤维光学系统：SPOT	同上	同上，飞行前特征描述困难

（3）遥感器场地外定标。为了监测星上遥感器及其定标系统可能出现的衰减，需要利用地面的自然景象作为参考，对星上的系统进行定标。它们的实施主要依赖于对这些参考景象特征的精确测量和描述，确定其在大气顶层的辐射亮度等参数。因此，在卫星入轨之后，这些景象可以作为辐射定标的"参考"或"标准"光源使用，也可以在认证辐射定标算法与数据产品质量评价时使用。星上遥感器场地外定标方法/类型及其不确定性、限制的摘要，在表 3-7 中给出，而它们的作业流程实例可以用图 3-64 来描述。

表 3-7 星上遥感器场地外定标方法/类型及其不确定性、限制

定标方法/类型		不确定性	限制
实验场：绝对定标		实际：用反射率为 3.5%； 用辐射亮度为 2.8% 预期：2.8% 和 1.8%	费用高、地面安装仪器、良好的大气条件、在多数情况下要对具体遥感器编写程序
瑞利散射：绝对定标		取决于波长，SPOT Xsl 为 5%；POLDER 蓝波段为 2-3.5%	特定几何条件、特别良好的大气条件、较长波长不能使用、大瞬时视场较易实施
稳定沙漠：多时相和多遥感器定标		实际：3%；预期：BRDF 为 1%（取决于波段间的相似形）	专门编写程序、使用无云的遥感影像
云层：跨波段定标		目前 POLDER 为 4%（待改进）	高云的具体影像、稳定的几何条件
闪光体：跨波段定标		POLDER 为 1%～2%	特定几何条件、风速在 2～5m/s、无云
月亮：	绝对定标	预期：2%	不提供对观测遥感器动态范围近顶部的定标、要具体编程和特定的观察条件
	多时相定标	预期：2%	同上、需更多辐射认证、要求对月球进行低不确定性的定标

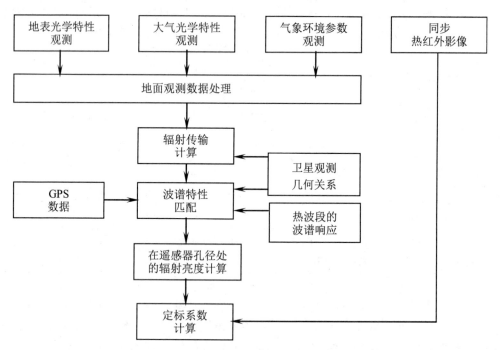

图 3-64 CBERS-02 IRMSS 热波段的场地外定标作业流程图

3）遥感特征参数反演

尽管通过遥感器辐射定标能够使遥感数据与对应地物特征之间具有尽可能明确的量化关系，进而为遥感特征参数反演奠定良好的基础，但是仅此而已尚显不足，还需要通过模型运算以及数据融合、模数同化和协同增效等方法，引入必要的辅助数据、先验信息和相关的专业知识，才能得到比较理想的结果。这种情况，可以通过如图 3-65 所示的

遥感地面特征参数反演流程得到说明。不难看出，以辐射定标之后的遥感数据为起点，定量遥感参数反演过程通常可以划分为数据预处理、反演算法应用和反演产品生成 3 个基本步骤。

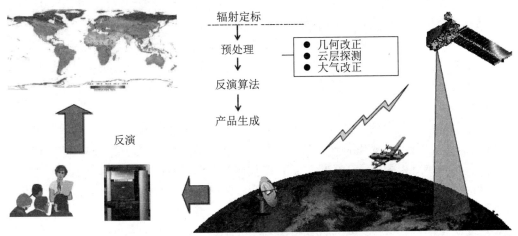

图 3-65　定量遥感特征参数反演流程示意图

（1）数据的预处理。在遥感反演时，其遥感数据预处理主要包括几何改正、云层探测和大气改正三方面的内容。几何改正的任务是要解决多种来源数据的空间配准问题，使之能够在国家或国际标准的地理地图基础上运算和使用；大气改正的任务在于检出和消除大气层对地物辐射传输及其生成的遥感数据质量的影响，以减少遥感参数反演过程的不确定因素；云层探测主要为云层覆盖区域的检出和处理服务。对于定量遥感反演而言，这些预处理都具有特别重要的意义和作用，绝不能等闲视之。

（2）反演算法应用。它是遥感参数反演过程中的核心所在。随着反演特征参数的变化，所用的反演模型算法不仅差异显著，而且五花八门。鉴于遥感反演具有"病态问题"的特征，仅使用有关的模型算法及其相互的组合尚显不足，还需通过数据融合、模数同化和协同增效等方法，将必要的辅助数据、先验信息和专业知识引入，才能获得比较理想的结果。

（3）反演产品生成。遥感特征参数反演模型算法作用的基本对象是遥感影像的像元，其产出通常是基于像元的有关特征参数。它们往往需要转换为面向不同空间尺度或专业区划的产品提供用户使用。因此，直接反演出来的结果转化为用户能够使用的产品，也是个不可缺少的重要步骤。这些产品主要有两种类型：一种是遥感反演特征参数专题地图；另一种是遥感反演特征参数统计表格。两者通常配合起来使用，可收到图文并茂、定性与定量结合的效果。

3.4.2　遥感特征参数反演的主要方法

在解决作为病态问题的遥感特征参数反演过程中，其自身方法的内涵也在逐步拓宽和完善。除了各种遥感反演模型而外，还增加了数据融合、数模同化和协同增效等辅助方法。

1. 反演模型（Model）

在某种遥感数据获取条件下，地物特征参数与相应的遥感数据特性之间，存在着比较客观、相对固定的对应关系。这种关系的抽象与概括，就构成了所谓的"遥感信息模型"。这些模型通常有两种应用方式：一种是在获取条件已知的情况下，利用地物特征参数推算遥感生成数据的特性，称为前向或成像应用方式；另一种是在获取条件未知或知之有限的情况下，利用遥感数据特性反推地物特征参数，称为后向或反演应用方式。在此，主要针对后者讨论其模型建立的方法问题。一般而言，它们分别可以通过理论方法、经验方法以及半经验方法建立。

1）理论建模方法

遥感信息模型的理论建模方法，通常以不同的电磁波理论为基础，其有效范围随电磁波波长、地物特征的变化而异。以主动微波遥感土壤湿度制图为例，通过建立在严格理论及其推导基础上的不同理论模型，可以描述在粗糙度特征已知的情况下地面微波后向散射的特性。这些理论模型可以很好地预测，随地面粗糙度或土壤水分含量的变化，其后向散射系数变化的总体趋势。然而，这些理论模型的复杂性以及它们对植被和土壤地表层参数化的严格要求，在不同程度上都影响了它们在挖掘土壤水分含量信息时的有效应用。

2）经验建模方法

经验建模方法利用大量实验观测数据，建立由遥感观测值（如后向散射观测值）反演相应地物特征参数（如土壤水分含量）的经验关系。在具体任务之中，许多自然地面特征参数往往会超出理论模型的有效范围，而使之难以有效使用。即使在硬要使用时，理论模型的结果也很难与实验观测值很好地吻合起来。然而，与理论模型不同，经验模型往往可以获得精确的结果，只是它们的应用要受到实验定标条件的限制。遗憾的是，许多经验模型的建立，不仅使用的实验数据有限，而且与实验场地的依赖关系很明显。

3）半经验建模方法

它是理论建模方法与经验建模方法之间的折中产物。这种半经验模型建立在某种理论基础之上，而模型的参数则由实验数据导出。其优点是：避免了经验模型严重依赖具体实验场地以及理论模型对有效条件要求严格等方面的问题。因此，半经验模型不仅是经常使用的遥感反演模型类型，而且也为辅助数据、先验信息以及专业知识引入反演过程创造了良好的条件。

2. 数据融合（Fusion）

数据融合解决遥感反演模型运算过程中，多来源数据有效应用的问题。在遥感领域里，对"数据融合"的定义存在着不同的看法。例如，欧洲数据融合专门兴趣工作组认为：数据融合是个用来表达对不同来源相关数据处理方法与工具的规范化框架，以获得对某种应用而言质量更好的信息为目的。这个定义旨在引导科学家使用规范化的数据融合方法以及引起全球对数据融合的关注。Hall 等人（2004）认为，数据融合是将不同来源信息组合在一起，形成相关过程单一合成画面的过程。这种画面较之单一来源信息构成的画面具有更精确、完整的特点。尽管数据采集往往不完整、数量短缺、信息不兼容，但是融合方法可以使这种数据得到最好的应用、产生最佳的回报。《自由百科全书》

Wikipedia 指出，数据融合通常定义为将多来源的数据组合起来，以获得较单一来源数据更有效、更精确效果的诸多方法的应用。Franklin E. White（2010）认为，数据融合是处理单一和多种来源数据、信息联络、相关、组合等关系的过程，以收到精确定位、准确估计以及全面、及时评价事态/威胁及其意义之功效。这种过程具有持续优化其估计、评价结果，通过鉴别额外来源或过程自身调整以取得改进结果等方面的特点。尽管对于数据融合定义的表述方式不同，但是在利用多种来源数据以获取更加良好的应用效果方面，彼此没有本质上的差别。多种来源数据融合涉及多时相、多波段/多频率、多极化、多比例尺、多遥感器以及多倾角等数据融合的概念。

1）数据融合的层次

在文献中，将数据融合的层次划分为 3 个层次、4 个层次或 5 个层次的报道都有，而且都与某种遥感应用任务相关联。数据融合的实施，通常在信号、像元、特征和决策等层次上展开。在信号层次上，不同遥感器的信号组合起来，形成较原来信号的信噪比更加好的新信号。与用户关系更为密切的像元层次、特征层次和决策层次的数据如何，将是下面要介绍的内容。

（1）像元层次的数据融合。基于像元的融合是在逐个像元基础上，由集合不同影像里所含信息，以改善影像处理性能的过程所组成。这种融合比较简单，不需要专门的分类软件，所用数据源彼此相关，很适合用来探测变化；但是它需要使用通用的或然率密度函数来模拟数据，但数据源的可靠性无法模拟。

（2）特征层次的数据融合。它由集合从不同信号或影像里提取特征的过程所组成。这些特征从多个遥感器观测数据里提取，然后组合为彼此关联的特征矢量，用常规的分类器进行分类。这种融合比较简单，不需要专门的分类软件，对遥感器专门探测特征的处理能力优于像元层次，很适合用来探测变化；它需要使用通用的或然率密度函数来模拟数据，但数据源的可靠性无法模拟。

（3）决策层次的数据融合。它由集合更高层次的抽象信息的过程所组成。在各种独立遥感器数据的基础上进行初步分类，然后通过融合将初步分类的输出结果组合起来。这种融合适用于具有不同或然率密度函数的数据；往往需要专门软件来模拟具体数据源的可靠性以及数据源组合的先验信息。

2）数据融合的方法

在实际工作中，可以用来实现数据融合的方法很多，主要包括修正的 IHS 变换法（Modified Intensity–Hue–Saturation，IHS）、Brovey 变换法（BT）、主成分分析法（Principal Component Analysis，PCA）、乘法变换法（Multiplicative Transform，MT）、小波分辨率归并法（Wavelet Resolution Merge，WRM）、高通滤波法（High–Pass Filtering，HPF）以及 Ehlers 变换法等。这些方法的工作原理，读者可以查阅有关的文献得知。在此，主要介绍这些方法使用效果的评价指标、评价状况等方面的问题。

（1）数据融合评价指标。A. K. Helmy 等人（2010）从定性视觉分析和定量质量评定指标计算两个方面，对各种融合方法进行综合排序和评价。这些评价指标及其含义在表 3-8 中给出。表中，MS 为低分辨率的多波段影像。

表 3-8 数据融合方法的定量评价指标及其含义

指标	含义
平均相关系数（CC）	计算融合影像与参考影像（MS）各个波段的相关系数。该值低表示波谱畸变较大，反之亦然
在平均标准偏差里的偏移	融合影像与参考影像之间的偏移，指示融合影像的偏差量
均方根误差（RMSE）	在真 MS 影像与融合影像强度值的均方差（MSE）基础上进行比较
平均角误差（SAM）	假定有两个波谱矢量：一个是原始波谱像元矢量；另一个是对较粗分辨率的 MS 数据进行融合得到的畸变矢量。两个矢量之间的波谱角度绝对值，用波谱角度制图器（SAM）表示。SAM 值为 0，表示没有波谱畸变，但可能有辐射畸变（两个矢量平行，但长度不同）。SAM 用角度或弧度测量，通常对整个影像求平均，以获得对波谱畸变的全局度量
综合相对尺度全局误差（ERGAS）	误差指数给出了融合产品质量的全局画面。ERGAS 的理想值为 0
质量指数（Q4）	Q4 通过使用表示波谱像元矢量的超复数、四元数的相关系数 CC 获得。它由 3 个因素构成：第一个因素是两个波谱矢量间超复数 CC 的模数，对两个 MS 数据集的相关降低、波谱畸变敏感；第二个和第三个因素分别是同时对所有波段反差变化、平均偏移的度量。当辐射畸变伴随有波谱畸变时，上述模数出现低值。只有检验 MS 影像等于参考 MS 影像时，Q4 出现最高值。最高值为 1，最低值为 0

（2）数据融合评价状况。A. K. Helmy 等人（2010）利用 2000 年获取的埃及开罗金字塔地区的 quick-bird 全色影像（HRPI）和多波段影像（LRMI），生成上述 7 种数据融合方法的产品。然后，采用定性和定量方法，对这些产品的波谱和空间质量进行评价。它们的结果在图 3-66、表 3-9 中给出。一般而言，目视分析的结果会得到定量评价结果的证实和确认。

表 3-9 数据融合产品的定量评价结果

方法 \ 指标	CC	平均偏移	标准偏差（偏移）	RMSE	SAM	ERGAS	Q4
PCA	0.90	24.90	34.90	5.92	2.40	3.50	0.90
乘法变换	0.43	62.05	44.60	13.8	6.10	7.30	0.40
BT	0.87	75.19	53.30	9.13	4.10	3.80	0.84
HIS	0.89	44.90	35.70	7.03	3.70	4.90	0.96
HPF	0.89	20.09	15.70	3.20	4.70	2.65	0.92
WRM	0.92	72.32	9,28	2.10	3.80	2.72	0.90
Ehlers	0.93	56.70	68.30	5.42	2.65	1.35	0.91

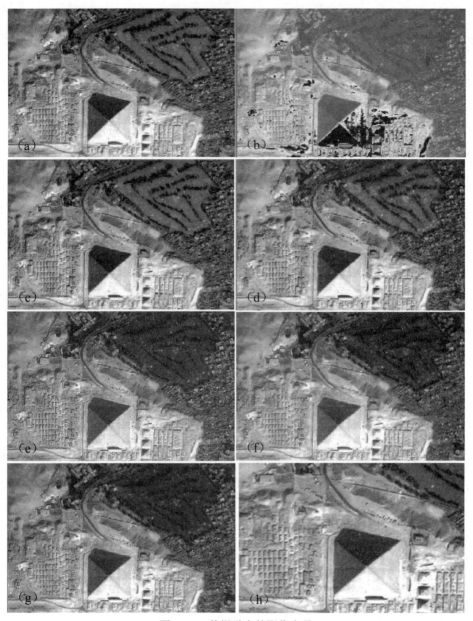

图 3-66　数据融合的影像产品

（a）PCA；（b）乘法变换；（c）BT；（d）HIS；（e）HPF；（f）WRM；（g）Ehles；（h）LRMIs。

3．数模同化（Assimilation）

数模同化方法与数据融合方法不同，往往会针对遥感应用任务，以解决相关数据与模型之间的连接问题为己任。对这种方法可以从基本概念、方法分类和同化系统 3 个方面进行论述。

1）基本概念

数模同化是通过数字模型和某些先验信息，将观测数据与预测数据组合起来，以产生对系统演化状态最佳估计的一种方法。其中，模型给观测数据带来在时、空上的一致性，将数据内插和外推到缺少数据的地区；观测数据通过同化处理，可以纠正那些尚不完善的模型在状态空间里的轨迹，使之能够沿着"预报-观测-更新"的反馈迭代路线不断地向前发展。图 3-67 形象、直观地描述了陆地表面数模同化的过程及其各个相关要素的位置和相互关系。不难看出，数模同化处在整个反馈、迭代回路的枢纽上，是个能够发挥"牵一发，动全身"作用的关键环节。

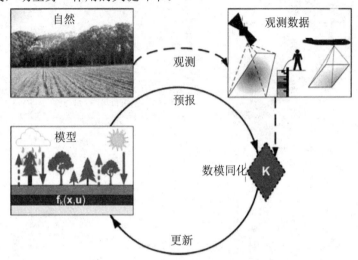

图 3-67　陆地表面数模同化过程示意图

2）方法分类

模数同化是在某些时间演进、物理特性规律的持续约束下，使观测信息逐步累积起来、进入模型状态的一种分析技术。它有两种基本的方法：一种是顺序的同化方法，只考虑在分析时刻以前的观测数据，属于实时同化系统的范畴；另一种是非顺序或回顾性的同化方法，可能会用到未来的观测数据，重复分析作业就是一个例子。同化方法还可以用作业时间上的间歇性或连续性来分类。间歇性的同化方法，通常以小批量方式处理观测数据，从技术上实现很方便、易行。连续性的同化方法，需要考虑处理较长时期里的批量观测数据，与分析状态的关联随时都可以灵活转变，在实际工作中比较现实、可行。因此，这两种分类方法结合起来，就使模数同化呈现出顺序-间歇、顺序-连续、非顺序-间歇和非顺序-连续 4 种基本的类型，而且彼此可以不同方式组合起来使用。

3）同化系统

数模同化是架在多种来源数据与相关模型之间的一座桥梁，在集成数据与先验信息、补充缺少信息地区的数据、估算未经观测的特征参数、进行预测预报以及追踪误差发生等方面具有许多独到之处。因此，许多国家的科学家都在结合具体的遥感应用任务，努力发展自己的数模同化系统，目前已成为遥感特征参数反演领域里相当热门的研究课题和富有成效的生长点。图 3-68 给出了美国 NOAA 的陆地数模同化系统的概念示意图。该图显示了系统输入和输出数据的内容和参数，组成系统的地表模型模块、数模同化模块及其同化对象的结构特征。此外，图中还概括地说明了这种系统的应用领域，除了包括气象气候、水资源、自然灾害等民用领域而外，还涉及国家安全、军事行动等军用领域。图 3-69 则是个加拿大在建的地表数模同化系统。这个图式主要包括数据、模型以及分析 3 个大的部分。在数据部分包括遥感和地面观测的数据以及相应的辅助数据；模型部分主要涉及不同空间尺度的地面模型、传输模型等类型；分析部分主要包括气象、降水和辐射等领域的分析预报等内容，充分地突出了与加拿大国情和应用需求密切相结合的特点。

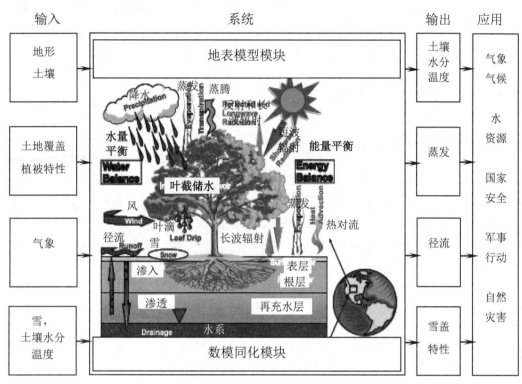

图 3-68 陆地数模同化系统

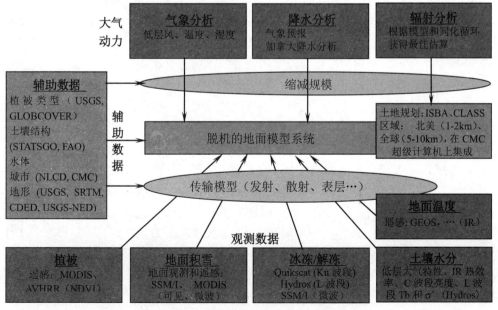

图 3-69 在建的加拿大地表数模同化系统

4. 协同增效（Synergy）

在遥感特征参数反演及其应用领域的文献里，经常可以看到"Synergy"这个英文术语。它在字典里给出的寓意是："两个或多个事物、器官或组织的活动可以产生其个体单独都不能产生出来的效果"。有鉴于此，从方法论的角度可以将它翻译为"协同增效"来使用。在遥感领域里，这个术语所指的是遥感仪器之间、不同来源数据之间以及数据与模型之间的协同增效而言。尽管目前论及遥感仪器、遥感数据等方面协同增效的研究和论文越来越多，但是其最终获得的实效如何，不仅取决于所用遥感仪器、数据和模型的类型、指标和性能，而且还取决于科技人员对其遥感对象行为特征认识的深刻程度以及在描述客观规律的过程模型里的科学知识含量。

1）协同增效指导原则

在遥感特征参数协同增效反演方法的字面上，"协同增效"是其中最为关键且不可分割的词组。它意味着在完成某遥感应用任务时，需要多种因素共同发挥作用且取得较单因素效果或多因素效果简单相加更为优越的效果。这种方法的实施必须受到自身行为规则的约束，只能按照其指导原则行事、活动。然而，这些原则在大多数情况下属于共性规律的范畴，需要从诸多遥感反演任务的个性之中提炼出来。在目前能够接触到的有关协同增效反演的科技文献基础上，可以总结出几条彼此联系紧密、有序落实跟进的这种反演方法的实施规律。它们可以作为指导原则，供读者参考使用。

（1）明确应用任务、目标和要求。在使用协同增效方法之前，必须明确其应用任务、目标和要求。许多遥感特征参数反演任务往往具有涉及面广、结构复杂、动态多变、目标多元、要求严格等方面的特点。对它们必须进行深入调研，以建立起系统、全面、准确、具体的认知；也必须将进行任务分解，直至以诸"元任务"为底层的整个任务树建立起来为止。它们决定于取舍和有效组织"协同"构成组分、争取"增效"结果的基础以及后续所有工作的出发点。

（2）确定应用对象特征及其模型。充分地利用相关专业的知识和经验，系统、全面、深入地了解其诸项元任务的作用对象及其行为特征，包括其基本属性、实体构成、相关因素以及在空间分布、时间变化等方面的规律。以此为据，建立起与之相关的特征模型或过程模型，使不同来源、性质、形式和特点的协同组分连接在一起，优质、高效地实现其协同增效之期待和追求。

（3）剖析协同组分的特征及优势。在采用协同增效方法完成某个或某些遥感应用任务时，需对参与其中或其中每个"元任务"、来自不同遥感平台、工作波段、空间分辨率、获取方式、专业领域的数据、信息、知识和模型等组分及其特征、用途、优势和适用范围，有系统、深入的研究和具体、细致的了解。在此基础上，按照应用任务和模型运算的需要，将它们优质、高效地组织起来，才能完成任务、实现其预期或理想的目标。

（4）优选遥感协同增效反演方案。针对遥感应用任务及其目标、要求，按照其应用对象的特征及其模型、规律，利用协同组分的特征及其潜力、优势，可以形成若干个协同增效的技术实施方案。对于复杂的应用任务，这种方案具有多层次的特点，所使用的组分以"够用"为原则而不是多多益善。在优先方案实施的过程中，必须根据研究者的实际情况和已有条件，尽可能选择投入小、产出大的方案使用。尽管在不得已的情况下，也可退一步求其次，但其基本原则绝不能违背，各组分协同产生的效果必须优于各组分单独或它们简单相加的效果。

2）协同增效应用计划

美国宇航局资助的协同增效计划（Synergy Program）始于 2000 年，旨在推动其地球观测系统（EOS）采集的遥感数据，在联邦、州、地方和专业团体等范围里的应用（图 3-70）。它的重点工作领域包括精细农业、社区发展、自然资源管理、水资源管理、灾害管理以及气象气候和人类健康 6 个方面。这个计划的实施在最终用户、学术团体、产业部门之间建立起一种伙伴关系，根据用户的需求目前已经开发出一些遥感数据产品。它们可以通过称之为"信息集市"的虚拟信息中心，以网络互动的方式分发

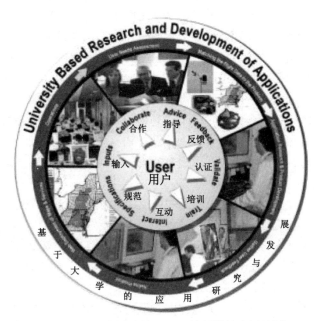

图 3-70　用户驱动的 NASA 协同增效应用计划

给用户使用。图 3-71 是 Texas 信息集市的数据流程。这种信息集市不仅可以定向提供某些专用的数据，以满足特定用户群的基本需求，免除了他们在大量数据来源之中搜索之

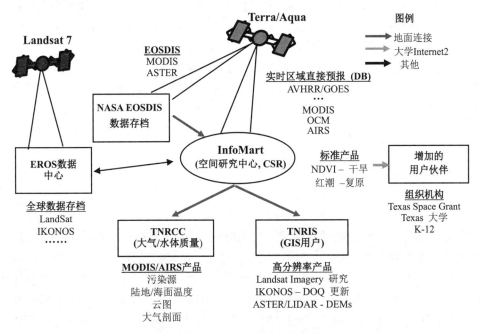

图 3-71　Texas 信息集市的数据流程

（EOSDIS: 地球观测卫星数据信息系统；OCM: 海色监测仪；AIRS: 大气红外探测仪；
ASTER: 高级星载热红外发射/反射辐射计；DOQ: 数字正射影像幅面）

苦，还可以及时、准确地提供有关场地、应用等方面的专用信息，指导和帮助用户合理地使用这些科学数据。与此同时，这个计划还致力于改善科学家和用户对 EOS 数据的可及性和可得性。EOS 日积月累地产生主要为大型全球气候变化研究服务、超大海量（Petabytes 数量级）、基于磁带介质的遥感数据。为了便于和快速访问这些数据，常用的数据产品包括 Terra、Aqua 和其他对地观测卫星数据、元数据文件以及浏览影像等，均存放在称为"数据池"（Data Pools）的某些巨大、联机的高速缓冲存储器里。这些数据池分布在美国宇航局所属的各个分布式动态存档中心（Distributed Active Archive Centers，DAACs）里。尽管这个计划的内涵已经超过了遥感特征差数反演的范畴，但是从广义上看它并没有违背"Synergy"的语义和原则。从某种意义上讲，它将多种组分的协同增效与特定应用任务连接起来，还将协同增效的结果直接带给许多最终用户。

3）协同增效应用实例

遥感特征参数协同增效反演方法，在气象气候、水文海洋、农业林业、生态环境、城市管理等领域里，得到了相当广泛和富有成效的应用。为了能够比较生动、具体地论述这种方法，在此选择了少数有代表性的实例加以说明。

（1）Brockmann Consult 在 2009 年开发了利用 ENVISAT 卫星 MERIS / AATSR 的协同增效算法，生成云层筛选、气溶胶提取以及大气改正等产品的处理模式，如图 3-72 所示。在图中，灰色方框表示处理步骤，灰色斜方框表示数据产品，而白色斜方框表示辅助数据。其输入数据为解析成像光谱仪（MERIS）、高级沿轨迹扫描辐射计（AATSR）1b 级的数据产品，辅助数据主要包括与产品生成处理有关的各种星载作业、参数、定标与统计数据库数据以及气象、环境等外部数据库的数据。协同增效处理主要包括预处理、云层筛选以及气溶胶提取和大气改正 3 个步骤，分别完成不同的作业任务。在预处理过程中，选择 MERIS L1b 为主产品、AATSR L1b 为副产品，使它们成为相互配准的产品，供下一步处理使用。这种产品继承了主产品的所有元素，包括波段数据、节点网格、标志编码、位掩码定义及其元数据；在云层筛选步骤里，要精确地检出包含有云层的像元，用适当的云层标志制图输出，作为陆地气溶胶算法的输入信息；在协同增效的气溶胶提取和大气改正环节里，分别要利用 MERIS 和 AATSR 组合信息提取海洋的气溶胶光学特性参数，在迭代过程中提取陆地上的气溶胶光学特性参数、完成相关数据的大气改正以及误差矩阵的计算。其间会综合使用到地表结构和波谱参数、植被和地面的波谱、观测与照明的几何关系等辅助数据以及波谱、角度等模型。经过后处理，可以使分别计算的海洋、陆地气溶胶特征参数，合并为一个产品的输出。如图 3-72 所示，这些结果包括地面反射率、气溶胶光学厚度（AOD）、Angstrom 指数等特征参数。

（2）Yoshio Inoue 和 Albert Olioso（2004）在遥感与过程模型协同增效的基础上，对农业生态系统里 CO_2 通量的动态估算进行了研究。其首要目标在于揭示 CO_2 通量的组分与遥感信息之间的有用关系。生态系统的行为与许多地球物理和地球化学变量关系密切，对深入理解 CO_2 通量的动态变化，概括观测到的各种现象和关系，预测不同条件下生态系统功能的数字建模等任务至关重要。为此，图 3-73 给出了遥感数据与过程模型协同增效的流程。通过植冠功能模型（如植物生长模型、土壤-植被-大气传输模型），可以将目标变量（叶面指数、蒸发、光合作用、叶绿素含量等）与遥感信息特征（如波谱反射率、热温度、微波后向散射系数等）联系起来。尽管这些模型可以用气象数据单独作为输入，

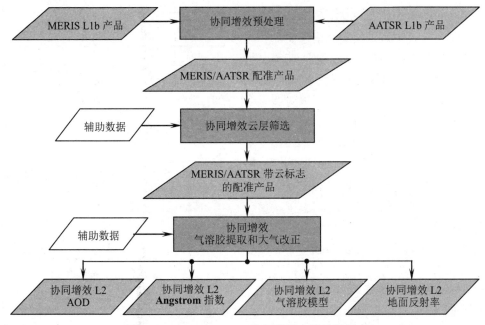

图 3-72　MERIS / AATS 协同增效产品处理模式

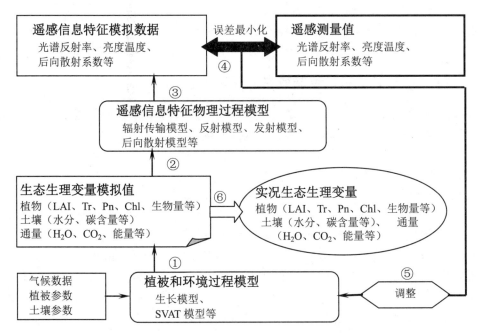

图 3-73　遥感数据与过程模型的协同增效流程图

（LAI：叶面指数；Tr：蒸发；Pn：光合作用；Chl：叶绿素含量；
SVAT：土壤-植被-大气传输模型）

动态模拟植物生长状况和在植被覆盖地面的各种通量，但是也可以用遥感信息特征和遥感导出、标定的植物参数作为输入获得更可靠的结果。图3-73显示，植冠功能模型的输出作为辐射传输模型的输入，可以对遥感信息特征进行模拟，然后将模拟结果与遥感观测数据比较来微调这些功能模型。如此反复迭代，不仅可以模拟出更真实的遥感信息特征，而且可以获得更精确的生态生理变量估算值。在此协同增效的过程中，土壤-植被-大气传输模型发挥了核心的作用。图3-74给出的是这个模型的结构以及它利用遥感信息特征生成生态生理变量参数（包括植物、土壤和各种通量）的过程。研究结果表明，土壤表面的CO_2通量与遥感导出的土壤表面温度的相关关系最为紧密，与空气温度的关系次之，而与土壤温度、土壤水分含量的相关关系差。尽管在过去的研究中从未提及遥感温度与CO_2通量的关系，但是它可以为研究

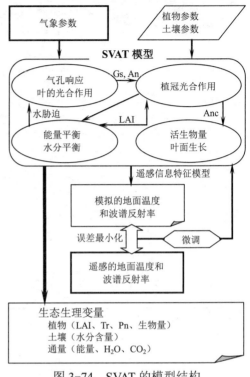

图 3-74　SVAT 的模型结构

CO_2在近土壤表层传导、定量评价生态系统表层的CO_2通量提供有用的信息。

3.4.3　遥感特征参数反演效果的评价

　　根据遥感反演参数的类型与要求，选择适当或有效波段的遥感数据作为其进行参数反演的对象，是在反演过程中首当其冲、影响全局的重要事务。然而，何为"适当或有效"的波段？对此，尽管至今尚无法从理论上给出满意的答案，但是从遥感反演的大量实践活动中，却可以找出某些规律性的东西，供有关科技人员和用户参考使用。表 3-10给出了不同遥感工作波段对有关生物物理参数反演有效性的评价，就是这方面很好的实例。在表 3-10 中，横向栏目是遥感数据的波段名称，包括可见/近红外、近/短红外、热红外、主动微波和被动微波等波段，纵向栏目给出了反演的生物物理参数，包括植冠结构（叶面指数、叶面方向、叶面尺寸和形状、植冠高度、植冠含水的质量）、叶面特征（叶绿素含量、含水量、温度）、土壤特征（地表面土壤水分、粗糙度、残渣、有机物、土壤类型）以及某些派生变量（f_{Cover}、f_{APAR}、反照率、长波）。在这些生物物理参数里，大多数都有比较显而易见的含义，只有两个参数需要专门加以说明：一个是f_{Cover}，它代表在天底方向空隙部分的覆盖比例；另一个是f_{APAR}，它代表植物冠层逐日吸收光合作用有效辐射的比例。表 3-10 中，"＋"代表该波段的反演精度及反演能力的水平，"＋"越多，精度和水平越高；"－"代表反演无法使用的波段；空白代表未知该波段在反演中是否有用。尽管表 3-10 只是针对某些生物物理参数的遥感反演，但是它仍然具有相当广泛的参考价值。

表 3-10　遥感波段对生物物理参数反演的有效性

生物物理参数		遥感波段				
		可见/ 近红外	近/短波 红外	热红外	主动微波	被动微波
植冠结构	叶面指数	+++	+++	+	++	+
	叶面方向	+++	+++	+	+	+
	叶面尺寸和形状	+	+	+	+	+
	植冠的高度	−	−	−	++	−
	植冠含水的质量				+++	+++
叶面特征	叶绿素含量	+++				
	含水量	−	+++	−	+++	+++
	温度	−	−	++++	−	++
土壤特征	地表面土壤水分	−	+	+	+++	+++
	粗糙度	+	+		++	
	残渣	+++	++		−	−
	有机物	++	++			
	土壤类型	++	++	+		
派生变量	f_{Cover}	++++	++++	++	++	+
	f_{APAR}	++++	++++			
	反照率	++++	+++			
	长波能量流	−	−	++++	−	−

注："＋"表示反演精度和能力的水平，"＋"越多，水平越高；"－"表示反演无法使用；空白表示未知

3.4.4　遥感特征参数反演的软件系统

在遥感特征参数反演过程中，各国的学者根据自己的应用需求，发展了许多相应的计算机软件，以提高其研究工作的质量、水平和效益。有鉴于此，下面将介绍中国科学院遥感应用研究所开发的遥感参数反演软件系统（Remote Sensing Inversion System，RSIS），以期起到抛砖引玉的作用。

1. 系统总体结构

RSIS 系统的目标是以 MODIS 为主要数据来源，完成千米尺度、我国地表温度、地表反照率、植被指数、地表土地覆盖率以及相关大气参数的反演任务。在反演时，充分利用先验知识库里有关区域地表参数特点的知识，以提高和改善反演的精度。RSIS 的总体结构在图 3-75 中给出，主要由数据管理、数据预处理、参数反演以及数据显示 4 个模块所组成。

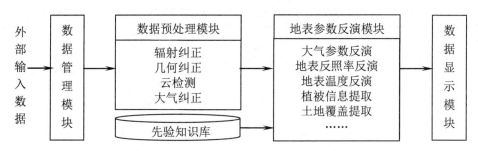

图 3-75 地表特征参数遥感反演系统的总体结构图

1）数据管理模块

它主要完成对系统各种数据进行组织、管理以及导入、导出等方面的任务。

2）数据预处理模块

它主要完成参数反演之前的各种数据预处理，包括辐射纠正、几何纠正、云掩码生成、大气纠正等任务。其辐射纠正，主要针对 MODIS 传感器的特点，采用直方图匹配方法，消除其同一波段上因不同传感器响应特性差异造成的影响；几何纠正，主要根据MODIS 数据每个像元的经纬度进行投影变换、内插纠正；云检测，通过云的反射波谱特征和相应的云雪指数进行提取；大气纠正，主要利用 6S（Second Simulation of Satellite Signal in the Solar Spectrum）模型，将反演的气溶胶光学厚度和水汽作为输入进行遥感数据的大气纠正。

3）参数反演模块

在充分吸收国内、外已有反演算法和技术优点的基础上，利用 MODTRAN4 等模型反演大气气溶胶光学厚度和水汽；利用核驱动模型和先验知识，模拟二向反射特征，求解出各个窄波段的反照率，经过窄波段到宽波段的转换，求出短波段的反照率；采用广义分裂窗法实现地表温度的反演，针对不同观测角度和地表高程，建立分裂窗算法中不同的模型系数，以消除它们的影响。与此同时，利用地表典型波谱知识库和植被冠层辐射传输模型，建立叶面指数与像元比辐射率之间的关系。然后将这种关系作为先验知识，为地表温度反演提供像元级的比辐射率值；对植被信息的提取，主要包括植被指数提取和叶面指数反演两部分内容。除计算单幅影像的植被指数外，系统还可以利用最小天顶角和最大值合成法，制作合成的植被指数。利用地表覆盖信息和 SAIL 模型，通过贝叶斯决策方法进行叶面指数的反演；在已有土地分类专题地图基础上，使用基于遗传算法的神经元网络土地覆盖细分类算法，自动生成土地覆盖分类产品。其结果可以作为先验知识，供各种特征参数的反演使用。

4）数据显示模块

RSIS 显示界面包括菜单栏、文件显示列表、图像缩略窗口、图像放大窗口以及图像局部窗口等部分，完成遥感和辅助数据及其处理、反演结果的显示功能。

2．产品及其流程

MODIS 1B 级数据进入 RSIS 之后，随着其处理流程的进展和变化，将经历不同内容的加工处理，使其输出成果的价值有所提升，成为不同的"增值产品"。这些产品可以划分为不同等级的信息产品。它们的等级划分及其生产流程可以用图 3-76 来描述。

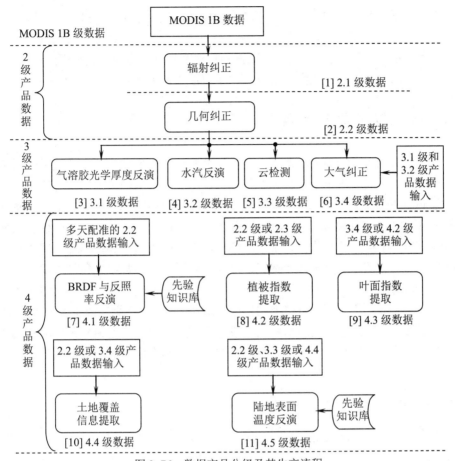

图 3-76　数据产品分级及其生产流程

1）系统产品分级

MODIS 经过系统辐射纠正后直接获取到的 1B 级数据，作为 RSIS 的输入数据。它们经过系统处理，输出 2 级、3 级和 4 级的 3 个大等级、11 个小等级的产品，如图 3-76 所示。

（1）2 级产品是 1B 级数据进行辐射纠正、几何纠正后所得到的数据产品。

（2）3 级产品是通过各种模型反演得到的大气数据等辅助产品以及大气纠正后的数据产品。

（3）4 级产品是结合应用模型和其他知识库处理得到的各种特征参数反演的产品。

2）产品生产流程

RSIS 系统产品的生产流程在图 3-76 中给出。圆角方框表示数据处理功能；直角方框标注了输入的数据产品类型；直曲线组合框代表先验知识库；每种处理功能的输出产品则在其方框下用文字数字说明，并标注了其产出的顺序。不难看出，这个生产流程的结构显然具有多级、串联式的特点。在图中，产品在分级与分级之间的生产流程顺序，为自上而下、单向行进、不可逆动。然而，在分级的内部，各处理步骤之间的关系，可以是串联式的，也可以是并联式的，视具体情况而定。例如，在 2 级产品生产阶段，辐射纠正和几何纠正之间为串联关系；但是在 3 级和 4 级产品的生产阶段里，各种处理步骤之间均为并联关系。用户可以在其中某个阶段里，选择一个或多个处理步骤生产其信息产品，而不必顾及使用处理功能的先后次序和数量。为此，在每个表示这种处理功能步骤的圆角方框处，都标出了其输入和输出的数据产品以及需要先验知识的地方。显然，这种表达方式给用户对 RSIS 系统及其产品的了解和使用带来了诸多便利。

3.5　遥感影像交互判读系统

在历史悠久的遥感影像目视判读理论、方法和经验的基础上，有效地吸收遥感影像数字处理、参数反演等先进信息技术的优点，利用遥感影像的基本影像特征及其专业内涵，发展以人机交互及其智能化为特点的遥感影像群判读系统（Group-based Image Interpretation System for Remote Sensing Applications，GrIIS/RSA），是当今遥感信息挖掘技术领域里的一个重要的趋势。鉴于这种群判读系统的功能由处理模块功能、专项作业功能以及群体应用功能 3 个层次所组成，能够有效地把遥感数据处理与影像目视判读、遥感与地理信息系统、信息通信技术与传统专业知识、人脑与电脑等方面的优势集成起来，确保几位、十几位乃至为数更多的判读人员在数字网络环境里，按照既定的任务目标和技术要求，分工协作、优质高效地完成他们所承担的大型遥感影像判读应用任务。为此，本节将论述遥感影像群判读系统的总体结构及其影像判读子系统的功能和群体判读应用系统的内容。

3.5.1　影像群判读系统的总体结构

遥感影像群判读系统采用了如图 3-77 所示，以客户机/服务器（C/S）配置为特点的总体结构。在诸多的客户机系统上，主要完成遥感影像的判读任务，在服务器系统上实现项目管理、数据组织、影像制备、成果处理以及其他常规功能，如查询检索、整饰制图、打印输出等。两者之间通过 TCP/IP 网络通信协议互联，采用 Socket、NetMeeting 等技术实现数据/信息的双向传输、对判读应用项目动态、全面的管理以及判读人员之间的对话和互动，确保大型遥感判读应用任务能够顺利完成。

1. 客户机系统

客户机系统由为数不等、配置相同的人机交互影像判读子系统所组成。子系统的技术结构和功能模块在图 3-78 中给出。这些子系统可以成组或零散地分布在不同的地方，通过网络相互连接、通信；还可以通过网络通信应用程序，直接与服务器系统互动对话。这样，客户机子系统与服务器系统，就构成了各施其职、协同作业、功能强大、运作灵便、以人为本的新型遥感影像群判读系统。客户机上的子系统，只需要按照分工方案完成自己的判读任务即可。全部遥感影像专题判读应用任务，需要由所有判读子系统与服务器系统配合完成。判读子系统具有为数众多、作用各异的两大类功能模块，即基本功能模块和判读功能模块。

1）判读子系统的基本功能模块

它们是保证判读子系统运行、作业实施和结果输出等方面的基本功能模块。其中，判读结果输出功能模块分别在客户机和服务器系统里都有，只是后者具有更强大的作业能力，而前者仅供单机判读作业需要输出其结果时使用。

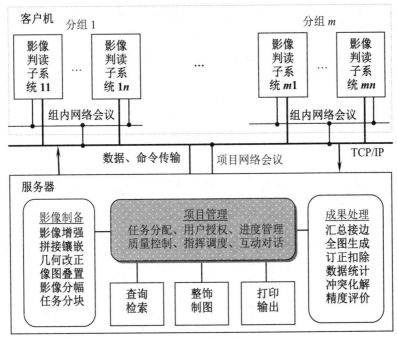

图 3-77　遥感影像群判读系统的总体技术结构示意图

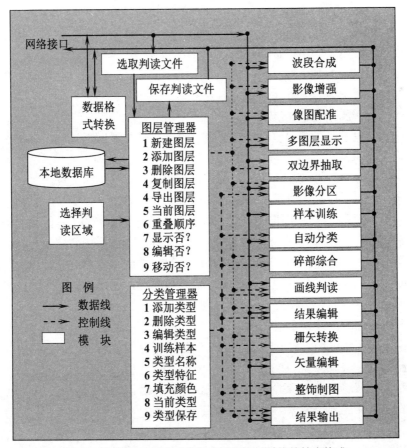

图 3-78　遥感群判读系统客户端判读子系统的技术构成

（1）数据管理。管理系统中存储的各种遥感影像、地理背景、判读制图等数据文件。该模块完成这些文件的读取、写入和保存等操作。

（2）数据转换。将外部输入的遥感影像、地理背景、判读制图等数据文件转换为 GrIIS/RSA 能够接受的数据格式。具有支持不同数据类型的接口，对栅格数据而言，支持 bmp、tif、raw、pix、img 等格式；对矢量数据而言，支持 Shp、ASCII、dxf、txt、dig 等格式。在数据类型转换时，可以支持不同像元类型，包括 24 位像元类型、高精度浮点型（8bit）、浮点型（4 bit）、整型、（4 bit）、短整型（2 bit）、WORD 型（2 bit）、WORD 型（1 bit）等。

（3）栅矢转换。完成图形数据在栅格数据结构与矢量数据结构之间的相互转换，是数据管理、影像判读及其结果处理、输出经常使用的功能。

（4）像图配准。使进入 GrIIS/RSA 或客户机子系统的各种遥感影像、专题地图与标准的地形图配准。这种配准是系统正常运转和各种作业实施的前提条件。一般而言，这种作业均在服务器系统里完成。在需要用客户机独立完成某项判读任务时，它也可以在客户机系统里完成。

（5）多图层显示。显示当前工程中的多种图层，包括栅格层、矢量层和控制点层等不同的图层。

（6）整饰制图。在整饰制图窗口上，可以对经过合并的诸视图进行图面布局和整饰，完成加图框、图名、图例、比例尺和文字注记等方面的功能。

（7）结果输出。将经过整饰制图的遥感影像及其判读专题图等数据，传输到打印文件里去，或者直接通过打印机打印输出。

（8）网络接口。为客户机与客户机、客户机与服务器之间的对话互动、数据传输、指令发送以及信息反馈等提供通信接口。

2）判读子系统的判读功能模块

这类功能模块主要在客户机系统上使用，包括直接与遥感影像判读过程及其结果生成有关的功能模块。

（1）图层管理器。管理在当前工程中打开的各种栅格图层和矢量图层，完成新建、添加、删除、复制、导出、显示、编辑、移动、选择当前图层、更换重叠顺序等处理。

（2）分类管理器。管理在当前工程中的地物分类统计识别特征，具体完成类型添加、删除、编辑和保存，选择训练样本、填充颜色及当前类型，类型赋名称及其特征等作业。

（3）影像增强。对遥感影像进行反差增强、空间滤波、边界提取、彩色增强、色空间变换等影像增强处理以及各种影像的算术运算等处理，以提高该遥感影像的可判读性和判读结果的精度。

（4）多波段合成。使 3 个或 3 个以上波段的原始黑白遥感影像合成一张彩色影像，通过以彩色差异替代色调差异的途径，提高该遥感影像的可判读性，达到提取出更多专题信息之目的。

（5）判读区域选择。在某个图层上圈出编辑或处理的影像区域，以限制自动分类和其他操作的使用范围。这种区域可以是任意多边形，也可以是矩形，视判读的具体需要而定。

（6）计算机分类。对选定的编辑或处理区域内的遥感影像数据进行监督分类或非监督分类，完成多波段数据分类处理。

（7）碎部综合。对计算机分类的结果进行处理，归并其中细小、破碎的分类结果或者综合生成新的类型，以得到较大、较完整的图斑，使影像判读专题图能够与其他来源的专题图匹配使用。

（8）绘线填充。用栅格线或矢量线的方式勾绘出地物边界线，然后在其勾绘出来的封闭区域里填充不同的颜色以代表地物的属性或类别。在系统中，提供了画笔、折线、吸铁石笔、轮廓跟踪、路径、填充、橡皮等工具。它们是确保人机交互判读任务得以顺利完成的重要手段、得力工具。

（9）影像/矢量编辑。对栅格/矢量判读专题图进行编辑、修改、显示。

（10）统计分析。用以生成遥感影像判读结果的分类图斑数目、分类图斑面积及其所占相对面积数或百分比等方面的数据统计。

2．服务器系统

服务器系统具有如图 3-77 所示的项目管理、影像制备、成果处理以及查询检索、整饰制图、打印输出等功能。因此，在完成专题判读制图、抽样检测订正、目标检出识别、判读技术培训等大型遥感任务过程中，这种服务器系统将发挥主导和控制性的作用。该服务器系统的具体技术结构在图 3-79 中给出，由项目管理、影像制备、成果处理、测评数据、冲突化解等专用子系统以及空间数据库、查询检索、整饰制图、打印输出等通用子系统所组成。

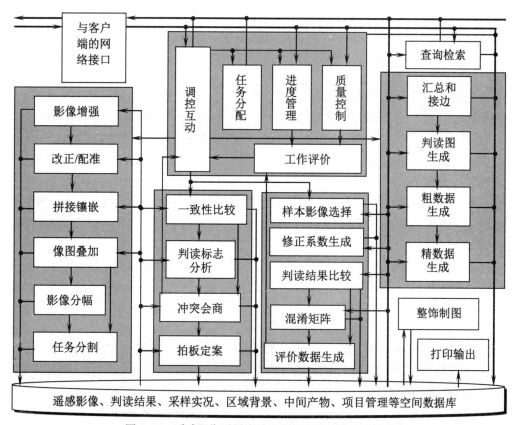

图 3-79　遥感影像群判读系统服务器系统的技术构成

1）项目管理子系统

它实际上是整个遥感影像群判读系统的总控制系统，对诸客户端的判读子系统和服务器端的诸子系统起动态管理、调度指挥和对话互动等方面的调控作用。它们通过子系统的任务分配、进度管理、质量控制、工作评价以及调控互动等功能模块的运作而实现。

（1）任务分配模块。根据事先拟定好的分工方案，生成标明承担单位及其具体判读人员名称的判读任务分区图及其相应的判读任务单。在任务单中，要详细地说明对其完成任务的具体技术要求、支持条件以及各种注意事项。

（2）进度管理模块。每日或定期地统计各判读人员完成的遥感影像判读面积，进而得到每个判读人员、各个承担单位以及整个判读任务的绝对进度（以完成判读面积表示）和相对进度（以完成判读面积百分数表示）。

（3）质量控制模块。项目的质量控制专家可以通过网络，定期地调阅每位判读人员或者随机调阅其中某些判读人员的判读结果，也可以通过精度评价子系统的运作，检查他们判读工作的质量，指出其中存在的问题，提出相应的改进意见和必要的控制措施。其中也包括部分返工、全部返工，乃至撤换判读人员或承担单位等措施。

（4）工作评价模块。定期地记录根据进度管理、质量控制模块以及精度评价子系统提供的信息，而对各判读人员、各承担单位以及整个判读任务的工作状况所做出的综合评价意见以及应该采取的各种调控措施。

（5）调控互动模块。它通过菜单等方式调度服务器系统中的子系统及其功能模块；通过指令和控制信息的传递，指挥和管理客户机用户及其上各个子系统的运作和进程；通过 Socket、NetMeeting 等技术，实现数据/信息双向传输、子系统之间以及子系统与服务器之间的互动对话，实现对判读项目的动态、全面管理。

2）影像制备子系统

在完成大型遥感影像判读应用任务时，影像制备子系统的功能就是要根据其分工实施方案，统一地为诸判读人员准备好他们各自需要判读的遥感影像，使任务能够充分而有效地展开。古语云："兵马未动，粮草先行"。制备子系统起的就是"粮草先行"的作用。它涉及影像增强、几何改正、拼接镶嵌、像图配准、影像分幅、任务分割等功能模块。

（1）影像增强模块。它主要具备遥感影像反差增强、空间滤波、边界提取、彩色增强、色空间变换以及各种影像运算等方面的功能。这些功能尽管同时可以在服务器和客户机上运作，但后者更具灵活、有效和个性化的特点。

（2）改正配准模块。它完成遥感影像的几何精校正，影像与影像、影像与地图之间的精确配准等任务，是不同时相、不同空间分辨率和不同类型的空间数据融合及其判读应用的工作基础和先决条件。

（3）拼接镶嵌模块。它完成相邻遥感影像之间的数字拼接与镶嵌任务。它对完成大范围区域的遥感影像判读任务，是个不可缺少的重要环节。换言之，它所输出的大区域镶嵌影像，不仅是最终判读成果生成及其处理的需要，也是像图叠加模块、影像分幅模块对输入影像的需要。

（4）像图叠加模块。它用来完成判读区域遥感影像镶嵌图与各种线画界线图的叠加、合成任务。根据判读应用任务的需要，可以选择行政区划图、流域界线图或地形图标准分幅地图等界线图与遥感影像叠加生成新型的遥感影像地图。

（5）影像分幅模块。根据任务需要，选择某种界线图作为遥感影像分幅的参考界线图，生成相应的分幅遥感影像数据文件。地形图标准分幅地图或行政区划图，是通常采用的分幅参考界线图，在判读专题图拼接镶嵌时也会用到它们。

（6）任务分片模块。根据任务分工实施方案，该模块将把判读区里的分幅遥感影像，依照"地域连续原则"分割为不同的部分，生成以分幅影像为单元、注明任务承担单位的判读任务分配区划图。该图是可视化的任务实施方案，也是进行项目管理的基本文档。

3）成果处理子系统

按照任务分工实施方案，分幅遥感影像的判读任务可以分派给每个承担单位及其判读人员。当判读任务完成之后，其成果要经过汇总和接边、专题图生成、粗制数据生成、修正系数生成以及精制数据生成等模块的处理，才能产出任务完成的最终成果。它们包括影像判读专题图、粗制和精制的统计数据表以及相应的技术文档。

（1）汇总和接边模块。它将根据任务分配区划图，生成任务承担单位提交的、经过接边和镶嵌处理的遥感影像判读专题草图。在此过程中，要通过人机交互或自动化的方式，解决不同来源、相邻图幅之间相同地物界线连接与调整、地物属性冲突消除等问题。

（2）专题图生成模块。它要对上述区域判读专题草图进行整饰、制图或栅格或矢量数据转换等处理，生成具有栅格或矢量数据结构的区域判读专题图。这种专题图可以作为任务完成的最终成果，提交验收、鉴定以及广大用户使用。

（3）粗制数据生成模块。该模块通过测量、计算区域判读专题图中的各种地物类型的图斑面积，最终可生成整个区域的专题分类统计数据。若将三级行政区划界线图叠加在该判读专题图上，可以统计生成县级单元地物类型的面积数据，汇总出市级、省级单元乃至全国的地物类型面积数据。它们未经图幅面积平差、细碎地物和线性地物的面积扣除，属于粗制数据的范畴。

（4）精制数据生成模块。它可以根据遥感抽样区划图，从空间数据库里调用分区判读专题图生成的地物类型的粗制数据以及相应分区里地物类型的细小地物扣除系数，生成该分区中地物类型的精制数据；也可以调用判读生成的分区地物类型精制数据及其在相应分区里某时期的地物类型动态变化订正系数，生成分区地物类型在该时期里动态更新的精制数据。

4）测评数据子系统

遥感影像判读应用任务所得成果的精度状况，是衡量任务完成质量、所得成果价值的重要技术指标。因此，这个子系统在遥感抽样区划图的基础上，要通过随机抽样方法选取样本影像；通过样本影像参考判读结果与待测评判读结果的比较，生成后者的混淆矩阵，给出其总体精度、类型精度及其空间分布状况。

（1）样本影像选取模块。在地面实况差异较小的判读区域里，可以采用简单随机抽样的方法，选取数量足够、在空间上随机分布的样本影像。在地面实况差异较大的判读区域里，可以采用分区随机抽样的方法，选取总体样本数量足够、分区样本数量各异、在空间上随机分布的样本影像。根据这些随机选择出来的样本影像网格的位置，可以从同期同类、同期异类、异期异类的遥感影像上，生成同期同类、同期异类、异期异类的样本影像，分别供细小地物扣除系数、地物变化订正系数生成之用。

（2）修正系数生成模块。这个模块可以按照遥感抽样区划图的分区，从空间数据库里调用相对待测评判读专题图而言，为同期、异类的分区样本影像判读专题图（大比例尺），生成在不同分区里使用的不同地物类型的细小地物（包括细碎和线状地物）的面积扣除系数；调用相对待更新判读专题图而言，为同期异类、异期异类的分区样本影像判读专题图，生成不同分区里使用的不同地物类型的变化（面积）订正系数。这些分区系数和分区粗制数据配合起来，分别可以生成相应的分区精制数据和更新的分区精制数据。

（3）判读结果比较模块。该模块从群判读系统的空间数据库里，配对地调用样本参考判读专题图和待测评的样本判读专题图。两者叠加的结果，可以用专门设定的色彩把彼此存在差异的地方突显出来，生成一张等待测评样本判读专题图的误差分布图。这张图揭示了等待测评的样本判读专题图里，存在误判问题及其空间分布等的状况，不仅是对其判读质量进行全面评价的客观依据，而且也是分析误差产生原因的重要线索。

（4）混淆矩阵生成模块。这个模块根据样本参考判读专题图和样本待测评判读专题图的比较与量算，生成能够反映待测评判读专题图误差及其空间分布、判读人员水平等状况的分区或者不分区判读结果的混淆矩阵。在此基础上，派生出相应的误判入混淆矩阵和误判出混淆矩阵。它们定量地揭示了在待测评判读专题图里，存在误判问题的专题类型分布及其特点等方面的状况。这些混淆矩阵也是全面评价判读结果质量的客观依据，分析误差产生原因的重要线索。

（5）评价数据生成模块。根据判读专题图精度评价的要求，该模块将生成分区或不分区的总体判读精度、分类正确判出精度、分类正确判入精度以及最容易混淆的地物类型矩阵等数据。在样本影像选择时，如果使用的是专业抽样区划图，其生成精度数据可以揭示出判读质量在不同专业分区里的差异；如果使用的是供管理用的抽样区划图，可以揭示出不同参与单位判读质量的差异。

5）冲突化解子系统

任何大型遥感影像判读应用任务，都需要有不同单位、众多判读人员的参与，彼此分工、相互协作来完成。然而，由于他们专业背景、业务素质、判读经验等方面的差异，在对其判读专题图汇总或接边时，彼此之间不可避免地会出现性质或程度上不同的冲突。一般而言，冲突主要在相邻图幅接边问题上显示出来。它们可以采用协商办法或由专家来解决。对相同重要目标的诸判读结果之间的冲突而言，需要经过一致性的比较、判读标志分析、冲突化解会商以及结果冲突消除等步骤，才能合理而有效地加以化解。

（1）一致性的比较模块。它可以从系统空间数据库里，调用各判读人员提交的目标判读专题图。通过对它们的叠加和比对，生成目标判读结果一致性专题图。在图上，将判读目标分为有对抗性冲突目标、有差异性冲突目标、有细节性冲突目标和无任何冲突目标4个类型，用不同颜色或符号表示出来。其功能就是要找出具有冲突的判读目标、区分冲突的类型，为目标冲突化解的优先级排序提供依据。

（2）判读标志分析模块。根据所有判读人员提供的各个有冲突目标的影像判读标志，编制出这些冲突目标的影像判读标志汇总表。在汇总表里，要列出判读人员的姓名及其使用的影像判读标志，还要给出每种标志的使用次数及其频率。某些标志尽管使用频率较少，却可能蕴涵着导致冲突的原因，不可掉以轻心。

（3）冲突化解会商模块。它将为化解判读目标冲突的会商会议，创造必要的视像、语音以及互动对话的环境，完成一致性专题图和判读标志汇总表等的展示；进行情报交流、原因分析、分歧辩论；记录会议的议题、进程及其共识与分歧；通报需要专家再判读的目标名录等任务。该模块及其高效、灵活的运作，是化解冲突的重要场所，对能否取得成功起关键作用。

（4）结果拍板定案模块。利用此模块，任务主管人员在调阅和研究冲突化解会商模块的所有文档和记录，包括对有冲突目标会商取得的共识、依然存在的分歧；有关专家对冲突目标再判读的结果和依据以及其他来源信息的基础上，必须对整个判读结果，尤其是在会商之后仍有分歧的目标及其属性，做出自己最终的选择和决断。该模块要详细记录、持久保存这些拍板定案的结果及其依据所在。

3.5.2　判读子系统作业流程的构建

在 GrIIS/RSA 的专项作业流程构建的层次上，会涉及在服务器端的应用项目管理子系统、项目数据组织子系统、影像数据制备子系统以及在客户机端的遥感影像判读等子系统。鉴于服务器上的 3 个子系统的构建，在相关的许多科技文献、教科书里都有详细的介绍。在此，对它们无需多费笔墨，而将有限的篇幅围绕着判读子系统作业流程构建的问题展开。在整个群判读系统里，事实上，只有这个子系统，是唯一能够从遥感影像上直接挖掘出专题信息的子系统，其重要作用和地位就不言而喻了。其作业流程的构建如图 3-80 所示：首先，要利用判读子系统及其相关功能模块，搭建起其不同类型作业流程的构建框架；其次，根据应用需求、影像状况以及判读人员的作业习惯等因素，有选择性地构建具体使用的作业流程，包括目视交互判读、专题自动分类、分区自动分类、辅助波段分类、动态变化判读、人机混合判读等作业在内。

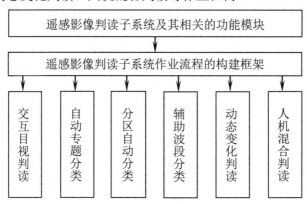

图 3-80　遥感影像判读子系统的作业流程

1. 作业流程构建的框架

在 GrIIS/RSA 里，构建了一个能够灵活生成不同信息挖掘作业流程的总体框架，如图 3-81 所示。判读人员利用框架中不同的功能模块，可以构建出不同的作业流程。

1）框架的模块构成

在图 3-81 的框架中，涉及 GrIIS/RSA 的图层管理器、分类管理器、像图配准、栅矢转换、双边界抽取、影像增强、栅格画线填充、矢量画线赋属性、影像分区、专题分类、碎步综合以及判读专题图及其编辑、图面整饰、成果输出等诸多功能模块。其中，黑体字方框是构建各种作业流程都会使用的模块；非黑体字方框则是可以选择使用的模块。方框里的阿拉伯数字以及方框间的箭头线，表明了判读作业的逻辑顺序。因此，这个框架实际上是判读人员完成各种信息挖掘任务的路线图。

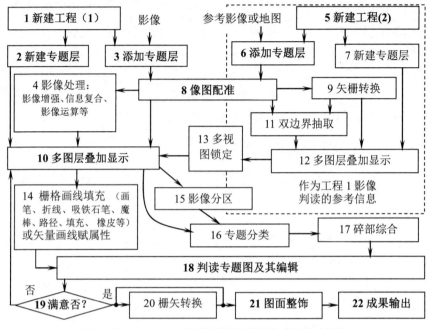

图 3-81　GrIIS/RSA 影像判读子系统的功能构建框架

2）框架的使用原则

利用该构建框架以具体构建不同的判读作业流程时，必须注意和遵循以下的原则。

（1）要全面、系统地理解遥感影像判读任务的应用目标、用户需求、技术指标、覆盖范围、作业期限以及判读区域的背景状况。

（2）要充分了解、灵活应用有关遥感影像判读子系统功能构建框架的设计思想、组织结构、模块构成及其技术特点等方面的知识。

（3）要熟悉遥感影像判读子系统各种作业流程需要处理的数据对象、类型、特点及其技术要求和作业步骤。

（4）要确保遥感影像判读子系统处理的各种来源和类型的数据，包括遥感影像、专题地图、台站观测等数据，在空间上必须严格配准。这是子系统诸作业流程能够正常运作的充分、必要条件。

（5）遥感影像判读子系统的各种作业流程图，均可在图 3-81 构建框架的基础上派生出来。它们之间的差异主要表现在"18 判读专题图及其编辑"步骤以前的部分。

3）框架的派生产物

利用图 3-81 的子系统作业流程构建框架，可以派生出如表 3-11 所列的 6 种信息挖掘作业流程图。表中模块的编号沿用了图 3-81 中的模块编号。如果判读人员能够将这两张图表配合起来使用，就可以清晰地了解这些作业流程各自的模块构成、作业顺序及其相互关系，进而帮助判读人员选择自己需要的判读作业流程，去完成其信息挖掘任务，也有助于读者具体了解这些作业流程的工作原理和实施过程。

表 3-11　判读子系统诸作业流程图的派生方案

作业流程	模块编号															
	1~3	4	5	6	7	8	9	10	11	12	13	14	15	16	17	18~22
交互判读	●	●	●	●	●	●	●	●	●	●	●	●				●
自动分类	●													●	●	●
分区分类	●		●	●	●	●	●	●	●	●	●		●	●		●
辅助分类	●		●	●	●	●	●	●	●	●	●			●		●
动态判读	●	●	●	●	●	●	●	●	●	●	●	●				●
混合判读	●	●	●	●	●	●	●	●	●	●	●	●				●

2. 信息挖掘框架的应用

在概括地论述了图 3-81 和表 3-11 的基础上，还需要通过具体的应用实例，对它们作进一步的说明。

1）目视交互判读

判读人员根据其专业知识、判读经验，可以利用这种作业流程，直接在显示遥感影像的屏幕上判读、勾画出各种类型的地物界线及其属性，还可以参考系统中存储的有关背景资料（如专题地图等）来完成自己所承担的遥感影像判读任务。GrIIS/RSA 提供了栅格判读和矢量判读两种作业方式，判读人员可以根据自己的工作习惯或任务需要选择使用。前者采用画笔、折线、吸铁石笔、魔棒、填充等工具进行判读，结果经过栅格图形编辑之后输出，也可以通过栅矢转换模块生成矢量专题图输出，如图 3-82 所示。后者需要利用点、线、面等矢量画线、赋属性工具，完成其判读作业。判读的结果经过矢量图形编辑、拓扑生成等处理之后输出，也可以通过矢栅数据结构转换生成栅格专题图输出。下面给出了这种作业流程的应用实例。

2）专题自动分类

遥感影像专题自动分类是基于像元的统计识别分类算法的一种专题信息挖掘作业流程。它是许多商用遥感影像数字处理系统的核心功能模块。在此，无需对它的工作原理及其应用实例作进一步的说明。在 GrIIS/RSA 的影像判读子系统里，提供最小距离监督分类、K 均值非监督分类以及进行后处理的碎部综合等功能模块，用户可根据自己的需要选择使用。

3）分区自动分类

GrIIS/RSA 判读子系统的分区自动分类功能，使判读人员能够根据遥感影像的特征差异，把整个区域影像划分为几个不同的影像分区，分别采用不同的分类方法和参数对它们进行专题分类，然后把各分区的分类结果汇总起来，获得整个区域的专题信息。鉴于各影像分区内部比较均一，分区之间的特征差异比较显著，而且各分区可以采用不同算法和参数进行分类，显然会提高整个区域遥感影像分类的精度。图 3-83 给出了海南岛某地区，1999 年 7 月和 2000 年 4 月的 TM 拼接影像及其经过分区自动分类和不分区自动分类的两组试验的结果。在这两组试验中，又分别采用了两种方案进行专题分类。其中，方案 1 以区 I 的训练区取得的统计参数为标准进行分类；方案 2 则以区 II 取得的标

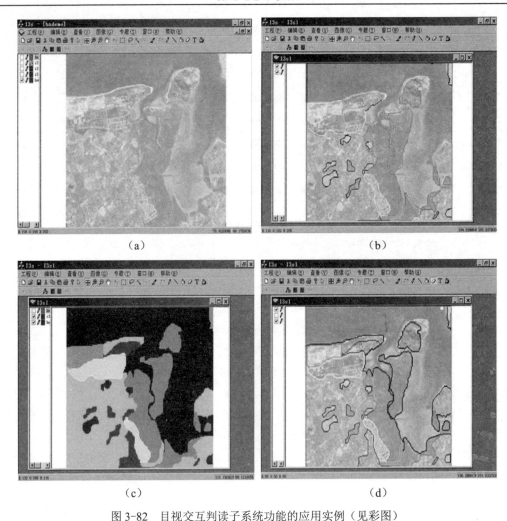

（a）　　　　　　　　　　　　　　（b）

（c）　　　　　　　　　　　　　　（d）

图 3-82　目视交互判读子系统功能的应用实例（见彩图）

（a）TM 放大影像（2000 年 4 月）；（b）栅格方式的判读过程；（c）栅格判读专题图；（d）双边界抽取的结果。

准进行分类。对于分区分类而言，先用方案 1 对区 I 进行分类，再用方案 2 对区 II 进行分类，然后通过两者分类结果的合成，得到整个地区的分类结果。它们分别在图 3-83（b）、（c）和（d）中给出。对于不分区分类而言，先后采用方案 1 和方案 2 都以整个地区的 TM 拼接影像为对象进行分类，所取得的结果分别在图 3-83（e）和（f）中给出。为了更好地比较这些试验的结果，给出了表 3-12 和表 3-13。前者给出了利用 GrIIS 分区自动分类功能，在区 I、区 II 和整个地区里不同类型地物的像元数及其面积的公顷数；后者给出了以目视交互判读结果为参考评价标准的分区分类的精度、不分区分类方案 1 和不分区分类方案 2 的分类精度。通过对这些统计表的分析表明，采用分区自动分类时，水田、旱地、林地、水塘、河流与草地 6 种类型的地物分类精度都在 80%以上，林地、旱地和水塘的分类精度在 90%以上。在不分区分类方案 1 的分类结果里，只有少数地类，如水塘和滩地的分类精度较高；在不分区分类方案 2 的结果里，只有旱地、草地的分类精度在 90%以上，而其他类型地物的分类精度都明显偏低。

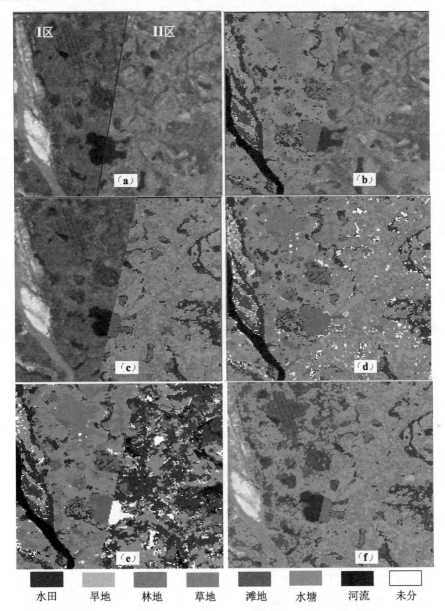

水田　　旱地　　林地　　草地　　滩地　　水塘　　河流　　未分

图 3-83　分区自动分类及其与不分区分类的比较（见彩图）

（a）影像分区；（b）在 I 区用 I 方案分类的结果；（c）在 II 区用 II 方案分类的结果；
（d）分区分类的汇总结果；（e）用 I 方案的不分区分类结果；（f）用 II 方案的不分区分类结果。

表 3-12　分区自动分类试验的结果统计

方案 类型	方案1对区 I 的分类结果		方案2对区 II 的分类结果		整个地区合成的分类结果	
	数量	面积	数量	面积	数量	面积
水田	2991	0.0269	2403	0.0216	5394	0.0485
旱地	6442	0.0580	2739	0.0247	9181	0.0826
林地	5063	0.0456	6765	0.0609	11828	0.1065
水塘	1688	0.0152	712	0.0064	2400	0.0216

（续）

方案 类型	方案 1 对区 I 的分类结果		方案 2 对区 II 的分类结果		整个地区合成的分类结果	
	数量	面积	数量	面积	数量	面积
河流	877	0.0079	0	0.0000	877	0.0079
草地	807	0.0073	6116	0.0550	6923	0.0623
滩地	395	0.0036	0	0.0000	395	0.0036
未分	576	0.0179	540	0.0077	1116	0.0256

表 3-13   分区分类和不分区分类试验结果的精度比较

精度 类型	分区分类 的精度/%	不分区分类 方案 1 的精度/%	不分区分类 方案 2 的精度/%
水田	80.27	14.39	28.75
旱地	91.72	59.72	98.64
林地	97.12	44.04	68.64
水塘	90.31	73.40	21.76
河流	87.35	15.74	0.00
草地	86.87	22.65	99.89
滩地	62.70	62.70	0.00

4）辅助波段分类

GrIIS/RSA 的遥感影像判读子系统具有对遥感影像进行辅助波段分类的专题信息挖掘功能模块。它使判读人员能够选择某种必要的辅助数据，如数字高程模型（DEM）数据以及其他不易变化或变化缓慢的专题数据等作为辅助"波段"，和多波段遥感数据一起进行专题分类，以提高遥感影像的分类精度。在实际操作过程中，这种辅助"波段"的数据文件必须精确地与遥感影像文件配准，它的每个栅格的尺寸必须与遥感影像像元相同，才能参与遥感影像数据的专题分类，获得其专题分类图并使之分类精度有所提高。为了具体演示这种辅助波段分类功能的效果，可以利用新疆艾比湖地区 Landsat 5 的 TM 影像（2000 年）进行试验。图 3-84（a）是新疆艾比湖地区 Landsat 5 的 TM 影像（2000年）；图 3-84（b）是该地区相应的数字地高程模型（DEM）；图 3-84（c）是对 TM 4、3、2 这 3 个波段数据进行分类的结果；图 3-84（d）是利用上述 3 个 TM 波段和 1 个辅助波段（DEM）进行分类所得到的结果。通过对图 3-84（c）和（d）所示结果之间的直观比较，不难看出：首先，常规分类和辅助波段分类方法都能够有效地把水体的信息提取出来；其次，前者将本来属于耕地类型的像元错分类为林地，山区的大部分高覆盖草地被错分类成林地，还有部分山区的草地被错分类为水体，因此，常规分类方法分出耕地类型的像元数目要比辅助波段分类分出来的耕地像元数目多；再次，辅助波段分类除了滩地外，都正确地区分出大部分的土地利用类型。其中，耕地的分类效果尤为理想，戈壁附近低覆盖草地的效果也不错。

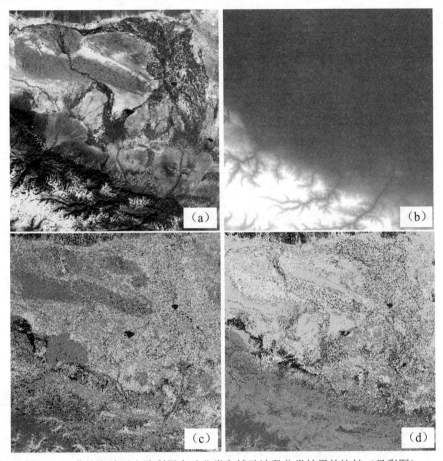

图 3-84　艾比湖地区土地利用自动分类和辅助波段分类结果的比较（见彩图）

5）动态变化判读

如果对不同时相的遥感影像，或者对不同时相的遥感影像与专题地图（包括判读专题图）进行比较，往往会发现它们之间存在不同性质和/或不同程度的变化。GrIIS/RSA 影像判读子系统为判读人员提供了提取这些变化信息的功能。它对于判读人员能够优质高效地完成遥感动态变化监测任务而言至关重要。利用判读子系统作业流程的构建框架，可以具体构建和有效使用这种动态变化判读功能。为了形象、直观地说明遥感影像动态变化判读功能及其作业过程，图 3-85 和图 3-86 分别给出了变化影像判读模式和地图更新判读模式的实例。图 3-85 是利用雷达图像，以变化影像判读模式来完成水域的动态变化判读任务的实例。其中，图 3-85（a）给出了允许淹没的最大范围（即警戒水域）的图像，图 3-85（b）是洪水期洪水波及范围（洪水水域）的图像，图 3-85（c）是警戒水域与洪水水域的叠加图像，显示了在警戒水域内、外的洪水态势，图 3-85（d）为超出警戒水域的洪水淹没范围（成灾范围）。在这些图像中，图 3-85（a）和图 3-85（b）是利用 GrIIS/RSA 目视交互判读功能对遥感影像进行判读的产物；图 3-85（c）是图 3-85（a）与图 3-85（b）叠加的产物；图 3-85（d）是图 3-85（c）自动提取出来的淹没损失范围。在同步自动生成的统计表中，展示出上述警戒水域、洪水水域和洪水淹没损失范围的具体统计数据。这样，图、数配合起来可以提供有关洪水灾害内容丰富、形象直观、定性定量结合、富于空间联想的大量珍贵信息。图 3-86 作为一个实例，直观地展现了遥感影像动态变化判读的地图更新模式。判读人员把参考土地利用判读专题图叠加在 Landsat TM 的当前遥感影像上，进行的土地利用动态变化判读，以完成土地利用专题地图的更新任务。在图 3-86 中，黄线是参考判读专题图上的土地利用类型界线，多边形里所标注的绿色数字是该多边形的属性代码。通过当前影像与参考专题图的比较，有变化的部分用蓝线勾画出来，在相应的多边形里的蓝色代码表示其属性的变化。这种蓝色代码由原来的土地利用类型代码和变化后的土地利用类型代码所组成。这种地图更新判读模式，显著地减少了全面生成动态变化判读专题图的工作量，进而使这种任务的工作效率有了明显的提高。

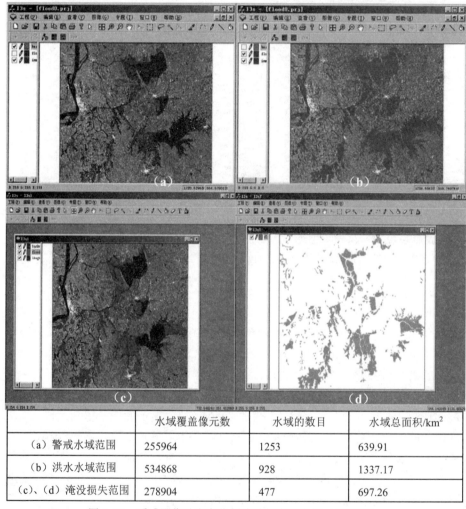

	水域覆盖像元数	水域的数目	水域总面积/km²
（a）警戒水域范围	255964	1253	639.91
（b）洪水水域范围	534868	928	1337.17
（c）、（d）淹没损失范围	278904	477	697.26

图 3-85　遥感影像动态变化判读功能应用实例（见彩图）

6）人机混合判读

遥感影像人机混合判读是一种由全计算机自动作业、辅助计算机自动作业、利用计算机交互作业等多种方式灵活地组合起来，从遥感影像中优质、高效地提取专题信息的作业过程。它们实际上是 GrIIS/RSA 影像判读子系统作业流程构建框架的灵活应用。具体来说，在图 3-81 中，除了在模块编号 8 之前以及模块编号 19 之后的作业步骤不变以外，其间的任何模块及其组合、流程，都可以根据具体情况和需要调用。然而，要想灵活、有效地使用这些功能模块，有时也会让判读人员感到无所适从。为此，提出下述基本原则和参考意见，供驾御这种信息挖掘作业流程使用。

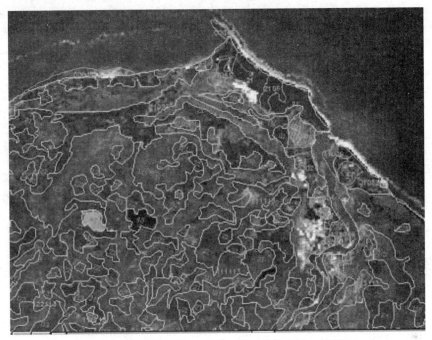

图 3-86　遥感影像动态变化判读功能应用实例（见彩图）

（1）使用基本原则。

第一，要根据遥感影像判读应用任务的要求、特点及其使用影像的状况，选择和制定具体完成判读任务的具体作业流程。第二，在作业流程中，计算机自动完成不了的工作，先由判读人员帮助计算机去完成，或者由判读人员利用计算机去完成；计算机能自动完成的作业，就让计算机去完成。第三，根据判读的任务需要、影像特征和工作习惯等考虑，子系统的功能模块可以在不同的新建影像层上使用，也可以在不同分区或人为圈定出来的范围里使用。第四，在大型遥感影像判读应用任务中，通过目视交互判读作业流程的灵活使用，可以充分发挥判读人员的主观能动性及其在专业知识、判读经验等方面的优势。

（2）使用参考意见。

第一，对轮廓不清晰的面状地物影像、线状地物影像以及细碎分散、数量相近、类型混合的地物影像，可以优先采用目视交互判读功能完成信息提取任务。第二，对结构简单、分布均一的遥感影像，尽可能使用专题自动分类功能提取专题信息。其结果除了进行碎步综合处理外，还可以对某些特别结果进行人工归并或另设新类。第三，对内部影像特征差异显著的遥感影像，要优先采用分区自动分类功能。在不同分区里，可以采用不同的分类算法和分类标准进行分类。第四，对环境因素较为敏感且面积较大的地物遥感影像，可以优先选择 DEM 数据进行辅助波段分类作业。

3.5.3　群判读应用系统的任务实施

遥感影像群判读应用系统（简称为"应用系统"）是根据遥感影像判读应用任务的共性需求及其常规作业的工作流程、运作特点、实施方法，利用上述基层模块、服务器子系统以及客户机判读子系统相应作业流程分别构建而成的专题应用系统。它们具体包括遥感专题判读制图、遥感抽样检测订正、遥感目标检出识别以及遥感判读技术培训等应用系统。

1. 专题判读制图应用系统

遥感专题判读制图应用系统可以帮助判读人员，获得完整覆盖其任务区域和专业领域的有关遥感影像判读专题地图及其相关数据，完成不同规模的遥感影像判读应用任务。这种应用系统由客户机诸判读子系统以及除去冲突化解子系统的图 3-79 服务器系统的各个子集所组成。其子集包括项目管理、影像制备、成果处理、测评数据等专用子系统以及空间数据库、查询检索、整饰制图、打印输出等通用子系统在内。大型的遥感影像专题判读制图任务需要在其技术实施方案指导下，利用专题判读制图系统，组织为数众多的判读人员分工协作地完成。其任务实施流程在图 3-87 中给出。

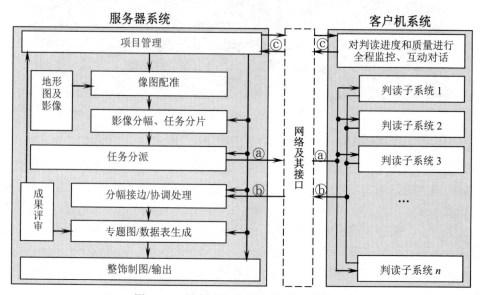

图 3-87　判读制图群系统功能的运作模式

1）判读任务分配及前置作业

根据项目实施方案，利用影像制备子系统完成任务区域遥感影像的几何改正、拼接镶嵌、像图叠加、影像分幅、任务分片等作业步骤，然后将其结果存储在项目数据库之中。如果需要，可以对任务区域的全部或部分遥感影像进行影像增强等处理。在这些作业基础上，完成判读任务的分派工作。

2）客户端遥感影像判读作业

通过项目管理子系统的任务分配、调控互动等模块和网络接口ⓐ，将整个判读应用任务分配到客户端的每个判读子系统上去。判读人员可以根据任务分配单，从项目数据

库中下载和存储自己需要判读的遥感影像、参考资料，明确对自己判读工作的各种技术
要求。

3）判读结果处理、输出作业

在客户端的判读人员根据任务单的要求，使用自己的判读子系统进行遥感影像专题
判读，完成自己所承担的那部分任务。判读结果通过网络及其接口ⓑ存储在服务器数据
库里。然后经受分幅接边/协调处理、专题图/数据表生成、整饰制图和输出/服务等作业
步骤。

4）进度及其质量的管控作业

在任务实施过程中，除了要对任务总体及判读人员的工作进度、质量状况进行全程
管控外，还要对任务的中期成果和终期成果进行审评。如果管控人员发现了问题或判读
人员遇到了问题，都可以通过电子邮件、网络电话或网络会议等途径及时讨论解决。中
期审评的目的重在检查各单位及其判读人员的判读质量、存在问题，确保成果精度及其
相互的一致性；终期审评要对其最终成果的精度、可靠性及其实用价值，提出客观而全
面的评价报告，供验收和鉴定之用。

2. 抽样检测订正应用系统

遥感抽样检测订正系统的任务就是要客观、准确地生成评价影像判读质量的评价数
据、改正数据的分区分类细小地物扣除系数或更新数据的分区分类变化订正系数。在大
多数情况下，这种系统都会与遥感专题判读制图系统配合使用。然而，在对某项判读应
用任务进行外部评审时或利用这种系统生成更新数据的变化订正系数时，它们都会处在
独立的运作状态。尽管如此，它们在技术构成方面都没有显著的差别，均由客户端的诸
判读子系统以及服务器系统项目管理、影像制备、测评数据等专用子系统以及空间数据
库、查询检索、整饰制图、打印输出等通用子系统组成。

遥感抽样检测订正系统的任务是要生成影像判读精度评价、细小地物扣除、数据变
化订正 3 种不同用途所需要的数据，构成了 3 种不同的系统实施模式。它们在图 3-88
中分别用浅灰色、中灰色和深灰色表示，通过箭头连线指示了它们的实施模式。三种模
式的共同之处以黑色方块、白字标注表示，说明抽样区划图和选定的分区样本界线图是
它们获得判读样本影像以及后续作业的基础。图中白色框的内容，仅与后两种作业模式
有关。由图 3-88 不难看出，这 3 种模式在所需数据、作业流程、处理方法以及产出成果
等方面都有显著差异，可以分别论述如下。

1）遥感影像判读的精度评价模式

它的主要作业过程是：采用分区抽样的方法从产生待查判读专题图的区域遥感影像
上，选取抽查样本影像、判读生成其专题图，然后与相应范围的待查判读专题图生成评
价和分析各个分区和整个任务判读质量所需要的一系列数据，具体包括它们的总体判读
精度、分类正确判出精度、分类正确判入精度以及在判读中易混淆的地物矩阵等方面的
数据。在此过程中发现的问题，需要通过调控互动模块与判读单位或人员互动对话加以
解决。

2）各种细小地物的扣除系数模式

它的主要作业过程是：在选定分区样本界线图与所需要订正判读图同期的大比例
尺（即异类）影像基础上，生成同期异类样本影像及其判读图。在这种大比例尺的样

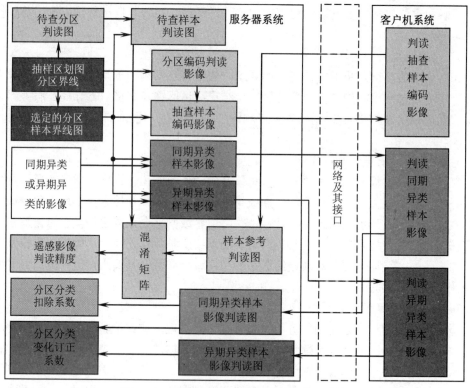

图 3-88 抽样检测订正系统实施模式及流程

本影像判读图上，对不同类型的面状地物的面积及其内部的细碎和线性地物的面积进行详细的量测，计算出它们分区、分类的细小地物扣除系数，供生成区域精制判读专题数据使用。

3）数据更新的变化订正系数模式

它的主要作业过程是：在选定分区样本界线图与原有判读图同时期和更新期（异期）的大比例尺（即异类）影像基础上，生成分区的同期异类和异期异类的样本影像及其专题判读图。然后，分别量测两个图上不同类型地物的面积，且以同期异类样本影像判读专题图的测量数据为参考值，计算出分区分类的地物变化订正系数，供更新相应的专题数据之用。

3. 目标检出识别应用系统

它可以帮助判读人员从遥感影像背景中确定他们所关心的目标及其性质和特征，不仅在灾害监测、矿产勘探等民用领域得到广泛的应用，而且在军事侦察领域里更发挥着举足轻重的作用。鉴于军事判读任务的重要性、复杂性以及判读人员对判读区域和判读目标的具体状况可能了解甚少，甚至一无所知，在完成任务时需要几位或更多有经验的判读人员同时独立地完成同样的判读任务，通过所得结果的彼此检验、相互补充，以确保最终识别结果的客观性、正确性和准确性。这种应用系统主要由客户机系统的诸影像判读子系统和服务器系统的冲突化解子系统等所组成。这种系统任务实施流程在图 3-89中给出。连接服务器系统与客户机系统的实线箭头线，是两者之间直接通信、对话互动的网络接口；虚线箭头线从逻辑关系上指出，当检出识别流程处于某个步骤时，判读人员需要从项目数据库里直接调用由客户机系统所生成的相应数据文件。为化解判读结果冲突而采取的各种步骤，是整个任务实施流程的核心环节。

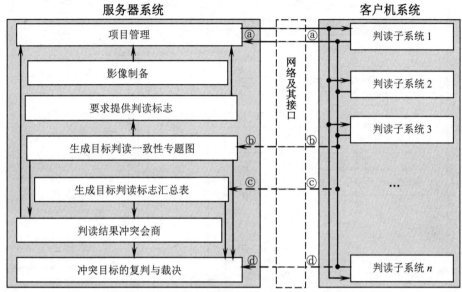

图 3-89　目标检出识别系统功能的作业流程

1）编制目标判读一致性专题图

它要统计每个目标识别一致的属性及其人数、不一致的属性及其人数，要求所有判读人员逐个目标、详细而具体地说明其判读这些目标的标志、计算依据，生成每个有冲突目标的判读标志汇总表。

2）判读目标冲突的分析与讨论

组织参与项目的影像判读人员，按照冲突的类型排定优先顺序，对判读结果有冲突的目标逐个进行分析、研究和讨论，通过会商尽可能消除所有冲突目标在判读标志、属性定夺、指标计算等方面的分歧、达成共识，最终将共识目标的属性确定下来。

3）冲突影像目标的复判与裁决

通过上述会商的努力，仍然会有某些冲突难以取得共识。对此，或者邀请几位高水平的判读专家进行复判，或者由权威主管部门在认真地分析研究的基础上，对冲突解决方案做出最后的裁决。在此过程中，要特别重视少数人的意见。

4. 判读技术培训应用系统

这个系统主要由诸影像判读子系统以及除冲突化解子系统之外的服务器系统所组成。其任务实施流程在图 3-90 中给出。培训系统用来培训有关专业的在校学生或在职人员，使之能够迅速、牢固地掌握遥感影像判读的技能和知识，提高完成遥感影像判读任务的业务能力。它也可以在大型遥感判读任务实施之前，用来培训不同部门参加项目的判读人员，使之能够对任务理解、作业规范、判读标志形成共识、统一标准，以确保任务最终高质量、高水平完成。培训对象往往具有不同的专业背景、工作经历和业务素质，熟悉遥感及其判读工作的程度差别也很大。在培训时，既要满足所有学生或学员的共同需要，也要满足个别学生或学员的特殊需要。

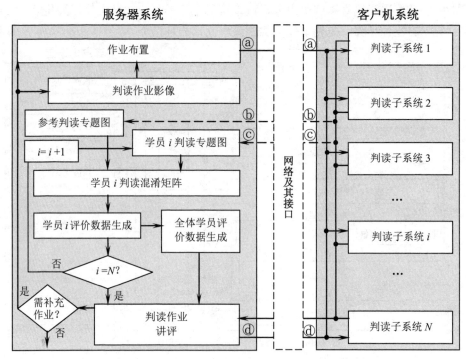

图 3-90　判读技术培训应用系统功能的作业流程

1）为学员制备训练用的遥感图像

利用影像制备子系统里的几何改正模块、影像分幅模块等，按照培训大纲的要求，成系列地制备分发给学员作为判读实习用的遥感影像（简称为作业影像）。它们具有明确的判读训练内容、循序渐进的判读难度、客观而具体判读评价标准等特点。

2）按照培训大纲制备参考判读图

教员利用影像判读子系统对选择好的作业影像进行专题判读，生成其参考（或标准）判读专题图及其判读标志等相关的文字说明。该专题地图经过实况调查的校验之后，作为全面评价学员判读质量的标准使用。

3）学生完成下达的影像判读作业

教员利用项目管理子系统下达判读实习任务，将其作业内容、任务要求（包括上缴日期）以及作业影像文件名称等信息通知每位学员。学员从项目数据库里调出需要判读的作业影像，按照教员的要求完成其判读任务。他们冠名的判读专题图及其文字说明作业文件，分别存入项目数据库里。

4）学生判读作业评价数据的生成

教员利用测评数据子系统的判读结果比较模块，调用项目数据库里的参考判读专题图和学员的作业判读专题图，两者叠加生成学员的判读误差专题图及其混淆矩阵模和评价数据，包括总体判读精度、分类正确判出精度、分类正确判入精度以及易混淆地物矩阵及其排序等数据，冠名存入数据库里。

5）学生判读作业存在问题的分析

教员调用项目数据库里所有学员冠名的作业文件，汇总和生成全体学员的易混淆地物统计数据及其排序表。在分析、研究每个学员及其汇总的作业评价数据后，教员不仅可以了解每个学员在作业中的个性问题，而且也可以了解全体学员在作业中的共性问题。

6）学员判读作业讲评与补充训练

教员可以利用系统互动对话功能，也可以采用常规课堂讨论方式，针对作业的共性问题进行互动讲评加以解决。教员可以针对共性问题，也可以针对个性问题，布置必要的补充练习作业，落实"因材施教"的原则。

3.6　遥感信息挖掘系统展望

1998 年 1 月 31 日，美国前副总统戈尔在洛杉机加州科学中心发表了著名的演说"数字地球：在 21 世纪了解我们的星球"。他指出，陆地卫星每两周可以获得整个地球的影像，已经这样做了 20 多年。尽管对这些信息有巨大的需求，但是其绝大多数影像从来就没有被人利用过。现在，一方面是我们对知识有无法满足的饥渴，另一方面是仍有大量数据被我们搁置而未加利用。他还指出，要想发挥地球空间数据洪流的优势，将其变成可以理解的信息是最大的困难所在。因此，从海量遥感数据里优质、高效地挖掘专题信息，是遥感领域里重大的瓶颈问题，也是各国学者争相解决的热点问题。

3.6.1　遥感信息挖掘系统的综述

在表 3-14 中，概括地介绍了当今遥感专题信息挖掘系统的类型、特点及其主要用途。在备注栏里，还涉及这个领域的发展现状、演化方向和未来前景等问题。通过对该表的分析研究,可以加深对遥感数据获取技术发展的直接动力及其应用需求变化的理解。它们是推动遥感信息挖掘系统不断发展、来自内部和外部的强大推动力。

1. 遥感数据获取技术发展的直接动力

遥感数据获取技术的发展，既包括遥感器系统的不断创新，也包括遥感工作平台的多样化发展，致使各种新型遥感数据获取系统相继问世和投入运行，则是推动遥感信息挖掘技术可持续发展、来自遥感技术内部的直接推动力。

1）航空摄影测量用遥感数据获取系统

这种系统主要由安装在不同高度的飞机遥感平台上的画幅式测量制图照相机所组成。它们获得的航空相片具有中心投影，可构成立体像对，推动了遥感摄影测量制图系统以及遥感影像目视判读系统的发展。前者提取高度信息，输出地形图产品；后者获取专题信息，生成专题地图产品。

2）中低分辨率航天遥感数据获取系统

它由安装在各种航天遥感平台上的光电摄像机、多段波段扫描仪、红外扫描仪、成像光谱仪、成像雷达等遥感器系统组成。鉴于早年其传输回来的数字遥感影像（也包括时序遥感数据）的空间分辨率很低，无法利用诸多空间影像特征，只能根据其像元的波谱影像特征来识别各种地物，推动了表 3-14 中基于像元的诸多遥感数字处理系统的迅速发展。

表 3-14 遥感信息挖掘系统的类型、特点与用途比较

技术类型		基本特点	主要用途	备注
遥感地形测量制图系统		利用模拟或数字立体测图仪器，跟踪、测量立体像对产生的几何地形模型，绘制各种比例尺地图的地形、地物要素。空间影像要素和特性得到充分利用	生成各种比例尺的地形图及其相应的数字产品，为专题制图提供统一的纸质地图或数字底图	产业化程度高
遥感影像目视判读系统		最常用、最有效的信息抽取方法，使用空间影像特征充分，结果因判读员专业素质与判读经验而异，判读影像可经过增强	遥感专题判读制图等生产应用任务	业务应用广泛
遥感影像数据处理系统	遥感影像数字处理系统	对遥感影像进行去条带、各种几何校正、辐射校正等预处理；对遥感影像进行直方图调整、密度分割、比值运算、滤波处理、边界提取等增强处理；采用监督或非监督分类器，神经网络、遗传等算法进行自动分类。在系统中，遥感影像的光谱特征得到充分利用	影像/地图配准，消除大气影响及各种几何畸变、辐射误差；提高遥感影像的易判读性；快速、自动遥感专题分类制图，分类精度尚难满足生产任务的要求	主要以像元为基础实现，也在探索如何使用空间影像特征
	遥感特征参数反演系统	根据遥感信息模型，计算地面温度、土壤湿度、干旱指数、植被指数、生物量等特征参数	灾害监测、作物估产、生态环境研究	
	像元光谱匹配识别系统	通过成像光谱仪生成的像元光谱曲线与光谱数据库中的光谱曲线匹配进行目标识别	识别岩石和热液蚀变矿物、进行土壤分类、探测植物重金属含量效果尤佳	
	遥感影像相干测量系统	对不同轨道或不同视角获得的合成孔径雷达相位信号进行相干处理，生成相干图像	地形、地壳变形和地面沉降的测量，火山监测、森林调查、海洋研究以及动目标的检出	
遥感影像交互判读系统	人机交互判读系统	进行影像交互判读、自动专题分类、分区自动分类、辅助波段分类、动态变化判读、人机混合判读。判读影像要素利用全面，易引入生物地学规律	遥感判读制图、灾情速报评估、生态环境监测等	兼具目视判读和数字处理优势，易逐步提高智能化水平
	影像群体判读系统	具有客户/服务器结构，实现遥感影像群体判读作业，包括分工判读、结果检测订正、目标检出识别和因材施教等。影像要素利用全面，易引入生物地学规律	用于众多人员参与的遥感专题判读制图、抽样检测订正、目标检出识别、判读技术培训等大型应用任务	
	智能化群判读系统	除判读影像要素利用全面，易引入生物地学规律外，还可以引入判读专家经验和人工智能技术，提高判读智能化、自动化水平，减轻判读劳动强度		
	遥感影像判读专家系统	根据判读专家经验，采用人工智能技术对遥感影像进行全自动判读，是智能化群判读系统最终发展的产物	对遥感数据进行自动的分析处理、专题分类、目标识别，还可为机器人研制服务	试验研究阶段

3）高分辨率的航天遥感数据获取系统

随着装载在航天遥感平台上的高空间分辨率的遥感器系统的发展和业务运行，海量数据量的遥感影像不断传回地面，不仅其波谱影像特征，而且诸多空间影像特征，都可以用来识别地物、挖掘信息，推动了表中诸多遥感影像交互判读系统的发展。与此同时，为了解决海量遥感数据生成与卫星数据传输能力之间的矛盾，推动了星上遥感数据的实时处理与信息挖掘技术的发展，而全自动化的遥感影像判读专家系统将是其中需要突破的重点任务。

2. 遥感信息挖掘技术应用需求的变化

随着遥感应用需求由静态应用变化到动态应用、遥感区域应用变化到全球应用、遥感数据应用变化到信息应用，推动着遥感影像信息挖掘技术在深度、广度和速度等方面不断创新和迅速发展。这些来自遥感技术外部的应用需求变化，是持续推动遥感信息挖掘技术发生了巨大变化的原动力。

1）遥感静态应用变化到动态应用

随着遥感数据获取从航空遥感进入航天遥感阶段，遥感应用也从静态应用进入了动态应用的阶段。这种变化推动着遥感信息挖掘技术在动态性与持续性方面的创新和发展，使传统的航空遥感测量制图系统、航空影像目视判读系统，向基于计算机的、能够业务化运行的数字系统转化，增添了许多前所未有的遥感信息挖掘技术手段，使决策者能够及时、准确和动态地把握事态的发展，采取有效的应对措施。

2）遥感区域应用变化到全球应用

随着遥感应用的空间范围不断扩展，从遥感区域应用变化到遥感全球应用，使遥感信息挖掘技术面对的不仅是遥感数据的覆盖面积及其数据量上的猛增，而且也使遥感数据的记录对象及其复杂性发生剧变。这些变化推动着遥感信息挖掘技术在处理能力上的创新与发展，使基于目视判读、智能化的遥感影像交互判读系统、新型的基于像元的遥感影像数字处理系统以及兼顾覆盖面积与分辨精度的多级遥感信息挖掘集成系统得以发展，无论在分析处理遥感影像的数量，还是在处理不同类型、复杂程度的遥感数据的能力上有显著的提升。

3）遥感数据应用变化到信息应用

随着对遥感技术应用从数据到信息层次上的需求变化，有力地推动着遥感信息挖掘技术在其挖掘深度上的不断增加，体现在从原始的遥感数据增值为遥感专题信息的过程之中。这种变化促使遥感信息挖掘技术尽可能充分地利用遥感信息模型及其相关的数据与信息，形成某些新型的遥感信息挖掘技术，帮助用户优质、高效地从遥感数据里，挖掘出他们所需要的各种专题信息，使遥感技术发挥出更大的作用和效益。

3.6.2　遥感信息挖掘系统的展望

随着高光谱、高空间分辨率以及成像雷达等新型遥感数据获取系统的迅速发展，各种海量遥感影像数据源源不断地发回地面，使原有的遥感影像数字处理系统和人工目视判读系统，受到了前所未有的巨大挑战，也面临着难能可贵的发展机遇。在此情况下，基于遥感像元的遥感信息挖掘技术和基于目视判读的遥感信息挖掘技术就成为遥感信息挖掘领域里的两个主流发展方向。它们之间的差异可以通过多方面的比较而揭示出来，其结果在表 3-15 中给出。尽管前者当前处在优势、主流的地位，但是两者并存的局面将会长期继续下去，不会轻易发生变化，更不会出现其中之一消失的局面。

表 3-15 两种主流遥感影像信息挖掘技术的比较

比较项目	基于像元处理的遥感信息挖掘系统	基于目视判读的遥感信息挖掘系统
挖掘运作主体	计算机系统	影像判读人员
基本处理单元	影像像元	地物影像
常用影像特征	色调/颜色、纹理等	色调/颜色、形状、大小、纹理、图型、高度、阴影、位置、关系、变化
主导处理过程	算法实现过程	认知心理过程
信息提取速度	相当快速	比较缓慢
功能涉及范围	数据处理、信息挖掘	数据处理、信息挖掘、应用任务
人员介入状况	有限、固定	充分、灵活
专业知识调用	偶尔、有限	频繁、深入
主要用户对象	以技术人员为主	以应用人员为主
常规应用领域	科学试验研究，全球或跨国的宏观、动态调查，简单地区的中小型应用任务	全国或大范围、复杂地区的各种大、中型调查制图、监测评价和检出识别等生产性质的应用任务

1．基于遥感像元的遥感信息挖掘系统发展趋势

目前，这种系统的分类精度，尤其是在地面状况复杂区域里的分类精度，受到遥感自身及其诸多因素的影响，尚难以满足生产性任务的需要，其应用的深度和广都受到很大的限制。有鉴于此，它们在不断地改进和发展其分类的算法和模型、尽量利用更多的影像特征和有关的辅助数据，以提高其识别精度和能力。在今后相当长时期里，这就构成了它们发展趋势的主流方向。

2．基于目视判读的遥感信息挖掘系统发展趋势

这种系统以满足应用任务需要和适应其传统目视判读的理论方法、作业方式、工作习惯为前提，不断吸收数字处理、人工智能、互联网络等技术的优势，通过人机交互判读技术、群判读技术等的发展，成为完成大型遥感影像判读应用任务的首选技术手段，显示了前所未有的活力与优势。这种系统逐步增强和提高自身的智能化、自动化水平，最终形成具有全自动化特点的遥感影像判读专家系统，将是其发展趋势的主流方向。

参考文献

[1] Estes John E, et al. Fundamentals of Image Analysis: Analysis of Visible and Thermal Infrared Data, Chapter 24, Manual of Remote Sensing, 2nd Edition, ASPRS, 1983, pp. 987-1118.

[2] 彭聃龄. 普通心理学（修订版）. 北京：北京师范大学出版社，2001.

[3] Kent，E W. The Brains of Men and Machines. BYTE/McGraw-Hill, Peterborough, N.

H, 1981, pp. 1-133.

[4] Teng William L, et al. Fundamentals of Photographic Interpretation. Chapter 2, Manual of Photographic Interpretation, 2nd Edition, ASPRS, 1997, pp. 49-113.

[5] Lillesand Thomas M，Kiefer Ralph W. Remote Sensing and Image Interpretation. 4th Edition, John Wiley & Sons, Inc., 2000.

[6] 阎守邕，刘亚岚，魏成阶，等. 遥感影像群判读理论与方法. 北京：海洋出版社，2007.

[7] Jensen John R. Elements of Visual Image Interpretation. Chapter 5, Remote Sensing of the Environment: An Earth Resource Perspective. Prentice Hall, 2000, pp.119-136.

[8] 日本遥感研究会，遥感精解测.刘勇卫，贺雪鸿，译. 北京：测绘出版社，1993.

[9] Thorley Gene A. Forest Lands: Inventory and Assessment. Chapter 17, Manual of Remote Sensing, 2nd Edition, ASPRS, 1983, pp. 1353-1426.

[10] Jensen John R. Remote Sensing of Soil, Minerals and Geomorphology. Chapter 13, Remote Sensing of the Environment: An Earth Resource Perspective. Prentice Hall, 2000, pp.471-530.

[11] Jensen John R. Multispectral Remote Sensing Systems. Chapter 7, Remote Sensing of the Environment: An Earth Resource Perspective. Prentice Hall, 2000, pp.181-241.

[12] Tiner Ralph W. Wetlands. Chapter 13, Manual of Photographic Interpretation, 2nd Edition, ASPRS, 1997, pp. 475-494.

[13] http://www.geoeye.com/CorpSite/gallery/default.aspx?gid=43.

[14] Jensen John R. Remote Sensing of the Environment. Chapter 1, Remote Sensing of the Environment: An Earth Resource Perspective. Prentice Hall, 2000, pp.1-28.

[15] Holz Robert K，et al. Structures and Cultural Features. Chapter 7, Manual of Photographic Interpretation, 2nd Edition, ASPRS, 1997, pp. 269-308.

[16] 中山大学，等. 自然地理学（下册）. 北京：人民教育出版社，1979.

[17] 朱振海.油气遥感勘探评价研究. 北京：中国科学技术出版社，1991.

[18] Michael Pidwirny. Fundamentals of Physical Geography (2nd Edition). Physical Geography.net, University of British Columbia, Okanagan, 2006.

[19] Jensen John R. Remote Sensing of vegetation, Chapter 10, Remote Sensing of the Environment: An Earth Resource Perspective. Prentice Hall, 2000, pp.333-377.

[20] Jensen John R. Photogrammetry. Chapter 6，Remote Sensing of the Environment: An Earth Resource Perspective. Prentice Hall, Inc., 2000, pp. 137-179.

[21] 耿则勋，张保明，范大昭. 数字摄影测量学. 北京：测绘出版社，2010.

[22] 邹晓军. 摄影测量基础. 郑州：黄河水利出版社，2008.

[23] http://www.igp.ethz.ch/photogrammetry/education/lehrveranstaltungen/photogra mmet.

[24] 李德仁，周月琴，金为铣.摄影测量与遥感概论.北京：测绘出版社，2001.

[25] http://www.hochschule-bochum.de/fbv/photo/ausstattung/hardware/ leica-helava-dpw770/details/ereignis/bochumer-tag-der-immobilienbewertung//////71044.htm l.

[26] Baltsavias E P, Li H, Stefanidis A, et al. Comparison of Two Digital Photogrammetric

Systems with Emphasis on DTM Generation: Case Study Glacier Measurement. International Archives of Photogrammetry and Remote Sensing, Vol. XXXI, Part B4, Vienna 1996, pp. 104-109.

http://www.isprs.org/proceedings/XXXI/congress/part4/104_XXXI-part4.pdf.

[27] Baltsavias E P. DSM Generation with the Leica/Helava DPW 770 and VirtuoZo Digital Photogrammetric Systems.

http://citeseerx.ist.psu.edu/viewdoc/download? doi= 10.1.1.38.3578&rep=rep1&type=pdf.

[28] Baltsavias E P. DSM Generation with the Leica/Helava DPW 770 and VirtuoZo Digital Photogrammetric Systems.

http://e-collection.library.ethz.ch/eserv/eth:25219/eth-25219-01.pdf.

[29] http://isprs.sbsm.gov.cn/article/zhongycg/200806/20080600037629.shtml.

[30] http://www.supresoft.com.cn/chinese/Products/VirtuoZo/20091214126.html.

[31] ESPA Systems: Photogrammetric & LIDAR Software.

http://www.espasystems.fi/.

[32] Mather Paul M. Computer Processing of Remotely-Sensed Images：An Introduction. Third Edition, John Wiley & Sons, Ltd, 2004, pp.80-288.

[33] Richards John A，Xiuping Jia. Remote Sensing Digital Image Analysis：An Introduction. Third Revised and Enlarged Edition, Springer, 1999, pp.39-338.

[34] Swain Philip H, Davis Shirley M. Remote Sensing: The Quantitative Approach, McGraw-Hill Inc., 1978, pp.136-226.

[35] 朱述龙，张占睦. 遥感图像获取与分析. 北京：科学出版社，2004.

[36] 党安荣，王晓栋，陈晓峰，等，ERDAS IMAGINE 遥感图像处理方法. 北京：清华大学出版社，2003.

[37] Dieter Steiner ，Salerno Anthony E. Remote Sensing Data Systems, Processing, and Management. Chapter 12, Manual of Remote Sensing, Volume I，American Society of Photogrammetry, 1975, pp.713-785.

[38] Jensen R. Introductory Digital Image Processing：A Remote Sensing Perspective. Third Edition，2005.

[39] Jensen R. 遥感数字影像处理导论. 陈晓玲，龚威，李平湘，等译. 北京：机械工业出版社，2007.

[40] 童庆禧，张兵，郑兰芬. 高光谱遥感——原理、技术与应用. 北京：高等教育出版社，2006.

[41] Henri Maitre. 合成孔径雷达图像处理. 孙洪，等译. 北京：电子工业出版社，2005.

[42] 王超，张红，刘智. 星载合成孔径雷达干涉测量. 北京：科学出版社，2002.

[43] Hobish Mitchell K. Earth System Science. Section 16, Remote Sensing Tutorial. http://rst.gsfc.nasa.gov/Sect16/Sect16_2.html.

[44] Zhang Yong, Gu Xingfa, Yu Tao, et al. Absolute Radiometric Calibration of CBERS-02 IRMSS Thermal Band. *Science in China* Ser. E. Engineering and Materials

Science, Vol.48 Supp. I, 2005, pp.72-90.

[45] Magdeleine Dinguirard, Slater Philip N. Calibration of Space-Multispectral Imaging Sensors: A Review. REMOTE SENS. ENVIRON, 1999(68):194-205.

[46] Shunlin Liang. Overview of Remote Sensing Data Products for Land Surface Data Assimilation. The 2nd Summer School on Land Observation, Modeling and Data Assimilation, July 13-16, 2010, Beijing Normal University, China.

[47] Lingli WANG, QU John J. Satellite Remote Sensing Applications for Surface Soil Moisture Monitoring: A review. Front. Earth Sci. China 2009, 3(2): 237-247.

[48] Thierry Ranchin. Data fusion in remote sensing: examples. http://isif.org/fusion/proceedings/fusion01CD/fusion/searchengine/pdf/WeA13.pdf.

[49] Hai Nguyen. Spatial Statistical Data Fusion for Remote Sensing Applications. May 18, 2010. http://theses.stat.ucla.edu/104/Data_fusion_Hai_Nguyen.pdf.

[50] http://en.wikipedia.org/wiki/Data_fusion.

[51] White Franklin E. Fusion Update: What Will it Take to Make it Work Introduction to Data and Information Fusion and Current Status, 4 October 2010. http://www.ndia-sd.org/attachments/article/37/100410_C_NDIA_Information_Dominance_release_-Fusion.pdf.

[52] Solberg Anne H S. Data Fusion for Remote Sensing Applications. March 17, 2006.

[53] Jiang Dong, Dafang Zhuang, Yaohuan Huang, et al. Advances in Multi-Sensor Data Fusion: Algorithms and Applications. *Sensors* 2009, 9, 7771-7784.

[54] http://www.sic.rma.ac.be/Research/Fusion/Intro/content.html.

[55] Helmy A K, Nasr A H, El-Taweel Gh. S. Assessment and Evaluation of Different Data Fusion Techniques. International Journal of Computers, Issue 4, Volume 4, 2010, pp. 107-115.

[56] Houser Paul R, et al. Land Surface Data Assimilation. W. Lahoz et al. (eds.), *Data Assimilation*, Springer-Verlag, Berlin Heidelberg 2010.

[57] Bouttier F, Courtier P. Data Assimilation Concepts and Methods, March 1999, Meteorological Training Course Lecture Series (Printed 9 January 2001).

[58] Zhan X. Satellite Soil Moisture Remote Sensing and Assimilation: Brief History & Current Status. 20 April, 2007.
www.star.nesdis.noaa.gov/star/documents/.../SciFor_Zhan_20070420.pdf.

[59] www.mrcc.uqam.ca/gemday07_ppts/belair_gemday07.ppt .

[60] Houser Paul R. Recent Advances in Land Surface Data Assimilation. 4 June 2008. www.prhouser.com/houser_files/H21I-01_Houser_121206.pdf.

[61] Fox Daniel N, Barron Charlie N, Carnes Michael R, et al. The Modular Ocean Data Assimilation System, Special Issue-Navy Operational Models: Ten Years Later. Oceanography, Vol. 15, No. 1, 2002.

[62] Hongliang Fang, Beaudoing Hiroko K, Matthew Rodell, et al. Global Land Data Assimilation System (Gldas) Products, Services And Application From Nasa Hydrology Data

And Information Services Center (HDISC). ASPRS 2009 Annual Conference，March 8-13, 2009.

[63] Bertino L, Sakov P, Counillon F. The TOPAZ Ice-Ocean Data Assimilation System，WMO Conference, Melbourne, Oct.. 2009.

[64] www.fastopt.com/papers/scholzeal02-agu.ppt.

[65] www.clivar.org/data/synthesis/projects/GMAO.pdf.

[66] Synergy. The American Heritage Dictionary of the English Language, New College Edition, Houghton Mifflin Company, Boston, 1981.

[67] Cracknell A P. Synergy in Remote Sensing-what's in a Pixel? Int. J. Remote Sensing, 1998, Vol. 19, No. 11, 2025-2047.

[68] Tullis Jason A，Jensen John R, Raber George T，et al. Spatial Scale Management Experiments Using Optical Aerial Imagery and LIDAR Data Synergy. *GIScience & Remote Sensing*, 2010, 47, No. 3, pp. 338-359.

[69] Buckley S J, Mills J P, Clarke P J, et al. Synergy of GPS. Digital Photogrammetry and INSAR In Coastal Environments，the Seventh International Conference on Remote Sensing for Marine and Coastal Environments, Miami, Florida, 20-22 May, 2002.

[70] Saikia C K, Thio H K, Helmberger D V, et al. Ground Truth Locations Using Synergy between Remote Sensing and Seismic Methods- Application to Chinese And North African Earthquakes. 27th Seismic Research Review: Ground-Based Nuclear Explosion Monitoring Technologies, 2005.

www.ldeo.columbia.edu/res/pi/Monitoring/Doc/Srr_2005/.../02-18.pdf.

[71] Fang Qiu. Synergy of LIDAR and High-Resolution Digital Orthophotos to Support Urban Feature Extraction and 3D City Model Construction.

www.utsa.edu/lrsg/Teaching/EES5053-06/Qiu_UTD_Lidar.pdf.

[72] Royer P, Raut J C, Ajello G, et al. Synergy between CALIOP and MODIS Instruments for Aerosol Monitoring: Application to the Po Valley. Atmos. Meas. Tech. Discuss., 3, 1323-1359, 2010.

[73] Jiakui Tang, Yong Xue, Tong Yu, et al. Aerosol Optical Thickness Determination by Exploiting the Synergy of TERRA and AQUA MODIS. Remote Sensing of Environment 94 (2005) 327-334.

[74] Ferrazzoli P, Guerriero L, Schiavon G, et al. European Radar Optical Research Assemblage: Final Report, March, 2002.

[75] Lin II. Synergy of Multiple Advanced Remote Sensing for Air-Sea Interaction Research，3s.fd.ntou.edu.tw/rs/record/20110314/20110314.pdf.

[76] de Valk J P J M M, Holleman I. Synergetic Use of METEOSAT 8 Data and Radar Products. 2006 Eumetsat Meteorological Satellite Conference, Helsinki, Finland 12-16 June, 2006.

[77] Volker Wulfmeyer, Andreas Behrendt, Christoph Kottmeier，et al. Convective and Orographically-Induced Precipitation Study：Science Overview Document，November 9,

2005.

[78] Peter North, Carsten Brockmann, Jürgen Fischer, et al. MERIS/ AATSR Synergy Algorithms for Cloud Screening, Aerosol Retrieval and Atmospheric Correction. Proc. of the '2nd MERIS / (A)ATSR User Workshop', Frascati, Italy 22-26 September，2008.

[79] Brockmann Consult. MERIS/AATSR Synergy Algorithms for Cloud Screening, Aerosol Retrieval and Atmospheric Correction: Detailed Processing Model. March 25, 2010.

[80] Yoshio Inoue ，Albert Olioso. Estimating Dynamics of CO2 Flux in Agro-Ecosystems based on Synergy of Remote Sensing and Process Modeling —A Methodological Study. Global Environmental Change in the Ocean and on Land, Eds., M. Shiyomi et al., 2004，pp. 375-390.

[81] Yoshio Inoue. Synergy of Remote Sensing and Modeling for Estimating Ecophysiological processes in Plant Production. Plant Prod. Sci., 2003, 6 (1): 3-6.

[82] Jiaguo Qi, Cuizhen Wang, Yoshio Inoue, et al. Synergy of Optical and Radar Remote Sensing in Agricultural Applications, November 2003. http://spie.org/x648.html? product_id= 514562.

[83] Satya Kalluri, Peter Gilruth. Moving from Research to Applications: NASA'S EOS Data for Decision Makers. ams.confex.com/ams/pdfpapers/74641.pdf.

[84] Hutchison Keith D. Distribution of EOS Data and Products via the Texas InfoMart. 11th Annual International TeraScan User's Conference, March 21, 2002.

[85] Baret F. Assimilation of Multisensor & Multitemporal Remote Sensing Data to Monitor Soil & Vegetation Fuctioning: Final Report. ReSeDa, Jun ., 2000.

[86] 王涛，阎守邕. 遥感图像人机交互判读系统的关键技术. 中国科学院研究生院学报，1999，16（2）：162-188.

[87] 阎守邕，王涛，刘亚岚，等. 遥感影像人机交互判读系统及其技术特点. 遥感学报，2002,16（3）：47-53.

[88] 刘亚岚，阎守邕，王涛. 一种基于双边界的遥感影像动态变化信息判读方法研究.国土资源遥感，2002，2：42-45.

[89] 刘亚岚，阎守邕，王涛，等. 遥感图像分区自动分类方法研究. 遥感学报，2002, 6(5): 357-363.

[90] 刘亚岚，阎守邕，王涛. 遥感图像人机交互判读方法研究及其应用. 地理与地理信息科学，2003, 19（1）：27-31.

[91] Bogdanowicz J F. Image Understanding Utilizing Strategic Computing Initiative Architectures. Image Understanding and the Man-Machine Interface, SPIE Vol.758, 1987, pp.60-68.

[92] 阎守邕. 国家空间信息基础设施建设的理论与方法. 北京：海洋出版社，2003.

[93] Al Gore. The Digital Earth: Understanding our Planet in the 21st Centiry. Given at California Scence Center, Los Angeles, California，Jan. 31st, 1998.

[94] 郑兰芬，等. 成像光谱遥感技术及其图像光谱信息提取的分析研究. 环境遥感，1992，7（1）：49-58.

[95] Colwell Robert N. History and Place of Photographic Interpretation. Chapter 1, Manual of Photographic Interpretation, Second Edition, American Society for Photogrammetry and Remote Sensing, 1997, pp. 1-47.

[96] Takashi Matsuyama. Knowledge-Based Aerial Image Understanding System and Expert Systems for Image Processing. IEEE Transactions on Geoscience and Remote Sensing, Vol. GE-25, No. 3, May 1987, pp. 305-316.

[97] Bernhard Nicolin，Richard Gabler. A Knowledge-Based System for the Analysis of Aerial Images. IEEE Transactions on Geoscience and Remote Sensing, Vol. GE-25, No. 3, May 1987, pp. 317-329.

[98] McKeown David M. The Role of Artificial Intelligence in the Integration of Remotely Sensed Data with Geographic Information Systems. IEEE Transactions on Geoscience and Remote Sensing, Vol. GE-25, No. 3, May 1987, pp. 330-348.

[99] Goodenough David G, et al. An Expert System for remote Sensing. IEEE Transactions on Geoscience and Remote Sensing, Vol. GE-25, No. 3, May，1987, pp. 349-359.

[100] Yan SY, Liu YL, et al. Image Interactive Interpretation System. Proceedings of the 5th Seminar on GIS and Developing Countries, GISDECO 2000, Nov. 2-3, 2000, pp. P-09-1-p-09-7.

[101] 中国科学院遥感应用研究所.遥感知识创新文集. 北京：中国科学技术出版社, 1999.

第 4 章　遥感集成系统应用

遥感数据经过遥感信息挖掘系统的挖掘，可以生成不同内容的专题信息。这些信息经过遥感集成应用系统的处理，可以或产生出相关的知识，为完成各种不同规模、性质和内容的遥感应用任务，包括动态调查、监测预报、规划管理、决策指挥、创新发展等任务服务。这些遥感深化应用能力的形成以及遥感集成应用系统的构建，是遥感技术与地理信息系统（GIS）、各种专业应用系统模型、多来源数据有机融合的产物。具体而言，它们是在 GIS 空间信息处理环境里，通过专业领域的应用系统模型，将相关个体模型、遥感与非遥感来源的数据有机集成在一起，优质、高效地完成该领域应用任务的产物。不难看出，在构建集成应用系统的过程中，应用系统模型处在核心的位置上，起着主导、灵魂的作用。它们推动着遥感应用由静态描述阶段进入动态变革阶段，由试验研究阶段进入业务运行阶段，是在遥感科学技术领域里发生巨大飞跃和革命性蜕变的关键所在。然而，这种系统模型需要从完成大量遥感应用任务的实践活动中提炼出来，或者说，需要从遥感常规业务应用、遥感突发事件响应以及遥感创新发展支持 3 种类型的实践活动中抽象出来。为此，论述遥感应用系统模型及其构建方法基础上，将分别介绍作为遥感信息基础设施里共性技术的应用系统模型及其集成系统，包括遥感动态调查数字制图、遥感统计数据空间分析、遥感多级采样目标估算、遥感生态异常早期报警、遥感突发事件快速报告、遥感应急空间决策支持以及遥感科学技术发展支持等系统。

4.1　遥感应用系统模型及其构建

在 GIS 环境里，通过表征专业规律的定性和/或定量的系统模型及其个体模型，能够综合、持续和充分地利用遥感数据以及台站观测、统计调查、专题制图、实况调查等非遥感数据，有效地推动着遥感应用由静态地描述客观世界的阶段进入到动态地利用、改造客观世界的阶段。引起这种巨变的核心因素，是遥感应用的系统模型及其个体模型的引入和使用。为此，遥感应用系统模型的构建，最终将落实到其物理模型或某个应用领域的专用软件工具的产出上。在它们的软件框架里，加载其具体的模型、模型参数及其输入数据，就可以形成该领域可运行的一个应用系统。然而，目前对模型的定义、属性、分类和作用等基本问题，似乎尚处在"仁者见仁、智者见智"的状态。为此，在这一节里将会涉及模型基本概念、系统模型构建以及个体模型分类等问题。

4.1.1　模型基本概念

在遥感集成应用系统中，模型的基本概念涉及模型的地位作用、体系结构、建模要务等基本问题。

1．地位作用

影响遥感集成应用系统效益的因素为数众多，其中居于核心地位、起控制作用的因素是"模型"。之所以如此说，因为它们可从以下方面体现出来。

1）模型是集成系统与常规专业研究联系的纽带

模型是对其作用对象进行常规专业研究总结出来规律的概括或抽象。模型的质量不仅取决于专业研究的深入程度，还会影响到整个系统的应用效益。因此，在集成系统里模型所起的纽带作用不言而喻、显而易见。

2）模型是集成系统综合利用多来源数据的工具

根据遥感专业应用任务的需要，集成系统里存储了内容广泛、数量巨大、来源众多的数据。只有系统模型作为强有力的工具，才能将这些数据有效地组织起来，完成其空间配准、综合分析、深化应用、知识生成的任务。

3）模型是集成系统能高效解决实际问题的武器

系统模型只有作为解决实际问题的武器，才能优质高效地完成由此及彼、由表及里、由浅入深的信息挖掘、知识生成的任务。因此，在系统里的模型种类、数量、质量及其作用能力，就成为完成其遥感应用任务的关键所在。

4）模型是集成系统提高效益及创新发展的基础

广义模型包括算法、模型、工具、知识、方案和实例等内容。它们使遥感集成应用系统兼具定量分析和定性分析的能力，不断提升其自动化、智能化水平，为系统的创新、发展及其应用效益的提高奠定了坚实的基础。

2．体系结构

完成认识、利用和改造复杂客观世界的遥感应用任务，其实现途径、实施步骤、使用方法及其所需数据可以用不同模型群、模型组、个体模型构成的系统模型进行规律性的描述和系统性的概括。在图 4-1 所示的具有多层次、多形式、多功能特点的系统模型里，模型群和模型组分别是完成不同性质、规模和复杂程度的任务，而且是层次不同、结构变化、数量不等、组合多样的个体模型复合体；然而，在系统模型中，个体模型是最基层、最独立的运行实体，也是整个系统模型的基础和构件。

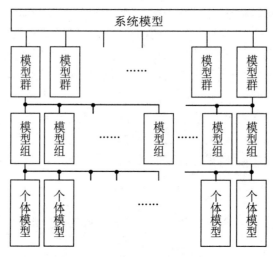

图 4-1　系统模型的体逻辑结构

3．建模要点

模型的研究及其建立，简称为"建模"。它们是高科学技术与高文化艺术，在高水平上相互结合、不断升华的一种创新工作。尽管它们很难用统一的规则、方法去完成，但是仍能总结出建模的某些参考原则及其实现的基本过程。

1）建模的参考原则

这些原则主要如下。第一，模型要有一定精度。模型是现实系统的近似物而不是精确的原型。它们既需要有一定精度反映原型的本质，又不能脱离实际地追求高精度。第二，模型应该足够简单。鉴于实际系统太复杂，建模时必须抓住主要的、基本的因素，力求简化，否则，建模费用太大、难于运行。第三，模型要符合科学规律。在模型中，要有依据地使用各种公式、定律，包含着有关的变量和可靠的参数。第四，要尽量采用现成的模型。在建模时，如果发现前人运行过类似模型，应该尽可能借用，即使不十分合适也可以借用其部分内容，以节约时间、精力和费用。第五，模型必须反复改进。人们对客观世界的认识与概括，几乎不可能一次认识就达到全面、完美和精确的地步。因此，模型需要不断地进行修改、完善，是其建模固有的特点。

2）建模的基本过程

在共性规律基础上的建模过程及其基本步骤如图 4-2 所示。第一步，确定模型目标。论证和确定模型的应用目标至关重要。为了合理地确定其目标，有时需要经历迭代过程。第二步，收集相关数据。要根据需要，尽可能系统、全面、详细地收集数字数据（数字、表格、地图、影像等）以及研究报告、历史记录等文字资料。第三步，寻找变量关系。在模型涉及的诸多变量里，寻找和确定相互之间的关系，为建模提供科学依据和理论基础。第四步，确定约束条件。模型都是在一定环境、约束和初始条件下运行。具体、合理地确定这些条件相当重要。第五步，规定表达方式。具体地规定有关变量、参数和关系的表达符号、代号。第六步，建立具体模型。根据建模目标、类型和特征，采用相应的途径和办法具体建立模型。第七步，模型效果评价。对模型效果进行评价可采用两种方法：一种是利用建模时预留的检验数据组进行评价；另一种是通过模型应用的实际效果进行评价。显然，后者更客观，更有助于模型的不断修改和完善。

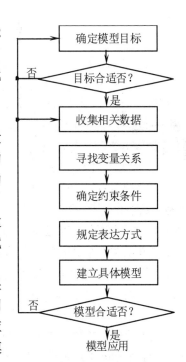

图 4-2　建模过程

4.1.2　系统模型构建

系统模型是对遥感集成应用系统作用的客观世界及其内涵、结构、关系、行为特征的规律性概括，成为设计、实现和应用这种系统的理论基础。为了完成某种遥感应用任务，其系统模型的研发与应用，通常需要经历从传统作业系统向遥感集成应用系统转化的过程，即该任务的实施要从遥感集成应用系统外部转入其内部的过程。系统模型的研发作为该过程的核心环节，需要由完成任务的常规方法出发，经由概念模型到逻辑模型、物理模型和应用实例的循环迭代过程，直到完成应用任务、满足用户需求时为止。上述系统模型的研发阶段的划分及其转化机制、相互关系，可以用图 4-3 来概括表示。从中不难看出，这种不断循环迭代、螺旋式上升的过程，正是使任务能够完成得越来越好，也是使系统模型能够精益求精的原因所在。

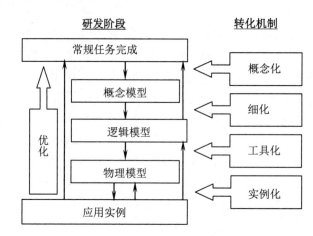

图 4-3　系统模型研发过程及其转化机制

1. 研发阶段

在从采用常规方法转变到利用遥感集成应用系统以完成某个应用任务的过程中，系统模型的研发需要经历概念模型、逻辑模型、物理模型和应用实例的阶段。对于每个阶段的任务、状态、特点的深入了解，不仅有助于系统模型的整体研发，也会引导研制者逐步加深对客观世界的认识，提高完成任务的质量和效率。

1）概念模型研发阶段

它们是对用户利用常规方法完成某个应用任务的过程、步骤和方法进行调查研究与抽象概括的产物。换言之，它们实际上是应用系统模型在概念层次上的产物，宏观地描述了完成应用任务需要解决的诸多问题及其解决途径、方法。这种概念模型往往可以用文字或框图的形式表达，使人们对完成任务能够有个总体、完整的认知。然而，据此建立的概念模型，通常是定性的、粗略的、比较模糊的，很难为计算机直接使用。尽管如此，它们作为系统研发的出发点，其价值巨大，意义不可低估。

2）逻辑模型研发阶段

逻辑模型的构建必须兼顾完成应用任务以及系统设计实现两个方面的需要。它是使概念模型细化到可作为编写软件代码依据的那种详细程度时的产物。逻辑模型必须自上而下地对完成应用任务所面对的整个问题系统（包括各级、各类问题）及其在计算机环境里可能采用的各种解决办法，由可能会用到的模型群、模型组、个体模型所构成的系统模型，进行系统、完整、准确和具体的分解、描述与说明。尤其是对逻辑模型里的各级模型的逻辑关系、运行顺序、相互接口及其个体模型的地位、作用、功能、性能以及输入和输出数据，都要有统一的标准与明确的规定。因此，它们是物理模型研发的基础、软件模块编程的依据。

3）物理模型研发阶段

专业遥感集成应用系统的物理模型，是按照软件工程的方法编写整个系统模型及其执行操作的程序代码，将应用系统的逻辑模型，分布到计算机系统上去的产物。然而，这种模型是将传统解决问题、完成任务的过程与方法，根据逻辑模型的布局与安排，通过系统设计、资源配置、代码编写、调试、测试等环节，从计算机的外部环境转入内部环境的系统软件框架。换言之，它实际上是某个应用领域的专用软件工具，只配置了用户在解决该领域应用问题或跨领域类似应用问题时，可供选择的诸模型群、模型组和个体模型的软件模块及其参数、数据输入的接口，而无法作为独立运行的应用系统使用。

4）应用实例实现阶段

所谓"应用实例"，实际上，是能够满足用户需要、完成应用任务的具体信息系统及其输出结果的综合产物。它需要按照系统逻辑模型的布局与安排，在其物理模型或专用软件工具上，加载所需模型群、模型组、个体模型及其模型参数、有关数据，以构建其具体的、可执行的应用系统，获得用户所需结果，完成应用任务。因此，这种产物能否满足用户完成任务的需要，必须经过其应用实践的检验，才能做出具体评价。对于系统研发与完成任务而言，如图 4-4 箭头线所示的循环迭代的过程，必须充分加以利用，以期不断优化应用效果及其系统性能。

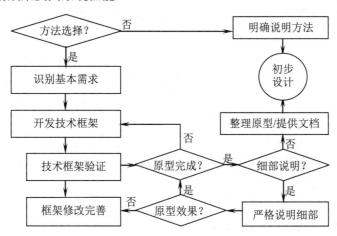

图 4-4 定义应用需求的原型化方法

2．转化机制

遥感集成应用系统模型的研发过程，不仅要将完成应用任务使用的常规方法提升为信息系统方法，而且还要将完成任务的过程从计算机系统外部转移到系统的内部。这种研发过程，如图 4-4 所示，需要通过不同的研发阶段实现，而不同阶段之间的演进，必须采用不同的转化机制完成，包括概念化、细化、工具化、实例化以及它们的优化机制在内。

1）概念化

它是从利用常规方法完成应用任务的实践活动中，全方位、全过程地抽象出完成该任务需要面对的问题系统、处理过程和解决办法，得到规律性与概念性描述的过程。概念化的过程需要通过系统研制人员与用户部门之间的频繁、深入的互动完成。研制人员应集中精力厘清完成应用任务、需要完成的目标及其面对的整个问题系统，从中找出主要问题及其主要方面，了解诸多问题的特殊性及其阶段性。在此基础上，提炼和寻找出解决上述问题的途径、方法与举措。概念化过程应该以提交详细的应用系统需求调查分析报告为结束。

2）细化

细化机制在系统概念模型向逻辑模型转变的过程中起作用。它既要满足完成应用任务的各种需求，又要有助于推动应用系统设计、实现的进程。为此，它需要自上而下地将完成遥感应用任务需要解决的问题，逐级分解直至无法继续分解时为止，构成其完整的问题系统。与此同时，总结常规解决问题的方法、开拓可能有助于解决问题的新方法。在此基础上，细化的结果将形成能够完成应用任务，以工作流程图方式表达，由模型群、模型组和个体模型组成的模型体系。图中每个方框的算法、可选算法及其输入/输出数据，都要有明确的规定，可以作为其物理模型研发的依据。

3）工具化

它是根据表达系统逻辑模型的工作流程图，在计算机环境里生成的能够完成该应用任务的专用软件工具或系统软件框架的过程。在此，所谓的"专用软件工具"或"系统软件框架"，就是系统逻辑模型工具化的物理模型。它主要由能够灵活、友好地引导用户逐步完成其应用任务的用户/系统界面；在用户解决问题时可供选择的有关算法软件模块；算法输入/输出数据及其格式转换接口以及相应的运行、维护技术文档等部分组成。这种物理模型可供完成该专业领域应用任务调用，也可为其他专业领域的类似任务服务。

4）实例化

它是按照表达系统逻辑模型的系统工作流程图，在工具化生成的专用软件工具或应用系统软件框架里，对号入座地加载各种算法软件模块及其相应的参数和数据，以生成能够完成任务的具体应用系统、获得用户所需输出结果的过程。在实例化过程中，要充分利用物理模型中灵活、友好的用户界面、算法软件模块、基础功能模块、已有存储数据和各种接口等资源，以交互方式及时地调整系统流程图里的局部环节、比较和选择所需算法、生成相应模型及其参数、完成模型间的数据结构变换，确保优质、高效地生成所需要的应用实例。

5）优化

以尽可能小的代价、尽可能优质满足应用任务的各项要求，是应用系统模型优化所追求的目标。这种目标将通过系统模型研发过程中，不同规模和路径的循环迭代、螺旋式上升的机制实现。从图 4-3 上不难看出，自下而上的箭头线，代表了相应环节优化的过程。在物理模型与应用实例、逻辑模型与应用实例、常规任务完成与逻辑模型以及常规任务完成与应用实例之间的诸箭头连线，形成了 4 个大小不等、位置各异的循环迭代回路，为遥感应用系统模型的不断优化与升华，创造了有利条件、奠定了坚实基础。

3．建模方法

在完成遥感应用任务的过程中，其攻坚概念模型是要系统、全面地确定系统的应用需求，而逻辑模型是要优质、高效地细化系统的应用需求。因此，对于应用系统模型及其具体应用系统的运行效果而言，它们是至关重要的两个环节。为了确保建模工作能够沿着一条健康的道路前进，满足应用任务的各种需求，除了用户的全程参与、积极互动外，采用适当建模方法将会收到事半功倍的效果。在众多的建模方法之中，下面将介绍应用原型化方法和问题求解数据外包方法。

1）应用原型化方法

原型化方法是 20 世纪 80 年代随着计算机软件技术发展，而提出的一种能够避免烦琐调查分析、多次编写文档，最后才让用户看到结果的传统作法，从设计思想到工具、手段都是全新的系统开发方法。它对于遥感集成应用系统概念模型细化为技术框架，也是一种优质、高效的方法。鉴于这种方法比较符合人们认识事物的规律，包括认识需要循序渐进、在环境启发下会不断完善、评价和改进已有的信息和知识要比完全创新要容易得多等规律；它将模拟手段引入细化过程的初期阶段，能够具体针对技术框架原型进行讨论，启发人们揭示原来想不起来、很难发现或不易准确描述的问题所在，预见未来可能发生的问题以采取必要的预防措施；它采用最新的软件工具，摆脱了传统方法的束缚，使效率明显提高、费用显著减少。不难看出，这些就是它能够在实践中获得巨大成功、受到多方面的推崇的主要原因所在。原型化方法的工作流程在图 4-4 中给出，可以产出兼顾应用和研制两方面需要的需求定义。

2）问题求解数据外包方法

在定义用户的应用需求时，问题求解数据外包方法是一种可选择的方法。这种方法的概要，可以用图 4-5 来描述。这个图以应用任务为中心，水平向左的箭头线指示不同研究阶段的进展，水平向右的箭头线指示不同阶段之间转换采用的研发机制，而向下的宽虚线箭头指示出在各个阶段需要完成的主要工作，点出了这种方法的特点所在。如果以应用任务为中心，沿着一条虚拟的螺旋线顺时针旋转，一层一层向外扩展，就描述出利用遥感应用系统完成该应用任务经历过的全过程。其中，3 个长方框粗实线是传统方法与系统方法、计算机环境外部与内部之间的分界线。这种方法的特点及其实施过程，可以降低孕产妇死亡率的应用任务为例具体说明。众所周知，为了降低孕产妇死亡率，必须深入、全面了解其死亡原因，才能对症下药、完成任务。为此，图 4-6 表达了孕产妇死亡原因的分解过程。在图中核心位置上，灰色大圆代表孕产妇死亡的问题群；向外是 3 个灰色的中圆，代表家中死亡、路途死亡和医院死亡的问题组；再向外是许多黄色小圆，代表着不同属性、层次和数量的问题。在图的周边是诸多绿色的长方形框，代表需要输入的各种数据。不难看出，在图上，由里向外表述了分解问题的过程，由外向里则是解决问题需要经历的过程，而且需要通过利用有关数据、自下而上地求解相应的模型群、模型组和个体模型实现。

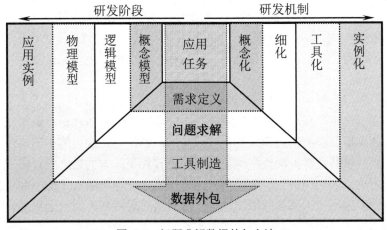

图 4-5　问题求解数据外包方法

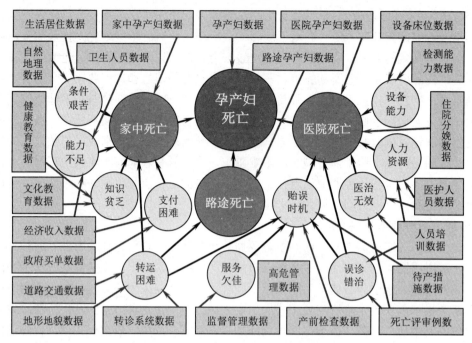

图 4-6　利用问题求解数据外包方法对降低孕产妇死亡率问题的分解

4.1.3　个体模型分类

个体模型作为支撑遥感集成应用系统的系统模型的基础和构件，是对客观世界里独立而单纯的事物、现象、过程的概括或规律性的描述，与完成应用任务需要解决的问题系统里的具体问题相对应。换言之，它们不需要依赖其他模型，自己可以独立地通过算法及其相应数据的运算，而获得用户所需要的专题信息，解决系统模型里的有关问题。建立起模型的分类体系是认识它们最有效的途径。同类型的模型具有大体相同的技术特点和应用范围，而异类型的模型之间就会存在较多、较大的差别。目前，模型的分类体系很多：根据对实际问题的了解程度，有白箱、灰箱、黑箱模型；根据模型变量的特征，有连续型、离散型或确定性、随机型模型；根据建模数学方法，有初等数学、微分方程、差分方程、优化模型；根据应用领域，有人口、生态系统、交通流、经济等模型。然而，从遥感深化应用的角度出发，个体模型可以分为物理、数学、逻辑、仿真、知识、工具等类型。

1. 物理模型

物理模型有实物模型和理论模型两种类型。前者是根据相似理论对原系统按比例缩小（也可放大或维持原样）制造出来的实物或数字产品，如按比例缩小的河流动力地貌学模型、水工模型以及数字高程模型等；后者是直接源于基本的物理学规律的模型，如由扩散方程派生出来的大气污染扩散模型、由万有引力定律派生出来的空间引力模型、由基尔霍夫定律派生出来的某些网络模型等。尽管自然环境和人文社会里的许多现象与过程，可以用物理学定律描述，但是这些对象比较复杂，所得结果往往会有很大误差。为此，往往需要辅以经验方法进行调整，才能收到较好的效果。

2．数学模型

它们是用数学方法或语言描述客观世界时空规律的模型类型，是系统模型里进行定量分析的主要手段，应用范围广、频率高和效益显著。统计学、运筹学和模糊数学等模型类型最为常用。

1）统计学模型

它们利用大量、时序的观测或调查数据以及相关的统计学分析方法，寻找出其中蕴涵的统计规律、建立模型，有助于从杂乱无章的状态中理出头绪、明确方向，也为其内在机理的深入探索奠定了坚实的基础。因此，统计学方法仍然是目前使用最频繁、最重要的手段。它们包括相关分析、回归分析、趋势面分析、因子分析、主成分分析、判别分析、聚类分析、马尔可夫链等模型。

2）运筹学模型

它们是在进行管理决策时，依据给定目标和条件，从众多方案中选择最优方案的模型。其目标就是在满足约束条件的前提下，使目标函数最大化或最小化。运筹学包括规划、图论、网络理论、博弈论、决策论、排队论、存储论、搜索论等分支学科，可以建造诸如分配、网络、选址、排序、规划、决策、蒙特卡罗、排队系统、库存控制、投入产出等运筹学模型。

3）模糊数学模型

世界上存在许多事物、现象和过程，包括人脑的思维和控制作用，都具有模糊和非定量化的特点，仅使用精确的经典数学方法加以描述，已显得捉襟见肘、难以为继了。1956 年，美国加里福尼亚大学教授查德（L. A. Zadeh）首次提出了模糊性问题和模糊概念的定量表示方法，推动了模糊数学的诞生。在其支持下，可以有效地建立起模糊关系、模糊逻辑、模糊识别、模糊聚类、模糊分类、模糊评价以及模糊决策等模型。

3．逻辑模型

在自然环境和人文社会里，许多复杂的事物、现象和过程，只能在显而易见的或者通过判断、推理得出的条件下存在和发展。这些条件就构成了它们存在和发展的逻辑模型。逻辑模型既可以用表达式来表达，也可以用某种或某些阈值给出。在某种地层范围里，几组特定方向的断层交汇处，可能会有某种矿床出现，就是寻找该矿逻辑模型的实例。尽管这种模型没有复杂的数学计算，但是它们以丰富的专业知识和实践经验为基础，具有简单、实用的特点。

4．仿生学模型

模仿生物体的结构、功能和工作原理，为许多科学技术开辟了向生物界索取蓝图的发展途径。这种模型的发展大体要经历 3 个阶段：首先，根据应用需求，对生物原型进行研究，以得到一个生物模型；其次，用数学语言将生物模型"翻译"为数学模型；最后，将数学模型变成可进行试验的实物模型。近年来，诸如神经网络、地理元胞自动机以及遗传算法之类的仿生学模型，在遥感集成应用系统里得到了越来越广泛而有效的应用。

5．知识模型

知识模型是人们在利用、改造客观世界的实践活动中，所获得的规律性认识，是构建其系统模型的基础，也是指导定性分析的依据。应对突发事件的应急预案、完成任务的系统方案等，均可纳入知识模型的范畴。这种模型既可以用文字、图表说明，也可以用符号逻辑、产生式系统、知识框架、语义网络等方式描述。它们具有较高级的抽象水平，先于其他类型模型的建立，可以起指导和控制作用，收到事半功倍的效果。

6. 工具模型

它们是在完成应用任务时，处理系统内部且与任务无直接关系问题的共性技术手段，其使用范围广泛、共享特性显著。栅格与矢量数据结构转换、模型间数据传递及其格式变换、数据查询检索工具、处理结果制图制表等，都可以作为工具模型的实例。尽管它们与需要完成的应用任务没有直接关系，但对辅助完成这些任务是不可缺少的组成部分。在很多情况下，它们与算法、模型、知识、方案、实例同属广义模型的范畴。

4.2　遥感常规业务应用运行系统

遥感常规业务应用实践活动覆盖了极其广泛的学科领域和多专业的工作内容，是各级管理决策部门例行作业以及社会公众日常生活极其重要的信息来源和不可缺失的组成部分。这些应用具体涉及到资源与环境、城市与区域的时空调查及其变化监测，统计数据分析制图及其管理决策应用、感兴趣对象的多级采样调查及其数量估算等方面的研发与应用的大量实践活动。从中可以抽象出遥感动态调查数字制图、遥感统计数据空间分析以及遥感多级采样目标估算等具有共性特征的系统模型，以指导相应遥感集成应用系统的设计实现与业务运行。

4.2.1　遥感区域动态调查制图系统

这种系统可以在遥感影像交互判读系统支持下，对区域或城市的遥感影像进行分析处理、判读制图、量测计算，最终产出该区域或城市的专题地图或系列专题地图、相应的资源或环境调查数据及其分析评价报告。它可以定期、持续地为区域或城市的可持续发展及其调控，提供信息服务和空间决策支持，不仅是管理决策部门的重要信息来源、业务流程不可缺少的组成部分，也是为其他应用任务（如农作物估产、灾害损失评估等）提供区域背景数据的重要手段。因此，这种系统在启动优先、覆盖完整、基础性强和应用广泛等方面具有鲜明的特点，在遥感深化应用领域里占有特别重要的位置。

1. 系统模型

在完成自然资源清查、生态环境监测以及城市、区域综合调查等遥感判读制图任务时，遥感区域动态判读制图系统既是使用频繁、效果显著的技术手段，也是涉及范围广泛、作业复杂的技术系统。在大量实践活动的基础上，其应用系统模型可以从作业流程和信息流程两个方面加以说明。

1）作业流程

在大量完成专业应用领域，尤其是土地利用遥感调查制图任务的基础上，可以提炼出遥感区域动态判读制图系统的系统模型或作业流程。它由准备、实施和总结3个阶段组成，如图4-7所示。准备阶段，要完成接受任务、收集资料、制定计划、编写规范和落实条件等任务。其中，编写和制定遥感区域动态判读制图的作业规范，是最为核心的任务；实施阶段，是最耗时、最费工和最为关键的阶段。它可以划分为判读作业前期、群判读作业期和判读作业后期3个时期，各具不同的任务和要求。其中，使全体人员明

确任务、形成共识、统一标准、协调动作，是为优质、高效地完成任务奠定基础的重要
环节；总结阶段是在整个任务过程中，画龙点睛、颗粒归仓的阶段，既要编辑整理、分
析研究和集中展现已经取得的各项成果，包括编写技术文档、项目报告、科学论文和学
术专著，也要通过项目成果验收及其技术鉴定，开展经验交流、成果推广应用等活动，
以提升今后完成任务的能力，更好地迎接未来的新挑战。

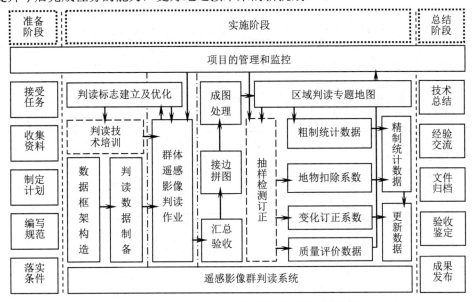

图 4-7　遥感区域动态判读制图系统的作业流程图

2）信息流程

在遥感区域动态判读制图系统的系统模型里，其信息流程涵盖了数据输入、经过诸
多中间处理步骤到最终信息产品输出的全过程，可以用图 4-8 表述。这些数据和信息的
类型、内容和特点，在图中用不同形状、特征的符号及相应的文字注记加以说明，它们
之间的逻辑关系则用箭头线来表示。这种逻辑关系的合理定义和具体描述，不仅是总体
框架建立的主要研究内容，而且也是系统设计实现、业务运行的理论基础。需要特别说
明的是：黑体字"管理和技术资料"是整个最大图框的说明，包括系统的作业规范、任
务分配、进度管理、质量控制以及判读技术文档、技术研究报告等的文本数据。它们记
载了系统所有文件及其关系的使用状况、动态过程、存在问题、解决办法。它们同时以
静态和动态两种方式，描述了各种数据文件及其流程、行为和变化特征，是系统得以有
效维护、持续发展的重要依据。

2. 判读制图

在系统实施阶段里，其首要的任务就是要通过遥感影像判读制图作业获得该区域或
城市的专题地图及其相应的统计数据。为了获得整个区域或城市的现势判读专题地图、
两个时相的变化专题地图或多时相的连续变化专题地图，要分别对该区域或城市的一个
时相、两个时相或多个时相的遥感影像进行判读制图。作为参考用的判读专题地图，需
要对其整个区域或城市的影像进行仔细、全面的判读而产生；后两种地图需要将一个时
相或多个时相更新用的遥感影像，叠加在参考专题地图或判读专题图上，只判读两者之

间发生了变化的影像部分即可获得。这种局部动态变化的判读方法，显著地提高了专题地图更新的效率。为了评价判读专题地图的质量、扣除细小和线性地物的面积以提高数据的精度、采用抽样方法产生更新的区域统计数据，都需要对不同类型、时相和特点的抽样影像进行判读制图与测量计算。尽管这些判读任务及其对象与目标五花八门、差异显著，但它们进行影像判读时的工作原理、技术方法却大体相同，如图4-9所示。判读制图的具体实施步骤如下。

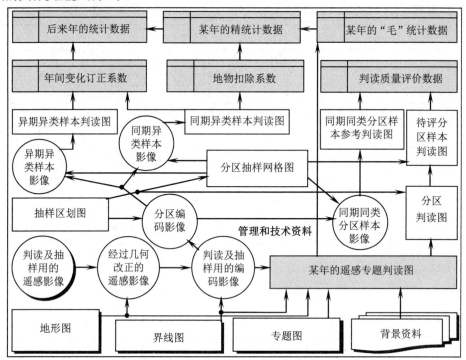

图4-8　项目数据文件的逻辑关系框图

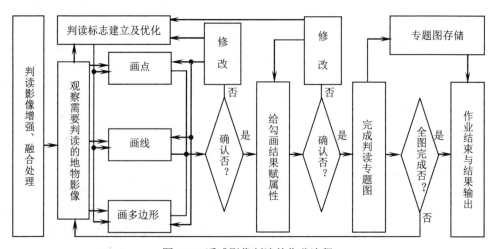

图4-9　遥感影像判读的作业流程

第一步，判读影像的增强、融合处理，以提高遥感影像的可判程度。第二步，观察需要判读的诸地物影像，找出诸影像与背景之间的差异，分析地物影像的判读标志，确定影像边界和类型的依据。第三步，影像判读标志建立及其优化，使之将遥感影像与相应地物紧密地联系起来，确定和优化区分不同地物的影像特征集合地。确定最小判读制图面积是其中极为重要的环节。第四步，勾画点、线和多边形的地物影像以及给保质保量地它们赋属性。这两个密不可分的动作，可以逐个影像交替进行，也可以逐个分区先判后赋进行。第五步，逐步地完成影像判读专题图，要从进度、质量等方面，动态地监测各判读人员的作业状况。

3. 数据处理

在区域或城市遥感影像判读制图及其所生产的粗放数据基础上，需要对其质量评价数据、精准专题数据、更新专题数据进行专门的处理，以获得令用户感到满意的输出结果。

1）质量评价数据处理

在判读制图过程中，要不断地对判读工作的质量进行检查、评价和控制。其中，采用统计抽样方法来检查和评价各判读人员乃至项目总体的判读质量，是最为客观、高效和经济的一种途径。为此，图 4-10 给出了区域抽样、分区抽样和目标抽样 3 种评价方法及其作业步骤。

（1）区域抽样评价方法。它主要在简单区域对判读制图质量进行检查和评价时使用，是一种不分区的随机抽样评价方法。其具体作业步骤是：在地理编码影像上生成区域抽样单元格网及其总数；对每个网格进行顺序编号；根据网格总数和需要的区域抽样样本总数，通过随机数发生器生成需抽样网格的随机数；选择与随机数相同的网格作为评价判读质量的样本网格；地理编码影像上切割出样本影像；通过专家对样本影像的判读，生成作为评价标准用的判读参考专题图；通过判读参考专题图和相同待查判读专题图，生成两者的混淆矩阵；得出判读结果的总体判读精度、分类判读精度以及分类误判出和分类误判入的精度数据；在分析这些精度数据的基础上，对判读质量进行综合评价，揭示存在问题，提出改进办法和建议。

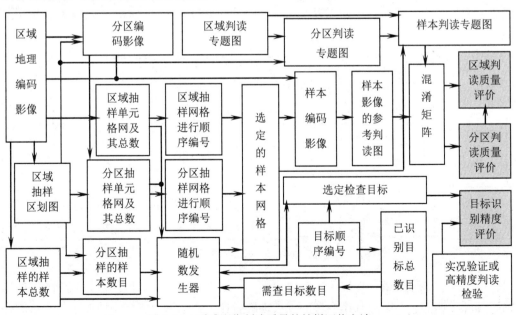

图 4-10　遥感影像判读质量的抽样评价方法

（2）分区抽样评价方法。它主要供检查和评价复杂区域遥感判读制图质量之用，是一种分区的随机抽样评价方法。其作业步骤与区域抽样评价方法大体相同，只是增加了有关分区及其汇总的作业步骤。具体而言，要根据抽样区划图，分别生成分区编码影像、分区抽样单元格网及其网格总数以及待查的分区判读专题图，对分区网格进行顺序编号；根据区域抽样区划图，把区域抽样的样本总数分配到各个分区里去，生成分区需要的抽样样本数；根据分区抽样网格总数、顺序编号和分区需要的抽样样本数，通过随机数发生器选定分区的样本网格，生成相应的分区样本影像、待查样本判读专题图以及分区样本参考判读专题图；通过分区样本判读参考专题图和分区的待查样本判读专题图，生成两者的分区混淆矩阵及其分区判读成果的质量评价数据，进而汇总出区域判读成果的质量评价数据。

（3）目标抽样评价方法。为了评价遥感目标检出、识别的质量，需要采取目标抽样评价方法。其作业步骤比上述两种方法简单：对已检出识别的目标进行顺序编号，获得其总数；确定需要进行抽样检查的目标数目；根据目标总数和需要抽样检查的目标数目，选择具有与随机数发生器产生出来的随机数相同编号的那些目标，作为需要进行核查的具体目标；通过选定核查目标的判读结果（即属性）与实地验证结果，或者与高精度影像判读结果进行比较，获得该目标识别的精度数据，进而评价其目标检出识别判读结果的精度或质量。

2）精准专题数据处理

由于受到判读最小面积的限制，许多细小地物（细碎地物和线状地物）无法在判读专题地图上表示出来，所得到的数据只能称为粗放数据或毛数据。为此，必须将这些细小地物所占据的面积从粗制数据里扣除出去，获得相应的精准数据。根据判读区域的复杂程度，细小地物扣除系数的生成，可以采用区域或分区随机抽样的方法实现它们作业步骤在图 4-11 中给出。不难发现，在具体的样本网格选定之前，它们的差别主要表现在是否需要编制和使用抽样区划图以及如何分配抽样数目方面。然而，在样本网格选定之后，两者的作业步骤大体上相同。

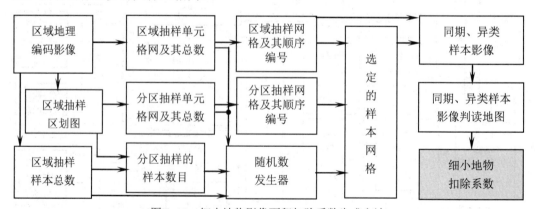

图 4-11　细小地物影像面积扣除系数生成方法

（1）样本影像选取。根据选定的诸样本网格边界的准确坐标位置，从区域或分区判读影像同时期的、具有更大比例尺的异类遥感影像上，选取产生细小地物扣除系数的样本影像，即所谓的"同期、异类的样本影像"。

（2）样本影像判读。对同期的大比例尺样本影像进行专题判读制图，尽可能详细地勾画出其上细碎地物（如田埂、小池等）、宽度较小的线状地物（如小沟渠、小路等）的范围。

（3）扣除系数生成。测量判读专题图上某种地物图斑或多边形的面积（A_{ijk}）以及在大比例尺样本影像上该地物图斑或多边形里的细小地物的面积（a_{ijkl}）。这样，区域或分区的分类细小地物扣除系数（Ca_{ij}），可以根据下式来生成，即

$$Ca_{ij} = \frac{\sum a_{ijkl}}{\sum A_{ijk}} \tag{4-1}$$

式中：i 为分区编号，在不分区时，$i = 1$；j 为 i 分区里的地物类型编号；k 为 j 地物类型在第 i 分区里的图斑编号；l 为 j 地物类型的第 k 图斑里面的细小地物编号。

（4）扣除系数应用。区域或分区的细小地物扣除系数生成之后，要将它们有针对性地应用于整个区域和不同分区里的相应地物类型的粗放数据，从中扣除细小地物占据的面积，生成区域或分区不同地物类型的精准数据。

3）更新专题数据处理

对大面积地区乃至全国范围进行详细、全面的遥感判读制图时，往往需投入大量人力、物力，还要花费相当长的时间才能完成。这种普查性质的全面调查既没有必要也不可能年年都进行。为此，需要采用分区分类抽样方法，生成参考年份与更新年份之间的分区分类更新系数。然后，以参考年份的区域遥感判读制图及其精准数据为本底，利用所得分区分类更新系数计算出更新年度的分类数据表。至于分区、分类的更新系数生成方法，可用图 4-12 所示的流程图说明。其主要工作步骤如下。

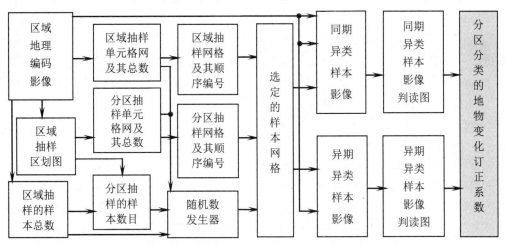

图 4-12　分区、分类的地物变化订正系数的生成方法

（1）抽样区划编制。在编制数据更新抽样区划时，既要遵循"分区内部差异尽可能小，分区之间差别尽可能大"的共性原则，也要遵循"分区满足专题用途，顾及内部变异程度"的个性原则。为此，区域或城市的基本特征及其主要地物发生变化的趋向、频率、强度的空间分布与差异，是优先要考虑的因素。只有确保抽样区划的合理性和有效性，才能确保分区、分类地物变化更新系数的代表性和准确性，最终获得更新年份具有

足够精度的更新数据。

（2）样本影像选取。根据图 4-12 中选定的诸样本网格边界的准确坐标位置，选取具有更高分辨率的同期影像作为参考影像与更新年份相应的影像，作为产生分区、分类地物变化更新系数使用的异类样本影像。这种样本影像空间分辨率的高低，会影响判读人员对地物细微变化的识别能力，进而影响到分区、分类地物变化更新系数的精确性。

（3）样本影像判读。分别对上述两组异类样本影像进行判读制图。要采取各种有效措施，使判读出来的地物分类、边界线勾画、数据规整平差等作业，都能满足遥感动态更新作业的精度要求。

（4）更新系数生成。在参考年份和更新年份（t_1、t_2）的样本影像判读专题图上，测量不同分区里各类地物的面积（A_{t_1ij}，A_{t_2ij}）。在 $t_1 - t_2$ 时段里，分区、分类地物变化更新系数（C_{tij}）可以用下式计算，即

$$C_{tij} = \frac{A_{t_2ij}}{A_{t_1ij}}$$

（4-2）

式中：i 为抽样分区的编号，不分区时，$i = 1$；j 为 i 分区中地物类型的编号。

4.2.2 遥感统计数据空间分析系统

它们是专门对各种专业领域、多个管理层次、不同来源的统计数据进行处理、分析和制图的专用系统软件工具。这种系统可以分为面（如行政管理单元）统计数据、线（如道路运输）统计数据和点（如小比例尺地图上的城市）统计数据等类型的空间分析制图系统。在此，面统计数据空间分析系统是主要论及的对象。其数据来源主要包括：遥感影像判读制图生成的自然资源、生态环境等的专题统计数据；传统统计调查方法城市的人口、社会、经济等的统计数据；作为统计分析制图底图使用的数字地图。尽管前两种数据在其产生的技术途径、处理方法及其作业步骤上存在巨大的差异，但是当它们都转化为面向统计单元的统计数据之后，这些差异就完全消失了。在这种系统里，不仅存储了不同来源的数据，还拥有能够进行由此及彼、由表及里、由浅入深的分析、推理和应用的各种应用模型，为管理决策人员提供了不可缺少的信息来源和强有力的技术手段。

1. 系统技术框架

常规统计数据是面向统计单元、定周期、长时序、最广泛、最频繁地为各级管理决策人员服务的一种数据。它们蕴涵着有关统计对象的特征、行为方面的动态信息，是人们思考问题、做出决策、采取行动和不断调整取向的重要依据。为了从数量巨大而枯燥无味的统计数字里提取出有关的专题信息，遥感统计数据空间分析系统就应运而生了。这种系统的技术框架，可以用图 4-13 来表达。它实际上是一个统计地理信息系统，由数据基本操作模块、数据分析应用模块、数据可视化展示模块、地图文件和统计数据库所组成。

1）数据基本操作模块

它们包括接纳用户的数据文件进入系统，系统的数据处理结果以文件的方式提供给用户的文件输入/输出子模块；帮助用户定义系统 DBF 文件数据结构（字段名、数据类型和字段长度等），使用户数据转换为系统数据创造条件的数据结构定义子模块；使用户

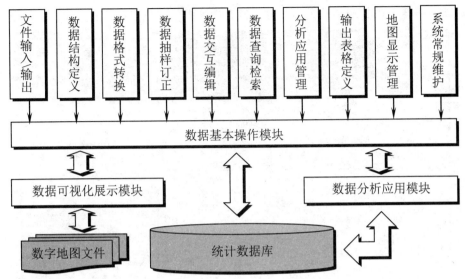

图 4-13　遥感统计数据空间分析系统的技术框架

数据的格式转换为系统的 DBF 文件格式的数据格式转换子模块；在必要时，可利用精度较高的抽样数据，对同期、同名的常规统计数据进行订正，以提高这些统计数据精度的数据抽样订正子模块；对进入系统的数据进行质量检查、增删改等操作，以确保它们的正确性和完整性的数据交互编辑子模块；帮助用户从系统只找出自己所需数据和信息的数据查询检索子模块；供设计输出表格，包括表名、表头及相关说明之用的输出表格定义子模块；提供用户操作统计数据分析应用模块接口的分析应用管理子模块；提供用户操作统计数据显示制图模块接口的地图显示管理子模块以及提供系统常规维护工具以及联机帮助信息的系统常规维护子模块。

2）数据分析应用模块

在统计数据分析应用模块中，包括了指标计算、对象排序、相关分析、分级分类、变化探测、状态评价、发展预测、规划分配等诸多功能子模块。这些子模块里的模型或运算，往往需要依次地或有选择性地施加在每个统计单元的数据上，然后将得到的结果显示在相应统计单元的地图上，生成处理结果的专题统计地图及其统计报表。它们可以为认识统计对象特征规律、揭示统计区域存在问题、采取应对措施决策等任务，提供为数众多、形象直观和深层次的专题信息。由此可见，在整个分析系统中，这个模块是一个能够使数据增值的核心模块，直接影响或决定着系统的应用效果和效益。

3）可视化展示模块

这个模块使数量巨大、枯燥乏味的统计数据，能够用专题地图的方式表达，不仅变得形象、直观、易于理解，而且还会引发空间上的诸多联想与推论，收到许多意想不到的效果。图 4-14 给出了基于 Microsoft Office 地图项（控件）的可视化展示模块及其输出专题统计地图的产品类型。这些产品主要分为两大类：一类是分层设色统计专题图，用于表示统计对象在统计单元水平上的差异；另一类是图形符号统计地图，多用于表示统计对象的数量差异、变化过程、组织结构等空间变异。图 4-15（a）所示的统计专题地图是 1999 年全国各省人均国内生产总值在水平上差异的分布图。图 4-15（b）所示的分级饼状符号图，以其圆饼的大小代表各省人均国内生产总值等级的不同。

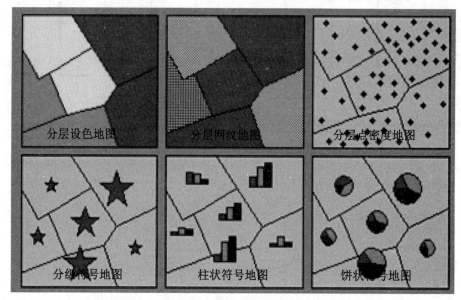

图 4-14　统计数据可视化展示模块的产品类型

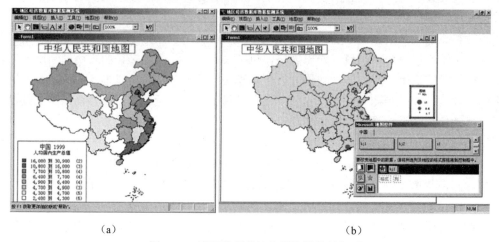

　　　　　　（a）　　　　　　　　　　　　　　　（b）

图 4-15　不同类型统计专题地图的制作

4）数字地图文件

在统计数据空间分析系统中，存储有全国省级和县级行政区划图。它们作为统计专题地图的底图，是使用最多、最频繁的文件。此外，还有相同比例尺的水系图、交通图、居民点分布图。它们可以叠加在行政区划图，帮助人们对所得结果进行联想、分析研究。

5）统计数据库

用户的统计数据要想进入系统，必须利用基本操作模块里的各种功能，使之适合系统运作的需要。用户进入系统的统计数据的数据格式，可以是 DBF、Excel、Text 中的任何一种。不同格式的数据经过基本操作模块的数据格式转换，都将变成统一的 DBF 格式存储在系统数据库里，供后续各种处理、分析应用和制图输出之用。由于系统提供处理程序接口，数据可以按照系统约定加载，无需进行烦琐的预处理工作。

2. 分析应用模型

数据分析应用模块包含了指标计算、对象排序、相关分析、单元分类、变化检出、发展预测、综合评价、目标规划等应用模型。根据任务需要可以对它们加以选用和/或定制，使它们在应用过程中逐步丰富、完善起来。

1）指标计算

所谓"指标计算"有两层含义：一是直接对某个统计数据项进行计算得出的指标，如它的平均值、最大值、最小值、标准偏差等；二是根据需要，通过两个或两个以上统计数据项之间的运算而产生的统计指标，如各种比率、复合指标等。在绝大多数情况下，它们都会比原生的统计数据更有用和更常用。指标计算的结果不仅需要进行分级，使连续变量等级化、复杂现象简化、突出差异、易于制图表达，而且也要显示在地图上，使它们的空间分布规律能够形象、直观地展示在用户面前，引起他们对这些规律的特点、成因和影响等的联想和推理，加深用户对这些客观事物和现象的认知。

2）对象排序

它是根据其某个数据项或某个统计指标的数值大小，按照升高或降低的顺序，对其所有的统计单元进行排序，以确定其中某个或某些单元在统计调查总体里所处位置的一种操作。这种排序实际上也是一种相对的评价方法，可以起到评比、激励的作用。这种排序也会给管理决策人员，提供非常重要的参考信息。例如，对 1994 年全国县级粮食总产量进行降序排队、统计制图，不仅显示了其前 500 个县、前 1000 个县的空间分布，而且也给出了它们的合计产量分别占全国总产量的 52.84%、78.01%。不难看出，这些信息对于全国农业投资分配方案的制定与决策，具有极其重要的参考价值和指导意义。

3）相关分析

其基本任务是要揭示某两个或多个统计要素或统计数据项之间相互关系的密切程度，可以通过其相关系数的计算和检验实现。具体进行相关分析时，往往会遇到两种情况：一种是两要素之间相关程度的测定；另一种是多要素之间相关程度的测定。

（1）两要素之间相关程度的测定。它涉及两要素之间的相关系数和秩相关系数的计算。对于相关系数的计算，可令两要素为 x 和 y，且它们的样本值分别为 x_i 与 $y_i (i = 1, 2, \cdots, n)$，则它们之间的相关系数可以用下式来定义，即

$$r_{xy} = \frac{\sum_{i=1}^{n}\left(x_i - \bar{x}\right)\left(y_i - \bar{y}\right)}{\sqrt{\sum_{i=1}^{n}\left(x_i - \bar{x}\right)^2}\sqrt{\sum_{i=1}^{n}\left(y_i - \bar{y}\right)^2}} \tag{4-3}$$

式中：$\bar{x}$ 和 $\bar{y}$ 分别为两个要素样本值的平均值，即 $\bar{x} = \frac{1}{n}\sum_{i=1}^{n} x_i$，$\bar{y} = \sum_{i=1}^{n} y_i$；$r_{xy}$ 为要素 x 和 y 之间的相关系数，其值介于[-1, 1]区间。$r_{xy} > 0$，表示正相关，即两要素同向相关；$r_{xy} < 0$，表示负相关，即两要素异向相关。r_{xy} 的绝对值越接近于 1，表示两要素的关系越密切；越接近于 0，表示两要素的关系越不密切。在求出相关系数之后，需要对该系数进行检验。通常相关系数检验，是在给定的置信度水平下，通过查相关系数检验的临界值表完成。秩相关系数或等级相关系数的计算，可以将两要素的样本值按照数据的大小

顺序排列位次，然后以各要素样本值的位次代替实际数据而求得。具体计算方法是：设两个要素 x 和 y 有 n 对样本值。令 R_1 代表要素 x 的序号（或位次），R_2 代表要素 y 的序号（或位次），$d_i^2 = \left(R_{1i} - R_{2i}\right)^2$ 代表要素 x 和 y 的同一组样本位次差的平方，那么，要素 x 和 y 之间的秩相关系数可以用下式来定义。秩相关系数是否显著，需要通过它与在某个置信水平上的临界值比较加以检验，即

$$r'_{xy} = 1 - \frac{6\sum_{i=1}^{n} d_i^2}{n\left(n^2 - 1\right)} \qquad (4\text{-}4)$$

（2）多要素之间相关程度的测定。它可以通过偏相关系数的计算与检验，或复相关系数计算与检验两种方式实现。所谓"偏相关"研究，是指在多要素构成的统计对象中，只研究某一个要素对另一个要素的影响或相互关系的密切程度，而暂不考虑其他要素的影响的一种研究工作。偏相关系数可以用来度量多要素之间的偏相关程度。偏相关系数可以用单相关系数来计算。假设有 3 个要素 x_1、x_2、x_3，其两两之间的单相关系数为

$$\boldsymbol{R} = \begin{bmatrix} r_{11} & r_{12} & r_{13} \\ r_{21} & r_{22} & r_{23} \\ r_{31} & r_{32} & r_{33} \end{bmatrix} = \begin{bmatrix} 1 & r_{12} & r_{13} \\ r_{21} & 1 & r_{23} \\ r_{31} & r_{32} & 1 \end{bmatrix}$$

因为相关系数矩阵是对称的，在实际计算时只要计算出 r_{12}、r_{13} 和 r_{23} 即可。在偏相关分析中，这些单相关系数常称为零级相关系数。对于上述 3 个要素 x_1、x_2 和 x_3 之间的偏相关系数共有 3 个，即 $r_{12.3}$、$r_{13.2}$ 和 $r_{23.1}$。在下标点后的数字代表在计算偏相关系数时保持不变的量，代表在其保持不变的情况下，测度和之间的相关程度的偏相关系数。它们的计算公式分别如下，可称为一级偏相关系数。随着要素的数目增加，偏相关系数的级别也随之加大，可以有二级、三级等相关系数。偏相关系数分布的范围为 -1～1，即

$$r_{12.3} = \frac{r_{12} - r_{13}r_{23}}{\sqrt{\left(1 - r_{13}^2\right)\left(1 - r_{23}^2\right)}} \qquad (4\text{-}5)$$

$$r_{13.2} = \frac{r_{13} - r_{12}r_{23}}{\sqrt{\left(1 - r_{12}^2\right)\left(1 - r_{23}^2\right)}} \qquad (4\text{-}6)$$

$$r_{23.1} = \frac{r_{23} - r_{12}r_{13}}{\sqrt{\left(1 - r_{12}^2\right)\left(1 - r_{13}^2\right)}} \qquad (4\text{-}7)$$

其绝对值越大，表示偏相关程度越大；如绝对值为 0，表示在某要素固定时，其余两要素之间完全无关。偏相关系数的显著性检验，一般采用 t 检验法，计算公式为

$$t = \frac{r_{12.34\cdots m}}{\sqrt{1 - r_{12.34\cdots m}^2}} \sqrt{n - m - 1} \qquad (4\text{-}8)$$

式中：$r_{12.34\cdots m}$ 为偏相关系数；n 为样本数；m 为自变量个数。

在客观现实世界中，一个要素的变化往往会受到多种要素的综合作用和影响，使用单相关或偏相关分析方法都无法反映各个要素的综合影响。为了解决这个问题，就必须采用复相关分析方法。几个要素与某个要素之间的复相关程度，可用复相关系数来测定。它可以利用单相关系数和偏相关系数求出。设 y 为因变量，$x_1, x_2, \cdots, x_k$ 为自变量，则将 y

与 $x_1, x_2, \cdots, x_k$ 之间的复相关系数记为 $R_{y,12\cdots k}$。其计算公式为

当有 2 个自变量时，$\quad R_{y,12} = \sqrt{1 - \left(1 - y_{y1}^2\right)\left(1 - y_{y2,1}^2\right)}$ $\qquad$ (4-9)

当有 3 个自变量时，$\quad R_{y,123} = \sqrt{1 - \left(1 - y_{y1}^2\right)\left(1 - y_{y2,1}^2\right)\left(1 - r_{y3,12}^2\right)}$ $\qquad$ (4-10)

当有 k 个自变量时，$\quad R_{y,123} = \sqrt{1 - \left(1 - y_{y1}^2\right)\left(1 - y_{y2,1}^2\right)\cdots\left[1 - r_{yk,12\cdots(k-1)}^2\right]}$ $\qquad$ (4-11)

复相关系数为 0~1。其数值越大，表明要素（变量）之间的相关程度越密切，为 1 表示全相关，为 0 表示完全无关。复相关系数必大于或至少等于单相关系数的绝对值。一般采用 F 检验法来检验复相关系数的显著性。其计算公式为

$$F = \frac{R_{y,12\cdots k}^2}{1 - R_{y,12\cdots k}^2} \times \frac{n - k - 1}{k} \qquad (4\text{-}12)$$

式中：n 为样本数；k 为自变量个数。

4）单元分类

根据统计单元的某些直接测量得到的属性，或者经过运算处理得到的属性，可以对这些单元进行分类。其分类方法为数众多、机理各异、形式纷繁，许多遥感数据的分类方法亦可为之所用。作为常规的统计数据分类方法有两大类：一类是监督分类方法，或称为判别分析方法；另一类是非监督分类方法，或称为聚类分析方法。在具体进行分类时，分类数据可以是原始的统计数据，也可以是派生出来的指标数据（如时序数据拟合得到的斜率、变差系数及其平均值等），或者经过主成分变换分析产生的主成分数据等。如此分类的结果表明，分属同类型的单元，彼此的属性或行为比较相近；分属不同类型的单元，相互之间存在比较显著的差异。在需要的时候，可以把统计单元分类图上相近的类型，且在空间上相邻、连续、成片的单元归纳起来，绘制出由不同的统计单元分区所构成的一幅统计单元分区图。在分区内，单元之间差异较小；在分区间，单元的差异显著。因此，获取这些统计专题地图及其统计数据表的方法，也是人们认识客观世界十分有效的方法。

5）变化检出[①]

按照不同方案对时序统计数据及其统计制图进行分析比较，可以直观地检出统计对象及其构成单元在时间和空间上的变化，是完成发现问题、揭示差距、评价效果等任务极为有效的工具和途径。一般而言，变化检出可以采用两种基本方式进行：一种是两年变化的检出；另一种是多年变化的检出。图 4-16 是以 1985 年与 1991 年的数据进行比较而检出的中国粮食生产变化类型图。其上，增产的 3 种变化类型的县级单元，以蓝绿色系的不同颜色表示；减产的 3 种变化类型的县级单元，以黄褐色系的不同颜色表示。在图 4-16 上可以看出，在安徽及其毗邻的江苏、湖北一带，出现了一大片近似圆形的褐黄色减产区域，与在淮河干流两侧及其以南地区遭受 1991 年重大洪涝灾害的影响密切相关。以 1985 年的数据分别与 1994、1996 年的数据编制了图 4-17 和图 4-18。通过比较上述 3 张图，可以检出它们之间的多年变化状况。比较图 4-16 和图 4-17 可以发现，在图 4-17 上原先因 1991 年淮河水灾影响而减产的黄褐色圆形图斑消失了，减产县份主要分布在长

---

① 其中图 4-16、图 4-17、图 4-18 出自：中国科学院遥感应用研究所. 中国农业状况图集. 北京：星球地图出版社，1997；阎守邕，刘玉岚，等. 现代遥感科学技术体系及其理论方法. 北京：电子工业出版社，2013。

江三角洲、珠江三角洲地区，部分减产的县份还沿着长江中下游和湖南、广东境内的京广铁路线分布。究其原因，与 1990—1994 年邓小平南巡推动了改革开放政策的实施有关。比较图 4-17 和图 4-18 可以发现，两个图上粮食减产县级单元的分布图型大体相似，只是后者减产县级单元的数量、范围和程度都有明显减少。这种变化反映出国务院 1994年 8 月 18 日发布的《基本农田保护条例》，缓解了经济开发对农业粮食生产的严重冲击。

图 4-16　1985—1991 年全国粮食生产变化类型图（见彩图）

图 4-17　1985—1994 年全国粮食生产变化类型图（见彩图）

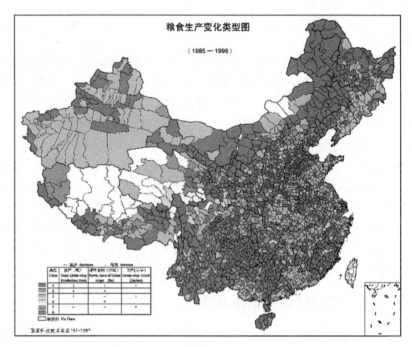

图 4-18　1985—1996 全国粮食生产变化类型图（见彩图）

6）发展预测

发展预测主要对统计对象未来的发展状态和趋势，做出科学而合理的估计，为制定政策、编制规划或采取重大举措等决策任务服务。一般而言，预测要经历 3 个步骤。第一步，要确定预测的目标。尽可能用数量描述这种目标，而且越明确就越好。第二步，收集和分析所需历史资料和数据。其可靠性和完整性对预测的准确性至关重要。第三步，研制和检验预测模型。对预定目标进行预测，取得预测的结果。科学的预测已经得到越来越多专业部门、地方政府、企事业单位的认可和应用。目前，常用的预测方法包括直观预测法、回归分析法和时序分析法。

7）综合评价

所谓"统计综合评价"，就是根据统计研究的目的，以统计数据为依据，借助一定手段和方法，对不能直接加总、性质不同的项目进行综合，得出概括性的结论，从而揭示事物的本质及其发展规律的一种统计分析方法。这种方法一般需要经历如下步骤。第一步，根据需要并从实际出发，选择和确定评价对象及其评价要求。第二步，建立能够从不同角度、不同侧面反映评价对象特征的评价指标体系。第三步，确定各个评价指标的权数。如果评价指标是单层的，其所有指标的权数总和等于 1；如果指标是多层的，每个次级子系统的所有指标的权数之和也应该等于 1。权数的确定方法很多，包括简单平均法、加权统计法、频数统计法等。第四步，分别评价指标体系里的每个指标，然后对这些评价结果进行综合分析，以得出最终的结论。综合评价方法也存在一些问题，主要是其结果不具唯一性，而有较大的相对性和主观性。因为在评价过程中评价方法以及在同一方法里评语等级、等级分值、权数确定、单个指标评价方法及其结果合成等都有多种选择，而且选择有较大随意性和主观性所致。目前，常规综合评价方法和模糊综合评价方法是最常用的方法。

8）线性规划

在常规管理决策，尤其是高层管理决策过程中，必然会遇到的问题是：在目标确定的情况下，至少需要投入多少资源以及如何合理分配、有效使用这些资源，才能优质、高效地实现这个目标？或者，在投入资源确定的情况下，如何合理分配和有效使用这些资源，能够取得最大化的目标何在？这些决策问题可以利用数学规划来解决。鉴于规划对象及其行为特征的差异，目前已经发展了不同类型的数学规划方法。例如，决策问题的目标函数和约束条件方程为线性函数且决策变量为连续分布时，可采用线性规划方法进行规划；若不能满足这些条件时，需要采用非线性规划方法；在决策变量只能为整数时，要使用整数规划方法；如果决策问题出现多个目标且无法简化为单目标时，需要采用目标规划方法。然而，在这些方法中，线性规划的应用最为广泛。之所以如此，除了它能解决各部门提出的各种现实问题，如生产力布局、资源配置、生产调度、计划作业、人员分配等问题外，还由于这种模型及其解题方法易于掌握和好用所致。

4.2.3　遥感多级采样目标估算系统[①]

遥感多级采样目标估算系统是应用比较广泛、效益比较显著的一种遥感常规业务应用系统。例如，农作物产量、草场产草量、森林木材蓄积量等的遥感估算系统均属此列。尽管它们的估算对象不同、形式各异，但是在总体思路、产出结果等方面却大体相同。一般而言，其总体估算往往是在遥感估算区划基础上，通过目标面积的多级采样估算以及分区单产确定而实现的。这种系统估算的精度，既与其面积估算使用的多级采样框架布设的合理性及其采样点的数量、精度有关，也和估算区划、单产模型的精度以及模型外延范围的有效性相关，是一种投入较少但能对总体情况及其变化有所了解的好办法。中国科学院遥感应用研究所等研制和运行的全国主要农作物遥感产量估算系统（以下简称遥感估产系统），将作为实例对这种类型系统进行具体的论述。该系统的基本思路是：农作物总产=种植面积×单产，相应的作业流程图在图 4-19 中给出。它涉及对全国冬小麦、春小麦、早稻、中稻、晚稻、春玉米、夏玉米、大豆 8 类农作物的种植面积估算、单产确定以及总产计算、灾情修正、精度检验等方面的问题。

1. 遥感农作物面积估算分系统

我国地域辽阔、自然环境复杂、种植面积广大、种植制度复杂、种植地块细碎、插花种植现象严重，因此，利用遥感影像，即使是 Quickbird 等高空间分辨率遥感影像，直接识别不同类型的农作物，无论从其数据保证、分类精度还是运作成本等方面看，都无法满足我国遥感估产业务运行对农作物面积估算的需要。为此，需要在农作物遥感估产区划基础上，使遥感技术与抽样技术结合起来，形成农作物种植面积遥感估算系统，来解决这方面的诸多问题。

1）农作物种植结构区划分层

编制和利用农作物种植结构区划，是提高农作物种植面积遥感估算精度的有效途径。

[①] 其中图 4-20、图 4-21、图 4-25、图 4-26、图 4-27 出自：中国科学院遥感应用研究所和国家发展计划委员会农村经济发展司. 中国农情遥感监测图集. 北京：星球地图出版社，2000；中国科学院遥感应用研究所和中国地理学会环境遥感分会. 中国农情遥感速报系统专辑. 遥感学报，2004,8（6）。

在全国农业区里进行这种区划，其区划界线将与县级行政单元界线吻合，以与国家农业统计单元保持一致。在区划时，一级分区指标为温度、降水、太阳辐射、土壤、地貌；二级分区指标为小麦播种面积比例、水稻播种面积比例、玉米播种面积比例、大豆播种面积比例、农业集约化程度。据此，全国可分为 11 个一级区、44 个二级区组成（表 4-1）。如果考虑各地区垦殖水平差异的话，全国可以按耕地密度>80%，50%~80%，15%~50%，0%~15%，0%的等级分为 5 类地区。这 5 类地区与上述二级区划、省界叠置，可以得到 102 个三级区划单元（图 4-20），而且每个单元只属于一个省份。

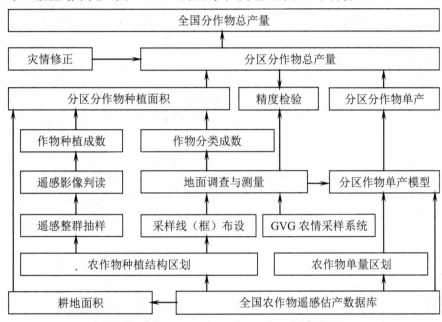

图 4-19　全国主要农作物遥感产量估算系统的作业流程

表 4-1　中国农作物种植结构区划

一级区划	二级区划	一级区划	二级区划
青藏高原喜凉作物区（Ⅰ） 内蒙古东南部黄土高原西部半干旱喜凉作物区（Ⅱ）	小麦为主，无稻区（Ⅰ1）	黄淮海平原丘陵半湿润旱作物为主区(Ⅵ)	小麦为主，兼玉米大豆区(Ⅵ5)
	小麦一元结构，无稻区（Ⅰ2） 经济作物为主，兼粮食作物（Ⅰ3）		玉米为主，兼水稻大豆区(Ⅵ6)
	小麦一元结构区（Ⅱ1） 春麦为主区（Ⅱ2） 春麦玉米大豆三元结构区（Ⅱ3）	西南东部高原山地湿润水旱兼作区(Ⅶ)	玉米为主，兼小麦大豆水稻等构区(Ⅶ1)
内蒙古陕晋高原山地易旱喜温作物区(Ⅲ)	大豆玉米小麦三元结构区（Ⅲ2）		水稻为主，兼小麦水稻等构区(Ⅶ2)
	玉米为主，兼大豆（Ⅲ3）		小麦为主，兼水稻区(Ⅶ3)
	小麦玉米二元结构区（Ⅲ4）		水稻为主，兼玉米区(Ⅶ4)
东北平原丘陵半湿润湿润喜凉作物区(Ⅳ)	玉米为主，兼水稻大豆区(Ⅳ1)		小麦玉米二元结构，兼大豆区(Ⅶ5)

（续）

一级区划	二级区划	一级区划	二级区划
	大豆小麦二元结构，兼玉米区(IV2)	长江中下游平原丘陵湿润水田为主区(VIII)	水稻一元结构，兼大豆区(VIII1) 水稻一元结构区(VIII2)
	四元结构区(IV3)		水稻为主，兼小麦区(VIII3)
	小麦一元结构区(IV4)		水稻小麦二元结构区(VIII4)
新疆河西走廊及河套干旱灌溉区(V)	小麦玉米大豆三元结构区(IV5) 小麦为主，兼玉米大豆区(V1)	四川盆地平原丘陵山地湿润水旱兼作区(IX)	四元结构区(VIII5) 水稻为主，小麦玉米大豆等区(IX1)
	四元结构区(V2)		小麦水稻玉米三元结构区(IX2) 水稻为主，兼小麦玉米区(IX3)
	小麦为主，兼玉米区(V3)	东南丘陵山地湿润双季单季水稻兼作区(X)	水稻一元结构区(X1)
	小麦一元结构区(V4)		水稻玉米二元结构，兼大豆区(X2)
			水稻一元结构，兼大豆区(X3) 水稻为主，兼小麦玉米区(X4)
黄淮海平原丘陵半湿润旱作物为主区(VI)	小麦玉米为主，兼大豆区(VI1)	东南丘陵平原湿润双季稻热作区(XI)	水稻一元结构区(XI1)
	水稻为主，兼玉米区(VI2)		小麦为主区(XI2)
	小麦玉米二元结构区(VI4)		水稻为主，兼玉米大豆区(XI3)

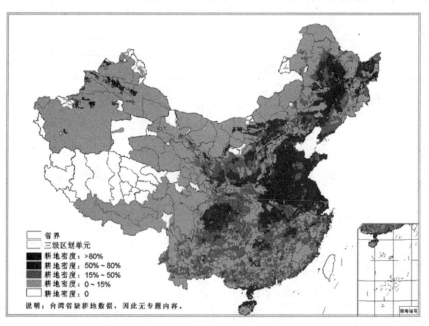

图 4-20　全国农作物种植结构区划图

2）农作物种植成数遥感估算

在我国现行土地使用制度下，尽管无法利用遥感数据（Landsat TM，CBERS CCD）直接提取某种作物的种植面积，但是却能优质、高效地提取耕地上所有农作物的总种植面积。这就为农作物种植成数的遥感估算奠定了可靠的基础。这种估算将采用遥感技术与整群抽样技术相结合的方法实现,具体涉及整群抽样设计(图 4-21)、遥感数据选取及时相要求、遥感影像处理与分类以及种植成数遥感估算等问题。

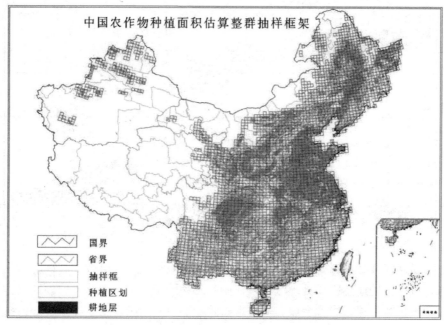

图 4-21 全国农作物种植面积估算整群抽样框架

(1)成数估算的整群抽样设计。遥感估产系统采用农作物种植结构区划的二级单元作为抽样的总体。在每个单元内划分出许多抽样群,然后按估算精度的要求抽取一定数量的群。在整群抽样过程中,以耕地区 1:10 万的地形图国际标准分幅作为划分抽样群的依据。每个抽样群的面积为 1270~1950 km²,相当于一景 Landsat TM 影像的 1/16(平均面积约等于 1977km²)。参照比例尺为 1:10 万的全国土地利用图,以包含耕地的所有标准分幅的格网作为整群抽样框(图 4-22),其抽样总群数 N 为 3095(未计算西藏、台湾)。然后,在抽样群与遥感影像之间建立空间位置上的对应关系,供选择遥感影像时使用。鉴于全国农作物种植成数每年变化较大,群内方差计算较困难,将采用简单随机抽样的样本量计算公式以及整群抽样要比简单随机抽样的样本量为大等情况,统筹地考虑和确定整群抽样的样本量。因而,整群抽样的样本量 =(1+0.05)×简单随机抽样的样本量。根据估产要求,估算精度应达 95%以上,可以计算出全国的抽样群数为 278,平均抽样率 f≈9%。由于组成抽样群的 1:10 万地形图幅在不同纬度下存在面积差异,遥感估产系统采用不等群随机抽样方式,抽取满足精度估算要求数量的样本群,用于订购遥感数据,经过图像处理与分类进行种植面积提取,最后采用整群抽样的比例计算方法来估算作物播种面积占耕地面积的百分比,即种植成数。

(2)遥感数据选取及时相要求。遥感影像的时相选择,需要考虑主要农作物的空间布局、生育期、轮作规律和田块分布特征以及同类作物的时间跨度。我国农作物种植,除冬小麦生长期内作物类型较单一外,其他作物大多混种、插花分布。如南方地区早、中、晚稻,东北地区的春小麦、春玉米和大豆,华北地区的夏玉米、花生、棉花等均交错种植。随着种植结构调整力度的加大,作物熟制减少,使作物种植时间的灵活性加大。

因此，遥感影像的时相选择，既要保证能反映作物的空间分布，又要能满足运行时间的要求。在图4-22 中，给出了我国农作物遥感监测的最佳时相和监测结果发布的最佳时间。

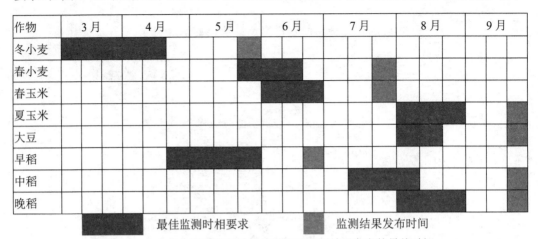

图 4-22　农作物遥感监测的最佳时相及监测结果发布的最佳时间

（3）遥感影像处理与作物分类。根据遥感估产系统快速、高效、高精度的业务运行化要求，规范化的遥感影像处理流程，在图4-23中给出。它由遥感影像预处理、几何精纠正、植被指数计算、影像合成、非耕地去除、非监督分类以及从非监督分类结果中提取农作物种植区的标定处理 7 个步骤所组成。SAVI 是用光学影像计算出的植被指数，NDIF是用两期雷达影像的后向散射系数计算出的植被指数。影像合成得到多光谱数据与SAVI信息的合成数据集、两期后向散射系数与NDIF的合成数据集。

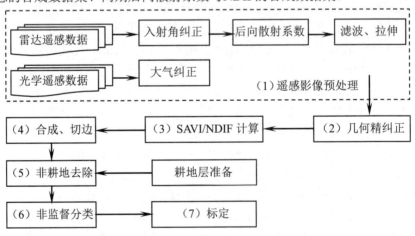

图 4-23　农作物种植成数监测的遥感影像处理流程

（4）农作物种植成数遥感估算。县级行政单元、区划单元、省级单元的农作物种植成数的估算分 3 个层次进行。第一层次，计算各个县级行政单元的农作物种植成数。根据遥感数据的分布情况采用不同的计算方式。影像全部覆盖的县，种植成数根据遥感影像的解译面积与耕地面积的比值计算得到；遥感影像部分覆盖的县，种植成数采用影像覆盖范围的种植成数；没有遥感影像覆盖的县级行政单元，种植成数采用区划单元内的平均种植成数。第二层次，计算各个区划单元的农作物种植成数，由区划单元内抽取各帧遥感影像的总种植面积除以总耕地面积而得。第三层次，计算省级单元的农作物种植成数，由省内各个区划单元的农作物种植成数按耕地面积加权平均计算而得。

3）农作物分类成数实况调查

按照全国农作物种植结构区划，在每个区划单元内设计了用于确定农作物分类成数的调查线路，然后安排采样调查队伍沿各个采样线进行采样，最后统计汇总形成各个区划单元的农作物分类成数。这种野外实况调查方式，避免大量使用 Quickbird 或 IKONOS 等高分辨率的遥感影像，既保证了农作物分类成数的精度，又控制了确定农作物分类成数的成本。在此过程中，会涉及样条采样框架设计、基于面积抽样框架的第一阶段抽样、样条采样框布设、GVG 农情采样系统以及农作物分类成数计算等方面的问题。

（1）样条采样框架设计。我国农作物分类成数调查，涉及到成数低、范围超大、空间异质性高等空间抽样问题，完全采用国际流行的 TPS（Tessellated Plane Sampling）或 CPS（Continuous Plane Sampling）范式都不太合适。为此，在遥感估产系统里，采用了分层二阶段的样条采样技术。它以农作物种植结构的三级区划为基础，进行二阶段抽样。第一阶段的抽样，继承了 TPS 范式的面积抽样框架，完成初级抽样单元的布设，面积抽样框架在耕地范围内为 4km×4km 的格网。第二阶段的抽样，在一级抽样选取的样本格网中，沿着道路按某种抽样率，抽取能够满足精度要求的路段（样线）；然后，将其两边目视可辨别作物类别的范围（缓冲区）作为样条，进行农作物分类成数调查。这种方法继承了面积采样框架适合于作物分布零散、插花、成数低等面积采样框架的优点，保证了样区的面状特征及更大信息量的获取；样区由长而窄的样条组成，有助于利用交通、摄影等工具，高效率完成采样任务。

（2）面积抽样框架建设。根据我国农作物种植结构的特点和遥感估产系统业务化运行的需要，第一阶段抽样的抽样框架采用 4km×4km 的格网，所需样本数量采用简单随机抽样的样本量计算公式计算，扣除无耕地的区域而外，全国的样本总数为 196170 个。

（3）样条采样框的布设。遥感估产系统在第二阶段的抽样率为 2%，其初级抽样单元尺寸为 4km，缓冲区宽度为 0.1km，最短样条长度为 3.2km。据此，求得全国样条的总长度为 1.15 万 km。在选择采样线路时，还要具体考虑线路的连通性，以便于进行连续采样和减少线路行程；尽量选取居民地少和视野比较开阔的地段，以便于能够充分观察道路两边的农作物种植结构；尽量选用低等级公路和等外路甚至土路，以避免公路两边的种植结构与其他地区有差异；线路一经选定就要固定下来，每年对它们进行采样。尽管遇到道路施工或其他情况时，可以使用替代的线路抽样，但是只要有可能，就要恢复使用原来的线路抽样。

（4）GVG 农情采样系统。样条采样框架的野外调查，利用 GVG 农情采样系统完成。它是 GPS、Video 和 GIS 等技术集成的产物。它可以通过视频技术大量采集反映作物种植情况的现场照片，利用 GPS 确定照片的空间位置，在室内解译每张照片的作物分类成数，然后用 GIS 技术统计计算每个样条、抽样单元、县级行政单元、区划单元和省级行政单元等各个空间尺度的作物分类成数。为了保证野外采样的质量，还制定了其标准的野外采样运行规程，明确规定了野外采样时间（前后不能相差 1 周）、仪器操作规范，如车速限制、拍摄方位、拍摄距离以及软件操作等内容。

（5）农作物分类成数计算。通过解译 GVG 系统所拍摄的野外照片，确定每张照片内不同农作物类型的分类成数，然后将它们汇总到不同的统计单元，得到这些单元内的作物分类成数。考虑到分类成数的应用及其采样在空间上的异质性特点，汇总工作针对4类统计单元进行。第一类，初级抽样单元。其面积为4km×4km，需要对90条左右的照片判读记录进行汇总。第二类，县级行政单元。按县级区划单元GVG影像记录汇总。第三类，种植结构区划单元。其分类成数由各个初级抽样单元的分类成数汇总而得，代表着单元内所有县单元成数的平均水平。第四类，省级行政单元。鉴于省级行政单元内的种植结构和物候期相差异甚远，简单地采用上述统计方法会造成严重误差，需要采用面积加权方法进行农作物的分类成数汇总。

4）遥感估算农作物种植面积

农作物种植面积可以通过耕地面积（早中晚稻为水田面积）与种植成数、分类成数连乘之后得到。在雷达影像覆盖区域，水稻种植成数直接从雷达影像上解译出来。水稻种植面积 = 耕地面积×整群抽样获取的水稻种植成数；在光学影像覆盖区域，物种植面积 = 耕地面积×种植成数×分类成数。按照这种计算方法求得不同行政单元的农作物种植面积，然后再汇总得到各省发布的作物种植面积。汇总将采用加权求和方法实现。所用权重为省内各行政单元的耕地面积或前一年的农作物种植面积。一般而言，后者较前者更为准确些。

2. 遥感农作物单产估算分系统

遥感估产系统直接采用了我国应用效果良好、精度有保证的农业气象单产估算模型，通过规范化其使用空间范围，重新标定模型的参数，建立了自己的单产估算模型体系和遥感单产估算系统，实现了对全国农作物单产在区域水平上的预测。这个过程具体包括图4-24所示的5个步骤。第一步，模型收集、筛选与整理。在此，要收集全国现有的各种农业气象模型，标定其适用的作物类型、空间范围等要素，筛选去掉那些无法满足其农业气象因子要求的模型。第二步，模型适用范围定义（膨化）。在编制全国农作物单产区

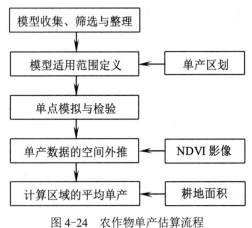

图4-24 农作物单产估算流程

划的基础上，使模型由原来的适用范围扩展到相应的区划单元，或为该单元寻找适用的单产模型。第三步，单点模拟与检验。根据模型的适用范围、对应的实测站点农业气象资料、以县为单位的历史单产数据，在每个区划单元内，选定若干有代表性的县进行单产模拟和精度检验。第四步，单产数据的空间外推。根据农作物单产水平的空间变异规律，将单点模拟生成的单产数据外推到整个区划单元。第五步，计算区域的平均单产。对耕地像元上的单产值进行统计平均，计算出区域内平均的农作物单产值。

1）编制农作物单产区划

农作物单产区划由农作物生产类型和农业气候等两种区划图组合而成。前者如表4-2所列，根据温度、降水、太阳辐射、农区土壤、农区地貌等指标，将全国分为11个一级区划单元（不包括海洋水产区）；根据小麦单产、水稻单产、玉米单产、大豆单产、

物候等指标，在一级单元基础上分出了 39 个二级区划单元。然而，这种区划单元的范围往往过大，物候上的差异仍然比较明显。为此，在农作物生产类型区划与农业气象区划相互叠加，并利用 GIS 对其分区边界的空间一致性进行修正之后，于是就得到了全国农作物单产区划。这个区划由 132 个农作物区和 1 个非农作物区组成，共计 133 个区划单元（图 4-25）。与农作物生产类型区划相比，农作物单产区划更细致、客观，单元内部的特性更均匀，更有利于已有单产模型的推广应用。

表 4-2　农作物单产区划的一、二级区划单元

一级区划	二级区划	一级区划	二级区划
青藏高原喜凉作物区(I)	四作物低产区(I1)	西南东部高原山地湿润水旱兼作区(VII)	中稻中麦中玉中豆区(VII1)
	高麦低豆无稻无玉区(I2)		中稻低麦低玉低豆区(VII2)
	低稻中麦中玉中豆区(I3)		低稻中麦中玉中豆区(VII3)
内蒙古东南部黄土高原西部半干旱喜凉作物区(II)	中麦无稻无玉无豆区(II1)		高稻中麦高玉高豆区(VII4)
	中稻中麦高玉低豆区(II2)	长江中下游平原丘陵湿润水田为主区(VIII)	四作物高产区(VIII1)
	低稻低麦中玉低豆区(II3)		高稻中麦中玉高豆区(VIII2)
内蒙古陕晋高原山地易旱喜温作物区(III)	低稻中麦高玉中豆区(III1)		高稻中麦低玉高豆区(VIII3)
	低稻低麦中玉低豆区(III2)		中稻低麦低玉中豆区(VIII4)
	中稻低麦中玉低豆区(III3)	四川盆地平原丘陵山地湿润水旱兼作区(IX)	高稻中麦中玉高豆区(IX1)
	高稻中麦高玉中豆区(III4)		高稻高麦高玉高豆区(IX2)
东北平原丘陵半湿润湿润喜凉作物区(IV)	四作物低产区(IV1)		中稻中麦中玉中豆区(IX3)
	高稻无麦高玉中豆区(IV2)	东南丘陵山地湿润双季单季水稻兼作区(X)	高稻中麦中玉中豆区(X1)
	高稻中麦高玉中豆区(IV3)		高稻低麦中玉低豆区(X2)
	中稻中麦中玉中豆区(IV4)		中稻低麦低玉低豆区(X3)
新疆河西走廊及河套干旱灌溉区(V)	低稻高麦高玉中豆区(V1)	华南丘陵平原湿润双季稻热作区(XI)	高稻中麦中玉中豆区(XI1)
	低稻高麦高玉高豆区(V2)		中稻低麦中玉低豆区(XI2)
	高稻高麦高玉中豆区(V3)		高稻中麦低玉中豆区(XI3)
	低稻中麦中玉低豆区(V4)		中稻中麦低玉低豆区(XI4)
黄淮海平原丘陵半湿润旱作物为主区(VI)	低稻高麦高玉高豆区(VI1)		
	高稻高麦高玉中豆区(VI2)		
	低稻中麦中玉中豆区(VI3)		

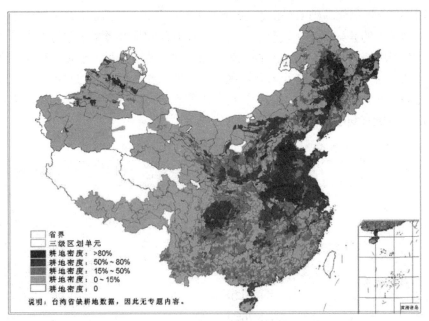

图 4-25　全国农作物单产区划图

2）模型筛选及其外延

在大量收集国内农业气象模型应用实例，了解其模型结构、模型参数、模型应用地区、模型精度以及模型检验方法等信息的基础上，建立了入选模型的标准：模型结构明确；有明确的气象因子；其气象因子容易获得且能满足运行需要；模型有一定的地域代表性。据此，选出可以使用的农业气象模型共计 245 个，其具体构成在表 4-3 中给出，它们的空间分布状况可用图 4-26 说明。筛选出来的模型，按照模型原文献所规定的参数表（如 3 月平均气温、4 月份总降水量等）建立模型库。在农作物单产区划基础上，根据各个模型原始的适用范围，分别确定其适用的区划单元。如果在三级区划单元内有多个模型的话，可根据其原始精度评价及检验的情况，将它们标定为最适模型、辅助模型两类，供模拟时选用。在三级区划单元范围内没有适用的模型时，可以根据二级区划单元范围内的模型情况，选择精度较高的或与之适用情况相近的模型使用。如果二级区划单元内仍然没有模型，则可利用该单元的农业气象等因子（如温度、积温等），建立自己的模型。

表 4-3　筛选出来的农业气象单产模型的基本特征

模型类型		模型数量	模型级别			备注
			县级	地级	省级	
小麦 （114）	冬小麦	102	80	10	9	自然地 域 5 个
	春小麦	12	11		1	
玉米		25	19	4	2	
水稻 （70）	早稻	36	24	10	2	
	一季稻	2	1		1	
	晚稻	32	28		4	
大豆		36	33		3	

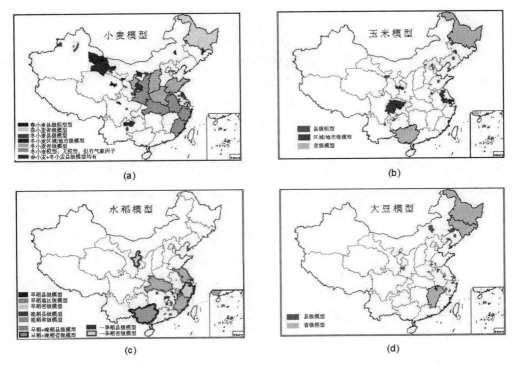

图 4-26　中国农业气象模型空间分布

3）农作物单产估算

遥感单产估算系统进行单产估算时，先在某个空间位置（模拟点或县级行政单元）上，进行农作物单产水平的单点模拟。然后，将其结果通过空间插值方法，外推到所在的整个单产区划单元里去。为此，在某个区划单元里需要选择出 2～3 个数据齐全的县级行政单元，作为有代表性的模拟点或有代表性的县级行政单元，进行农业气象模型参数的标定、农作物单产的预测。

（1）单点模拟。在区划单元里，选择有代表性模拟点进行单点模拟，其遵循的原则是：所选点的单产水平要适中，对局部地区的单产水平有代表性；所选点里尽可能要有气象站点或有与之相邻的若干气象站点；在每个区划单元内，尽可能要选择两个或两个以上数量的模拟点；所选点在空间上应近似均匀地分散在整个单产区划单元内，而不能呈聚集状态；各相邻单产区划单元的代表性模拟点之间，也应呈近似均匀分散分布的状态，以保证所选模拟点有足够的空间代表性。各个选出来的模拟点的单产模拟由系统自动完成。系统从单产模型集及相关的数据库里，调出在空间上与作物类型匹配的单产模型及其影响变量、产量等数据；然后，通过时间序列统计分析标定模型的参数，完成对农作物单产的预测，并对其结果进行 T 检验和 F 检验，以确保单产模型的估算精度。

（2）空间外推。农作物单产的空间外推需要通过两个主要步骤完成：第一步，生成单产水平栅格数据层，可采用 co-kriging 插值方法实现；第二步，完成农作物单产的空间外推。在外推时，统计单元可以是县级行政单元、省级行政单元或单产区划单元。如果根据统计单元里的单产栅格数据层的耕地像元单产值进行外推，计算出来的是该统计单元里所有农作物的平均单产值。如果统计某种作物类型像元的单产值，可以得到该类型农作物的单产值。

（3）应用实例。以 2003 年冬小麦单产的估算为例，在单点模拟过程中，共选取了 180 个代表性县，实现了全国从南到北、从东到西的所有冬小麦种植区的模拟。为了保证模拟的精度，采用从 2002 年 11 月开始到 2002 年 5 月底结束的气象数据，涉及气温、降水、日照、大于 0℃积温及其复合因子。在空间外推时，首先，根据所选的模型单产外推到冬小麦种植区；其次，仅针对全国冬小麦的 10 个主产省份的冬小麦分县单产情况进行预测；最后，用各个县级行政单元的平均单产及种植面积，计算出省级行政单元的总产及其平均单产。图 4-27 给出了冬小麦模型、代表性站点分布、县级单产水平和省级单产水平。

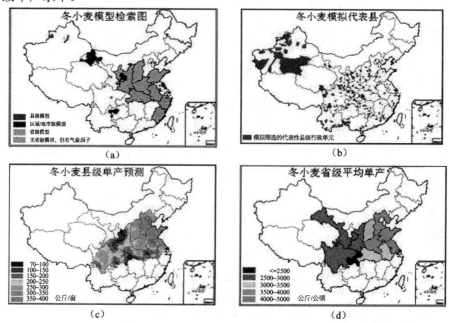

图 4-27　冬小麦模型、模拟县、县级单产估算和省级平均单产图

(a) 模型检索；(b) 模拟县分布图；(c) 县级单产估算；(d) 省级平均单产。

3. 遥感估产及估产精度的检验

我国农作物遥感估产系统自 1998 年始至今已运行了 17 年之久，完成每年的全国农作物遥感估产的任务，其中也包括对估产精度的检验任务在内。

1）农作物遥感估产

通常所说"粮食作物的产量估算"主要是针对小麦、水稻、玉米之类的大宗作物而言。它们由夏粮、早稻和秋粮三部分组成。图 4-28 给出了单产变幅具体估算的流程。在表 4-4 中给出了 2002 年和 2003 年的全国粮食产量及其变幅的估算结果。其中，早稻产量可以根据遥感监测估算，而夏粮和秋粮的总产量估算需要通过前一年的粮食产量与当年产量的变幅来实现，即夏（秋）粮食总产量今年 = 夏（秋）粮食总产量去年×变幅。鉴于当年产量的变幅由种植面积变幅、单产变幅两部分产生，所以粮食产量 = 去年粮食产量×（1+单产变幅）×（1+种植面积变幅）。对于全国及分省粮食产量（粮食总产量、夏粮产量、秋粮产量）的估算，在粮食作物收割前、后都要进行。其中，种植面积的变幅可以利用整群抽样技术，通过两年间的遥感影像（Landsat TM 或 Cbers CCD）分类监测结果比较而得；对于不同地区的不同作物类型的单产变幅，需要利用高时间分辨率的 SPOT VGT 数据所产生的遥感参数（如 NDVI、LAI 等）和遥感参数过程线参数（过程线峰值、上升速率、下降速率等），建立起相关性较高的粮食产量估算模型而获得。

2）估产精度的检验

为了使国家、省市政府和大型企业等用户对遥感估产结果的精度有所了解、心中有数，顺利地进入它们的决策流程，遥感估产系统建立了自己独立的精度检验体系，以检验作物种植面积、作物单产、粮食产量、作物长势、旱情以及种植结构等方面的精度。

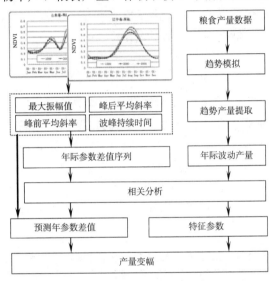

图 4-28　粮食单产变幅预测流程图

（1）农作物种植面积估算精度检验。主要农作物种植面积估算精度的检验，可以分解为对遥感提取农作物种植成数精度的检验和对地面调查农作物分类成数精度的检验两部分。前者主要用甚高分辨率遥感数据（如 IKONOS、Quickbird 数据）提取的农作物种植面积为依据来检验利用陆地卫星 TM 或 CBERS 数据提取种植成数的精度。为此，在开封（2001）、太谷（2003）的试验区，分别进行了夏季作物和秋季作物的种植成数监测。与此同时，利用相同实验区的甚高分辨率遥感数据高精度地提取作物种植面积和进行种植成数的地面实况调查。比较这两种途径获得的结果表明，利用 Landsat TM 数据对于夏季和秋季作物种植成数的识别精度，都可以达到 95.5%以上。后者实际上是对样条采样框架技术所得分类成数精度的检验：首先，借助试验区内的高分辨率遥感影像进行地面作物填图调查；其次，按照样条框架技术原理，对试验区内的农作物分类成数进行调查；最后，通过比较这两种方法获得的结果，对分类成数估算精度做出评价。2003 年，在太谷试验区对样条采样框架技术所得分类成数估算精度进行了检验，其结果表明，玉米、大豆等大宗作物成数的估算精度不低于 95%。1999 年以来，分别在江苏江宁、湖北新州、河北栾城、吉林双阳等地各选定一个面积最小为 5km×5km 的样区，对 GVG 采样系统所得单季水稻、双季水稻、小麦与玉米、玉米与大豆等的分类成数精度进行了检验。通过对从不同样区野外实测采样数据、各样区抽样获得的主要粮食作物分类成数以及该地区采用的 GVG 系统得到的分类成数之间的比较表明，样条抽样框架与 GVG 采样系统提取的分类成数的总体精度在 89%～99%，两种成数的综合精度在 95% 以上，完全能够满足遥感估产业务运行的需要。这套方法对大宗作物分类成数的估算精度较好，对小面积作物分类成数的估算精度差，很难满足业务运行的需要。尽管如此，遥感估产系统所用的分层两级抽样方法，能够满足全国农作物遥感估产业务运行的需要。

（2）单产估算的置信检验。遥感估产系统对单产进行估算，使用了前人的农业气象单产模型。单产估算置信度检验分 4 个阶段进行：第一阶段进行相关性检验，主要用于检验拟合模型的显著性相关程度，按 95% 的置信水平对不具有显著性相关水平的因子予以剔除；第二阶段进行标准误差检验，用于检验回归模型的拟合精度，模型的拟合精度决定了预测精度。其中，标准误差可用下式计算，即

$$s = \sqrt{\frac{1}{n-k-1}\sum_{i=1}^{n}(y_i - \hat{y}_i)} = \sqrt{\frac{SS_e}{v}} \tag{4-13}$$

式中：SS_e 为残差平方和；v 为自由度。标准误差反映了基于回归模型预测值与实测值的平均误差总和。这种误差平方和越小，模型的精度也就越高。在检验过程中，标准误差不得超过均值的 15% 水平；第三阶段进行总体相关显著性检验，按 95% 的置信水平进行 F 检验，检验 x 与 y 之间的线性统计关系是否可以接受；第四阶段进行回归系数检验，按 95% 置信水平对回归系数进行 t 检验，确保回归系数具有统计学意义。在检验过程中，不能满足要求的县级行政单元，需要用附近的县级单元代替，重新进行单产模拟和估算。

表 4-4　2003 年、2002 年的全国粮食产量及其变幅

项　目	2003 年/万吨	2002 年/万吨	增减/%
夏　粮	11098.83	11430.06	-2.90
早　稻	3462.72	3565.17	-2.87
秋　粮	32988.45	33652.67	-1.97
粮食合计	47550.00	48647.90	-2.26

4.3　遥感突发事件应急响应系统

在各级政府、部门和单位的例行管理决策以及社会大众日常生活起居的过程中，通过各种遥感常规业务应用系统，他们可以享受到现代遥感科学技术及其数据、信息、知识带来的诸多实惠，成为其不可缺少的信息来源和无法替代的组成部分。然而，这些平淡无奇、周而复始的运行节律，往往会被某些突发事件，如自然灾害、疫病流行、重大事故、恐怖袭击等事件所破坏，使人类蒙受严重的损失，给社会带来巨大的灾难。因此，应对这些具有时空预测困难、发展过程急促、造成损失严重、后续影响深远、应对措施复杂等特点的突发事件，使其造成的损失和影响能够减小到最低限度，是推动各种遥感突发事件应急响应系统迅速发展的巨大应用需求、不断创新的强大动力。这些突发事件

的业务领域、主要类型及其共性特征，可以用表 4-5 来说明。就目前的情况而言，尽管对于这些突发事件的遥感应急响应系统种类繁多、形式各异，但它们可以归纳为遥感生态异常早期报警系统、遥感突发事件快速报告系统、事发地区现场实况调查系统以及应急遥感空间决策支持系统 4 种主要的类型。

表 4-5　突发事件的主要类型及其共性特征

业务领域	主要类型	共性特征
自然灾害	洪涝灾害	时间上具突发性 空间上具随机性 后果上具严重性 影响上具广泛性 应对上具复杂性： 救人（伤员抢救、人员防护） 处事（事态控制、维持治安）
自然灾害	林火	
自然灾害	地震	
疫病流行	人类传染病	
疫病流行	动物传染病	
疫病流行	食物中毒	
技术事故	矿难（瓦斯爆炸、井下突水）	
技术事故	有毒物质泄漏	
技术事故	核辐射物质泄漏	
恐怖袭击	常规爆炸物袭击	
恐怖袭击	生物武器袭击	
恐怖袭击	化学武器袭击	
恐怖袭击	核武器袭击	

4.3.1　遥感生态异常早期报警系统

我国是一个幅员辽阔、人口众多、地形复杂、景观多样的发展中大国。对于整个国家而言，突发事件应急响应的成效，在很大程度上取决于能否在事件发生前或后，及早地知道其具体发生的时间、地点和严重程度，以便迅速、主动地采取强有力的措施，使之造成的损失和负面的影响降低到最低的水平。为此，建立遥感生态异常早期报警系统，利用大视场、高重复观测频率、低空间分辨率的时序遥感影像（如 AVHRR、MODIS 等），对全国的生态环境状况及其变化进行持续性的监测评价，将是解决问题的一种有效途径。

1. 报警系统的逻辑结构

遥感生态异常早期报警系统由特征参数提取、生态环境分类、早期报警模型、报警及其认证以及基础数据库群、用户查询检索 6 个分系统所组成（图 4-29）。它们之间相对独立、联系紧密，构成了一个有机整体。其中，前 4 个分系统构成了一个完整的早期报警流程，其系统性能、报警精度将会在不断运行的过程中逐步提高和改进。第 5 个分系统是支撑整个系统业务运行的基础，具有自适应特点的业务系统。其数据内容、详细程度也会在不断运行的过程中逐步充实起来。第 6 个分系统是为用户查询检索各种数据和信息的服务系统。尽管它与遥感生态环境早期报警无直接关系，但其友好程度往往是衡量系统水平的重要因素。

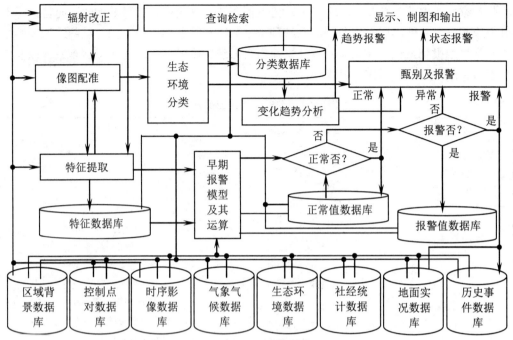

图 4-29　遥感生态异常早期报警系统的逻辑结构

1）特征参数提取分系统

它主要由处理 AVHRR/MODIS 等输入遥感影像的辐射改正、像图配准、特征提取以及特征数据库等模块所组成。辐射改正模块要消除大气对遥感影像辐射特性的影响，为后续参数反演创造条件；像图配准模块要完成遥感影像几何改正任务，使遥感影像与数字地形图能够精确配准；特征提取模块要完成遥感特征参数的反演任务，随着报警对象的变化要反演的参数也有所不同。因此，在这个模块里包括反演温度、湿度、NDVI 等子模块，以满足不同报警任务的需要；特征数据库模块完成遥感反演特征参数的存储任务。在完成上述模块任务的过程中，可以调用基础数据库群里的有关数据，也可以将产出的有用数据存储到相应的基础数据库里去。例如，辐射改正后的遥感数据和像图配准后的遥感数据，都可以存入时序影像数据库。

2）早期报警模型分系统

这个分系统由早期报警模型建模及其应用两个模块组成。前者根据报警对象的类型、性质、特点及其演化规律，利用基础数据库群里的事件历史数据、时序影像数据以及区域背景、气象气候、生态环境、社会经济、地面实况等数据，以建立和优化早期报警模型；后者利用已建立的报警模型、反演的遥感特征参数及其基础数据库群里的相关数据，计算出表征该报警对象状态及其严重程度的物理量，或简称"报警物理量"，供后续判断某个像元在某个瞬间是否处在需要报警的状态。事实上，这两个模块（尤其是建模模块）就是整个系统的心脏。它们的性能和质量直接决定着早期报警的效率、效果与效益。

3）生态环境分类分系统

这个分系统由生态环境分类、变化趋势分析等模块及其分类数据库所组成。为了生成报警区域生态环境的专题类型图,可以利用区域背景数据库已有的专题数据实现,也可以利用高时频、低分辨率的时序影像数据进行专题分类或交互判读产生。尽管后者的分类结果可能比较粗略,但是它们与参数反演使用的时序数据相同而具有明显的优势。这些分类的结果可以直接存储在分类数据库里,为变化趋势分析模块所用。随着报警对象的确定或变化,这种专题地图均能将其动态监测、趋势分析或早期报警的空间范围,局限在该对象类型占有的多边形里。在完成多类型对象的综合监测、趋势分析或早期报警任务时,这种类型图还可以起到调用不同对象模型的空间索引图的作用。

4)甄别及其报警分系统

这个分系统由“正常否”“报警否”两个判断模块、正常值和报警值两个数据库、甄别及其报警以及显示、制图和输出等模块所组成。当某个时段输入的每个像元或统计单元的“报警物理量”计算出来之后,将依次与来自数据库里的相同时间和位置上的正常值、报警值进行比较,分别纳入正常、异常或报警 3 种状态,以构成该时段、基于像元或统计单元的异常事件报警专题地图。这种地图要在甄别及其报警模块里,根据地面实况调查、趋势变化信息以及其他来源的资料加以甄别、确认或排除虚假的报警信息,才能作为正式的结果向外发布。新产生的报警物理量的正常值和报警值,还要存储到相应的数据库里去,以更新原有的判别阈值及其允许的波动范围,使早期报警的效果越来越好。如果监测区域里出现了报警事件,该事件要存储到历史事件数据库里去,供日后分析研究之用。

5)基础数据库群分系统

这个分系统由事件背景、控制点对、时序影像、气象气候、生态环境、社会经济、地面实况和历史事件等数据库组成。事件背景、控制点对和时序影像等数据库,主要为特征参数提取分系统提供支持;事件背景、时序影像、气象气候、生态环境、社会经济、地面实况和历史事件等数据库,主要为早期报警模型提供服务。尽管基础数据库的内容均与监测区域密切相关,但是事件背景数据库和历史事件数据库的内容,则取决于要早期报警的突发事件类型、性质和特征。这种背景数据库除了有监测区域的地理背景数据而外,还包括与突发事件密切相关的致灾因子分布、危险程度分区之类的数据在内。在分系统中,事件背景数据库的内容比较稳定,其余数据库的动态性就比较强,更新速度也比较快。

6)用户查询检索分系统

在早期报警系统里,存储着各种专业原始或派生的大量数据以及动态生成的遥感特征参数、报警物理量的正常值和报警值等数据。用户往往会根据系统运作的需要,查询、检索和调用这些数据;也会根据自己的需要,去查询、检索和调用某些数据。因此,它是个使用频繁、至关重要的分系统。这个分系统具备主题词、逻辑关系、图-数互访、空间关系等多种查询检索功能,使用户在获取数据时,具有较大自由度和机动性,体现出整个系统的用户友好性。

2. 突发事件的报警模型

建立与完善突发事件的遥感报警模型,需要对突发事件及其时、空变化规律有深入的了解,还要经历反复应用、严格检验和逐步改进的漫长过程。它们是决定遥感早期报警系统成效的关键所在,也是难点所在。下面将介绍与遥感特征参数反演关系密切的两个遥感预警模型。

1) 森林火灾遥感预警模型

长期以来，气象危险指数（Meteorological Danger Indices，MDI）综合了与林火燃烧、蔓延相关的重要因素，往往用来评估森林火灾发生的危险程度。然而，MDI 也存在某些固有问题：MDI 的计算需要使用远离林区、经过内插和外推且受地形影响、质量较差的气象时序数据；MDI 的估算只考虑了大气条件及其变化因素的影响，对死可燃物的效果较好，而对活可燃物的效果较差。在估算活可燃物的 MDI 时，尚需考虑森林的植物类型、树种的生理特征、水分的输送机制、树木的耐旱能力以及下伏土壤的持水性能和状态等因素的影响。研究表明，在其估算过程中引入遥感数据，是解决这些问题有效的途径。

（1）森林干燥编码模型。森林干燥编码（Drought Code，DC）以土壤-植物-大气系统的水分交换机制为物理基础，与树叶水分含量、遥感影像的关系，均较 MDI 密切，可作为评价季节干旱对森林可燃物影响的指标。为了建立评价森林火灾危险程度的 DC 模型，I. Aguado 等人在西班牙南部选择了面积为 $87000km^2$ 的 Andalucia 地区，作为试验区开展相关的研究工作。在试验区里，分布着 30 个自动气象站，其中 25 个站用来建模，5 个供模型精度检验使用。其数据处理经历 4 个步骤。

第一步，计算日 DC 值。利用区域气象站在 14:30 GMT 时间的午间平均温度、前 24h 的总降水量以及日间长度（或累计太阳时，ASH）等数据，计算 1994—1997 年的日 DC 值。卫星影像限制在 4 月~9 月，但气象数据则从 2 月份开始，以解决时间滞后影响的问题。

第二步，处理遥感数据。对筛选出的 233 幅 14:30 GMT 前后的 NOAA/AVHRR 影像进行处理。采用标准方法使原始的数字计数，换算为反射率和亮度温度；利用轨道模型和地面控制点对影像几何校正，使多时相的影像能够精确配准；生成为期 10 天的 NDVI 最大值的合成影像。选择 NDVI、相对绿度（RGRE）、累计的 NDVI 缩减量（ARND）、地表温度（ST）、地表和空气温差（ST－AT）、NDVI 与 ST 的比率（NDVI/ST）等变量与 DC 值进行相关分析，以估算生长植物的水分含量，对 DC 值进行空间分析，即

$$RGRE = \left(\frac{NDVI_0 - NDVI_{min}}{NDVI_{max} - NDVI_{min}} \right) \tag{4-14}$$

式中：$NDVI_0$ 为某个像元的 NDVI；$NDVI_{max}$ 和 $NDVI_{min}$ 分别是在历史影像系列中该像元 NDVI 的最大值和最小值，即

$$ARND = \sum_{h=d_1}^{d_1} \frac{NDVI(id_{h+1}) - NDVI(id_h)}{NDVI(id_h)} \tag{4-15}$$

式中：id_h 是日期 h 的影像；$d_1, d_2, \cdots$ 是可以获得诸影像的日期。

第三步，进行相关分析。选取以气象站为中心的 3 像元×3 像元窗口，利用其 AVHRR 像元平均值与相应 10 天的日 DC 值，在置信度 0.05 的条件下，对时间和空间的变异性进行相关分析。时间相关用 30 个气象站的数据组进行，以证实各个气候区存在的季节性差异；空间相关则利用每年以 10 天为期的 13~17 个数据组进行，揭示单个时期里水分状况的空间差异。

第四步，预测 DC 数值。通过对以往 DC 值与相应遥感数据的相关分析，建立起它们之间定量关系（或模型），进行新 DC 值的预测。为了减少工作量，可以选择林火危险较低的 5 月底、林火危险性高的 7 月上旬以及水分含量特低的 9 月中旬 3 个有代表性的时段进行计算。DC 值的预测分别采用基于 25 个气象站数据的距离倒数平方算法和基于遥感数据的线性回归分析法进行。它们的计算精度，可利用其余 5 个气象站的数据评价。经过多元回归分析计算之后，可以得到 3 个不同季节的 DC 值预测模型。如图 4-30 所示，DC 预测值与观测值之间的相关程度可以达到 0.92（$p<0.001$）。为了突出遥感数据预测 DC 值的能力，变量 ASH（累计太阳时数）可以不参与上述多元回归分析计算。在这种情况下，DC 观测值与预测值的相关程度仍可达到 0.89（$p<0.001$），即

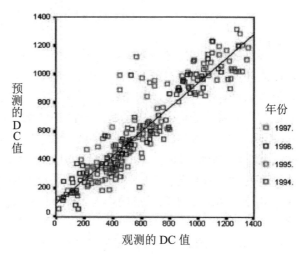

图 4-30　观测 DC 值与预测 DC 值

$$DC(5月) = 835.9 - 0.2ASH + 1.2RGRE - 92.3NDVI / ST \qquad (4-16)$$

$$DC(7月) = -8270.2 + 5.9ASH - 1.5RGRE - 47.1NDVI / ST \qquad (4-17)$$

$$DC(9月) = -19332.7 + 8.8ASH - 0.4RGRE - 41.9NDVI / ST \qquad (4-18)$$

（2）火灾敏感指数模型。火灾敏感指数（FSI）以预燃的热能物理概念为基础，可用于计算燃烧概率和进行跨生态区火灾危险程度的比较，是一个新的遥感火灾预警指标。FSI 的计算需要输入的变量为可燃物的温度（FMC）和水分含量（FT），都可以利用遥感技术获取。为此，S. Dasgupta 等人利用 MODIS 数据，计算了 2004 年春、夏月份在美国东南部 Georgia 地区的 FSI，而且还与经过不同地区和国家应用验证为有效的火灾危险指数（FPI）进行了比较。其结果表明，两者之间的相关性高达 0.83（$p=0$）。由此可见，FSI 可以作为评价火灾危险程度的指标使用。在火灾敏感指数模型里，预燃热能（Q_{ig}, kJ/kg）可定义为使可燃物由当前温度升高到燃烧温度所需要的热能。它可以通过对可燃物所含水分的温度升高到沸点温度（在标准大气压下为 373K）需要的能量、水分含量蒸发所需的潜热以及干可燃物温度升高到燃烧温度所需能量求和而计算出来，即

$$Q_{ig} = M_f \left[C_{pw}(373 - T_f) \right] + M_f V + C_{pd}(T_{ig} - T_f)(kJ / kg) \qquad (4-19)$$

式中：C_{pd} 和 C_{pw} 分别为干树木（≈ 1.7（kJ/kg）/K）与水（≈ 4.187（kJ/kg）/K）的比热容；T_{ig} 和 T_f 分别为树木的燃烧温度（假定 ≈ 600K）、可燃物的温度；M_f 为以分数形式表示的可燃物水分含量（$= FMC / 100$）；V 为水蒸发的潜热（≈ 2258 kJ/kg）。将活 FMC 和 T_f 代入式（4-19）中，可以得到 Q_{ig} 的估算值。该值是燃烧单位质量的活可燃物所需要的热能（单位为 kJ），可用来度量燃烧敏感程度或火灾危险性。定义这种单位消耗指数的目的，就是要确定一对活 FMC 和 T_f 的指标，以描述发生火灾危险的平均条件。

S. Dasgupta 等人认为，可以选择活 FMC 为 120%、T_f 为 300K，作为发生火灾危险适宜的平均条件。将它们代入式（4-19）中，可以得到平均的燃烧能量值 Q_{igavg}。因此，活可燃物的火灾敏感指数（FSI_L）可以用下式来定义，即

$$FSI_L = \left[\frac{(Q_{igavg} - Q_{ig})}{Q_{igavg}}\right] \times 100 \tag{4-20}$$

不难看出，FSI_L 是描述可燃物平均燃烧能量值与可燃物由当前温度升高到燃烧温度所需热能值之间的相对差值，可用来衡量火灾危险性且以百分数来表示的指标。FSI_L 为正值时，后者小于前者，意味着该可燃物发生火灾的危险高于给定的平均危险；FSI_L 为负值时，后者大于前者，表示其危险低于平均火灾危险。图 4-31(a)给出可燃物温度为 300K 时，FSI_L 对 FMC 的敏感度。FMC 是可燃物水分重量与其干重的百分比率，当它从 60%增加到 180%，FSI_L 由 40 降低到-40。图 4-31(b)显示 FMC 在 120%时，FSI 随可燃物温度变化，当温度从 290K 变为 310K，FSI_L 由-2 增至 2。由此可见，活树木的 FMC 对 FSI_L 的影响，大于其温度的影响。S. Dasgupta 等人以美国东南部 Georgia 地区为例，给出了提取 FSI_L 所需诸变量的方法。图 4-32 是由 MODIS 导出的 NDVI/ST 与地面气象站观测 FMC 间的散点图及其最小二乘法拟合线；图 4-33 是计算生成的试验区 2004 年 4 月 17 日的 FSI 图像。

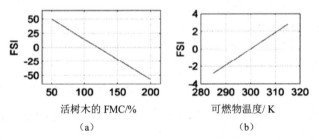

图 4-31　FSI 与活树木 FMC 的关系及 FSI 与可燃物温度的关系

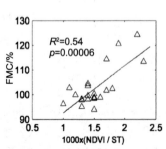

图 4-32　散点图及其拟合线

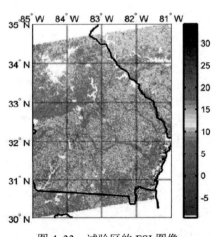

图 4-33　试验区的 FSI 图像
（2004 年 4 月 17 日）

2）疫病遥感生态环境模型

在此，"疫病"是指自然疫源性传染病而言。近年来，利用现代遥感技术对这

种传染病进行监测和预警，使之能够早预防、早控制、早处治和早终结，是国内、外科学家努力解决的重要问题。为了解决现代遥感技术无法直接观测到传染病的病原体、宿主动物等的现实问题，发展传染病的遥感生态环境模型，是条科学、合理和必由之路。

（1）自然疫源地域里的致病过程。从《我国重要自然疫源地与自然疫源性疾病》的论述中，可以提炼出如图 4-34 所示的逻辑模式。它以黑粗线椭圆及其箭头连线描述了在这种地域里的致病过程及其构成元素，包括病原体的宿主动物、传播媒介、敏感人群和病人及其自然因素、社会因素和干预措施的影响因素以及它们之间的相互关系。这个模式不仅可以简明扼要地阐明自然疫源性疾病的致病过程，而且还可以作为遥感监测和预警自然疫源性疾病的理论依据。

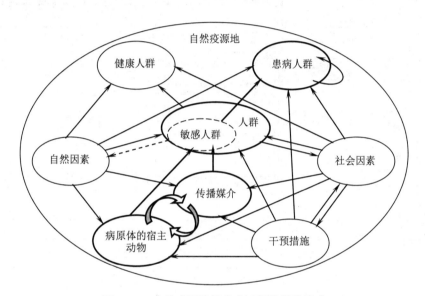

图 4-34　自然疫源地里致病过程的逻辑模式

（2）传染病的遥感生态环境模型。利用自然疫源性疾病及其相关的历史数据，可以按照患病人群数据→带毒媒介生物数据→媒介生物数据→媒介生物生态环境数据→遥感等数据的顺序，建立这种疾病的遥感生态环境模型，如图 4-35 左侧所示。然而，这种模型的应用过程则是它们的逆向过程，如图 4-35 右侧所示。不论是模型建立过程还是模型应用过程，都有"逐步推进"和"一步到位"的两种实现方式。如图 4-35 中部所示，前者将按照上述顺序或其反向顺序多次建模或用模型计算实现，而后者则直接将生态环境数据与患病人群数据联系起来建模，或者将现势生态环境数据直接输入疾病遥感生态环境模型，以获得输出的预测患病人群数据。闫磊等人利用内蒙古自治区大杨树镇 2001—2005 年的肾综合征出血热（HFRS）病人及其同期的宿主动物捕获数据、由 Landsat TM 和 Google Earth 影像导出的土地利用数据、来自 SPOT VGT-S10 数据集的相应 NDVI 数据，对 HFRS 与 NDVI 的时间关系进行了研究。该研究用图解法（图 4-36）揭示出 HFRS 发病人数变化过程滞后于黑线姬鼠密度变化过程大约 2 个月时间，滞后于 NDVI 变化过程大约 3 个月时间；通过时序 HFRS 月发病人数数组和与之配对的错位时序月平均 NDVI

值数组的相关分析计算结果表明,HFRS 发病人数变化过程滞后于农田和居民点的 NDVI 变化过程 3 个月时间,滞后于山地的 NDVI 变化过程 3～4 个月时间,滞后于林地的 NDVI 变化过程 4 个月时间。尽管这两种方法得出的结论略有差别,但是可以认为:HFRS 发病人数的变化过程至少滞后于 NDVI 的变化过程 3 个月时间。在此基础上,他们又利用 HFRS 月发病人数与后错 3 个月的农田 NDVI 月平均值的配对时序数组,建立该地区 HFRS 月发病人数的线性回归模型,如图 4-37 所示,使利用大杨树镇农田某个月平均 NDVI 值,推算其后 3 个月的 HFRS 月发病人数成为可能。

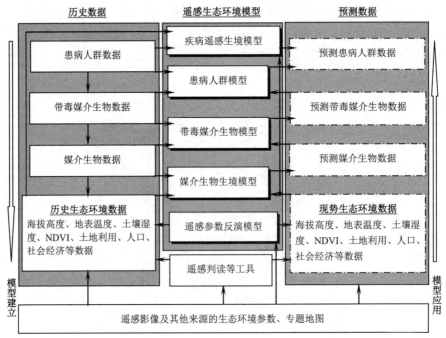

图 4-35　鼠媒疾病的遥感生态环境模型建立与应用

4.3.2　遥感突发事件快速报告系统

这个系统要利用现代遥感科学技术及其相关数据、专业知识,对某些发生地域随机、爆发时间突然、造成后果严重的自然或人为事件(如自然灾害、疫病流行、技术事故等),进行动态监测、损失评估和快速报告,使各级决策者能够及时、准确和全面地对其实际情况和变化有所了解,从而做出合理决策、采取有效行动,以使其破坏和损失减少到最低限度。在 1996—2000 年,中国科学院遥感应用研究所与国家信息中心合作研制和运营的基于网络的洪涝灾情遥感速报系统(以下简称遥感速报系统),就是此类系统的实例。这个系统有效地协调了宏观监测与微观监测、常规运行与应急响应、资源保证与应用需求之间的关系,在 1998 年长江中下游和东北松花江、嫩江特大洪涝灾害的抗洪救灾过程中,充分地发挥了自己的独特优势和巨大的作用。

1. 总体构成

遥感速报系统的总体结构如图 4-38 所示。它主要由灾情信息生成、灾情信息服务以及灾情信息用户 3 个分系统所组成。其主要输入数据为气象卫星 NOAA/AVHRR、陆地

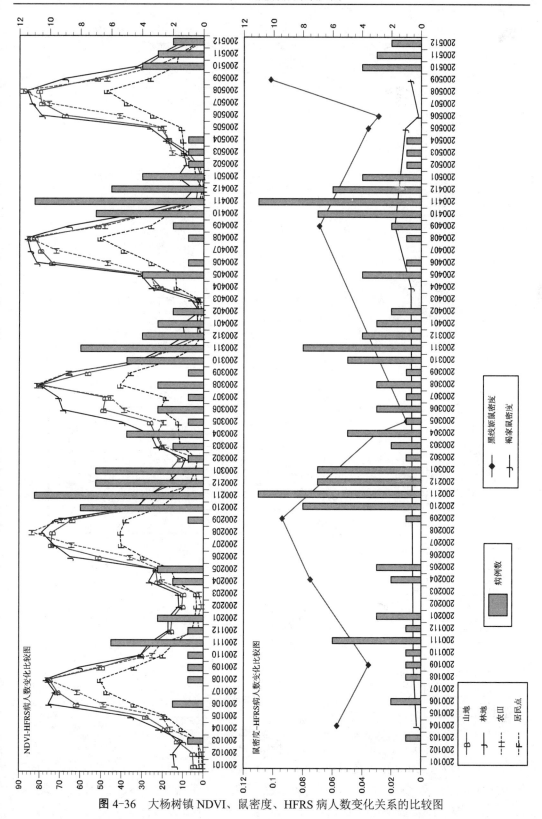

图 4-36　大杨树镇 NDVI、鼠密度、HFRS 病人数变化关系的比较图

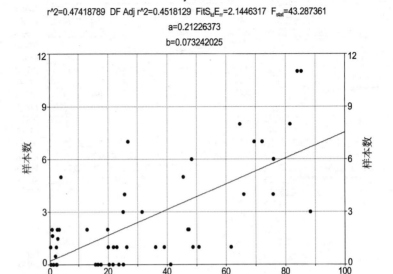

图 4-37　HFRS 月发病人数与后错 3 个月的

NDVI 月平均值的线性回归模型

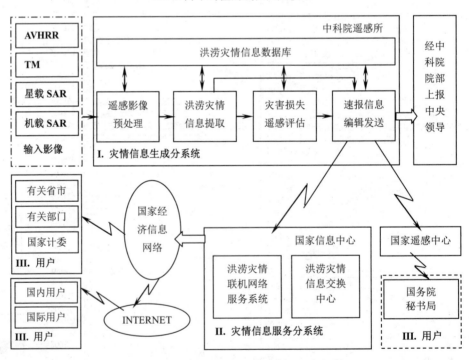

图 4-38　基于网络的洪涝灾情遥感速报系统的总体结构

卫星 TM、雷达卫星 SAR 以及机载 SAR 等遥感数据（图 4-39）。尽管这些分系统之间有显著的独立性，但是通过互联网络把它们联系起来，就能优质、高效地完成抗击洪涝灾害、减轻损失和重建家园等方面的任务。

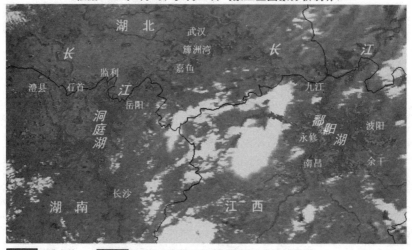

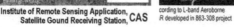

图 4-39 遥感速报系统使用的主要数据来源及其洪涝灾情判读结果（见彩图）

1）洪涝灾情信息生成分系统

它由洪涝灾害遥感数据预处理、灾情信息抽取、灾害损失评估、灾情信息发送以及灾害背景数据库等子系统组成。在背景数据库的支持下，完成洪涝灾情信息及时、准确和持续生成的任务。根据灾情监测的需要，系统可以选择不同的遥感数据作为它的输入数据，以取得最佳的监测效果。

（1）遥感数据预处理子系统。它是要确保不同来源的遥感数据能够在统一或规范化的地理底图基础上相互配准、集成使用；在必要时还可以进行遥感影像增强，提高这些影像的可判读性。因此，该子系统具有几何配准、辐射改正、影像增强等功能。在洪涝灾害发生时，往往天气恶劣、阴云密布、暴雨频繁，雷达遥感就显得格外重要了。

（2）灾情信息抽取子系统。它实际上是个将影像处理系统与地理信息系统、现代高新技术与常规专业学科、人脑与计算机集成起来，能够充分发挥遥感影像判读人员主观能动性，引入和应用有关专业知识的遥感影像交互判读系统。这个子系统不仅可以及时、准确和持续地从遥感影像上，提取洪涝灾害的淹没范围、持续时间、演化过程、严重程度等信息，而且还可以在灾后重建阶段发挥重要作用。

（3）灾害损失评估子系统。它要对洪涝灾害造成的损失做出客观的评价。对全国评估时，要根据洪涝灾害的淹没范围、持续时间等数据与灾区 1:10 万的土地利用图、人口分布图等叠加，统计出以县为单位的受淹各类土地的面积、绝产的面积及其产量、受影响的人口数目等信息；在重点灾区评估时，要对各类建筑物、生命线工程的毁损程度、死伤和流离失所的人数等进行评估。此时，要细化和补充数据库里的土地利用图，也要利用其地面实况调查数据，以获得更准确的评估结果。

（4）灾情信息发送子系统。它要在洪涝灾情信息提取和灾害损失评估的基础上，按照规范的格式编写洪涝灾情实况简报和专题研究报告。前者包括灾情简报、判读图像及其统计报表，如图 4-40 所示。简报的出版周期，短则每天一期，长则 7~10 天一期；后者将根据应用需要而提交研究报告。图 4-41 是根据荆江地区堤防加固、消除隐患的需要而编制。汛期出现崩岸、管涌等险情，均与古河道有关。堤防与古河道相交处，是堤防需要重点加固的河段；两者相邻处，也是需要注意防守的地段。

（5）灾情信息数据库子系统。它存储着两大类数据：系统运行的各种支持数据，包括全国数字基础底图、土地利用类型图、地面控制点数据、人口分布、社会经济和历史灾害数据以及不同来源的遥感影像等数据；系统派生的各种数据和信息，包括经过预处理的遥感影像数据、洪涝灾情遥感判读专题图及其派生的统计报表、模型运算所需的参数、洪涝灾情简报、专题报告以及系统的各种技术文档数据。然而，突发灾害往往在无数据准备的地方出现，系统快速生成应急数据的能力，是个亟待解决和至关重要的问题。

2）洪涝灾情信息服务分系统

它由洪涝灾情信息联机服务、洪涝灾情信息交换中心等子系统和网络应用集成环境构成。通过国家经济信息网和 Internet，用户可以依次进入联机服务子系统主页、洪涝灾情速报系统主页，选取和下载自己所需要的信息。系统提供 HTML 页面和 Java 页面两种形式以及数据集的标题、空间范围、时间范围、作者、拥有单位等查询选项和操作，用户可以根据需要选择使用。系统除在线服务外，还提供离线服务方式。因此，用户可以根据元数据文件里的离线服务信息，如数据介质、大小、格式以及与数据发布单位的联系信息等，离线获取他们所需的信息。图 4-42 给出了用户通过灾情信息交换中心元数据查询所得结果及其相关灾情遥感图像。

3）洪涝灾情信息用户分系统

遥感速报系统的用户主要由中央领导、国务院、省市和部委以及国内外社会用户所组成。对前 3 种用户分别由中科院遥感所经中科院院部直接报送、由遥感所经国家遥感中心经通信卫星传送、由遥感所经国家信息中心经互联网络传递。对国内外用户则可以通过 Internet 提供服务。

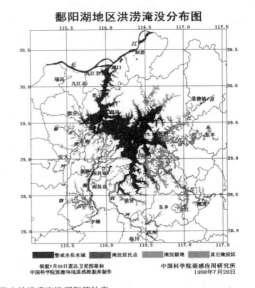

图 4-40　洪涝灾情遥感速报系统输出产品的实例

图 4-41　荆江段古河道与险工段的关系

图 4-42　经元数据查询及其网上浏览的洪涝灾情图像

2．工作流程

从遥感数据输入开始直到最终用户获得他们所需灾情信息为止，遥感速报系统的工作流程，包括遥感影像预处理、灾情信息提取、灾害损失评估、灾情信息发送以及信息网络服务等环节。

1）遥感数据的预处理

它要对多种来遥感影像数据进行预处理,给洪涝灾情分析人员提供高质量、易解读、能与地图精确配准的遥感影像。在图 4-43 中给出的工作流程里，影像和影像、影像和地图之间的配准是关键所在。在选取控制点对时，利用遥感影像控制点数据库要比利用地形图选点，在精度、效率上都会有所提高。

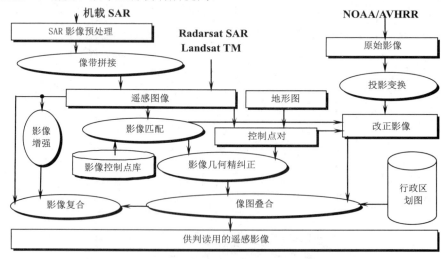

图 4-43　遥感数据预处理的工作流程

2）洪涝灾情信息提取

它要在洪水发生期间，通过遥感影像分析判读，及时确定洪水淹没范围及其地理位置、淹没面积、持续时间、灾情变化以及损失状况。在图 4-44 所示的信息提取流程中，人机交互判读是整个工作的核心。因此，灾情判读人员的专业素质、判读经验以及工作水平，会对提取灾情信息的质量和效率产生决定性的影响。判读所得实际淹没影像图与行政区划图、土地利用类型图叠加，可以生产洪涝灾害影像图、洪涝淹没面积、分县淹没面积统计表、分县分地类淹没土地利用图、分县分地类淹没面积统计表。

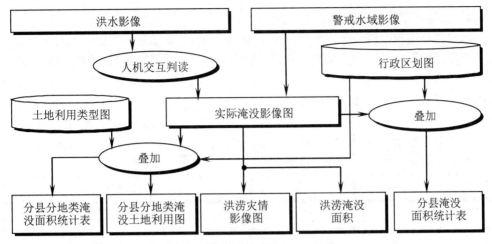

图 4-44　洪涝灾情信息抽取的工作流程

3）洪涝灾害损失评估

洪涝灾害损失评估要在中国政区界线、1:10 中国遥感资源环境、中国分县社会经济统计等背景数据库以及现势的洪涝灾情遥感速报数据库支持下进行，还要对已有土地利用图的专题内容和详细程度进行修改、补充，判读生成相应河段的古河道分布图。其工作流程如图 4-45 所示，既可以在洪涝灾害期间，利用时序遥感洪水淹没图像和洪水淹没状况图，快速、动态、粗略地进行；也可以在灾后重建家园阶段，使用更详细的背景和灾情数据，系统、全面、详细地进行。其产出将包括防洪工程状况动态图表、生命线工程损毁动态图表、耕地淹没动态图及损失估计、居民点淹没动态图及受灾人口估计以及堤防潜在危险分布图（图 4-41）等成果，可以动态地为抗灾减灾、灾区重建规划等任务和活动服务。

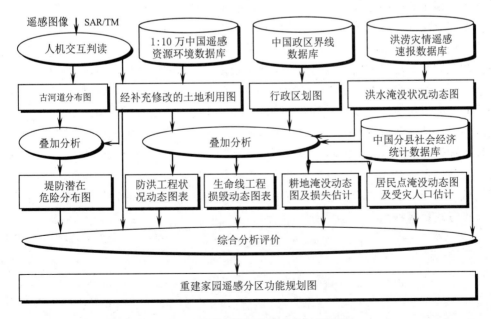

图 4-45　洪涝灾害损失评估的工作流程

4）灾情速报信息编辑发送

速报信息编辑发送的工作流程在图 4-46 中给出。通过上述环节获取到的洪涝灾情信息，要经过编辑、整饰、简报编写、元数据生成以及灾情信息压缩打包等环节之后，才能将它们传送到中国科学院院部、国家遥感中心、国家信息中心等中转机构，然后再上报中央领导和国务院、转发至各部委和省市政府，供指挥抗灾减灾行动和编制灾区重建规划之用。其中，灾情简报的编写至关重要、影响巨大。因此，它们既要简明扼要、一目了然，又要形象、直观、图文并茂；既要准确、无误地描述灾情的现实状况，又要科学、合理地说明灾情可能的发展趋势。

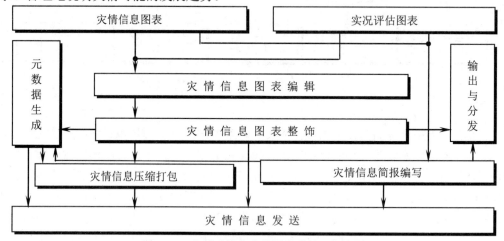

图 4-46　灾情速报信息编辑发送的工作流程

5）洪涝灾情信息网络服务

洪涝灾情速报系统为用户提供信息服务，可以通过洪涝灾情信息联机服务和洪涝灾情信息交换中心两种途径实现，其工作流程在图 4-47 中给出。前一种途径，主要包括洪涝灾情信息接收、解包去压缩、信息编辑、主页生成、主页加载、网络服务等环节。在用户访问和下载信息时，首先要检查他们使用数据的权限，才能使用与之授权相应的信息，与此同时，用户使用信息的情况也将记录在案。这些工作均由日志和授权管理模块完成。后一种途径，要在洪涝灾情信息接收、解包去压缩基础之上，首先由灾情信息交换中心，完成灾情信息及其元数据的处理工作，才能有效地为广大用户服务。灾情信息处理主要包括灾情信息编辑、加载和建数据库等内容；元数据处理包括灾情信息元数据编辑、加载和建数据库等内容。用户可以直接浏览和下载交换中心里的信息，也可以先进行元数据查询检索，查明自己所需信息的存储地址及其索取方式、条件，然后再浏览和下载交换中心或相关单位里的相应信息。如果无法通过网络获得信息，用户还可以通过脱机方式获取。

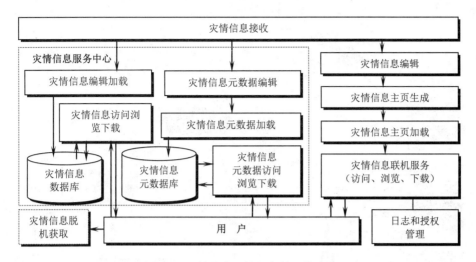

图 4-47 灾情信息网络服务的工作流程

4.3.3 事发地区现场实况调查系统

在突发事件应急过程中，尽管从理论上说遥感快速报告系统可以为应急决策、指挥提供所需各种重要信息，但是在现实工作中有诸多因素的限制和影响，往往还需要有现场实况调查数据、区域自然和人文背景数据的验证和补充。为此，事发地区现场实况调查系统就显得格外重要、不可或缺。鉴于事发地区现场实况调查系统往往需要在远离工作基地、缺少参考资料、工作条件恶劣、任务要求严格、完成时间急迫等情况下运作。"无线、轻便、灵活、多能、高效"，就成为这种系统设计最基本的要求，也是它们在技术上最显著的特色。近年来，随着卫星数据收集系统（Data Collection Systems, DCS）、移动地理信息系统（Mobile GIS）、全球定位系统（GPS）、无线传感器网络（Wireless Sensor Networks）以及空间位置服务（Location Based Services，LBS）等新技术的发展与集成，为这种系统的研制和应用，提供了前所未有而且强有力的技术支持和保障。这种系统的发展需要沿着数据收集、移动终端、全球定位、远距离通信和地理信息系统等多种技术集成的路线展开，以满足其任务目标及其地位和作用的需要。根据系统中起主导作用的因素，可以将它们划分为人基实况调查系统、天基实况调查系统以及地基实况调查系统 3 种类型。图 4-48 就是表述这 3 种类型系统共性行为特征的一个概念模式。

1．人基现场实况调查系统

所谓"人基"现场实况调查系统，是指以调查人员为主导的现场实况调查系统。它们是历史悠久、使用频繁、最为常规的实况调查系统。随着信息科学技术日新月异的发展，调查人员在现场调查使用的装备和手段，也在不断变化和迅速改善。然而，在这种系统里，调查人员的调查是信息的唯一来源。其调查质量会直接影响或决定着系统作用的发挥、效益的产出。

1）技术支持系统

以调查人员为主导的现场实况调查的技术支持系统，从图 4-48 可以看出，主要由现场实况调查、实况数据传输和基地分析应用 3 个子系统组成，具有移动地理信息系统（GIS）

的基本特点。

图 4-48　事发地区现场实况调查系统的概念模式

（1）现场实况调查子系统。它们由实况调查人员携带和使用的具有移动通信、空间定位、数据采集及分析应用等功能的设备组成。具有代表性的移动终端设备包括手机、PDA、掌上电脑和车载终端等。它们不仅负责获取事发地区的实况数据、完成调查人员之间以及现场人员与工作基地之间的通信联络任务，而且还负责对基地服务器信息的请求和表达，实现对现场应急调度指挥的支持。自 20 世纪 80 年代以来，各种商用嵌入式的操作系统（如 Windows CE、Palm OS、EPOC、嵌入式 Linux、J2ME 等）迅速发展起来，为移动通信终端的运行提供了强有力的支持和保障。

（2）实况数据传输子系统。它将现场实况调查子系统与基地分析应用子系统连接起来，上传用户的请求、下达服务的响应、互联需要的信息，随时随地提供基于位置的信息服务。该子系统的覆盖率、传输速率、服务模式和服务质量，是事发地区现场实况调查系统实现其使命的关键所在。它可以采用移动通信传输技术，也可以采用移动互联网络技术实现。对于前者，可以采用我国有自主知识版权的第三代移动通信标准 TD-SCDMA，实现个人终端用户能够在全球范围内任何时间、任何地点，与任何人，用任意方式、高质量地完成任何信息之间的移动通信与传输；对于后者，目前将 Internet 上的内容和服务传输到移动终端有 3 种最流行的方案，即 WAP（Wireless Access Protocol）、SMS（Short Messaging System）和 i-Mode。其中，WAP 可以在各种无线承载网络上运行，而不必考虑它们之间的差异，最大限度地兼容现有及未来的移动通信系统，能够在手机直到功能强大的 PDA 等多种无线设备上运行，将会成为信息服务的主要平台。

（3）基地分析应用子系统。它由 Web 服务器、应用服务器、空间数据库以及空间数据引擎等模块组成。它对来自事发地区移动通信终端和数据采集平台的实况数据进行规整、汇总、分析和应用，为遥感突发事件快速报告系统和遥感应急空间决策支持系统，提供必要的数据和信息；及时为实况调查人员携带和使用移动终端，提供事发地区的基础地图、必要的专题地图及其相关的各种资料，以确保他们的工作能够优质、高效地展开。目前，这个子系统有两个发展方向：基于 Client/Server 结构的方向，客户机可以在其终端上调用服务器上的数据和程序；基于网络的 Web GIS 方向，可以远程寻找所需要的各种地理空间数据，还可以进行各种地理空间分析。

2）实况调查作业

尽管不同突发事件的应急任务，对现场实况调查的需求往往千差万别，但是它们在调查目的、原则和步骤方面却存在许多共同之处。为此，可以选择现场流行病学调查作为实例，将会收到举一反三的效果。一般而言，现场流行病学调查的目的是：及时确定病因，包括疾病的传染源、传播途径、高危人群及其危险因素，以便有效地采取措施，控制疫情的蔓延或疾病的发展。

（1）现场调查的原则。现场调查任务必须以科学的态度、严格的要求，系统而全面地完成。为此，它们应该遵循以下原则，有计划、有步骤地展开。

①**控制优先的原则**。针对群体性不明原因疾病，执行"调查控制并重，应急控制优先"的原则。不能为调查"清楚"而延误控制，也不可强调"控制"而不去查明病因。在不同阶段，调查和控制的侧重有所不同，如表 4-6 所列。

表 4-6　调查与控制之间的关系

致病因子	流行病学病因	
	未知	已知
未知	调查+++	调查+++
	控制+	控制+++
已知	调查+++	调查+
	控制+	控制+++

②**实事求是的原则**。群体性不明原因疾病的调查控制过程，是个不断认识、不断完善的过程。调查人员必须有实事求是的精神：唯实，不唯上、不唯权威，尊重科学，不仅敢于坚持自己的观点，也敢于承认自己的局限、否定自己的不足。这个原则对调查极为重要，对控制就更为重要。

③**室内外结合原则**。在控制群体性不明原因疾病方面，尽管查明传播途径和主要危险因素（流行病学病因）是控制疫情蔓延的关键所在，但是确定不明原因疾病的致病因子也很重要，只有通过实验室的检测才能得到确证，有利于及时诊断病人、指导治疗或采取特异的有效措施。

（2）现场调查步骤。现场调查步骤可以分为 3 个阶段：首先，通过对时间趋势、地理分布和人群锁定的研究，形成流行规律和病因假设；其次，从现象分析入手，用病例对照研究和队列研究等方法进行分析以验证假设；最后，运用实验流行病学查明病因和危险因素，提出预防或处置的策略和措施。其工作步骤如下。

第一步，核实暴发和诊断。对于任何不明事件或信息都要进行核实，从临床特征入手是最好的办法。通过对临床的症状、体征、临床检测、治疗、转归等资料的分析总结，以确定可能的疾病名称或疾病类别，核实是否是群体性的疾病，是否超过预期值而需要高度关注，是否协议采取紧急干预措施。这种核实可采用先确定大类，然后逐步细化的方法进行。

第二步，建立"病历定义"。确定病例定义及其统一标准非常重要。这样可以把关注的病例列为研究对象，进行流行病学分析，使这些病例具有同质可比性。"病例定义"可以分为疑似病例、临床诊断病例和实验室确诊病例。流行病学倾向使用后两种病例，以避免其他疾病的干扰。病例定义要求简单、易懂、客观、实用，其中应包括流行病学、临床诊断和采样检测等信息在内。

第三步，核实和确定病例。根据病例定义，搜索符合定义的病例，排除非病例。在搜索时，需要使用已报告的资料，门诊或住院、化验室记录，必要时，可开展相应现场专题调查、医师询问调查、电话调查、入户调查、病原体分离和培养、血清学调查等活动。对病例开展个案调查、收集病例信息一览表，按照病例定义严格判定某病例是否纳入本次突发事件的研究范畴及其所属病例类型。

第四步，描述性分析研究。根据病例定义确定病例之后，计算病例数、统计分析病例在时间、空间和人间（三间）的分布状况，是疾病暴发调查最基本、最重要的任务。对这种三间分布分析，可以详细描述事件的基本特征，明确突发事件所危害的人群，提出有关病因、传播方式及对卫生事件其他方面的假设。

第五步，建立疾病的假设。病因假设是对引起疾病的致病因子和危险因素以及致病因子和危险因素的来源、传播方式、高危人群等方面的假设。它们对疾病，尤其是传染病的预防控制至关重要，是现场调查初期阶段重要的工作内容。在建立假设的过程中，应该注意现场的观察；始终保持开放的思维，要有想象力；请教相关领域和专业的专家；一旦发现假设不准确或有错误，要及时予以调整。

第六步，专题研究及验证。它们涉及到特异性检测和试验研究、流行病学病因分析、解析流行病学研究、干预效果评价、疾病假设的验证等方面的问题。需要应针对烈性、后果可怕、公众非常关心的致病因子假设，尽早采取可靠检测手段予以排除或证实；根据患者暴露在可疑因素中的时间关系，确定暴露因素与疾病联系的时间先后顺序、病情严重程度与暴露因素的数量关系；分析病因分布与疾病地区、时间分布关系，观察和判定暴露因素与疾病可重复性的联系以及两者的因果关系；调查不明原因传染病病例是否与类似病人、可疑动物或媒介、流行区疫区有密切接触史，警惕生物恐怖袭击应、多次投毒等的可能性。

第七步，执行防控的措施。群体性不明原因疾病，即使病原不清也可根据现场流行病学调查所掌握到的传染源、传播途径、易感/高危人群以及疾病的特征，确定适当的预防和控制措施，消除传染源、减少与暴露因素接触、防止进一步暴露和保护易感/高危人群，最终达到控制、终止暴发和流行的目的。在现场调查中，采取措施并观察其效果，也是认识疾病传染源、传播机制的重要途径。

2. 天基现场实况调查系统

"天基"现场系统是指星载数据收集系统（Data Collection System，DCS）而言，是一种在大范围内进行实况调查起主导作用的系统。作为实况数据主要来源的地面传感器，以直接接触的方式测量其监测对象，然后将监测数据上行，经过星载 DCS 转发给地面接收站，供数据分析和应用人员使用。美国地球资源技术卫星（ERTS，1972）的数据收集系统早已失效，但仍能作为实例比较系统、全面地论述这种系统的技术构成、作业过程和行为特征。

1）数据收集系统

DCS 作为 ERTS 的一个有效载荷系统，具有从远距离地面传感器那里收集、传送和分发数据的能力。如图 4-49 所示，它由遥测数据收集平台（DCP）、卫星转发设备、地面接收站设备以及地面数据管理系统组成。一个 DCP 可以与多达 8 个用户提供的环境传感器相连，可以测量诸如温度、流量、雪深、土壤湿度之类的环境参数。DCP 将传感器数据发送给卫星，经飞船上的接收机/发射机转发给地面接收站。地面接收站设备接收这些数据、解码、编辑后，把它们传送到地面数据管理系统（GDHS）。数据由运转控制中心（OCC）接收，重新编辑和录制在磁带上，送往数据处理机构。在那里，作进一步的处理和编辑，再分发给用户使用。

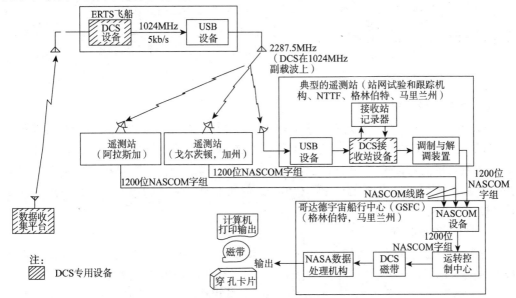

图 4-49　ERTS 数据收集系统方框图

2）数据收集平台

DCP 对地面传感器的数据进行收集、编码，并把它们发射到 ERTS 飞船上去。图 4-50和图 4-51 分别给出了 DCP 的方框图及其素描图。DCP 接收模拟、串联数字、并联数字及其组合的数据。模拟输入可为 8 种或数字输入可为 64 位，组合输入可以选择一个模拟输入和总数不超过 64 位的若干个 8 位的数字输入。这种选择通过拨动平台面板上的开关实现。各种输入的标称信号幅度范围从 0 到 5V（直流）。对模拟输入而言，模-数转换器把 0～5 V 的标称信号变换为二进制的 8 个码位，每位具有 19.53mv 的分辨率，变换误差小于满标度的 1%。高达 64 位的串联数字数据可以作为单独的输入，提供一条启动指令和一个 2.5kH$_2$ 的时钟，用以启动串联数据的发射。DCP 可以接收高达 64 位的并联数字输入。在整个平台"接通"（预热和信号发射）时间的 68ms 内，以 8 位一组的方式依次对这些并联数字输入进行采样。在编码前 DCP 信号的格式由 95 位组成。在数发射之前，每个 DCP 的信号编码生成一个 190 位的信号输出。每个信号每 90s 或 180s 发射一次，可以通过拨动平台面板上的开关选择。

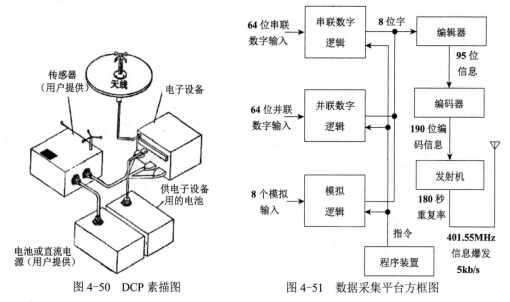

图 4-50　DCP 素描图　　　　　图 4-51　数据采集平台方框图

3）卫星中继系统

ERTS 飞船仅作为一个简单的中继系统而起作用，即接收、改变频率以及再发射来自 DCP 暴发性的数据。在飞船上，对数据不进行记录、处理和解码等工作，但装备有 DCS 专用的甚高频天线和备用接收机。DCS 接收机的输出通过预调制处理器，使之调制到统一 S 波段（USB）设备的一个副载波上。窄带遥测使用的 USB 设备，可供转发 DCP 信号给 ERTS 的 3 个地面接收站之用。

4）地面数据处理

它们包括在地面接收站和地面数据管理系统里，分别进行数据处理。接收站接收合成的 S 波段信号，从中检出 DCS 的副载波，送到专用的 DCS 接收站设备（DCS/RSE）。它对接收到的每个编码位起匹配滤波器作用，使输出量化为 3 个码位。每个 DCP 发射复原的码位，用一个 4 位字节表示：一位说明有或缺失信号，其余 3 位是匹配滤波器的量化值。在没有信号时，输出字节全部为零。对量化码位解码，质量码分摊给每个解码的码位，以表明其解码的置信度水平。DCS/RSE 根据质量指标和 30 位的位置时间码来格式化已解码的数据。这些数据经过缓冲，格式化为 1200 位的 NASCOM 字块，随着信号的接收传送到一个位置调制解调器。NASCOM 字块，通过调制解调器传送到运转控制中心（OCC）。在那里，NASCOM 标题被拆开，DCS 数据依照收到的顺序录制在磁带上。每个磁带可以容纳一个或几个接收站的信息。当一个或几个站的通过结束时，该磁带送到 NASA 的数据处理机构（NDPF），经过读出、编辑、改编和消去多余数据等步骤，然后按照平台鉴别号和数据收到时间存储起来。

3. 地基现场实况调查系统

美国传感器网络专家（WSU）、空间科学专家（NASA /JPL）和地球科学专家（USGS/CVO）等组成的多学科队伍，研制出一个优化的自治空间-现场传感器网络

（Optimized Autonomous Space In-situ Sensor-Web，OASIS）布设在 St. Helens 火山口及其山坡地带。它是一种具有动态、定量、空间与地面互动特点的灾害监测传感器网络。这种网络作为地球科学研究及其支持技术发展的试验床，不仅在火山监测过程中有明显的应用效果，还可以在区域或全球的洪水泛滥、冰川变化、极地冰盖消融、野火以及湖泊冻结/融化等自然现象的监测评价以及智能传感器网络等技术的发展过程中得到广泛应用。尽管它与天基系统存在许多差异，但它们均属以遥测技术为主体的实况数据自动收集系统的范畴。

1）网络总体建造

图 4-52 中形象化地说明了随着灾害规模的升级，这种优化的自治空间-现场传感器网络的发展阶段及其基本概念。在这种网络里的空间系统与地面系统之间，具有互动的能力、利用空间和地面数据优化地面有限带宽资源的分配、对有限空间资源的各种竞争性的需求进行智能管理。

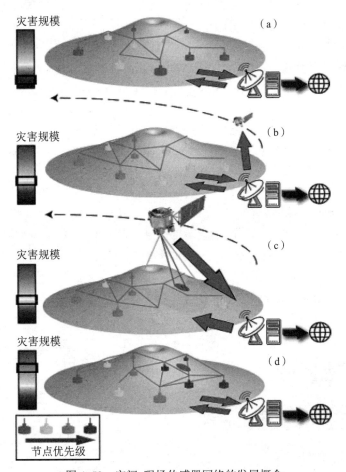

图 4-52　空间-现场传感器网络的发展概念

（a）现场传感器网络自动确定地面带宽分配；（b）现场网络拓扑自组织和空间系统重赋任务导致活动水平提高；（c）获取高分辨率遥感数据，馈送给控制中心；（d）现场传感器网络吸纳遥感数据后进行相应的再组织（数据在各个阶段均公开可得）。

（1）现场布设。OASIS 现场传感器网络在 St. Mount 山区进行了两次布设。第一次在 2008 年 10 月进行，是试验性的布设，把具有基本功能的一个传感器网络原型空投在火山口上，探究对系统的要求以及在崎岖地形上的环境限制。布设的成功证明了在极端恶劣的环境里，低成本的传感器网络系统可以支持对火山活动的实时监测。2009 年 7 月，布设了 15 个 OASIS 站（图4-53），组成分别使用自己独立的数据收集

图 4-53　OASIS 站现场布设图

渠道和无线电波段的两个分支。第一个分支网络（节点 0~6）分布在火山口最里边；第二个分支网络（节点 7~14）围绕侧翼形成一个半圆形的布局。某些 OASIS 站与 USGS 现有的 VALT、SEP 和 NED 站的位置相同，而且利用后者作为地面实况来评价前者的数据质量。前者节点 1 和后者 VALT BHZ 宽带站在相同位置上。它们同时记录了在 07/20/ 2009 18:20 到 07/20/ 2009 19:10 之间 50min 的地震数据。前者使用 3000 美元的 Geophone 地震仪，噪声离差在 0~17，而后者使用 10000 美元的宽带地震仪，噪声离差为 0~16。由此可见，两者的数据质量相近，成本则相距甚远。图 4-54 显示 OASIS 系统端到端的配置状况。地面网络通过多级中继把实时火山活动信号传送给汇总节点。网关通过长达50 英里的微波线路，把数据流转到华盛顿州立大学（WSU）。实验室定制的工具 Serial Forwarder 在传感器网络和 Internet 间传递数据。多个控制客户可实时访问传感器数据流、控制网络。来自地震、次声、闪电传感器，GPS、RSAM、电池电压、连接质量指示器（LQI）的数据，载入 Valve 数据库永久保存。V-alarm（火山活动警报）从原始数据流里自动鉴别出地震事件。事件一经触发，V-alarm 通过电子邮件或短信，将地震警报发送给有关科学家。指令控制中心要随时了解事态的发展，集成现场传感器网络和 EO-1 卫星的观察，配合使用现有实时火山监测与 USGS 的数据处理工具，实时、独立自主地做出对传感器网络控制的行动决策。地面网络获取的数据，流入 USGS 的 VALVE 数据库，由相关科学分析工具实时进行处理。

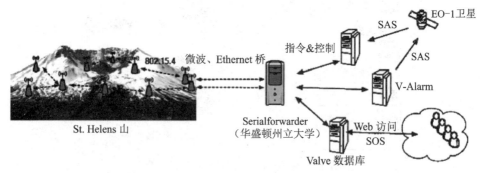

图 4-54　现场传感器网络的布设和配置状况

（2）技术构成。OASIS 为学科家和决策者提供了一个能够集成智能地面传感器网络与智能遥感系统，对火山环境里快速演化的地球物理事件进行评价的原型系统。它持续

不断地获取、分析地球物理和系统运行的数据，使自动决策以及根据科学优先级、网络能力对数据收集活动进行优化成为可能。这些数据可供大地测量学家、遥感学家、地震学家、地质学家和气体地球化学家等组成的多学科队伍进行实时与交叉分析时使用。OASIS 由图 4-55 所示的技术单元所构成：地面系统（GS），它由地面传感器节点和数据收集、存储、分析、通信、数据流、网络运行、数据通信以及地面与空间系统之间联络所需软件模块组成，基本上是个无线传感器网络（WSN）；空间系统（SS），它由地面支持软件、飞行软件、地球观测–1 号卫星（EO-1）以及其他可能的卫星（如 ASTER、GEOES、MODIS、INSAR 等）的星载传感器所组成；指令控制系统，它连接地面系统和空间系统，为外部用户和系统提供传感器网络服务。

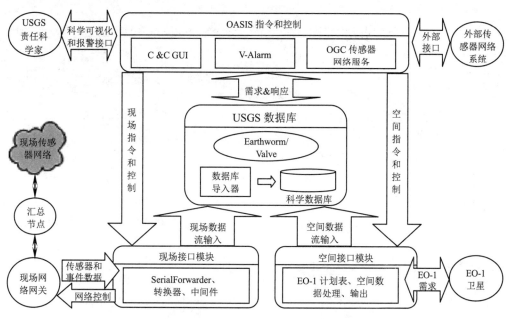

图 4-55　OASIS 系统的技术构成

2）地面传感系统

在 St. Helens 火山口建立了三维的动态通信环境，使用电池作为电源。地球物理和地球化学传感器可以连续、实时地产生出高精度的数据，而数据的优先级视火山的活动状态而定。传感器网络将尽可能多地传输出原始数据，确保优先级高的数据有较大的输出量，其中最高优先级事件的数据将无损传输出来。在火山喷发时，观测站有时会被摧毁，布设在现场的传感器网络，需要有自布设和自修复的能力。为此，这种网络需要有遥控管理能力，使用户能够在新设备布设之后，调整其相关的参数，如采样速率、数据优先级、RF 通道等。其硬件和软件的构成如下。

（1）硬件构成。USGS/CVO 为现场传感器节点设计了数据获取、传感器、通信等方面的硬件。有关传感器及其能力，受益于早期大地测量学家和地震学家的投入。商业库存可用的（COTS）嵌入式微控制器模块，具有高度的可编程性，促进了传感器平台的快速发展和应用。在图 4-56 中给出了 OASIS 传感器节点的实况影像。它装备有探测地震的地震仪，精确定位、计时和测量微小地形变的 L1 GPS 接收机，探测火山爆发的次声探测器以及探测火山灰云雾闪电探测器等传感器。在网络节点之间的遥测作业，使用基于 IEEE 802.15.4 标准的 ISM 扩展频谱。在每个节点站上，硬件设备的总耗电量设计小于 2W，用几个 Air-Alkaline 电池，就能确保地面传感器网络工作长达 1 年时间之久。

（2）软件构成。OASIS 的地面传感器网络系统的软件构成，在图 4-57 中给出。它主要由三部分组成，分别是满足任务需要/优化资源利用的拓扑管理和路径安排、带宽管理、电源管理等任务；实现网络状态监测、与来自空间系统的外部指令和控制以及用户和科学机构软件接口的网络管理软件；了解环境状况、分配网络通信和计算资源的状态认知中间件软件。这些软件设计了故障自动探测及其恢复机制。如果出现异常，系统可以自动回到初

图 4-56　OASIS 传感器节点
（装配有探测地震的地震仪，精确定位和测量微小地形变的
GPS 接收机，探测火山爆发的次声传感器以及闪电探测器）

始状态，具有良好的探测性能和强壮的耐受能力；具有可设置且灵敏、机动特点的远程指令控制机制，使强有力的远程网络管理得以实现；使用自动探测火山事件、优先其数据排序的事件探测算法，优先级较高的数据（如对火山研究最为关键的地震事件数据）有较高传输率的自适应数据传输协议，原始数据用轻权重压缩算法压缩减轻对带宽的需求，保证了基于质量驱动的数据采集、传输以及监测任务的顺利完成。

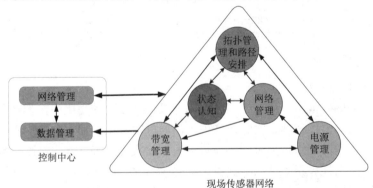

图 4-57　OASIS 传感器网络系统软件构成

3）空间观测系统

OASIS 的空间观测系统或 EO-1 传感器网络的概念结构在图 4-58 中给出。其中，科学事件管理系统处理科学事件的分布并使之与科学活动相匹配，在两者相匹配时提出观测要求。自动任务计划系统 ASPEN 处理这些要求，根据优先级排序和任务的限制条件，使之与在已有时间安排的观测活动集成起来，产生更新的观测活动时间表。OASIS 的经验表明，地面与空间系统互动带来了许多益处：使地面系统运行的效率更高；在没有或

很少进行火山监测的地区，现场布设监测设备所需的资源远少于常规监测；在恶劣环境里，来自现场的反馈数据可以为远程传感器运行计划的安排提供极为有价值的信息；空间和地面系统之间协调运作，提供了在时间上匹配的科学分析数据。空间和现场的传感器在 OASIS 里执行任务、获取数据，其各种开放地球空间联合传感器网络授权（Sensor Web Enablement, SWE）服务及其发展，将与作为未来集成传感器互操作基准的服务相接轨。加强地面网络的报警服务能力，会促使高水平的数据分析结果，用于空间系统的时序评价工具，OASIS 增强了目前 EO-1 传感器网络的结构。使地面到空间和空间到地面之间联络的触发与响应，能够自动（未能实时）进行。OASIS 的创新在于把 EO-1 的信息反馈到现场传感器网络系统里去。EO-1 的高空间分辨率数据，可输入热分析模块，以探测靶区（St. Helens 山区）的热活动地带，分析结果提供给地面传感系统以发现可触发其行为变化的异常特征（超过常态平均热输出的地方）。这些"热点"的地理位置信息为指令控制系统处理，将会导致带宽资源分配优先级的重新调整。

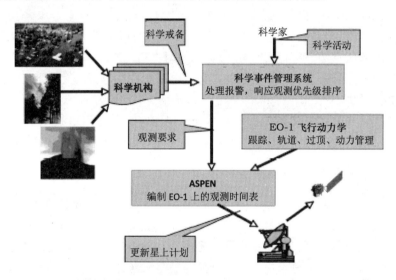

图 4-58　OASIS 的空间观测系统的概念结构

4）指令控制系统

OASIS 的指令控制系统主要完成状态认知以及地面和空间观测集成、现场网络管理、数据接收与分发三方面的任务，是整个优化的自治空间-现场传感器网络的灵魂。因此，其行为与特点对 OASIS 的运行至关重要。

（1）状态认知以及现场和空间观测集成。指令控制系统配套地利用现有的实时火山监测和 USGS 使用的数据处理工具，其中包括实时数据分析和启动软件模块 VALARM 完成其运行任务。随本地和远程工作环境的变化，OASIS 地面系统实时、自动做出其运行的决策。在火山活动期间，对节点的要求最高，数据的优先级由指令控制系统按照领域专家说明的原则决定。在接近火山沉寂时期，火山活动接近或回到了背景状态。现场协调管理小组可以自行对本地的变化（地震、气体和变形）做出反应。

（2）现场网络管理。在指令控制系统网络管理模块设计的各个阶段，都有 USGS 领域专家的投入和参与。网络管理算法依赖网络拓扑学和资源分配决策等科学与工程数据而发挥作用。对于诊断、管理和自反馈的目的而言，工程数据从传感器节点传出为控制中心接收。据此通知系统有关的网络脆弱连接处、低电源读数、数据吞吐量以及当前失误导致接近危险或需要注意情况的出现。这些遥测数据可以提供实时分析、触发软件 VALARM 和自配置功能之用。尽管有网络自动管理系统，但指令控制中心还是配备有"手动"控制装置，供终端用户/领域专家进行自主决策使用。管理者可以完成网络全面和整个范围内的性能检查、了解人工干预网络运行状态的响应状况以及改进自治原则任务。

（3）数据接收与分发。OASIS 采用 OGC SWE 网络服务接口，依靠传感器报警服务（Sensor Alert Services，SAS）进行互操作。SWE 网络服务接口将提供传感器计划服务（SPS），用来确定某个传感器的观测任务是否完成，重新分配数据获取任务，确定现有要求，取消以往要求，获取其他 OGC 网络服务的信息（仅对空间系统成立）；提供传感器观测服务（SOS）用来检索观测数据，包括对历史数据、需要的和 SPS 所获数据的访问；提供传感器报警服务（SAS），发布和签署来自传感器的警报。OASIS 的数据管理将数据产品，送往 USGS 研制的数据存储和分析工具。Valve 是具有客户机/服务器结构的系统，对火山站收集到的、几乎全部类型的数据，提供图形表示和专题制图等方面的服务。网络获取的所有数据都存储在 SQL 数据库里。VALARM 与 Valve 数据及 SQL 数据库结合，使用户能够配置实时分析功能，将报警机制加在分析触发器上，包括但不限于通过 HTTP 传递 SAS 警报，打开 TCP/IP 端口推动 XSL 变换的数据加到有效载荷上、与 SMTP 通信传递电子邮件或手机短信息。Valve 也为地面系统 SOS 提供基础，使 OGC 的顾客能够查询现场传感器收集的历史数据，从中截取自己所需的数据子集。

4.3.4 遥感应急空间决策支持系统

突发事件的应急响应及其决策支持，涉及如表 4-5 所列的专业领域、事件类型及其共性特征。它们不仅与事件主管以及卫生、公安等业务部门密切相关，而且也是事发地区的各级政府的头等大事。为了提供面向各部门和地方的遥感应急空间决策支持系统的开发工具，其设计需要充分考虑事件的共性特征以及各地方、部门的需要，还必须考虑事件在不同发展阶段（事前、事中和事后）的特点和需求。为此，决策支持系统要允许用户能够在不同应急阶段里，根据自己的需要，灵活、有效地调用系统里的数据、模型、工具和知识等资源，从错综复杂的问题中迅速理出头绪、分清主次、明确目标，在切实可行的基础上形成和选择自己解决问题、指导行动的适宜方案，并且能够随情况的变化，动态地调整自己的方案和行动，以使事件造成的损失降低到最低的限度。对这种系统可以从系统总体构成、决策支持工具以及应急运行机制 3 个方面来论述。

1. 系统总体构成

大多数自然灾害、疫病流行、重大事故、恐怖袭击等事件，具有如表 4-5 所列的共性特征。遥感应急空间决策支持系统，不仅要与这些共性特征的需求相适应，而且还要为突发事件个性需求的满足提供技术支持。为此，在事件主管部门技术负责与事发地区政府统一领导相结合、常规专业监测评价与突发事件预测预报相结合、科技人员主导作用与社会大众广泛参与相结合、先进信息技术集成与传统学科调查研究相结合、充分利用现有技术条件与有效控制系统更新扩展相结合的开发原则和技术路线指导下，遥感应急空间决策支持系统显然应该具有如图 4-59 所示的总体技术构成。它在国家信息基础设施（即高速数字通信网络）基础上，将由应急空间决策支持平台、遥感信息获取分析应用、相关专业部门常规信息、事发地区综合管理信息、政府-公众的网络互动 5 个分系统以及 1 个跨部门跨地区的人口信息网络所组成。

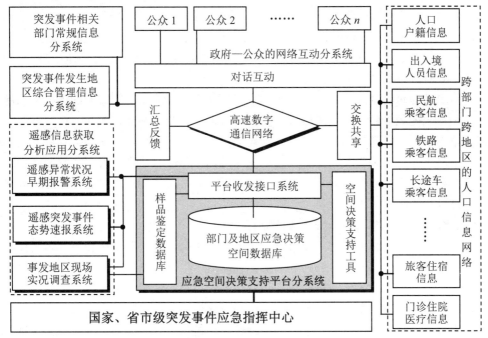

图 4-59　遥感应急空间决策支持系统的逻辑结构

1）应急空间决策支持平台分系统

这个分系统是整个遥感应急空间决策支持系统的核心。它汇集各方面的数据，分析和揭示突发事件应急处理面对的问题，提出和选择解决这些问题的方案建议，供决策者参考、使用。决策支持平台分系统主要由部门及地区应急空间决策支持数据库、样品分析鉴定数据库、空间决策支持工具、平台收发接口系统所组成。在决策支持数据库里，既可存储不同来源的应急决策数据，又可存储系统生成的各种应急决策信息与方案；既可以存储事件多发地区的共享应用平台数据、事先生成的专业和地区数据，又可以存储事件突发地区临时调用的部门和地区数据，乃至突击、快速生成的应急决策数据。

2）遥感信息获取分析应用分系统

它由遥感异常情况早期报警、遥感突发事件实况速报、事发地区现场实况调查 3 个系统组成，直接与应急空间决策支持平台分系统连接。早期报警系统在事件发生之前，通过对遥感物理量（如温度、湿度等）定期、持续的监测，为尽可能早地发现异常、早期报警，布置预案、采取预防措施、做好准备服务；实况速报系统在突发事件发生期间，对其发展态势、影响范围、严重程度以及控制效果进行监测和反馈，为提高决策水平、改善应急效率和效益服务；事发地区现场实况调查系统利用多种技术集成，完成实况调查、模型建立、成果验证以及样品采集等任务服务。

3）相关专业部门常规信息分系统

突发事件必然发生在某个地区里，除了主管业务部门要应对不同的"实物损毁"问题而外，后援业务部门（卫生、公安等部门）还要应对人员伤亡、社会动荡等问题。各级业务部门必须建立自己的常规信息系统，供国家、省市级突发事件应急指挥中心及其应急空间决策支持平台调用，为其连续监测、科学预测、早期报警、实时预报、应急救助等服务，也为加强对国家关键和重要设施的日常保护服务。为此，这个分系统应该包括突发事件危险分区及其应对信息、突发事件监测及其早期报警信息、突发事件应急物资及其厂家信息、突发事件应急人才及其后备信息以及重点保护的关键和重要设施信息等系统在内。

4）事发地区综合管理信息分系统

突发事件应急处理的效果，在很大程度上取决于事发地区各级政府的组织、领导、广大人民群众的积极参与以及采取应对措施的合理性、及时性和有效性。在这方面，如果能够事先或者应急建立起该地区综合管理信息系统，将会极大地减轻突发事件造成的损失，取得事半功倍的效果。这种系统应该尽可能包括区域自然与人文背景地理信息、区域危险程度评价及应对预案、区域的应急处理空间决策支持以及区域无线通信联络及调度指挥等系统在内。

5）政府-公众的网络互动分系统

这个分系统通过网络、网络终端以及决策支持平台，在政府与社会公众之间架起了一座桥梁，使他们之间及时、畅通地对话、互动成为可能。通过这个系统，政府可以发布事态信息、宣传应对策略、下达政府指令、普及科学知识；公众可以了解事件发展、报告有关信息、提出合理建议、配合政府行动。这样就使突发事件的多来源信息采集、策略合理制定、政府指令贯彻、实施效果评价、群策群力应急、稳定人心和社会秩序、尽可能减少事件造成的损失等任务，能够迅速落在实处、见到效果。

6）跨部门跨地区的人口信息网络

这是个涉及众多部门和单位、覆盖全国范围、实时或准实时的人口空间信息网络。它的运作需要在全国各地的公安局、派出所、海关、各种交通售票处、旅馆饭店和医院/门诊部等单位，普遍使用数码身份证和相互联网的基础上才能实现。这个系统及其产生的信息，不仅可以为重大疫情控制、预防恐怖袭击等应急任务服务，而且还可以派生出航空、火车、车船等的全国客流分析、疑似传染病的症状监测以及特殊人物空间信息查询等信息系统。

2．决策支持工具

空间决策支持系统在传统决策支持系统和 GIS 相结合的基础上发展起来。它们有助于决策者从错综复杂、扑朔迷离的现象中，理清头绪、抓住本质、明确自己的任务目标；自主、灵活地生成解决问题的方案，研究和比较它们之间的利弊，找出切实可行的解决办法，进而采取相应的措施与行动。中国科学院遥感应用研究所和国防科技大学（1997—1999）合作研制的空间决策支持系统开发平台（SDSSP）可以作为实例，说明这种工具的技术构成及其发展前景。

1）技术构成

SDSSP 由图 4-60 所示的客户端交互控制系统、广义模型服务器系统和空间数据库服务器系统 3 个部分组成。它们之间的通信由严格定义的网络通信协议、应用程序接口（API）和远程调用实现，具有由交互控制系统、模型库服务器和数据库服务器一体化构成的三层客户/服务器结构。

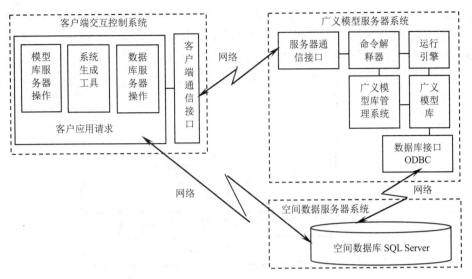

图 4-60　空间决策支持系统的技术构成

（1）客户端交互控制系统。客户端交互控制系统由系统生成工具、模型服务器操作模块、数据库服务器操作模块组成。可视化系统生成工具可以通过各种图标（模块、选择、循环、并行、合并等）的调用，迅速地建造、调整解决实际问题的系统控制流程，进而通过流程的运行生成可供比较与选择的多种决策方案；模型服务器操作模块对服务器中的各种广义模型库进行管理和运行的操作；数据库服务器操作模块对服务器中各数据库进行数据操作。

（2）广义模型服务器系统。广义模型服务器由图 4-60 所示的服务器通信接口、命令解释器、运行引擎、广义模型库、广义模型库管理系统和数据库接口组成。它们主要用来实现对算法库、模型库、工具库、知识库、方案库、实例库的统一管理，控制它们的运行以及负责从数据库服务器提取数据等方面的操作。模型服务器的运行由运行引擎控制，解释和并发执行用户提出的请求，匹配检索模型库中的模型或算法、匹配提取数据库中的数据，驱动和完成模型的运算、将处理结果提交给通信接口并传送给客户端。算法是不可运行的，只有与数据连接之后作为模型才能运行；方案是不可运行的系统流程图文件，只有在实例化后才能运行。从数据库服务器中存取模型运行所需数据的任务，由数据库的口来完成。

（3）空间数据库服务器。SDSSP 的数据库服务器由商用数据库服务器 SQL Server 以及有关的应用软件，如数据的条件查询、分级查询、地图查询等模块构成。它的主要功能是根据用户查询、模型运行等方面的需要，对数据库进行统一管理以及完成必要的数据查询和存取作业。

2）发展前景

面对突发事件应急的复杂性及其响应速度快的要求，SDSSP 尚存在巨大的改善空间、美好的发展前景，如图 4-61 所示。

（1）提高定性与定量综合分析能力。在 SDSSP 里，仅使用数学模型很难准确、全面地描述那些涉及面广、瞬时万变的突发事件的行为特征。为此，必须引进相关专业知识，使系统具有定量分析和定性分析相结合以及在定性分析引导下进行定量分析的能力。这样，原来的应急空间决策支持系统，就需要转变为由客户端人机对话系统、广义模型服务器、决策知识服务器和空间数据服务器组成的智能化系统。其中，决策知识服务器主要由突发事件应急知识库、数据挖掘方法库和推理方法库组成，以实现应急知识由表及里、由浅入深、由此及彼的应用。事实上，各级政府的应急预案是对应急知识的总结，应该充分利用。在定性分析基础上，调度和使用定量分析方法，是有效实施这些预案的关键所在。

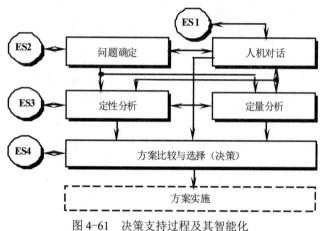

图 4-61 决策支持过程及其智能化

（2）提高决策支持系统智能化水平。对突发事件应急进行决策的过程，由 4 个基本环节组成：通过人机对话方式调动系统中的各种资源；通过系统帮助决策者确定自己要解决的具体问题和目标；通过系统对问题进行定量和定性分析，形成解决问题的多种方案；通过系统对解决问题的多种方案进行比较，帮助决策者选出最适宜、能付诸实施和指导行动的方案。如图 4-61 所示，这些环节可以分为两种类型：面向系统内部，改进其自身智能化水平的环节（如 ES1、ES4），以提高系统的用户友好程度、运行效率；面向系统外部，增强系统智能化水平的环节（ES2、ES3、ES4），以帮助用户有效地利用专家的知识与经验，使系统在解决问题时变得更聪明、更富有成效。

3．应急运行机制

遥感应急空间决策支持系统是一种涉及面广、环节众多、配合精密、反应灵敏、协调动作的遥感突发事件应急响应系统。系统的作用和效益，在很大程度上取决于数据来源的保证、先进技术的支持，但也与系统运行机制密切相关。在此，以灾害为例来论述系统运行机制方面的问题。

1）减轻灾害影响的生命周期

遥感应急空间决策支持系统将在整个减轻灾害影响的生命周期里发挥作用。这种周期不仅包括灾害发生后的应急响应、持续救援、恢复复原等阶段，还包括长期预防和减少灾害、中期防灾准备、近期灾害报警等阶段。如果在平时做好了减灾、防灾的工作，当灾害突然爆发时，各级领导和人民大众就能有条不紊、齐心协力、富有成效地进行应对，极大地避免或减少不必要的损失。图 4-62 给出了在减灾生命周期里，不同阶段的时间尺度、需采取的减灾行动、需要完成的任务，也揭示出系统需要解决的问题、服务对象以及必须满足的技术要求。灾害作为一种突发事件，中断了区域原有的可持续发展进程，导致灾前预报、灾中应急以及灾后重建 3 个阶段的插入。具体而言，灾害预报阶段是指在灾害发生前几天/数小时，乃至 10s 之内的特定的时段，发现有价值的异常现象，完成预测与报警任务，使事发地区各级领导和社会大众有所警觉、有所准备；灾害发生时的应急响应阶段，可以持续数天或数周时间。减灾专业人员需要开始灾情的快速评估，完成搜寻救助、应急救援等紧急而危险的任务；在恢复重建阶段，往往需要耗时数月，乃至 2～3 年，需要完成灾害损失的详细评估、灾区恢复重建规划及其实施的艰巨任务，使受灾区域重新回到可持续发展的正常轨道。

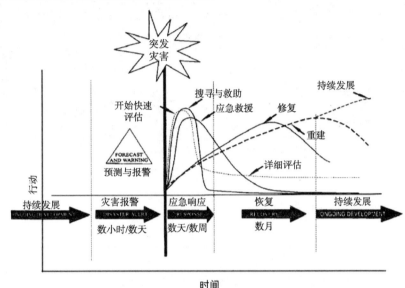

图 4-62　生命周期里的时间尺度及其主要减灾行动

2）减轻灾害影响的工作流程

在减灾生命周期基础上，通过具体分析灾害（Disaster）发生的背景及其危险（Risk）因素，包括各种弱点（Vulnerability）与危害（Hazards），可以建立起图 4-63 中灰色方框所示的减灾工作流程。在灾害类型及其发生区域确定的情况下，危险评价与分析方框构成了整个减灾工作流程的核心环节。在其左下部分，危险评价与分析-早期报警-应急准备-危害分析监测构成了灾前的工作流程；危险评价与分析-应急响应-危害分析监测构成了灾中的工作流程；危险评价与分析-恢复重建-危害分析监测构成了灾后的工作流程，而且用箭头指示出它们之间的时间先后顺序。在其右半部分，对灾害行为变化的认知与知识增长、社会投入以及减轻危险措施的使用等环节，将从认知、社会和措施等方面，为上述工作流程的顺利实施提供强有力的支持。至于图中每个环节（或方框）的具体内容，则以黑点引导的文字加以说明。灰色方框内、外诸方框的具体内容，分别可以用数据、信息、知识或模型来描述。因而，在应急决策支持系统里，可以定量数字计算或定性模拟试验，产生出用户需要的辅助决策方案及其优选的结果。

3）需要重点解决的决策问题

总结和提炼在减轻灾害影响的不同生命周期阶段里，决策者所面临或需要解决的共性问题，将有助于提高遥感应急空间决策支持系统的运行效率和产出效益。这些需要决策的共性问题，已在表 4-7 中提出，可供读者参考使用。

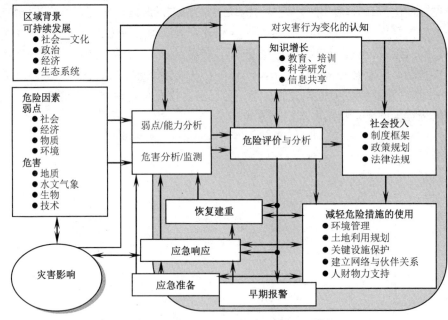

图 4-63　减轻灾害影响的工作过程

表 4-7　减灾生命周期里的共性决策问题

阶段	共性决策问题	备注
灾前	圈定全国的灾害高危险及其重点监测、防灾区域	随着灾害类型、特点及其规模的差异，这些问题的具体内容、形式及其解决方法也会有所变异和侧重。这对于疫病流行、技术事故、恐怖袭击等突发事件亦然
灾前	编制和演练灾害高危险区域的应急预案	
灾前	预测或预报灾害发生的时间、地点和强度	
灾前	居民灾前撤退、疏散与安置的调度指挥	
灾中	灾情控制策略及其应急行动方案决策	
灾中	灾害抢险指挥及其人力、物资应急调度	
灾中	应急救援方案及其动态调整、切入点选择	
灾中	灾民应急撤退、疏散与安置的调度指挥	
灾后	灾区恢复、重建规划方案的比较、选择	
灾后	重建灾区居民点及重要设施的选址方案比较、选择	

4.4　遥感科学技术发展支持系统

遥感科学技术发展支持系统作为遥感集成应用系统里的重要成员，不仅要为遥感常规业务应用系统和遥感突发事件响应系统的研制做出贡献，而且还要为满足遥感日新月异发展提出的各种研发、创新的需求服务。这些需求已经成为推动和加速遥感发展支持系统设计、实现和应用的强大动力。在现代遥感科学、技术和工程体系里，这种支持系统是个最前沿、最活跃、最富创造性的组成部分。它们能够对遥感的基础研究、探索试验、方案论证、技术认证、应用示范等任务起巨大的促进作用，可以持续而有力地推动着整个遥感科学技术体系及其产业化迅速向前发展。对我国国家遥感信息基础设施建设而言，尽管这个系统涉及到其中诸多方面的任务，但是最为核心、最为基本的任务就是：既要确保遥感应用卫星能够有效获取优质数据，又要确保卫星遥感应用能够有效产出显著效益。因此，在我国尽快建立、不断完善和充分利用这种系统，不仅影响深远、学术意义重大，而且效益显著、实用价值极高。

4.4.1　遥感发展支持系统的总体构成

遥感科学技术发展支持系统是能够满足我国遥感科学技术发展的各种任务定义、方案认证、项目评审、成果鉴定、技术支持、基础研究、人才培养等任务需求的一种遥感集成应用系统。这个系统在遥感卫星入轨前，要保证卫星能够有效地获得有用的数据；在入轨后，要保证用户能够快速、有效地应用卫星获取的各种数据。为此，它应该具有图 4-64 所示的总体构成，具体由地物波谱测量分析、遥感模拟器制备、遥感综合模拟试验、模拟试验数据处理、模拟数据示范应用、遥感地面试验场站、Web 制图试验床以及遥感发展决策支持 8 个分系统所组成。

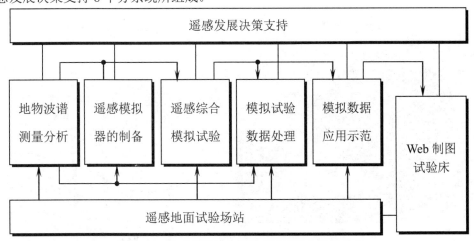

图 4-64　遥感科学技术发展支持系统的总体构成

1. 地物波谱测量分析分系统

地物波谱测量分析分系统要查明典型地物，特别是遥感地面试验场里地物波谱特性的时空规律，为星载遥感器参数设计、性能调试、卫星数据地面定标以及遥感影像处理和分析判读提供依据。

1）地物波谱测量规范

为了使波谱测量工作有规章可循、有标准可依，需要制定和实施以下 4 个方面的规范。第一，野外地物光谱测试规范：具体规定了选择波谱测量仪器及其定标的要求；在测量地物目标时，要求严格填写能见度、云量、风力等气象条件以及对测试方法、测量高度、测量几何关系、测量时间、取样面积、取样数目、标准板等的要求。第二，室内地物光谱测试规范：它要对有机物（植被）和无机物（土壤和岩石）两大类地物进行测量，在样品选择、样品处理或制备、作业程序等作了严格规定和要求。第三，航空地物光谱测试规范：要求航空光谱仪在装机前要进行性能定标、配置准确的内定标系统，确保其光轴与同步摄像机光轴严格平行；在航空光谱测量时，要合理设计飞行路线及飞行参数，布设靶标或选择高低反射率的两种大面积、均匀地物作为标准，要与地面光谱辐射计测试、航空同步摄影相配合。第四，微波辐射特性测试规范：规定了对微波辐射特性测量仪器选择、定标和测量方法、气象状况以及天空温度等参数测量等的要求，还对测量注意事项作了专门提示，以免影响测量数据的质量。

2）波谱测量定标设备

地物辐射特性测量的有效性，不仅取决于测量仪器性能的好坏，而且也取决于辐射测量仪器对于标准辐射源或标准探测器在量值、空间、时间和波谱变化上的响应特性。通常，将建立它们之间响应关系的过程称为辐射定标，是地物波谱特性测量的基础工作。具体的定标设备包括标准灯辐射定标系统、积分球辐射定标系统以及用于确定光谱辐射测量系统的光谱定位、分辨及视场的形状和大小的波长及视场辅助定标装置。图 4-65（a）所示的 2.5m 直径的积分球辐射校准系统，图 4-65（b）所示是其内部结构的示意图。美国宇航局用它来检测和校准成像系统、探测器阵列、遥感仪器的辐射校准系统。

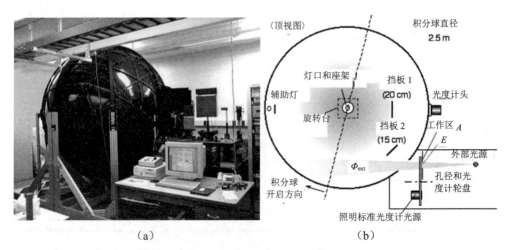

（a） （b）

图 4-65 美国 2.5m 的积分球辐射校准系统及其内部结构示意图

3）地物波谱测量仪器

1986—1990 年，我国开展遥感地面试验场课题时，使用的地物波谱测量仪器，既有实验室测量仪器，也有野外测量仪器。它们的工作波段涵盖了可见光、近红外、红外、微波等波段范围。这些仪器的主要技术指标分别在表 4-8 和表 4-9 中给出。

4）地基可移动试验平台

遥感试验场里使用的地基可移动试验平台，通常为"车载升降台"（Cherry-Picker），其结构如图 4-66 所示。这种平台及其运载汽车的性能在表 4-10 中给出。这些平台可以为遥感器的研制和试验，提供从垂直向下的观测条件，还可以用顶视角度来测量树木、农作物和土壤等地物的波谱特性。它们在不同遥感器研制中所起的作用或有用程度在表

4-11 中列出。

表 4-8 光学波段的地物波谱测量仪器基本指标

名称	波段 /nm	分辨率 /nm	视场 /（°）	波长精度 /nm	厂家
U-3410 型分光光度计	187~2600	0.07		UA-UIS:±0.2 NIS:±1	日本日立公司
WDY-850 地面光谱辐射计	380~850	0.8	5, 10, 15	±0.5	长春光机所
WDY-2500 红外光谱辐射计	800~2500		>12,可调	±4	长春光机所
DG-1 野外光谱辐射计	400~1100	3			安徽光机所
DG-2 野外光谱辐射计	1300~2500	12	21		安徽光机所
SRM-1200 野外光谱辐射计	380~1200	1	1×6		日本
SE-590 便携式光谱辐射计	380~1100	3.5	11		美国光谱工程公司
ER-2007 红外辐射测温仪	8~12				日本松下公司
AGA-80 红外辐射测温仪	8~14				美国

表 4-9 微波辐射计的基本指标

名称	中心频率 /GHz	高频带宽 /MHz	系统噪声系数 /dB	灵敏度 /K	测温动态范围 /K	积分时间 /s	可调功耗 /W	备注
X 波段获克式辐射计	9.384	160	6.72	<0.4	0-300	0.5, 1, 2	<40	华中理工大学研制
Ka 波段脉冲噪声注入零平衡辐射计	34.75 35.3	110	7.94	<0.5	0-300	0.15, 1, 15, 可调	<40	
W 波段全功率型辐射计	94	700	<11	<5				

表 4-10 某些可移动地基液压遥感试验平台的性能

型号	平台				车辆		
	工作高度 /m	臂展 /m	负载 /kg	斗筐面积 /m²	长度 /m	宽度① /m	毛重 /t
LF25	7.3	3.7	113	0.64×0.64	4.7	1.7	1.27
D40	12.2	7.4	350	1.52×0.91	7.5	3.4	6.61
S70	21.3	10.7	510	1.68×1.07	11.0	4.1	
S289	30.4	15.7	365	1.83×0.61	13.0	5.0	
① 宽度包括伸展开的稳定支架							

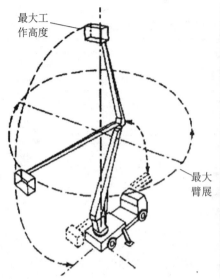

图 4-66　地基可移动活动臂试验平台及其实况照片

表 4-11　可移动平台对遥感器研制的有用程度

遥感器	液压平台	车轮运载工具	船只	备注
摄影照相机	1	1	1	1：有用
视频照相机	1	1	?	?：可以使用，但效果不明
红外辐射计	1	1	1	×：不推荐使用
红外线扫描系统	×	×	×	
红外成像系统	1	1	1	
微波系统	1	1	?	
激光雷达	1	1	1	
遥感气体分析系统	1	1	1	

5）地物波谱数据库

1986—1990 年，从全国各地和各个遥感试验场测量和积累了大量地物的波谱特性数据。在此基础上，中国科学院安徽光学精密机械研究所建立了我国规模较大的地物波谱数据库系统。系统中的地物波谱分为土壤、植物、水体、岩石矿物五大类，共计 2122 条波谱曲线。系统除具有常规查询检索、数据维护等功能而外，还有数据预处理、统计分析以及其他应用软件供用户使用。它对我国地物光谱研究和应用水平的提高，也在提供遥感数据分析工具等方面做出了历史性的贡献。

2. 模拟遥感器的制备分系统

它的主要任务是通过借用或研制的途径，准备和提供能够生成新型遥感器或星载遥感器模拟数据的实验装置或模拟器。它们用来试验、检验和评价被模拟遥感器的性能、特征、效果和工作条件，推动该遥感器质量的改善、加速研制的进程；还用来产生被模拟遥感器的模拟数据，推动其数据处理方法、应用途径及其产出效益的探索。模拟遥感器的制备有 3 种模式，可供用户选择。

1）利用卫星遥感器样机作为模拟器

在满足卫星遥感器运行条件及其应用需求的情况下，其样机或备份可以作为模拟器，通过航空模拟飞行试验生成它的模拟数据。通过对这些模拟数据的分析研究，检验和评价其技术参数、作业条件的合理性及其数据的应用途径、方法与效果，为遥感器的改进与定型服务。鉴于卫星遥感器与其航空模拟器的运行条件存在显著差异，必须仔细选择模拟试验场地及其试验方案和条件，对原始模拟数据的空间分辨率、清晰度、畸变特性等进行调整处理，其中也包括消除大气影响在内。利用同步或近似同步的地物波谱实况数据、飞行模拟数据以及相应卫星过顶获取的数据，以建立某种关系的计算模式，为卫星遥感器的监测和校准服务。

2）调整已有遥感器参数作为模拟器

新型遥感器研制的方案及其各种技术参数，如遥感器的最佳工作波段选择等任务，既可以利用技术参数可灵活调整的已有遥感器作为模拟器，通过多次模拟飞行试验，直接生成具有不同特征的多种模拟数据集；也可以利用已有的成像光谱仪作为模拟器，通过对其获取的原始数据集，按照不同的波段重组方案进行处理，间接生成具有不同特征的多种模拟数据集。它们在多种模拟数据集生成之后，经过分析、比较可以完成新型遥感器研制方案及其最佳工作波段等技术参数的选择任务。

3）搭建专门遥感器装置作为模拟器

原创性遥感器的创意要想转变为真正可使用的仪器，必须经过反复、不断的试验研究，使之创意逐步明朗化、具体化和成熟化起来。在此过程中，往往没有可调整或可借用的现成遥感器可以作为模拟器使用。因此，研制者必须根据自己的创意搭建专门的遥感器实验装置，完成其原理、方法的模拟试验及其可行性和改进方向的论证，使之由实验室逐步走向地面试验场、由地面逐步升高到空中，也使其创意和技术方案也会逐步明确、完善起来。

3．遥感综合模拟试验分系统

航天遥感器从构思、设计到样机、产品和应用以及由实验室到机载、星载的不同发展阶段，都要经过模拟试验的检验、评价和改进。尽管不同阶段的模拟试验，在其试验任务、技术要求、实施方案以及模拟手段等方面，都存在某些显著的差异，但是它们在系统构成、工作流程、运行机制等方面，仍可以用图 4-67 来表述。这个分系统将由遥感飞机试验平台、地面实况调查采样系统以及样品处理及分析实验系统等部分组成，在航天遥感发展过程中处在承上启下的地位和发挥着催化剂的作用。

1）遥感飞机模拟试验平台

它是遥感综合模拟试验分系统里最主要的构成部分，也是各种航天遥感器发展必须走过的阶梯。这种平台根据其飞越的海拔高度，还可以划分为中低空和高空的遥感飞机平台，供不同性质、目标的模拟试验使用。它们对飞机在导航定位、姿态控制等性能、机舱内窗口及其设备的配置等方面，都有更高标准和更加严格的要求。中国科学院的两架科学试验遥感飞机即属此种类型的遥感飞机模拟试验平台（图 4-67）。然而，在进行模拟试验时，除了要有模拟试验方案、遥感飞机、模拟遥感器、地面遥感试验场外，还需要动用相应的地面试验设备，包括地标板、太阳辐射、地物波谱及环境测量等仪器，以集成为一个具有组织严密、动作同步、立体运转等特点的动态模拟系统。

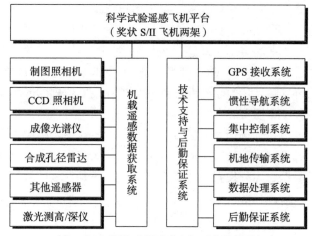

图 4-67　　科学试验遥感飞机平台的构成

2）地面实况调查采样系统

地面实况调查采样系统承担着实况调查和样品采集两大任务。如前所述，实况调查任务可以通过人基、天基以及地基 3 种类型的实况调查系统完成，而样品采集任务只有通过人基实况调查系统才能完成。事实上，地质、土壤、水文、植被之类的许多专业，都有自己实况调查和样品采集的规范。它们是这些专业地面实况调查系统设计的依据、行动的指南。据此，所取得的地面实况和样品分析数据，才能成为检验遥感仪器性能的客观标准，建立遥感应用模型的科学依据，影响遥感应用效益的重要因素。

3）样品处理分析实验系统

地面实况调查人员从现场采集回来的样品，除了需要在实验室里进行波谱辐射特性测量分析而外，还需要对它们进行物理、化学、生物学的处理、测试和分析工作，以使人们能够从样品所代表的总体及其种类、成分、结构、特性等方面，有更为准确、深入的认知，推动相关遥感应用模型研发及其应用任务的完成。尽管样品处理及分析实验在完成试验任务过程中起重要作用，但是参与试验的专业部门和单位，应该尽可能地利用自己或他人已经拥用的实验室条件来完成样品的处理、分析和鉴定任务，而避免求全责备，造成不必要的重复和浪费。

4. 模拟试验数据处理分系统

它们要完成对卫星模拟数据处理、产品化及其应用的全过程，包括完成原始数据加工、各级数据产品生成及其应用示范实例的模拟试验任务，为卫星入轨后的数据处理、各级产品生成及其广泛应用提供技术支持、用户指南和示范实例。在使用相同方法处理不同模拟数据时，可以揭示这些模拟数据的优缺点及其优选的应用领域；在采用不同方法处理相同的模拟数据时，可以评价不同处理方法的优缺点及其优选的应用领域；试验场的地面实况数据可以作为参照系，对用户研制的遥感信息提取软件进行测评和认证。

1）遥感数据测量制图子系统

它需要利用航天遥感器的模拟数据，完成定量地分析和评价被模拟遥感器的空间特性，为其研制和改进；为探索和发展从模拟数据里提取地面三维空间信息的技术与方法以及提供相应示范实例等任务服务。

2）遥感影像数据处理子系统

它需要利用航天遥感器的模拟数据，完成探索和发展从模拟遥感器输出原始数据，经过传输、接收，直至各级数据产品生成的数据处理技术、方法；还要完成探索和发展不同专业用户如何优质、高效地应用这些数据产品的应用处理技术、方法以及提供相应示范实例等任务服务。

3）遥感特征参数反演子系统

它需要利用航天遥感器的模拟数据，为完成定量地分析和评价被模拟遥感器的辐射特性，为其研制和改进；为探索和发展从这些模拟数据里提取地物目标的物理、化学和生物特征信息的技术与方法以及提供相应示范实例等任务服务。

4）遥感影像交互判读子系统

它需要利用航天遥感器的模拟数据，探索和发展综合利用遥感影像波谱、空间、时间和专业特征，分工协作、优质高效、轻松愉快地完成其数据处理和信息提取等任务的技术、方法以及提供相应示范实例等任务服务。

5．模拟数据应用示范分系统

它主要利用卫星模拟数据在其入轨以前就能及早开展有关领域的应用示范研究，以论证卫星遥感器的应用潜力，包括其应用领域、具体范围及其深入程度，给出相应的培训教材及其示范实例。它既可以使卫星遥感的主管部门对任务未来的应用领域及其可能产生的应用效益做到心中有数；也可以使用户能够及早熟悉未来的卫星数据，了解和掌握利用这些数据解决其各种问题的具体途径和技术方法。这样，在卫星入轨之后，用户只要拿到其数据马上就可以优质、高效地使用这些数据，使卫星的应用效益得以迅速而有效地显示出来。各专业部门在使用这个分系统时，需提交以下 3 种成果。

1）模拟数据的应用评价报告

卫星遥感模拟数据的应用示范，必须对这些数据的应用范围、应用途径、深入程度、作业方法以及存在的缺陷等状况做出客观的评价，以使卫星载遥感器能够及时得到改进与完善。因此，这种报告应该包括模拟试验实施过程、数据分析应用方法、模拟数据产品生成、应用效果及其评价、存在问题及其改进建议等内容。在应用示范过程中，可定期召开各部门的示范应用研讨会，加强彼此之间在技术方法、应用成果以及成功经验方面的交流与共享。

2）卫星模拟数据的应用手册

通过卫星模拟数据应用示范，各专业部门要编写和完善自己的卫星模拟数据应用手册。在卫星入轨前，它可以作为培训教材，引导和提高本专业人员利用模拟数据完成其应用任务的能力；在卫星入轨后，这种手册经过适当的调整、修改和补充，将转变为正式的卫星数据应用手册，使广大用户能够优质、高效地应用这些卫星数据，在短期内收到显著的实际效益。卫星（模拟）数据应用手册应该包括数据获取过程、数据及其特征、数据处理方法、数据分析方法、数据应用方法、数据应用实例等内容，具有图文并茂、循序渐进、简明实用的特点。

3）模拟数据应用的示范实例

通过卫星遥感模拟试验，各个专业部门可以选择自己某项有影响的应用任务作为示范实例，有意识地记录和保存从模拟数据输入开始，直至取得最终输出结果之间的每个处理步骤的方法与结果（包括调用处理程序、输入输出数据、影像和地图），记录和评价其作业效率、结果精度和产生效益，以形成一套系统完整、图文并茂和论述有据的技术档案。它可以使用户在很短的时间里，形象直观地了解卫星（模拟）数据应用的过程、方法和效益，加速其推广应用的进程。

6. 遥感地面试验场站分系统

所谓的"遥感试验场站"，是指在全国不同地理区域里，具有专业代表性、示范应用价值、空间范围适度、基础资料齐全、生活交通方便，能够长期在那里开展遥感模拟试验，而专门选择的或各专业部门已有的工作场所。这种场站的总体行为特征，可以用图4-68的四圈模式加以表述。它由遥感地面试验场站；地面辅助试验设备、试验场地保证设备、场地数据收集设备；场站地理信息系统以及遥感试验场站支持的基本活动所组成。它们是遥感模拟试验具体实施的基地、模拟数据获取的场所、示范应用选择的对象。

1）遥感地面试验场站

根据遥感地面试验场站的特点和作用，可以分为遥感综合试验场、辐射校准试验场、专业应用试验场以及区域应用试验场等类型。它们在选场原则、场地条件、数据准备等方面存在巨大差别，在使用方式、发挥作用等方面也有显著的不同。这种场站往往有长期积累、不断更新与各种比例尺的地面实况数据和专题地图，还有相应的地物波谱、环境参数、社会经济等大量测量、统计数据以及深入的专业或区域研究成果。遥感模拟试验在此进行，显然，可以节省大量前期工作量和准备时间，更加快速灵活、经济实惠地产出他们所需要的成果。

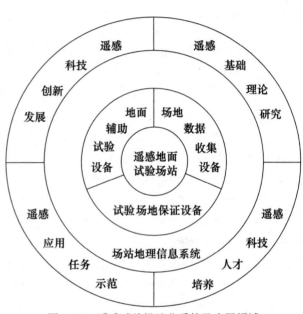

图 4-68　遥感试验场站分系统及应用领域

2）试验场站的基本设备

遥感试验场站的基本设备包括地面辅助试验设备、场地数据收集设备和试验场地保证设备 3 种类型。根据各场站的实际情况和任务需要，某些设备可以长期固定在现场里，但是大多数都是临时性或流动性的设备。

（1）地面辅助试验设备。为星载遥感器参数选择、仪器设计和性能检验而进行航空模拟试验时，地面需要布设某些与之紧密相关的参照物作为评价标准。图 4-69 给出了一组在美国 Arizona 州凤凰城南地面试验场使用的 4 组帆布制作的地面标靶。第一组是尺寸为 25 英尺×50 英尺并已知波谱特性的 4 块彩色标板，自上而下依次深绿色、橘黄色、深红色和深蓝色的标板。第二组是两块紧密邻接的黑色和灰色边界分析标板，尺寸为 80 英尺×80 英尺，反射率分别是 4%和 37%。第三组是空军使用的具有中等反差的 T 形柱状空间分辨率标靶。它由两组相互垂直、各具 7 组且分辨图型逐渐变小的标板组成。它们在评价彩色摄影及其他光学的波段遥感器性能指标时，将从不同的侧面发挥自己的重要作用。然而，对于热红外、微波等波段的遥感器模拟试验而言，应在试验场里布置与自己类型和特点相应的参照物，作为其性能评价的标准使用。

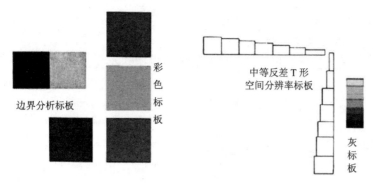

图 4-69　美国凤凰城试验场使用的地标靶

（2）场地数据收集设备。在试验场建设和维护过程中，有关试验场的各种专业的专题制图、地物波谱特性及其环境参数的测量以及社会经济统计数据收集等活动，必须定期、持续地展开。因此，拥有或租用这些活动所需要的仪器设备并使之有效地发挥作用，将是这些场站能够体现其存在价值及其生命力旺盛的前提条件。这些仪器设备包括实况调查、专题制图、现场测量、数据分析等方面的仪器设备。

（3）试验场地保证设备。在航空-地面或航天-航空-地面同步模拟试验过程中，会涉及到诸多方面协同动作的问题。除了在试验前制定计划周密、分工明确、步骤严格的方案外，还需要随着试验进展、情况变化，及时对方案进行调整，对每个人员进行调度，以确保试验任务的顺利完成。因此，确保参加试验的各级遥感平台、各专业组以及各工作人员之间的通信联络畅通无阻，为他们配备强有力的通信联络设备，就成为决定试验成败的关键所在。

3）场站地理信息系统

这种系统实际上是在信息世界里的遥感试验场站。随着场站类型、任务和要求的不同，其数据内容、应用功能以及更新周期等特征也有相应的变化。在此，要论及其地位作用、数据构成和基本功能方面的问题。

（1）系统地位作用。这种系统处在遥感试验场站及其有关设备与这些场站的应用领域之间，是使这些场站能够在遥感科技创新发展、应用任务示范、基础理论研究以及科技人才培养过程中，处在承上启下的位置上，既发挥数据供应站、运行保证的作用，又发挥数据仓库、效益催化剂的作用。

（2）系统数据构成。系统数据由两部分组成：各种类型场站以及各专业部门都需要使用的公共平台数据，包括地面控制测量、遥感影像数据、数字高程模型、流域水系水文、道路交通网络、城镇居民点、行政区划界线、土地利用现状、气象海洋、区域地质、土壤植被、人口调查、社会经济等，描述其试验场站基本自然、人文状况的公用数据；某类型场站或某专业部门需要使用的专用采集的数据。它们在数据内容、采集方法、更新周期以及分析应用等方面，会随用户不同的需要而变化。

（3）系统基本功能。场站地理信息系统具备常规 GIS 应该有的数据输入、数据存储、查询检索、分析应用以及图表输出等基本功能。然而，其中的分析应用功能是最复杂、最多变，也是最关键、最富有成效的一种功能。它们不仅要确保有效完成对模拟对象及其模拟数据进行综合分析、检测评价、方案和参数选择等任务，也要确保顺利完成对模拟数据的分析处理方法研发、专业应用示范等任务。

4）试验场站的主要活动

在遥感地面试验场站范围里，主要开展遥感科技创新发展、遥感基础理论研究、遥感应用任务示范以及遥感科技人才培养等方面的试验研究活动。它们也是能够最大限度地发挥分系统作用、产出应用效益的主要领域和重要途径。

7. Web 制图试验床分系统

Web 制图试验床（Web Mapping Testbed，WMT）的概念，由美国开放地球信息集团公司（OGC）在 20 世纪 80 年代后期提出。这种试验床由基于 Web、具有分布式、异构等特点的服务器、浏览器以及相关的软硬件设备所组成。它既可以为基于网络的互操作及其相关规范标准，数据压缩、安全保密、宽带传输、WebGIS 等新技术的创新发展、检测评价及其各种应用成果的演示，提供强有力的技术支持和友好的工作环境，还可以通过试验床形象、直观的演示，在开发者与用户之间营造相互交流、有效互动、积极创新和共同发展的活跃氛围。它们不仅加速了网络互操作等新技术的发展及其应用领域的扩大，而且在软件发展、移动通信、遥感器研制、农业林业、灾害应急、教育培训乃至导弹防御等许多领域的发展过程中，也获得了越来越广泛的应用。因此，在遥感技术与现代网络技术结合而发生了第四次飞跃之际，将 Web 制图试验床纳入遥感发展支持系统的范畴，是个顺理成章、瓜熟蒂落的结果。

1）总体结构

OGC 的 Web 制图试验床的总体结构如图 4-70 所示。它主要由“操作”和“数据”两大部分组成。前者主要包括 4 个组成部分：一是起接口作用的阅读器/编辑器（Viewers & Editors），使用户能够阅读、检查、使用或修改试验床里的数据；二是作为不同类型元数据的集合的目录（Catalogs），为用户提供便捷搜索诸多元数据的途径，或者起赋予同类对象名称的作用；三是作为数据存储和汇总地方的存储设备（Repositories），用户可以利用索引，按照名称或其他属性寻找需要的数据项；四是对数据进行输入、输出、变换、组合或生成等操作的操作平台（Operators），阅读器/编辑器、目录、存储设备

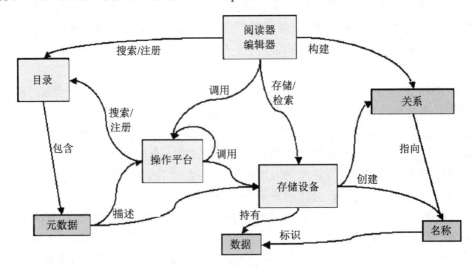

图 4-70　Web 制图试验床的总体结构及其服务内容

都可以是它的操作对象。在图 4-70 中，Web 制图试验床的各个组分全部用箭头线连接起来，除了表示这些组分之间的相互关系外，通过线旁边的相应的文字标注，还说明了试验床所能提供的服务内容。

2）基本作用

为了使用户能够通过网络和浏览器等软硬件设备，从分布在不同位置、诸多异构的数据库服务器中，获取和共享不同类型、格式和业主的空间数据，不仅必须研究制定具有跨部门、跨地区、跨学科特点的各种互操作规范，而且这些规范只有在反复协商、取得共识和自觉自愿的基础上，加以推广应用才能收到预期的良好效果。为此，在图 4-71 中给出了 OpenGIS 互操作计划的概貌以及 Web 试验床在其中的位置。它正好处在可行性研究和互操作原型之间，是将主观设想、技术设计转变为客观存在、原型实体的关键步骤。

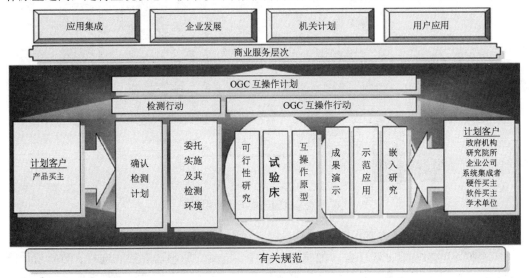

图 4-71　OGC 的互操作计划的概貌以及 Web 试验床的地位

3）应用任务

Web 试验床的应用任务分为两大类。一类是直接为 OGC 制定地球空间数据处理的各种 Web 服务（OWS）规范、标准服务的应用任务，简称为直接应用任务。它们推动了 OWS 地球空间数据处理，包括目录服务、数据服务、处理服务、整饰服务以及代码编写等方面规范标准的起草、试验、评价、改进和审定。另一类是通过 Web 制图、基于位置的服务、传感器网络、模型模拟多元操作、决策支持等规范标准的推广应用，提高各专业应用领域网络化和数据共享水平的应用任务，简称为间接应用任务，如图 4-72 所示。它们主要涉及到关键基础设施保护、e-政府、保险/再保险、地球科学、国防与情报、房地产与土地信息、可持续发展、研究认证与成果推广、交通通信行业等领域的应用任务。

8. 遥感发展决策支持分系统

遥感发展决策支持分系统要完成遥感模拟试验方案、航天遥感任务定义、遥感器参数的选择、规范标准研究制定、遥感应用任务实施等方面的决策支持任务。它们可以深入分析上述任务在总体和不同阶段上的问题入手，反复比较采取不同解决办法及其产生的效果，进而帮助主管部门从诸多可选择的方案里，选出最为适宜的方案付诸实践。因此，它在整个支持系统里是个总体分系统，起承上启下、内外关联的作用。

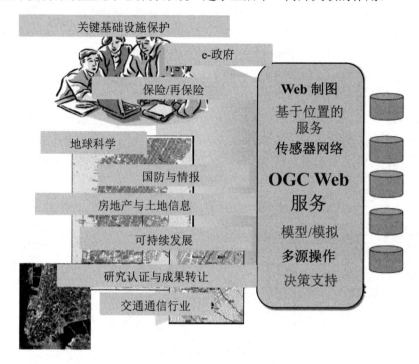

图 4-72 试验床的间接应用任务

1）遥感模拟试验方案

根据不同的模拟试验任务，如航天遥感任务定义、遥感器参数的选择、分析应用技术创新、遥感应用任务完成等任务的具体要求，分别从能够完成相同任务的不同遥感模拟试验方案里，选择出最适宜的某个试验方案来，是启动遥感发展支持系统要完成的首要任务。在编制和选定遥感模拟试验方案时，必须遵守图 4-73 所示的相同决策支持程序。其最为关键的环节在于明确模拟试验的任务范围和各种技术上的要求。它们是选择试验场，制定、比较和选择试验方案的依据和出发点，也是检验模拟试验方案实施效果的标准和落脚点。如果优选方案能够满足任务的需要，程序可继续进行或方案可付诸实施；如果不能或部分不能，该方案要全部或部分修改。

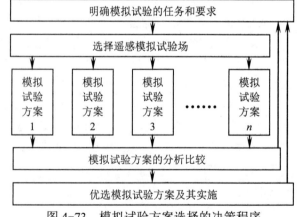

图 4-73 模拟试验方案选择的决策程序

2）航天遥感任务定义

在任务定义过程中，首先需要决策的问题是遥感卫星的主服务领域及其应用需求，应该对遥感卫星需要鉴别的地物目标类型及其几何尺寸、动态变化速度、观测时间和条件以及对事件的响应时间等需求做出具体、定量的说明。只有这样，才能将这些应用需求转化为对遥感卫星的技术要求和设计参数，进而编制、比较和优选出适宜的方案进行模拟试验。模拟试验对上述方案的充分认证，将是航天遥感任务定义必须通过的关键环节。

3）遥感器的参数选择

为了满足用户对地物目标探测的需要，可以形成遥感平台、遥感器及其参数的多种组合方案。在不同遥感平台的条件下，模拟试验及其结果的分析比较，不仅要确定遥感器的最佳工作波段及其数目、波谱分辨率，波谱辐射响应能力，还要确定其总视场、瞬时视场、影像反差以及清晰度等参数。为了配合参数选择试验，还要考虑试验场的地物波谱特性，太阳辐射及大气、环境等参数及其实况测量以及遥感模拟试验数据的计算机处理、评价和决策等问题。

4）规范标准研究制定

通过互联网络或网格运算环境进行异地、异构和跨部门的互操作，是在地球空间数据共享服务过程中，必须研究和突破的关键技术问题。为此，必须在地球空间数据目录、数据、处理、整饰、接口以及代码编写等方面，制定一系列规范标准，而且要使之得到广泛共识、普遍采用。这是个相当漫长、艰巨而复杂的渐进发展过程。它们只有在各部门、各国或各国际组织遵守自觉自愿、反复讨论、协商一致的伙伴关系原则，在 Web 制图试验床上进行反复试验，才能达成共识、形成共同遵守的规范标准。

5）遥感应用任务完成

在完成遥感应用示范任务时，除了会遇到遥感数据来源及其信息提取技术问题，还要涉及在 GIS 环境里，利用专业知识和规律研发和应用其系统模型、充分发挥多种来源数据作用的问题。为此，可以选择不同途径，包括：采用不同的系统模型，改变解题的总体思路完成任务；在总体思路不变的情况下，改变系统模型内部某些步骤，或改变所用个体模型及其参数、输入数据来完成任务；采用两者的混合方法完成任务。需要在"投入尽可能少，产出尽可能多"的原则指导下，从具体情况和需要出发进行决策，选择出最适宜的途径，来完成应用示范任务。

4.4.2　遥感地面试验场类型及其特征

遥感地面试验场站是在不同地理区域里，具有专业代表性、示范应用价值、空间范围适度、基础资料较全、实况数据易得、遥感影像配套、生活交通方便，能够长期在那里开展遥感模拟试验的场所。它们可以是专门选择出来的场地，也可以是有关部门原有的、能胜任遥感试验的场地。根据遥感模拟试验场肩负的任务和要求，其分类体系在图 4-74 中给出。下面将分别对它们进行论述。

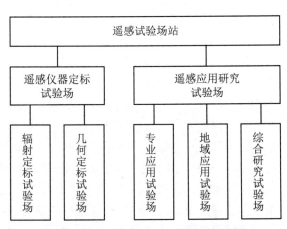

图 4-74　遥感试验场站的分类

1. 遥感仪器定标试验场

遥感数据的应用效果直接与其数

据来源的可靠性和持续性、数据质量的稳定性及其在信息社会中融入-生效（Plug-and-play）的能力密切相关。经过高水平定标的遥感数据，能够确保其精度、增强其兼容性，致使它们获得了巨大的社会效益。美国地质调查所（USGS）作为地球观测卫星委员会（CEOS）和全球地球观测系统体系（GEOSS）的支柱成员，与世界各国合作伙伴建立了分布在世界各地的候选遥感定标试验场的在线目录，供卫星发射后天基光学成像遥感器特性认证及其定标之用。这种定标试验场可以给遥感器研制及其性能改善带来诸多益处。遥感器的性能包括它们的增益、稳定性、调制传递函数（MTF）、均匀性（平面场）、杂散光（邻近效应）、极化、波谱、信噪比（SNR）、算法、地球定位、相机模型、波段间关系、内部几何关系以及时间效应等参数。为了使遥感定标试验场的任务更明确，USGS 将它们细分为 3 种类型：辐射定标试验场、几何定标试验场和 CEOS 参考试验场。

1）遥感辐射定标试验场

遥感定标试验场在任何遥感数据质量保证和质量控制（QA/QC）策略中都占据着核心的地位。它们可以连续、稳定地使用，既提供了获得遥感器性能认证信息最便捷的手段，又提供了查明遥感器之间差异最实用的方法。在某种程度上，它们还可以是填补因观测不够连续而在数据中造成空缺的措施。USGS 的在线目录里，目前有辐射定标试验场 47 个、热红外定标试验场 4 个。

（1）选址原则。美国 USGS 地球资源观测和科学中心（EROS），提出了辐射定标试验场的选址原则。第一，试验场相对于像元尺寸具有很高的空间均匀性，起伏应小于3%。为此，它们应该选在足够大的区域中央，以使外部散射光对目标区的大气邻近（adjiacency）效应最低。第二，地表面的反射率必须大于 0.3，以确保试验场有较高的信噪比，减低大气路径亮度影响造成的不确定性。第三，试验场地面的波谱反射率均匀、变化不大，可以减少 RSR 造成的不确定性，对多种仪器的交叉定标尤为重要。第四，试验场的地面特性，包括地面反射率、双向反射率（BRDF）、波谱特性等稳定，不随时间而发生变化，避免每次定标时都要测量这些参数。为此，试验场应该没有或少有植被，雪盖变化应该减少到最低限度。第五，试验场具有近似 Lambertian 的地表特性，以使太阳照射和观测几何关系变化造成的影响最小。试验场地面应该平坦，使坡向的影响最小。第六，试验场应该选在高海拔高度地区，使气溶胶含量及其不明垂直分布造成的不确定性影响最小；远离海洋，使大气层中的水蒸汽含量影响最小；远离城市和工业区，使人为气溶胶的影响减少到最低限度。第七，试验场应该选在干旱区，使有云天气出现的概率最小，也使能够改变土壤水分含量乃至地面辐射特性的降水量最小。卫星通过试验场上空时，低的云盖概率使遥感器摄影成像的概率加大。

（2）描述规范。按照规范收集的定标试验场的特征信息，要以全面、准确的方式表达出，以便用户能够找到合适的遥感定标试验场，满足卫星和飞机遥感器定标和认证的需要。图 4-75 给出了描述艾文帕干盐湖辐射定标试验场的实例。USGS/ EROS 设计的试验场描述模板，主要包括 10 个方面的内容。第一，试验场试验的任务目标、技术要求、条件保证等。第二，试验场核心信息：通用名称、地理位置、海拔高度、中心经纬度、可用区域尺寸/形状、指北方向、长宽比例、联络点。第三，试验场说明：植被覆盖百分比、水域覆盖百分比以及植被、土壤、水体等的类型。第四，试验场及其周边地区图像：

Google 影像、数字地形数据（SRTM/GTOPO30）、中高分辨率数据（Landsat/SPOT/DMC）。第五，试验场的现状：建设、维护和定期访问（人员访问、卫星过顶、飞机遥感、自动监测）的状况以及维护经费来源、对外开放程度。第六，地面测量状况：气象观测项目表、历史记录开始年份、晴空平均天数、季节限制等。第七，现场和/或卫星数据的政策：数据可得性、数据格式、数据访问方法、联络办法、数据可跟踪性。第八，试验场的地面特征-地面测量：试验场使用仪器说明、采样策略、地面反射率及其在试验场里的变化、平均和主要的天底、双向（或规定方向）试验场反射率地块（定标场）、各次访问之间和长期的试验场稳定性、地面高程和坡度、气溶胶和水蒸气含量的稳定性、良好测量点的数量和可利用性。第九，试验场的利用状况：地面、飞机和卫星之间比较的历史记录、卫星和遥感器 ID 数据获取的规律性。第十，试验场的辅助数据：试验场 Landsat 影像的WRS-2 轨道号/景象号、四角的经纬度、试验场多边形顶点的坐标。

试验场名称：艾文帕干盐湖	
位置 (城市、州、国家)	普里穆谷，内华达/加州, 美国
海拔高度/m	813
中心经纬度/（°）	+35.5692，-115.3976
Landsat WRS-2 轨道/景象	39 / 35
可利用面积/km	1 × 1
拥有者	土地管理局（BLM）
研究者	Dr. Kurtis J. Thome

2003 年 4 月 26 日

试验场的位置

下载 L7 ETM+ GeoTiff 数据
下载 Google Earth KMZ 文件

观看附加的相片

目标	辐射定标试验场，具有大面积的均匀区域
描述	干湖干盐湖，沿 I-15 位于内华达和加州交界处，面积较小、高度较低，但使用特别方便，空间上比较均一。在 Google Earth 影像上，其色彩和强度看起来非常平滑、均匀
提供数据	DOQ 可得
适用性	建议供可见红外和短波红外波段使用
局限性	有季节变化

图 4-75　艾文帕干盐湖辐射定标场简要描述实例

（3）分布状况。USGS 在线目录里有 47 个辐射定标试验场、4 个热红外定标试验场。它们在全球各大洲的地理分布及其数量在图 4-76 上标示出来。它们可以为 3 种不同的类型。绝对定标试验场（A）：利用经过定标的地面测量仪器，获得有关地面主要物理参数的实况数据的场所。它们可以使地面仪器获得的结果能够与轨道遥感器获得的结果进行详细的比较。准稳定的定标试验场（I）：在漫长时期和广阔范围里，从时间和空间上看都是极为稳定的地区。它们主要分布在沙漠区域里，降雨量很少，而且各种地面特征也很少。交叉定标试验场（X）：拥有大面积均匀区，在相对比较短的时间里，能够为两种或两种以上卫星遥感器同时观测到的场所。在世界范围内，主要遥感辐射定标试验场的类型所属及其基本特征，可以用表 4-12 来说明。其中，绝大多数试验场可以同时纳入两种不同的类型，所有试验场均可供交叉定标场使用。表中缩写"WRS"在中文里代表"世界参考系统"的意思。

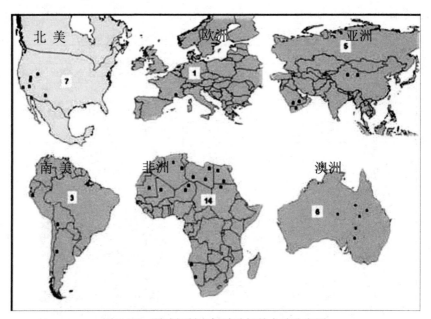

图 4-76　遥感辐射定标试验场的全球分布图

表 4-12　遥感辐射定标试验场的定标类型所属

序号	场名	WRS-2 轨道号	WRS-2 景象号	绝对定标 （A）	稳定定标 （I）	交叉定标 （X）
1	Algeria3	192	39		I	X
2	Algeria5	195	39		I	X
3	Amburla	103	76	A		X
4	Arabia1	164	47		I	X
5	Arabia2	162	46		I	X
6	Barreal Blanco	232	82	A		X
7	Bonnevile Salt Flate	39	32			X
8	Dunhuang	137	32	A		X
9	Dunrobin	94	76	A		X

（续）

序号	场名	WRS-2 轨道号	WRS-2 景象号	绝对定标 （A）	稳定定标 （I）	交叉定标 （X）
10	Egypt1	179	41		I	X
11	Egypt2	177	44		I	X
12	Ivanpah Playa	39	35	A		X
13	La Crau	196	30	A		X
14	Lake Frome	97	81		I	X
15	Libya1	187	43		I	X
16	Libya2	182	43		I	X
17	Libya4	181	40		I	X
18	Lunar Lake Playa	40	33	A		X
19	Mali1	198	47			X
20	Mauritania1	201	47		I	X
21	Namib Desert1	179	77		I	X
22	Namib Desert2	182	72		I	X
23	Niger1	189	46		I	X
24	Niger2	188	45		I	X
25	Railroad Valley Playa	40	33	A		X
26	Rogers Dry Lake	41	36	A		X
27	Sechura Desert	10	64		I	X
28	Sonoran Desert	38	38		I	X
29	Sudan1	177	45		I	X
30	Taklamakan Desert	146	32		I	X
31	Tinga Tingana	97	80	A		X
32	Uyuni Salt Flats	233	74		I	X
33	Warrabin	95	78	A		X
34	White Sands	33	37	A		X
35	Winton	96	76	A		X
36	Yemen Desert1	164	48		I	X

2）遥感几何定标试验场

选择遥感几何定标试验场，除了具有良好的通视条件而外，最主要的是要在其空间范围里，必须有足够多的、经过仔细测量的、在影像上可以鉴别出来以评价遥感器的几何精度的各种目标。目前，这种试验场可以分为高分辨率几何定标试验场和中分辨率几何定标试验场两大类。美国 USGS/EROS 遥感技术项目 2008 年 9 月对标准化现场几何定标试验场（ISCRs）的建设、维护和使用，提出了初步的要求。它们将为航空数字影像定标和认证服务。

（1）选址要求。为了突出试验场建设、维护和使用要求里的重点所在，将着重论述对试验场选择、地面点布设和空间目标确定等方面的要求。

①**试验场选择的要求**。遥感几何定标试验场必须根据遥感器几何定标及其认证的需要选择。为此，必须满足以下 6 个方面的要求。第一，试验场的空间范围需要根据遥感器的特征确定，如图 4-77 所示。一般而言，大试验场的面积为 1750m×2000m，小试验场面积为 600m×750m，而且要全部包含在大试验场范围内。第二，所有试验场应为长方形，长边方向应该为东/西或南/北方向，便于航线的设计与布设。第三，任何试验场的地形起伏不得小于 100m，而不应该是均匀的斜坡。一般而言，地形起伏会找到能精确测量的地面特征点、易于访问的连续作业参考站。地面特征点，或者作为明显的控制点，用于遥感器几何定标计算；或者作为影像可鉴别/显著的检查点，评价几何定标结果的好坏。控制点的高度变化不得小于 75m。第四，试验场应该在距某个 GPS 连续作业的参考站（Continually Operating Reference Station，Cors）40km 的范围内。该参考站以 5s 的最小速率作业（如果 1s 更好）。第五，试验场应该选在无云天气为主的地区。第六，试验场应该在能够安全、方便进入和工作的地方。它们不能选在受控或限制空域 10km 的范围内，与此同时，要选在远离高达 100m 的障碍物至少 10km，远离严重的乱流来源，尤在过顶飞行时出现的乱流来源至少 15km 的地方。

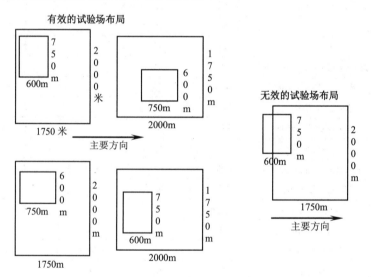

图 4-77　试验场的范围和布局

②**地面点布设的要求**。地面点可以分为地面控制点和地面检查点。这两类点在其选取原则和布设要求等方面，都存在着相当大的差别。地面控制点的选择要求：在每个试验场里至少应该选择 50 个明显的地面控制点。这些控制点沿水平和垂直方向的测量精度，在一个标准偏差情况下不得超过 2cm；较大范围的试验场可以共享其较小试验场的控制点子集；控制点应该均匀、随机地分布在整个试验场里。在其 1/4 的范围内，控制点的数目不得小于 20%（图 4-78）；两个控制点之间的距离不得小于试验场长乘宽除以点数的 2(1/2)的平方根（图 4-78）；要确保地面控制点与其为顶点的倒 45º 圆锥体范围内的所有影像站点能够相互通视；控制点（标板）要具有可以接受的形状和尺寸，以其精确中心测量定位（表 4-13）；构建涂了沥青或水泥等材料的标板，将其中心固定在经过测量

的钉子、管道、柱子、道钉、钻孔或其他半永久性的标志上；标板白色和黑色，分别使用标准的交通涂料 TB-1501 和 TB-9502 及其等效的涂料，标板的放置或涂色彩要得到地方法律法规的认可、便于维护。地面检查点的选择要求；在每个试验场里至少要选择 25 个检查点供检查遥感器定标效果之用。这些检查点在测量精度、空间布设、数据共享以及通视条件等方面的要求与控制点相同；它们并不要求永久性地加以固定，如果需要这样，其要求与控制点完全相同；当检查点能够独立认证试验场过顶飞行的优越之处，它们也可作为额外的控制点供计算使用。

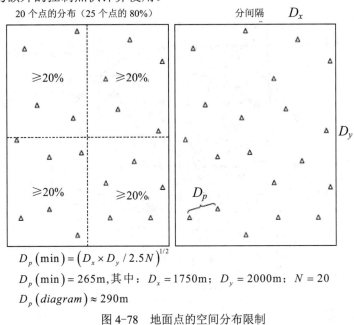

$$D_p\left(\min\right)=\left(D_x\times D_y\,/\,2.5N\right)^{1/2}$$

$D_p\left(\min\right)=265\text{m}$，其中：$D_x=1750\text{m}$；$D_y=2000\text{m}$；$N=20$

$D_p\left(diagram\right)\approx290\text{m}$

图 4-78　地面点的空间分布限制

表 4-13　可接受的明显控制尺寸

试验场类型	最小尺寸/ cm			最大尺寸/ cm		
	a	b	c	a	b	c
大范围	20	52	16	30	78	24
小范围	14	34	10	21	53	16

　③空间目标确定的要求。相对边界响应和影像分辨率的确定，受到某些方面的限制。其原因主要是所使用的修改 Siemens 星靶的尺寸相当小的缘故。图 4-79 和图 4-80 分别给出了修改 Siemens 星靶及其替代的修改 Siemens 星靶的示意图。星靶使用的目的在于提供一组沿受控方向的黑白之间的边界，以获得相对的边界响应，甚至在影像没有沿着主方向时也能获得相对的边界响应。修改的 Siemens 星靶将分裂为 4 个象限，将沿着 4 个主方向（北、东、南、西）之一定向，与各个控制点有相同的通视条件。在星靶上的楔形靶瓣的长度为 3.2m，相邻象限里黑色区之间的距离，除了象限 1、2 和 3 中间的靶瓣以及象限 4 内所有靶瓣外，至少有 1m 的隔，对确定相对边界响应以足够的空间。星靶 1、2 和 3 象限里的靶瓣具 18° 角，象限 4 内的靶瓣具 10° 角，每个象限内的靶瓣都有规定好的方向，便于相对边界响应的确定（表 4-14）。象限 1 和 4 相对于主方向没有旋

转，象限 2 相对主方向顺时针旋转了 4°，象限 3 反时针旋转了 8°。

表 4-14 靶瓣终端边的规定方向

象限号	1		2		3	
靶瓣号	1	3	1	3	1	3
相对主方向旋转的角度/（°）	反时针 4°	顺时针 8°	反时针 4°	顺时针 8°	反时针 12°	顺时针 12°

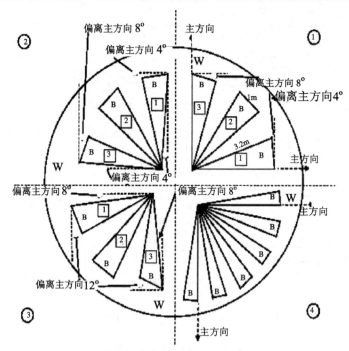

图 4-79 经修改的 Siemens 星靶示意图

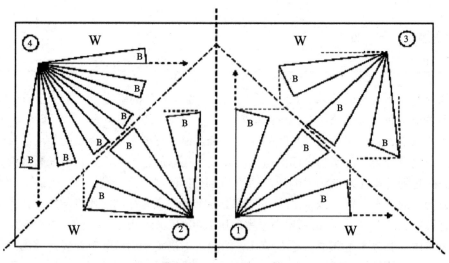

图 4-80 经修改的 Siemens 星靶替代物示意图
B—黑色；W—白色；①—象限。

（2）地理分布。目前，美国将遥感几何定标实验场分为两大类：高空间分辨率定标试验场和中空间分辨率定标试验场。它们在空间上的分布如图 4-81 所示。前者仅有一个以深灰表示的试验场，分布在南 Dakota Sioux Falls 市附近；后者有 30 个场，在图上以圆圈里有 G 字母的符号表示，比较均匀地分布在美国的许多州里。这些中分辨率的试验场编制有镶嵌的全色数字正射影像标准图幅（DOQs），其分辨率由 1m 降低到 15m 以便和 ETM+的 PAN 波段匹配。DOQs 必须满足 1:24000 国家地图的精度标准，水平方向的平方根精度约为 6m。它们构成了 Landsat 影像几何评价系统（IAS）的一部分，其空间范围由世界参考系统-2（WRS-2）的轨道号和景象号定义，可供揭示遥感影像几何特征及其几何定标之用。具体而言，通过地面控制点的提取，试验场的镶嵌影像可用来评价 ETM+的大地测量精度。其评价结果可度量 ETM+光轴相对于姿态控制系统的准直或定向状况。镶嵌影像本身可以作为测量 Landsat ETM+扫描镜行为发生变化的参照物。其测量出来的变化可供修改遥感器扫描镜的工作模型使用。

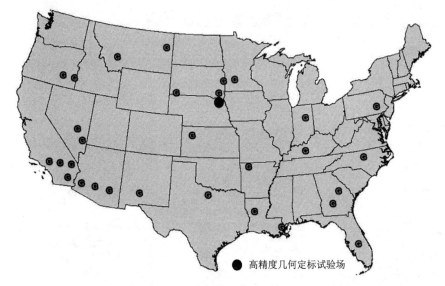

● 高精度几何定标试验场

图 4-81　美国中、高精度的几何定标试验场分布图

3）CEOS 参考标准试验场

USGS/CEOS 通过分布在世界各国的伙伴的讨论，选择和建立了一组在全球范围内分布的参考标准试验场，供航天光学遥感器入轨后进行定标时使用。为此，他们选择了南极洲 Dome C、中国 Dunhuang（敦煌）、美国内华达州 Lspec Frenchman 等 8 个有仪器装备的试验场（图 4-82）以及 Libya4、Mauri-tania1/2、Alge-ria3、Libya1 和 Algeria55 个基本固定的试验场，如图 4-83 所示。前一类试验场称为"LANDNET（陆地网络）"，主要用来获取现场的各种辐射特征参数，可以推动在轨飞行和未来遥感器出现偏差时进行交叉比较和变化跟踪之类活动的开展；后一类试验场通常以沙丘连绵起伏为特点，地表反射率高、气溶胶含量低，几乎没有植被生长。因此，它们可以作为参照物，对遥感器的长期稳定性进行评价，推动多种遥感器的交叉比较。

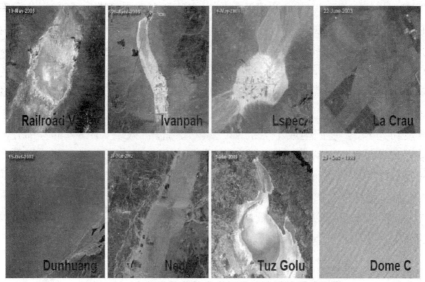

图 4-82　有仪器装备的参考标准试验场的遥感影像

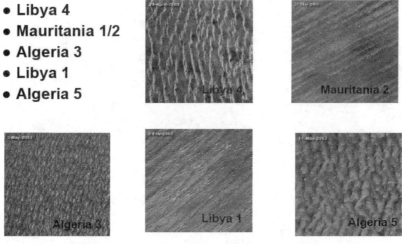

图 4-83　基本固定的参考标准试验场的遥感影像

2．遥感应用研究试验场

遥感应用试验场是根据遥感科学技术创新发展及其应用方面的需求,而从有代表性、研究基础好、便于长期工作的地方挑选出来,能够进行新型遥感器应用认证、遥感应用示范、对遥感应用产生新需求的一些特定的场所。它们不仅对某个专业领域和某种类型地域的遥感应用及其效益的提升,具有明显的实用价值,而且对遥感科学技术的创新发展具有深远的理论意义。图 4-84 是在 20 世纪 70 年代初期,美国地球资源调查计划主要在美国境内、少数在国外共选出 270 个试验场,供地球资源技术卫星/地球资源试验集合(ERTS/EREP)以及卫星和飞机遥感过顶飞行时使用,对推动遥感科学技术的全球发展及其应用产生了深远的影响。这些试验场的专业领域及其数量分布、试验内容,在表 4-15

中给出。由此可见，它们可纳入专业应用试验场、地域应用试验场和综合研究试验场 3 种不同的类型。

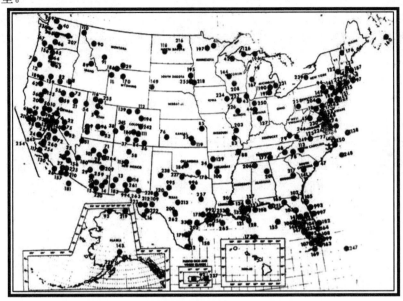

图 4-84　美国 ERTS/EREP 遥感应用试验场分布图

表 4-15　美国遥感应用试验场的专业领域及其数量分布、试验内容

专业领域	试验场数目			试验内容
	总计	国内	国外	
地质	39	28	11	岩石、构造、地质灾害、火山、找矿、资源调查、区域研究、多学科试验、遥感潜力评价等
农业/林业	18	9	9	农业/林业/自然植被的识别和调查、土壤识别/调查和土壤侵蚀、土地利用制图、影像利用方法、遥感潜力评价等
地理/地图	17	12	5	城市/区域规划、影像和专题制图、人文景观判读、多学科试验等
海洋	14	9	5	海冰、海流、海温、海色、沿岸沉积物流、悬浮物、河口和海岸水文、渔业资源调查等
水文	17	8	9	水文调查与制图、雪盖调查、湖泊蒸发、湖泊环境和冲积区研究、洪水监测及其危险评价等
环境/生态	20	16	4	大气气溶胶含量、土气界面的能量交换、湿地生态研究、森林虫害、植被破坏、环境调查与变化探测、环境质量评价等
判读技术	4	3	1	影像数据压缩技术、大气影响研究、土地利用自动判读技术、土地利用评价等

1）遥感专业应用试验场

遥感专业应用试验场是面向专业部门遥感应用的需要而选择出来的遥感试验场所。这种试验场肩负着推动遥感科学技术在本专业部门的应用示范及其实例生成，评价各种

遥感技术在本专业领域里应用的有效性和潜力，提出和论证本专业部门对发展新型遥感技术的应用需求以及培养专业遥感应用人才和技术队伍等方面的任务。它们可以进一步细分为地质、农业、林业、海洋、水文、测绘、人文、军事等遥感应用试验场。尽管它们在试验场选址原则、试验方案制定、具体技术途径等方面都有明显差异，但仍存在某些共性之处。

（1）专业内涵决定了其试验场的基本特征。每个专业领域都有自己必须面对的特定对象、运作领域、专门问题以及它们在内容构成、空间分布、时间演化等方面的客观规律。它们决定了其遥感应用试验场应该具有的自然和人文特征及其时空变化规律，是科学合理、切实可行地制定与实施其选址原则、试验方案、技术途径的充分、必要条件。

（2）明确需求是试验场站成败的关键所在。每个遥感专业应用试验场都应该具有自己明确的专业应用任务需求，包括遥感技术专业应用认证、遥感专业应用示范、遥感专业人才培养等方面的需求。它们是制定试验方案、实施步骤以及产出要求的出发点，也是检验运行是达到预期目标的试金石。因此，明确定义遥感试验场站的任务需求，是起"牵一发动全身"的作用。

（3）遥感专业试验内容具有多样性的特色。在遥感专业试验场里开展的遥感试验，无论在层次、尺度上还是在对象、性质上都有许多差异。它们必然都会在遥感试验的场地选择、任务内容、技术路线、实施方案、分析应用等的多样性上表现出来。例如，对全国、某流域或某河段洪涝灾情的遥感监测规范制定的遥感试验即如此。

（4）任务技术要求制约着遥感试验的行为。遥感专业应用试验需要形成其相关的作业规范。其中，最关键的问题是要确定完成任务的时间、空间参数。前者与遥感试验及其所用影像的更新频率、示范任务的动态性以及整个遥感试验的行为变化有关；后者决定了试验所需覆盖范围及其遥感影像的空间分辨率、地面实况调查的详细程度以及整个遥感试验工作量的大小。

2）遥感地域应用试验场

遥感地域应用试验场是为了在国家、省市、县区等行政单元内，或者在各级自然、人文区划单元内，探索和发展区域遥感应用的理论方法与技术途径而选择出来的、具有代表性或典型性的地域单元。其中，行政区划单元是最常用的地域单元。尽管不同地域单元的遥感应用需求差异显著，但是为了推动这种试验场的建设与发展，仍然某些共性问题需要专门论述。

（1）地域属性决定了其试验场的基本特征。根据不同地域对遥感应用需求的差异，需选择不同遥感试验场、开展不同遥感试验。地域属性的差异，不仅决定所需试验场的基本特征，也影响到试验成果的推广范围。我国自然环境复杂、发展水平悬殊，同类地域间的差异也相当大。对此，在区划时要尽量缩小同类地域的差异，多选试验场增强其成果的代表性也是个选项。

（2）地域发展需求是遥感试验场的生命线。这些应用需求主要体现在两个方面。一是日常事务管理的需求。通过这种试验场，要探索、开拓和实施跨部门、多学科深化应用的理论方法、资源共享、业务运行、互动皆赢的有效途径。二是应急事件处理的需求。利用这种试验场，探索、制定和演练，在地方政府统一领导下，有关各方分工协作、应急减损、恢复常态的应急预案。

（3）推动 NRSII 建设是试验场固有的任务。国家的信息化必须植根在区域，落实到每个人头上。国家遥感信息基础设施（NRSII）作为国家空间信息基础设施（NSII）中最活跃、最重要的组成部分。NSII 的高效建设、迅速推广、广泛应用，需要通过这种试验场探索、开拓和推动，以提出其简单易行的途径和方法，包括建设方案、应用示范、适宜技术、网络安全、人才培养等措施才能落在实处，见到效果。

3）遥感综合研究试验场

遥感综合研究试验场是为了探索和发展遥感科学技术新理论、新技术、新方法和新应用领域而选择出来且具有特征性或综合性的科学试验场所。它们通常有两种类型。一类是具有固定的基本建设、仪器设备和常驻工作人员的遥感综合试验站。它们定期开展各种观测、测量和试验作业，有助于遥感基础研究，尤其是遥感对象或景观的各种时序特性研究的展开。另一类是地物特征丰富、景观多样、实况资料齐全、专业研究深入、交通生活便利和空间范围比较固定的试验场所，即狭义的遥感综合试验场。根据需要，研究人员可以携带必要的仪器设备，定期或不定期地前往这种场地，开展自己的试验研究工作。它们大多数由科学研究部门或高等院校建立，肩负着以下 3 个方面的使命。

（1）遥感的基础理论研究。为了独立自主、跨越式发展我国的遥感科学技术，需要加强遥感基础理论的研究，以取得突破性的进展和成果。这是遥感综合研究试验场必须肩负的历史使命。随着遥感科学技术体系的不断扩展和逐步完善，其基础理论研究的范畴也应该由地物波谱辐射特性研究，尽快地扩展到遥感影像语义结构及其信息内涵、遥感业务应用及其系统模型、人地系统科学及其基本规律等新的基础理论研究领域。这些研究成果的集成，将会使我国国家遥感信息基础设施，能够发生更上一层楼的新飞跃。

（2）遥感新技术方法研发。目前，现代遥感科学技术已涵盖了遥感数据获取、专题信息挖掘、集成系统应用和网络共享服务等领域，形成了信息流程完整、层次结构严谨、多种技术集成、应用领域广泛、实际效益显著，且具有复杂巨系统特征的科学技术体系，成为 NSII 建设与发展的主要支柱。因此，在遥感基础理论创新基础上，统筹安排和大力推动新型的遥感器、信息提取、系统建模以及互操作等共性的关键技术研发及其推广应用，是这种试验场义不容辞的责任，可以通过创新发展支持、技术成果认证以及示范应用推广等途径做出自己的贡献。

（3）遥感新应用领域开拓。遥感应用是使遥感科学技术及其投入，转化为实际效益的关键环节。遥感新应用领域的开拓，主要体现在深度和广度两个方面的开拓。前者是指遥感应用传统领域里的深化应用。它们需要通过遥感综合研究试验，解决利用模拟、模型、空间决策支持系统等技术及其集成，使传统领域焕发出新的活力。后者是指在医疗卫生、人文科学等遥感应用新鲜领域里的示范应用。它们尚需探索各种遥感技术、方法及其应用的理论依据、技术途径以及效果评价。遥感在公共卫生领域里的应用，就是块尚未或初步开垦的处女地。

4.4.3　遥感发展支持系统的运行模式

遥感发展支持系统的 8 个分系统，可以按照遥感基础理论研究、技术研制认证、业务应用示范、人才培养训练的模式分别组合起来运行，以促进现代遥感科学技术体系的创新发展，推动我国国家遥感空间信息基础设施（NRSII）的跨越式发展。

1．遥感基础研究模式

在遥感发展支持系统里诸多分系统的相互配合下，可以为遥感基础研究提供比较理想的研究对象及其评价的客观标准，还为之创造了良好的工作环境和试验条件，有力地推动着整个遥感科学技术的创新发展。

1）辐射测量及其参数反演亚模式

它要研究定量遥感学科领域里地物辐射特性测量、定标及其参数反演等问题，既要为大胆探索、优质开发新型遥感器服务，也要为定量处理、高效应用其遥感数据服务。它们可细分为新型遥感仪器开发和遥感特征参数反演两种类型。

（1）新型遥感器开发的元模式。它涉及到地物目标的波谱辐射特性，包括波长、强度、相位、极化及其时空变化等特性的测量和研究，为新型遥感器研制提供实验依据。其工作流程是：在实验室，进行地物波谱辐射特性精确测量分析，找出可供新型遥感器研发利用的波谱辐射特性；在试验场，进行相应的辐射特性实况测量，验证室内测量分析的新发现；搭建其新型遥感器的实验装置，进行原理实验；在试验场进行模拟试验和效果评价、提出改进意见，认证新型遥感器及其实验依据的科学性、设计思想的可行性。

（2）遥感特征参数反演的元模式。它涉及到研发各种地物特征的遥感参数反演模型、确定其模型系数、评价其模型精度以及模型优化及其推广应用等问题。其工作流程是：明确需要遥感反演的特征参数；选择适当试验场、准备相应遥感数据；研发遥感特征参数的反演模型；利用试验场确定其模型系数、进行特征参数反演；利用试验场数据评价模型精度及其灵敏度；根据评价结果，优化这些模型，以推动定量遥感的发展。

2）遥感影像语义理解探索亚模式

这种模式要研究、解决优质、高效地从遥感影像数据里提取相关专题信息，尤其是要全面、准确地理解遥感影像的语义及其结构等方面的问题。其工作流程是：明确所需提取的专题信息内容；选择适当的遥感试验场、准备好所需遥感影像及各种相关数据；初步建立影像判读标志、完成专题判读草图，实现对遥感影像语义的初步理解；通过试验场现场调查和精准实况数据，验证判读标志的正确性及其判读制图的精度；深入试验场研究各种地物的内在联系、行为特点及其演化规律；确定最终使用的判读标志、完成试验场影像判读制图，实现对试验场遥感影像的语义理解；总结和提炼遥感语义理解方法、语法结构及其相关规律；开发数字遥感影像智能化理解系统。

3）遥感应用系统模型构建亚模式

根据典型遥感试验场应用任务的需要，提炼出具有共性特征的某种遥感应用系统模型，并加以认证和推广应用。其工作流程是：确定遥感应用系统的作用领域或地域及其指标要求；详细了解其需要解决的问题、问题群及其常规解决途径和方法；提炼常规解决该领域或地域问题、问题群的途径和方法，构建相应遥感应用系统的概念模型；将概念模型细化到具体算法和数据来源水平，构建应用系统的逻辑模型；通过逻辑模型的工具化，形成以专用软件工具为特征的物理模型；在这种物理模型上加载必要的模型参数、输入数据，生成完成应用任务的实例；对应用系统效果进行评价，提出改进意见。

4）人地系统科学规律研究亚模式

从人地系统科学的角度，通过遥感试验探讨、解决现代遥感科学技术及其 NRSII 服务对象、业务边界、行为特征、建设途径、信息共享、分工协作等重大问题的途径。与此同时，深化、夯实人地系统科学的理论与方法。其工作流程如图 4-85 所示。选择适当的专业领域或典型地域，作为人地系统科学研究的试验场；研究专题人地系统科学及其规律，包括资源利用、经济发展、污染防治、疾病控制、国家安全、应急减灾、民生改善、科技投入、调控工程等专题人地系统的结构、行为和特点；研究地域人地系统科学及其规律，包括各类城市和地域的人地系统结构、行为和特点；研究专题人地系统与地域人地系统的互动关系；利用人地系统科学及其规律，指导遥感科学技术体系的发展和 NRSII 的建设。

2. 遥感技术创新模式

现代遥感科学技术体系由遥感数据获取、专题信息挖掘、业务系统应用以及网络共享服务环节所组成。随着国际科技领域的突飞猛进以及遥感应用需求的不断扩展、日益深入，都加速了这些环节的创新发展步伐。遥感技术创新模式及其亚模式，均可从中发挥积极的作用。

1）技术参数选择亚模式

新型遥感仪器的研发需要经历应

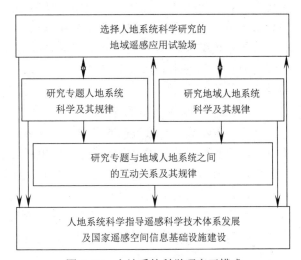

图 4-85　人地系统科学研究亚模式

用需求调查，提出技术要求；落实遥感器的技术参数；完成遥感器的技术设计；研制遥感器原型或样机；通过模拟试验认证其应用效果等阶段才能完成。光学遥感器设计，除了试验选择视场角、空间分辨率等参数，还要选择最佳工作波段、波段宽度、极化特性、灵敏度、动态范围、信噪比等参数；合成孔径雷达设计，要试验选择工作频率、工作波长、极化、视角数、视角、观测带宽、空间分辨率、量化级、数据速率等参数。

2）仪器设备定标亚模式

遥感仪器设备定标包括几何定标和辐射定标两大类。前者在遥感几何定标试验场进行，若地面特征点作为明显的控制点，可供遥感器几何定标计算使用；若作为可鉴别/显著的影像检查点，可供几何定标结果评价之用。后者在遥感辐射定标试验场进行，具体包括绝对辐射定标元模式，通过绝对辐射定标场的实况测量与辐射传输计算的相互配合，订正遥感器的在轨测量数据；准稳定辐射定标元模式，以近似不变的场辐射定标试验场的实况调查数据为准稳定的参考标准，长期监测遥感器性能及其变化；交叉辐射定标元模式，在同名影像大面积重叠区的影像统计数据为基础，涉及到近乎同步的对地观测结果的比较。

3）技术成果认证亚模式

在遥感数据获取、专题信息挖掘、系统业务应用以及网络共享服务等技术环节取得的技术成果，必须经过严格的实践考验和技术认证，才能投入业务应用、推向技术市场。技术成果认证亚模式可以采用绝对认证元模式，也可以通过相对认证元模式来完成。前者，可以遥感试验场地面实况调查的精度高、现势性强的专题地图作为客观标准，检验新遥感器或数据处理新算法达到的精度，获得其绝对认证结论；后者，将需要认证的对象与作为参考标准的同类型参照物进行比较，以提出其相对优劣的相对认证结论。

3. 遥感应用示范模式

这种遥感应用示范模式的任务主要是：根据应用任务的具体需求，总结完成任务的理论方法、系统模型、应用系统、工作流程、经验教训、示范实例，使之能够得到迅速推广、广泛应用。为此，首先要选择典型的应用任务，作为示范对象；其次要具体记录完成示范任务的关键步骤、主要方法、时间效率以及中间和最终的影像、地图和表格等输出结果，确保能够向用户形象宣传、直观重演完成该任务的全过程；最后还要定量评价新技术完成任务的质量、效率、优于其他技术之处，从技术和性价比上增强用户的信心。

1）宏观管理决策示范亚模式

它要使国家级和省级机构的管理决策人员，能够通过模拟试验探索、熟悉处理其职责范围内的事物、解决相关问题的途径，提高使用遥感判读制图、专题信息、统计调查等数据，完成其各种管理决策任务，包括查询检索、特征描述、变化检出、单元分类、状态评价、发展预测、资源分配、目标规划、统计制图、报表生成等方面的能力。此种亚模式不仅能够通过示范实例，帮助管理决策人员从错综复杂、瞬息万变的情况中理出头绪、明确目标，还可以帮助他们制定和比较解决问题的多种方案，从中选择出比较科学合理、切实可行的决策方案。

2）微观技术实施示范亚模式

这种模式主要帮助国家级和省级的政府部门、科研机构或教学单位里的科学技术人员，能够通过示范实例探索和选择完成其上级部门下达的有关任务，或者满足他们自身发展需求的适宜途径，增强利用遥感判读专题地图以及其他来源的专题地图、台站观测数据、统计调查报表等空间数据，完成自己所承担的有关决策支持任务或遥感应用任务的能力。这些任务具体包括空间检索、城镇布局、工程定位、道路选线、物流调度、人员集散、网点选址、管线走向、腹地计算等内容。这种模式不仅使有关人员从中得到启发和实惠，而且也使宏观管理决策的示范结果，能够落在实处、延伸到实施层面上去。

4. 遥感人才培训模式

遥感发展支持系统是以各种遥感试验场为锚地，基础性、综合性和探索性极强的试验研究系统。它不仅有助于遥感基础研究、技术发展、示范应用的开展，能够收到缩短工作周期、节省经费开支、加快发展速度，便于科学积累与成果推广应用的效果，而且还可以促进科研、教学和生产部门的多学科人员长期、稳定的结合与相互渗透、取长补短，有效地推动综合遥感人才的培训和整个遥感专业队伍水平的提高。其中，地面实况调查、遥感模拟试验、遥感影像判读等作业能力的培养与提高，将是这种运行模式的重点所在。

1）地面实况调查培训亚模式

地面实况调查是遥感发展支持系统运行的前期准备和基础建设等方面极为重要的工

作内容，也是遥感科研和应用人才培养训练不可缺失的基本科目。该亚模式要涉及到完成对遥感试验场进行专题地图调绘、环境参数观测、地物波谱测量等能力的培养。

（1）专题地图调绘培训元模式。它将为遥感基础研究、技术创新和应用示范等运行模式及其成果，客观、精确、现势地提供进行评价或参考的标准。在培训时，应该增强学员生成足够详细分类的专题地图的能力；生成有足够大比例尺、足够详细程度的专题地图的能力；能够生成和更新遥感试验场具有足够现势性的专题地图的能力。根据遥感应用任务的需求，合理确定其专题地图的比例尺、分类系统及其更新方式，是该元模式付诸实施的关键所在。

（2）环境参数观测培训元模式。环境参数观测主要是指对有关大气参数的观测而言。它们除了大气温度、相对湿度、风等常规的大气参数外，还有直接影响遥感及其数据的更为专业的大气参数。观测将为遥感基础研究、技术创新和应用示范等运行模式及其结果的分析研究，提供各种具有客观、精确、现势性等特点的环境参数。在培训过程中，不仅要求学员明了大气影响遥感及其数据的原理、有关参数的计算方法，而且要求他们具备使用相关测量仪器及其完成具体参数测量作业的能力。

（3）地物波谱测量培训元模式。对地物波谱特性及其相关属性进行测量的内容，往往会随测量对象的类型而变化。在地质实况调查中，需要在现场或实验室测量矿物岩石的波谱反射率、红外辐射温度、热红外发射率、微波发射率及其介电特性、表面粗糙度、颗粒尺寸等参数，记录其表面风化和植被覆盖等状况；在农业和林业实况调查中，在现场直接测量的数据包括入射太阳辐射、土壤水分含量、植被活力（Plant Vigor）、生物量以及植被覆盖率等。因此，需要培养学员使用测量仪器和直接测量地物波谱特性的能力，对测量地物进行样品采集、属性测量、特征描述等方面的能力。

2）遥感模拟试验培训亚模式

在遥感试验场进行的各种遥感模拟试验，有机地将空中遥感和地面支持、室内分析和室外调查、技术发展和应用服务等作业集合在一起，是遥感发展支持系统运行的核心环节及其发挥作用的关键所在。因此，这种亚模式要着力培训学员能够掌握遥感模拟试验设计、实施和总结的能力。

（1）模拟试验设计培训元模式。鉴于遥感模拟试验的目标、要求及其应用领域的差异，其试验内容、过程和保证条件也会随之发生变化，尤其在进行卫星、飞机和地面同步作业的大型试验时更是如此。为此，需要训练学员能够掌握模拟试验的综合知识、规范标准、工作流程、实施办法、动态调整等方面的设计能力。对学员进行模拟试验设计的讲评，将会从理论上提高他们的水平。

（2）模拟试验实施培训元模式。尽管在试验设计方面经过周密考虑、方案理想，但在实施过程中会遇到许多意想不到的情况，迫使原有设计方案不断调整，甚至会面目全非。为此，必须培养学员，具有严密组织、多方协调、进程调整等实战能力，也要培养其随机应变、灵活调度、有效指挥等驾驭能力。从某种角度来说，这种动态实施能力较之静态设计能力的培养，往往需要更多时日、更大投入。

（3）模拟试验总结培训元模式。遥感模拟试验总结会涉及到对模拟试验结果的分析、总结；对模拟试验设计的评价、改进两方面的问题。前者需要评价模拟试验的结果能否满足其任务目标和技术要求，培养学员分析模拟试验结果及其总结报告书写的能力；后者需要总结模拟试验的成功经验、存在的问题。通过撰写这些总结报告，要不断改善学员设计和实施模拟试验的能力。

3）遥感影像判读培训亚模式

培训学员能够充分和综合地利用遥感影像色调/彩色、形状、大小、纹理、图型、高度、阴影、位置、关系和变化等基本的影像特征，是建立和优化遥感影像判读标志的能力；通过利用这些判读标志，将遥感影像与客观事物、现象联系起来，增强学员遥感影像专题判读制图的能力；借助地面实况调查数据或实况专题地图，检查和评价遥感影像判读制图质量的能力。在培训中要贯彻和落实因材施教方针的基本原则，既要注意解决培训学员判读中的共性问题，有针对性地对他们进行补充性的判读训练，又要注意解决学员判读中的个性问题，通过对症下药的方式对某个学员进行专门的补充判读练习。

参考文献

[1] Knut Hinkelmann, Simon Nikles, Lukas von Arx. An Ontology-based Modeling Tool for Knowledge-intensive Services. in M. hepp, et al（eds）: Semantic Business Process and product Lifecycle Management, Proceedings of Workshop SBPM 2007, Innsbruck, April 7, 2007.

[2] Nadia Yaacoubi Ayadi, Mohamed Ben Ahmed, Yann Pollet. Ontology-based Meta-model for Semantically Interoperable Systems. Proceedings of ii WAS2006, pp. 413-422.

[3] Andrey Naumenko, Alain Wegmam. Two Approaches in System Modeling and their Illustrations with MDA and RM-ODP. ICEIS 2003, Information Systems Analysis and Specification, pp. 398-402.

[4] 罗晓沛，侯炳辉. 系统分析员教程. 北京：清华大学出版社，1992.

[5] 王春森. 程序设计（程序员级）. 北京：清华大学出版社，1999.

[6] 姜旭平. 信息系统开发方法——方法、策略、技术、工具与发展. 北京：清华大学出版社，1997.

[7] 楼世博，孙章，陈化成. 模糊数学. 北京：科学出版社，1983.

[8] http://baike.baidu.com/view/803.htm.

[9] 曹焕光. 人工神经元网络原理. 北京：气象出版社，1992.

[10] 周成虎，孙战利，谢一春. 地理元胞自动机研究. 北京：科学出版社，2001.

[11] 陈国良，王煦法，庄镇泉，等. 遗传算法及其应用. 北京：人民邮电出版社，2001.

[12] 阎守邕，刘亚岚，魏成阶，等. 遥感影像群判读理论与方法. 北京：海洋出版社，2007.

[13] 阎守邕，曾澜，徐枫，等. 资源环境和区域经济空间信息共享应用网络. 北京：海洋出版社，2002.

[14] 赵健，魏成阶，黄丽芳，等. 土地利用动态变化的研究方法及其在海南岛的应用. 地理研究，2001，20（6）：723-730.

[15] 徐建华. 现代地理学中的数学方法. 北京：高等教育出版社，2002.

[16] 中国人民大学管理系统工程教研室. 管理系统工程：现代化管理的方法和应用. 北京：国防工业出版社，1983.

[17] 陈锡康，李秉全，阎树海，等. 经济数学方法与模型. 北京：中国财政经济出版社，1985.

[18] 林炳耀. 计量地理学概论. 北京：高等教育出版社，1986.

[19]《社会经济统计学原理教科书》编写组. 社会经济统计学原理教科书. 北京：中国统计出版社，1992 .

[20] 黄良文，等. 统计学原理. 北京：中国统计出版社，2000.

[21] 林振山，袁林旺，吴德安. 地学建模. 北京：气象出版社，2003.

[22] 韦玉春，陈锁忠，等. 地理建模原理与方法. 北京：科学出版社，2005.

[23] 中国科学院遥感应用研究所. 中国农业状况图集. 北京：星球地图出版社，1997.

[24] 吴炳方，李强子，孟庆岩，等. 中国农情遥感速报系统. 遥感学报，2004,8(6) :481-609.

[25] 阎守邕，刘亚岚，余涛，等. 现代遥感科学技术体系及其理论方法. 北京：电子工业出版社，2013.

[26] Aguado I, Chuvieco E, Martin P, et al. Assessment of Forest Fire Danger Conditions in Southern Spain from NOAA Images and Meteorological Indices. Int. J. Remote Sensing，2003，Vol.24，No.8，pp.1653-1668.

[27] Swarvanu Dasgupta，John Jianhe Qu and Xianjun Hao. Design of a Susceptibility Index for Fire Risk Monitoring. IEEE Geoscience and Remote Sensing Letters，Vol.3，No.1，January 2006，pp.140-144.

[28] 张启恩，鲁志新，韩光红. 我国重要自然疫源地与自然疫源性疾病. 沈阳：辽宁科学技术出版社，2003.

[29] YAN Lei, HUANG Hua-guo, ZHANG Wen-yi, et al, The Relationship between Hemorrhagic Fever with Renal Syndrome cases and Time Series of NDVI in Dayangshu District, Journal of Remote Sensing, Vol. 13, No.5, September 2009, pp. 873-879.

[30] 闫磊，黄华国，张文义，等. 肾综合征出血热疫情与 NDVI 的时间关系——以内蒙古大杨树镇为例. 遥感学报，2009，13(5): 880-886.

[31] 中国科学院遥感应用研究所. 遥感知识创新文集. 北京：中国科学技术出版社，1999.

[32] Yan S Y, et al. Multi-Technical Integrated System for Flood Monitoring in China. Proceedings of International Conference on Geoinformatics and Socioinformatics, Ann Arbor, Michigan, U.S.A., June 19-21, 1999.
http://www.umich.edu/~iinet/chinadata/geoim99.

[33] 王世新，阎守邕，魏成阶，等. 基于网络的洪涝灾情遥感速报系统研制. 自然灾害学报，2000，9(1) :19-25.

[34] 阎守邕. 国家空间信息基础设施建设的理论与方法. 北京：海洋出版社，2003.

[35] 国家遥感中心. 地球空间信息科学技术进展. 北京：电子工业出版社，2009.

[36] 龚健雅，杜导生，李清泉，等. 当代地理信息技术. 北京：科学出版社，2004.

[37] 阎守邕，童庆禧. 地球资源技术卫星. 北京：科学出版社，1980.

[38] 王陇德. 现场流行病学案例与分析. 北京：人民卫生出版社，2007.

[39] Heymann David L， Control of Communicable Diseases Manual. 18th Edition，APHA/WHO, 2004.

[40] Connolly M A, Communicable Disease Control in Emergencies: A Field Manual，WHO，2005，pp. 1-295.

[41] Wen-Zhan Song, et al. Air-dropped Sensor Network for Real-time High-fidelity Volcano Monitoring. MobiSys'09，June 22-25, 2009，Kraków，Poland. sensorweb.vancouver. wsu.edu/people/huang/pubs/Oasis-Mobi Sys-v1.pdf.

[42] Wen-Zhan Song, et al. Optimized Autonomous Space In-situ Sensor-Web for Volcano Monitoring. esto.nasa.gov/conferences/estc2008/presentations/KedarA7P2.pdf.

[43] Wen-Zhan Song. Intelligent Sensing and Sensor Web: Design and Deployment Experiences. IEEE SIMA 2008, Nov. 18, 2008.

[44] 阎守邕，陈文伟. 空间决策支持系统开发平台及其应用实例. 遥感学报，2000，4(3): 239-244.

[45] Densham P J, Goodchild M F. Spatial Decision Support Systems: A Research Agenda. Proceedings of GIS/LIS' 89, ACSM, pp.707-716.

[46] Densham P J. Spatial Decision Support System: Principles and Applications. Geographic Information Systems, edited by Maguire D J, et al, 1991, pp.403-412.

[47] Sprague R H, Watson H J. Decision Support Systems: Putting Theory into Practice. Prentice-Hall，1989.

[49] Sprague R H, Carlson E D. Building Effective Decision Support Systems. Prentice-Hall，1982.

[50] Gorry G A, Morton M S S. A Framework for Management Information Systems. Sloan Management Review，Fall 1971, pp.55-70.

[51] Armstrong M P, Densham P J, Rushton G. Architecture for a Micro-computer Based spatial Decision Support System. Proceedings of the 2nd Int. Symp. On Spatial Data Handling，IGU，NY，1990，pp.120-131.

[52] Cowen D J, Ehler G B. Incorporating Multiple Sources of Knowledge into a Spatial Decision Support System. In Advances in GIS research. Proc. 6th symposium，Edinburgh，1994，Vol. 1，pp 60-72.

[53] 阎守邕，田青，等. 空间决策支持系统通用软件工具的试验研究. 环境遥感，1996，11(1): 68-78.

[54] 陈文伟，廖建文. 决策支持系统及其开发. 第3版. 北京：清华大学出版社，2008.

[55] Wisner B, Adams J. Environmental Health in Emergencies and Disasters：A Practical Guide. WHO，2002，pp. 9-23.

[56] Living with Risk. A Global Review of Disaster Reduction Initiatives. ISDR，July 2002，pp.9-38.

[57] 阎守邕，郑立中，武国祥，等. 中国遥感技术系统的软科学研究. 北京：中国科学技术出版社，1990.

[58] Keenan Lee, et al. Ground Investigations in Support of Remote Sensing. Manual of Remote Sensing, Vol. I, American Society of Photogrammetry, 1975, 805-856.

[59] 荀毓龙. 遥感基础试验与应用. 北京：中国科学技术出版社，1991.

[60] EMI Electronics Limited，Handbook of Remote Sensing Techniques，January 1973，pp.255-264.

[61] http://rst.gsfc.nasa.gov/Sect13/Sect13_4.html.

[62] 日本遥感研究会. 遥感原理概要. 龚君，译. 北京：科学出版社，1981.

[63] 国家遥感中心. 地球空间信息科学技术进展. 北京：电子工业出版社，2009.

[64] John T，et al. Manual of Color Aerial Photography，First Edition，American Society of Photogrammetry，1968，pp. 334-341.

[65] 阎守邕.国家空间信息基础设施建设的现状与发展.北京：海洋出版社，2001.

[66] How OGC Develops Interface Technology. 1999.
posc.org/notes/sep99/sep99_lh _extra2.ppt.

[67] OGC Web Services－Phase 6（OWS-6）Test bed.
http://www.opengeospatial.org/ pressroom/pressreleases/889.

[68] Reichardt Mark E. Advancing GSDI through Geospatial Interoperability：An OGC Report To the SGDI-7 Tutorial Programme.
http://www.google.com/search?q=bangalore_ogcrep.pdf&btnG=Search&hl=en& newwindow=1&sa=2.

[69] Dibner Phillip C. Method for Distance Collaboration. ATol Principal Investigators Meeting，March 8，2008. atol.sdsc.edu/pi_meeting_08/19-dibner.ppt.

[70] George Percivall. OGC Sensor Web Enablement Presented to ASPRS GeoTech，October 2008. GeoTech_2008_Percivall_OGC_SWE[1].ppt.

[71] Rob Sohlberg，Dan Mandl. Integrating Orbital and Airborne Assets：SensorWeb Demonstrations during Western States Fire Mission 2007. http://eo1.gsfc.nasa.gov/ne w/sensorWebExp/Sohlberg%20Mandl%20RS2008%20SensorWeb-2.pdf.

[72] http://calval.cr.usgs.gov/sites_catalog_more_info.php#Well.

[73] http://calval.cr.usgs.gov/sites_catalog_template.php?site=ivan.

[74] http://calval.cr.usgs.gov/sites_catalog_GeometryMain.php.

[75] USGS/EROS. Digital Aerial Imagery Calibration Range Requirements. Version 2，September 2008.
http://calval.cr.usgs.gov/documents/**InSituCalibrationRangeRequirementsV02**.**doc.**

[76] http://calval.cr.usgs.gov/sites_catalog_Geometry2.php.

[77] http://calval.cr.usgs.gov/sites_catalog_Geometry.php.

[78] http:// calval.cr.usgs.gov/sites_catalog_sf_picturer.php.

[79] http://calval.cr.usgs.gov/images/sites_catalog/sf_range/sf_range_lidar.png.

[80] http://calval.cr.usgs.gov/images/sites_catalog/sf_range/ShadedDEM_full.png.

[81] http://calval.cr.usgs.gov/sites_catalog_ceos_sites.php.

[82] Kuuskraa Vello A, David Decker, Heloise Lynn. Optimizing Technologies for Detecting Natural Fractures in the Tight Sands of Rulison Field, Piceance Basin. www.netl. doe.gov/kmd/cds/disk28/NG6-3.PDF.

[83] Amon Kamieli, Amnon Meisels, Leonid Fisher , et al. Automatic Extraction and Evaluation of Geological Linear Features from Digital Remote Sensing Data Using a Hough Transform.
http://www.bgu.ac.il/bidr/research/phys/remote/Papers/1996-Karnieli_Hough_PERS_96. pdf .

[84] John Mickelson. Final Technical Report, The Project on Remote Sensing Technologies for Ecosystem Management Treaties: A Case Study of Laguna Merín and Associated Wetlands.
http://sedac.ciesin.columbia.edu/rs-treaties/papers/TechnicalReport_18apr06.pdf.

[85] Smith Alistair M S, Wooster Martin J, Drake Nick A, et al. Testing the Potential of Multi-spectrl Remote Sensing for Retrospectively Estimating Fire Severity in African Savannahs. Remote Sensing of Environment, 97(2005)92-115.

[86] Gorelits O, Zemlianov I. Remote Sensing Monitoring of Seasonal Hydrological Processes in the Caspian Sea River Deltas.
http://www.isprs.org/publications/related/ISRSE/html/papers/482.pdf.

[87] Kaya S, Pultz T J, Mbogo C M, et al. The Use of Radar Remote Sensing for Identifying Environmental Factors Associated with Malaria Risk in Coastal Kenya.
http://www.pcigeomatics.com/support_center/tech_papers/igarss02_kaya_paper.pdf .

[88] Claudia Maria De Almeida, Antonio Miguel Vieira Monteiro, et al. GIS and Remote Sensing as Tools for the Simulation of Urban Land-use Change. International Journal of Remote Sensing, Vol. 26, No. 4, 20 February 2005,759-774.

[89] Martin Herold, Gunter Menz, Keith C. Clarke. Remote Sensing and Urban Growth Models – Demands and Perspectives.
http://www.eo.uni-jena.de/~c5hema/pub/herold_menz_clarke.pdf.

[90] Martin Herold. Remote Sensing and Spatial Metrics—A New Approach for the Description of Structures and Changes in Urban Areas.
http://www.geogr.uni-jena.de/~c5hema/pub/studpriz_herold_270.pdf.

[91] Alexander Buyantuyev, Jianguo Wu, Corinna Griesa. Multiscale Analysis of the Urbanization Pattern of the Phoenix Metropolitan Landscape of USA: Time, Space and Thematic Resolution. Landscape and Urban Planning 94 (2010) 206-217.

[92] Be´ata Csath´o, Toni Schenk, Suyoung Seo. Spectral Interpretation Based on Multisensor Fusion for Urban Mapping.
http://rsl.geology.buffalo.edu/documents/csatho_berlin03_paper.pdf.

[93] J. Everaerts. The Use of Unmanned Aerial Vehicles (UAVS) for Remote Sensing and Mapping.
http://www.isprs.org/proceedings/XXXVII/congress/1_pdf/203.pdf.

[94] Clevers J G P W, Kooistra L, Schaepman M E. Canopy Water Content Retrieval from Hyperspectral Remote Sensing.

www.isprs.org/proceedings/XXXVI/7-C50/ P12_Clevers_Canopy.pdf.

[95] Gabriel Viera, Box Michael A. Information Content Analysis of Aerosol Remote-Sensing experiments using Singular Function Theory.

www.phys.unsw.edu.au/ downloads/share/atmos/Infocontent_scat.pdf.

[96] Kleespies Thomas J, Sun H, Wolf W, et al. Aqua Radiance Computations for the Observing System Simulation Experiments for NPOESS.

http://citeseerx.ist.psu.edu/viewdoc/summary?doi=10.1.1.604.4108

[97] Kerekes John P, Landgrebe David A. Simulation of Optical Remote Sensing Systems. IEEE Transactions on Geoscience and Remote Sensing, Vol.27, No. 6, November 1989, pp. 762-771.

[98] Crow Wade T, et al. An Observing System Simulation Experiment for Hydros Radiometer-Only Soil Moisture Products. IEEE Transactions on Geoscience and Remote Sensing, Vol. 43, No. 6, June 2005, pp. 1289-1303.

[99] Kohei Cho, Atsushi Komaki, Haruhisa Shimoda. Development of GT-Simulator for Remote Sensing Education.

http://www.yc.ycc.u-tokai.ac.jp/ns/cholab/GT-simulator/GT_ simulator_07e.pdf.

[100] Gyanesh Chander, Christopherson Jon B, Stensaas Gregory L, et al. Online Catalog of World-wide Test Sites for the Post-Luanch Characterization and Calibration of Optical Sensors.

http://calval.cr.usgs.gov/PDF/Catalogue_IAC2007_v7.pdf .

[101]中国科学院遥感应用研究所,遥感应用的实践与创新. 北京:测绘出版社,1990.

第 5 章　遥感信息共享服务

随着遥感科学技术应用需求的不断扩展与深化以及它们与网络通信技术日益紧密、深层次的结合，极大地加速了遥感科学技术从实验室及专业人员的范围里解放出来的进程，使之成为能够直接为各级部门、地方和社会大众服务的涉及面广、旷日持久、影响深远的群众性的科学实践活动。这种质的飞跃表明，遥感信息服务不仅作为空间信息服务最为活跃、最为有效的重要组成部分，而且也是遥感信息基础设施发挥作用的主要形式和重要途径。它们可以为国家安全、经济发展、社会进步、科技创新、民生改善等领域及其管理决策，提供必要的且具有涉及面广、尺度多样、及时动态、精准直观、持续稳定、影响深远等特点的空间数据、专题信息和行事知识，发挥着中流砥柱、优势显著、效益巨大和无法替代的作用。然而，对于遥感信息服务的应用需求调查、用户范围确定、工作边界定义、共享途径选择、组织分工实施等重大、核心问题，尽管从遥感科学技术本身不断努力试图寻找出合理、完整的答案，但是事实表明这样做毫无结果、徒劳无功。这就迫使人们不得不从遥感科学技术外部、从新的学科理论上，去寻找这些问题的答案。为此，一个崭新的学科领域"人地系统科学"就应运而生了。这个学科领域的发展，反过来又为遥感信息服务有序、高效、持续地展开，提供了强有力的科学依据和有的放矢的理论指导。因此，本章首先要从理论研究及其遥感应用两个方面介绍人地系统科学的学科领域及其内涵；然后，再论述了为了满足由人地系统科学研究揭示出来的诸多遥感应用需求，而开展遥感信息服务和建设国家遥感信息基础设施（NRSII）的途径与方法。它们具体涉及到对遥感数据产品服务网络、遥感信息共享服务网络和遥感系统应用服务网络的论述。应该说，这些服务网络既是遥感与为数众多、类型各异的终端用户互动的关键环节，也是遥感能够产生巨大效益或转化为社会生产力的主要出口。因此，它们在整个遥感科学技术体系里占据十分重要的位置。

5.1　人地系统科学及其导向

人地系统科学是以人类-地球矛盾系统（简称人地系统）为专门研究对象的学科领域。它们作为指导遥感科学技术实践活动，能够有序、健康和持续地向前发展的学科理论，首先需要在其理论研究成果，包括人地系统的构成、行为和特征的基础上，论述如何利用这些理论去解决遥感科学技术发展面临的诸多重大问题。它们包括遥感科学技术的应用需求分析、工作边界定义、共享途径选择、共建关系协调等方面的核心问题。

5.1.1　人地系统科学的理论研究

人类及其社会形成、发展、成熟的过程，实际上，是人类不断认识、利用、改造和适应地球环境的过程，也是人类和地球作为矛盾双方，相互作用、相互影响的产物。这种矛盾及其所规定的诸多次级矛盾，构成了一个复杂、多变的人地矛盾系统。它们不仅是人地系统科学研究的专门对象，而且也是"人地系统科学"与其他学科相区别的关键所在。事实上，人地系统科学要研究人类与地球相互作用、相互影响、相互依存的态势、行为及其相关规律，既要研究人类对地球环境的作用与影响，又要研究地球环境及其变化对人类的反作用与影响。由此可见："人地系统科学是对人类和地球环境在全球范围或在某个区域里构成的人地矛盾系统的行为、特征及其演化过程、分布规律、调控效果进行分析研究、调查制图、动态监测、模拟试验和因势利导的一个学科领域"。因此，揭示和阐明人地矛盾系统的组织结构、行为规律及其基本特征，将是这个学科领域理论研究的核心内容与必须完成的任务。尽管人、地双方及其构成元素或局部，可能是已有的某个或某些学科研究的对象，但是将它们作为一个完整的互动系统来研究，则是人地系统科学的独具特色的研究领域。

1. 人地系统的组织结构

人地系统科学的研究对象是人地系统及其诸多子系统。它们是由以人类和地球为矛盾双方的人地矛盾系统及其诸多子系统所构成且具有复杂、多变等特征的矛盾综合体。这个综合体可以用图 5-1 来描述。在这些图中，用尺寸不等、阴影有无、色调/图纹各异的所有椭圆的集合，表示区域人地系统（或泛指的人地系统）的总体构成。其子系统，则用文字标记说明；用大椭圆之中的不同类型的小椭圆，表示相应的专题人地系统及其子系统。不同形式的箭头连线，表示着这些构成之间的互动关系。这两大类系统之间存在相对独立却又密不可分的关系，彼此之间的互动及其主次之分，对某个区域的特征与发展方向影响至深。

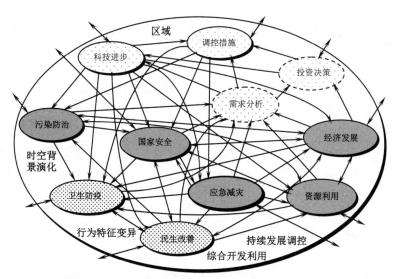

图 5-1　人地系统的概念模型

1）区域人地系统的构成

在一般概念里，人地系统往往与各种类型和规模的区域人地系统无法分割。如果文中不加专门说明，两者相可以互换使用，如图 5-1 所示。在此，仅涉及在大椭圆里标记出来的或区域本身面临的问题，包括区域时空背景、区域行为变异、区域开发利用和区域发展调控等子系统。

（1）区域时空背景子系统。它既要查明区域自然资源环境的背景、现状、趋势以及优势、问题的所在，又要了解其人口状况、发展水平、社会需求及其外部环境的状况，为其他子系统服务。事实上，任何区域在地理位置、覆盖范围、自然特征、人文状况、发展水平、历史变迁等方面的差异，都会在其人地系统上留下特有而深刻的烙印，构成其运动和变化的外因条件。

（2）区域行为变异子系统。它需要研究与揭示区域内部的主要专题人地矛盾及其矛盾主要方面、主要矛盾与诸次要矛盾之间的互动、次要矛盾的时序变化以及整个区域人地矛盾体的综合行为特征。换言之，它要揭示处在不断运动过程之中的区域人地系统的特有的运动规律和行为特征，为区域开发利用、区域发展调控提供科学依据。

（3）区域开发利用子系统。它要根据区域时空背景、行为变异的状况，为选择区域发展的主要战略方向、制定其发展路线图、落实开发利用规划、降低或排除负面因素的影响、实现"兴利除害"以及优化产业结构等目标服务。在规划与实施过程中，子系统要贯彻"因地制宜、因时而变、因势利导"的方针，确保区域开发利用能够有序、健康和持续地向前发展。

（4）区域发展调控子系统。在区域开发利用的过程中，要快速、准确、全面地认识区域人地系统的现势状况及其动态变化，及时调整其规划的内容及相关政策和措施，以确保区域始终能够沿着其主战略方向前进。为此，遥感动态监测、数字模拟试验、应用模型计算、空间决策支持等服务，将会发挥出巨大而独特的作用。其中的主导专题人地系统，则是其调控的主要抓手。

2）专题人地系统的构成

图 5-1 所示的大椭圆里的小椭圆，代表着构成区域人地系统的诸专题人地系统。它们具体包括国家安全、经济发展、资源利用、污染防治、减灾应急等人地互动型的系统；卫生防疫、民生改善等人为受主型的系统；需求分析、投资决策、调控措施、科技进步等人为施主型的系统。它们之间的互动关系主要通过箭头连线而表达出来。这些专题人地系统均可细分为若干子系统，如国家安全专题系统包括国防、生态、粮食、能源等安全的子系统，资源利用专题系统可细分为气候、水、海洋、土地、生物、矿产、旅游等子系统。

（1）互动型专题人地系统。它们是在人地系统矛盾运动中人地双方处于互动状态的专题系统，具体包括国家安全、经济发展、资源利用、污染防治和应急减灾等专题系统，在图上用灰色的小椭圆来表示。

（2）受主型专题人地系统。它们是以人类为人地互动作用承受方（受主）的专题人地系统，具体包括卫生防疫、民生改善等两个专题人地系统，在图上以密网点的小椭圆来表示。

（3）施主型专题人地系统。它们是在互动过程中以人类为主动方（施主）的专题系统，包括科技进步、调控措施、需求分析、投资决策等系统。前两者为实体系统，后两者为信息系统，可以用虚、实线的稀网点椭圆及其有无阴影相区分。

2．人地系统的行为规律

人地系统实际上是由人类和地球这对基本矛盾及其所规定、影响的诸多次级矛盾、矛盾方面所构成的，且具有结构多样、行为复杂等特点的巨系统。所谓"人地系统行为"，就是指它们公开、可观察、能衡量的各种表现，或者说，系统对环境变化、外界刺激所产生的各种响应而言。通过揭示人地系统的主要矛盾和主要矛盾方面，认真地总结人类与自然斗争的成功经验、失败教训，就可以发现支配其行为的规律以及对人地关系调控应该采取的基本原则。

1）人地系统行为的客观性规律

人地系统及其子系统的行为，由客观存在的诸多矛盾之中的主要矛盾及其主要矛盾方面所决定，不会随人们的主观意志而转移。在人地双方对比悬殊的区域里，强势的人类活动要自我调整和约束，使人地双方处在相对平衡的状态，不至于危及当地人类的生存。在人类对地球环境进行利用、改造时，绝不要超越其环境和资源承载力的允许限度。这种客观性规律导出了规划制定及其调控时的实事求是的原则。

2）人地系统行为的依存性规律

人地系统及其子系统之间的依存关系，是人地系统里最为基本的关系，任何一方的缺失都会使另一方失去存在的意义。例如，在广阔的无人区里，地震、洪水、干旱仅作为自然过程而发生。反之，如果不考虑地域的存在，谈论人类的活动实际上就是空谈，如同"皮之不存，毛将附焉"。这种依存性规律导出了规划制定及其调控时的以人为本的原则。

3）人地系统行为的系统性规律

在日地系统、地球系统和人地系统的体系里，人地系统及其各种专题子系统与人类生存、发展的关系最直接、最紧密。它们除了受日地系统、地球系统来自外部的系统性影响，还会受内部各种组分之间互动的影响，具有"一枝动，百枝摇"、"牵一发而动全身"的特点。这种系统性规律导出了规划制定及其调控时的统筹规划的原则。

4）人地系统行为的区域性规律

随着纬度、高度、离海距离以及资源环境、人文历史、发展水平的变化，地球上不同部分或区域的人地系统，会在类型、结构、特征、行为规律以及发展调控等方面出现不同程度的差异，留下深刻的区域烙印。它们是区域合理开发利用以及有效实现兴利除害目标的科学依据、行动指南。这种区域性规律导出了规划制定及其调控时的因地制宜的原则。

5）人地系统行为的动态性规律

人地矛盾系统的运动、不平衡是一种绝对、永恒的状态，而静止、平衡则是一种相对、暂时的状态。当区域的主要矛盾和主要矛盾方面发生了变化，区域的行为特征和发展规律，就会出现显著和根本的变化；在主要矛盾控制下的次要矛盾发生了变化，其行为特征和发展规律，就会显现出阶段性。这种动态性规律导出了规划制定及其调控时的因时而异的原则。

6）人地系统行为的继承性规律

尽管人地系统中的某些矛盾发生了变化，只要其主要矛盾、主要矛盾方面没变，其区域主体行为就会沿着原有轨道继续前进，呈现出继承性的特点和走向。例如，我国西北干旱地区，尽管打井抽水、融冰化雪、滴灌保墒，能局部和暂时解决问题，但其长期缺水的状态仍未改变，有违节水的传统会造成灾难性的后果。这种继承性规律导出了规划制定及其调控时的因势利导的原则。

7）人地系统行为的主动性规律

人类为了满足自己生存与发展的需要，不断地对人地系统的行为进行调控，且调控力度与规模仍在与日俱增。在绝大多数情况下，人类活动在人地系统的演进过程中，始终处在积极或驱动的地位。然而，这些调控必须限制在系统发展或弹性允许的范围内，否则，就会伤害人类自身的利益。这种主动性规律导出了规划制定及其调控时的兴利除害的原则。

8）人地系统行为的创新性规律

随着现代科学技术的创新以及全球化的发展，人类逐步扩大了利用地球资源的范围、承受环境变化的弹性，也为人地系统及其子系统的运动，增添了新科技的强力驱动因素。现代遥感科学技术体系可以为人地系统合理、有效的调控，提供及时、准确和前所未有的信息支持和技术保障。这种创新性规律导出了规划制定及其调控时的创新驱动的原则。

3．人地系统的基本特征

人地系统的特征表现在人地矛盾双方的特征上，还表现在这些矛盾的运动及其环境变化的特征上。事实上，对于这些特征的研究将有助于对人地系统研究技术方法的选择和确定，为人地系统科学及其分支学科的界定提供了依据。

1）人地系统直接和人类生存、发展休戚相关

人地系统之中，人类始终是或者力图成为矛盾的主导方面，不断去利用、改造地球环境，而由此产生的地球环境变化，又会对人类的产生不同程度的影响。这种人地互动过程及其走向，不仅是各级政府部门规划、管理、决策和调控的重要对象，也和千家万户的日常生活起居紧密相连、休戚相关。因此，"对人类的攸关性"，是人地系统最重要的一个特征。它决定了必须把人地系统研究放在管理、决策的工作循环以及广大人民群众的日常生活中进行；也决定了其研究手段必须具有快速、准确、持续地为用户提供内容丰富、形式多样的信息服务能力。

2）人地系统涉及到诸多人地互动的学科领域

人地系统及其诸多子系统实际上是一个以人地为根本矛盾、由许多相互关联的次级矛盾所组成一个复杂的矛盾系统。它们具体涉及到区域时空背景研究、区域综合开发利用、区域可持续发展以及区域国家安全、经济发展、资源利用、污染防治、减灾应急、卫生防疫、民生改善、调控工程、科技进步以及需求分析、投资决策等学科领域。这些领域之间存在千丝万缕、错综复杂的联系，往往会出现"牵一发而动全身"的情况。这种"整体上的复杂性"是人地系统最基本的一个特征。它决定了要采用系统工程方法、多样化技术手段和多来源数据进行研究。

3）人地系统时空变化大、内容广、综合性强

区域人地系统及其诸多子系统，可以大到全球，小到乡镇，快到分秒，慢到千百万年；可以涉及到自然、人文和工程等诸多科学技术及其交叉学科领域。尽管目前对人地系统各个组成部分有了相当深入的研究，但是它们作为一个整体和系统来研究，还有很漫长而崎岖的道路要走。这种"系统里的巨变性"是人地系统最基本的一个特征。它决定了必须采用多级空间采样与动态监测技术，对这些系统的行为与变化进行监测与评价；采用不同形式的模拟模型技术，对这些系统的发展及其调控效果进行预演。

4）人地系统因区位变化造成千姿百态的差异

随着区域在地理位置、地貌特征、生态环境、资源状况、人口分布、发展水平、演化历程等方面的差异，区域人地系统中的主要矛盾和主要矛盾方面以及它们所控制的次要矛盾会发生显著的变化，致使其行为和特征具有五花八门、千姿百态、瞬息万变的特色。这种"区域上的多样性"也是人地系统最基本的一个特征。它决定了人地系统的调控必须遵循：因地制宜、因时而变、因势利导的原则，充分使用现代遥感科学技术的优势，对其进行系统性的研究、持续性的监测以及动态性的调控。

5.1.2　人地系统科学的遥感应用

在遥感信息服务和遥感空间信息基础设施（NRSII）建设中，经常会遇到诸多的无法回避、必须予以回答的重大问题。尽管它们无法从遥感科学技术自身找到科学、合理的答案，但却可以从它催生出来的人地系统科学新领域及其理论研究成果中找到解决问题的线索。下面将论述在遥感信息服务和遥感信息基础设施建设中，运用人地系统科学理论解决其应用需求分析、工作边界定义、共享途径选择以及共建关系协调等问题的途径与方法。

1. 应用需求分析

人地系统科学领域的开拓和发展为遥感应用的需求分析奠定了理论基础。图 5-1 给出的人地系统概念模型，从理论上描述了遥感信息服务和 NRSII 建设的应用需求，而与此相关的政府部门、企事业单位、社会团体和个人，则构成了不同层次的巨大用户群体，如表 5-1 所列。表中具体给出了遥感的用户群体、应用任务及其内容说明等事项。这些用户群体可以分为区域综合应用部门、专业主管应用部门、相关企事业单位、社会团体与个人 4 个层次，分属官方和民间两大范畴。用户群体需要完成的各项"应用任务"，就构成了遥感应用需求的核心内容。

表 5-1　遥感信息服务的应用需求及其说明

用户群体	应用任务	内容说明
区域综合应用部门	区域时空背景调查研究	提供区域人地双方的本底数据，综合、持续地进行区域状况及其变化的动态监测与分析评价
	区域人地互动行为研究	以物质流、能量流和信息流的强度、分布、走向为线索，研究区域人地互动行为的时空演化规律
	综合开发利用规划制定	确定区域发展的主导方向及其实现路线图，通过规划制定协调区内各部门的关系，对区域持续、稳定和协调的发展做出布局与安排等
	区域可持续发展的调控	通过动态需求分析和投资决策，不断调整区域总体及各部门的关系，化解存在和新出现的各种冲突，以实现区域规划的持续发展目标
专业应用主管部门	资源利用	动态调查和开发利用区域的气候、水利、海洋、土地、生物、矿产、旅游等资源
	经济发展	规划和调整区域产业结构、生产力布局、城市化发展，推动其经济健康、持续的发展
	污染防治	采取各种措施，有效防治大气、水体、噪声、放射性等污染、及时处理固体废弃物及突发环境事件，实现区域环境保护的各项指标
	生态安全	采取各种措施，因地制宜、因时而异、因势利导地维持人地生态系统的平衡，确保人类的生存与发展得以安全、顺利、持续地进行

用户群体	应用任务	内容说明
专业应用主管部门	减灾应急	预防减轻和应急处理洪涝、干旱、地震、火灾、病虫害、台风、风暴潮、滑坡、泥石流以及恐怖袭击等灾害，及时进行救助、理赔和重建
	卫生防疫	预防、控制、治疗和应急处理各种自然疫源与人为的传染病，包括职业病、地方病等在内的各种慢性病
	民生改善	增加经济收入、改善人居环境、提高健康水平、实施计划生育、普及文化教育、推动休闲娱乐、旅游观光、稳定社会治安
	调控措施	通过厂矿建设、水利能源、交通运输、生态环境、防灾减灾、文化教育、信息服务等工程，对区域开发利用及其走向进行动态调控
	科技进步	兼顾其传统科学技术的更新换代与具有自主知识产权的高新科学技术的创新发展，推动区域及其专题人地系统的有序、健康和创新的发展
	需求分析	因地制宜和实事求是地分析区域及其专业领域发展的应用需求，需要完成经应用需求落实为技术要求，再具体化为研制指标的过程
	投资决策	根据区域及其专业领域发展的应用需求、发展现状、具备条件等因素进行决策，制定出具有时、空变化特点的投资方案
相关的企事业单位	市场分析	根据区域现有市场及其份额占有状况等方面的信息，对其市场的需求走向、总体特点、发展潜力等进行客观分析
	商机开拓	通过对区域及其专业领域的应用需求进行深入、系统的调查研究，从时间、地点、内容和规模上，寻找和确定企业发展的新商机和资金投入的切入点
	网点布局	在投资环境的时空分析基础上，选择富有商机的最佳区位，布局和新建其商业及其他类型的业务网点
	知识创新	加速科学技术的创新发展、推广应用及其产业化；为自然科学、人文科学和工程科学及其交叉领域里的传统和新兴学科等的网上教育、技术培训、知识更新、业务咨询等活动创造良好环境和优越条件
	教学培训	为遥感科学技术的正规在校教育和短期在职培训，创造具有实战特点的教学环境和练习条件，以收到因材施教、学以致用、能力增强、水平提高的效果
社会团体家庭个人	参政议政	通过遥感信息服务，就某个或某些参政议政课题，为有关社会团体或个人，提供科学数据、专题信息和分析结论，使他们的提案做到有理、有据、有说服力
	公益慈善	为公益慈善事业的选项、布局、实施及其进度和质量的监控，提供必要信息、决策支持、技术保证，以期收到事半功倍、四两拨千斤的效果
	旅游休闲	用户可以根据兴趣、时间或经费等优先的原则，安排旅游地区、游览路线、观光内容、行进日程以及购物消费等活动，以期获得精神和物质上的享受、知识探索方面的满足

2. 工作边界定义

定义遥感信息服务和 NRSII 建设的工作边界，是个经常遇到而且无法回避、必须回答的问题。对此，只能选择满足其应用需求所必须使用的数据类型和内容，作为其科学依据才能合理地加以圈定。因此，这种工作边界必须在图 5-1 所示的人地系统概念模型基础上，利用其引申出来的、表达和满足应用需求的高位数据的分类体系来定义。表 5-2 给出的就是这种高位数据的分类及其内容。在描述人地系统的 8 级空间数据分类体系里，这些数据是占据其顶层最高三级分类的位置，有效地刻画了遥感信息服务和 NRSII 建设的边界范围。然而，表 5-2 仅举例说明对第三级高位数据的分类及其内容，据此定义的边界比较粗放。

表 5-2　定义遥感信息服务工作边界的高位数据分类体系

第一级分类	第二级分类	第三级分类的说明
自然背景	区划界线	行政、自然、经济等区划的界线等
	城镇村落	各级居民点的位置、名称、范围及其沿革等
	交通运输网	公路、铁路、水路、航线以及管网线等
	河流水网	各级河流、水网的名称、走向、范围等
	地形地貌	大地测量、数字高程模型、地貌状况等
	地质基础	区域地质图、地震烈度图等
	土壤类型	土壤类型图、土壤区划图等
	植被覆盖	植被类型图、植被区划图等
	气候状况	县级气象站的多年旬、月平均的气候数据等
	水文参数	流域或区域的多年旬、月平均的水文参数等
	土地利用	土地利用类型图、地籍图及其相应统计数据等
人文状况	人口概况	人口特征参数、总人口及女性人口的年龄构成等
	劳动力	行业构成、农村劳力构成等
	人口素质	文化程度、技工级别、业务职称等
	生活条件	居住条件、生活服务、公共交通等
	科教文卫	科研成果、教育状况、文化设施、卫生服务等
资源利用	气候资源	日照、气温、降水、风力及其他
	土地资源	土壤状况、土地利用、土地权属等
	水利资源	河流、湖泊、冰川、地下水及其开发利用工程等
	生物资源	森林、草场、野生及培育动植物、农业资源及其利用状况与设施等
	矿产资源	能源、黑色金属、有色金属、贵/稀金属、冶金辅助原料、化工原料、建材原料及其开发利用设施等
	海洋资源	海洋化学、生物、矿产、空间等资源及开发利用设施等
	旅游资源	山水风光、生物景观、旅游气候、文物史迹、社会风情、风味特产、现代趣处、服务设施等
经济发展	综合经济	国民经济主要指标、国民生产总值指数及结构等
	农村经济	种植业、林业、畜牧业、渔业、乡镇企业及其状况等
	工业经济	各行业经济及其主要厂矿、企业状况等
	建筑业	住宅建筑、公共建筑、厂矿建筑等及其分布等
	商业服务业	商业、服务业、餐饮业及其分布等
	运输邮电业	客运、货运及邮电通信等

（续）

第一级分类	第二级分类	第三级分类的说明
生态环境	环境污染	大气、水、固体废弃物等污染及其治理工程等
	生态状况	水土流失、荒漠化、物种减少等生态问题及治理工程等
	自然灾害	洪涝、干旱、林火、地震、病虫鼠害等及其减灾工程等
区外信息①	粮食安全	区内外、国内外粮食等的生产、储备及其进出口状况等
	能源安全	区内外、国内外能源储藏、生产及其进出口状况等
	市场状况	区内外、国内外紧缺物资的市场状况等
	参考信息	国内及国际先进的经济、技术和管理水平等
① 区内外信息的内容可以根据需要确定		

3. 共享途径选择

数据共享是遥感信息服务和 NRSII 建设过程中必须解决的一个关键问题，也是难以解决的核心问题。之所以如此，除了缺少数据共享规范标准之类的技术原因外，更重要的是，数据会涉及部门或个人的切身利益所致。因此，它就成了一个"叶公好龙"的问题。从国外的成功经验以及我国的具体国情出发，解决的唯一途径是在国家的大力支持下，在各部门和地区之间建立与发展伙伴关系，分别在全国、省市、县级和城市 4 个不同的层次上，建立起"多级共享应用平台数据"。实际上，这种数据是进行数据交换、配准和应用时，使用最为频繁、最为广泛、最为基础和最为标准的地球空间数据集合。从人地系统科学的角度来看，这种平台数据就是区域人地系统及其专题子系统，都需要使用的、能够反映区域基本特征及其发展总体水平的区域时空背景演化数据。表 5-3 给出了据此导出的多级共享应用平台数据的内容与要求，可供有关方面参考。然而，它们尚需经过反复研讨，取得共识以及通过审批，才能作为国家标准正式推出、广泛应用。

表 5-3 多级共享应用平台数据的内容与要求

数据内容	全国		省级		县级		城市	
	比例尺	要求	比例尺	要求	比例尺	要求	比例尺	要求
区域界线	1：400或100万	县界	1：10或25万	乡界	1：5或1万	村界	1：500或1：1000	建筑物
河流水系								
交通路网		地图及其相应说明；更新周期5~10年		地图及其相应说明；更新周期3~5年		地图及其相应说明；更新周期1~3年		地图及其相应说明；更新周期0.5~1年或更短的时间
DEM								
土地权属								
土壤类型								
植被覆盖								
土地利用								
区域地质								
地震烈度								

（续）

数据内容	全国		省级		县级		城市	
	比例尺	要求	比例尺	要求	比例尺	要求	比例尺	要求
遥感影像	气象卫星/遥感卫星影像为主				航空相片及高分辨率卫星影像为主			
气候数据	全国县级和以上气象站的多年旬和月平均数据		省内县级和以上气象站的多年旬和月平均数据		县多年旬和月平均数据		城市及周边地区的多年旬和月平均数据	
水文数据	全国水文站多年旬、月平均数据及分县水资源数据		省内水文站多年旬、月平均数据及分县水资源数据		县多年旬、月平均水文数据及水资源数据		城市及周边地区多年旬、月平均水文及水资源数据	
社经数据	全国县级、长时序的人口特征、综合经济年统计数据		乡级、长时序的人口特征、综合经济季统计数据		各村长时序的人口特征、综合经济月统计数据		各户人口特征及街道办事处辖区社经月统计数据	

注：我国 NSII 多级共享应用框架数据的内容与要求，必须经过有关地方和部门的反复论证及相应审批程序而确定。本表仅供参考之用

4．共建关系协调

遥感信息服务和 NRSII 建设，是一项涉及面广、内容众多、技术复杂、层次多样、条块交叉、旷日持久的大型系统工程项目。它们的运作既要"管而不死"，又要"放而不乱"，以充分调动各方面的积极因素，优质、高效地实现共建共享的艰巨任务。为此，必须妥善处理综合部门与专业部门之间的分工，权威部门与科学部门之间的关系。

1）综合部门与专业部门的分工

在我国，尽管某些专业部门之间的业务范围会有一些交叉，但是彼此的分工在总体上相当具体、明确。然而，综合部门的职责和业务范围，则是个需要明确定义问题。为此，可以在图 5-1 所示的人地系统概念模型基础上，寻求该问题能够合理解决的途径和办法。这种探寻的结果可以形象化地用图 5-2 来表述。不难看出，区域综合部门自身需要完成的任务，包括区域时空背景调研、区域系统行为研究、综合开发利用规划以及区域可持续发展调控等内容。需要综合部门负责且与专业部门共同完成的任务有两项：一是通过制定区域遥感信息服务和 NRSII 建设的发展规划、政策法规、规范标准等活动，建立与协调其共建共享的伙伴关系；二是在伙伴关系的基础上，与专业部门共建其彼此共享的应用平台数据库。

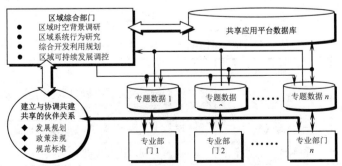

图 5-2　综合部门与专业部门之间的分工与协作

2）权威部门与科学部门的协调

在遥感信息服务和 NRSII 建设过程中,妥善地协调权威部门与科学部门之间的关系,或者说,"权威部门的权威数据"与"科学部门的科学数据"之间的关系至关重要。所谓的"科学数据",实际上是由科学部门生成的地球空间数据、信息和知识的总称。它们具有如下特色:第一,确保科学数据的客观性、准确性,是科学部门唯一和最高利益的体现;第二,科学部门使用科学数据,能够产出多学科、综合性的应用成果;第三,科学部门利用模拟模型技术对科学数据进行处理,可以实现由此及彼、由表及里、由浅入深的转化;第四,科学部门通过科技创新,能够高效获取,灵活调整、及时生成管理决策所需要的科学数据;第五,科学部门需要利用多种来源数据以完成所承担的遥感应用任务。因此,权威数据与科学数据应该彼此补充、相互校验、共同发展、相映生辉。事实上,在"九五"国家科技攻关项目支持下,科学部门研制的全国土地利用遥感动态调查、遥感洪涝灾情监测评价、农作物遥感长势监测及其估产等系统,已进入业务化运行的状态,能够持续和动态地生成大量的科学数据,在国家管理决策和大众生活起居过程中,显示出巨大的优越性、发挥出至关重要的作用。

5.2　遥感数据产品服务网络

目前,尽管遥感数据产品生成在原始目标、运载平台、遥感仪器、工作波段、时空与波谱的分辨率、处理流程、数据格式、存储方式等方面呈现出五花八门的状态,但是从其数据获取、产品生成、用户服务的基本流程来看,往往又大同小异,可以采用举一反三的方法说明。为此,本节将选择加拿大 RADARSAT-2 任务为例,具体论述遥感数据产品服务网络有关其数据产品的源头、生成和服务等方面的问题。

5.2.1　遥感数据产品的源头

任何类型和特点的遥感数据产品,从其源头来看必然都和它们的应用任务需求、数据获取系统密切相关。因此,用户在选择其所需要的遥感数据产品时,不仅要明确认定自己所承担的应用任务对遥感数据的具体技术要求,还要具体了解产生这些数据产品的遥感数据获取任务及其采用的技术和方法。换言之,用户必须了解自己需要和将要使用的遥感数据生成的整个过程。作为加拿大遥感数据获取应用任务的 RADARSAT-2,其主要技术特征及其总体布局的状况,分别在表 5-4 和图 5-3 中给出。在图 5-3 中涉及 RADARSAT-2 的空间部分、地面部分、运作部分及其主要的用户类型。

表 5-4　RADARSAT-2 的主要技术特征和优势

特征	说明	优势
空间分辨率	3~100m	多种空间分辨率选择,适应广泛应用需求;超窄宽度波束,提高目标探测和分类精度
极化	HH, HV, VV, VH	提高区分表面类型能力,改善目标探测和识别精度
视向	左视和右视成像	减少重访时间,提高监测效率

（续）

特征	说明	优势
星上纪录设备	固态记录器	确保获取世界任何地方的影像供后续下传；大容量（300GB）随机访问存储；连续读和写
星上定位设备	星上 GPS 接收机	±60m 实时定位信息；GPS 导出几何精度高，为快递产品提供更准确的定位控制（无地面控制）
姿态控制	航偏调整	在波束中心对零 Doppler 偏移进行航偏调整控制
雷达仪器特征		
SAR 天线尺寸	15m×1.5m	
频带	C 波段 （5.405GHz）	
通道带宽	11.6/17.3/30/50/100MHz	
通道极化	HH, HV, VH, VV	

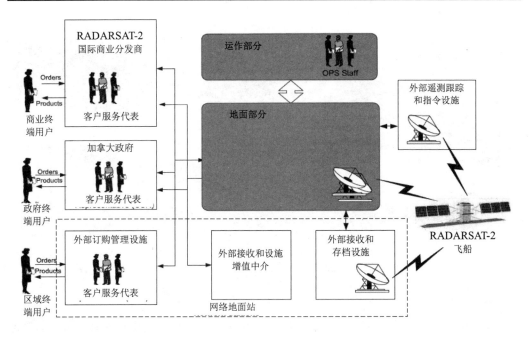

图 5-3　地面部分在 RADARSAT-2 任务中的地位

1．遥感数据获取应用任务

遥感数据获取应用任务及其应用需求，是其遥感数据产品的源头。其技术系统必须从设计实现、校验运行、产品生成、客户服务等环节，确保这些应用任务需求能够得到满足。因此，要从源头上了解各种遥感数据产品的来源，必然会追溯到 RADARSAT-2 的空间部分（图 5-4），尤其是生成原始数据的遥感器系统。RADARSAT-2 的任务目标、总体结构以及技术改进可分别作进一步的论述。

1）任务目标

RADARSAT-2 计划的启动和实施，具有技术、商业和应用等多方面的目标。其技术目标是借助在 RADARSAT-1 期间获得的知识与经验以及新发展的技术优势，在至少

7 年的时间里构建高质量 SAR 产品的业务系统,提供和散发能够满足当前和未来市场需要的 SAR 数据和产品;其商业目标是确保加拿大对地观测行业(包括数据、系统和设备供应商以及增值中介商)得到迅速发展、明显加强,成为世界领先、效益显著、可持续发展的行业;其应用目标是展示和宣传 RADARSAT 在资源管理、环境监测、维护加拿大北极地区主权、支持其外交和防务政策等方面的优势。具体而言,它们涉及到改善资源管理在冰雪、海洋、农业、地质、水文等领域的水平;通过环境规划、评价和管理,支持全球改善环境质量的各种努力;支持人道主义和慈善活动的各种努力,RADARSAT-2 的全天候能力尤其适合评价各种自然灾害的态势及其影响,协助制定对油溢、地震、洪水、火山、强风暴等突发事件的应急响应计划;通过对北极和其他海岸水域里运输、捕船只的全天候监测,维护加拿大的国家主权;支持加拿大外交和防卫政策的实施,包括船只探测和鉴别、边界和领土勘察、非法活动监测、简易机场发现、难民营监视、领地纠纷监测、对违背环境条约行为调查等应用领域。

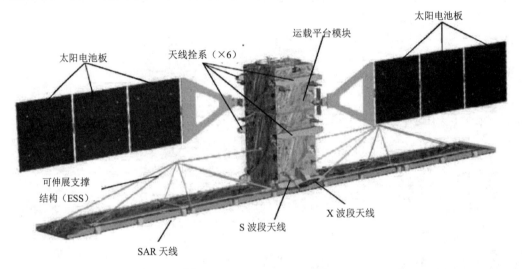

图 5-4　RADARSAT-2 卫星

2)总体结构

RADARSAT-2 的总体结构,通过图 5-5 所示主要文档及其相互关系,可以间接地展现出来。图中灰色框表示的 RADARSAT-2 任务需求说明,是一份规定该任务技术要求的政府文件,而其他具体技术说明文件的产生,均以它作为依据和源头。

3)技术改进

RADARSAT-2 较 RADARSAT-1 有更大的灵活性和更强的能力,其端到端(End-to-end)的性能得到显著改善,工作效率也迅速提高。表 5-5 给出两者之间的具体比较。RADARSAT-2 缩短了用户成像要求所需的任务计划安排时间。从提出数据订购要求到准备好给飞船发出上行指令之间的时间缩小到 6h 以内;客户服务代表提交了用户的成像订单后,立刻会得到卫星地面部分给出的问题反馈,进而帮助他们寻找可行的成像时间;其订购和获取计划系统的设计,将支持 RADARSAT-2 的各种商业模式的运作;建立了数据自动接收和存档的流程,在接收到影像数据后的 90min 内,地面部分可以生成 8 种有代表性的产品分发给用户;通过利用 MDA 多任务地球观测系统,改善了互操作和可维护的能力，也支持了几乎所有民用地球观测任务的网络地面站的建设或升级；平衡了自动控制与手动控制之间的安排，在仔细考虑应该安排自动控制的环节的同时，还提供足够使用的手动控制工具，确保操作人员能够直接管理系统、处理异常情况。

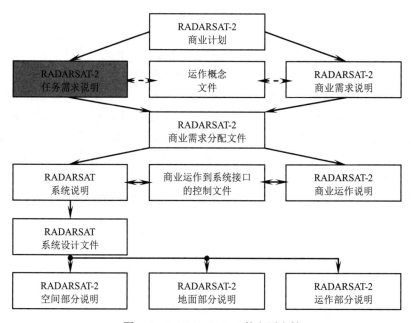

图 5-5　RADARSAT-2 的主要文档

表 5-5　RADARSAT-2 与 RADARSAT-1 之间的比较

特征	RADARSAT-2	RADARSAT-1
极化模式	HH, VV,（HV, VH）,（HH, VV）,（HH, VV, HV, VH）	HH
运动目标探测沿轨迹相干模式	有（试验使用）	无
最精细的分辨率/m	3	10
摆动操纵能力	±29.8°在 10min 内	无
影像数据存储	固态、大容量存储器存储（2×150GB）	磁带记录器
偏航驾驶能力	±3.9°状如正弦曲线	无
轨道确定	GPS（测距和测距速率作备份）	测距和测距速率
姿态确定	星辰跟踪器和陀螺罗经（正常定位模式）	地平扫描仪、太阳传感器、磁强计
轨道控制	1 N 推进器	4.5 N 推进器
姿态控制	反作用轮、转矩杆	动量轮、转矩杆

2. 遥感数据获取技术系统

一般而言，遥感数据获取技术系统主要由运载平台和遥感器两大部分组成。它们处在遥感数据产品生成流程的源头，是具体决定其数据产品的内容、类型和特点的关键所在。因此，对了解遥感数据产品而言，了解这种系统及其特性是个不可忽略的步骤。在RADARSAT-2 实例中，这种系统可以用它的空间部分里的飞船为代表加以说明。其飞船由 SAR 有效载荷、总线模块以及可延展的支撑结构（ESS）组成。从遥感数据产品生成流程来看，前两部分将是论述的重点。

1）SAR 有效载荷

SAR 有效载荷是生成 SAR 数据产品流程的初始源头。图 5-6 给出了它的顶层结构，包括其天线和遥感器两个子系统的内部结构及其外延连接的卫星其他组成部分。该图显示出这种有效载荷在整个卫星总体结构中的地位与作用。为了挑选到得心应手的数据产品，用户除知道上述技术结构而外，还要了解它的成像模式。图 5-7 和表 5-6 分别给出了 RADARSAT-2 的成像模式及其波束、模式的相应参数。它除了继续支持 RADARSAT-1的各种作业模式，达到和超过其成像质量的技术指标外，还增添了一些新的作业能力和成像模式。它们包括四极化成像能力、多视角精细模式（与原精细模式的空间分辨率相同，但有 4 种视角可供选用）和 3m 超精细模式。这些继承和新增加的成像模式，均可在左视方向和右视方向两种情况下作业。

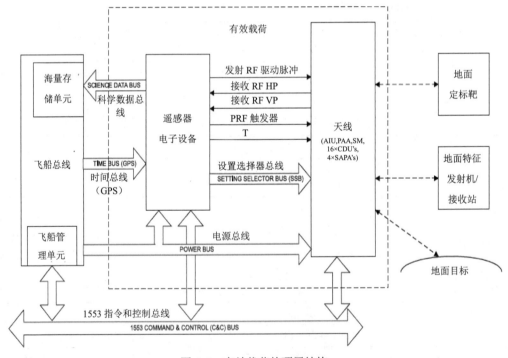

图 5-6　有效载荷的顶层结构

2）飞船总线模块

飞船总线包括卫星运转和维护、支持 SAR 有效载荷、使飞船与发射运载工具妥善连接等，所必须的各种子系统和接口。它们需要承担如下方面的使命：姿态测定和控制；轨道测定和控制；环境工程遥测数据和指令（S 波段）；安全性维护（安保模式）；电源生成与存储；与发射运载工具主要结构支撑和接口；热控制；电源调节、分配和开关；

信号分配；科学数据存储和下传；有效载荷设备的结构支持与安装；附加物拴系点及其
释放机制等方面的任务。在整个 RADARSAT-2 任务运行过程中，飞船总线模块起至关
重要的保障作用。

表 5-6　RADARSAT-2 的波束和模式

波束模式	正常幅宽/km	刈幅覆盖到左或右地面轨迹的距离/km	近似分辨率（距离×方位）/ m
REDARSAT-1 单极化和双极化模式（发射 H 或 V；接收 H 或 V 或 H 和 V）			
标准	100	250~750	25×26
宽	150	250~650	30×26
低角度	170	125~300	40×26
高角度	70	750~1000	18×26
精细	50	400~750	8×8
宽扫描	500	250~750	100×100
窄扫描	300	250~720	50×50
全部极化模式（交替脉冲发射 H 和 V；每个脉冲接收 H 和 V；）			
标准四极化	25	250~600	25×8
精细四极化	25	400~600	9×8
选择单极化（发射 H 或 V；接收 H 或 V；）			
多视角精细	50	400~7500	8×8
超精细	20	400~550	3×3

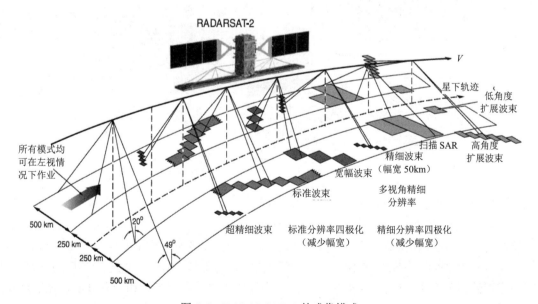

图 5-7　RADARSAT-2 的成像模式

5.2.2 遥感数据产品的生成

从遥感数据获取系统空间部分下传的原始数据，一直到能够为用户所使用的数据产品，需要经过 RADARSAT-2 地面部分的接收、处理等一系列工作步骤。它们构成了遥感数据产品的生成过程。尽管这个过程无法从根本上改变遥感数据的本质内容和基本特性，但是却可以在不同程度上消除其中的许多误差和畸变，更好地为用户的应用任务服务。因此，了解这个过程的重要性，完全不亚于对遥感数据产品来源的了解。RADARSAT-2 遥感数据产品的生成过程，将由其地面部分的有关设施完成。其内部结构如图 5-8 所示，由 8 个灰色方框表示的模块化、分布式的子系统所构成。各个子系统的自主性都很强，彼此之间的耦合却相当松散。这些子系统承担的任务将尽可能地利用 RADARSAT-1 已有的机构和设施完成，或者利用它们升级之后的产物完成。为此，本节不仅要论述这 8 个数据产品生成子系统，而且还要讨论其数据产品生成的步骤和特点。

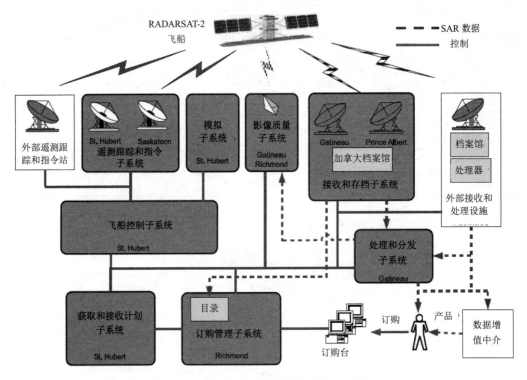

图 5-8 RADARSAT-2 地面部分的内部结构

1. 数据产品生成子系统

RADARSAT-2 的遥感数据产品生成任务，由其订购管理、获取和接收计划、飞船控制、遥测、跟踪和指令、模拟接收和存档、处理和分发及影像质量 8 个子系统所组成。

（1）订购管理子系统（OHS）。它主要由获取计划工具（APT）、数据产品订购平台、数据订购管理系统、RADARSAT-2 目录 4 个模块组成，负责接受和处理 RADARSAT-2 数据获取及其产品的订单。

（2）获取和接收计划子系统（ARPS）。它提供安排 SAR 成像和接收（下传）活动计划以及维护在飞船资源及其限制下的卫星活动主时间表所需的各种功能。它从 OHS 接收成像和下传的需求，检查它们的可行性，然后将它们加入成像和接收计划。所有时间表上的活动都要经过检查，确保它们不会破坏飞船资源的各种限制。ARPS 产生数据获取时间表，供飞船控制子系统使用；产生数据接收时间表，供接收和存档子系统以及外部接收机构使用；管理接收机构下传数据流的解码钥匙和订购数据的接收钥匙。

（3）飞船控制子系统 (SCS)。它位于加拿大空间局总部所在地，由飞船计划和时间表安排（SPS）、指令和分析（CA）、轨道测定和调整计划（ODMP）、保密 PC 4 个模块组成，负责控制 RADARSAT-2 飞船的运作。

（4）遥测、跟踪和指令子系统（TTCS）。它由位于加拿大 St. Hubert 和 Saskatoon 的两个 TT&C 站所组成。每个站备有无线电频率（RF）和天线设备，能够通过 S 波段的线路与 RADARSAT-2 交换指令和遥测数据。在星上 GPS 失效时，它们还执行测距任务以确定飞船的位置。

（5）模拟子系统（SIM）。它提供对飞船和 TTCS 的模拟能力，用来发展和检验飞船运作程序、培训操作人员，进行演习、排练，检查地面系统的各个组成部分，协助诊断和恢复飞船出现的异常状况。SIM 提供了一组通用模型和一个游程时间核（Run-time Kernel），支持复杂的实时飞船模拟。其模型覆盖了与 SCS 连接的各种接口协议和影响飞船行为的空间环境等内容。

（6）接收和存档子系统（RAS）。RAS 与加拿大遥感中心（CCRS）合作建立，且由 CCRS 拥有和运行，负责接收和存档 X 波段下传的 SAR 数据。如图 5-9 所示，RAS 除了供 RADARSAT-2 使用，还可以为其他航天遥感任务服务。RAS 包括在 Gatineau 和 Prince Albert 两个升级的地面站。它们能够为 RADARSAT-2 和其他遥感任务，持续地提供较高自动化水平服务。在每个地面站，RADARSAT-2 下传的数据记录在计算机记录器里，作为备份也记录在磁带之上。这些数据要分割为便于存档的片断，长期保存供未来不时之用。如果 SCS/ARPS 提供解密钥匙，RAS 就解密 SAR 数据，否则，就直接存储加密的数据。RAS 根据要求通过电子线路将 SAR 数据传给处理和分发子系统。所有解密数据经过数据获取编目系统处理，生成进入 RADARSAT-2 目录的元数据和浏览影像。

（7）处理和分发子系统（PDS）。它包括处理 RADARSAT-2 的 X 波段下传数据以生成标准产品的 SAR 处理器。产品生成后，直接送给电子产品接受者（通过文件传送协议，FTP），或者把它们传送给服务经理，打包后以电子方式或邮寄方式交给终端用户。PDS 的规模要足够大，以快速回应用户的各种处理要求，在大约 5min 的时间内并行地完成其大多数产品的生产。输出产品将以用户友好的、采用标准 XML 和 GeoTIFF 标准的产品格式交付使用。

（8）影像质量子系统 (IQS)。它提供一组度量和维持 RADARSAT-2 产品定标与质量的工具。IQS 要分析 RADARSAT-2 影像产品，测量其脉冲响应、几何、辐射和极化特性。这些测量结果用来计算 SAR 处理器生产产品所需要使用的参数。如果需要，IQS 可生成上传飞船的经过更新的波束和脉冲的信息。IQS 除了有软件工具外，还有一组能够为卫星拍摄到的无源点目标，供评估脉冲响应和几何测量之用。IQS 是个新发展，沿用了 RADARSAT-1 影像数据质量工作站（IDCW）的某些功能。

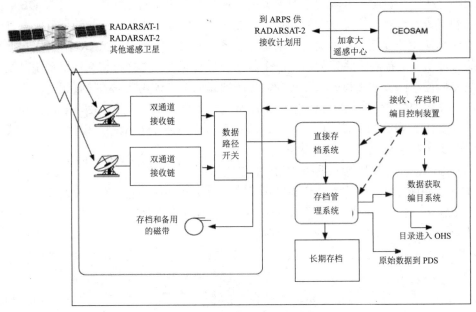

图 5-9 接收和存档子系统

2. 数据产品生成的过程

从终端用户订购 SAR 数据开始，到其数据产品递交终端用户为止，是 RADARSAT-2 地面部分运作的完整过程，也是某种 SAR 数据产品生成的全过程。这种过程可以用图5-10来描述，图中的阿拉伯数字表示实施步骤及其顺序。在运作过程中，RADARSAT-2 地面部分需要与有关实体进行互动。

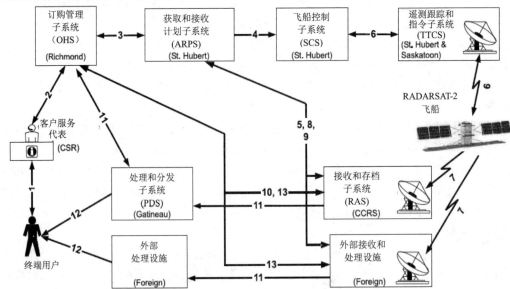

图 5-10 RADARSAT-2 地面部分的典型运作过程

（1）互动实体。从图 5-3 可以看出，在 RADARSAT-2 数据产品的生成过程中，与 RADARSAT-2 地面部分进行互动的有关实体分别如下。运作部分，它由训练有素的工作人员组成，运作 RADARSAT-2 的地面部分、任务运行计划及其所需要的各种程序。商业销售站，他们处理终端用户对 RADARSAT-2 产品的需求。这些销售站的职员称为客户服务代表/数据获取计划员（CSR/AP），负责接受终端用户的数据订单。加拿大政府的 CSR/AP，他们负责处理来自加拿大政府对 RADARSAT-2 产品的需求。RADARSAT-2产品的终端用户，他们与 CSR/AP 互动以确定自己对 RADARSAT-2 产品在业务或研究以及接收方面的需求。RADARSAT-2 飞船，它通过 S 波段线路，接收来自地面部分的指令，向地面部分发送遥测数据。地面部分通过 X 波段线路接收合成孔径雷达（SAR）数据。飞船发射和接收 C 波段的雷达信号；外部遥测、跟踪和指令机构。它们为当地用户服务，用作卫星地面 TT&C 站的补充，以支持 RADARSAT-2 发射、早期轨道调整，提供在正常运作期间对突发事件的处理能力；网络地面站通常由为当地用户服务、管理自己的订单以及对地面部分数据获取需求的外部数据产品订购管理机构、接收和存档下传 SAR 数据的外部接收与存档机构以及产生为当地用户服务的数据产品的外部处理机构 3 个外部机构组建。

（2）实施步骤。RADARSAT-2 的 SAR 数据产品，需要经历如图 5-10 所示的 13个处理步骤，才能交付终端用户使用。这些步骤及其先后顺序，分别以图上的阿拉伯数字表示。

第一步，终端用户向客户服务代表（CSR）提出订购数据产品的要求。然后与 CSR共同商量，选择最适合终端用户需求的 SAR 成像类型。

第二步，CSR 利用 OHS 的 Web 订购能力进入订购程序。OHS 根据访问控制限制条件，检查订单及其有效性。当订购通过系统之后，CSR 和终端用户可以与 OHS 互动，跟踪订购的进展情况。

第三步，OHS 将经过批准的获取请求传送给 ARPS。ARPS 立刻检查这种请求的可行性，查明雷达在请求的数据获取时段内是否可以工作。ARPS 操作人员定期安排所有新数据获取请求的长期计划。在下一个这样的计划周期里，要重新计算所有新的数据获取请求对飞船资源的全面需求，检查这些请求的可行性。如果存在矛盾，要从计划里消除优先级最低的获取请求。实际上，长期的计划循环是不断迭代地对重大的数据获取事宜（对飞船资源限制的突破）进行鉴别和说明，且优先于短期的计划循环的一种过程。在成像前几天时间，数据获取进入"确认"状态，防止受到除了紧急要求以外的所有要求的干扰。在 ARPS 里，所有获取状态的变化，都要回报 OHS。

第四步，ARPS 操作人员一天两次执行短期的计划循环，仅在下个循环开始前几个小时最后确定在 6~12h 范围内的时间表。在这个计划循环期间，要进行最终限制的检查，用最新预测的轨道数据来调整各种活动的精确时间，生成说明这段时间里所有需要的飞船数据获取活动的时间表，然后传送给 SCS。

第五步，在生成数据获取时间表的同时，也为每个接收站生成其说明 X 波段下行活动的接收时间表。在前述 ARPS 的长期计划循环里，这些时间表的草稿版本（称为预定的接收计划）已经传送给 SCS。

第六步，如同 ARPS 一般，SCS 同时要执行长期和短期的两种计划。SCS 的长期计划主要涉及到飞船维护活动的计划。在 SCS 短期计划执行期间，来自 ARPS 的数据获取时间表被吸收，并与已经计划好的其他飞船活动融合在一起。正式安排适当时期内的活动时间表、进行限制检查，对发现的任何违背限制的事件都要加以说明，然后产生飞船任务的通过程序。通过程序由管理与飞船通信的各种可执行的程序组成，包括一系列将控制未来成像和下传的飞船时标（Time-tagged）指令表。在卫星通过期间，SCS 利用其过顶的数据，对发送到飞船的实时和未来时标指令进行控制。这些指令通过 TT&C 站利用 S 波段线路上传给飞船去执行。

第七步，飞船执行已编程的各种成像指令，按程序把数据下传到地面，以获取影像实时下传或星载记录器存储数据下传等方式进行。接收机构根据其来自 ARPS 的接收时间表，记录下传的数据。数据经过解密，将存档保存（如果有解密钥匙）。

第八步，接收机构将其接收报告送给 ARPS，报告其数据接收的情况及其在接收过程中出现的任何问题。

第九步，当访问控制原则规定了在数据能使用前有个时间延迟的情况下，ARPS 将使用不同的解密钥匙对这些数据加以处理。在时间延迟结束之后，才会把解密钥匙交给接收机构使用。

第十步，数据存档之后，RAS 马上送档案存储报告给 OHS，说明这些数据已经可以处理了。

第十一步，OHS 送产品订单给 PDS。PDS 从 RAS 调原始数据进行处理，生成数据产品，然后通知 OHS。

第十二步，PDS 使数据产品能够为终端用户使用。

第十三步，RAS 处理存档数据以产生其元数据和浏览影像，传送给 OHS 并纳入数据目录。用户通过 Internet 可以得到这些目录。

5.2.3　遥感数据产品的服务

遥感数据产品服务主要涉及到其生成过程前的任务计划及其后的订购处理方面的问题。RADARSAT-2 订购处理和任务计划的概念，建筑在终端用户与客户服务代表（CSR）、获取计划师（AP）之间，在需求方面进行深入、频繁交流的基础上。它们的功能，一方面要确保用户能够分享 RADARSAT-2 带来的利益，充分发挥出 RADARSAT-2 的重要作用；另一方面要具有使终端用户的应用需求，能够转化为对飞船获取、接收、产品、服务和派送等技术要求的能力。因此，订购处理和任务计划子系统的发展，对于许多业务性的地球观测任务是个重大的挑战，对于 RADARSAT-2 任务也不例外。

1. 订购处理子系统

尽管前面已经一般性地提到了遥感数据产品订购处理子系统方面的问题，但是从重点论述遥感数据产品服务的角度来看，仍然有必要对其系统的技术构成作进一步的剖析，也有必要对其重要的基本理念加以说明。

1）系统构成

订购处理子系统（OHS）为商业或加拿大政府的 CSR/APs、外部处理机构代理、派送经理等类型的用户，提供与 RADARSAT-2 地面部分进行交互访问的渠道。它由图 5-11 所示的 6 个模块所组成。

（1）获取计划工具（APT）。它提供一个用于地理特征显示的图形工具，可以为 CSR/AP 使用，也可为熟练的终端用户使用，以安排后续的数据获取计划以及确定后续获取

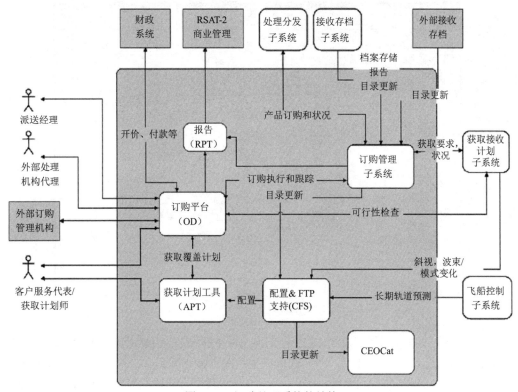

图 5-11　订购处理系统的结构

的或存档的数据产品细节。APT 的输出是一组用户所需的成像或存档的影像条带及其影像分幅的方案。它具有输出这种 XML 格式的获取覆盖计划（ACP）文件的能力。ACP 将直接进入订购平台，生成或修改 RADARSAT-2 的订单。ACP 描述了卫星的具体轨道和成像方案，包括了新的高分辨率（窄刈幅）波束和模式（多种发射和接收极化）以及现时的视角转向计划在内，对 RADARSAT-2 刈幅的描述精度不超过 1km。图 5-12 所示为 APT 主屏幕上显示的区域实例，其中有几个刈幅成像带。RADARSAT-2 的 APT 是 RADARSAT-1/SPA 的升级版本，具有如下特点：分幅选择灵活，可按照预设的长宽比和像幅重叠百分数自动对产品分幅，也可根据户规定的影像分幅数目，自动生成该数目、幅面大小相同且具有设置好重叠率的影像产品；APT 允许将一个刈幅，作为另一个刈幅获取的备用方案；可以规定飞船左视、右视方向的时间表，按照现时设置的转向计划，显示所有刈幅的状态；对立体和相干像对进行搜索高级的目录搜索；四极化和超精细（窄）波束在获取计划期间可进行高程改正，使刈幅的位置精确到实际成像位置 1km 的范围以内；APT 使用了一个双基 Keplerian 模型的轨道模拟器以调整岁差，但它没有考虑太阳活动变化引起的大气制动的影响。因此，APT 硬性规定模拟结果的外推时间不得超过轨道数据初相日 1 天以上的时间。

　　（2）订购平台（OD）。它是为 RADARSAT-2 任务研制的 Web 嵌入式的应用模块，可以为 CSR/AP 提供分布式的访问能力，包括进入、编辑、观看订单及其状况；帮助生成技术和预算建议方案，以便与用户进行交流实现其应用需求；通过客户服务组（CSG）加强订购的可视性和对它们访问的许可范围。

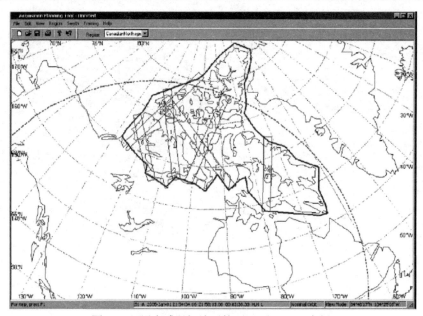

图 5-12　用户感兴趣地区的 APT 地理显示实例

（3）订购管理系统（OMS）。它处理订购平台提交的订购单，填写必要的信息流把获取请求送给获取与接收计划，产品订单给处理与分发子系统（PDS），监测这两个系统的执行情况。它还接收来自接收和存档系统的存档状况方面的信息。当新数据可以使用时，这些信息随之产生。OMS 根据这些信息，启动对任何订单的处理。

（4）设置和 FTP 支持模块（CFS）。CFS 存储预测的轨道数据、波束定义、转向计划设置文件以及存档目录信息，提供文件传输协议（FTP）给世界范围里使用 APT 工具的用户以访问这些数据和信息。

（5）CEOCat 模块。CEOCat 是加拿大遥感中心（CCRS）使用的任务目录，原来支持 RADARSAT-1，扩展后支持 RADARSAT-2。CEOCat 目录将包含在加拿大和外国网络地面站存档的关于 RADARSAT-2 数据的信息，也包括它们提供的浏览数据影像。社会公众可以通过 Internet 访问 CEOCat。

（6）报告措施模块（RPT）。RPT 提供了一个报告生成工具，使报告的定义和生成作业，能够在订购平台和订购管理系统数据库的基础上实现。

2）基本理念

在论述 RADARSAT-2 订购处理和任务计划的基本理念时，往往会涉及到订购处理的运作脉络、工作内容、客户服务组、保密原则、获取计划与冲突解决、优先等级、商业服务、转向计划处理等方面的问题。毫无疑问，对于这些基本理念的认知，将会加深对订购处理和任务计划环节重要性的理解。

（1）运作脉络。终端用户通常与帮助他们订购 RADARSAT-2 数据产品的客户服务代表互动，其订购处理过程在图 5-13 中给出。订购处理服务通过 CSRs 为终端用户提供足够的功能，使他们能够表达自己的需求、了解和批准满足他们需要的订单、执行他们的订单、追踪订单的进展、接收满足他们订单要求的产品。每个 CSR 利用装备有 APT 和 Web 浏览器工具的工作站输入、监视和操作用户的订单，在数据获取计划师（AP）

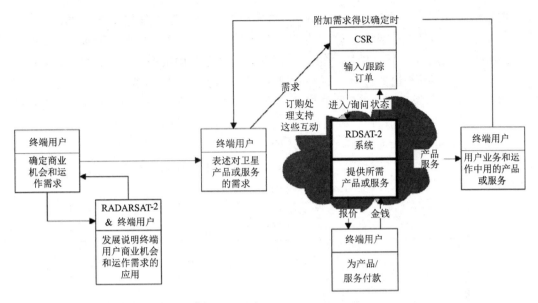

图 5-13　订购处理的作业脉络

的帮助下，制定详细的数据获取要求，确保收集到满足用户需求的所有数据。AP 使用和 CSR 同样的工具，但他们是制定 RADARSAT-2 数据获取计划的专家。CSRs 会及时提供订购可行性的反馈信息，说明系统资源是否支持其订购要求的状况，也会观察订单的进程，及时提供其状态的信息。确定能够满足预期的对数据要求的吞吐量。系统设计保证每天有处理和检验 500 个数据获取请求的能力。

（2）工作内容。用户订单应该包括一个或多个元素：一个或多个说明所需输入数据的获取技术说明书，可以要求飞船获取新的数据，也可以使用以往的存档数据；一个或多个产品技术说明书，产品可以通过处理新获取和存档数据产生；一个或多个派送技术说明书，规定产品派送目的地及其派送方法。为了提出 RADARSAT-2 影像数据的订购单，终端用户通常要与 CSR 讨论确定：影像覆盖的地理区域、影像获取的时间范围、数据的应用类型、订购的优先等级以及影像产品交付的时间范围等事项。根据这些信息，CSR 利用有关的订购服务设施确定是新获取还是利用存档数据，或两者皆用来满足订购的需要。对于新数据获取要求，CSR/AP 将利用订购设施的能力，准备一份数据获取技术说明书，包括成像开始及其延续时间、使用的波束类型和模式、影像优先级的排序表、最迟可接受的数据下传时间以及发射数据的接收机构等内容。为了提高订购的成功率无须重做计划，CSR/AP 要做一个或多个能够满足用户需求的数据获取备用方案。当用户的获取计划与高优先级的其他获取计划发生冲突而失败后，系统马上可以选用事先准备好的备用方案完成获取任务。

（3）客户服务组。RADARSAT-2 系统的两个关键要求，对于终端用户的分组至关重要。一个是订购保密性。鉴于订购数据库的集中本质与提供 CSR/APs 访问的分布本质之间的矛盾，使规范订购单的可视性成为必要。另一个是访问的许可。加拿大的法律要求有能力将每个终端用户纳入一个客户文档，按地理区域、时间、性能、允许下传和处理数据的机构等特征来定义数据访问特权。为此，在 RADARSAT-2 设计中，引入了客户服务组（CSG）的理念。每个 RADARSAT-2 的终端用户，都要分配到一个 CSG 中去。每个能够进入订购处理输入和监视终端用户订单的 CSR/APs，都要分配到一个或多个 CSG 中去。CSG 具有层状结构，如图 5-14 所示。属于层中某个组的 CSR/APs，有权访问其组内及其下层组内的订单。如图 5-14 所示，作为雷达卫星国际（RSI）商业分销商 CSG 的 CSRs，不能看来自加拿大政府分销商 CSG 或贸易伙伴 CSG 的 CSRs 提交订单的细节。他们只能看他们自己、外国站 CSG 或代理 CSG 成员输入的订单细节。在此结构中，顶层实体是任务计划 CSG，可以访问所有订单的内容。访问 RADARSAT-2 的产品和资源，也受某个 CSG 的控制。每个 CSG 与一个或多个订购访问子集有关。该子集确定了对 CSG 访问的许可以及与终端用户的关系。

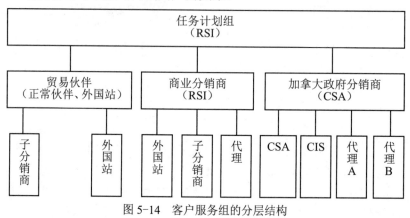

图 5-14　客户服务组的分层结构

（4）保密原则。RADARSAT-2 地面部分保证终端用户数据及其需求细节的保密性。安排好的数据获取计划，可以在不同级别上进行保密。其级别取决于 CSG 的层次以及订单规定的可视性滤波器的级别。CSR 拥有访问 CSG 层次规定的订购信息，可视性滤波器不会控制对获取计划细节的访问。在对获取可行性检查的响应过程中，这种滤波器限制向其他 CSG 的 CSR 提供有关获取信息的数量。一般而言，可视性滤波器有 4 个级别。级别为 0 时，不能显示获取信息细节，不能如愿以偿获得冲突信息报告；级别为 1 时，只显示数据获取开始和结束时间的信息，冲突信息只说明 SAR 有效载荷从时间 A 到时间 B 在使用，不提供波束类型等附加信息；级别为 2 时，只显示技术信息（波束类型、工作时限等），而不显示商业信息（获取信息的拥有者、商业应用领域）；级别为 3 时，显示所有获取信息。数据接收的保密性通过对下传数据的加密实现。数据加密和解密钥匙的保护，旨在限制 SAR 影像数据可能为其他地面站捕获和使用。因此，数据有可能下传到合作的某个外国地面站，然后送到其他地方解密。这样，在数据到达最终目的地之前，都受到保密保护。当接收到的 SAR 影像作为档案存储时，社会公众能从全球目录看到它，会有一段时间的滞后，其长短取决于终端用户的要求。

（5）获取计划与冲突解决。在判断数据获取要求是否可行以及确定支持订单批准的实际计划要求时，RADARSAT-2 系统的获取计划和冲突解决，是应该首先想到的重要问题。通过检查成像和下传 SAR 数据所需资源的应用状况，是确定获取可行性的关键所在。

① 获取计划可行性的影响因素。这些因素包括：飞船 SAR 有效载荷一次只能有一个成像作业的能力；在两次成像之间需要有间隔，以便重置 SAR 有效载荷、预测轨道不

确定性和合成孔径的时段；在成像期间或利用星载固态记录器（SSRs）之后数据需要下传，星上存储的数据量受 SSRs 容量的限制；飞船支持两个可以同时使用的下传通道，每个的容量为 105Mb/s。成像速率有时是其数据下传速率的 5 倍。这种情况为 SSR 的容量所能容忍，使数据下传能从成像期开始，到成像完成之后结束；影像数据下传应事先做好计划，在可用接收设施上空可使用的卫星过顶的时间里进行，以满足用户时间限制的要求，使所需存储的数据量限制在 SSR 容量的范围内；SAR 有效载荷在每条轨道上成像的时间，受制于电源和温度控制的状况；在每条轨道上，数据下传的发射时间，也受制于电源和温度控制的状况；成像在飞船处于左视或右视方向时都可以进行。飞船可以例行地从一种模式转换为另一种模式。从左到右的转向时间需要 10min；成像和下传发射作业，不允许在转换期间进行。

② 获取计划成功性的影响因素。RADARSAT-2 制定计划的理念，旨在使 CSRs 对它们的请求能否纳入飞船作业时间表有更大的控制权，能够提供更多需要处理的请求，缩小计划与获取之间空置的最短时间。如果每天必须支持的数据获取请求数量增加，在数据获取计划期间冲突出现的机率会很高。因此，在把客户的需求转变为订单的过程中，有效和准确地发现、解决冲突的能力至关重要。影响终端用户获取数据成功的因素包括：CSRs 使用诸如 APT 之类的工具，确定用户希望获取数据的时间、使用的波束和模式、赋予数据获取活动的优先级。这些信息递交给订购处理服务，然后转到获取计划服务；CSR/APs 在递交订单之前可要求进行可行性检查。可行性检查会及时给予反馈，使 CSR/AP 能够确定获取数据所需 SAR 有效载荷的可得性。如果不可得，将帮助他们重新制定在其他时间里的获取计划；当订单递交，获取请求被接受之后，其可行性要再次进行确认，通过保留最高优先级的请求自动消除冲突；CSGs 允许定义和使用子优先级排序，消除请求之间的冲突；获取和接收计划人员（ARPOs）使用获取计划服务定期检查对各种资源限制的突破，而不是 SAR 有效载荷的可得性。当这种突破出现时，ARPO 要解决这种冲突，在大多数情况下以取消优先级最低的获取订单来应对；当一个获取订单被取消时，这种状况要反馈给订购处理服务，使之能够重新安排备用的获取计划，或者人工重新安排获取计划。

③ 获取计划时间性的主要理念。RADARSAT-2 的计划时间安排，采用如图 5-15 所示的两阶段方法进行。第一阶段，所有优先级的获取请求都被接受，根据它们的优先级消除冲突。对于优先级相同的请求，先提交的请求保留。在递交时间之后，所有纳入时间表的数据获取请求都会受到保护，不会因为有更高优先级请求的出现而被取消。在出现与飞船健康和安全有关的活动，或者数据获取与国家安全或应急事件相关的情况下，将不受到这种规定的限制。在递交时间之后（预期在编排获取时间表之前大约 4 天），所递交的非紧急请求将会尽量安排，只有在它们与现有请求不发生冲突且飞船资源足够时，这些新的请求才会接受。最终的获取计划，要在每个成像周期之前完成。获取和接收人员将最后审定下个成像周期里的成像和下传活动，生成获取时间表和接收时间表。它们分别传送给飞船控制和接收/存档机构。

（6）获取优先等级。RADARSAT-2 的数据政策规定了 7 种主要需求类型，用以确定与系统资源发生冲突时的优先等级，如表 5-7 所列。根据当时起作用的价格政策，对于应急请求和时间严格请求的优惠，也适用于所有这些类型的请求。

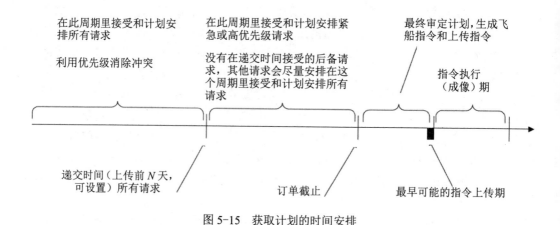

图 5-15　获取计划的时间安排

表 5-7　确定在解决获取与系统资源冲突时优先等级的主要需求类型

主要请求类型	具体内容
飞船健康和安全	
国家安全	
紧急事件	国家紧急事件；社会政治紧急需求；加拿大对国际人道主义救助；环境紧急请求；商业紧急请求
影像质量和定标	
时间严格的请求	确保的观察；非确保的获取；运作时间的严格请求；完成时间的严格请求
非时间严格的请求—非确保的获取	商业交易或加拿大政府业务请求；研究请求；推广或项目开展请求
背景任务请求	

（7）商业服务。RADARSAT-2 数据产品的订单及其内容，可以包括某些数据增值服务的项目在内。

① 获取优先级服务。尽管超出了非时间严格限制的基本服务，但可以为客户提供编程服务。这些服务的优先级按降序排列：应急编程服务、必保的严格时限编程服务、严格时限编程服务以及 Meteo 服务（与 RADARSAT-1 的服务类似）。

② 固态记录器使用服务。鉴于 RADARSAT-2 固态记录器的灵活性，接收站可以利用这种服务接收该站覆盖范围以外获取的数据。

③ 数据处理服务。客户可以选择"正常""加急"和"近实时"等不同类型的处理服务，也可以选择数字产品不同优先等级的派送服务。

（8）转向计划处理。RADARSAT-2 飞船有能力例行地采取左视或右视的作业模式成像。转向计划应该制定一个标准化的时间表，安排左视、右视、转向或无法斜视等作业的时间。转向计划在任务计划层次上决定，将由 ARPS 维护。ARPS 将当前的计划送给 OHS，然后使之成为转向计划的安排文件，供 APT 用户使用。CSR/APs 根据现时的转向计划配置 APT，确保计划已安排的数据获取切实可行。这种转向计划将遵循表 5-8

列出的指导原则加以管理。

表 5-8　转向计划制定的指导原则

指导原则	具体说明
左视和右视作业取决于商业考虑	
正常的成像模式采用右视作业	与 RADARSAT-1 相同
按时间表左模式和右模式定期转换，能扩大 SAR 遥感器在轨道上的应用范围和效率	例如，由右模式转向左模式提高了对陆地和海岸带的成像机会，可获得右模式所无法获得的有用影像
完成覆盖整个南极洲的数据获取任务	可以按时间表进行左模式和右模式的定期转换
制定视向转换的时间表需要考虑市场的需求，使 CSR/APs 事先能够得到	
在左视和右视方向作业期间，执行的任务不会提供额外的优惠	
在紧急（如洪水、油溢）情况下，可从一个方向转到另一个方向	CSR/APs 可以提出要求。任务计划人员将评价这种要求，批准转向请求。产生新的转向计划，然后通知 CSR/APs

2. 任务计划子系统

获取/接收计划子系统简称任务计划子系统。它可以从系统结构和基本功能两个方面介绍。尽管其活动主要发生在 RADARSAT-2 影像产品生成之前，但是它们对用户能否获得所需要及其满意的数据却至关重要。

1）系统结构

图 5-16 给出了获取和接收计划子系统的结构（ARPS）。它由灰色虚线框里的一系列作业所组成，还涉及到两种类型的管理人员，即获取/接收计划人员和 ARPS 系统管理人员。他们在 ARPS 运行过程中，发挥着极为重要的作用。

（1）计划工具包（PTK）。它是一组可以重复使用、涉及面广、高性能配置的计划工具，构成了 ARPS 设计和运行的基础。PTK 在卫星地面部分的两个计划领域里使用：一个是在获取接收计划子系统里使用，根据 SAR 有效载荷的限制编制客户请求的时间表，管理时段比较长（长达 1 年之久）；另一个是在飞船计划子系统（属飞船控制子系统的组成部分）里使用，注重飞船健康和安全方面的问题，管理的时段较短（24h）。这两个子系统的发展，得益于反复使用共同的结构、共同的一组计划服务和工具的设计及其理念。使用共同的工具减少了对工作人员的培训任务以及对整个维护工作的需求，也给任务的各种运作带来了好处。PTK 的核心是一个可调整配置的数据库框架，能够持续不断地对任务所需要的活动和资源进行定义。PTK 还包括对这些活动、资源及其相互关系进行建模的支持软件以及一个综合性的用户界面，使操作人员能较容易地发现和解决各种冲突。

（2）ARPS 获取包。它管理用户对获取 RADARSAT-2 专门影像的各种申请。

（3）ARPS 解密钥匙包。它管理把解密钥匙安全地分发给相关接收和解密机构的事务。

（4）ARPS 时间表包。它生成和分发接收时间表给接收机构，生成获取时间表给飞船控制子系统（SCS）。

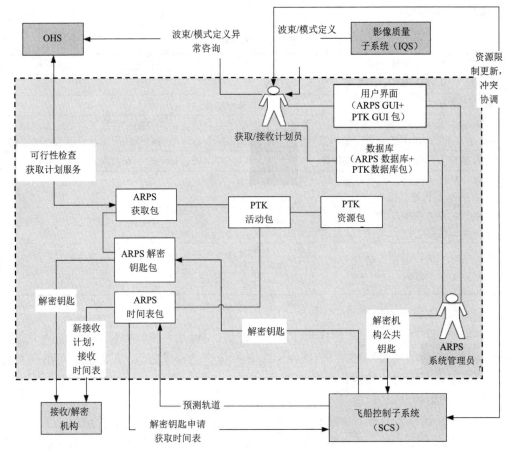

图 5-16 获取和接收子系统的结构

2）基本功能

ARPS 的基本功能以服务和确保用户能够获得自己所需 RADARSAT-2 影像数据为目标。为此，它们涉及如下基本功能。

（1）交互访问卫星地面部分。ARPS 为不同类型用户提供交互访问卫星地面部分的功能。这些用户是：获取/接收计划操作员（ARPOs），负责对成像和下传（接收）活动总时间表进行维护；ARPS 系统管理员，负责对其计算机系统、数据库的配置进行维护，利用数据检查跟踪和其他获取/接收计划数据生成报告，提交业务管理使用。

（2）维护飞船/接收资源模型。ARPS 维护着获取与下传影像所需要的飞船和接受机构的资源模型。这些资源包括 SAR 有效载荷、星载记录器、下传发射机以及接收机构本身。该模型要预测上述资源的可得性和能力，用以确保所需要的影像获取、数据下传、转向作业等活动，能够在资源有限的范围里完成。ARPS 将获取和转向请求，作为活动存储在数据库里。例如，获取由一个成像活动、一个或两个下传的活动所组成。ARPS 检查获取的可行性，如图 5-17 所示，可分两个阶段进行。第一阶段，ARPS 在收到获取请求之后，马上检查与 SAR 有效载荷是否有冲突（成像时间重叠）。任何冲突或者通过拒绝新请求来解决，或者启动冲突处理机制撤销低优先级的请求来解决，然后将处理结果报告 OHS。第二阶段，操作人员定期地利用交互计划工具检查和解决第一阶段遗留下来的有关突破资源限制的问题。根据操作人员处理的结果（一般取消优先级最低的获取请求），ARPS 将向 OHS 报告发生变化的情况。

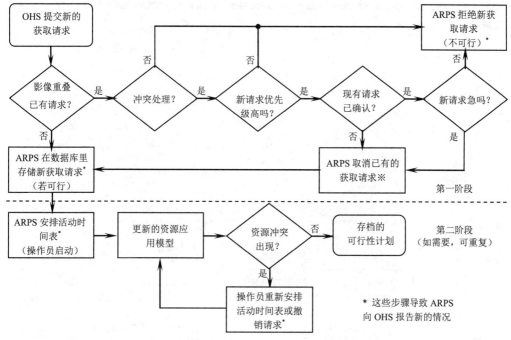

图 5-17　ARPS 两阶段的可行性检查流程

（3）为操作员提供计划工具。ARPS 为操作人员（ARPO）提供资源检查器、活动时间表观察器、时间表发生器、活动编辑器等重要的计划工具。通过活动时间表观察器，ARPO 可以观看各种活动和资源占用的时间安排（图 5-18），把时间比例尺调整到对计划最为有利的状态。活动时间安排区给出了沿着时间轴来安排的活动顺序。在左边，通过树状组织结构将活动分门别类，每类活动用某个时间行显示。在每行里，每个小矩形代表同类型活动中的一个活动。矩形左边和右边的位置，表示该活动安排好的开始和结束的时间。每个矩形的颜色指示该活动的现状。资源时间安排区，给出了每种规定的资源状况随时间的变化。ARPS 建立了两类资源的模型。一类是价值资源，取离散值或状态，其时间分布显示了资源的预测值以及任何预测的对资源限制的突破。方块的不同颜色是随时间变化的资源值。另一类是蓄积资源，有一定容量可以消耗，也可以补充。其时间分布表示了预计的资源利用状况以及对资源限制的突破。调整时间表垂直比例尺的大小，以涵盖在显示期间预测的物理容量的范围。当预测的资源应用与业务运行容量相比，不论是超过还是使用不足的情况都作为问题区，都会用显眼的颜色强调出来。对于各种资源而言，鼠标在时间表上定位的地方，出现信息窗口显示出当前的资源利用状态。

3）作业流程

典型和完整的 ARPS 计划流程，从终端用户对 RADARSAT-2 的某种或某些数据产品的请求开始，一直要延续到该数据产品递交到用户手中为止。这个流程可以用表 5-9 来表达，也可以用图 5-19 来描述，两者可以相互参照、相互补充来阅读。在以往论述的基础上，读者阅读和理解这些图表很容易，据此可以对其产品服务，建立起一个比较完整的概念和相当清晰的图画。图中的双箭头线，其实箭头表示某个请求，空箭头则代表系统对该请求的响应。

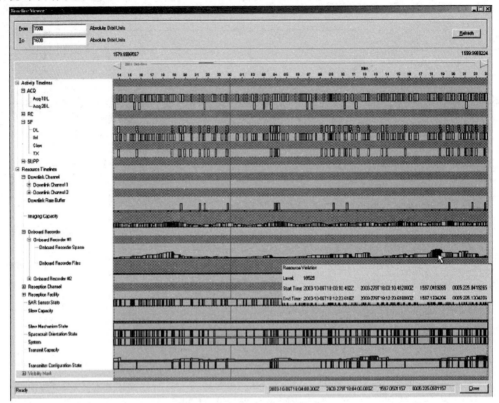

图 5-18 活动时间表观察器

表 5-9 RADARSAT-2 数据订购/获取/接收的计划流程步骤

步骤	说明
产品请求	终端用户与客户服务代表（CSR）接触，说明他们对产品的需要
确定订单	CSR 深入了解用户需求的信息
确定获取覆盖计划（ACP）	获取计划师（AP）或 CSR（对较小订单）利用 ATP 产生一个 ACP，ACP 也可以由熟练的终端用户利用 ATP 提出
提交 ACP 进行可行性检查	CSR/AP 向 OHS 提交获取计划，进行可行性检查
检查获取可行性	OHS 把请求送给 ARPS，检查与 SAR 成像时间的冲突，报告检查结果
可行性检查结果	结果反馈 CSR/AP，他们重新制定 ACP，直到可行的计划完成为止
推荐数据	CSR 利用 OHS 产生必要的数据，供技术和预算建议使用
技术和预算建议	CSR 为用户准备技术/预算建议，提供足够信息作为与用户签订合同的基础
终端用户接受条款	终端用户接受订单上的各项条款
批准订单	CSR 把订单递交给 OHS 执行
编制获取时间表	OHS 将新获取订单传送给 ARPS，检查影像重叠，若无，接受请求
可行性检查结果	检查结果反馈给 CSR，如果某个获取因可行性未被接受，替代获取方案将被检查；如果替代方案都不可行，CSR 需重新制定计划

（续）

步骤	说明
获取和接收时间表	获取/接收计划员（ARPO）检查活动受资源的限制，解决出现的任何问题，然后产生和分发给接收站的接收时间表、给飞船控制的获取时间表；飞船控制确保飞船任务完成；飞船在获取时间表规定的时间摄取和下传数据
接收报告	接收机构报告成功地接收了下传的数据
获取状态	ARPS 报告获取的进展（状况）
档案存储报告	接收和存档报告，接收的数据从加拿大档案馆可以获得
产品订单	OHS 签署产品订单给 PDS
产品	PDS 生产 RADARSAT-2 产品
生产状态	PDS 报告产品的生成过程完成
显示订单的状态	派送经理（DM）检查订单状态，是否有产品可供派送
显示派送说明	DM 发现有产品可供派送，签发派送说明（运送地址）
产品	DM 访问产品的电子备份；如果需要，还可以准备介质版本（CD-ROM）
更新订单的状态	DM 对派送作记号，表示完成；CSR 对订单作记号，表示完成

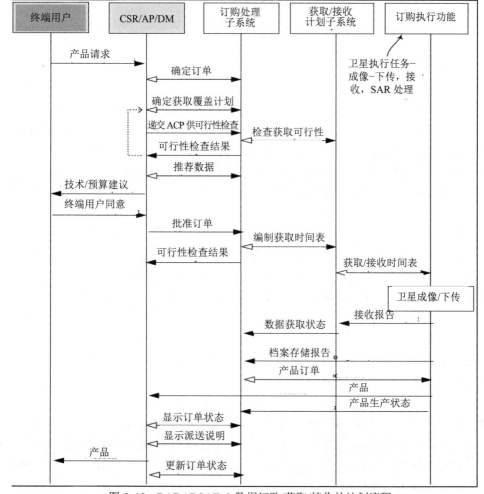

图 5-19　RADARSAT-2 数据订购/获取/接收的计划流程

5.3　遥感信息共享服务网络

遥感数据的生产者或拥有者，如何通过网络有效、优质地向用户提供遥感数据服务的有关问题，已在 5.2 节以 RADARSAT-2 为例进行了论述。然而，如何帮助广大用户能够从遥感数据的汪洋大海之中，准确、高效地获得他们自己所需要的数据和信息，或者说，如何帮助用户在遥感信息共享过程中，寻找合适的数据和信息的提供者，则是在这一节里需要论述的问题和内容。事实上，这个问题既是信息共享服务必须解决的核心的问题，也是信息共享服务首先会遇到而无法回避的问题。就目前的情况来看，尽管解决这个问题的具体方法为数众多、路数各异，但是归纳起来主要有两种途径：一种是通过数据查询的方式进行，可以用基于元数据的查询方法为代表说明；另一种是直接在遥感影像上以交互搜索的方式进行，可以用 Google Earth、Virtual Earth 为例说明。

5.3.1　基于元数据查询的服务网络

目前，在地球空间信息领域里使用的许多标准，源于国际标准组织地球/地理信息技术委员会 211（通常简称为 ISO TC 211）的 19 字头的标准系列。鉴于欧盟某些国家依照法律必须使用欧洲自己的标准，欧洲标准组织（CEN）建立了上述 ISO 标准系列的欧洲版本（European profiles）。在 ISO TC 211 开始工作之后，欧洲 TC 287 原先的工作及其成果就纳入了 TC 211 的轨道。在美国，联邦地理空间数据委员会（Federal Geographic Data Committee，FGDC）在 20 世纪 90 年代中期建立了地球空间信息标准，成为元数据建设和信息交换中心（Clearinghouse）发展的基础。在 1998 年之后，FGDC 的标准工作也纳入了 TC 211 的轨道。1997—2000 年，在 FGDC 的地理空间元数据内容标准（CSGDM）、ISO/TC 211 为地理数据集推荐的核心元数据标准（ISO 19115）基础上，我国编制了《NREDISA 信息共享元数据内容标准草案》及其实现的软件工具。下面将分别论述地球空间数据的元数据、信息交换中心及其应用实例的状况。

1. 元数据

元数据亦称"数据的数据"，可以和任何数据源，如文件、数据集或其他信息来源关联。它们提供了有关数据源的附加信息，使之能够得到很好的理解、更有效的使用。元数据的主要应用体现在 3 个方面：维护某个组织在地球空间数据领域里的投资；为数据目录、信息交换中心和数据中介商，提供该组织所有数据的有关信息；提供来自外部数据源且需要处理和解读的数据的有关信息。因此，它们不仅是开启跨部门、多来源数据进行交流共享、综合分析及应用服务大门的钥匙，也是实现地球空间数据集成、共享和应用统一的技术标准和共同的工作基础。根据元数据所起的作用，在其标准里应该包括有关地球空间数据的可得性（确定在某个地理位置上是否存在数据集的信息）、与应用的适合程度（确定该数据集对某特定应用适合程度的信息）、数据访问（获取指定数据集的所需信息）以及数据转移（处理和应用数据集的信息）等方面的信息。在实际应用过程中，首先要确定何种数据可使用，然后要评价数据对应用的适合程度，最后就是数据的获取、转移和处理。随着应用任务的改变，这种顺序并不是一成不变的，往往需要根据具体情况灵活地加以调整。

1）地球空间数据的元数据内容标准

通过美国的 CSDGM 标准、国际标准组织的 ISO 19115 标准以及我国 NREDISA 的信息共享元数据内容标准草案可以看出，为了描述空间数据集的特征，这些标准定义了十大类描述元素，如图 5-20 所示。地球空间元数据内容标准的组织框架里，第 1~第 7 为独立的元数据节，亦称标准部分；第 8~第 10 元数据节是非独立存在的部分，需要嵌入其他元数据节的适当部位使用，称为引用部分。这 10 类描述元素分别论述如下。

（1）标识信息。标识信息是关于数据集的基本信息，也是诸地球空间数据集应包含的内容。通过标识信息，数据集生产者可以对有关数据集的基本信息进行详细的描述，如数据集的名称、作者信息、所采用的语言、数据集环境、专题分类、访问限制等；用户也可以利用这部分内容，对数据集有一个总体的把握和了解。

（2）数据质量信息。数据质量信息是对数据集质量进行总体评价的信息。这部分内容包括数据集的几何精度和属性精度、数据集继承信息等方面的信息，也包括数据集在逻辑上的一致性和完备性的信息。数据集生产者可以通过这部分内容对数据集质量评价的方法和数据集的加工生产过程进行详细地描述。而这一部分也是用户确定数据集在数据质量和精度方面，是否符合自己使用要求的主要依据。

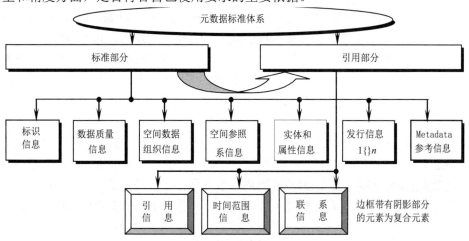

图 5-20　地球空间元数据内容标准的组织框架

（3）空间数据表示信息。空间数据表示信息反映了数据集中表示空间信息的方式。它由空间表示类型、矢量空间表示信息、栅格空间表示信息等内容组成。它是决定数据转换以及数据能否在用户计算机平台上使用的必要信息。用户了解空间数据表示信息后，便可以在获取该数据集后对它进行各种处理或分析。因此，它也是了解数据集适用与否的重要依据。

（4）空间参照信息。空间参照信息是关于地理空间数据集的坐标参考框架以及编码方式的描述信息。它反映了现实世界的空间框架模型化的过程和相关的描述参数，包括空间坐标系统及其相关参数（如投影参数）和大地模型等。通过空间参照信息，基本上可以确定该数据集的空间框架模型化过程，使信息的空间意义得以明确。当数据集的空间参照信息具有某种量化程度和规范性时，就具备了一定的空间可度量性。这是数据集进行空间定量分析、决策的基础。

（5）实体和属性信息。实体和属性信息是关于数据集的内容信息，包括实体类型、属性以及属性值域等方面的信息。数据集生产者可以通过该部分内容，详细地描述数据集中各实体的名称、标识码以及含义等内容，根据具体情况选择详细或概括的描述方式。用户可以由此知道该数据集地理要素属性码的名称、含义及其权威来源等。

（6）发行信息。发行信息是关于数据集的发行及其获取方法的信息，包括发行部门、数据资源描述、发行部门责任、订购程序、用户订购过程以及使用数据集的技术要求等内容。通过发行信息，用户可以了解到数据集在何处，怎样获取、获取介质以及获取费用等信息。

（7）元数据参考信息。元数据参考信息是有关元数据当前现状及其负责部门的信息，也是在描述地球空间数据集时必须包含的内容。它包括元数据日期信息、联系地址、标准信息、限制条件、安全信息以及元数据扩展信息等内容，是对该数据集元数据的描述。通过这部分信息，用户可以了解到该元数据描述方法的实时性、来源以及所采用的描述标准及其可能出现的扩展信息，加深对数据集内容的理解。

（8）引用信息。在需要描述所引用或参考的数据集信息时，引用信息提供了一套规范的描述体系。它不能单独使用，只能被标准内容中的有关元素引用。例如，数据集自身的引用信息、数据集参考的有关信息、数据源的引用信息等元素均是由引用信息构成。它主要包括标题、作者信息、参考时间、版本、数据集的系列信息等内容。

（9）时间信息。元数据的时间信息提供有关事件的日期和时间的信息，可能是单一时间或具有起始和终止特性的复合时间。该部分是标准中相关元素引用时需要用到的信息，例如数据集自身的时间信息、数据源的时间信息、获取数据集所需的时间等元素。这种信息不能单独使用。

（10）联系信息。元数据的联系信息是指与拥有数据集的个人、组织进行联系时所需要的信息，包括联系人的姓名、所属单位等信息。例如，数据集自身的联系信息、数据集处理者的联系信息、数据发行部门的联系信息、元数据编写者的联系信息、元数据扩展者的联系信息等。它们是标准内容部分的有关元素引用时要用到的信息。这种信息不能单独使用。

2）实施元数据内容标准的软件工具

地球空间数据的元数据内容标准的贯彻、执行，必须有相应的软件工具支持才能实现。这些软件工具主要为元数据的输入、编辑以及在元数据预处理、提取、后处理、认证和浏览等应用服务。在美国，围绕 CSDGM 标准、针对不同平台、操作系统和地理信息系统且具有功能各异的软件工具就很多。我国也研制了与《NREDISA 的信息共享元数据内容标准草案》配套的软件工具，即 NREDISA 空间元数据技术平台。该平台主要由元数据库管理系统、元数据发布系统和图形化的元数据编辑工具三部分组成。它利用 Z39.50 服务网关，可为用户提供 Client/Server 和 Browser/Server 两种远程访问模式，具备了从元数据采集、管理、维护、更新到网络发布的能力。该平台的整体技术结构在图 5-21 中给出。

（1）空间元数据管理系统。它主要由元数据库、索引模块和管理界面三部分构成。其中，元数据库用于存储元数据。该系统采用了文件型数据库的存储策略，元数据的存储单位是文件而不是记录；索引模块是元数据库管理系统的核心部分。用于索引文件的

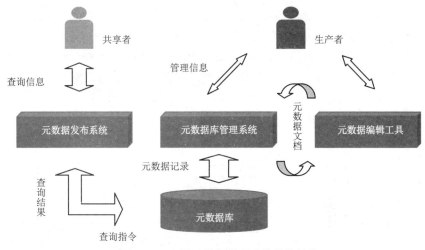

图 5-21　空间元数据管理系统总体结构

建立、元数据的添加、删除和检索等操作。为便于使用，本系统提供了包括 bib1、GEO 和 FGDC 等多种域映射描述，用以建立相应结构的索引。用户也可以定义自己的域映射描述，以便建立适合自身具体情况的索引结构。描述文件的书写规范应符合元数据内容标准的相应要求；管理界面用于系统与用户的信息交互，运行于命令行模式。

（2）元数据发布系统。其结构如图 5-22 所示，可以利用 Client/Server 和 Browser/WebServer 两种方式，通过 Internet 对元数据库查询检索，然后通过元数据中给出的数据集获取途径，去取得用户所需要的数据集。元数据发布系统采用 Z39.50 协议作为其基本的信息搜索和提取协议。其连接建立在 TCP/IP 协议（或者其他传输协议）之上，只用于规范网络信息搜索和提取过程中的请求和响应格式。该协议对网络连接的实现以及

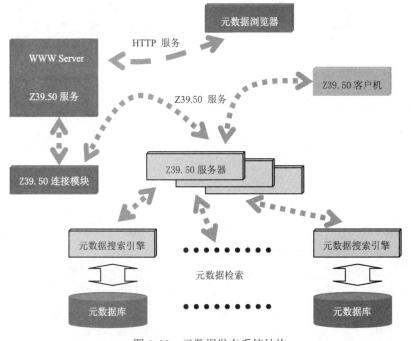

图 5-22　元数据发布系统结构

前、后台应用系统的实现都没有加以限制。从理论上讲，任何两个应用系统，只要它们的数据传输格式都符合 Z39.50 协议的规范，它们之间就能够保持很好的互操作性。

空间元数据管理系统支持用户以 Browser/WebServer 和 Client/Server 两种模式对元数据库进行远程访问。Browser/WebServer 模式主要用于一般的元数据查询。它的界面与一般网络搜索引擎极为相似，使用者不必深入了解空间元数据管理系统的内部机制，只要像操作一般网络搜索引擎那样进行操作即可。在这种模式下，用户可以使用的查询方法包括关键字查询和条件组合查询；用户还可以在 Client/Server 模式下，使用 Z39.50 客户机访问元数据库。目前，已经实现的服务包括连接、查询、搜索、提取、服务器解释等主要服务和部分扩展服务，每种服务中都包含很多项具体的操作。

系统的 Browser/WebServer 模式，可以有效地支持元数据的分布管理和集中发布。其实际运行方式如图 5-23 所示。虽然在元数据发布过程中，用户直接面对的是 WWW服务器，但它并不负责管理元数据，也不负责直接的查询操作。真正的管理和查询工作则分散在各个元数据服务器上，有益于元数据的维护和更新。WWW 服务器为元数据发布系统提供了统一的入口。配置在 WWW 服务器上的 Z39.50 服务网关和 Z39.50 连接模块，可以同时与多台 Z39.50 服务器连接。三者结合可以有效地发挥调度作用，规范了整个元数据的发布活动。

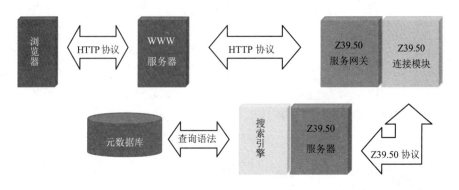

图 5-23　元数据查询实现过程

（3）元数据编辑工具。鉴于空间数据元数据内容包含的元素数量很大，而且元数据内容标准的结构比较复杂，为便于用户编写自己的元数据文档，NREDISA 在空间元数据管理系统中，提供了一个适用于空间元数据内容标准的编辑工具（图 5-24）。它使用户能够比较方便地进行元数据的编辑工作。该工具可以生成不同格式的元数据文档。它们可以通过元数据库管理系统直接添加入元数据库。

2．数据交换中心

元数据作为说明数据的数据，既无法通过网络与广大用户建立起直接的关系，又很难充分发挥它们在分布式系统乃至国家空间信息基础设施里的作用。针对这种情况，地球空间信息交换中心（Spatial Data Clearinghouse）就应运而生了。这种交换中心可以定义为：能够通过数字网络 Internet，从为数众多的来源里搜索、浏览、变换、采购、宣传和/或分发空间数据的电子服务设施。它们通常由存储着相关元数据的许多服务器所组成，在空间数据提供者与用户之间，提供各种补充性的服务，改善空间数据的交流与共享。

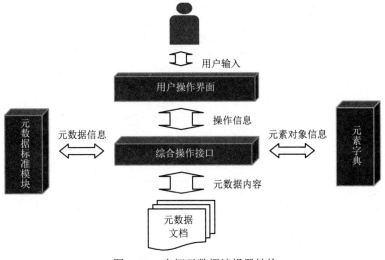

图 5-24　空间元数据编辑器结构

1）发展历史

信息交换中心的英文名称是 Clearinghouse，源于金融领域，直译为中文是"清扫房间"的意思。它们保存银行间进行差借的数据，每天下班时进行通报、"清"账，故而得名。全球发端最早的信息交换中心是 1773 年建立的伦敦银行信息交换中心。此后，经过了 200 多年，美国联邦地理数据委员会（FGDC）引用了这个概念，于 1994 年建立了国家地球空间数据信息交换中心。该中心的建立旨在提高访问海量空间数据的效率、协调数据的交换和共享、使数据获取的重复浪费减少到最低限度。时至 2005 年 4 月，在 Internet 上已经建立了 83 个国家信息交换中心，还有为数众多的其他类型的信息交换中心。图 5-25 给出了空间数据信息交换中心数量分布的状况。由此可见，大多数信息交换中心分布在欧洲、东南亚、北美和南美洲等地区。其中，美国和加拿大的数量最多，非洲和中东则为数不多。这种差异反映出，数码鸿沟的客观存在以及社会、经济等因素对地球空间数据信息交换中心的发展乃至信息社会化进程及其平衡状态的显著影响。

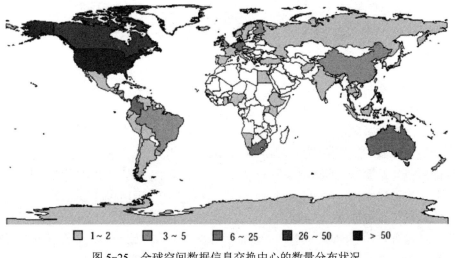

图 5-25　全球空间数据信息交换中心的数量分布状况

2）地位作用

信息交换中心的地位和作用可以从国家空间信息基础设施（NSII）的层面上论述，也可以从分布式的空间信息系统的层面上论述。

（1）在国家空间信息基础设施里的地位作用。地球空间数据的国家信息交换中心作为一种访问网络，是 NSII 里极为重要的组成部分。它们在促进空间数据发现、访问和提供相关服务等方面起举足轻重的作用。它们不是简单存储数据的国家储藏室，而是所有国家空间数据的一站式商店，其数据源自政府部门、企事业单位等实体。建立这种信息交换中心的途径和方式，取决于国家的技术、法律、经济、体制和文化等因素。除了国家信息交换中心外，还可以有地方、州、国际乃至全球水平的信息交换中心。它们之间的不同之处在于国家交换中心嵌入在 NSII 之中，成为其不可分割的组成部分。图 5-26 形象、直观地表示了 NSII 的核心组成部分以及空间数据信息交换中心在其中的地位和主要功能（发现、访问和处理）。利用信息交换中心查找用户所需数据的过程，在图 5-27 中给出。第一步，用户根据地点、时间、主题词和来源向信息交换中心查询可以得到的在线数据；第二步，信息交换中心向用户提交查询到的元数据结果，包括数据的来龙去脉、按行计费以及与数据服务器的在线连接；第三步，在客户应用与有组织的数据服务器之间建立直接的连接；第四步，要求数据中介与使用 GIS 软件的数据专家联系；第五步，只有用户所需要的矢量/要素数据返回显示在单一的屏幕上。

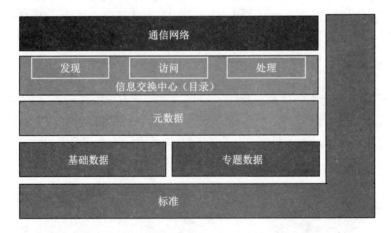

图 5-26 国家空间信息基础设施的核心组成部分

（2）在地球空间信息分布系统中的地位作用。在这种系统中，客户、中间件（或信息交换中心）、服务器等不同组件的关系，可以用图 5-28 形象化地加以描述。它很好地说明了在试图通过服务提供者（地球信息处理服务），使用户（用户应用）与地球空间数据（数据存储器）相连接以及通过目录使用户与有关服务、已定位数据相联系的过程中，可能出现的潜在复杂性。这种目录实际上是从不同数据管理者和服务提供者那里，取得用户所需数据集和有关服务的数据字典。对于全球范围而言，如果没有对描述事实和服务的数据与元数据进行标准化处理，这些活动的复杂组合，几乎不可能在最低成本的条件下进行有效的互动。这些参考标准描述和指导着分布系统里的数据查询及其响应、服务调用、元数据检索机制等组件之间的互动。这些组件可以归纳为 4 种类型。

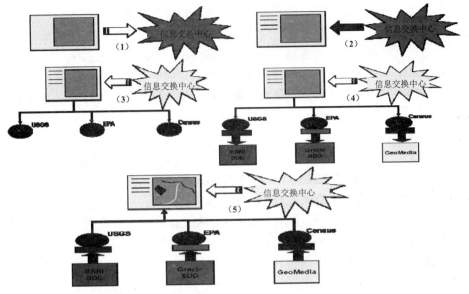

图 5-27　利用信息交换中心查找用户所需数据的过程

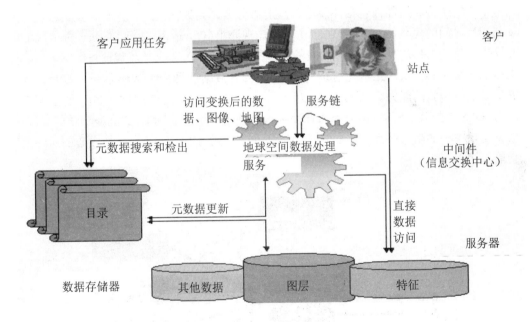

图 5-28　分布系统中不同组件之间的关系

①用户应用。它通常是用户使用的软件，其输入可直接从数据存储器里获取，也可通过应用预处理的中介服务获得。

②目录。它使客户和服务能够发现哪些数据和服务可以利用，而且适合用户的需要。地名索引（Gazetteer）是另一种"元服务"，提供地名的地理位置。

③数据存储器。它以特征、图层、数据和表格等方式提供地球空间数据。

④地球信息处理服务。它是完成大量互操作任务的"役马"（Workhorses），可以利用原始数据绘制地图，也可以执行高级的解析功能，如特征抽取或坐标变换。

它们为用户应用提供数据、地图或其他输入，或者为称为"服务链"的其他服务提供输入。图中的另一个重要组件，是门户站点（Portal）。它为整个社区对分布式的数据服务进行访问提供切入点。可互操作的地球空间信息门户站点，采用标准的软件界面，以连接提供者建立的目录、地图和特征服务等活动。一个门户站点往往只为某个具体的社区服务，但可采用通用界面为其他社区所移植。设计可互操作的地球空间信息站点，在 OGC 和 FGDC 里是个相当活跃的领域。

3）组织结构

信息交换中心是一个分布式的网络，由一台供服务器注册用的注册器、几个由 WWW 到 Z39.50 的网关以及许多 Z39.50 空间数据服务器所组成。在某段时间里，它的一次访问可以遍及世界范围内的所有或部分已注册的服务器，找到用户所需要或可能得到的空间数据。然而，这些作业必须在拥有足够数量和统一定义的元数据的前提条件下才能完成，否则不可能有信息交换中心的成功搜索。在图 5-29 中给出了 Web 客户与信息交换中心节点的连接方式及其所遵循的 HTTP 和 Z39.50 两个网络协议，分别处理不同的环节的通信联络问题。然而，从工程观点看，图 5-30 是全球地球观测巨系统（Global Earth Observation System of Systems，GEOSS）信息交换中心的组织结构示意图。它可以说明这种中心的结构、组件（包括注册簿、注册服务器、元数据模式、分布式搜索协议等）及其相互之间的关系。该中心提供了访问地球观测组（Group on Earth Observations，GEO）互操作协议所支持的、分布式目录服务网络的能力。GEOSS 成员及其参与组织可以提交供信息交换中心使用的结构化目录、基于标准的元数据以及其他 Web 服务对跨目录和注册资源进行搜索的能力。GEOSS Web 站点可供搜索其信息交换中心使用，也能用来访问 GEOSS 中的其他资源。国家和专业团体可以使用互操作的标准，建立能够访问 GEOSS 信息交换中心的附加站点。表 5-10 从工程观点说明了 GEOSS 信息交换中心的组件及其功能。

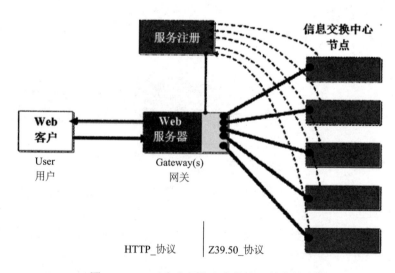

图 5-29　Web 客户与信息交换中心节点的连接

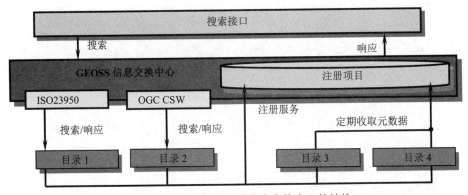

图 5-30　从工程观点看信息交换中心的结构

表 5-10　从工程观点说明 GEOSS 信息交换中心的组件及其功能

组件	功能概述
信息交换中心	在搜索分布式和地方的元数据时，起协调机构的作用。这些元数据说明了分布式地球空间数据和服务的状况。处理针对公共元数据字段、接受和推出的元数据进行的搜索。它们具有XML格式，供用户界面显示与互动之用。为个人和用户接口互动提供搜索的应用程序接口（API）
搜索界面	为在全文本和字段查询基础上对注册服务进行浏览和搜索，提供用户与机器互动的能力。查询字段包括空间、时间和文字等特征，还包括确定查询结果与查询条件匹配的数目、根据用户选择的搜索要求进行排序等能力。用户可以选择专门的元数据切入口，观看其部分或全部细节。如果Web可访问资源与之相关的信息，可以通过地图服务、订购服务或数据访问服务，与远程的资源连接或使之可视化
目录	GEO的成员和参与组织对基于标准的元数据进行注册。目录支持ISO23950或OGC CS-W搜索接口，允许XML格式的"简要"和"全文"的元数据记录返回。目录支持按全文和字段方式进行搜索。这些字段包括空间、时间和文本。交换中心的界面也有在"个人信息交换中心"使用的实例。它们使远程搜索或元数据采集成为可能

3．共享服务网络实例

基于元数据查询的遥感信息共享服务网络可以全球地球观测巨系统（GEOSS）为例说明。这个巨系统根据其 10 年实施计划（2005—2015），由地球观测工作组负责组织其 75 个成员国以及 51 个参加机构和单位来建设。这些成员国包括美、英、法、德、俄、日、加、澳等国家，中国也是其中之一。有关组织除了联合国系统的组织和政府的相关机构外，还有各种学会、协会等社会团体、非政府组织。这个巨系统建设的目的旨在使环境数据及其决策支持工具的生产者与其最终用户连接起来，推动全球公共信息基础设施的建立，以增强地球观测与全球事务之间的联系和影响。该设施将为全球用户提供综合性、准实时的环境数据、信息和分析结果。

1）地球观测巨系统介绍

地球观测系统由能够对地球系统的物理、化学和生物等特性、状态进行测量、监测及预测的仪器与模型组成。漂浮在洋面上的浮标监测海洋的温度和含盐度，气象站和气球记录着大气的质量、降水的趋势，声纳和雷达系统估测鱼群和飞鸟的群体数目，地震和全球定位系统的台站记录地球地壳和内部的运动，60 多个高技术环境卫星从宇宙空间扫描和探测地球（图 5-31），强有力的计算机模型能够对有关自然现象和过程进行模拟

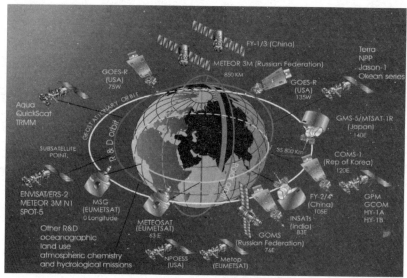

图 5-31 各种类型的对地观测卫星

和预测，突发事件的早期报警系统可为弱势人群提出警告。图 5-32 则是上述多种数据获取平台的综合示意图。它们包括了太空、空中、地面、水面和水下等不同类型的数据获取系统。然而，这些系统目前基本上都是在相互独立、彼此无关的状态下运行。近年来，能够获取海量近实时和高分辨率的地球观测数据的高新技术已经发展成熟，投入了业务化的运行和服务。与此同时，经过改善的预测模型和决策支持工具，也极大地增强了决策者以及地球观测的其他用户，全面开发、利用日益拓宽的信息流的能力。目前，对于地球观测投资的规模，已使零散的观测系统联合起来，共同勾画地球状态的全面图画。因为任何一个国家独立完成这个任务都有困难，但是通过国际合作却可以做到，也使各国的负担有所降低。在这个巨系统里，各个伙伴对于其贡献的组件及活动，仍具有全部控制的权力。系统的实施按照由 70 项任务组

图 5-32 各种环境数据获取系统的示意图

成的工作计划进行。在 9 个造福社会或 4 个横向交叉领域里，每个任务都会支持其中的某个领域，并由感兴趣的成员和参加组织完成。各国政府和有关组织都在通过贡献其各种"早期成果"来推动 GEOSS 的发展。GEOSS 的逻辑结构及其与决策应用之间的关系在图 5-33 中给出。作为 GEOSS 的内部，主要由地球观测系统、地球系统模型以及相关的辅助数据来源所组成。它们的运行和应用，则需要有关标准、数据同化、互操作以及

确保预测分析进行的高性能计算、通信、可视化等技术和功能的大力支持才能实现。
GEOSS 的应用主要体现在业务、政策和管理等方面的决策支持以及造福社会的 9 个领
域里。从图上不难看出，在 GEOSS 及其应用领域之间存在一种循环、迭代的过程。两
者在这个过程中存在相互促进、相映生辉的关系，最终可以收到共同发展的效果。事
实上，在 GEOSS 里，诸系统之间的相互连接及其协同运作，在技术结构和数据共享上
需要有共同的标准。为此，这个地球观测巨系统的结构提供了一种有效的途径，使其
组件的功能能够作为一个整体而发挥作用。GEOSS 的每个组件都必须纳入到巨系统的
注册目录里去，进行统一的布局和安排，以使它能够和其他参与系统相互通信、联络，
成为有机的整体。因此，每个 GEOSS 的贡献者都必须签字表态，同意和执行 GEO 共
同选择和制定的数据共享原则，以确保其数据、元数据和各种信息产品，能够公开地
进行交换、全方位地实现数据和信息的共享。这些实际上就是 GEOSS 之所以能够成功
和持续地进行运作的先决条件、重要基础及其关键所在。

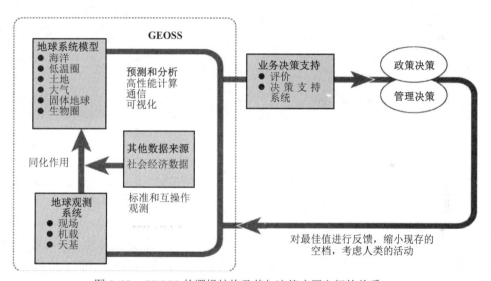

图 5-33　GEOSS 的逻辑结构及其与决策应用之间的关系

2）环境信息的共享服务

在环境信息共享服务过程中，往往会遇到基于 Web 的数据归档和集成、数据集成与
分析以及数据共享与服务等方面的问题。它们不仅都会对地球观测巨系统的运行状态和
应用效益产生直接的影响，而且也是在 GEOSS 建设与发展过程中需要专门加以解决的
问题。

（1）数据归档和集成。在地球观测巨系统运行、数据共享及其应用的过程中，根据
GEO 共同选择和制定的数据共享原则与标准，各成员国和参加组织将自己的数据归档和
集成起来，是后续各项工作顺利开展的总体基础和前提条件。在图 5-34 上，其纵向箭头
指示了由数据提供者（观测者）开始，直到用户的全过程，横向箭头指示了从基本信息
经过数据加载到质量控制和元数据注册的具体过程。因此，综合观察这两个方向箭头所
指示的过程，就可以对 GEOSS 数据归档和集成建立起一个完整的概念与图画。

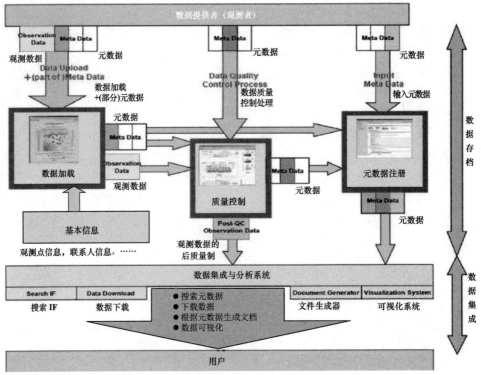

图 5-34 基于 Web 的数据归档、集成的逻辑过程

（2）数据集成与分析。GEOSS 的成员国和参加组织之间，除了在数据层次上进行共享而外，他们还在信息（或增值数据）和应用（决策知识）层面上进行共享。因此，GEOSS 数据的集成与分析就显得格外重要。对此，可以 GEOSS 亚洲水循环起动计划（Asian Water Cycle Initiative, AWCI）的数据集成与分析系统为例加以说明。GEOSS/AWCI 有 20 个成员国家，共选择了 18 个流域作为示范研究和演示之用。该数据集成与分析系统的逻辑结构在图 5-35 中给出，其中的核心部分为数据集成和分析系统原型，用粗线方框表示。这个原型自下而上由磁盘阵列、存储层、文件系统层、数据管理层、公共软件层以及应用层所组成。文件系统层以上各层的具体内容，也在图上概括性说明。系统原型的基础是来自各种数据源和信息源的海量数据。它们包括现场、居民、海洋、卫星等的观测以及天气和气候模型、运行观测和信息等来源。在原型两侧分别是数据模型搜索系统、基于数据的信息档案系统及其相应的支撑技术和知识。

（3）数据共享与服务。地球观测巨系统（GEOSS）实际上由供、需双方及其公用空间信息基础设施所组成。供方（Publisher）是拥有可供 GEOSS 共享资源的 GEO 成员或参加组织；需方（User）则是有需要寻找与地球观测数据（海洋、陆地和大气）有关信息与服务的社会公众；其空间信息基础设施的构成可以用图 5-36 来描述。这张图给出了这种信息基础设施内、外部的结构及其相互之间的关系。实箭头线主要表示用户通过 Web 浏览器进入 GEO Web 门户网站后，各种作业的内容及其对内外部结构的指向；虚箭头线主要表示各种客户从外部对 GEOSS 公用信息基础设施内部的作用。与此配套的是图 5-37，给出了 GEOSS 通常的互动状况。其中灰色小圆内的编号，代表了常规的作业顺序。下面将分别介绍供、需双方的作业情况及其公用空间信息基础设施的重要组件。

图 5-35 GEOSS 的数据集成与分析系统

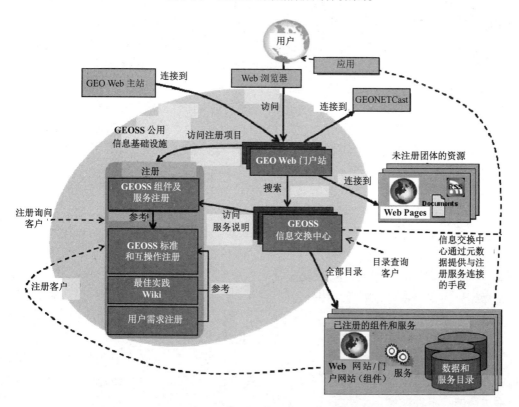

图 5-36 GEOSS 公用信息基础设施的内、外部结构及其相互关系

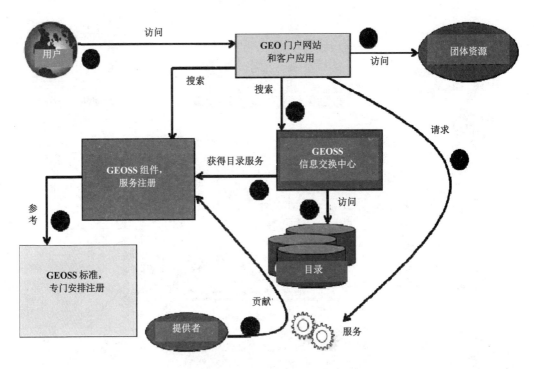

图 5-37 GEOSS 的通常互动状况

① 供方的作业情况。供方人员可以经过 GEO Web 门户网站，与 GEOSS 的注册系统连接。其地球观测计划/系统的信息，可以元数据方式进入在线 Web 网络，也可以 URL 添加到注册员的 Web 网站上去。此后，该系统将按照造福的领域（Societal Benefit Areas，SBA）、其类型（活动）和信息可得性的时间跨度等进行分类。GEO 秘书处根据注册个体的状况对注册项目进行认证。每个系统可以注册有一个或多个服务接口。每种服务都会有所说明，与 GEOSS 列出来的标准和专门的安排（团体实践）相连接。如果某种标准或专门安排不存在的话，用户可以通过 Web 网络，为此向标准和互操作注册处提出建议和要求。系统和服务的信息进入 GEOSS 之后，通过 GEO Web 门户网站就会被用户发现和利用。

② 需方的作业情况。GEOSS 成员国和参加组织对寻找和使用地球观测的相关信息感到兴趣。它们通过 GEO Web 门户网站搜索数据、文件和相关的服务，使文本、资源类型、位置、时间覆盖和某些分类的搜索成为可能。搜索到的题目、说明和连接由搜索引擎返回给用户。据此，用户可以获得更详细的说明（元数据）或直接与数据来源建立联系。计算机里安装的软件或由 Web 门户网站提供的客户应用软件，可以帮助用户对某些搜索结果可视化或进行处理，使之与服务、数据、文件、能力建设材料、最佳实践以及标准等联系在一起。通过将目录搜索的要求，嵌入其决策支持软件，集成人员可以直接访问和搜索 GEOSS，而不需要通过 GEO Web 门户网站。

③ 基础设施的组件。在 GEOSS 公用信息基础设施里，主要包括组件和服务注册、标准和互操作注册、GEOSS 信息交换中心、最佳实践 Wiki、GEO Web 门户网站以及用户需求注册等组件。

3）系统实施的社会效益

地球观测工作组（GEO）是个促进地球观测数据提供和使用的跨政府实体。GEO 一直在协调地球观测巨系统（GEOSS）的建设。它建筑在国家、区域和国际观测系统之上，协调数以千计的地面、机载和天基仪器进行地球观测。GEO 的努力围绕 9 个造福社会（SBA）的领域展开。它们是农业、生物多样性、气候、灾害、生态系统、能源、健康、水和天气（图 5-38）。GEOSS 将直接向用户分发信息及其分析的结果。GEO 开发的 GEOPortal，作为 GEOSS 数据统一的 Internet 网关，使分散的数据资源的集成、相关数据和系统网站的鉴别以及对模型与其他决策支持工具的访问变得更加容易。对于无法访问高速 Internet 的用户而言，GEO 建立了由 4 颗通信卫星组成的 GEONETCast，向用户的廉价接收站发送数据。下面将说明每个 SBA 领域涉及的业务内容及其产出成果的简况。

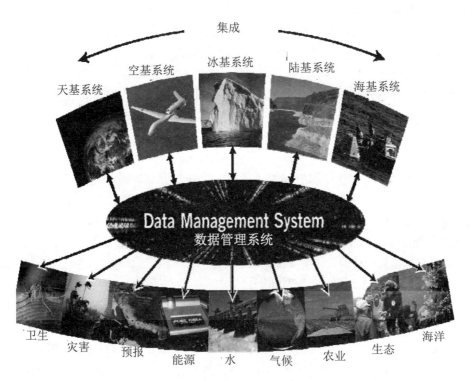

图 5-38　GEOSS 的数据获取、管理及其造福社会的领域

（1）农业。支持可持续发展农业、防止沙漠化。GEOSS 说明的事项包括：农作物的产量；家畜、水产养殖和渔业统计；食品安全和干旱预测；营养平衡；农业系统；土地利用和土地覆盖变化；土地退化和沙漠化范围及其强度的变化。GEOSS 的运行将说明了诸如卫星高分辨率观测之类的重要数据的连续性。使真实的全球制图和信息服务、社会经济数据与农业、林业、水产养殖业数据的空间集成得以实现，而且也使这些数据能够与诸如贫穷和粮食监测、国际规划以及可持续发展等领域中的应用集成在一起。

（2）能源。改进能源资源管理。GEOSS 在能源领域里的产出，从环境角度来看，将支持可响应和可平衡的能源管理；更好地匹配能源供应与需求之间的差距；减少对能源基础设施的危害；更精确地清查温室气体和污染物质的状况，更好地了解可再生能源的潜力。

（3）卫生。理解影响人类健康和福旨的环境因素。与地球观测相关的健康事项包括：空气、海洋和水域的污染；同温层臭氧空洞；宿留的有机物污染；营养；监测与天气相关的疾病媒介生物。GEOSS 将改善卫生领域的环境数据和卫生统计的信息流，加强对预防工作的注意，持续地对改善世界人类健康做出贡献。

（4）水。通过更好地了解水循环改善水资源管理。GEOSS 与水有关的事项包括：降水；土壤湿度；河流；湖泊和水库水位；雪盖；冰川和冰；蒸发和蒸腾；地下水；水质和水利用。GEOSS 的运行通过集成观测、预报和决策支持等系统、建立与气候等数据更畅通的联系，而改善对水资源的综合管理。现场监测网络及其数据自动收集能力的结合，使那些缺乏收集和利用水文观测数据能力的地方，将建立起这种先进的作业能力。

（5）生物多样性。了解、监测、保护生物多样性。在这个领域里的事项包括：生态系统的情况和范围；种属的分布和状态；主要种群里的遗传多样性等。GEOSS 的运行将使许多分散的生物多样性观测系统联合起来，建立起一个能够集成生物多样性数据与其他类型信息的工作平台。分类学数据与空间数据之间的空隙将得到填补，信息收集和分发的步伐将会加快。

（6）气候。理解评价预测减小和适应气候多变性与变化。气候变化及其多变性对其余 8 个造福社会领域产生不同程度的影响。科学和充分地了解这些影响，需要有足够和可靠的观测数据支持。GEOSS 的产出将增强模拟、减轻和适应气候变化及其多变性的能力。对于气候及其对地球系统（包括人类和经济方面）的影响认识越深刻，对避免气候系统受到危险干扰、改进气候预测和加速可持续发展的贡献就越大。

（7）灾害。减少自然和认为灾害造成的生命、财产损失。通过对诸如野火、火山爆发、地震、海啸、地陷、滑坡、雪崩、冰封、洪水、极端天气和污染事件之类的观测，可以减少灾害的损失。GEOSS 的运行，可以在地方、国家、区域和全球水平上，更好地协调对灾害进行监测、预测、危险评价、早期报警、减灾和应急响应等系统之间的关系，为减灾信息的及时传播争取更多的时间。

（8）生态系统。改善陆地、海岸和海洋资源的管理与保护。在森林、草场和海洋等生态系统中，需要观测其面积、状况和自然资源存量水平。GEOSS 的运行将寻找能够在全球范围里应用的方法和观测技术，以探测和预测生态系统状况的变化，确定资源的潜力和限制，使生态系统观测更加协调、共享性更强，空间与专题之间的空隙得以填充，现场实况数据与天基观测更好地集成在一起。为了监测野生鱼群、碳和氮循环、树冠特性、海水颜色和温度，观测的连续性将得到保障。

（9）天气。改善天气信息及其预测和报警。GEOSS 对天气观测的规范，根据短期和中期预报的需要决定。GEOSS 有助于填补风和湿度剖面、降水以及洋面数据收集方面的显著空缺，扩大全球动态采样方法的应用范围，改进预报的初始化，提高发展中国家提交基础观测数据和利用预报产品的能力。每个国家将拥有减少生命、财产损失所需要的信息。其他造福社会领域访问天气数据的效率也将有所提高。

GEOSS 造福社会领域之间具有复杂的两面关系，即彼此相对独立，但又密不可分。然而，在实际运作过程中，往往更多强调的是后者。各个领域的工作尽可能统一协调、分工协作完成。GEOSS/AWCI 提及的适应气候变化的端到端方法，可以作为这方面的一个实例，其逻辑结构在图 5-39 中给出。这种方法具体包括科学、工程和社会经济 3 个领域，涉及多方面的专业内容、相关的工作组及其工作流程。

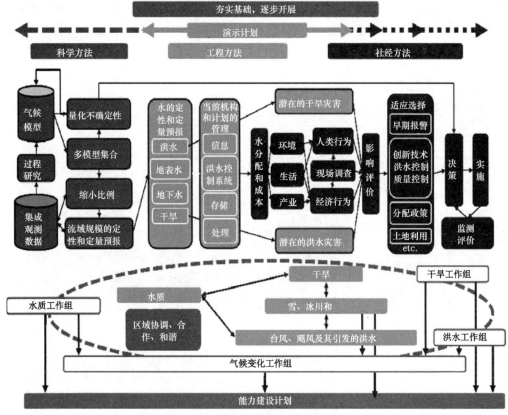

图 5-39　适应气候变化端到端的方法

5.3.2　基于影像搜索的服务网络

在地球空间信息领域里，除了基于元数据查询的信息服务网络外，还有一种是基于影像搜索的信息服务网络。它们以全球不同分辨率的遥感影像为背景，用户可以通过漫游和缩放，选择其工作区域及其细节表现的详细程度。然后，在选好的影像背景上完成相关的应用任务。这种网络所提供的服务，具有形象直观、操作简便、共享度高、效果良好等特点，得到了越来越广泛的应用，显示出越来越明显的优势。在这种类型的信息服务网络里，以 Google 的 Google Earth 和微软的 Virtual Earth 最为著名。下面将介绍它们的功能和特点，尤其要说明其定位数据如何引入网络，它们如何与其他用户共享空间信息资源以及用户如何利用它们来完成自己的应用任务。

1. Google Earth

Google Earth 是可以从 Internet 下载到 Windows (2000/XP/Vista)、Linux 和 MacOSX 等操作系统上的一种独立的应用工具。它可以支持多种计算机语言，受到广大用户的青睐。图 5-40 是 Google Earth 用户界面及其主要功能的缩影。它可以用 3D 来表现世界，与用户直接互动，进行缩放、旋转、移动等操作。这种工具开始时主要用于全球的虚拟旅游活动，用它来寻找自己感兴趣的地方。目前，它已有 4 种版本，即 Google Earth Free、

Plus、Pro 和 Enterprise 等版本供用户使用,其功能和应用领域也在不断拓宽。Google Earth 在应用程序接口(API)的帮助下,可以为外界或第三方进行查询和控制。Google Earth KML 是一种能够对应用中显示的所有信息进行存储和管理的工具,可以用来在影像上叠加符号、线和多边形,也可以用来叠加图层或 GPS 数据。因此,不具编程能力和知识的最终用户,也能利用 Google Earth 的工具来完成自己的应用任务。

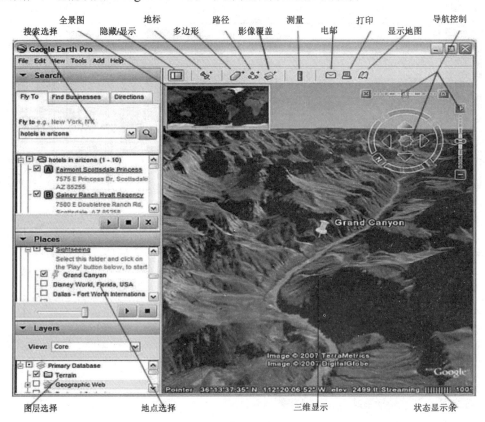

图 5-40　Google Earth 的用户界面及其主要功能

1)Google Earth API

Google Earth 提供了 COM 接口,开发人员可以使用支持 COM 的可视化编程语言进行开发,包括调用接口、添加业务逻辑、构建自己的程序,甚至调用 Google Earth 的 COM 接口。然而,Google 并没有给用户独立的 COM 组件,而是在用户安装了 Google Earth 程序之后,会将自带的动态链接库注册到用户的操作系统上,使 Google Earth API 得以调用。在 Google Earth 的官方网站上,以 IDL(Interface Definition Language)文件方式,提供其 API 的接口定义。用户可以下载 Google Earth API 的 IDL 文件,通过 VC++或其他软件预编译生成运行库 TLB 文件。用户可以利用有关软件导入这种文件,生成相应的代码供进一步使用。事实上,Google 为第三方在 Interact 与 Google Earth 之间,提供了一组应用程序接口(API)。

IApplicationGE 接口是 Google Earth API 开发中最重要的一个接口。通过这个接口可以控制 Google Earth 程序的开启、关闭、获取地图窗口的句柄、操作主窗口句柄,还可以获取地图视场照相机对象、获取 Google Earth 版本号、转换左边等一系列复杂操作。这些操作及其的具体内容在表 5-11 中给出。不难看出，在打开 Google Earth 程序时，首先要登陆远程的 Google 地图服务器。Google Earth 会在本地与服务器之间打开一个对话通道，等待十多秒后可以看蓝黑色的地球界面。只有经过初始化设置检查后，Google Earth 才能正常运作和有效开发。当用户想要观察 Google Earth 不同方位的图像时，必须用鼠标去拖曳、缩放到他想看的某个地方，而不需要转动头部和眼球。这实际上是在操作视场照相机，包括 Google 窗口视点的动态改变，调整其经纬度、高度、范围、方位角、转角、速度等指标的结果。利用 Google Earth 完成用户的某些应用任务时，会用到表 5-11 中的许多操作和功能。图 5-41 是气泡信息窗口操作的实例，图 5-42 是地图叠置在三维地形上的实例。

表 5-11　IApplicationGE 的基本操作及其工作内容

基本操作	工作内容	具体说明
初始化设置	IsInitialized	反馈Google Earth是否已经登录
	IsOnline	反馈Google Earth是否已经连接到数据服务器了
	Login	登入，开始与服务器对话
	Logout	退出，离开与服务器对话
视场相机设置	Getcamera	取得在当前视场（虚拟）的照相机
	SetCamera	通过程序可动态改变观察的方位和角度
	SetCameraParams	调整当前Google Earth视场焦点的各个参数
	AutoPilotSpeed	自飞行（搜索或定位到某处）照相机焦点的速度
截屏设置	SaveScreenShot	获当前地图窗口内容的灰度图片，可定义清晰度
加载KML操作	OpenKmlFile	使Google Earth打开KML文件，清空执行历史
	LoadKmlData	使Google Earth加载KML文件，不清空执行历史
地理要素操作	GetFeatureByName	按照要素的名称获得地图要素对象
	GetFeatureByHref	按照要素的HREF获得地图要素对象
	SetFeatureView	设置当前地图照相机的焦点位置和移动速度，移动到某个要素处定焦
	GetHighlightedFeature	得到当前高亮度显示的地理要素
气泡信息窗口操作	ShowDescriptionBalloons	弹出具有某地理要素表述信息的气泡窗口
	HideDescriptionBalloons	关闭所有地理要素的气泡窗口
坐标转换操作	GetPointOnTerrainFromScreenCoords	为取得地面上某点的屏幕坐标
要素文件夹操作	GetMyPlaces	得到Google Earth中的"My Places"
	GetTemporaryPlaces	得到临时位置的文件夹
	GetLayersDatabases	根据图层列表，获取要素数据源集合或要素集合
窗口句柄操作	GetMainHwnd	取得Google Earth程序主窗口的句柄
	GetRenderHwnd	返回Google Earth的地图窗口

（续）

基本操作	工作内容	具体说明
IApplicationGE属性		
（1）Google Earth版本		版本号主号、辅号、构建号、版本类型
（2）读取地图数据流进度		
	StreamingProgressPercentage	反映Google Earth获取当前地图数据流的进度
	ViewExtents	返回当前视场区域
	ElevationExaggeration	纵向拉伸地形，使之差别扩大
（3）Google Earth控件		
	TourController	返回漫游控件
	SearchController	返回搜索控件
	AnimationController	返回动画控件

图 5-41　气泡信息窗口操作的实例

图 5-42　地图叠置在三维地形上的实例

2）KML 脚本

KML 是 Keyhole Markup Language 的英文首字母缩写，具有与 XML 相近的语法和格式。它描述了地理要素相关的信息（如点、线、面、文字描述和图像等），可以被 Google Earth、Google Maps、Google Maps Mobile 解释，在其平台上显示出相应的地理要素模型。KML 使用和 XML 类似的标签机制，通过规范和用户自定义的标签构成文档结构。用户可以通过 Google Earth 产生 KML 文件（俗称"地标文件"），其中包含各种有关地理要素的信息，如位置、大小、缩放比例、颜色、视角、方位角、旋转角等描述空间属性的参数。KML 地标不仅可以点的形式展现，还可以用于三维地物的显示。这种文件可以在其他用户的客户端上复制和打开，成为交流地理信息的一种共享方式。换言之，KML是存储 Google Earth、2D Google Maps 和手机 Google Maps 的一种介质。尽管 KML 只有某个子集为后两者所支持，但是它却为信息的存储和共享提供了一种非常强有力的介质，能为不同的应用任务所使用。KML 可以用来具体指定鉴别地面位置的图标和标签；建立不同的照相机位置，使用户关心的每个特征都有自己独特的视角；规定对地物特征外观的显示风格；编写地物特征（包括超连接和嵌入影像）的 HTML 说明；利用文件夹对地物特征分组；从远程或地方网络的位置上动态地导出和更新 KML 文件；根据 3D 观察器里的变化，导出 KML 数据；显示 Collada 结构化的 3D 对象。

　　KML 文档结构主要由标签组成，目前的 2.2 版 KML 有 168 个标签项。它们不完全代表实际的要素或要素属性，有的是抽象概念代表了一系列代表地理要素的同种类标签。每个实体标签都有不同的含义，可以单独使用。图 5-43 是 KML2.1 版本的类结构图。其中所有的类均由 Object 继承而来。Object 是个抽象基础类。它派生出了诸如 Feature、Geometry、ColorStyle、StyleSelector、TimePrimitive、SchemmaField 之类的几个抽象子类和 BalloonStyle、Location 等其他的实体类。这些抽象子类向下展开，又可派生出级别更低的一些抽象子类和实体类。如此类推，就逐步形成了一个树状的继承结构。在这个结构之中，地标、地面覆盖、其他元素、样式等项目，是值得进一步论述的对象。KMZ 文件是 KML 文件的压缩版本，可以通过 KML 文件的压缩产生，但其后缀需改为 .kmz。

　　（1）地标（Placemarks）。地标是在 Google Earth 里使用最为频繁的元素，也是与其他互联网电子地图相区别的重要特征。它可以用经度、纬度和高度来标记地球上任意一点的位置。最简单的地标只有一个〈点〉元素，但一般地标可以包

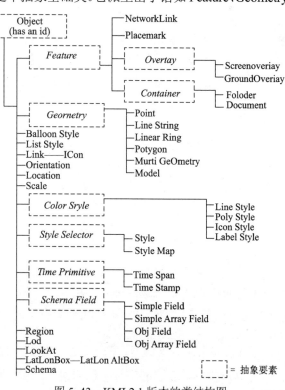

图 5-43　KML2.1 版本的类结构图

含更为复杂的几何元素。地标还可以有一个名称和一段说明。说明文字在图像上清晰可见，或者隐藏起来，仅在点击地标时显示出来。这些说明可以直接用一段文字书写，也可以用 HTML 书写且对其中的文字、位置连接和图片进行编排。在说明里用角括号书写标准的 HTML 时，HTML 必须放在一个 CDATA 元素里。

（2）地面覆盖（Ground Overlays）。地面覆盖使一幅影像（在此定义为 Icon）能够覆盖在地球表面上。影像可以利用规定覆盖顶/底和左/右边界的 LatLonBox 来定位。覆盖影像可以正北方为起点，在-180°~+180°的范围内旋转。Google Earth 支持的影像格式包括 bmp、gif、tiff、tga、png、jpeg 等。

（3）其他元素（Other elements）。所谓的"其他元素"主要包括 Path、Polygon、Network links 和 Models 等元素。其中，Path（路径）是连接由经度、纬度和高度规定的一系列点的连线。通过〈tessellate〉选项，它可以固定在地面上，分裂为较小的线段，或者通过〈extrude〉选项，使之安放在指定高度，突出地面（形成地面之上一定高度的墙）；Polygon（多边形）使 2D 和 3D 形状的建立成为可能。它由一条外边界和内边界的属性编号所定义。其边界为有相应起点和终点的路径，由 LinearRings 所定义；Network links（网络连接）包括一个〈Link〉元素，使来自本地或指定 URL 的文件得以加载。这个元素对于数据动态进入 Google Earth 极为重要；Models（模型）使 3D COLLADA 模型按照指定的方向，放在 Google Earth 的指定位置上。Google Sketchup 可用来建立 3D 模型，为 Google Earth 所用。

（4）样式（Styles）。KML 可以赋予元素某种样式。样式可以针对地标、几何体（线、多边形等）以屏幕图层等元素设置。样式将在〈Style〉标签里定义。每个样式有一个惟一的 ID。通过调用〈styleUrl〉元素，某个样式可以根据其 ID 用于某个元素。某些样式可以供更多的元素使用，称为共享样式。〈styleUrl〉元素指定的 URL，是通往包含该样式的 KML 文件的路径。如果样式在相同文件中定义，URL 可以用#号定义。

3）数据的载入和可视化

除了在 Google Earth 里直接建立、编辑和组织的地标、图层等数据外，还可以将已经存在的数据载入其应用任务。目前有 4 种类型的数据，即矢量数据、影像数据、GPS 数据和 KML 数据（或压缩后的 KMZ 数据），可载入 Google Earth。

（1）矢量数据。矢量数据包括点、线、路径和填充或空白的多边形。只有 Google Earth Pro 和 Enterprise 版本可以直接载入 ESRI SHP 和 MapInfo TAB 数据。这些数据带来了足够多且包括有投影信息的支持文件。Google Earth Plus 或更高的版本也可以从简单的文本文件载入点数据。这些文件可以是简单的.txt 或 .csu 文件。"点"数据将以"列"的方式组织，彼此以空格、逗号分隔或以表格方式输入。点的位置可以用经度、纬度确定，也可以用街道地址确定。除了定义位置的字段而外，文本文件还可以包括任意数量的说明字段，如字符串、整数或浮点数值。在矢量数据载入 Google Earth 时，会有一个格式化的对话框弹出来，使数据可以不同的方式格式化。

（2）影像数据。Google Earth 允许 GIS 影像直接载入其 Pro 和 Enterprise 版本。这种影像是带有许多附加信息的影像，其上每个点都有地球参考坐标及其投影方面的信息。Google Earth 使用的是以 WGS84 坐标系的圆柱投影。在 Google Earth 打开 GIS 影像时，会使之重新投影到自己的坐标系统里去。然后，影像转换为一个 PNG，构建一个地面覆盖层覆盖在 GIS 影像里的指定区域上。当影像超过了最大的尺寸时，它必须调整比例尺或加以裁剪。Google Earth 支持的 GIS 影像类型包括.tif（geoTiff 和压缩的 TIFF 文件）、.ntf（国家影像变换格式）、.img（Erdas Imagine Image）。Google Earth 的所有版本也可以容纳没有任何投影信息的文件。这时，影像必须以手工方式定位、调整比例尺和进行旋转，以实现与其他影像或地图配准的目标。Google Earth 支持的数据格式包括 jpeg、bmp、tif、tga、png、gif、tiff、dds、ppm 和 pgm。

（3）GPS 数据。Google Earth 也允许 GPS 数据载入除了 Google Earth Free 之外的所有版本。GPS 点有 3 种类型，即自动记录的跟踪点、手动记录的标志点和两个记录点之间的路径点。当 GPS 装置与计算机连接之后，用户只要打开与 GPS 的对话框，选择好数据的类型，就可以从该装置直接载入。此外，GPS 数据还可以从拥有 GPS 信息的.gps 和.loc 文件载入。在此过程中，Google Earth 提供一种极好的选择，是实时显示 GPS 数据的能力。GPS 与移动计算机连接，可以从 Google Earth 的 GPS 对话框选择实时显示项显示。选择参数包括每次载入的跟踪点数限制、每次载入之间的时间间隔、自动追踪路径使 3D 显示器中心总是停留在最后一个载入点上。在 GPS 数据里包含不同的时间信息，Google Earth 提供一个时间滑动块可以选择屏幕显示的时间段。

（4）KML 数据。KML 允许存储和显示 Google Earth 里的所有元素及数据结构。这不仅易于与其他用户共享数据，也使程序员能够动态地准备数据在 Google Earth 里显示。这可以通过动态生成 KML 文件（包含数据库查询的结果）供用户访问，或者利用 API 将数据载入 Google Earth。KML 极为强有力的元素是〈Link〉元素，属〈NetworkLink〉的范畴，使从指定来源的 KML 数据载入 Google Earth 成为可能。这个来源可以是本地的，也可以是在 web 服务器上的 URL。网络连接的优势在于具有使巨大的 KML 文件分割为更灵便的许多小文件；使数据能够为大量用户使用和不断更新；除了静态文件外，还有可能突出能够动态生成数据的来源。为了展示连接不同服务的可能性，表 5-12 给出了具体与连接（Link）元素有关的各种元素。

表 5-12　具体与连接（Link）元素有关的元素

元素	说明
href	来自本地或服务器的载入数据来源
refreshMode	在时间基线上，定义刷新模式
refreshInterval	定义刷新时间，以 s 为单位
viewRefreshMode	在观察 3D 显示器变化时，定义数据如何刷新
viewRefreshTime	在照相机工作停止后和刷新之前，设置等待的秒数
viewBoundScale	根据当前的视场，规定所需数据的边界
viewFormat	增补含有当前视场边界、照相机视场、照相机参数等信息的 URL 查询字符串
httpQuery	增补查询字符串、定义客户版本、KML 版本、客户名和语言等信息

2. Virtual Earth

Virtual Earth 是 Microsoft 公司的产品，与 Google Earth 相似。它直接嵌入为不同对象，即影像、新闻等搜索提供平台的 Microsoft LIVE search 里，可以从浏览器直接进行访问，而无需安装任何附加的软件。用户能够在 2D 和 3D 之间直接切换。尽管其应用是典型的 Web 2.0 应用，但它们的运行仍与操作系统存在一定关系。2D 观察器与操作系统完全无关，3D 观察器只能在 Windows 操作系统下运行。从 2D 和 3D 视图来看，Microsoft Virtual Earth 具有两个非常独特的影像特征，即鸟瞰视图和 3D 模型。对于前者，它可以从不同视角、用高分辨率获取选定地点的图像，致使在 2D 观察器上也能显示出三维的特征。对于后者，Microsoft 为 3D 观察器提供了一组三维的计算机模型。图 5-44 是波士顿市在 Virtual Earth 界面上的三维图像。

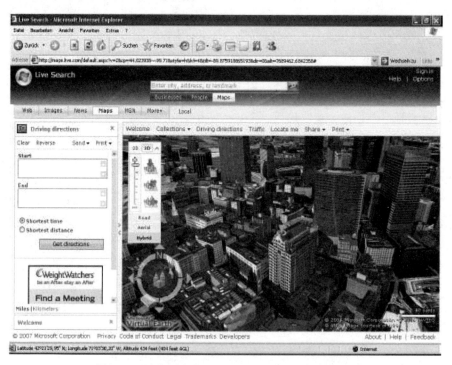

图 5-44　波士顿市在 Virtual Earth 界面上的三维图像

1）Virtual Earth API

基于 Web 的 Virtual Earth 通过 API 可以统一控制 2D 和 3D 视图，给研制人员和应用任务带来许多好处。在 API 的帮助下，不同的 Web 应用任务得以实现。称为 Mashups 的重大应用任务，也可以通过 Virtual Earth 与 AJAX 技术的结合，而有效开展和顺利完成。在应用任务中，使用地图控制的功能，只需要调用 java-script 函数库即可。其中，java-script 包含在 HTML 的文件头里。该库可以从 Microsoft 服务器调用，也可以存储在本地以便更好地加以使用。Microsoft 提供了 Virtual Earth map Control SDK5.0 版本。这是利用 Virtual Earth 地图的一种应用。地图左边的方框允许用户执行不同的操作。它们使用 API 的有关方法，其结果可以表现在地图上。为了了解命令如何嵌入 HTML，当前地图的源代码可以显示出来。关于方法、参数及其返回结果更详细的信息，用户可以切换到参考窗口去。为了加深对 API 提供的多种控制选择的印象，必须给出主要的类及其最重要的方法和特性。其中，VEMap 类是 Virtual Earth 应用的核心所在。它可以显示二维或三维地图，通过许多功能经由众多途径而受到控制和查询。VEMap 对象的结构非常简单，只需要一个参数，即 HTML 控制地图（div 元素）的 ID。地图嵌入 HTML 元素，可以使用简单的 css 来定义高度、宽度、位置、可视性等特征。使用 css 也很容易对地图的样式进行调整以满足应用的需要。

（1）地图控制。在 Virtual Earth 里，对地图控制的主要功能可以用表 5-13 加以概括。

表 5-13　Virtual Earth 对地图控制的主要功能

主要功能	简要说明
LoadMap	据指定参数加载一幅地图，设置其中心点、显示缩放水平、样式、2D 或 3D 显示模式。地图控制 VEMap 的新实例建立后，马上予以调用
SetAlitiude	观察器处在 3D 模式，在地图视图里设置 geoid 之上的高度
SetCenter	将地图中心置放在用经度、纬度规定的点上
SetMapMode	设置地图模式，可选 2D 或 3D 模式
SetMapStyle	设置地图样式，可从 VEMap Style 细目值中任选一个。r 对道路图、a 对遥感影像、h 对混合类型、o 对鸟瞰图
SetMapView	观察某个集合里的所有对象（包括点、线和多边形），无需注意单个元素的位置、计算缩放比例，只要对象都在视野里就好
SetPitch	在 3D 上设置照相机与地面之间的倾斜角度（Pitch），其值为 0°（照相机水平）~-90°（照相机垂直向下）
SetZoomLevel	地图缩放值为 1~19。缩放水平越高，照相机越靠近地面、地图上的记录越详细。缩放步距为 1
Pan	以 2D 模式显示时，地图可以按指定的像元数，沿 x 和 y 方向移动
AddControl	给地图添加客户定义的控制（提交带按钮的输入框），以 HTML 元素作为参数，包括必须添加的控制作业

（2）地图搜索。功能 Find 可以形成供搜索使用的查询指令。它带有大量输入参数且具有高度变化的灵活性。为了显示这种广谱查询的特点，其中最为重要的输入参数可在表 5-14 中给出。

表 5-14　地图搜索查询最为重要的输入参数

输入参数	简单说明
what	定义项目、类型和业务（如餐馆、酒吧）的名称
where	在它的帮助下，某个地方可以被搜索到。这个参数可以是地址的简单字符串，也可以是经度、纬度的一个 VEPlace 类的对象
shapeLayer	为 VEShapeLayer 类定义一个参考层，查询结果可在其上显示
numberOfResults	用这个参数规定搜索结果的最大数目
showResults	这是个可选参数，规定查询结果是否可视化，缺省值为真
useDefaultDisambiguation	在位置搜索得到多个匹配结果时，这个布尔（Boolean）参数用来决定是否有确切的结果出现
callback	这是在搜索返回时必须运行的功能。这个功能很重要，只有它运行之后，新的搜索查询才能执行

（3）相关过程。Microsoft Virtual Earth 持续不断地跟踪各种作业过程（Events），使应用任务的进展能够有所反映和把握。当某个特定过程附带处理机（Handler）时，其布尔返回值，既可以选择缺省值，也可以不选。因此，与过程相关的 Virtual Earth 行动，既可以执行，也可以不执行。通常，过程对象包含着许多重要的附加信息，如经纬度、屏幕上的 x 和 y 坐标、缩放水平以及选好的地图样式等。在诸多过程之中，有 3 种过程值得一提：Keyboard Events。每当键盘输入时，键盘过程被激活。它们可能是 onkeypress、onkeydown 或 onkeyup。键盘过程只支持 2D 模式；Mouse Events。鼠标过程可以在 2D 和 3D 模式情况下工作。不同的过程包括 onclick、ondoubleclick、onmousedown、onmouseup、onmouseover、onmouseout 和 onmousewheel、Virtual earth Events。当地图以某种方式修改时，会有一系列的过程发生，包括 onchangeview、onendpan、onresize 等过程。

2）GML

Virtual Earth 与 Google 有所不同，它没有自己可供数据存储和载入使用的 XML 编码。GML（Geography Markup Language）作为基于位置信息存储和共享的优势介质，将在下面进一步说明。这种语言由 Open Geospatial Consortium 提出，是一种 XML 编码。它作为地球空间和基于位置的信息标准，得到了国际标准组织的认可和采用。标准对于需要相互通信、彼此互动的不同应用任务而言，是一种绝对不可缺少的条件和保证。GML 用来存储和传递地理信息，既包括空间特征信息，也包括非空间特征信息在内。XML 和 GML 在表示内容上存在显著的差异。GML 只涉及有意义和有组织方式的数据存储，而与信息如何提供给用户无关。它们只能是文本文件或者是用专题地图对数据的再表现。现实世界可以用一组特征模拟，每个特征又可以由任意数量的子特征所组成。为了给特征以附加的信息和含义，可以赋予它们三重特性，即名称、类型和量值。这些特性可以用诸如整数、字符串、浮点数、布尔代数或几何特性来表述。这些特性还可以具有比较复杂的形式，表现为日期、时间和地址等。基本的几何特征是点、线和多边形。它们还可以组成更复杂的几何模型，如同质或异质的多点、多线和多多边形的组合。空间信息总是建筑在空间参考系统，包括地理、椭球体、地心坐标等参考系之上。因此，要想知道几何对象的正确尺度和相互关系，必须了解其空间参考系的特征。

GML 文件的有效结构和特点可以用 XML 模式定义，要比用常规的 DTD（Document Type Definition）更为有效。这种模式提供了一组丰富的数据类型，允许建立新的复杂数据类型、GML 元素及其属性，允许定义对象的有效嵌套。XML 模式文件以 **.xsd** 为结尾，是 XML 模式定义（XML Scheme Definition，XSD）的产物。GML 提供了 3 种基本的 XSD：geometry.xsd（描述几何组分）、feature.xsd（描述一般特征及其特性，如 ID、名称和说明等）和 xlink.xsd（提供属性使对象能够相互连接）。对每项应用任务可以使用这 3 种基本模式，构建起所谓的应用模式。这种模式能够包括需要的标准 GML 类型，也能够建立由标准类型导出的定制类型。来自标准模式的元素可以用标签 gml 鉴别。在为某个应用建立一个适当的模式之后，GML 文件可以根据已确定的模式进行编码。在 GML 里也定义了许多复杂的几何类型，如 Bezier、Splines、Cubic Splines、Point Grig、Cone、Cylinder、Sphere 等。

3）数据载入和可视化

Microsoft Virtual Earth 是一种 Web 应用，通过服务器端的某种编程语言（Java、PHP、

C#、…）与客户端的 Java Script 相结合，导致可以通过多种途径动态地调用或生产数据。Virtual Earth API 允许添加和删除各种类型的数据。Virtual Earth 与 Google Earth 相似，其数据也采用分层的方式组织，而且每个层里可以包含任意数量的元素。这种层所表现的类是 VEShapeLayer。形状（Shape）层包含和管理着许多图钉、折线和多边形。它们的建造物无需任何参数，既可以添加到层里，也可以从层中删除掉。Virtual Earth 的隐藏和显现功能，使层的可视性具有相应的两种状态。这对在地图上只显示有需要的信息来说极为方便。因此，在这一节里将说明各种基于位置的、最重要的元素，查明如何利用 API 把这些元素添加到应用里去的方法和过程。它们都属于 Virtual Earth 描述的几何形状类 VEMap 的范畴。在构建该类的一个新对象时，必须指定形状的类型以及点阵。该类型确定了哪些类的形状必须构建。当某个图钉有待建立时，有一个由 VELatLong 对象确定的点就足够了。对于其他形状而言，需要有一个点阵。这个形状类提供了一组方法，为指定的形状获得与设置其有关的参数，包括说明文本、填充颜色、线条宽度、在说明中为照片设置 URL。将一个形状添加到指定层里去，可以采用 AddShape 功能实现。

（1）图钉。图钉是表示经度、纬度位置的标签，附带有相关的信息。API 允许把图钉加在地图上。一种选择是：它可以利用 VEMap 的 AddPushpin 功能，从 VELatLong 类里取一个由经度、纬度定位的对象作为输入，自动地加在地图的底层上。作为反馈结果，该功能提交一个参考值，提供建立 VEShape 的对象之用。另一种选择是：利用 VEShape 类构建物构建一个图钉对象，然后把它加在底图上，或者利用 VEShape 把它加在指定的层上。图钉一经添加上去之后，利用 VEShape 类提供的功能，就可以不同方式对它进行操作。图 5-45 和图 5-46 分别给出了把图钉加在二维地图底层和加在三维立体图上的实例。从图 5-45 可以看出，图钉的说明文本，还有 HTML 编码都可以使用。这就使影像、视频、小应用程序，可以嵌入到形状元素的气泡里了。

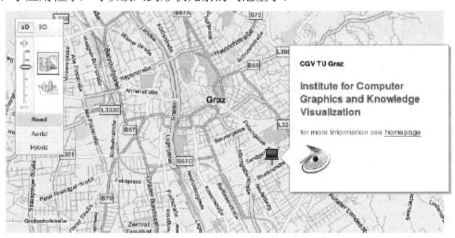

图 5-45　图钉加在二维地图底层上的实例

（2）折线。折线是连接一系列点的路径。当添加一条折线到底图或特定层上时，其构建物需要有 VELatLong 对象所指定的一个点阵。当该形状对象建立起来后，可以对折线进行修改，即可以改变线的颜色和宽度等特征。在添加一条折线时，会有一个图钉显示，可以把有关的信息加到说明气泡里去，其作业方式与图钉相同。Google Earth 可以把线设置在地面以上的任意高度，而 Virtual Earth 不同，线只能固定在地面上。折线首先可以构建一个形状，然后添加到一个层上，或者利用 AddPolyline 功能直接加到地图的底图层上。

（3）多边形。除了多边形的线条起点和终点必须重合以及它所包围的面积为用户指定的颜色填充外，它与折线的特点极为相似。直接在地图底图层上构建一个多边形的功能称为 AddPolygon。

图 5-46　图钉加在鸟瞰图上的实例

（4）瓦片层。最终用户不可能直接把一个瓦片层添加到地图上，但是在 API 帮助下，这样做就很容易。Virtual Earth 里的瓦片层相当于 Google Earth 里的覆盖层。在瓦片层上，允许把更为详细或用户要求的地图添加到一个指定的方框里。定义瓦片特性的类是 VETileSourceSpecification 类。定义瓦片特性的有关参数，在表 5-15 中给出。当某个瓦片层构建成功时，可以利用 AddTileLayer 功能将其添加到地图上去。为此，要获取一个 VETileSourceSpecification 对象和一个气泡作为输入，而且要规定被添加的层是否处在可视状态。MapCruncher 是建立 Virtual Earth 瓦片强有力的免费工具。它的使用非常简单、方便。用户的地图与 Virtual Earth 的地图并排摆放，分别至少选取 6 个同名点。经过配准运算，用户地图将与全球坐标系统配准。Virtual Earth 使用简单的 Mercator 投影。地图可以自动变形、调整，以便与这种投影匹配。于是，一组影像瓦片产生，在 API 帮助下得以在 Virtual Earth 上显示。在此过程中，MapCruncher 附带产生一个 HTML 站，演示如何使用地图叠加层。地图文件作为输入可以采用 jpg、png、tiff、gif 或 bmp 格式。图 5-47 是 MapCruncher 功能应用的屏幕界面实例。

（5）载入形状层数据。Virtual Earth 允许用户建立各种数据集合，与其他用户共享这些数据。用户接口没有为建立大型或动态通用数据集合而设计。Virtual Earth 支持 W3C 和 GeoRSS 分别提供的两个基础地学词汇表（Basic Geo Vocabulary）。存在多种方式对 RSS 馈送的基于位置的数据进行编码，都遵从 XML 的语法。用于几何形状编码的 GML，也可以用来对基于位置的信息进行编码。按照这些语法编码的基于位置的形状，可以直接载入 Virtual Earth。这种属于 VEMap 的功能称为 ImportShapeLayerData。作为该功能的输入，它要调用 VEShapeSourceSpecification 对象，回调（Callback）功能以及能够确定照相机视场在形状加载后是否处在最佳位置上的布尔值。VEShape Source Specification 对象承载着有关数据来源、数据类型以及载入数据添加层等方面的信息。如果对添加层不作任何规定，载入数据将添加到地图的底图层上。

表 5-15　定义瓦片特性的有关参数

参数	说明
Bounds	用 VELatLongRectangle 规定瓦片的边界
ID	唯一的瓦片层鉴别号，供鉴别和管理（隐藏、显示、删除等）之用
MaxZoom	定义显示瓦片层的最大缩放水平，低分辨率瓦片建议用 MaxZoom
MinZoom	定义显示瓦片层的最小缩放水平
NumServers	规定可以加载瓦片影像的服务次数，参数值可选。默认值为 1
Opacity	规定瓦片的透明程度，默认值为 1.0
TileSouerce	规定加载瓦片影像来源的 URL
ZIndex	可选取参数，在设置 z 指数值时使用。在有多个层应用时，必须进行这种选择，以规定哪些层在顶部、哪些层为其他层覆盖

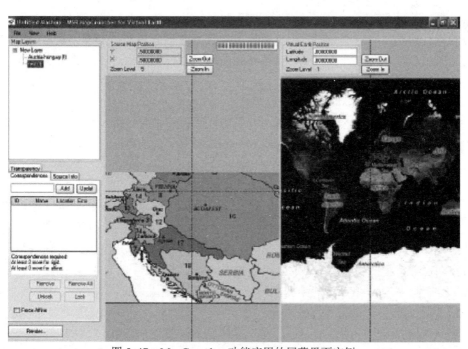

图 5-47　MapCruncher 功能应用的屏幕界面实例

5.4 遥感系统应用服务网络

前面 5.2 节和 5.3 节论述了以遥感数据生产者为主体、遥感数据服务为目的的遥感数据产品服务网络和以遥感信息用户为主体、空间信息共享为目的的遥感信息共享服务网络等方面的问题。在本节里，将以用户应用任务为目的的遥感系统应用服务网络作为论述的主要对象。这种网络与前两种服务网络相比较，具有 3 个特点。第一个特点是，它们以完成用户提出的应用任务为最终目标，是能够直接产生出遥感应用效益的服务系统。随着任务类型、内容、特点以及用户条件的变化，网络的技术结构、行为特点也会发生相应的变化。第二个特点是，它们将为用户提供全方位的服务，既包括空间数据和信息方面的服务，又包括系统软、硬件，尤其是模型、模拟等方面的服务，具有很大的灵活性和很强的适应性。第三个特点是，它们需要在遥感数据获取、专题信息挖掘、业务系统应用和资源共享服务 4 个环节的支持下运行服务。任何一项应用服务都具有系统工程项目的各种属性和共同特点。这种遥感系统应用服务网络，可以归纳为两个大类：一类是基于 Web GIS 的遥感系统应用服务网络；另一类是基于网格计算的遥感系统应用服务网格。两者相较，前者的技术比较成熟、专业涉及面广、用户数量巨大；后者尚处起步阶段、发展潜力厚重、应用前景美好。

5.4.1 基于 Web GIS 的应用服务网络

Web GIS 是 Internet 和 WWW 技术应用于 GIS 的产物，能够最大限度发挥现有计算机软、硬件资源的效用。它既具有传统 GIS 大部分乃至全部的功能，又具有显示 Internet 优势的特有功能。用户不必在本地计算机上安装 GIS 软件就可以在网上访问远程的 GIS 数据和应用程序，进行分析应用、提供交互的地图和数据，为 GIS 的应用和发展开拓广阔的前景和美好的未来。

1. Web GIS 的概念和特征

Web GIS 的基本概念、表现形式、功能分配以及主要特征等问题，是这一节要重点论述的对象和内容。它将使读者能够对 Web GIS 技术，建立起一个比较全面、概括的了解，从而为更好地利用这种技术奠定基础。

1）Web GIS 的基本概念

Web GIS 又称万维网地理信息系统，是建立在 Web 环境里的一种特殊的地理信息系统。它们能够在 Internet 或 Intranet 网络环境里存储、处理、分析、显示、交换与应用空间数据，或者说，通过 WWW 浏览器为用户提供 GIS 数据和功能的服务。这些数据包括带有空间位置特征的影像、图形数据和与此相关的文本数据。图 5-48 以图形方式简要地说明了一个典型的 Web GIS 的结构及其开展工作的过程或模式。

2）Web GIS 的信息表现

Web GIS 的信息表现有不同的形式，具体包括以下几个方面。

（1）静态栅格图像。它们需要表现的空间信息预先会在服务器端直接生成，然后按照一定的目录方式组织起来。这种图像可以是栅格影像，也可以是扫描数字化后生成的数据。其数据组织简单、实现容易，简单的 Web GIS 应用可以使用这种方式的数据。

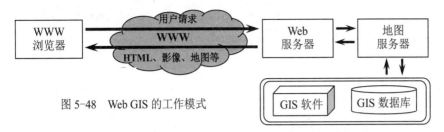

图 5-48　Web GIS 的工作模式

（2）动态栅格图像。它们是空间数据在客户端以栅格方式显示的结果。服务器端的数据，可以是矢量数据，也可以是按某种方式组织起来的栅格影像数据。

（3）矢量地图。它们根据用户当前操作的空间范围、图层以及来自客户端的请求，服务器将相应的矢量数据传到客户机端，在那里用软件完成对矢量地图的表现。服务器端的空间数据以矢量方式组织，并提供矢量数据服务引擎。

（4）栅格地图加矢量地图。它们在客户机端，空间数据既可以栅格形式表现，也可以矢量形式表示，而且两者还可以叠加显示。在服务器端，往往要同时提供栅格数据服务引擎和矢量数据服务引擎。目前的许多 Web GIS 都提供这种混合表现方式。

（5）网络虚拟地理景观。它们是对现实世界各种自然和人文景观的真实模拟和表达。它们主要描述地形模型、地物几何数据、属性信息、视线信息、场景环境信息等。其基本的空间支撑基础是一组有结构、有组织且具有三维几何空间的有序数据，使虚拟世界成为一个有坐标、有三维空间的世界，从而与可感觉、可触摸的三维现实世界相对应。随着科学技术及其应用的不断深化和发展，对因特网上三维虚拟现实的应用需求变得越来越大。

3）Web GIS 的功能分配

常见的 Web GIS 具有浏览器/服务器（B/S）的结构，其服务器端有应用服务器和数据服务器。它们组成了一个具有 3 层结构的体系，如果再加上 Web 服务器就形成了 4 层结构。在 B/S 结构中，客户向 Web 服务器通过 HTTP 协议请求数据服务，服务器返回 HTML 方式书写的服务页面。数据的存储、抽取和处理功能由远程服务端的服务器完成，数据的表现由位于客户端的浏览器实现。根据浏览器和服务器的功能配置状况，它们可以划分为图 5-49 所示的几种情况。图 5-49（a）和（d），分别表示瘦客户端/胖服务器和胖客户端/瘦服务器两种极端的情况及其相应的功能分配状况。图 5-49（b）和（c），则表示其间的折中模式。如果扩充浏览器功能，可将服务器端的部分功能移到客户端，用户可以直接利用其调入的数据进行缩放、漫游等操作，无需再向服务器发出请求。如果应用任务复杂、费时，它还是要由服务器完成。

4）Web GIS 的主要特征

Internet 和 WWW 技术的引进，使 Web GIS 较之传统 GIS 具有了许多前所未有的特点，在功能上也有显著提高、迅速扩展。因此，对 Web GIS 主要特征的充分认识，毫无疑问，会对其应用产生积极的影响、巨大的帮助。

（1）Web GIS 是全球化集成的客户/服务器网络系统。Web GIS 利用客户/服务器概念来执行 GIS 的各种应用分析任务。它把这些任务划分为两部分，分别在服务器端和客户端完成。客户可以从服务器请求数据分析工具和模块，服务器或者执行客户请求并把结果通过网络送回给客户，或者把数据和工具发送给客户供客户端使用。全球范围内任意

WWW 节点的 Internet 用户，都可以访问 Web GIS 服务器，提供各种 GIS 应用服务，甚至还可以进行全球范围内的 GIS 数据更新。

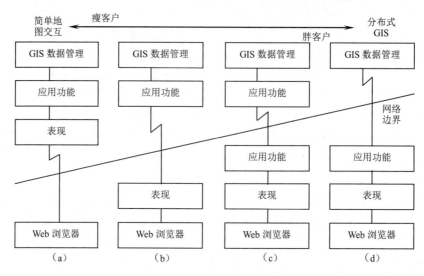

图 5-49　Web GIS 的功能分配

（2）Web GIS 是分布式、能进行互操作的动态系统。Web GIS 利用 Internet 能够访问分布式数据库和执行分布式处理的优势，把 GIS 数据和分析工具部署在不同的计算机上。用户可以随意从网络的任何地方，访问这些数据和应用程序，而不需要在自己的计算机上进行专门的配置，就可以在 Internet 上操作 GIS 地图和数据，用 Web 浏览器执行部分基本的 GIS 功能，包括缩放、拖动、查询、缓冲区分析、网络分析等功能。Web GIS 和数据源的链接具有动态特征。只要数据源发生变化，系统就会随之发生相应的变化和更新，始终保持其动态性和现势性。

（3）Web GIS 是能跨平台访问多种对象的柔性系统。Web GIS 可以访问不同平台或在异构环境下作业，不受网上计算机、语言和操作系统变异的限制。随着 Java 技术的发展，这种跨平台的性能上升到更高的层次。在 Internet 技术发展和 GIS 互操作规范标准支持下，Web GIS 可以访问异构环境下的多种 GIS 数据和功能，具有集成视频、音频、地图、文本的能力和良好的可扩充性，极大地丰富了 GIS 的内容和表现能力。

（4）Web GIS 是真正地为社会大众服务的信息系统。随着 Internet 的飞速发展，Web GIS 为更多用户提供了使用 GIS 的机会，使之真正成为大众化的、为社会各界人士服务的空间信息系统。Web GIS 可以使用浏览器进行浏览、查询，其插件（Plug-In）、ActiveX 控件和 Java Applet 通常可免费使用。这就有效地降低了用户的经济、技术负担，扩大了 GIS 潜在用户的范围及其在各领域的应用效益。

2. Web GIS 的构建与技术

Web GIS 的基本构架、实现方法以及客户端、服务端的实现技术等方面的问题，是本节要集中论述的内容。

1）Web GIS 的基本技术构架

Web GIS 的基本构架在图 5-50 中给出。其客户端是 Web 浏览器，通过安装 GIS

Plug-In、下载 GIS ActiveX 或 GIS Java Applets，实现客户端的 GIS 计算功能。其服务器端由 WWW 服务器、GIS 服务器、GIS 元数据服务器以及数据库服务器等组成。其中，WWW 服务器负责接受客户端的 GIS 服务请求，传递给 GIS 服务器或 GIS 元数据服务器，然后把结果送回给用户；GIS 服务器完成客户的 GIS 服务请求的功能，将结果转化为 HTML 页面或直接把 GIS 数据通过 WWW 服务器返回客户端。GIS 服务器也能同客户端的 GIS Plug-In/ ActiveX/ Java Applets 直接通信完成 GIS 服务；GIS 元数据服务器管理服务器端的 GIS 元数据，为客户提供 GIS 元数据查询、检索服务；数据库服务器完成对空间数据的存取、查询等功能，实现对空间数据的管理，包括用户管理、安全管理和事务管理等。此外，在 WWW 服务器与 GIS 服务器之间，还可以增加 GIS 服务代理，协调服务器端 GIS 软件、GIS 数据库和 GIS 应用程序之间的通信，提高 GIS 服务器的性能。Web GIS 的基本实现技术主要可以从客户端和服务器两个方面加以探讨。

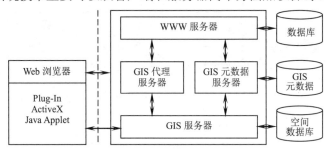

图 5-50　Web GIS 的基本技术框架

2）Web GIS 客户端实现技术

Web GIS 客户端的 GIS 数据和计算，允许在用户的浏览器上运行。它们可以通过 GIS 插件、GIS ActiveX 控件和 GIS Java Applets 3 种技术方案实现。

（1）GIS Plug-In 插件技术方案。它们是工作在 Netscape 和 IE 浏览器上、用于处理 GIS 数据和地图的插件程序。它们从 Web 服务器下载到用户的计算机上，安装后在浏览器上运行，处理嵌在 HTML 里、且 HTML 无法识别的 GIS 数据。客户端插件的工作流程如图 5-51 所示。作为基于 GIS 插件的 Web GIS 的优点，它可以无缝地支持与 GIS 数据的连接；其所有操作均由本地的 GIS Plug-In 完成，所需数据从服务器读取，使 GIS 操作的速度加快；服务器提供的数据只需通过网络传输一次，使两者的负担都减轻了。然而，其主要缺点在于 GIS Plug-In 与平台、数据的类型相关，用户必须事先安装多个不同的 GIS Plug-In 程序，不仅占用了客户机磁盘的大量空间、使管理工作的压力增强，而且使系统的更新困难，处理大型 GIS 分析任务的能力受到限制。Autodesk 公司的 Map Guide 是 GIS 插件的典型实例。

（2）GIS ActiveX 控件技术方案。ActiveX 控件和插件一样，都是可以扩展 Web 浏览器功能的动态模块。但控件可以由支持 OLE 标准的任何其他应用和语言使用，而插件只能在浏览器中使用。GIS 控件由 HTML 文档引用、由浏览器执行。开始时，这些控件驻留在服务器上；当用户连接该 Web 站点，请求包含有对 GIS 控件的引用（<OBJECT>标记符）的 HTML 文档时，它们就被下载到浏览器端。如果以前下载过，它们就存在客户机上，而无需重新下载。图 5-52 给出了 GIS 控件的工作流程。基于 GIS ActiveX 控件的

Web GIS 不仅具有 GIS Plug-In 模式的所有优点,而且能够为支持 OLE 标准的任何程序语言或应用系统所使用,其有更大的灵活性。控件也需要下载和安装到用户的本地计算机上,根据需要可以驻留在其硬盘上,不用时不占机器的内存。然而,GIS 控件和插件一样,也需要为不同平台、不同 GIS 数据格式创建不同的控件。ESRI 公司的 MapObject Internet Map Server、 Intergraph 公司的 GepoMedia Web Server 都是采用 GIS 控件的典型产品。

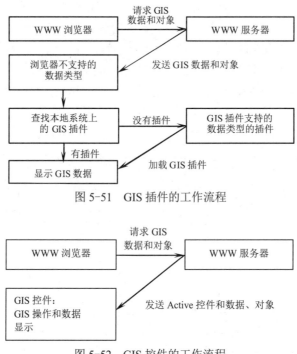

图 5-51　GIS 插件的工作流程

图 5-52　GIS 控件的工作流程

（3）GIS Java Applets 技术方案。Java 是面向对象的编程语言,更适用于网络环境。Java Applets 是能够在支持 Java 的浏览器里运行的小应用程序,可以做到与浏览器无缝集成,根据需要从服务器下载到客户浏览器上运行。Java 对创建和显示图形提供了最广泛的支持,非常适合操作 Web 上的 GIS 数据。GIS Java Applets 用于解释 GIS 数据,执行 GIS 分析。每种 GIS 功能,如放大、缩小、标注、查询及其输出等,都可以有一个 Java Applet 实现。GIS Java Applet 是可执行代码,驻留在可访问的 Web 站点服务器上。它内嵌在 HTML 文档中,用〈APPLET〉标识符引用,在客户端浏览器上执行。在支持 Java 的浏览器加载 HTML 文档和 GIS Java Applet 时,其工作过程如图 5-53 所示。用 Java 开发的 Web GIS,不仅可以为用户提供单机 GIS 程序在响应性能、利用本机资源能力、图形属性查询等方面的好处,打破对单机的依赖进而能充分利用整个 Internet 的计算资源,而且 GIS Applet 还提供 HTML、插件和 GIS 控件所不具备的重要特性。这种 Web GIS 的体系结构中立,与平台和操作系统无关。在具有 Java 虚拟机的 Web 浏览器上,写一次程序,可以到处运行;GIS Java Applet 在运行时从 Web 服务器动态下载,无需在客户端预先安装,而且它们在服务端更新后,客户端也随之更新;它们可以扩展用户界面以满足复杂的客户端地图操作和查询能力的需要,创建和显示地图的方式更灵活;它们运行于客户端的 JVM 上，不必访问本地的系统资源，因而，本地客户的信息不会被破坏或窃取，客户端的计算机也不会感染到病毒。然而，这种 Web GIS 也有其不足之处，如使用已有 GIS 功能的能力弱；处理大型 GIS 分析任务的能力有限；基于安全原因的考虑，目前 GIS 数据及其分析结果，尚不能保存在客户机上，只能直接或下载与服务器的连接，使 Web GIS 的分布式特点受到了某种程度上的限制。国内武汉吉奥公司的 GeoSurf、国家遥感工程中心的 GeoBeans 均属此类产品。

3）Web GIS 服务器实现技术

在 Web GIS 里，数据和计算都部署在服务器上。服务器端应用就是在服务器里执行 GIS 计算，把执行结果转换为 HTML 格式（一般是 GIF/JPEG 图像）或直接返回客户端。实现服务器端应用的技术方案有 3 种，即基于 GIS 桌面系统扩展的 Web GIS 服务器、基于 ActiveX 组件的 Web GIS 服务器和基于 Java 的 Web GIS 服务器。

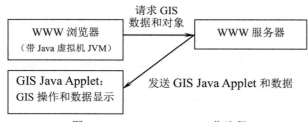

图 5-53　GIS Java Applet 工作流程

（1）基于 GIS 桌面系统扩展的 Web GIS 服务器。这种服务器的结构如图 5-54 所示。其顶层是 Internet 技术，主要包括 TCP/IP 和 HTTP。其底层为 GIS 服务器，其核心是已经成熟的 GIS 桌面系统。中间层为应用服务器或应用网关。它们是 Web 服务器与 GIS 服务器之间的桥梁：把客户的 GIS 服务请求，从 Web 服务器通过 OLE 或者 TCP/IP 技术，转送到 GIS 服务器中的监控调度程序。该程序选择可用

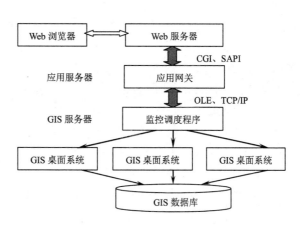

图 5-54　GIS 桌面系统扩展的 Web GIS 服务器

的 GIS 桌面系统运行实例，完成客户请求的 GIS 计算，然后把结果返回给 Web 服务器，最后再返回给客户，从而实现所有的 GIS 功能。在应用服务器层上，还可以实现 GIS 服务代理的功能，协调 WWW 服务器和 GIS 服务器、GIS 数据库等的运行，以控制 GIS 服务器的性能和状态。这种服务器完成所有的 GIS 计算，客户端有标准的 Web 浏览器即可，是典型的"瘦"客户机/"胖"服务器模式。ESRI 公司的 Internet Map Server for Arc View、MapInfo 公司的 ProServer 等均属此种类型的产品。

（2）基于 ActiveX 组件的 Web GIS 服务器。它是在服务器端用 ActiveX 组件技术实现的 GIS 服务器，其结构在图 5-55 中给出。GIS 服务器调用 GIS ActiveX 组件功能完成

GIS 服务功能, 将运行结果以 GIF 或 JPEG 形式传到客户端。ActiveX 组件封装其内部实现细节并提供符合标准的操纵接口, 是个完全独立功能的程序模块。在一般情况下, 组件按功能可以分为 3 个层次: GIS 功能组件、管理组件和用户组件。这些组件可以从服务器端下载到客户端, 通过 DCOM/ActiveX 直接和服务器的 GIS 组件通信来完成 GIS 功能。这种方案的好处是: 它可以实现具有弹性的应用系统, 使系统成本降低、性能提高;

组件遵循相同的 ActiveX 标准, 组件之间可以无缝连接, 使系统稳定性增强; 实现"瘦"客户/"胖"服务器模式, 使任何浏览器用户都可以访问 GIS 服务器的地理信息; 系统开发可以采用任何支持 ActiveX 标准的工具, 与 ASP 结合起来, 使开发变得很容易。美中不足的是, 这种方案只有在 Windows 平台上

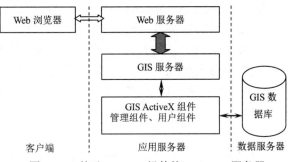

图 5-55　基于 ActiveX 组件的 Web GIS 服务器

才能实现。ESRI 公司的 MapObjects Internet Server 和 MapInfo 公司的 MapXtreme 是这类产品的代表。

（3）基于 Java 的 Web GIS 服务器。Java 是面向对象、与平台无关、基于网络和具有多线程的编程语言, 可以作为服务器端的开发平台使用。基于 Java 的 Web GIS 服务器通过 Servlet 来实现, 其结构在图 5-56 中给出。Servlet 是运行在 Web 服务器端的 Java

程序, 可以完成与 CGI 完全相同的工作, 而且在其内部以线程方式提供服务, 同时为多个请求服务, 效率非常之高。Servlet 采用 Java 程序语言, 不仅使之与平台无关, 而且能够利用其他 Java 技术, 如利用 JDBC 访问数据库, 使用 Socket 或 RMI 与其他程序通信等, 还可以使用 Sun 公司提供的 Java Servlet API 开发包进行开发, 编写出能够适合

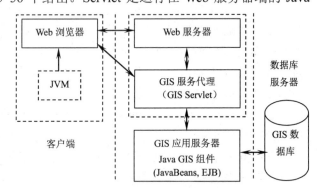

图 5-56　基于 Java 的 Web GIS 服务器

大型系统的、实现复杂功能的模块。用户可以在浏览器端通过 URL 调用 Servlet 完成其所需的工作。图中的 GIS 服务代理（GIS Servlet）是一种扩展 Web 服务器功能的 Servlet 程序, 在客户请求与应用服务器进行通信时起桥梁作用。GIS Servlet 负责与 GIS 应用服务器通信、发送请求、接收处理结果。GIS 应用服务器是核心服务器, 集成了 Web GIS 的主要数据处理功能。它通过调用 Java GIS 组件（JavaBeans、EJB）来实现 GIS 的查询、处理功能、JDBC 和 GIS 数据库平台的通信。GIS 应用服务器和数据库服务器之间的关系, 也是客户机与服务器之间的关系。它把来自客户的服务请求转化为一系列指令, 交给数据库服务器处理, 获得处理结果。这种业务分为两个层次: 基本业务, 包括地理空间数据的获取、管理以及地理元数据管理等业务; 复杂业务, 包括决策分析、专题制图等业务。其一种产出结果是传输到客户端需要 Java Applet 解析的矢量地图数据; 另一种

是通用浏览器可以直接浏览、具有 GIF 或 JPEG 格式的栅格图像。这种服务器实现方法的优点是：它可以跨过多种操作系统平台；使用 Servlet 效率比 CGI 高；易于和通用的 Web 应用集成。但是它们无法利用目前已有的桌面 GIS 功能，尤其是 GIS 分析功能；受 Java 自身效率影响，实施复杂的 GIS 分析功能存在效率方面的问题。

3. Web GIS 应用及其实例

目前，Web GIS 已在资源管理、环境保护、交通运输、文物古迹、公共卫生、社会治安、应急响应、发展规划等诸多专业领域里得到了广泛的应用。其具体应用实例，更是不胜枚举。在此，只能以 Web GIS 在滑坡管理评价、流域决策支持以及海洋污染测报的应用为例加以介绍。

1）Web GIS 的滑坡管理评价应用

加拿大 Alberta 省 Peace River 镇自 100 多年前建镇以来，一直受到洪水和滑坡灾害的双重威胁。2006 年，Alberta 大学等单位对该地区滑坡进行了研究。2009 年，H. X. Lan 等人研制了有助于改善对这个地区滑坡灾害范围、速率及其驱动因素认识的 Web GIS 系统、发表了相应的论文。下面将说明其 Web GIS 的系统结构、基本功能及其在滑坡监测评价过程中的有关问题和研究成果。

（1）滑坡 Web GIS 的结构及其功能。为了完成 Peace River 镇地区滑坡研究任务，Lan 等人研制了如图 5-57 所示的包括数据库层、服务器层和客户层的 Web GIS 系统。在客户层里，用户经由 Internet/Intranet 起终端的作用。某些用户（诸如公众之类的用户）只简单地利用 Internet 的浏览器（Internet Explorer 或 Firefox），访问服务器提供的数据和功能。另外的某些专业用户可能要使用强有力的台式机工具（如 ArcMap），访问服务器或执行更复杂的任务。ESRI 的 ArcGIS 服务器被选择作为服务器应用的基础平台，负责提供对地图的开放访问、数据分析、应用模型等功能。这种基于服务器的 GIS 有助于信息共享，易于对 Web 服务和应用能力的使用。数据库引擎（如 ArcSDE）的使用可以提高数据访问的效率和速度。中心数据库作为系统的核心部分主要包括 3 种类型的数据：地球空间数据（地形、地质、钻孔位置等数据）、非空间属性数据（钻孔详细信息、实验室或野外测试工程技术参数等）以及动态变化数据（环境、位移、水孔隙压力等的监测数据）。

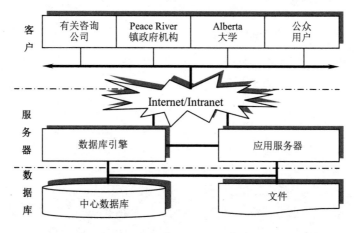

图 5-57 Peace River 镇滑坡 Web GIS 的系统结构

（2）滑坡 Web GIS 的应用及其成果。对于地形变的了解是评价滑坡灾害最为基础的内容，不仅涉及其空间的综合评价，也涉及到其时间的综合评价。在 Web GIS 工具的支持下，除了一般滑坡制图外，还可以进行不同级别的评价工作。根据 2007 年的 LiDAR 数据，可以将某些在 20 多年前的历史滑坡的轮廓线勾画出来，如图 5-58 所示。该图是将影响 Peace River 镇的历史滑坡与高分辨率的 LiDAR 数据、Quickbird 光学影像集成的产物。其上，标出了 8 个历史滑坡及其发生的时间和地点，其中有 6 个滑坡沿着河谷的两岸分布。在图 5-58 的顶部，分别给出了 Shop 滑坡（左）和 99/101 街滑坡（右）的斜视影像。在图的右下角，通过时序柱状图与引线标注的方法，显示了各个滑坡发生与其年降水量之间的关系，对它们的成因分析很有参考价值。

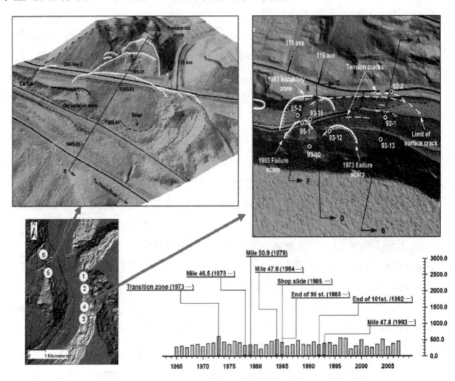

图 5-58　滑坡沿 Peace River 河谷的分布

利用 Web GIS 工具系统地对滑坡特征进行检查的优越性之一，体现在它具有揭示滑坡运动学特征以及确定控制破裂面岩组的地质因素的能力上。为了建立地下和每个滑坡位置上的区域地质模型，要使用中心数据库的钻孔数据以及野外制图的结果。使用每个具体滑坡的钻孔信息，可以确定滑坡在更大的地质框架里的那个位置上发生的可能性更大。倾斜仪的数据可以用来确定破裂面的位置，以揭示地形变模式的运动学特征。位置具体变形通常在钻孔点上用坡度倾斜仪测量。根据地质科学国际联盟 1995 年建议的标准，该河谷的滑坡速度属特慢到很慢的类型。在 99/101 街滑坡里，93-10、93-11 和 93-12 这 3 个钻孔的位移历史过程，在图 5-59 中给出。3 个钻孔在深层的位移具有非常相似的运动模式，类似的运动学机制。然而，93-11 孔深、浅层的运动行为显著不同。其浅层的移动速率变化显著，而深层的速率比较稳定。这种差异说明前者对边界条件（如降水）

的轻微变化更敏感。这种信息在评价地面移动对现有基础设施的影响以及减灾措施的合理性时相当重要。地面移动数据的空间统计内插，可以用来检查钻孔内实测坡面移动的空间分布状况。为此，图 5-60 给出了在 Peace River 西岸 Shop 滑坡范围内 2005 年 10 月和 2007 年 5 月的速度分布图。不难看出，两个时期的坡面变形尽管在运动方向上有些差别，但在其空间分布上却大体类似。此外，从 2005 年 10 月到 2007 年 5 月 TH05-3 位置上的速率和位移历史过程，也在图 5-60 下部给出。地形变速率的数量级在冬季下降，在夏季升高。这种轻微的变化，似乎与滑坡浅层对春季和初夏降水的响应有关。在 Web GIS 里，令这种数据与 2D 和 3D 的 LiDAR 影像一起显示。其中具有近似坡面形态学特征的地带，可以用来对数据进行分组，对滑坡不同部位的移动速率进行比较。显然，这种位移信息有助于滑坡灾害分区图的绘制。

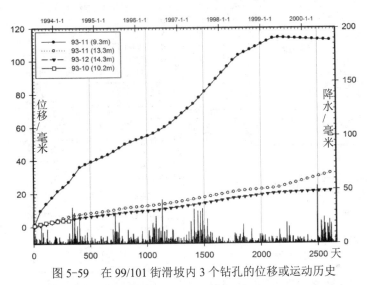

图 5-59　在 99/101 街滑坡内 3 个钻孔的位移或运动历史

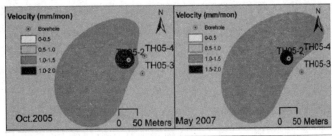

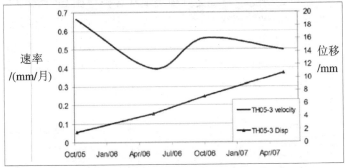

图 5-60　Shop 滑坡范围内不同时期的速度分布图

2）Web GIS 的流域决策支持应用

Jin-Yong Choi 等人（2005）发表了题为"基于 Web 的流域管理 GIS 和空间决策支持系统"的论文，讨论了基于 Web 的空间决策支持系统（SDSS）概念框架，介绍了据此研制的、基于 Web 的流域管理 SDSS 的原型及其应用的状况。

（1）基于 Web 的流域管理 SDSS 的概念框架。基于 Web 的 SDSS 概念结构在图 5-61 中给出。它建立在通用网关接口（Common Gateway Interface, CGI）基础上，主要由 HTML 用户接口、Internet 接口程序、计算模型以及地理数据库等组成，属于瘦客户机/胖服务器的结构类型。

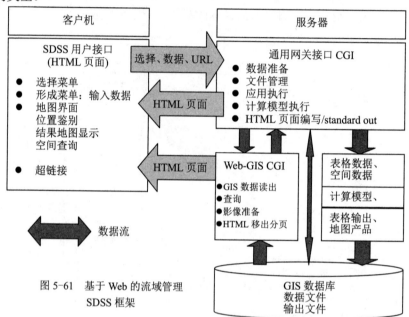

图 5-61　基于 Web 的流域管理 SDSS 框架

（2）基于 Web 的流域管理 SDSS 的系统原型。为流域水文/水质分析和控制服务的 SDSS，必须建立在能够对来自流域分散源头的污染物负载进行评价的模型基础上。因此，如图 5-61 所示，这种基于 Web 的 SDSS 系统原型，将由两个 Web 系统和一个具有 Web GIS 功能且基于 HTML 的用户接口所组成。在 SDSS 里，主要的物理模型是估算直接径流和非点源（NPS）污染的 L-THIA 模型。它将与基于 Web 的水文 GIS（Web-based Hydrologic GIS, WHYGIS）集成使用，具有实时流域范围圈定能力、水文数据抽取/准备以及 Web GIS 数据发布等功能。为了支持和实现水文模型在 Internet 上从数据准备到结果解释的运行，实时圈定流域范围的功能极为必要。图 5-62 给出了流域范围圈定的工作流程。该流程从请求 URL 开始，利用菜单用户可以选取感兴趣的区域，然后，按照图形选择其感兴趣的出水口。运行 Run 流域圈定作业，用户可以得到流域的影像及其有关面积等方面的信息，如图 5-63 所示。

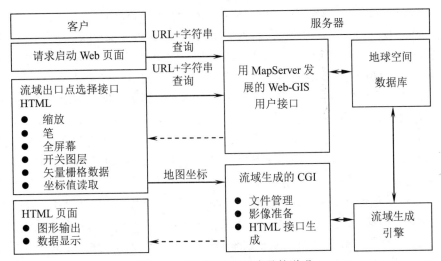

图 5-62　流域圈定运行步骤的说明

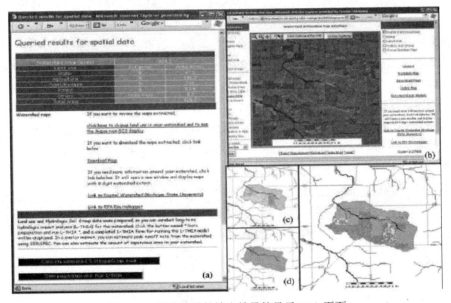

图 5-63　圈定流域的输出结果的显示 Web 页面

(a)土地利用、水文土壤、曲线数等流域汇总数据；(b)圈定的流域地图显示及其 Web 页面；
(c)土地利用图；(d)水文土壤图；(e)自然资源保护服务曲线数地图。

3）Web GIS 的海洋污染测报应用

Torill Hamre 等人（2009）实施了 FP6 InterRisk（Interoperable GMES Services for Environmental Risk Management in Marine and Coastal Areas of Europe）计划，旨在说明更好地获得欧洲有关自然灾害、工业事故等危险管理信息的重要需求。其总体目标是要：研制一个供海洋和海岸环境管理使用、具有可互操作特点、为 GMES（Global Monitoring for Environment and Security）监测和预报服务的示范系统。InterRisk 的服务和系统均建立在免费和商业软件组合起来的基础上，为挪威、英国和爱尔兰海域以及德国和波兰海域等三个地区的最终用户提供系统演示和信息服务。

（1）Web-GIS 的系统结构。FP5 DISMAR（Data Integration System for MARine Pollution and Water Quality）计划遵循 OGC WMS（Web Map Services）标准，研制了一个名为 DISPRO 的 Web-GIS 原型。图 5-64 给出了这个原型生产、分发产品的主要步骤及其相应的产品处理、数据服务器、门户网站和 Web-GIS 客户 4 个子系统。在产品生产过程中，遥感或现场传感器获取数据，对未来海洋或污染状况进行模型预测，往往由不同组织运行的各种专门系统来完成。根据 DISPRO 的信息流程，其子系统 1 多由商业公司运行，可以从不同来源获取计划所需要的数据，包括下载和预处理来自一颗或多颗卫星的遥感数据，构成了其信息产品的处理链条。这些公司处理和生产第一级产品数据，可供研究机构、政府部门以及数据增值公司使用。然而，宜于分发给终端用户使用的更高级的产品，尚需要经过这些组织的进一步处理，最终使数据变换为 OGC 支持的标准格式，生成符合 ISO 要求的元数据。因此，这种产品生成系统将由分布在不同地方、通过 Internet 或离线进行数据交换的多个系统所组成。DISPRO 的子系统 2 是一个数据服务器，使其产品能够为遵循 OGC WMS 标准的任何 Web-GIS 门户网站所使用。每个数据提供者必须在其数据栈顶部添加 OGC WMS 接口，如果需要，将原有格式转换为 WMS 支持的数据格式。每个 WMS 服务器实例称为一个 DISPRO 节点，以一种标准的 HTTP 服务器方式运行。子系统 3 是 DISPRO 的门户网站，负责跟踪所有能为用户提供数据的数据服务器。门户网站与每个数据服务器接触以获得一个产品目录，提交给它们从目录中的选项（格式、分辨率、地理覆盖范围等）。当用户通过 DISPRO 客户（子系统 4）与其门户网站连接，后者将从 DISPRO 节点获得用户选择的产品，准备一个集成的地图显示在 Web 浏览器上。DISPRO 门户网站和 DISPRO 客户也是在 Open GIS 兼容的软件基础上建立的，包括 UMN MapServer、各种 XML 处理工具和一个本地 XML 数据库。它们也都在一种标准的 HTTP 服务器方式运行，每个终端用户可以通过本地计算机上的标准 Web 浏览器获得所需要的服务。

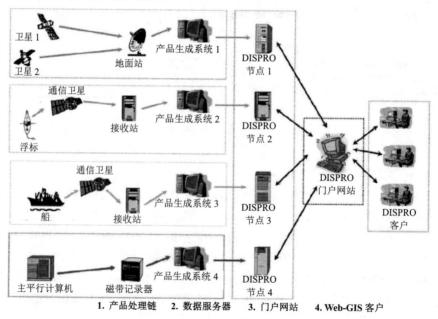

图 5-64　DISPRO 概念模型

（2）Web-GIS 的区域服务。Torill Hamre 等人利用 DISPRO 系统，为欧洲靶区的终端用户，就挪威海域有害水藻暴发（Harmful Algal Bloom, HAB）的监测和预报、德国和波兰海域潜在的油溢观察以及英国和爱尔兰海域水质和有害水藻暴发监测等服务进行了具体的演示，取得了良好的效果。

①挪威海域有害水藻暴发的监测和预报服务。HAB 的探测与监测取决于定期从卫星和海上对海域近实时的观察和监测。遥感数据提供了大范围、1km 分辨率的覆盖，可以监测海色、洋面温度、叶绿素 a 浓度、洋流模式等海况及其参数；现场数据包括摆渡船数据、天气和生态系统参数等，尽管其测量精确、分辨率很高，但其观测点的数目却相当有限。因此，如图 5-65 所示，两者配合起来，才会收到事半功倍的效果。在系统中引入实用的生态系统模型，有助于 HAB 事件的预报。只是这样做，必须以确保例行观测能够持续地进行为前途条件，而且还要有现场测量作补充，以确定水藻的种类和毒性。标准的未来 3~10 天的气象和海洋预报，需要逐日提供使用。这些数据也需要逐天为海洋生态系统模型所用，以预测未来 10 天的营养物和水藻暴发的状况。对于 DISPRO 系统而言，它很容易将遥感与气象预报的重要海况参数（风、海浪等）叠合在一起，有助于解释可能发生 HAB 事件时的现场情况。图 5-65 是遥感数据 MERIS 导出的叶绿素 a 周合成影像与 DISPRO 产出的风预报图彼此叠合的产物。它使两者的空间关系跃然纸上，有助于产生对 HAB 事件未来发展的许多联想。尽管监测和预报 HAB 的数据往往由一个或多个组织所提供，但是这种情况对终端用户来说没有任何差别，因为 DISPRO 给用户提供了无缝访问来自其任何节点数据的能力。

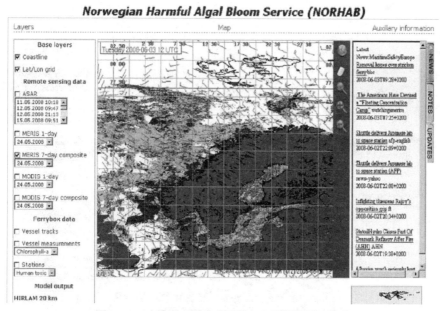

图 5-65　叶绿素 a 周合成影像与风预报图叠合产物

②德国和波兰海域潜在的石油溢散观察服务。这种服务旨在近实时地提供对该海域石油溢散状况的概观。服务需要提供的主要海况参数是：海面粗糙度、风以及由卫星雷达或机载多遥感器影像探测到的潜在石油溢散信息。在这种服务中，使用了 Envisat ASAR

雷达影像以及计算油溢和周边海域之间粗糙度差异的算法。图 5-66 为德国和波兰海域石油溢散状况的 Envisat ASAR 雷达影像，其中石油溢散海面以粉红色表示。根据 Envisat ASAR 雷达影像，风向利用快速傅里叶变换或最小梯度算法计算；风速利用 CMOD4 算法和 HH 极化数据计算。利用卫星雷达影像估算瞬时风，有助于态势的分析、确定是否有油溢引起的可疑的光滑表面。

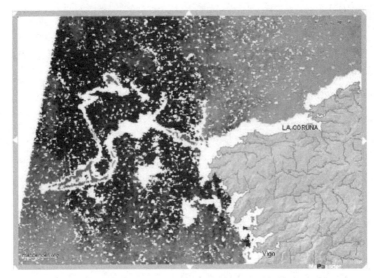

图 5-66　德国和波兰海域油溢的 Envisat 雷达影像（石油溢散处以粉红色表示）（见彩图）

③英国和爱尔兰海域水质和 HAB 监测服务。这种服务的目标在于持续地对这个海域的海洋生物状况进行近实时的监测，以提供对 HAB 或富营养化（高叶绿素浓度）事件的预先警告。这种服务所提供的一种产品是 MODIS 近实时的叶绿素 a 数据，可以由英国和爱尔兰海域门户网站获得。图 5-67 给出了这种产品的实例，即 MODIS 近实时的叶绿素 a 的浓度分布影像图。这就使对潜在有害水藻暴发的早期报警，在卫星过顶数小时之内成为可能。在潜在的毒害事件案例里，生态系统模型可以用来预测其暴发事件的

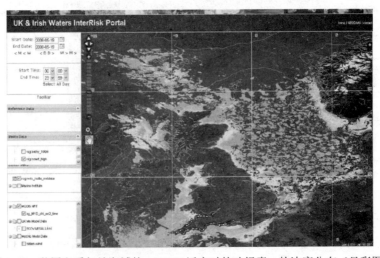

图 5-67　英国和爱尔兰海域的 MODIS 近实时的叶绿素 a 的浓度分布（见彩图）

演进和扩散的态势。图 5-68 说明如何在 WMS 方案基础上，将许多不同来源的数据产品集成在一起实况。在门户网站上可以访问和可视化的数据包括参考数据（海岸线、滩涂等）、气象预报、生态系统模型运算结果、卫星数据和现场实况等方面的数据。这些数据由参与 InterRisk 计划的各个伙伴及其计划外部的有关组织所提供。它们的共享均通过遵循 WMS 标准的 DISPRO 节点进入系统而实现。

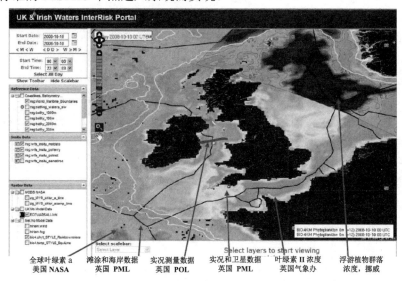

全球叶绿素 a　　滩涂和海岸数据　实况测量数据　实况和卫星数据　叶绿素 II 浓度　浮游植物群落
美国 NASA　　　英国 PML　　　英国 POL　　　英国 PML　　　英国气象办　　浓度，挪威

图 5-68　英国和爱尔兰海域门户网站不同来源的产品集成实况

5.4.2　基于网格计算的应用服务网格

网格计算使五花八门的许多单个计算机组成了一个看似具有超大能力的计算机系统，给人们带来了许多单个计算机和常规分布式系统所无法想象的好处：第一，它使网格中未能充分使用的处理资源、磁盘空间等得到有效的利用，并为各种适宜的设计技术所盘活；第二，它加速了为许多学科所需使用的大规模、平行处理技术的发展和应用；第三，它正在推动网格适宜应用的发展，揭示出常规应用无法利用的某些网格的特征；第四，它可以使那些供网格中各种类型计算机互操作使用的资源虚拟化；第五，它扩大了各种资源的共享、增强了有关技术和应用的可行性；第六，它为系统软件和其他许多领域的研究工作开辟了新的途径。目前，基于网格计算的应用服务网格，尽管其具体类型繁多、专业领域不同、服务对象各异、发展态势活跃，但是在不同程度上与遥感系统应用有关的网格类型并不多。事实上，除了与遥感有直接关系的服务网格外，还有地学应用网格、全球信息网格等类型。它们将是本节需要论述和介绍的主要对象和重点内容。一般而言，这些网格都具有许多新的技术特征和更加广泛的专业内涵，已经远远超出了纯遥感系统应用服务的范畴。

1. 遥感服务网格

在此，所谓的"遥感服务网格"，实际上是指面向以遥感数据为主体的组织机构、基于网格计算为特点的遥感应用服务网格。对于这种类型的网格而言，可以美国 NOAA 为了迎接 21 世纪挑战正在建立的网格基础设施为例加以说明。该机构不仅需要集成已有系统处理未来 GOES-R、NPOESS 以及其他系统发射而急剧增加的数据量的能力，以满足综合对地观测系统的各种需要；而且也需要继续集成计算资源以实现降低运行成本、改善系统应用、支持新的科学挑战、运行和验证使用下一代高密度数据流且越来越复杂的模型等目标；更需要一个能够满足其自身需要的快速、优质管理的网络能力，以高效地给用户分发数据、提供对 IT 资源的安全访问、有效适应和满足未来可能出现的各种需求。NOAA 拟建立的网格基础设施将以高速网络为中心，外围资源包括功效管理和共享的计算机、数据存储、软件系统、服务等设施，主体部分为 3 种类型的网格：访问未用资源、连接超级计算中心的计算网格、共享和更高效利用数据的数据网格以及提供运行过程所需可靠性和备份的服务网格。

1）遥感网格设施的结构与类型

网格计算的现代概念源于 20 世纪 90 年代中期，"网格"专门用来说明支持科学研究所需大型资源进行共享的一种计算基础设施。Foster 等人在 2000 年发表了两篇奠基性的文章，论述了对网格计算基础设施的基础要求，研制了旨在满足这些要求的 Globus 软件。网格计算或简称网格，通常用计算机资源、数据存储以及将它们连接为单个 IT 实体的高速网络等计算机硬件来说明。这些资源可以分布在一个地点，也可以分布在整个国家乃至世界各地；可以局限在一个机构，也可以包括多个合作组织；可以限制在由台式机系统组成的单个网络，也可以包括多个超级计算机站、海量存储设施以及高速广域网络。

（1）网格的结构。NOAA 拟建网格具有如图 5-69 所示的 4 层结构：硬件基础设施、Globus 工具箱、网格工具和网格用户应用等层。Globus 层和网格工具层，将是下面介绍的重点所在。Globus 的研制象征着研究机构与产业部门之间伙伴关系的成功。Globus 网

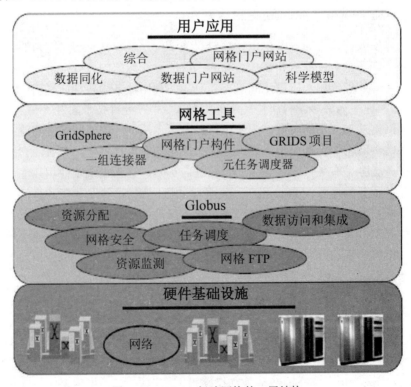

图 5-69　NOAA 拟建网格的 4 层结构

格论坛代表着产业和科研两个群体，主要关心网格标准的制定。这些标准将提供通用的应用程序接口，使其他人（包括产业界）都能为工具箱的发展作贡献。Globus 是一些发展软件的标准，建立在 3 个 Web 服务标准之上。它们是为定义一种服务提供手段的 WSDL（Web 服务定义语言）；为发现有关数据服务提供一组常规的 WS-Inspection（Web 服务验收）；为服务提供者与需求者通信提供途径的 SOAP（简单对象访问协议）等方面的标准。网格把这些 Web 服务扩展到网格服务、安全标准、资源管理、资源发现以及数据访问等范畴。网格工具与中间件 Globus 具有同等的重要性。它提供了一组高水平的工具、编程环境以及各种 Web 服务能力，简化了网格应用的复杂性。在网格工具发展过程中使用了两种主要的语言：一种是能提供灵活、自说明、可查询、基于 Web 的数据格式的 XML (eXtensible Markup Language)语言，在动态 Web 应用中应用广泛；另一种是 Java 语言，特别适合与基于 Web 的应用互动，使用极为广泛。使用这些和其他基于 Web 的语言，研发社团在不断开发源程序公开且有助于网格应用的许多软件工具。其中，值得一提的是，日用网格工具包（Commodity Grid kits）和 GridSphere 两种工具。前者为网格项目提供基于语言的框架，目前有 Java、Python、CORBA、Perl 和 Matlab 的版本；后者使用 Java 和 XML 构筑网格应用、调用门户构件、简化和加速基于网格的 Web 应用。

（2）网格的类型。在 NOAA 拟建立的网格基础设施里，将建立 3 种类型的网格，如图 5-70 所示。它们分别是计算网格、数据网格和服务网格。

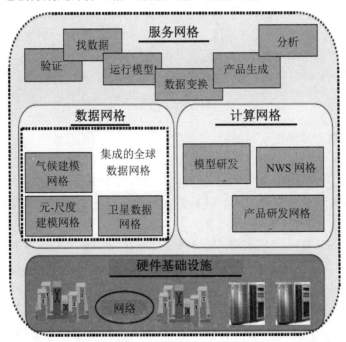

图 5-70　NOAA 拟建网格里的网格类型

①计算网格。它通常由某个组织部署在单个计算站里。Globus 中间件确立的网格标准和信条，使跨站、跨组织建立起更安全和通用目的的网格成为可能。这种通用类型的网格，能够完成需要访问大量计算机和数据资源，但在单个计算站里无法完成的应用任

务。它还能够更充分地利用现有的系统，如大多数用户在夜间或周末闲置的台式机也可以调动起来、发挥作用。这种网格能够把这些系统作为在某个工作组或虚拟组织（Virtual Organization, VOs）内部的共享资源而加以利用，还可以建立在大型计算设施之间，使它们的工作负载在时、空上的分配更为均匀些。

②**数据网格**。它用来无缝地访问、共享分布在许多远程系统里的数据资源，使用户更方便地访问和管理他们所需要的数据，使有关组织更好地管理自己的数据资源。从用户或应用的角度来看，跨多文件系统里分布的数据，可以看成是单个大文件系统里的数据。数据网格可建成允许以只读方式访问数据，或者它们可以看成是个能读/写、分布式的大型文件系统。数据网格实施起来要比计算网格简单一些，因为其访问更容易控制，而且安全和资源分配问题更少些。

③**服务网格**。它建立在称为"Web 服务"的 IT 新领域之上，涉及到 WWW 与电子商务等方面的进展。Web 服务以及便携平台的独立应用发展，使软件的重复使用、组件化和集成成为可能。网格服务通过提供跨越异构计算环境，对任务与资源进行管理的各种功能，而使 Web 服务的概念有了显著的扩展。如图 5-70 所示，服务网格抽取了数据和计算网格的基础设施能力，添加到用户和其他应用可以利用的面向任务的基础设施里去。这些服务使应用与完成任务所需的底层硬件相隔离，支持不经修改地能在多平台上进行部署。它们可以是静态的，一经建立，长久可用，也可以是动态的，在执行某个特定任务时建立，任务完成后马上撤销。服务可以是诸如授权、搜索、命名、注册之类的简单服务，也可以将多种服务组合成蕴含着应用任务的综合需求在内的一个复杂服务。例如，希望运行气象模型的用户可以调用包含有如下服务的一个复杂服务：首先，在一台机器上建立初始和边界条件；其次，把结果送到运行模型的另一个系统；再次，在第三个系统产生预报产品；最后，在第四个系统上使产品可视化。事实上，建立能够完成共同任务的一个服务，可以减少某个组织在研发、引进、维护类似软件系统方面需要付出的代价。

2）遥感网格发展的现状与前景

NOAA 遥感网格的发展状况，可以从该机构已运作的网格以及在部署的网格等两个方面加以论述。它们分别代表了 NOAA 遥感网格发展的现状与前景。这里涉及的许多计划，均与 NOAA 的业务密切相关，但不能说就是 NOAA 的计划。从某种角度来看，说它们都是美国的计划也许更恰当些。

（1）已运作的网格。为了给新型的研究项目创造条件、有效地发展商业应用的电子商务办法，目前已经部署了数百个计划。其中，为科学应用的 3 个网格计划值得一提。它们是 TeraGrid、地球科学网格（Earth Science Grid, ESG）和环境与大气（Linked Environments for Atmospheric Discovery, LEAD）等计划。

①**TeraGrid 计划**。这个计划由美国国家科学基金会（National Science Foundation, NSF）于 2001 年 8 月启动，建立如图 5-71 所示的 4 个站：在 Illinois 大学的国家超级计算应用中心（NCSA）、在加州大学圣地亚哥分校的圣地亚哥超级计算机中心（SDSC）、在 Illinois 州的阿贡国家实验室以及在加州理工学院的高级计算研究中心（CACR）。这些机构具有管理和存储大约 1pB 数据的能力、高分辨率的可视化环境以及网格计算的各种工具箱。预计 4 个 TeraGrid 站会增加更多的科学仪器、大规模的数据集、系统附加的计算能力和存储容

量。所有组分通过光纤网紧密地集成、连接在一起。其中，4 个主站由速度达 40Gb/s 的 TeraGrid 主干线连接，附加的伙伴则通过 Abilene 网与 TeraGrid 连接。

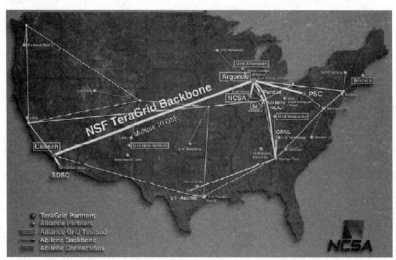

图 5-71　TeraGrid 连接的 4 个超级计算站及其附加的伙伴

②**地球科学网格**（Earth System Grid, ESG）。它是美国 DOE 的一个 5 年计划，旨在建立一个能够满足气候领域需要的数据网格。在利用 DOE/NCA 气候模型进行的高分辨率、长时期的模拟研究时，会产生数十个 pB 的数据输出。这些数据必须提供给整个国家的所有全球气候变化影响研究人员使用。他们分散在国家实验室、大学、研究实验室以及世界各地的研究机构里。为此，需要构建一个地球系统网格，作为连接着分散在世界各地的中心、用户、模型和数据的虚拟合作环境，使科学家能够以虚拟方式接触到他们研究工作所需要的分散数据和资源。在开始阶段，这个计划把力量集中在建设该数据网格所必要的基础设施上，具体包括数据目录、元数据基础设施、发现能力和工具等内容，以便提供数据集成、在数据流里划分数据子集、进行局部采样等操作使用。

③**LEAD 计划**。这是个 NSF 资助、为期 5 年的多大学联合计划，旨在"建立一个集成、先进、可行的信息基础设施，供中尺度气象学研究和教育使用"。该计划由 Oklahoma 大学牵头，计划发展一个能够对众多气象学和相关信息、独立格式和物理位置，进行访问、准备、同化、预测、管理、挖掘、分析和显示，具有集成、先进、可行等特点的框架。LEAD 的焦点将放在针对重大地方天气事件，如雷暴等进行需求定向、模拟和预测的需要，努力发展动态计算和网络基础设施，以改善对极端气象事件进行及时报警的能力之上。它还要设计得具有控制地方观测系统（如地方雷达等）的能力，为网格应用提供专门的观测数据。图 5-72 是由分散来源数据所集成的 LEAD 数据云。它们通过网格和 Web 机制，供有关的应用任务和用户使用。

（2）正部署的网格。为了迎接在 21 世纪里，NOAA 所面临的许多科学和 IT 挑战，必须充分利用网格能够建立集成、协调、费效比很高且能够满足整个机构需要的新型 IT 基础设施的能力和优势，改造根据以往任务和需要建立起来的各种独立系统，尽快在健全、先进的网络基础设施上，建立起自己的计算、数据和服务网格。它们的发展部署，可分别论述如下。

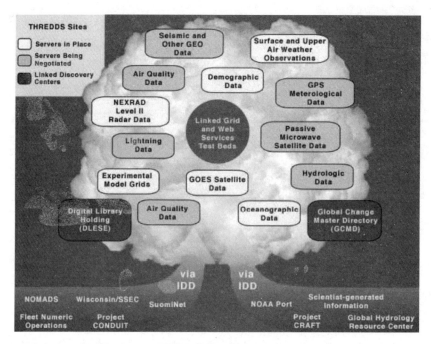

图 5-72　分散来源数据所集成的 LEAD 数据云

①计算网格的部署。NOAA 内部的计算网格部署在地方层次上，或者国内已有的计算机构里。地方计算网格可以安排在某个单站上，充分利用那些没有利用的闲散计算资源。跨站点的网格将补充大型的超级计算资源，有利于各种最现代化尺度的计算任务。在 NOAA 内，由 NESDIS 卫星运行办公室（OSO）研制的这种类型的网格是基于 PC 的小型网格，用来对新研制的数据产品进行调试和验证。FSL 也是一个由台式机组成的、跨部门的小型网格，在正常运行时期，提供开展有关模拟试验、执行应用任务使用。计算网格与 FSL、GFDL 和 NCEP 超级计算设施连接，用来均衡各站之间的系统工作负载。图 5-73 显示了计算网格在 NOAA 内部与超级计算站连接的状况。其工作流程由元任务调度器管理：首先，将工作任务发送给高性能计算系统（HPCS）的元任务调度器；其次，该调度器与每个 HPCS 站的任务排队系统互动，以确定实施任务的最佳地点；最后，输出结果返回主系统。事实上，这种调度器也用来管理 IT 资源，支持资源的保护能力，实现系统资源更为充分、有效的应用。

②数据网格的部署。未来高分辨率的对地观测系统所产出的数据量，将给 NOAA 在数据存档、发现和访问等方面的能力施加巨大的压力。在 NOAA 里，规模最大和费用最贵的数据流，是来自 GOES、POES 以及其他遥感平台的卫星数据。NESDIS 卫星运行机构管理的卫星数据，每天给 NOAA、NASA 和 DoD 4TB 的数据。除此之外，NOAA 还获得为数众多的观测数据，从 RAOBS 得到降水量、河流以及雪盖等数据。这些数据具有不同格式，采用的质量控制程序也各异，因而，形成了一些"烟筒"，协调它们在跨学科的应用中相当困难。NOAA 观测系统的结构（NOAA Observing System Architecture, NOSA）在图 5-74 中给出。它拥有 102 个独立的观测系统，测量着 521 个不同的环境参数。目前，NOAA 正在检查其现有观测系统存在的空隙和重叠之处。数据访问、发现和

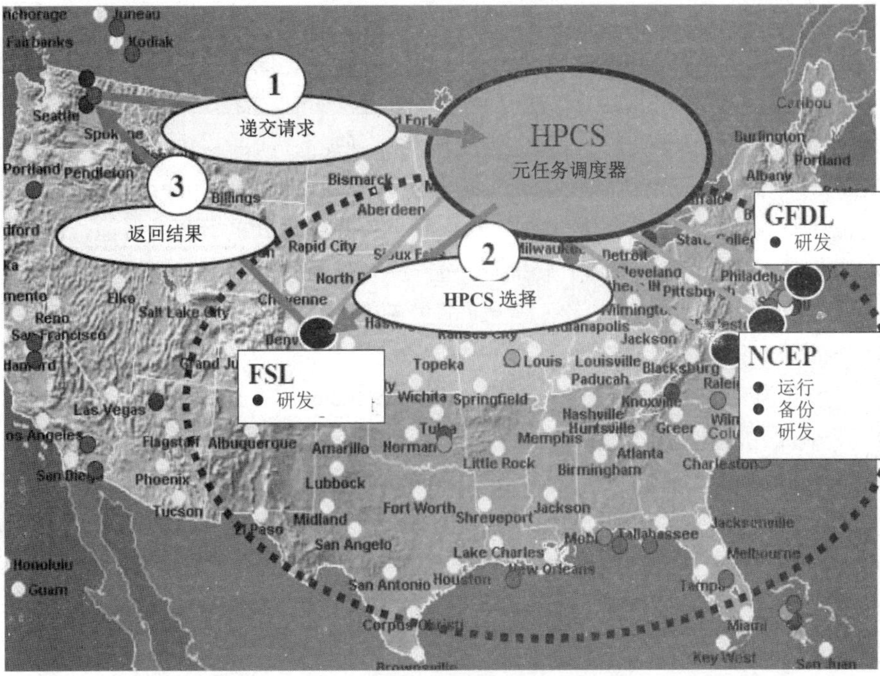

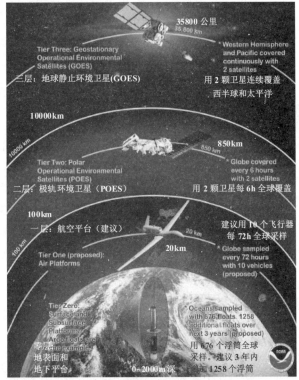

图 5-73　计算网格在 NOAA 内部与各个超级计算站的连接

集成的网格机制，可以促进分布式数据派送系统的发展，改善数据应用的状况，说明 NOAA 的未来需要。在 NOAA 内部为诸虚拟组织建立了几个数据网格。例如，可以建立 NESDIS 网格，将有关的深存储存档系统集成在一个面向服务的独立信息基础设施之上。在利用网格文件变换机制时，用户可以根据需要定位和访问必要的存档数据。另一个数据网格是集成的卫星数据网格（Integrated SATellite Grid Data Grid, ISAT），允许在 NESDIS 发展新产品，更容易为 NCEP 新一代模型所检验。某个原型网格已在 NESDIS 用来检验新的产品，只是目前系统仅限于台式 PC 机。访问大型存储设施，能够提供一种更有效的方法，对新一代高分辨率数据流所需的新产品进行必要的检验。

图 5-74　NOAA 观测系统的结构

为模型研发设计了一个中尺度模型数据（A Meso-scale Modeling Data, MMD）网格。

合作者可以共享试验结果，访问试验进展的相关信息，减少相互间的重复、浪费。

③服务网格的部署。NOAA 自身在不断演化，越来越像一个反应快、灵活、面向服务、能够适应变化需求的商业组织。服务网格可以直接分化为诸如数据派送、数据产品生成、NOAA 内部业务活动所需的计算之类的功能。事实上，服务网格代表着网格的未来，但它们在 2~5 年不可能完全成熟。这些网格将会增强服务质量（Quality of Service, QoS）、产品实时派送，或者完成任务所需数据、软件和硬件系统之间的分离。目前，商业界已经从拥有和操作自己的 IT 基础设施，转向通过合同将这些运作外包出去的行为模式。例如，IBM 公司增长最快、规模最大的部门是全球服务部。该部门为它们的客户提供软件和硬件基础设施方面的支持，为金融机构、保险公司、外国政府等客户提供服务合同。在 NOAA 内，国家环境预测中心（National Centers for Environmental Prediction, NCEP）的高性能计算（HPC）合同采用相同的方式签订。IBM 拥有 NCEP HPCS 系统的产权，而且座落在 IBM 控制的机构里。NCEP 合同规定了任务执行的服务质量、产品派送等方面的要求，IBM 必须满足合同上的这些要求。IT 从任务中分离出来，代表了在商业领域不断增长的趋势，也成为 NOAA 内部越来越普遍的行为。在未来，供计算、数据、建档和网络服务使用的硬件、软件合同可以外包出去，这将使 NOAA 能够集中更多力量在自己的核心活动上。

2. 地学应用网格

在此，所谓的"地学应用网格"，实际上是以解决地学应用问题、共享地学数据及其相关 IT 资源为主要目标，采用网格计算和相关技术为特点的遥感应用服务网格。在这一节里，主要介绍为全球气候变化研究服务的地球系统网格（Earth System Grid, ESG）以及与地学应用、共享对地观测数据密切相关的测地数据网格（Geo Grid）两个具体的网格。通过对它们的论述，读者不仅可以对这种类型网格的结构、特点和应用的状况，产生不同程度的了解和认识；而且也可以对遥感科学技术体系及其应用找到一个新的视角、获得一种新的感悟。

1）地球系统网格（ESG）

地球系统网格将分布在许多国家实验室和研究中心的超级计算机，与大规模的数据及其分析服务器集成在一起，建立供下一代气候研究用的强有力的工作环境。通过联邦式的数据网关可以访问这个网格，包括使用供全球和区域气候模型使用的海量数据与服务，IPCC 研究、分析与可视化的软件。这个网格的适宜技术中心（The Earth System Grid‐Center for Enabling Technologies，ESG‐CET）由美国能源部资助，作为借助高级计算进行科学发现（Scientific Discovery through Advanced Computing, SciDAC）计划的一部分而运作。这个网格的发展背景、应用目标、技术结构、服务状况、未来前景等方面的问题，将是下面各个段落需要着重介绍、主要论述的内容。

（1）ESG 的发展背景。全球气候研究当前面临的一个严重挑战是：如何处理日益增加且远远超过目前存储、运算、导航、检索能力的海量和复杂的数据。高分辨率和长时期对地球系统组分（大气、海洋、陆地、海冰和生物圈等）进行的模拟试验也产生以 pB 计的数据。为了使它们发挥作用，这些产出必须很容易地为国家实验室、大学、其他研究试验室和机构里的研究人员所使用。因此，必须建立和部署许多新的工具，使数据的生产者以安全的方式分布其产品，数据的消费者能够灵活、可靠地访问所需要的数据。这样，把气候数据转变为共同的资源，毫无疑问会提高美国气候研究者的科学产出率。

建立地球系统网格就是要建立一个虚拟的合作环境，将分散的中心、用户、模型和数据联系起来，发展和部署各种相应的技术，使科学家们能够虚拟地接近其研究工作所需的分散的数据和资源。ESG 的参加者包括国家大气研究中心（NCAR）、Lawrence Livermore 国家实验室（LLNL）、Oak Ridge 国家实验室（ORNL）、Argonne 国家实验室（ANL）、Lawrence Berkely 国家实验室（LBNL）、USC 信息科学研究所（USC-ISI），近来还有 Los Alamos 国家实验室（LANL）。图 5-75 给出了这些成员的分布及其承担的主要任务。2001—2004 年，它们发展和部署了元数据、安全、数据输送等先进技术以及它的 Web 门户网站，在实现其最终目标的道路上取得了巨大的进展。

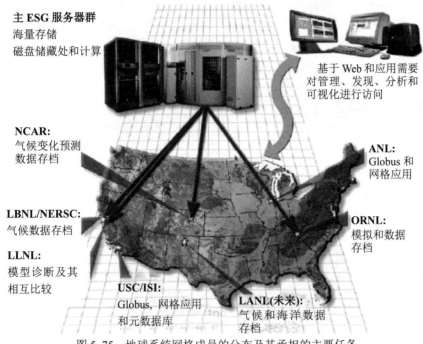

图 5-75　地球系统网格成员的分布及其承担的主要任务

（2）ESG 的应用目标。建立地球系统网格的应用目标，可以从总体目标和具体目标两个层次上加以论述。前者可以简化为 ESG 需要完成两方面的任务：一方面是数据管理任务，使数据更容易地为别人所使用；另一方面是数据访问任务，使经由 Web 浏览器访问气候数据，如同访问 Web 页面时一样方便。后者可以用 ESG 需要满足其开发者、管理者以及用户分别对网格功能的需求来表达。

①ESG 的总体目标。对于 ESG 总体目标的论述，主要围绕满足其完成数据管理、数据访问两方面任务的需要展开，具有比较宏观、概念化和以定性描述为主的特点。因此，这些目标可以分别说明如下。

• ESG 工具要使模型数据方便其团体所用。这些工具包括建立可搜索的元数据数据集、提供定位在档案系统或在线存储里指定数据片段的目录、使目录和数据可以通过 Web 进行访问的手段。它们需要从数据用户的期待出发、反映他们的需求、能在他们的工作站上使用。尽管气候模拟数据集是相对静态的，但是随着错误的改正、现有模拟试验的扩展以及新试验的增加，它们仍然会在不断改变，因此数据发布者必须能够很方便地更新其元数据的内容，使元数据与相应的物理数据匹配起来。

　　·ESG 要使数据生产者能够定义虚拟的数据集。除了从气候模拟和档案数据维护直接产生的"物理"数据集外，数据生产者还要定义虚拟数据集，即通过对其他物理或虚拟数据集进行一系列变换运作而定义的数据集。物理数据集在使用之后可以弃置，也可以储藏起来避免后续再生成的浪费。但数据生产者可以从众多的物理数据文件中把虚拟数据集抽象出来，使用户的访问更方便或更高效。定义虚拟数据集使用的变换方法，包括多个数据集的文件连接、沿一维或多维划分子集和/或计算（如压缩运算）等方法。

　　·ESG 要给成员提供简单、方便的 Web 服务手段。ESG 的成员可以很方便地通过其 Web 门户网站浏览、搜索、发现和访问分散的气候模型数据。他们可以用分层的方法，浏览 ESG 所拥有的数据，也可以用简单的文本搜索能力，完成基于元数据的数据目录查询。此后，他们可以根据字段或区域等条件缩小其选择的范围，快速获取自己所需要的数据集。Web 门户网站的建立，提供了一种高效寻找和访问模型数据的手段。用户想访问什么数据或资源，ESG 就可以执行必要的任务，提交出所需的结果。

　　·ESG 要使用户具有检索大型或众多的数据集的能力。如果 ESG 用户希望访问大数据量的气候模型数据，尤其是在存档系统里的这种数据的话，ESG 有一个称为 DataMover（数据搬运器）的工具，可以高效、稳妥地完成这种任务。利用 DataMover 获取数据时，用户无需亲自监视数据移动的各个步骤、该工具管理数据从存档系统移动到用户指定位置的全过程及其所需采取的各种正确行动。

　　·ESG 要使用户能从气候分析需要访问其拥有的资源。ESG 用户可以选择使用诸如气候数据分析工具（CDAT）或 NCAR 图形命令语言（NCL）之类的通用数据分析软件包，通过 ESG 访问已发布的数据。例如，Web 门户网站搜索将给用户提供有关需要直接输入其软件包的数据信息。这就意味着，需要能够与这些应用和分布式数据远程访问协议兼容的接口。这种能力使 ESG 用户团体在访问气候模型数据、对大规模数据集进行高效、大范围和复杂分析的能力，要比以往任何时间都大得多。他们在开始进行分析时，完全不必在本地检索和存储所有需要使用的数据。

　　②ESG 的具体目标。ESG 的具体目标将根据其不同类型人员，包括 ESG 的开发者、管理者和用户对网格系统功能的需求而确定。在论述这种目标时，需要分别说明的不仅是 ESG 要满足的功能类型，而且还要说明要满足的这些功能的优先等级。为此，在表 5-16 中，给出了 ESG 不同类型人员对网格系统功能的需求及其优先等级。从该表可以直观、具体地明确 ESG 需要实现的具体目标。

　　（3）ESG 的技术结构。ESG 系统的建设自 21 世纪初开始，至今已经有近 10 年的发展历史了。在这段时间里，ESG 的技术结构和支持技术也在不断调整与快速发展。为此，下面将分别介绍当前和新一代的 ESG 技术结构及其主要构成部分情况。这样就可以使读者能够从发展的眼光来认识这种遥感应用服务网格及其演化过程。

　　①当代 ESG 系统的技术结构。图 5-76 中给出了当代 ESG 系统的技术结构及其主要构成部分。ESG 系统自下而上由数据库和应用服务器、Globus/网格基础设施、高水平/ESG 特别服务以及客户应用 4 个层次所组成。图 5-77 则给出了 ESG 系统在其主要成员单位里的具体技术配置状况。因此，这两张图放在一起来研究，有助于建立对当代 ESG 结构的全面了解。下面将概要地介绍图 5-76 中各个层次的构成和作用。

表 5-16　不同类型人员对网格系统功能的需求及其优先等级

	开发者	管理者	用户
ESG 服务			
框架	H	H	H
自动安装	L	L	H
分布式计算			
授权与认证	H	H	M
注册	H	H	L
事件服务	L	L	M
任务管理	L	L	L
登陆服务	L	H	H
数据系统			
搜索和发现	M	H	H
数据搬动（运移）	L	H	H
元数据框架	H	H	M
协作	M	L	H
工具			
分析	M	M	H
可视化	L	L	H
协作	M	M	H

注：L=低；M=中；H=高

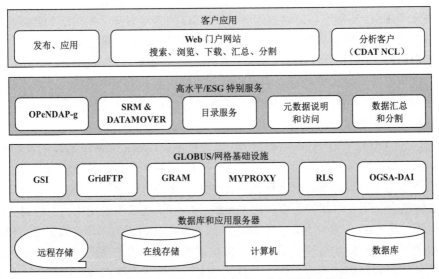

图 5-76　ESG 系统的技术结构及其主要构成部分

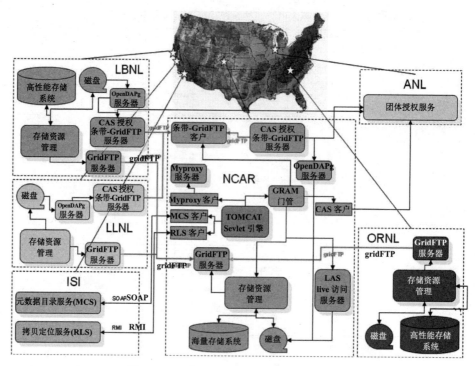

图 5-77　当代 ESG 系统主要成员的技术配置

•**数据库和应用服务器**。它们是 ESG 构建的基础资源，包括供虚拟数据使用的计算资源、保存数据资源的磁盘储藏库和海量存储系统、存储元数据的数据库服务器以及承载 ESG 门户网站服务的应用服务器。

•**Globus/网格基础设施**。它们提供远程、授权访问以共享 ESG 的资源、实现对授权文件、数据和元数据的访问、复制定位服务、递交和管理计算作业。

•**高水平/ESG 特别服务**。这些服务遍及 ESG 的各种资源，提供诸如数据站到站的移动、分布式和可靠的元数据访问以及数据的汇总和过滤之类的服务。

•**客户应用**。ESG 的门户网站是客户应用层次上最重要的部分。它通过与 ESG 服务接口，提供具有友好、方便特点的浏览器，开展搜索、浏览、下载、汇总、分割等方面的应用。为用户配备完成数据发布、客户按数据分析和可视化需求分类等方面的工具，也是支持和开展客户应用的重要内容。

②新一代 ESG 系统的技术结构。2010 年 3 月 1 日，Dean N. Williams 代表 ESG-CET 团队，介绍了地球系统网格的情况，使全新一代 ESG 的面貌轮廓性地展现了在世人的面前。它们可以通过总体概念、技术结构和组织体系 3 个方面进行刻画。

•**总体概念**。随着时间的不断演进，反映地球系统网格需求变化的系统目标也在逐步改变。新一代 ESG 需要满足国家和国际气候计划对分布式数据库、数据访问和数据移动的特殊需要；为广泛的多模式数据收集提供通用和安全的数据访问门户网站；为国际气候中心和美国政府提供范围广泛、能在网格上使用的气候数据分析工具和诊断方法；发展增强数据可访问性和可用性的网格技术以及使新发展的工具和技术能够在其他领域使用等方面的目标。为此，这种网格系统的总体概念可以用图 5-78 来描述。这种结构不仅能够更好地适应由满足国内需求转向同时满足国内和国际需要的态势，也能同时、有效地解决集中发展网格共性技术与分散发挥网格各类人员积极性的问题。

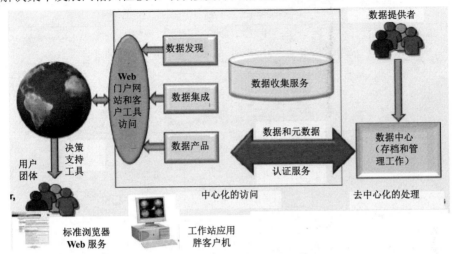

图 5-78　新一代 ESG 系统的总体概念

• **技术结构**。新一代 ESG 系统的技术结构在图 5-79 中给出，自上而下分别是：0 层，即客户层；1 层，全球服务层；2 层，网关层；3 层，数据节点层。这种结构反映了从数据到用户的服务过程。它可以和图 5-76 中的 4 个层次对应起来，只是每层的技术构成和服务内容已经发生了显著或全新的变化。整个系统已经从 Web 门户网站为中心的结构，转变为通过网关相互连接的联邦式结构上来了。因此，网关层次的功能显著加强，服务内容也变得更丰富了。它可以提供用户注册、用户和工作组管理、授权与认证、数据浏览、数据下载用户接口、数据注释和加标签、数据搜索、模型元数据回溯、数据变换和监测的用户接口、数据产品的用户接口等方面的服务。具体比较图 5-79 和图 5-76 可以发现，在新一代 ESG 系统里，出现了"全球服务"这个层次；其网关层次上，增加了在数据产品的用户接口和元数据收获等功能，整体能力有所扩充；在数据节点层次上，增强了数据分割和数据分析方面的能力。这些变化都充分地显示出新一代网格的许多新特色以及在设计理念与技术结构上的巨大跨越。

• **组织体系**。随着 ESG 总体概念、结构设计的转变和演进，网格的组织体系也发生了显著的变化。这种变化通过图 5-77 和图 5-80 之间的比较，可以直接和明显地表现出来。事实上，新一代 ESG 系统已经由纯科技的国内体系，转变成为联邦式的全球企业。这反映了整个网格发展理念的巨大跨越，顺应了世界当代网络化、全球化、商业化的发展潮流。不难从图 5-80 看出，ESG 的成员除了原有的几个美国成员外，还增加了加拿大、澳大利亚、英国、德国和日本等国际成员。每个成员都由网关、数据节点和计算节点所组成，成员之间通过网关和广域网（WAN）无缝连接。这些单独的网关与元数据、用户连接，任何用户都可以通过任何网关发现任何数据，每个数据节点可以向一个或多个网关分布数据，专用的数据收集可以通过专用的网关加以管理。因此，经过授权的用户在其权限范围内，可以共享网格内有关全球、区域或国家气候变化的各种数据和 IT 资源。在短期内，ESG 要完成对网关和数据节点软件进行包装和文档编写、把非常规的

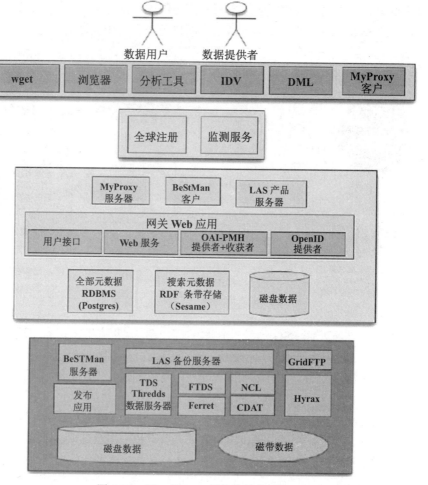

图 5-79　新一代 ESG 系统的技术结构

数据搬运器（Data Mover Lite, DML）集成起来、建立与合作伙伴数据中心的联邦关系等任务；在长期里，ESG 要完成网关的定制，扩展可视化服务，给网关和数据节点更多动态访问服务器（Live Access Server, LAS）的功能，增加 GIS、Google Earth 以及服务器数据处理与分析等方面的服务，为大型客户访问提供远程查询服务，为用户和用户团体提供工作空间等方面的任务。这些任务的完成，将会使 ESG 更为友好、更具活力，为全球气候变化研究做出更大的贡献。应该特别说明，在图 5-80 的底部，中文注记的矩形和双箭头符号作为图例而添加上去。这样做，一方面可以省却了许多翻译、制图的工作量，另一方面也可以使原图少受干扰，图面变得更平衡、美观。

2）测地数据网格

测地数据网格（Global Earth Observation Grid, Geo Grid）计划的目标是：通过先进的 IT 平台，使为数众多、类型各异的用户能够更方便地获得和使用经过集成的卫星影像、地质和有关地面调查等对地观测数据。Geo Grid 的应用主要集中在地质、环境和减灾等领域，具体由日本先进产业科学技术国家研究所（AIST）的网格技术研究中心运作。Geo Grid 的设计理念是要使任何人都能利用对地观测数据，使之增添新的价值。从用户的观点来看，它应该提供能够满足用户相当分散的各种需求的一站式服务。在 2005 年提出这种理念的时候，已经有 150 张 ASTER（Advanced Spaceborne Thermal Emission and Reflection Radiometer）影像可以在线访问。2008 年，Geo Grid 系统添加了数据的保护功能。2009 年，提供世界地质图、日本地质信息的服务开始发展。

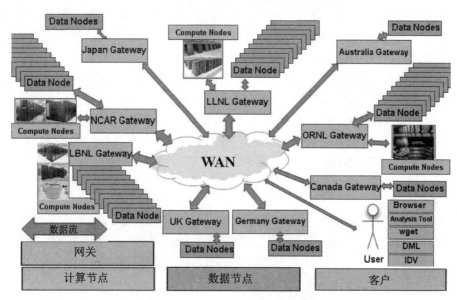

图 5-80　新一代 ESG 系统:联邦式的全球企业

（1）Geo Grid 的框架。Geo Grid 的目的在于共享和集成异构、分散的数据，根据数据提供者的政策把它们提供给用户使用。对于用户和数据提供者的需求必须进行调查研究，在系统设计和实施时给予考虑和满足。测地数据网格的用户和数据提供者的需求及其设计和使用模式分述如下。

①用户和数据提供者的需求。用户愿意从大量信息之中只获得他们自己需要的信息，而且愿意从自己本地的组织内部而不是从外地或其他组织获得这些信息。在许多情况下，数据并不是事情的终点，其自身不会产生任何价值。典型的应用包括简单、方便的数据变换或整理，以使它们能够输送到后续的服务程序。Geo Grid 必须提供一种研究环境，数据和处理能够组合起来满足用户的需求。由于受到保护国家安全、知识产权、隐私、置信度以及有关的伦理标准的限制，数据拥有者往往愿意使数据访问局限在某种范围内，选择使用某种数据格式。他们希望用户在产权转让方面接受某些限制，保留设置和修改签署执照的权力和条件。随着每个用户要求设立账户、访问控制设置以及成百上千用户数目的增加，管理的重负也变得无法忍受。因此，数据提供者的另一个需要是在不同条件以及付出代价最小的情况下，能够对数据访问进行控制。这需要有高性能、灵活、高规格的安全功能。

②网格系统设计与使用模式。为了满足上述需求，Geo Grid 将在面向服务的结构（Service Oriented Architecture，SOA）基础上建立，包括配置数据和处理、为服务组合提供标准协议和接口。其中最重要的是管理谁能够访问什么服务的安全功能。Geo Grid 的设计和实现在虚拟组织（Virtual Organization, VO）概念的指导下进行。多个组织的服务

以看不出彼此独立、分散的方式包装起来，如同单个组织（即 VO）提供给用户使用一般。在 Geo Grid 应用模式里有 4 种角色：用户、服务提供者、VO 经营者和 Geo Grid 管理者，分别承担不同的任务。图 5-81 反映了这 4 种角色在 Geo Grid 里的位置及其在网格运行过程中所起的作用。在这些角色之中，读者可能对 VO 经营者及其任务不太熟悉，因此需要专门介绍一下。VO 经营者负责完成配置、修改和删除 VO 的设置，管理用户属于哪个 VO 并为他们建立 Web 门户站点等方面的任务。通过搜索注册器以确定哪些服务可以使用之后，他们要确定用户是否愿意使用这些服务。如果愿意，他们就要分别与每种服务的提供者进行谈判。如果谈判成功，其服务清单可提供给该 VO 里的用户选择。用户可以根据清单把所需要的服务组合加以使用，完成自己的应用任务。在此过程中，用户只需要登录 VO 的网站一次，而不需要按照单个服务多次、反复登录。这种办法提高了寻找数据的效率、节省了费用，给用户带来了许多方便和好处。Geo Grid 的运作和应用，大多建立在虚拟组织（VO）的概念之上。

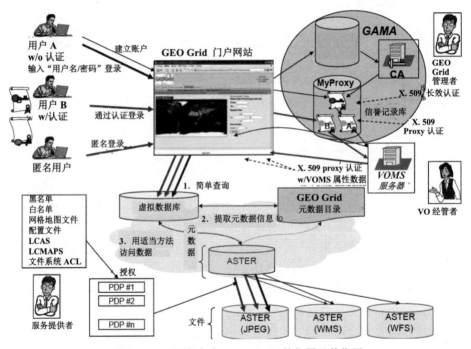

图 5-81　不同角色在 Geo Grid 里的位置及其作用

（2）Geo Grid 的结构。在设计 Geo Grid 过程中，特别强调了国际合作与贡献，诸如政府间的地球观测小组委员会（GEO）、推动处理地球空间信息软件标准的开发地球空间信息集团（OGC）以及从事网格技术标准的开放网格论坛（OGF）等组织发挥了重要的作用。为了满足 Geo Grid 各类角色的具体和广谱的需要，实现 Geo Grid 建设的基本目标，其系统结构设计显得特别重要。在这个过程中，虚拟组织（VO）概念的引进为 Geo Grid 设计与实现奠定了理论基础。Geo Grid 系统的具体技术构成，可以从近似写真的图 5-82 中看出。它介绍了 Geo Grid 的各种数据及其来源，数据网格和计算网格，网络、网格、可视化、VO 等服务，网格的主要应用领域以及它们之间的相互关系，使读者很容易对 Geo Grid 建立起一个系统、完整的概念，体现出系统面向服务的结构设计思想，如图 5-83 所示。由此不难看出，Geo Grid 由网格、技术和用户 3 个主要层次的构成。通过网格技术把分布式的高性能计算服务器，与大规模存储系统集成在一起。在这种平台上，建立了 OGC 确认的服务、工作流以及其他应用的支持环境，推动了全球变暖、水循环、生态系统、减灾、环境、资源、地质、农业等领域的应用不断深化和有效进展。创造基于大型镶嵌显示技术的可视化环境，也是研究和发展 Geo Grid 的一个重要目标。

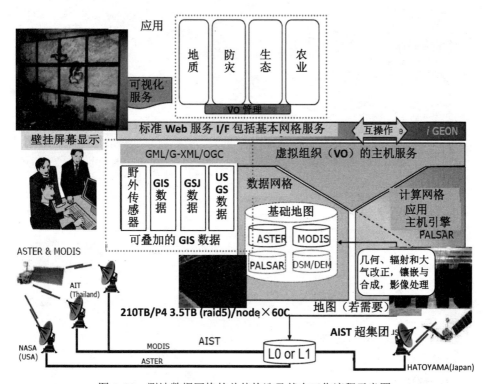

图 5-82　测地数据网格的总体构造及基本工作流程示意图

（3）Geo Grid 的应用。Geo Grid 在全球变暖、水循环、生态系统、减灾、环境、资源、地质、农业等领域里的许多应用实例，都能充分地体现测地数据网格基于 VO 的设计理念。图 5-84 具体显示了在减轻灾害、野外观测网络两个虚拟组织（VO）里，把数据处理和数据服务集成在一起的工作流程。在图中，分别用数字、灰色、浅灰色以及相应的箭头线，表示出这两个虚拟组织和它们的工作流程，使两者之间的差异对照鲜明、跃然纸上，无需使用更多的笔墨进行描绘。为了使图 5-84 的内涵实例化，可以选择火山灾害为例专门加以展开，于是就得到了图 5-85。该图给出了在 Geo Grid 减灾 VO 基础上，对火山灾害进行预防和减少损失的工作流程。这个流程可以划分为 3 个工作步骤。第一步，收集数据。这些数据主要包括采用 PALSAR（Phased Array L-band Synthetic Aperture Radar）卫星数据监测得到的火山锥变形数据、由 CCOP 成员对火山实况进行观察的数据、由 ASTER 产生的高分辨率 DEM 数据。第二步，利用上述收集到的数据，在 Geo Grid 上对熔岩和/或火山碎屑流进行模拟试验，以获得它们的流路、流向、流速及其时空分布范围、影响严重程度等方面的数据。第三步，利用熔岩和/或火山碎屑模拟试验的结果，编制火山爆发地区人口疏散计划的灾害地图。这种地图将提供给有关部门在火山爆发前，组织和指导火山爆发危险地区里的人口，分期、分批、有秩序、高效率地疏散到安全的地区。

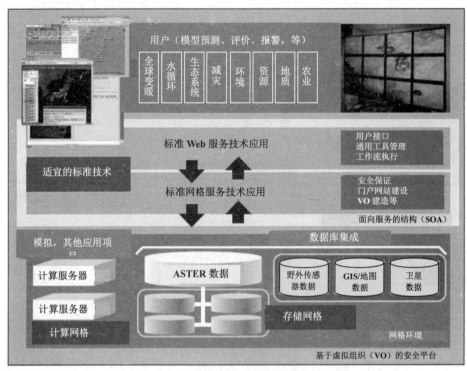

图 5-83　GEO Grid 系统结构

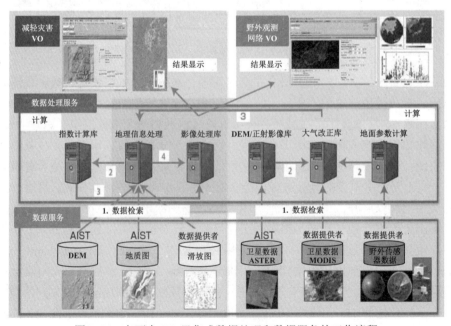

图 5-84　在两个 VO 里集成数据处理和数据服务的工作流程

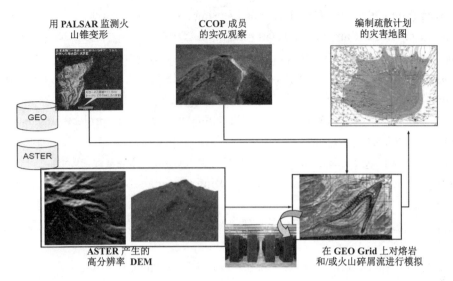

图 5-85　火山灾害预防和损失减少的工作流程

参考文献

[1] 阎守邕.国家空间信息基础设施建设的理论与方法. 北京：海洋出版社，2003.

[2] 阎守邕. 人地系统科学及其在 NSII 建设中的应用. 遥感学报，2003,7(6):509-518.

[3] ISO/TC211. Text for DIS19119 Geographic Information—Services as the ISO Central Secretariat for Issuing as Draft International Standard, 2001/12/18.

[4] ISO/TC211. Geographic Information—Services. ISO 19119, First Edition. 2005-02-15, Reference Number ISO 19119: 2005(E).

[5] 龚健雅，杜道生，李清泉，等. 当代地理信息技术. 北京：科学出版社，2004.

[6] Robert van Engelen. Concepts and Architecture of Grid Computing. Advanced Topics Spring，2008.

http://www.cs.fsu.edu/~engelen/courses/HPC-adv-2008/Grid.pdf.

[7] http://www.ec-gin.eu/corpsite/display/dsp_Entity.asp?en_id=170.

[8] He K T, Tang Y, Yu W X. Spatial Information Grid and its Application in Geological Survey. ISPRS Workshop on Service and Application of Spatial Data Infrastructure, XXXVI (4/W6), October 14~16, Hangzhou, China, pp. 283-287.

[9] MDA. RADARSAT-2: A New Era in Synthetic Aperture Radar.

www.mdafederal.com/aboutmdagsus/events/radarsat2.

[10] Morena L C, James K V, Beck J. An Introduction to the RADARSAT-2 Mission. Can. J. Remote Sensing, Vol.30, No.3, 2004, pp. 221-234.

[11] Ali Z, Kroupnik G, Matharu G, et al. RADARSAT-2 Space Segment Design and its Enhanced Capabilities with Respect to RADARSAT-1. Can. J. Remote Sensing, Vol.30, No.3, 2004, pp. 235-245.

[12] Fox Peter A, Luscombe Anthony P, Alan A. Thompson. RADARSAT-2 SAR Modes

Development and Utilization. Can. J. Remote Sensing, Vol.30, No.3, 2004, pp. 258-264.

[13] Peter Meisl, Cam Pearce, Darin Comi. RADARSAT-2 Ground Segment. Can. J. Remote Sensing, Vol.30, No.3, 2004, pp. 295-303.

[14] Morena L C, Pearce C, Olfert L, et al. RADARSAT-2 Order Handling and Mission Planning. Can. J. Remote Sensing, Vol.30, No.3, 2004, pp. 304-320.

[15] http://www.fgdc.gov/standards/projects/FGDC-standards-projects/metadata/base-metadata/v2_0698.pdf.

[16] http://esdswg.eosdis.nasa.gov/WG/SPG/pdf/ISO_metadata_survey.pdf.

[17] http://archive.niees.ac.uk/talks/activating_metadata/Standards_Overview_and_Semantics.pdf.

[18] 阎守邕，曾澜，徐枫，等. 资源环境和区域经济空间信息共享应用网络. 北京：海洋出版社，2002.

[19] Joep Crompvoets. National Spatial Data Clearinghouse, Worldwide Development and Impact. PhD Thesis, Wageningen University, Wageningen, 2006.

[20] Paul Borisade, et al. Introducing Spatial Data Infrastructure (SDI). June 15, 2004.
 http://www.uneca.org/awich/AWICH%20Workshop/YaoundeWorkshop/Sdintro-Paul.pdf.

[21] John Moeller. Progress of the NSDI: Geospatial Data Access in the US.
http://docslide.us/documents/progress-of-the-nsdi-geospatial-data-access-in-the-us-john-moeller-staff.html.

[22] Douglas Nebert and Mark Reichardt. Building a Geospatial Data Clearinghouse for Discovery and Access. 10-13 April 2000.
https://www.deepdyve.com/lp/ios-press/building-a-geospatial-data-clearinghouse-for-data-discovery-and-access-wREOQy1oF4.

[23] Special Topic Presentation to the Coordination Group. Data Discovery and Access: Beyond Clearinghouse. December 2, 1997.
http://www.slideworld.com/slideshow.aspx/Data-Discovery-and-Access-Beyond-Clearinghouse-ppt-455765.

[24] Evans John D. A Geospatial Interoperability Reference Model, December, 2003.
http://gai.fgdc.gov/girm/v1.1.

[25] GEO. GEOSS Clearinghouse: Request for Information for Proof of Concept Phase.
http://www.earthobservations.org/docs/RFI_GEOSS_Clearinghouse_13.10.2006.pdf.

[26] http://en.wikipedia.org/wiki/Global_Earth_Observation_System_of_Systems.

[27] Antti Herlevi. Water and Capacity Building. International Workshop on Capacity Building in Asia: Earth Observations in the Service of Water Management. Bangkok, September 26-28, 2006.
http://www.a-a-r-s.org/ws-eowm/download/Plenary3/Bangladesh.pdf.

[28] Wood Helen M. Overview of GEOSS & IEOS: Process and Progress. October, 2005.
http://www.jcsda.noaa.gov/documents/seminardocs/GEOSSjcsda.pdf.

[29] Guy Duchossois. The Global Earth Observation System of Systems（GEOSS）：An

Example of International Cooperation. 2nd ESA/ASI Workshop on International Cooperation for Sustainable Space Exploration，9-12 May, 2006.

[30] Toshio Koike. GEOSS/AWCI Summary Report Including Updates of the Demonstration Projects. The 6th GEOSS/AWCI International Coordination Group (ICG) Meeting, 13 March, 2010.

[31] Doug Nebert. GEOSS Common Infrastructure: A Practice Tour. U. S. Geological Survey, September, 2008.

www.fgdc.gov/library/presentations/documents/GCI_ GEOSS-ITA2008.ppt.

[32] Conrad C. Lautenbacher. Moving Towards GEOSS: Update on NOAA Programs.

http://www.pco.noaa.gov/PPTs/ESAS_VADM_06.ppt.

[33] GEOSS 10-Year Implementation Plan.

http://www.earthobservations.org/docs/10-Year%20Implementation%20Plan.pdf.

[34] 国家遥感中心. 地球空间信息科学技术进展. 北京：电子工业出版社，2009.

[35] Markus Senoner. Google Earth and Microsoft Virtual Earth -two Geographic Information Systems, 2007.

http://citeseerx.ist.psu.edu/viewdoc/download?doi=10.1.1.128.3882&rep=rep1&type=pdf.

[36] http://static.googleusercontent.com/external_content/untrusted_dlcp/earth.google.com/en//userguide/v5/google_earth_user_guide.pdf.

[37] Google Earth Quick Start User Guide,

http://ogntc. us/download/google-earth-quick-start-user-guide.pdf.

[38] 马谦. 智慧地图：Google Earth/Maps/KML 核心开发技术揭密. 北京：电子工业出版社，2010.

[39] Alesheikh A A, Helali H, Behroz H A. Web GIS: Technologies and its Applications. Symposium on Geospatial Theory, Processing and Applications, Ottawa, 2002.

http://citeseerx.ist.psu.edu/viewdoc/download?doi=10.1.1.120.9250&rep=rep1 &type=pdf.

[40] Garagon Dogru A, Selcuk T, Ozener H, et al. Developing a Web-based GIS Application for Earthquake Information.

http://www.isprs.org/proceedings/XXXV/congress/yf/papers/954.pdf.

[41] Maheshi Rao, Guoliang Fan, Johnson Thomas, et al. A Web-based GIS Decision Support System for Managing and Planning USDA's Conservation Reserve Program (CRP). Environmental Modelling & Software 22 (2007) 1270-1280.

[42] Pable Dlaz, Jorge Parapar, Juan Tourino, et al, Web-GIS Based System for the Management of Objections to a Comprehensive Municipal Land Use Plan.

http://www.iiis.org/CDs2008/CD2009SCI/PISTA2009/PapersPdf/P640SW.pdf.

[43] Ines Sante, Rafael Crecente, David Miranda, et al. A GIS Web-based Tool for the Management of the PGI Potato of Galicia. Computers and Electronics in Agriculture 44 (2004) 161-171.

[44] Eros Agosto, Paolo Ardissone, Fulvio Rinaudo. WebGIS Open Source Solutions for the Documentation of Archeological Sites. XXI International CIPA Symposium, Athens,

Greece, 01-06 October, 2007.

[45] United Nations Economic, Social Council. Advanced GIS Applications in Health Disaster Management. Ninth United Nations Regional Cartographic Conference for the Americas, New York, 10-14 August, 2009.

[46] Chao D K, Chowdhury S, Lan H, et al. Implementation of a Web-GIS Application with ArcGIS Server 9.2 for the Peace River Landslide Project, Alberta. ERCB/AGS Open File Report 2009-08.

[47] Lan H X, Martin C D, Froese C R, et al. A Web-based GIS for Managing and Assessing Landslide Data for the Town of Peace River, Canada. Natural Hazards and Earth System Sciences, 9, 1433-1443, 2009.

[48] Jin-Yong Choi, Engel Bernard A, Farnsworth Richard L. Web-based GIS and Spatial Decision Support System for Watershed Management. Journal of Hydroinformatics 7.3, 2005, pp. 165-174.

[49] Torillo Hamre, Hajo Krasemann, Steve Groom, et al. Interoperable Web GIS Services for Marine Pollution Monitoring and Forecasting. J Coast Conserv (2009) 13: 1-13.

[50] Pinaki Chakraborty. Identification of the Benefits of Grid Computing. Georgian Electronic Scientific Journal: Computer Science and Telecommunications, 2009 No. 3 (20), pp. 90-95.

[51] Govett Mark W, Mike Doney, Paul Hyder. The Grid: An IT Infrastructure for NOAA in the 21st Century.

http://nomads.ncdc.noaa.gov/docs/noaagridcomputing.pdf.

[52] David Bernholdt, Shishir Bharathi, David Brown, et al. The Earth System Grid: Supporting the Next Generation of Climate Modeling Research. Proceedings of IEEE, Vol. 93, No. 3, March 2005, pp.485-495.

[53] The Earth System Grid: Grid Enabling the Entire Climate Community. January 4, 2005.

http://sciencetools.com/pfoxesip05.ppt.

[54] Ian Foster, Dean Williams, Don Middleton. The Earth System Grid (ESG), March 10-11, 2003.

http://www.nersc.gov/projects/scidac/conferences/SciDAC2003/Presentations/Middleton. pdf.

[55] Williams Dean N. The Earth System Grid. Mach 1, 2010.

http://esg-pcmdi.llnl.gov.

[56] National Institute of Advanced Industrial Science and Technology. GEO Grid: Integration and Provision of Earth Observation Data from the User's Standpoint. AIST TODAY, No. 33, 2009-3, pp. 5-18.

[57] Satoshi Sekiguchi, Yoshio Tanaka, Isao Kojima. GEO Grid: Federating Geospatial Data and Integrating Services, AIST, Japan.

http://www.ogf.org/OGF21/materials/960/GEO%20Grid%20OGFprint.pdf.

第 6 章　遥感信息基础设施

国家遥感信息基础设施（National Remote Sensing Information Infrastructure，NRSII）是遥感数据获取、处理、存储、传输、分析、应用、散发、效果改进，所必须的各种共性技术、法律、政策、规划、标准、规范、人力资源及其共享应用平台数据资源的总称。它在国家空间信息基础设施（National Spatial Information Infrastructure，NSII）里，是最为核心、最为活跃的单元，而且随着科学技术的创新和发展，社会经济建设需求的扩展和深化，将会占有越来越大的份额、发挥越来越重要的作用。事实上，NRSII 就将像供水供电、交通运输、邮电通信等国家基础设施一样，是各级各地政府部门、教学科研机构、企事业单位以及社会大众，越来越重要的信息来源和越来越不可缺少的组成部分。尤其是随着信息通信技术的迅速发展，加速了全球经济一体化和向信息社会过渡的进程，迫使各国不得不在进入新时代十字路口面前进行选择。在这种机遇和挑战并存的情况下，如果我国要想充分地分享新经济带来的利益，而不被挤在时代潮流的一边，跨越式地发展我国独立自主的 NRSII，就显得格外重要。为此，在这一章里，将具体地讨论 NRSII 的构成及其支柱等问题，以期推动我国遥感科学技术以及 NRSII 的健康、有序、优质而高效的发展。

6.1　遥感基础设施的构成

遥感信息基础设施的构成及其支柱可以用图 6-1 来表述。图中，3 个大圆分别表示其主要的构成部分，包括遥感科学技术、遥感应用领域和遥感人力资源等内容；两两大圆相交的部分，可以表示其 3 个重要支柱的所在，分别是遥感学科体系、遥感系列产品和遥感发展环境等内容。

6.1.1　遥感基础设施的构成

遥感信息基础设施由其科学技术、应用领域和人力资源 3 个部分所组成。其中，科学技术是决定这个基础设施性质、行为和特征的主体，应用领域是这个设施的发展动力、服务对象、产生社会经济效益的环节，而人力资源是使整个基础设施及其建设活跃起来的最积极、最有效的因素。它们既是构成遥 NRSII 的 3 个相对独立、功能不同、行为各异的组成部分，又是相互关联、三位一体、紧密结合在一起的有

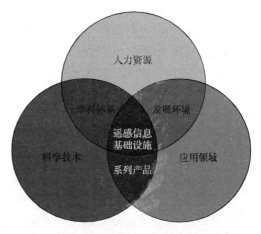

图 6-1　遥感基础设施的构成及其支柱

机整体。

1. 遥感科学技术

如图 6-1 所示，遥感科学技术是个具有遥感信息流程、遥感业务层次以及遥感应用领域三维立体结构的科学技术体系。在此，仅涉及前两维的问题。

1）遥感信息流程

自 20 世纪 60 年代以来，遥感信息流程由数据获取环节开始，逐步延伸、扩展到信息挖掘、系统应用和共享服务等环节，形成了一个从遥感数据获取直到最终用户的完整运作流程。在遥感科学技术体系之中，这个流程是一条客观存在、贯穿始终、牵动全局的主轴线，支撑着整个体系的生存、活力和效益。

2）遥感业务层次

遥感业务层次自下而上可以分为基础理论、技术系统、应用任务和商品产销 4 个层次。它们从底层依次转化为顶层的过程，实际上就是遥感科学技术产业化及其转化为社会生产力的过程。在此过程中，不同层次之间往往会经历顺序和/或跳跃式的迭代，以求得各层次及其整体尽善尽美的效果。

2. 遥感应用领域

遥感应用领域既是驱动这个科学技术体系发展的巨大动力来源，又是检验它们发展效果的客观评价标准。尽管它们可以有不同的分类方案，但是从其工作性质和行为特征出发，可以将其分为遥感常规业务应用、遥感突发事件响应以及遥感创新发展支持 4 个大的领域。

1）遥感基础设施建设领域

遥感基础设施建设领域涉及到建设与发展国家遥感数据获取、处理、存储、传输、分析、应用、散发、效果改进，所必须的各种共性技术、法律、政策、规划、标准、规范、人力资源及其共享应用平台数据资源等方面的问题。它们是独立自主、自成体系地创新、发展和应用国家遥感科学技术的坚实基础。

2）遥感常规业务应用领域

遥感常规业务应用领域涉及到区域人地系统以及国家安全、资源利用、经济布局、污染防治、民生改善、调控工程等专题人地系统等方面的问题。这些问题的解决，需要有遥感影像动态判读制图、遥感统计数据分析制图、遥感多级采样目标估算、重大问题空间决策支持等共性技术的支持。

3）遥感突发事件响应领域

遥感突发事件响应领域涉及到自然灾害、疫病流行、重大事故以及恐怖袭击等专题人地系统方面的问题。这些事件具有突发性、随机性、严重性以及应对上的双重性（抢救和防护、减灾和治安）等特点，其应急处理需要有遥感早期报警、遥感快速反应、现场调查互动以及空间决策支持等共性技术的支持。

4）遥感创新发展支持领域

遥感创新发展支持领域涉及遥感科学技术进步以及与区域和其余专题人地系统遥感应用相关的自然科学与人文科学创新等方面的问题。这些问题的解决，需要有专门的遥感科技创新发展支持系统的支持，在其立项开题、方案论证、测试检验、评价改进、成果鉴定、应用示范等阶段提供服务。

3. 遥感人力资源

"遥感人力资源"涉及到其学科构成、组织体系、教育培训以及知识普及等诸多方面的问题。它们是遥感信息基础设施中最为重要、最为积极、最为有效的因素，不仅是其创新发展的主导力量，而且也是其可持续发展的根本保证。因此，组织、培养和增强具有多学科、多层次、高水平、有活力、老中青相结合等特点，浩浩荡荡、可持续发展的遥感科学技术队伍，显然是我国 NRSII 建设最为核心、最为长期和最为艰巨的历史使命。

1）遥感人力资源的学科构成

遥感人力资源的学科构成，必须与图 1-1 所示的三维立体遥感科学技术体系的结构相互呼应、彼此匹配，以形成能够由满足其信息流程、业务层次以及应用领域及其学科体系所需要的遥感人力资源的学科构成。

2）遥感人力资源的组织体系

国外遥感人力资源通常由国家安全系统、政府民用系统、商业遥感系统 3 支肩负着不同任务和使命的遥感人才队伍所组成。然而，从我国的现状与国情出发，我国民用遥感人力资源应该建立如图 6-2 所示的组织结构体系。其中，国家科学技术系统，肩负 NRSII 建设的总体任务，开展遥感基础科学和发展战略研究，推动 NRSII 的顶层设计与实施，为部门、区域和商业系统提供共性技术支持、数据共享服务、典型应用示范以及科学技术培训；部门（含军事部门）专业应用系统，需要按照国家的总体设计和规划部署，完成本部门的遥感信息基础设施建设及其应用任务，既要向国家系统提出应用需求和数据支持，也要参与和支持区域系统的综合集成和应用任务；商业遥感应用系统需要尽快壮大起来，不断加强与其余各个系统的互动，成为 NRSII 建设的重要支柱以及遥感产业化的主力军；区域综合应用系统是 NRSII 建设的根基，也是其余 3 个系统最终的落脚点。它们的建设发展及其在社会信息化中的作用和效益，最终都要通过区域系统从其经济发展、社会进步、民生改善方面接受检验。

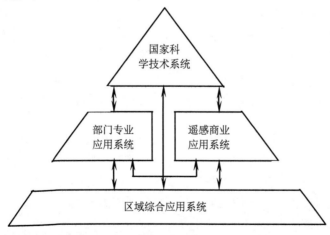

图 6-2　我国民用遥感人力资源的组织体系

3）遥感人力资源的素质优化

通过学校教育、在职培训以及在实践中学习等多种途径，优化我国遥感人力资源的素质，是一项必须妥善解决、持续开展、影响全局的重要任务。为此，首先，要对遥感科学技术的体系结构及其理论方法，形成系统、全面的认知以及广泛、深入的共识，推动我国遥感人才培养框架及其全面规划的制定；其次，有计划、有步骤地编写各种遥感科学技术培训教材、教科书，为人才培养创造优良的条件；再次，要根据国家重大应用需求，组织大型的遥感综合应用试验，通过科学实践培养人才、锻炼队伍；最后，通过各种努力使我国遥感科学技术的学科体系进入国家一级学科的范畴。这是使遥感科学技术人才，尤其是复合型人才的培养，能够进入可持续发展轨道最重要的举措、最根本的保证。

4）遥感人力资源的环境开发

遥感人力资源的环境开发，主要涉及到遥感知识的普及。其主要对象包括：各级政府的管理决策人员，他们需要比较全面地了解遥感知识及其成果使用方法，是遥感的主要用户和重要推手；非遥感领域的科学技术人员，他们关心遥感在其领域应用的可能性，是遥感人力资源潜在或后备的来源；为数众多的社会各界人士，他们需要了解遥感信息应用方面的知识，是遥感数量最多的用户群体；广大中小学校的师生，他们需要深入浅出地了解遥感的基本原理、方法和应用实例，是遥感人力资源的未来和希望。因此，遥感知识的普及在内容、侧重、深度和形式方面，必须因人而异、因地制宜、因势利导地展开。

6.1.2 遥感基础设施的支柱

图 6-1 给出了 NRSII 建设的 3 根支柱：遥感学科体系，它主要在遥感科学技术与遥感人力资源两个大圆的相交处涉及应用领域的部分内容，是整个 NRSII 的理论基础和发展指向；遥感系列产品，它主要在遥感科学技术与遥感应用领域两个大圆的相交处涉及人力资源的部分内容，是整个 NRSII 的系列产出及其效益的来源；遥感发展环境，它主要在遥感人力资源与遥感应用领域两个大圆的相交处涉及科学技术的部分内容，是整个遥感基础设施建设的外部条件和调控机制。

1. 遥感学科体系

遥感基础设施的建设及其在国家安全、经济建设、社会进步、民生改善中的应用，具有涉及面广、规模巨大、效益显著、影响深远的特点，是一项伟大的实践活动。它们不仅加速了我国空间信息基础设施的建设以及社会信息化的发展，而且也系统、全面和有力地推动着遥感学科体系的创新与发展，使遥感科学技术的发展进入了良性循环的状态。

2. 遥感系列产品

在现实生活中，遥感科学技术成果要想真正成为社会生产力的话，只有也只能使其科技成果转换为遥感系列产品才能实现。这些系列产品既包括各种单元、系统、集成系统等技术产品，数据、信息、知识等各种信息产品，又包括方便用户的信息共享、技术保证、任务承接等服务产品。它们能够很好地满足多方面用户的需求，有力地推动遥感科学技术的持续发展。

3. 遥感发展环境

营造遥感发展环境的任务，主要包括科学合理、及时有度地对我国 NRSII 建设进行顶层设计与规划部署，制定与实施相关的法律法规、科技标准和运作规范，推动科学数据的业务化发展以及项目与成果的技术认证，开拓互利双赢、独立自主的国际合作与交流等内容。它们不仅为 NRSII 3 个组成部分创造了良好的外部环境，而且也是夯实 NRSII

3 根支柱的重要保证和核心内容。

6.2 遥感学科体系的定位

遥感科学技术的基础理论研究、技术系统研发、应用任务实施、商品生产营销以及在相关领域里的应用等实践活动，与构建相应的遥感学科理论体系之间的关系，可以概括为理论与实践之间的关系。它们在实践论里得到了深刻而精辟的论述。如果将这些论述外延到遥感领域里，完全可以得到如下结论：遥感学科理论来自和催生于遥感实践活动，反过来，它又指导和服务于遥感实践活动。因此，遥感学科理论若不和遥感实践活动联系起来，就会变成无对象的理论，同样，遥感实践活动若不以遥感学科理论为指导，就会变成盲目的活动。事实上，这些结论不仅是论述遥感学科体系构建、分类及其定位的哲学依据，而且也是遥感科学技术及其学科体系可持续发展的指路明灯。

6.2.1 遥感学科体系构建的论证

在《学科分类与代码》（GB/T 13745—2009）的国家标准里指出，学科是相对独立的知识体系。这里"相对""独立"和"知识体系"3 个概念，是本标准定义学科的基础。"相对"强调了学科分类具有不同的角度和侧面，"独立"则是某个具体学科不可被其他学科所替代，"知识体系"是学科区别于具体的"业务体系"和"产品"。这 3 个概念为论证我国遥感学科体系的构建指明了方向、确定了标准。

1. 遥感科学技术知识体系

随着遥感科学技术与空间技术、计算机技术、地理信息系统和互联网络技术的相互渗透、有机结合，其自身经历了从航空遥感到航天遥感，从目视判读到计算机识别，从静态试验研究到动态业务应用，从科研院所和专业人员到产业部门与社会大众的 4 次飞跃，逐步形成了由信息流程、业务层次和应用领域三维组成、具有积木式结构、多学科交叉融合、应用效益显著和复杂巨系统特点的遥感科学技术知识体系。这个既不是业务体系、更不是产品的知识体系，是构建遥感学科体系的客观依据和坚实基础。

2. 遥感学科体系的相对性

遥感学科体系是以遥感数据获取、专题信息挖掘、业务系统应用和资源共享服务为主要作业流程，长时序、动态性、综合性、多尺度、快速准确、创新发展地为国家安全、资源利用、经济布局、污染防治、减灾应急、卫生防疫、民生改善、区域规划、城市管理、调控工程、科技进步、需求分析、投资决策等人地互动系统的实践活动，提供信息支持、知识服务和技术保证的多学科融合的知识体系。它们从上述特有的角度和侧面出发，持续不断地完成自己的各种历史使命，显示出其学科分类的相对性。

3. 遥感学科体系的独立性

遥感科学技术能够在几分钟到十几天重复周期里，不受地面限制地获得全球范围相同或任意地区不同空间分辨率的遥感影像；具有全天候、全天时、大范围、高精度、机动灵活、定性、定量、定位、定时地对地观测的能力；从同一幅遥感影像上可以提取不同的专题信息，实现一像多用、系列成图等多目标、多用途；在总体上显著优于常规的科学技术方法，在多高度、立体交叉作业时，其费效比的优势尤为显著。因此，遥感学科体系及其在诸多领域里的应用，尤其是在突发事件应急方面的优势，其他学科都无法比拟和替代。

6.2.2 遥感学科的多级分类体系

从遥感科学技术的信息流程、业务层次以及应用领域的角度，可以对遥感科学技术的知识体进行分类，以获得不同类型的分类结果。这些结果综合起来，就构成了其知识体系或遥感学科的一个多级分类体系，如表 6-1 所列。它由 1 个一级学科、12 个二级学科以及 57 个三级学科组成。这些不同级别的知识体系，尽管它们之间因各有侧重而相对独立，但是又因彼此存在某种交叉而融为一体，构成了其学科体系的独特结构和重要特征。在表 6-1 的备注栏里，给出了已列入国家标准《学科分类与代码》（GB/T 13745—2009）里的遥感学科。它们是二级学科摄影测量与遥感技术（42020）以及三级学科光学遥感（1403066）、遥感地质（1705067）、遥感海洋学（1706061）、林业遥感（2202530）。它们是论证遥感学科体系在国家标准《学科分类与代码》中所占地位，极为有效和不可或缺的参考资料和依据。

表 6-1 遥感学科的多级分类体系

一级学科	二级学科	三级学科	备注
遥感科学技术	1. 普通遥感学	1.1 普通遥感学	
		1.2 遥感信息基础设施	
	2. 专业遥感学	2.1 遥感地质学	遥感地质（1705067）、遥感海洋学（1706061）、林业遥感（2202530），已列入国家标准《学科分类与代码》（GB/T 13745—2009）
		2.2 遥感地理学	
		2.3 遥感农业学	
		2.4 遥感林业学	
		2.5 遥感水文学	
		2.6 遥感海洋学	
		2.7 遥感大气学	
		2.8 遥感环境学	
		2.9 遥感生态学	
		2.10 遥感减灾学	
		2.11 遥感考古学	
		2.12 遥感侦察学	
		2.13 其他	
	3. 区域遥感学	3.1 政区遥感学	
		3.2 城市遥感学	
		3.3 流域遥感学	
		3.4 经济区遥感学	
		3.5 自然区遥感学	
		3.6 其他	

（续）

一级学科	二级学科	三级学科	备注
遥感科学技术	4. 实验遥感学	4.1 任务定义实验遥感学	
		4.2 项目评价实验遥感学	
		4.3 应用示范实验遥感学	
		4.4 基础理论实验遥感学	
	5. 数据获取遥感学	5.1 可见光遥感学	
		5.2 红外遥感学	
		5.3 多波段遥感学	
		5.4 微波遥感学	
	6. 信息挖掘遥感学	6.1 遥感数字地形测量学	
		6.2 遥感数字影像处理学	
		6.3 遥感特征参数反演学	
		6.4 遥感人机交互判读学	
	7. 应用集成遥感学	7.1 遥感动态调查制图学	摄影测量与遥感技术（42020）；光学遥感（1403066）已列入国家标准《学科分类与代码》（GB/T 13745—2009）
		7.2 遥感专题调查统计学	
		7.3 多级采样目标估算遥感学	
		7.4 异常事件早期报警遥感学	
		7.5 突发事件动态监测遥感学	
		7.6 应急现场实况调查方法学	
		7.7 空间管理决策支持遥感学	
	8. 共享服务遥感学	8.1 遥感数据产品服务方法学	
		8.2 遥感信息共享服务方法学	
		8.3 遥感应用代理服务方法学	
	9. 理论遥感学	9.1 遥感地物波普学	
		9.2 遥感影像语义学	
		9.3 遥感应用系统模型学	
		9.4 遥感人地系统科学	
	10.工程遥感学	10.1 遥感多级数据获取系统	软、硬件系统研制
		10.2 遥感专题信息挖掘系统	
		10.3 遥感业务应用集成系统	
		10.4 遥感资源共享应用服务网络	
	11.实用遥感学	11.1 遥感应用需求分析方法学	
		11.2 单元技术实用遥感学	
		11.3 总体技术实用遥感学	
	12.商业遥感学	12.1 遥感市场调查方法学	
		12.2 遥感产品包装学	
		12.3 遥感产品营销学	

6.2.3 遥感学科体系定位的依据

从遥感信息流程及其业务层次、应用领域的角度出发，客观地对遥感知识体系进行分类，可以得到如表 6-1 所列的遥感学科分类体系。这个多层次的学科体系，应该在国家标准《学科分类与代码》一级学科的行列中占有一席之地。之所以如是说，理由可论述如下。

1. 遥感学科体系的重要性

遥感学科体系支持的遥感信息基础设施，是国家空间信息基础设施里最为核心、最为活跃的部分，而且随着科学技术的不断发展、应用需求的不断深化，它们所占据的份额也会越来越大。换言之，在国家安全、经济发展、社会进步、科技创新以及民生改善的过程中，遥感学科体系的重要性将会越来越突出，需要在国家标准《学科分类与代码》中的定位上，得到恰如其分的肯定和体现。

2. 遥感学科体系的宽容性

表 6-1 所列遥感学科的多级分类体系，不仅显示出从遥感信息流程、应用领域和业务层次不同侧面分化出 12 个二级学科，而且还给出了这些二级学科各自分化出来的 57 个三级学科。这些结果的多面性和多级性，充分体现出遥感学科体系所具有的宽容性特征。纵观国家标准《学科分类与代码》中的诸多一级学科，事实上，它们都具有这种学科体系的宽容性特征。

3. 遥感学科体系的交融性

遥感学科体系的结构复杂、规模巨大、不断创新、应用广泛、影响深远，是诸多自然科学、社会科学、工程科学和管理科学有机集成、深度交叉、充分融合的一个新兴学科领域。这种交融性使遥感学科体系与现有的许多一级学科存在着千丝万缕的联系，却又使之无法为现有的任何一级学科所完全包容。在这种情况下，遥感学科只有作为新兴的一级学科，才能得以自由、迅速和健康的发展。

4. 遥感学科体系的既成性

表 6-1 在给出了遥感的多级学科体系结构或框架的同时，也给出了其中某些三级学科在国家标准《学科分类与代码》里的定位。在表 6-1 和国家标准中，这些具体学科都有自己的定位。两者之间的这种对应关系，或者说，遥感学科体系里的这种既成性，有助于将表 6-1 中的遥感学科框架，映射到学科分类与代码的国家标准框架里去。依此类推，遥感科学技术应该定位为一级学科。

5. 遥感学科体系的开创性

在我国《学科分类与代码》国家标准（GB/T 13745—2009）中，只有 1 个二级学科、4 个三级学科。从国外的学科分类表里，目前还找不到遥感学科的踪影，仅在维基自由百科全书的学科分类表里，还能从地理学名下找到遥感学科的名分。在此背景下，若能将遥感科学技术纳入我国一级学科的范畴，则是我国学术界同仁高瞻远瞩、科学决策、自主创新的鲜活表现。

6.3　遥感系列产品的推出

遥感科学技术产业发展的核心环节，就是要有自主知识产权、性价比高的系列产品推出，尽可能多地去占领国内外的应用领域和技术市场。这不仅是遥感科学技术研究成果转化为强大社会生产力的必由之路，也是遥感科学技术自身可持续发展的根本保证。为此，必须对这个领域能够产生社会、经济效益的技术环节及其作业途径进行系统分析，以建立起其产品生成的概念模型，以及其产品类型划分和相应产业细分的理论基础。

6.3.1　遥感系列产品生成的概念模型

对遥感信息流程各个环节的投入－产出分析，可以得到如图 6-3 所示的遥感系列产品生成的概念模型。它不仅详细地描述了在各个信息流程环节上的人力、物力的具体投入及其相应的物化与信息形式的产出结果，成为遥感系列产品类型划分、其产业细分的科学依据，而且也为遥感科学技术效益的度量，提供了具体的量化途径和计算方法。图6-3 所示的概念模型，从横向上看，由遥感科学技术体系及其投入与产出 3 个部分组成；从纵向上看，包括了遥感数据获取系统、专题信息挖掘系统、业务应用集成系统和网络共享服务系统 4 个环节及其相应的投入与产出。

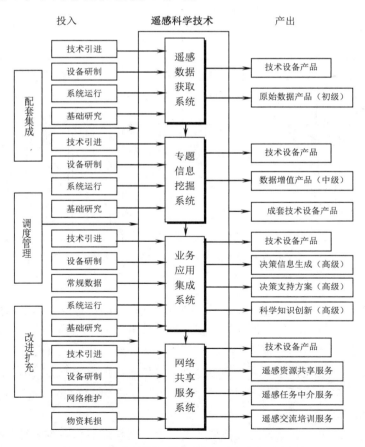

图 6-3　遥感科学技术系列产品生成的概念模型

1. 遥感科学技术的体系

在图 6-3 的中部，由遥感数据获取、专题信息挖掘、业务应用集成和网络共享服务等技术系统所组成，是生成遥感科学技术系列产品的工作平台，也是使各自投入转换为相应类型、级别产出的遥感产品的转换器。

2. 遥感体系投入的分析

在遥感系列产品生成的过程中，对遥感科学技术体系的投入，一种是对各个环节的分投入，另一种是对整个体系的总投入。对于前者而言，主要包括技术引进、基础研究、设备研制、系统运行等投入。对于后者而言，投入项目主要集中在整个体系的配套集成、调度管理以及改进扩充等方面。

3. 遥感体系产出的构成

在遥感系列产品生成的过程中，对遥感科学技术体系的产出，主要分为 3 种类型：一是遥感技术产品；二是遥感信息产品；三是遥感服务产品。

6.3.2　遥感系列产品类型的具体划分

遥感系列产品类型的具体划分，可以用图 6-4 来表述。对这些产品的体系及其具体产品，需要从它们的内涵、特点、用途等方面进行必要的论述。

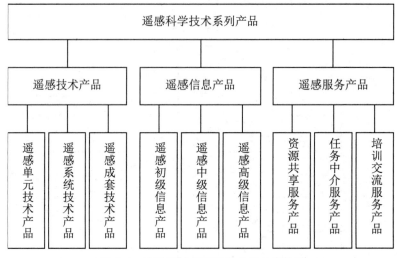

图 6-4　感科学技术系列产品的分类体系

1. 遥感技术产品

遥感技术产品主要指与遥感相关的各种软、硬件产品，可以分为单元技术产品、系统技术产品和成套技术产品 3 种大的类型。单元技术产品是能够完成某个信息流程环节里局部任务的技术产品；系统技术产品是能够完成上述某个信息流程环节任务的技术产品；成套技术产品是能够完成两个或两个以上信息流程环节任务的技术产品，其定义空间具有较大的伸缩余地。

2. 遥感信息产品

遥感信息产品可以划分为初级信息产品、中级信息产品和高级信息产品 3 种类型。前者亦称遥感数据产品，主要是遥感数据获取系统产生的、经过成像及其系统误差处理的、能为用户所用的照片、影像等产品；中者亦称增值数据产品，是遥感专题信息挖掘的产物，如遥感专题分类图、判读专题地图等；后者是对多来源数据综合分析的产物，包括决策支持信息、方案以及知识创新等产品。

3. 遥感服务产品

遥感服务产品既不是遥感技术产品也不是遥感信息产品，而是为客户提供资源共享、任务中介和交流培训等服务，且具有非实物性、非储存性以及生产与消费同时性等特征的产品。在此，资源共享服务包括劳务付出、技能投入、设备租用、科技咨询等产品；任务中介服务是确保遥感任务供、需双方互动，在完成任务过程中起承上启下作用的各种产品，包括信息沟通、立项代办、任务中介、承接委托、技术转让等服务；培训交流服务主要包括各种内容、层次和形式的技术培训班、学术研讨会、科技考察团组等产品。

6.3.3　基于遥感系列产品的产业细分

遥感科学技术产业细分必须以其系列产品的分类为基础，具体可细分为相应的遥感技术、遥感信息和遥感服务 3 个细分产业。

1. 遥感技术细分产业

遥感技术细分产业由遥感科学技术体系中的数据获取、信息挖掘、业务应用、共享服务等信息流程环节的软、硬件产品的生产、销售及其售后服务所构成。它们为整个遥感科学技术及其应用提供物质基础与技术支持，是我国 NRSII 的重要组成部分。

2. 遥感信息细分产业

遥感信息细分产业由遥感科学技术体系产出来的遥感数据、专题信息（或增值数据）、专业知识、决策方案等信息产品及其应用、销售等所构成。它们是遥感科学技术与广大用户连接的重要环节，也是使之产生显著的社会、经济和环境效益的关键所在。

3. 遥感服务细分产业

遥感服务细分产业是为了更好地推广、应用遥感科学技术及其技术产品、信息产品而具有非实物性、不可储存性以及生产消费同时性等特征的各种服务产品所构成的产业。它们在遥感科学技术转化为强大社会生产力过程中起催化剂的作用，是衡量遥感科学技术产业化成熟度的重要判据。

6.4　遥感发展环境的营造

尽管遥感发展环境营造涉及到的问题种类繁多、内容复杂、形式各异，但是它们可以归纳为 4 种类型：一是处理内部关系的政策法规问题；二是实现顶层设计的规划布局问题；三是解决资源共享的标准规范问题；四是开展国内外互动的国际合作问题。它们需要分门别类地采取不同的手段加以解决，以营造出有利于遥感和 NRSII 建设的发展环境。

6.4.1　政策法规环境的营造

在 NRSII 建设过程中，会遇到空间遥感法律法规、商业遥感发展政策、遥感信息共享实施之类，会影响全局的政策法规方面的问题。对此，可以借鉴国外的某些经验，以期收到"借他山之石攻玉"的效果。

1. 空间遥感法律法规

所谓的"空间法律"，实际上是个涉及到空间技术及其数据获取、分发和应用等活动的诸多法律事项的新兴法律领域。这些事项主要包括知识产权、责任（Liability）、隐私以及国家安全等方面的问题。在各种遥感业务应用过程中，会遇到执照协议与合同，知识产权保护，合并、收购和筹资，政府政策和规章制定等方面的法律问题，只有熟知和注意相关的空间法律法规，才会规避许多麻烦、收到良好的执行效果。

2. 商业遥感发展政策

遥感商业化是调动私营企业投资积极性、减轻政府负担，推动空间遥感事业发展的重大战略举措，也是遥感产业近年来发展的一个主流趋势。国外的经验表明，这样做需要有国家的法律保障、政府的强力支持。为此，美国卡特、里根、克林顿、布什等，都为商业遥感发布过总统令，指示美国政府要最大限度地扩展美国商业遥感的空间能力，以满足军事、情报、对外政策、国土安全、民间用户对遥感影像和地球空间信息的需要。

3. 遥感信息共享实施

在我国的遥感产业发展、国家空间信息基础设施建设乃至信息社会演进的过程中，数据共享是个贯穿始终、牵动全局的核心问题，既受国家体制结构、部门切身利益的约束，也与共享相关的技术标准和边界圈定密切相关。图 6-5 给出了解决信息共享问题，需要采取的举措，包括与共享有关的标准、政策和立法。其中，标准是前提，政策是指导和调控，立法则是保障。

4. 信息安全及其措施

在推动地球空间信息共享的同时，保证信息安全也是个需要及时、妥善解决的问题。信息安全的管理控制每天都要进行，包括分配安全责任、制定安全计划、定期检查安全控制状况、管理授权等内容。它们将以不同的要求，分别在常规工作系统和重大应用任务里使用。

1）常规工作系统的信息安全

在常规工作系统里，以书面形式将安

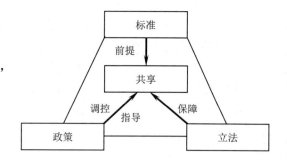

图 6-5　解决信息共享的重要举措

全责任分配给有关人员，为他们提供用户鉴别和授权等安全保证；具体制定安全的准则、培训、人员控制、事故响应能力、支持连续性、技术安全和系统联结等方面的安排，以确保信息的完整性、可用性和可靠性；安全控制检查可由外部审评，也可由内部自查，以保证管理、运行、个人和技术控制能够有效地发挥作用；安全管理员直接执行各种安全任务和系统授权，仅对系统的支持组织负责。

2）重大应用任务的信息安全

重大应用任务通常服务于单个机构，由多个常规工作系统所支持。它需要以书面形式对所用信息及其处理的安全责任进行分配，对于任务的防护管理、人员、运行和技术的控制要由具有足够知识的人员负责；制定有针对性的安全计划，除信息保护的控制措施、战略信息资源管理计划外，还要对其应用准则、定向培训、个人安全、意外事件规划、信息共享、公众访问控制有所安排；至少每 3 年要独立进行一次安全控制的审查；至少每 3 年要有负责支持功能管理的官员，对任务的信息安全进行授权。

6.4.2 规划布局环境的营造

NRSII 的建设是个环环紧扣、有机结合的复杂巨系统工程，必须遵循系统工程的原理与方法，自上而下、科学合理地进行顶层设计，以便确保全局的健康发展，也应该细致、准确地选择切入点，使顶层设计能够落在实处。

1. 遥感发展的顶层设计

NRSII 建设和发展是个复杂的巨系统工程，自上而下的顶层设计具有特别重要的意义。它需要妥善地解决影响遥感学科体系及其 NRSII 健康发展、牵动全局的一系列重大问题。它们具体涉及对 NRSII 的服务对象和领域、在国家发展中的战略地位、其总体构成和重要支柱、遥感学科体系及其内涵、人力资源的组织结构、产业化发展及其模式等问题的设计与安排。

2. 遥感发展切入点选择

为了使 NRSII 建设的顶层设计能够落在实处，还需要科学、合理地选择其设计实施的切入点与之相互配合。在此，所谓的"切入点"选择，实际上就是要选择能够带动 NRSII 建设全局的国家重大遥感应用项目。通过对国内外相关情况的调研表明，以增强国家应对重大突发事件能力的遥感应用项目作为这种切入点，显然是个明智而合理的选择。

6.4.3 标准规范环境的营造

在 GB/T 20000.1—2002 中，将标准定义为"为了在一定范围内获得最佳秩序，经协商一致制定并由公认机关批准，共同和重复使用的一种规范性文件"，而且指出，标准宜以科学、技术和实践经验的综合成果以及经过验证正确的信息数据为基础，以促进最佳的共同经济效率和经济效益为目的。常见的标准类别包括基础、术语、试验、产品、过程、服务、接口等方面的标准。对 NRSII 最佳秩序的建立而言，其数据标准和工作规范的制定与实施，是影响全局、贯彻始终的重大举措。

1. 数据标准

在 NRSII 里流动的数据来自不同源头、具有不同内涵和格式，其分析、处理、应用和服务也需要满足用户不同的需求。为了确保数据在 NRSII 里流动顺畅、变换高效，有关数据标准制定与实施至关重要。现有的数据标准尽管内容繁杂、数量众多，但是在此只能本着"管而不死、放而不乱"的原则从中加以选择。在全国范围内，当前需要抓紧和统一制定的数据标准包括遥感影像产品分级、空间数据格式转换、高位专题分类编码、共享应用框架数据以及空间元数据内容等方面的标准。

2. 工作规范

在 NRSII 建设及其创新、发展过程中,遥感重大任务项目立项、卫星数据获取方案优选、遥感影像交互判读作业、遥感系统应用项目设计、遥感网络共享应用服务、遥感科学技术成果认证等工作，都会对整个 NRSII 建设产生重大、深远而全面的影响。因此，对它们的行为及过程需要严加规范，以确保各有关部门、地方、团体和个人的行动，有据可循、步调一致。

6.4.4　遥感国际环境的营造

各国的遥感全球观测能力都有某种局限性，需要相互补充、数据共享；但是从自身安全和利益出发，又都在努力追求自成体系、万事不求人。这就出现了一种既希望彼此合作又存在相互竞争的局面。在广大用户要求降低国际遥感数据价格以及各国政府负担过重的巨大压力下，推动了减少各国重复遥感、减轻政府负担的国际合作以及卫星遥感商业化的发展趋势。近年来，在政府合作、市场竞争、国家安全、项目选择等方面，各国的互动变得越来越频繁了。为此，我国 NRSII 建设也需要营造一个独立自主、平等互利、和平发展的国际环境。

1. 遥感国际合作

遥感国际合作包括参与国际数据交换、合作计划、国际协调机构、区域组织、联合国组织以及全球研究计划等多种形式。其中，数据交换是最广泛的国际合作活动。其规模和方向取决于合作伙伴各自维护有效数据交换机制的能力，合理分担遥感系统研制、运行和控制费用的能力，彼此的信任程度以及自身政治、经济的稳定状况。经验表明，遥感国际合作既可以带来好处，也存在某些风险。对此，要有全面的认识和多方面的准备，以尽可能提高效益、降低风险。

2. 遥感国际竞争

在遥感领域中，国家之间的竞争由军事能力的较量、技术优势的比拼、政治影响的需要等原因造成。然而，在商业卫星遥感领域中，这种竞争更为明显、突出和激烈。目前，遥感在国际上的竞争尤以高空间分辨率卫星遥感、雷达卫星遥感及其增值处理、应用等领域为激烈。在竞争中的成败，遥感数据的技术指标、价格固然很重要，但是保持数据供应的延续性更为重要。国家始终控制着遥感数据的供给和需求，在竞争中发挥着相当重要的作用。

3. 国家安全事项

遥感既可以为专题制图、气象预报等民间用途服务，又可以为军备控制核查、军事侦察、目标锁定以及打击效果评价等安全事宜服务。因此，遥感国际合作的范围以及卫星数据及其技术在国际市场的投放，必须受到国家安全考虑的约束。事实上，要想使军队在信息上拥有优势，必须对遥感数据及其技术进行控制，随国际安全环境的变化、技术能力的扩散还要及时加以调整。有关国家安全的事宜涉及数据获取的国际关系、数据控制与国外数据源的可靠性、商业遥感数据销售许可证发放、遥感技术能力扩散、卫星销售许可证发放、出口控制和合作项目等方面的问题。它们的解决可以借鉴国外，尤其是美国的成功经验。

参考文献

[1] 阎守邕. 国家空间信息基础设施建设的理论与方法. 北京：海洋出版社，2003.

[2] 中华人民共和国国家质量监督检验检疫总局、中国国家标准化管理委员会，中华人民共和国国家标准 GB/T 13745—2009. 学科分类与代码. 2009-05-06 发布，2009-11-01 实施.

[3] DFG Classification of Subject Area, Review Board, Research Area and Scientific Discipline (Status: 06/2008).

http://www.dfg.de/download/pdf/dfg_im_profil/gremien/fachkollegien/dfg_fachsystematik_en_08_11.pdf.

[4] List of academic disciplines - eNotes_com Reference.

http://www.enotes.com/topic/List_of_academic_disciplines.

[5] List of academic disciplines - Wikipedia, the free encyclopedia.

http://en.wikipedia.org/wiki/List_of_academic_disciplines.

[6] 王大珩主编. 中国空间应用的回顾与展望. 北京：中国科学技术出版社，1990.

[7] 阎守邕. 遥感技术的经济效益分析模型与计算方法. 环境遥感，1991,6(1):5-11.

[8] http://www.bccresearch.com/report/IAS022A.html.

[9] http://www.bccresearch.com/report/IAS022B.html.

[10] Frans von der Dunk. United Nations Principles on Remote Sensing and the User, Law. College of Space and Telecommunications Law Program Faculty Publications, University of Nebraska - Lincoln Year, 2002.

[11] Lesley Jane Smith, Güzide Dilsen Bulut. Legal Aspects of Remote Sensing and Earth Observation Data. Space Technology Applications for Socio-Economic Benefits, UN/Turkey/ESA, Istanbul, 14-17 September, 2010.

[12] Krafft Stephen P. In Search of a Legal Framework for the Remote Sensing of the Earth from Outer Space. Boston College International and Comparative Law Review，Volume 4，Issue 2，Article 6，9-1-1981.

[13] Matxalen Sanchez Aranzamendi, Rainer Sandau, Kai-Uwe Schrogl. Current Legal Issues for Satellite Earth Observation. European Space Policy Institute, Report 25, August, 2010.

[14] Corina Neagu. Political and Legal Issues on Satellite Remote Sensing Use of Artificial Satellites in Remote Sensing. LESIJ NR. XVI, VOL. 2/2009, pp.50-89.

[15] Committee on the Peaceful Uses of Outer Space. Legal Subcommittee Forty-Ninth Session, Building Capacity in Space Law: Actions and Initiatives, A/AC.105/ C.2/2010/CRP.8, 22 March~1 April, 2010.

[16] Sridhara Murthi K R. Commercial Availability of High Quality Remote Sensing Imageries: Legal Issues. Singapore Journal of International & Comparative Law, (2001) 5, pp. 149-155.

[17] cantorarkemapc.com/documents/What_is_Spatial_Law.pdf.

[18] BMWi, Abteilung VII. German National Data Security Policy for Space-Based Earth Remote Sensing Systems. Satellitendatensicherheitsgesetz – SatDSiG 23. March, 2010.

[19] http://beta.w1.space.commerce.gov/remotesensing/history.shtml.

[20] 何建邦，闾国年，吴平生，等. 地理信息共享法研究. 北京：科学出版社，2000.

[21] OMB. Circular NO. A-16 Revised. Coordination of Geographic Information and Related Spatial Data Activities. August 19, 2002.

www.whitehouse.gov/omb/circulars_a016_rev.

[22] Presidential Documents. Coordinating Geographic Data Acquisition and Access: The National Spatial Data Infrastructure. Executive Order 12906 of April 11, 1994.

[23] OMB. Circular NO. A-130 Revised. Management of Federal Information Resources. November 30, 2000.

www.whitehouse.gov/omb/circulars_a130_a130trans4.

[24] OMB. M-11-03, Issuance of OMB Circular A-16 Supplemental Guidance. November 10, 2010.

http://www.whitehouse.gov/sites/default/files/omb/memoranda/2011/m11-03.pdf.

[25] Federal Geographic Data Committee. Framework Introduction and Guide. 15 Oct 2007.

www.fgdc.gov/framework/frameworkintroguide.

[26] Pauline Bowen, Joan Hash, Mark Wilson. Information Security Handbook：A Guide for Managers. National Institute of Standards and Technology, NIST Special Publication 800-100, October, 2006.

[27] 中华人民共和国国家质量监督检验检疫总局. 标准化工作指南 第1部分：标准化和相关活动的通用词汇. 国家标准 GB/T 20000.1—2002. 2002 年 6 月 20 日发布，2003 年 1 月 1 日实施.

[28] http://www.ehow.com/facts_5762097_iso-standards-definition.html.

[29] 陈丙咸，黄杏元，等. 省市县区域规划和管理信息系统研究，北京：测绘出版社，1990.

[30] 阎守邕，曾澜，徐枫，等. 资源环境和区域经济空间信息共享应用网络. 北京：海洋出版社，2002.

[31] Congress U S，Office of Technology Assessment. Civilian Satellite Remote Sensing: A Strategic Approach. OTA-ISS-607，September，1994.

[32] International Cooperation and Competition in Civilian Space Activities. NTIS order #PB87-136842，June，1985.

[33] SPACESECURITY.ORG. Space Security 2006. July 2006.

http://spacesecurityindex.org/2006/10/space-security-2006/.

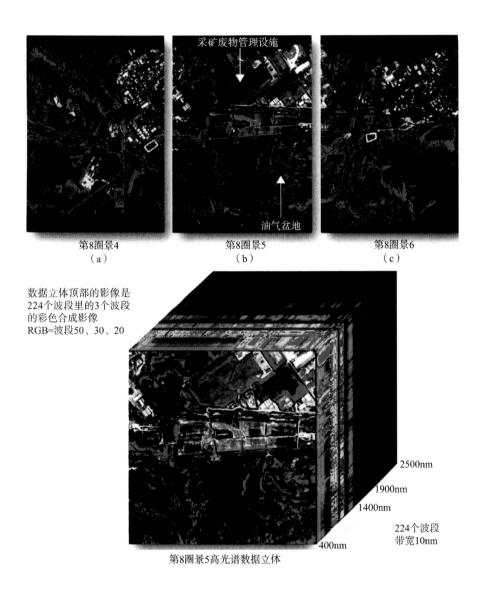

采矿废物管理设施

油气盆地

第8圈景4
（a）

第8圈景5
（b）

第8圈景6
（c）

数据立体顶部的影像是
224个波段里的3个波段
的彩色合成影像
RGB=波段50、30、20

2500nm

1900nm

1400nm

400nm

224个波段
带宽10nm

第8圈景5高光谱数据立体

图 3-53　AVIRIS 第 8 圈景 4、5、6 的彩色合成影像和
景 5 的高光谱数据立体

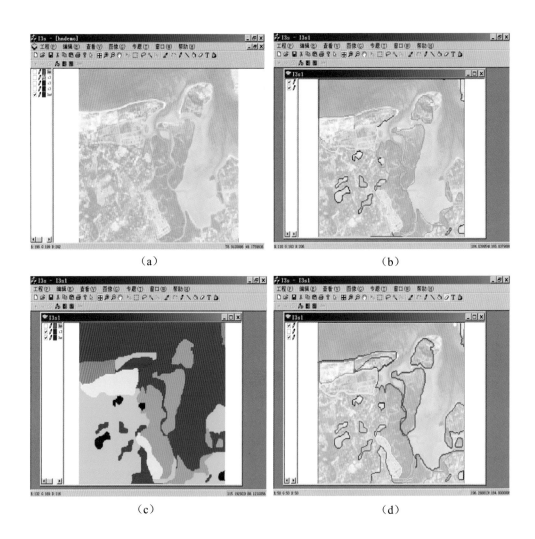

（a）　　　　　　　　　　　　　　　　　　（b）

（c）　　　　　　　　　　　　　　　　　　（d）

图 3-82　目视交互判读子系统功能的应用实例

（a）TM 放大影像（2000 年 4 月）；（b）栅格方式的判读过程；

（c）栅格判读专题图；（d）双边界抽取的结果。

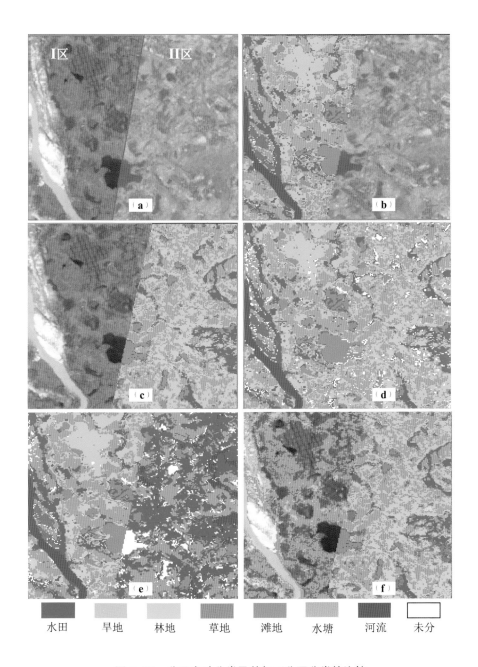

水田　　旱地　　林地　　草地　　滩地　　水塘　　河流　　未分

图 3-83　分区自动分类及其与不分区分类的比较

（a）影像分区；（b）在Ⅰ区用Ⅰ方案分类的结果；（c）在Ⅱ区用Ⅱ方案分类的结果；
（d）分区分类的汇总结果；（e）用Ⅰ方案的不分区分类结果；（f）用Ⅱ方案的不分区分类结果。

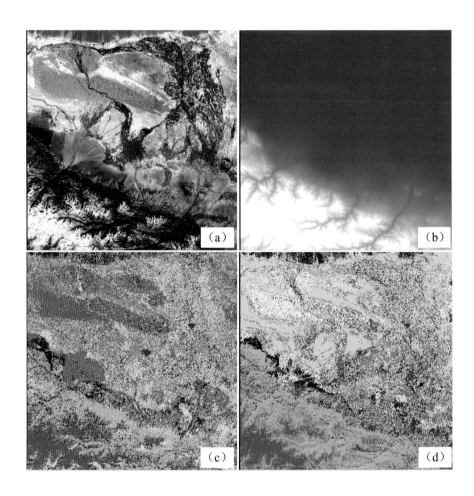

图 3–84　艾比湖地区土地利用自动分类和
辅助波段分类结果的比较

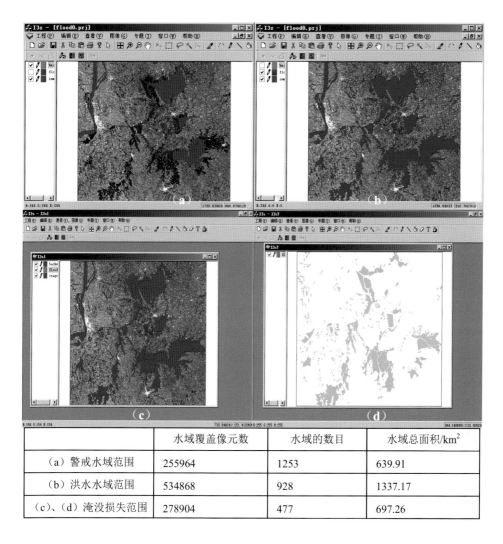

	水域覆盖像元数	水域的数目	水域总面积/km²
（a）警戒水域范围	255964	1253	639.91
（b）洪水水域范围	534868	928	1337.17
（c）、（d）淹没损失范围	278904	477	697.26

图 3-85　遥感影像动态变化判读功能应用实例

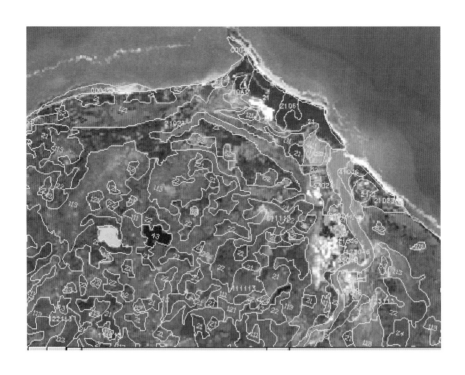

图 3-86 遥感影像动态变化判读功能应用实例

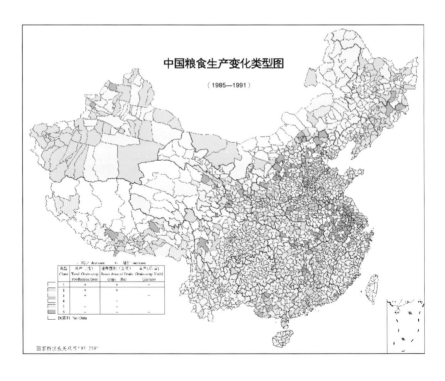

图 4-16 1985—1991 年全国粮食生产变化类型图

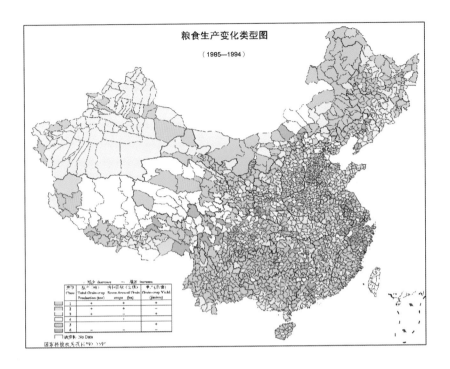

图 4-17　1985—1994 年全国粮食生产变化类型图

图 4-18　1985—1996 全国粮食生产变化类型图

长江中游湘、鄂、赣三省淹没历时评价图

（根据1998年8月9日与8月21日气象卫星图象分析制作）

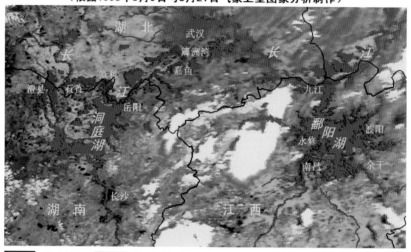

▨ 正常水体	▨ 淹没历时超过12天的洪涝区（农作物绝收区）
〰 省界	▨ 其他洪涝区

鄱阳湖地区雷达卫星影像灾情判读图　　　　鄱阳湖地区机载 SAR 灾情判读图

图 4-39　遥感速报系统使用的主要数据来源及其洪涝灾情判读结果

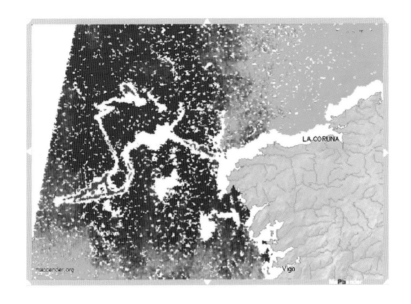

图 5-66　德国和波兰海域油溢的 Envisat 雷达影像
（石油溢散处以粉红色表示）

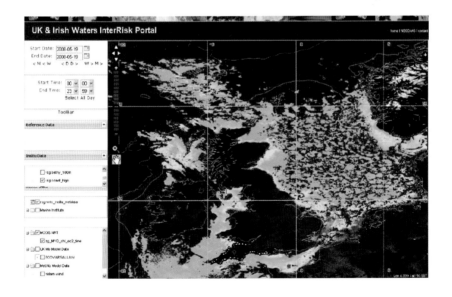

图 5-67　英国和爱尔兰海域的 MODIS 近实时的叶绿素 a 的浓度分布